U0338561

《合成树脂及应用丛书》编委会

“十二五”国家重点图书

合成树脂及应用丛书

合成树脂加工工艺

■ 黄锐　等编著

化学工业出版社

·北京·

本书从塑料成型加工现状与聚合物加工理论入手，系统介绍了树脂混合，改性及各种加工工艺。全书共11章，分别为绪论，聚合物加工的理论基础，混合，合成树脂共混、填充及增强改性，挤出成型，注射成型，压制成型，压延成型，发泡成型，二次成型，其他成型方法，在介绍每一种成型方法时，都列举了典型树脂品种的工艺参数、加工设备、制品生产实例等。

本书对于从事合成树脂加工、塑料制品生产的技术人员有很好的参考价值，也可作为高分子加工等专业学生、老师的教学参考书。

图书在版编目（CIP）数据

合成树脂加工工艺/黄锐等编著．—北京：化学工业出版社，2014.6（2023.6重印）
（合成树脂及应用丛书）
ISBN 978-7-122-20052-5

Ⅰ.①合…　Ⅱ.①黄…　Ⅲ.①合成树脂-加工　Ⅳ.①TQ320.6

中国版本图书馆CIP数据核字（2014）第047018号

责任编辑：仇志刚　　　装帧设计：尹琳琳
责任校对：徐贞珍

出版发行：化学工业出版社（北京市东城区青年湖南街13号　邮政编码100011）
印　　装：涿州市般润文化传播有限公司
710mm×1000mm　1/16　印张31¾　字数635千字　2023年6月北京第1版第4次印刷

购书咨询：010-64518888　　　售后服务：010-64518899
网　　址：http://www.cip.com.cn
凡购买本书，如有缺损质量问题，本社销售中心负责调换。

定　　价：98.00元　

Preface 序

合成树脂作为塑料、合成纤维、涂料、胶黏剂等行业的基础原料，不仅在建筑业、农业、制造业（汽车、铁路、船舶）、包装业有广泛应用，在国防建设、尖端技术、电子信息等领域也有很大需求，已成为继金属、木材、水泥之后的第四大类材料。2010年我国合成树脂产量达4361万吨，产量以每年两位数的速度增长，消费量也逐年提高，我国已成为仅次于美国的世界第二大合成树脂消费国。

近年来，我国合成树脂在产品质量、生产技术和装备、科研开发等方面均取得了长足的进步，在某些领域已达到或接近世界先进水平，但整体水平与发达国家相比尚存在明显差距。随着生产技术和加工应用技术的发展，合成树脂生产行业和塑料加工行业的研发人员、管理人员、技术工人都迫切希望提高自己的专业技术水平，掌握先进技术的发展现状及趋势，对高质量的合成树脂及应用方面的丛书有迫切需求。

化学工业出版社急行业之所需，组织编写《合成树脂及应用丛书》（共17个分册），开创性地打破合成树脂生产行业和加工应用行业之间的藩篱，架起了一座横跨合成树脂研究开发、生产制备、加工应用等领域的沟通桥梁。使得合成树脂上游（研发、生产、销售）人员了解下游（加工应用）的需求，下游人员了解生产过程对加工应用的影响，从而达到互相沟通，进一步提高合成树脂及加工应用产业的生产和技术水平。

该套丛书反映了我国“十五”、“十一五”期间合成树脂生产及加工应用方面的研发进展，包括“973”、“863”、“自然科学基金”等国家级课题的相关研究成果和各大公司、科研机构攻关项目的相关研究成果，突出了产、研、销、用一体化的理念。丛书涵盖了树脂产品的发展趋势及其合成新工艺、树脂牌号、加工性能、测试表征等技术，内容全面、实用。丛书的出版为提高从业人员的业务水准和提升行业竞争力做出贡献。

该套丛书的策划得到了国内生产树脂的三大集团公司（中国石化、中国石油、中国化工集团），以及管理树脂加工应用的中国塑料加工工业协会的支持。聘请国内20多家科研院所、高等院校和生产企业的骨干技术专家、教授组成了强大的编写队伍。各分册的稿件都经丛书编委会和编著者认真的讨论，反复修改和审查，有力地保证了该套图书内容的实用性、先进性，相信丛书的出版一定会赢得行业读者的喜爱，并对行业的结构调整、产业升级与持续发展起到重要的指导作用。

袁晴棠

2011年8月

Foreword

前言

高分子材料是20世纪末（合成）发展起来的新材料。高分子材料中，塑料的产量和应用量均远超过化学纤维、合成橡胶、涂料、黏合剂、离子交换树脂等。塑料的应用已经渗透到国民经济的各个部门，一方面取代了一些传统材料而得到发展，另一方面，由于塑料所具有的一系列优点而在新的应用领域得到发展。我国已经是世界第一大塑料生产大国和消费大国，但人均消费量还远低于发达国家。

塑料工业是以合成树脂（塑料）和塑料成型加工（塑料制品生产）为核心，它是包括合成树脂与助剂生产、塑料配置（改性）、塑料成型机械与成型模具等支柱为一体的朝阳产业。先进的塑料成型加工设备及成型加工工艺是生产高质量塑料制品的前提和保证。

应《合成树脂及应用》丛书编委会邀请，笔者组织编写了本书，作为《合成树脂及应用》丛书中的一个分册。本书主要介绍了合成树脂通用加工工艺，对于各具体树脂特殊的成型工艺，主要在相关分册中重点介绍。书中介绍的加工工艺主要为塑料制品的加工，对于以相关树脂为原料的纤维生产工艺没有涉及。希望借助本书，能使合成树脂生产企业、加工应用企业的技术人员对合成树脂的加工工艺能有一个全面的了解，起到沟通上下游的作用。

本书第1章由黄锐编写，第2章由陈妍慧编写，第3章由段宏基编写，第4章由杨雅琦编写，第5章易新编写，第7章由杨皓然编写，第8章由张贻川编写，第9章由鄢定祥编写，第10章由徐玲编写，第11章由徐家壮编写，全书由李忠明、黄锐统稿。

随着技术的进步、产业的升级，新的加工工艺将会不断出现，而对于一些新的生物材料如聚乳酸、聚羟基脂肪酸酯等，其加工方法也必定会有所区别，本书只是起到一个普及和抛砖引玉的作用。由于水平有限，书中难免有疏漏、不妥之处，请读者不吝批评指正！

编者

2014年1月于成都

Contents
目录

第1章 绪论

1.1 塑料及塑料成型加工工业

材料是人类社会生存和不断发展的支柱。从材料的角度看，人类经历了石器、铜器、铁器时代，今天人类使用的材料，主要是木材、硅酸盐、金属和高分子材料。成材的木料供应紧缺，硅酸盐用量大但应用领域有限，金属和高分子已成为应用最广的材料。当前世界高分子材料的体积年产量（材料应用常常是以体积决定的）已远超过金属，成为应用量最大、应用面最广的材料。和金属材料中钢铁是最大的品种一样，高分子材料中，塑料的产量和应用量均远超过化学纤维、合成橡胶、涂料、胶黏剂、离子交换树脂等。当前我国已成为世界钢铁产量的第一大国，但用量已完全饱和、产能过剩。关于世界的塑料产量，由于当前塑料的主要原料来自石油，20世纪70年代两次石油危机后塑料年产量均有下降，但随后又开始增长。其重要因素之一是：比之钢铁，生产每吨塑料消耗的能量要小得多。通常大品种塑料（合成树脂）的合成温度一般只有100～200℃，而炼铁、炼钢则需上千度的高温，更何况大品种塑料的相对密度大体平均在1左右，而钢铁则为7.8左右，按体积来说使用塑料就省得多了。从这一意义上说，能用塑料的地方是绝不会用钢铁的。而且塑料自身还有大量性能上的优势：品种多，性能各具特色，质轻、美观、透明、易着色、耐化学腐蚀、成型加工方便快速、生产能耗低等。因此塑料的年产量不断增长，而今世界塑料的体积年产量为钢铁的两倍以上。

新中国成立以前我国几乎没有塑料工业，除上海、天津有少量手工作坊式的酚醛塑料厂外，其他品种都不能生产。1950年我国仅生产塑料200t。2012年世界塑料产量约2.81亿吨，我国约7000万吨，而塑料制品则超过8000万吨，成为世界塑料和塑料制品生产和消费第一大国。但从人均年消费来看，世界平均约40kg，我国约50kg，美国约170kg，比利时约200kg。从这一点来看，要赶上发达国家的人均消费水平，仅从扩大内需上讲我国塑料及其制品工业的发展前景是十分广阔的。

可以认为塑料工业是以合成树脂和塑料成型加工（塑料制品生产）为核心，包括助剂生产，塑料配制（包括塑料改性）、塑料成型机械与成型模具等支柱为一体的朝阳产业。无论多好的塑料原料（合成树脂），没有良好先进的塑料助剂、成型加工设备模具及成型加工工艺过程，仍然无法生产出质量优良的塑料制品。中国塑料工业已经并逐步改善了为国民经济各部门提供不可或缺的生产资料和消费资料，改变了传统的产业结构，前途是更加光明和任重道远的。

人类在远古时期已经开始使用天然高分子材料，并逐步学会对它们的加工。如用蚕丝、棉、毛织布，用木材、棉、麻造纸。19世纪30年代末开始了对天然高分子的化学改性，如对天然橡胶的硫化，纤维素的硝化（制赛璐珞）。1907年合成了第一个高分子材料——酚醛树脂，并在加入木粉等填料及助剂后生产出酚醛塑料（电木）制品。随后其发展速度逐步加快，大量的合成树脂及塑料开始研制及生产，见表1-1。20世纪30～50年代是高分子材料全面奠基的时期，石油化工的蓬勃发展为塑料的生产提供了丰富的原料。60年代以来，通过共聚、共混、复合对高分子材料进行

■表1-1 主要合成塑料发展年表

年份	缩写	名称	年份	缩写	名称
1868	NC	硝酸纤维素(赛璐珞)	1962		酚氧树脂
1909	PF	酚醛树脂(电木)	1964		离子型聚合物
1927	CA	醋酸纤维素	1964	PPO	聚苯醚
1927	PVC	聚氯乙烯	1964	PPS	聚苯硫醚
1929	UF	脲甲醛树脂	1965	PI	聚酰亚胺
1935	EC	乙基纤维素	1965	PB	聚1-丁烯
1936	PMMA	聚甲基丙烯酸甲酯(有机玻璃)	1965	PSU	聚砜
1936	PVAC	聚醋酸乙烯	1968	PAS	聚苯醚砜及聚芳砜
1938	PS	聚苯乙烯	1970	TEF/E	四氟乙烯-乙烯共聚物
1938	PA	聚酰胺66(尼龙66)		CTFE/E	三氟氯乙烯-乙烯共聚物
1939	MF	三聚氰胺-甲醛树脂	1971	PHEMA	聚甲基丙烯酸羟乙基酯(有机玻璃水凝胶，作软接触镜即隐形眼镜用)
1939	PVDC	聚偏二氯乙烯	1972	PBT	模塑型聚酯，聚对苯二甲酸丁二酯
1941	LDPE	低密度聚乙烯(高压法)	1974		芳香族聚酰亚胺
1942	UP	不饱和聚酯	1977	LCP	液晶聚合物
1943	PTFE	氟塑料(聚四氟乙烯)	1981	PEK	聚醚酮
1947	EP	环氧树脂	1982	PEI	聚醚(酰)亚胺
1948	ABS	丙烯腈-丁二烯-苯乙烯共聚物		PEEK	聚醚醚酮
1954	PU	聚氨酯泡沫塑料		PEN	聚对萘二甲酸乙二酯
1955	HDPE	高密度聚乙烯	1990	PHA	聚丁二酸丁二醇酯
1956	POM	聚甲醛		PBS	聚羟基脂肪酸酯
1957	PP	聚丙烯	1994	PLA	聚乳酸(聚丙交酯)
1957	PC	聚碳酸酯			
1959		氯化聚醚			

改性，通过控制聚合和加工工艺过程，改善高分子的微观结构以提高其性能，各种新工艺、新技术、新材料的不断出现，各种工程塑料相继进入市场。塑料工业已进入了较为成熟同时也继续快速发展的阶段。

高分子是由成千上万个小分子单体通过加聚或缩聚反应形成的长链分子。原子或原子团的种类及其空间排列方式确定高分子链的近程结构（一次结构）。高分子的相对分子质量大小及其分布，链的内旋转构象等形成其远程结构（二次结构）。大分子间的堆砌、排列形成三次或更高层次的聚集态结构。合成反应中配方、工艺条件及其杂质等的影响，使得产物中大分子的相对分子质量各不相同，通常以平均相对分子质量或平均聚合度来表征高分子的大小，用相对分子质量分布表示聚合物同系物中各相对分子质量相近组分的相对含量与相对分子质量的关系。高分子链的柔顺性，即不同程度的卷曲特性，来源于高分子链中单键的内旋转，是高分子与其单体和其他材料性能不同的主要原因。结构规整或链间次价力较强的聚合物容易结晶，但也常存在一定的无定形区，结构不规整或链的次价力较弱的聚合物难结晶，一般为无定形态，它们在一定负荷及受力速度和不同温度下可出现玻璃态、高弹态、黏流态三种力学状态。玻璃态到高弹态的转变温度称为玻璃化转变温度，是无定形聚合物使用的上限温度。从高弹态到黏流态的转变温度称为黏流温度，是聚合物成型加工的重要参数。聚合物处于玻璃态时。大分子链和链段的运动均被冻结，宏观性质硬脆，形变量很小，呈现一般硬性固体的普弹形变。聚合物在高弹态时，链段运动活跃，表现出高弹性。线型聚合物在黏流温度以上时即被熔融成黏滞的液体，受力可以流动并兼有弹性和黏流行为，称为黏弹性。高分子材料各个层次的结构都影响其自身的性能，它的独特结构、加工和使用性能等特点成为高分子材料得到快速发展的原因。

按照国际标准 ISO 472：1999 和我国国家标准 GB/T 2035—2008，塑料的定义是：以高聚物为主要成分，并在加工为成品的某阶段可流动成型的材料。并注明弹性材料也可流动成型，但不认为是塑料。

塑料的分类有多种方法。按起始原料可分为天然高分子改性塑料（如赛璐珞、醋酸纤维、酪素塑料等）和合成塑料。按受热行为可分为：热固性塑料，如酚醛塑料、氨基塑料、醇酸树脂、不饱和聚酯、有机硅树脂、热固性聚酰亚胺、聚苯并唑、聚邻苯二甲酸二烯丙酯树脂、聚氨酯树脂、环氧树脂等；热塑性塑料，如聚乙烯、聚丙烯、聚氯乙烯、聚苯乙烯、聚酯等。按用途可分为：通用塑料和工程塑料，通用塑料如聚乙烯、聚丙烯、聚氯乙烯、聚苯乙烯等。工程塑料又分为通用工程塑料，如聚碳酸酯，ABS、聚酰胺、聚甲醛、聚苯醚、热塑性聚酯等；特种工程塑料，如聚醚砜、氟塑料、聚酰亚胺、聚芳醚酮、聚芳酯、液晶聚合物等。

塑料的主要成分是高聚物，同时还或多或少添加有各种助剂。目前所使用的高聚物主要是合成树脂。20 世纪 50 年代以来，世界及我国的合成树脂和塑料制品都有很大的增长，参见表 1-2 世界及我国合成树脂、塑料制品产量。表 1-3 为世界主要合成树脂生产国和地区产量排位表。

■表 1-2 世界及我国合成树脂、塑料制品产量 单位：kt

年份	世界合成树脂	我国合成树脂	我国塑料制品
1950	1500	0.2	
1960		54	
1970	30000	175	
1980	60090	898	1140
1985	77433	1232	2483
1990	98964	2368	3668
1995	125435	4239	9944
2000	153157	6492	12682
2005	178891	8381	15096
2010	190143	10118	17998
2012	199806	10985	18459

■表 1-3 近年世界主要合成树脂生产国和地区产量排位表 单位：kt

年份	位 次	1	2	3	4	5	6
1980	国家或地区	美国	日本	德国	苏联	法国	意大利
	产量	16079	7518	6738	3550	3152	2710
1985	国家或地区	美国	日本	德国	苏联	法国	意大利
	产量	22000	9232	7635	4900	3440	2640
1990	国家或地区	美国	日本	德国	苏联	法国	荷兰
	产量	28113	12630	10471	4532	4294	3428
1991	国家或地区	美国	日本	德国	法国	俄罗斯	荷兰
	产量	28480	12796	9965	4457	4150	3871
1992	国家或地区	美国	日本	德国	韩国	法国	荷兰
	产量	30106	12580	9977	5169	4767	3915
1993	国家或地区	美国	日本	德国	韩国	法国	荷兰
	产量	31232	12248	9948	5777	4800	3900
1994	国家或地区	美国	日本	德国	韩国	法国	荷兰
	产量	43142	13034	11130	6333	5200	4000
1995	国家或地区	美国	日本	德国	韩国	法国	中国大陆
	产量	35701	14027	10330	6689	5093	4239
1996	国家或地区	美国	日本	德国	韩国	法国	中国大陆
	产量	39971	14660	10862	7245	5311	4953
1997	国家或地区	美国	日本	德国	韩国	中国大陆	法国
	产量	45930	15225	11858	8198	6111	5800
1998	国家或地区	美国	日本	德国	韩国	中国大陆	法国
	产量	43347	13897	12858	8946	6760	6060
2000	国家或地区	美国	日本	德国	韩国	中国大陆	法国
	产量	46089	15806	14907	10997	10800	6481

续表

年份	位次	1	2	3	4	5	6
2005	国家或地区	美国	日本	德国	韩国	中国大陆	法国
	产量	48513	19088	19697	15364	11350	7399
2010	国家或地区	美国	中国大陆	日本	德国	韩国	法国
	产量	49968	43609	23376	24071	19980	8418
2012	国家或地区	中国大陆	美国	日本	德国	韩国	法国
	产量	52100	51467	26961	28810	23379	9297
年份	**位次**	**7**	**8**	**9**	**10**	**11**	**12**
1980	国家或地区	比利时	英国	荷兰	加拿大	西班牙	中国台湾
	产量	1835	1813	1400	1355	1198	998
1985	国家或地区	荷兰	比利时	英国	中国台湾	西班牙	韩国
	产量	2500	2300	1979	1540	1448	1445
1990	国家或地区	意大利	比利时	韩国	中国台湾	中国大陆	英国
	产量	3060	2968	2935	2750	2268	2245
1991	国家或地区	韩国	比利时	中国台湾	意大利	中国大陆	加拿大
	产量	3731	3082	3076	3020	2837	2322
1992	国家或地区	中国台湾	俄罗斯	比利时	中国大击	意大利	加拿大
	产量	3519	3350	3332	3332	3115	2575
1993	国家或地区	中国大陆	中国台湾	比利时	意大利	俄罗斯	加拿大
	产量	3508	3465	3355	3100	2900	2600
1994	国家或地区	中国台湾	比利时	中国大陆	意大利	加拿大	俄罗斯
	产量	3919	3900	3685	3485	2932	2800
1995	国家或地区	荷兰	比利时	中国台湾	意大利	加拿大	英国
	产量	4100	4100	4046	3485	3177	2665
1996	国家或地区	中国台湾	比利时	荷兰	意大利	加拿大	西班牙
	产量	4582	4300	4200	3585	3320	2700
1997	国家或地区	中国台湾	比利时	荷兰	意大利	加拿大	英国
	产量	4658	4400	4000	3740	3432	3100
1998	国家或地区	比利时	中国台湾	荷兰	意大利	加拿大	西班牙
	产量	5231	4656	4100	3810	3545	3234
2000	国家或地区	比利时	中国台湾	荷兰	意大利	加拿大	英国
	产量	5511	4898	4391	4010	3698	3457
2005	国家或地区	中国台湾	比利时	荷兰	意大利	加拿大	英国
	产量	5991	5400	4905	4557	4100	4001
2010	国家或地区	比利时	中国台湾	荷兰	意大利	加拿大	西班牙
	产量	6700	5899	5410	5011	4661	4470
2012	国家或地区	中国台湾	荷兰	比利时	意大利	加拿大	西班牙
	产量	7398	6371	5877	5490	5017	4899

改革开放以来，我国塑料产量增长速度是世界最快的，2012 年总产量约 6 千万吨，为世界第一位。但从人均占有量来看，约为 50kg/人·年，与发达国家尚有较大差距，由于资料来源不同，本章各表所列举的数据常有一些出入，仅供参考。

1.2 塑料的组成与性能

1.2.1 塑料的组成

作为塑料制品的原料，塑料的主要成分是高聚物。与此同时，为了加工和使用方面的要求，通常都必须在高聚物中加入各种助剂（添加剂），如稳定剂、增塑剂、润滑剂、着色剂、填料等。单独使用合成树脂，不添加任何助剂来生产塑料制品，目前几乎是完全不行的。

通常在高聚物中加入各种助剂后，不管这些助剂与高聚物是互溶而形成均相，还是不溶而成为非均相，由于这些助剂的量一般均较少，因此所制得的材料都可以称作塑料。但在某些情况下，例如使用的是两种或两种以上的高聚物，或者在加入大量填料的情况下，这些材料也可以看作高聚物的复合材料（composite）。复合材料的定义是：①有两个或两个以上不同相，包括黏结料（基料）和粒料或纤维材料组成的固体产物。例如含有增强纤维、粒状填料或空心球的模塑料。②由两层或两层以上（通常对称组合）的塑料薄膜或片材，普通的或复合的泡沫塑料，金属、木材及定义①所述的复合材料等，层间用或不用黏合剂组成的固体产物。例如包装用复合膜，结构材料用夹芯微孔复合材料，纸或织物制成的层合材料等（GB/T 2035—2008/ISO472：1999，2.184）。在一般情况下，上述复合材料中以高聚物为黏结料，且在成型时都有可塑性，通常也可称作复合塑料、填充或增强塑料。制备这些复合材料和制品的目的通常包括：增量，如使用廉价的填料以降低成本；改善性能，如使用纤维填料的增强塑料，多层复合膜增加气体的阻隔性；赋予特殊功能，如具有磁性、导电、吸波等。除了高聚物之间的复合外，复合或增强塑料中的添加物主要都是填料。填料（filler）的定义为：加入塑料中改善强度、耐久性、工作性能或其他性能，或降低塑料成本的相对惰性的固体材料（GB/T 2035—2008/ISO472：1999，2.376）。而其中的增强填料（reinforcing filler）则定义为：加入塑料中能改进塑料制品一种或多种力学性能的填料（GB/T 2035—2008/ISO472：1999，2.834）。

从塑料成型加工和使用性能的角度，选用多种优良的助剂和正确的配制工艺是十分重要的。同时从发展塑料的多用途、多功能出发，重视复合及增强塑料进而重视多种高聚物的并用及多种填料的开发与应用也是必要的。

1.2.2 塑料的性能

塑料的性能至少可从三个方面来考虑：①塑料材料的性能。反映塑料的内在性质，主要包括高聚物本身的性能，同时也包含添加剂带来的影响。②成型加工性能。反映加工过程中的性能，如是否易于流动充模，收缩率的大小，是否发生分解、降解、交联等，同时也带给制品性能相应的影响，如不同的结晶、取向及交联状况等。③产品性能。产品性能除了取决于塑料性能和加工过程状况外，还与制品的后处理、结构、形状等有关。事实上，这些影响常常导致塑料材料的性能与产品性能间有较大的差别或波动。可以把产品性能分为三类：a. 使用性能。主要指力学性能，如拉伸、冲击、疲劳等，形状尺寸稳定性、结构形状的合理性（使用方便）。b. 耐久性。主要指抗老化，对环境的耐受性、保存期等。c. 外观性能。指外观结构形状、颜色、花纹、色泽、表面光洁度，易清洁性等。外观性能常有一定程度因人而异的不确定性。但总体说来综合上述三方面的性能应是可以客观评价的。由于塑料制品的千变万化，加工过程的不同，因此目前所提供的塑料或高聚物的性能实际上大都是指原料（材料）经成型加工做成标准试样后测得的性能而非制品的性能。应该看到的是，为了测试塑料的性能，需要按照有关标准制备试样，也就要通过成型加工过程，这时材料的结构形态显然已有所变化。为此，应按照有关测试标准制备试样，使试样制备和性能测定标准化，以尽量减少过程中造成的差异，从而能更真实地反映材料的性能。材料（塑料）的性能取决于材料的化学和物理结构，其全部的内在性质必定与其一定的加工历史相关联。成型加工过程中塑料发生的化学结构变化通常在热固性塑料中较大，而在热塑性塑料中物理结构的变化则较大。因此成型加工过程常常可看作是材料结构的最终定型（构）（structured）过程。在高分子材料出现的早期，人们比较重视材料本身的性能。随着生产的发展，科技的进步，逐步认识到成型加工过程对塑料最终“定构”的意义和对性能的重要影响，从而已更加注意成型加工过程中材料的结构形态变化研究和新的有利于提高材料（制品）性能的成型加工技术的研究。目前对于大宗的塑料制品，除了规定塑料原料的要求外，对制品的性能也作出了相应的规定和要求，制定了相应的性能要求标准，如许多大品种塑料制造的管材、板材、膜、丝、容器、周转箱等都有自己的标准。

塑料作为材料，主要可从下述方面的性能进行评价。

（1）物理性能　密度、玻璃化转变温度、熔化温度、分解温度、吸水性、透气性、结晶性等。

（2）成型加工性能　流变性能、热传导及热膨胀性能、结晶性能、大分子取向性能、降解、交联性能等。

（3）力学性能　拉伸、压缩、弯曲、冲击强度、模量、断裂伸长率及耐长期应力开裂等。

（4）电性能　相对介电常数、表面及体积电阻、介质损耗、击穿电压等。

（5）热性能　热变形温度、长期使用温度、导热性能等。

（6）耐化学腐蚀性能　对酸、碱、有机溶剂等的耐受性。

（7）其他　如光学性能、各种波的吸收及屏蔽性能、燃烧及发烟性能、耐环境性和对环境的污染、耐老化性能等。

一般来说，高聚物（包括配制的塑料）的密度均远比金属低，大品种的PE、PP的密度均在1g/cm^{3}以下（一般为0.9～0.95g/cm^3），PS为1.04g/cm^3，PVC为1.38g/cm^3，最大的PTFE也只有2.2g/cm^{3}左右，即使经过填充或增强，密度增大也是有限的。从材料的使用角度来说，许多场合是以体积计，因而塑料常常较金属具有更高的性价比。塑料的成型加工性能也远较金属好，成型过程的能量消耗远较金属低。通常认为塑料的力学性能远比金属差，但许多场合下塑料的比强度是很高的。从另一角度来看，许多塑料的理论强度是很更高的，甚至比金属更高（参见表1-4），但由于目前的成型加工方法等限制，使得常规材料的实际强度远低于理论值。由此可知对塑料成型加工新方法的开发以制取力学性能大幅度提高的制品，其潜力和前景都是十分巨大和可观的。大多数塑料都是电的绝缘体，在介电材料中得到了广泛的应用。近年来也逐步开发了一些本身有一定导电能力的

■表1-4　某些塑料与金属的力学性能

材料类型	弹性模量/GPa		
	理论值	实际值	
		纤维	常规材料
聚乙烯	300	200(66%)	1(0.33%)
聚丙烯	50	20(40%)	1.6(3.2%)
聚酰胺66	160	5(3%)	2(1.3%)
玻璃	80	80(100%)	70(87.5%)
钢	210	210(100%)	210(100%)
铝	76	76(100%)	76(100%)
材料类型	**拉伸强度/GPa**		
	理论值	实际值	
		纤维	常规材料
聚乙烯	27000	5000(18%)	30(0.1%)
聚丙烯	16000	13000(8.1%)	38(0.24%)
聚酰胺66	27000	17000(6.3%)	50(0.18%)
玻璃	11000	4000(36%)	55(0.5%)
钢	21000	4000(19%)	1400(6.7%)
铝	7600	800(11%)	600(7.9%)

结构性高分子导电材料，同时用复合（添加）方法制得了一大类抗静电、半导及导电塑料。塑料的热变形及长期使用温度通常较低，但在需要的场合开发了多种耐高温及纤维增强的耐热或烧蚀材料，在军事、航天、高科技领域得到了广泛应用。塑料的热导率远较金属低，是良好的隔热保温材料。经过发泡的塑料这种性能更为突出。根据需要在高聚物中添加导热性填料（如石墨）也可用于生产耐腐蚀的换热器等。塑料的耐腐蚀性优良，在防腐行业有很广的应用。许多品种的塑料都是透明或半透明的，作为有机玻璃和农地膜、包装材料等应用量很大。此外经过改性、复合后用作磁性塑料，电磁波屏蔽、隐身材料（雷达波、红外波吸收）及阻燃抑烟材料等应用也很广。塑料的耐环境性、耐老化性在通过大分子结构改进及加入有效助剂后得到很大的改善。近年来通过制备纳米塑料，加入稀土化合物助剂及各类成核剂也是当前这一领域研究开发的热点。碳纳米管、石墨烯等的应用，使塑料多方面的性能都得到了很大的改善。

1.3 塑料的应用

塑料的应用已经渗透到国民经济的各个部门，一方面取代了一些传统材料，另一方面，由于塑料所具有的一系列优点而在新的应用领域得到发展。以往人们的概念中，总是把塑料看做是其他材料代用品，最初人们把 plastics 翻译为“百赖斯替”，也是这种意思。用赛璐珞可以做成假象牙制品是最好的例子。以后人们总是希望以塑代木，以塑代钢。但是塑料是一大类新型材料，它的使用最终应是以其自身所具有的性能优点来选择，而同时又要避免性能上的弱点，这才是材料的合理使用。假象牙毕竟是一种假货，而塑料之所以在许多应用领域取代了其他材料，是因为塑料较之这些传统材料具有无可比拟的优点。目前世界各国塑料的使用领域略有不同，表 1-5 为部分国家的应用情况。可以看出建筑和包装通常是应用的最大领域，其次是电子电器和交通运输等。

我国的情况与世界各国的也大体相同，但在农业上的应用要多一些。表 1-6 列出了 2008 年我国各种塑料的应用量。塑料在国防及尖端工业中发挥了其他材料所不能代替的作用。例如在卫星、火箭、核工业、信息及自动化技术等方面，用到的各种耐高温及烧蚀材料、耐腐蚀及结构与功能材料等；在常规武器、航空材料中，塑料的用量也很大。总体说来，塑料已成为人类生存和发展中不可缺少的材料。

■表 1-5 2008 年世界各国塑料材料消费领域比例 单位：%

国家	消费领域												
	建筑	包装	电子电气	汽车	其他运输车	家具	农业	玩具文体	日用	服装鞋帽	机械零件	医疗机器	其他
美国	18.6	29.0	4.0	5.0	—	4.4	—	3.0	—	—	17.5	—	12.5
日本	20.1	32.6	7.2	5.4	汽车	—	4.0	2.1	6.1	0.7	10.7	—	10.6
德国	14.0	24.6	6.7	7.8	其他	9.2	1.3	4.0	其他	其他	12.1	其他	20.4
英国	15.2	35.8	10.7	5.5	2.1	4.8	3.1	4.2	3.3	1.0	9.8	2.0	2.5
中国	19.8	30.9	10.1	6.4	汽车	6.0	14.6	1.0	2.0	1.0	—	2.0	11.0

■表 1-6 2008 年我国各种塑料的应用比例 单位：%

种类	PE	PP	PVC	PS	ABS	PET	PC	其他	总计
比例	24.9	20.5	17.8	6.7	6.2	2.4	1.8	19.7	100.00

1.4 塑料的成型与加工

1.4.1 塑料成型加工过程

塑料制品的生产是一种复杂而又繁重的过程，其目的是根据各种塑料的固有性能，利用一切可以实施的办法，使其成为具有一定形状有使用价值的制品、制件或型材。在这一过程中，如何将优质的塑料原料制造成性能良好的塑料制品成为过程的关键。这就涉及过程中塑料可能发生的变化，这些变化包括塑料（高聚物）的结晶、取向、降解、交联等。由于制品的形状各异，各部位间的变化也有所不同，加工过程中的外部条件变化（温度、受力等），因此期望制品的各部位都达到预期的结构、形态，及相应的性能要求是较为困难的。即同一制品各部位的结晶、取向、降解、交联等情况均可能不同。使材料在制品中各部位达到预期的结构形态（即定构，structured 过程）从而有预期的性能，是成型加工过程中最应关注的方向。当然，除成型加工技术外，生产成本也是关注的重要方面。

塑料制品生产主要由原料准备、成型、机械加工、修饰和装配等连续过程组成（图 1-1）。

成型是将各种形态的塑料（粉料、粒料、溶液或分散体）制成所需形状的制品或坯件的过程，在整个过程中最为重要，是一切塑料制品或型材生产的必经过程。成型的种类很多，如各种模塑、层压以及压延等。其他过程通常都是根据制品的要求来取舍的，也就是说，不是每种制品都需完整地经历这些过程。机械加工是指在成型后的工件上钻眼、切螺纹、车削

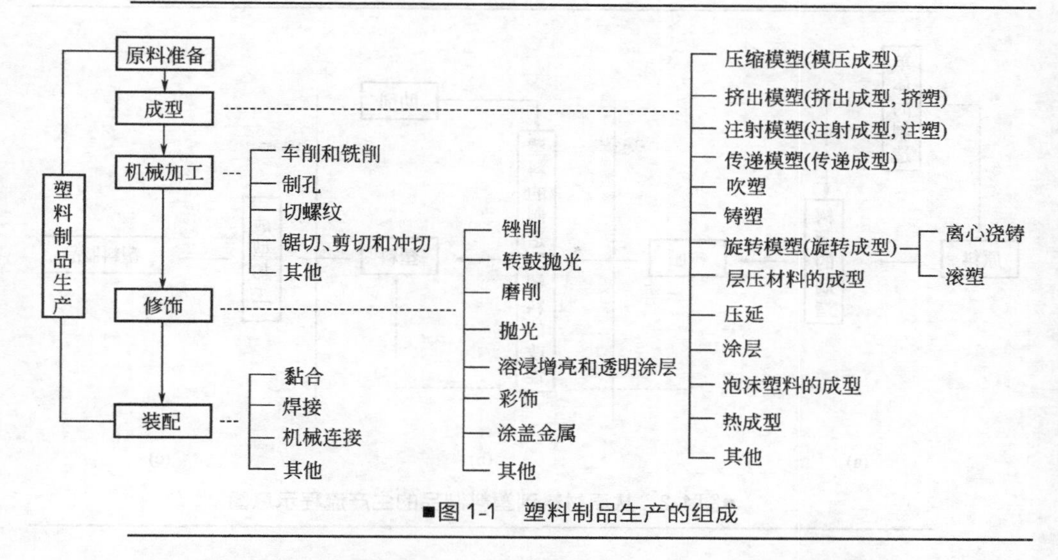

■图 1-1 塑料制品生产的组成

或铣削等，用来完成成型过程所不能完成或完成得不够准确的一些工作。修饰是为美化塑料制品的表面或外观，也有为其他目的，如为提高塑料制品的介电性能要求它具有高度光滑的表面。装配是将各个已完成的部件连接或配套使其成为一个完整制品的过程。后三种过程有时统称为加工。近年来在一些企业等的用语中，也有把塑料的成型与加工，即塑料制品的生产过程统称为塑料加工的。

1.4.2 塑料制品的生产工序和组织

从原材料到塑料，又从塑料到塑料制品的简单流程见图 1-2。该流程共分为三个连续部分。图 1-2 中纵向长方形表示过程；横向长方形表示原料、中间产物或成品；实线箭头表示流程前进的方向；虚线箭头表示该段流程前进的另一种方式。(a) 和 (c) 两部分分别属于塑料和塑料制品两个生产部门，而生产也确实是这样分工的。至于 (b) 部分，按理也应属于塑料部门，但一般较大的成型工厂为了方便，也多有将这部分归入自己的生产范围。这样，除能满足自己对塑料在配制上的多样性要求外，还可以简化仓库的管理。而塑料的改性，目前已有较多的独立企业专业从事改性塑料的制造。

许多塑料在成型之前常需先进行塑料的制造（或配料）及预处理（包括预压、预热或干燥）等，可统称为原料准备。因此，生产塑料制品的完整工序共五个：原料准备；成型；机械加工；修饰；装配。在任何制品的生产过程中，通常都应依上列次序进行，不容颠倒，否则在一定程度上会

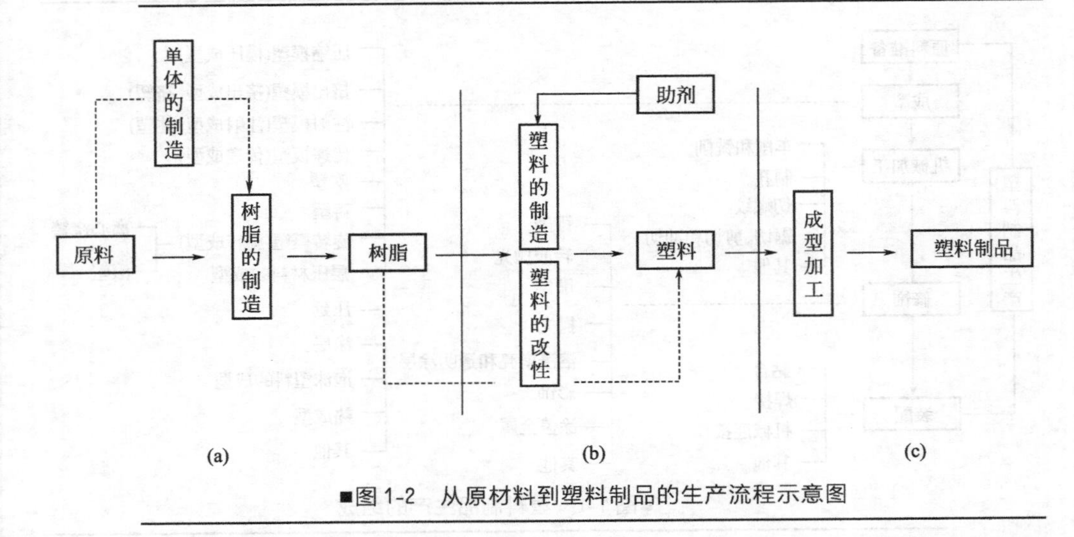

■图 1-2 从原材料到塑料制品的生产流程示意图

影响制品的质量或浪费劳动力和时间。如某些制品的生产不需要完整地通过这五个工序，则在剔除某些工序后仍可按上列次序进行。

通常在生产一种新的塑料制品前，应先熟悉该种制品在物理、力学、热、电及化学性能等方面所应具备的指标，根据这些要求选定合适的塑料品种并从而决定成型加工方法，同时还应对成本进行估算以断定其是否合理。最后，再通过试制并确定生产工艺规程。在工艺规程中，对每个工序规定的步骤常非一个，必须先后分明。对每个工序的操作条件也须有明确的指标，并应规定所能允许的差值。有关防忌的事项也应列出，以保证生产的安全。当然，在实践的基础上工艺规程还须不断地完善。

成型工厂对生产设备的布置通常有两种体制。一种是过程集中制，就是将前列五种工序所用的各种生产设备分别集中起来进行生产。其优点是宜于品种多、产量小而又变换快的制品生产；缺点是在衔接生产工序时所需的运输设备多、费时费工和不易连续化。另一种是产品集中制，也就是按照一种产品所需生产过程实行配套的生产。这种配置易于生产单一、量大和永久性强的制品，如管材、板材、型材等。由于连续性强，物料运输较方便，容易实现机械化和自动化，因而成本得以降低。不管用哪一种体制进行生产，均应在合理的段落进行技术检验，以保证正常生产和制品质量。

1.5 对我国塑料及塑料成型加工工业发展中一些问题的讨论

进入 21 世纪，世界经济大调整继续深化，向可持续发展战略的转变以及2008年以来世界较长的经济危机，对许多发达国家及发展中国家造成了重大的冲击。我国在此期间仍有较为良好的发展，但同时也受到相当大的影响，外向型经济受到较强的冲击。针对这种情况国家提出了一系列政策措施，扩大内需成为一个重要的方向。总体说来，我国仍然是世界经济发展最快最好的国家，但也存在许多困难和问题，经济的发展和对环境造成的负面影响都是值得生产重视的问题。对于我国塑料及其制品工业的具体发展，笔者提出下面一些问题来讨论（并不包含全面的宏观政策问题）。

1.5.1 塑料和塑料制品工业的发展

和所有材料一样，塑料消费量的增加，并不是同一产品量的无限扩大，一些老产品的需求到一定程度即达到饱和，需要不断开拓新的应用领域。开发新产品，改善老产品，市场推动下，必须不停去创新。最关键的就是提高性能，降低成本，改善性价比，才能不断扩大市场。

从半合成树脂（硝酸纤维，醋酸纤维）到合成树脂（酚醛、PVC、PO…）的塑料工业的发展来看，迄今单纯的合成树脂是很难作为商品应用的，必须对它进行改性（加入各种助剂和改性材料），以适应加工过程和使用中的性能要求，同时也要找到合适的成型加工方法，两者是紧密联系的。

从塑料工业的发展历史上，可以找到大量这样的例子：由于找到了樟脑作为增塑剂，二硝基纤维素才能制成赛璐珞，生产出梳子、皂盒等多种（假象牙）产品。由于加入木粉（及后来的棉纤维、棉布、玻璃布）才有世界上第一个合成树脂生产的酚醛塑料产品的出现。

但是新产品的出现和增长，总有逐渐饱和的时候。20世纪60年代，国内电石法PVC树脂的大量投产，用软质PVC生产的全塑料凉鞋快速增长，由于性能好，价格低，很快取代了以往穿的草鞋。当时，一双塑料凉鞋的价格仅为草鞋的6～7倍，但草鞋一般只能穿一周左右，塑料凉鞋可以穿一、二年且要好看得多。到60年代后期全国年消费量7亿～8亿双。现在全塑料凉鞋已成为历史，但鞋用材料中塑料仍占有很大的比重。这是因为塑料鞋材在品质和品种上都早已有了极大的改变。

不断拓展创新，才是新的市场所在。开发新产品市场，我国也有很好的例子：塑料薄膜、地膜等的大量推广应用，保证了我国粮食和经济作物的增产，许多边远地区也得到广泛应用。没有农地膜的应用，恐怕13亿人的肚子是很难吃饱的，农地膜功不可没。可有人不从管理上去找原因，却强调“白色污染”。任何废弃物不能正确管理都会造成污染的。当然农地膜的使用量也是有饱和点的。

塑料窗框的应用克服了以往木窗、钢窗、铝合金窗的多种缺陷，而得到了快速发展。现在单是一家国内的大型企业年产量就超过50万吨。塑料窗框的发展同样也有它的萌芽、成长、巅峰和平稳期。20世纪60年代中期我国引进了第一台PVC型材挤出生产线，随后许多企业开始生产简单断面的PVC型材，用简单的结构做成窗框。由于较多顾虑成本，填料很多，质量不好，得不到发展。20世纪80年代山东不少企业大量生产PVC窗框，但仍然存在质量问题。随后大连实德、芜湖海螺等大型企业发展起来，形成了一定规模的产品和行业。而20世纪70～80年代为后来打下基础的老企业大都已经不存在，这个塑料制品新行业的出现和成长，在我国用了约30年的时间。

20世纪后期到21世纪初期，从引进国外经验到自己不断创新，我国塑木复合材料（WPC）制品行业得到了快速发展。目前国内企业数已超过800家，产量也成为世界第一，用了约15年时间。使用1t WPC相当于减少$1m^3$木材砍伐，减排二氧化碳1.82t，节约80桶原油或11t标准煤。目前它所使用的聚烯烃或聚氯乙烯大多为回收树脂，而木的部分多为废弃的木粉、竹粉、稻壳等，环保意义重大。但也面临着许多困难：成本仍然较高，产品本身的质量问题，出口因国外经济萧条而受限，国内用户还有一个认识接收的过程。但相信会有良好的发展前景。

20世纪90年代为了解决新疆农业缺水问题，新疆天业公司先后引进过日本、以色列的节水灌溉设备与技术，并应用到大田中，获得了农作物增产。但增产带来的经济收益远低于采用这种设备和技术的费用投入，无法得到推广。在我们及多单位协助下，经过企业不断的技术进步，大幅度降低了节水灌溉和应用中的投入费用，做到了真正的增产增收。节水(50%左右)，节肥、增产，得到了国家及相关部委的充分肯定，目前已推广上千万亩并正在快速发展，远远走在了世界各发达国家的前面。

从这些事例大体可以看出，塑料使用（消费）量的增加要靠老产品不断提高质量，新产品不断出现与推广，并不断提高其性价比。这就要在树脂合成、助剂及改性树脂、成型加工工艺、成型模具和设备等多方面不断协同与改进，创新与提高。

国家以至人类社会的发展基础在于生产的发展，创造更多的物质财富和改善环境，才有长远的民富国强，这是以企业的发展为前提的。企业应该成为生产发展的龙头，生产发展了，国力增强了，才有可能改善教育条件，技术研发工作才有基础。为此提倡以企业为龙头的产学研结合，共同为生产的发展和进步出力，为发展生产，增强国力，造福人民努力。高等学校特别是工科专业应该在产学研结合上，在为企业的不断创新和发展上作出自己的努力。

1.5.2 企业的发展

我国塑料产业的发展，要从塑料和塑料制品生产的（最）大国走向

（最）强国，依靠的是管理、组织、制度、科技、产品等方面的提高和创新，优化产业和产业结构，这些都需要大量高素质、创新型的人才，高校承担着重要的任务。

2010 年我国参与制定的 ISO26000 的发布，标志着企业将从质量管理为中心转变到社会责任管理为中心。企业的发展应该适应世界的潮流，国家的发展规划，造福人民，造福社会。这就需要朝着构建起企业产品环境友好，环境消纳的方向发展。当然这需要有相应的过程。

① 环境友好　逐步实现所有生产过程和产品的无毒、无害化的环境友好的过程。例如实现电石法合成 VC 中的无汞催化，PVC 加工中的无铅化等。

② 环境消纳　第一步，在实现环境友好的基础上，逐步实现废次品的减少和自我消纳，实现零废次品，实现初步的自我环境消纳。

第二步，实现本企业的产品在用户使用失效后（可能 10 年、50 年）的全部回收以至再利用，实现真正意义上的环境消纳。自然界在没有人类大量干预前就具有环境自我消纳和可持续发展的循环，具有自我修复的能力。一切动植物在完成诞生、成长、消亡的过程中都使大地成为更加肥沃的土壤，为后来的生物提供良好的环境。

这正是企业发展的社会责任，也是作为国家、社会细胞的企业的科学、可持续、和谐发展的前提。

1.5.3 长远的发展

高分子材料目前主要的原料石油、天然气、煤的消耗越来越大，今后这些原料出现紧缺以至用完后怎么办？还得回归大自然。地球每年通过太阳的光合作用，生产约 1 万亿吨植物，而现有世界塑料的年产量仅为其万分之三左右。除了成材的木料、食品等外，大量的废枝干未被充分利用，同时大量植物还可作为饲料获得肉类、奶类。也就是说将来人类需要的高分子材料完全可以从植物纤维素（包括木质素）和动植物蛋白来获取。这样人们是否又回到当初使用硝酸、醋酸纤维素、酪素塑料的年代？事实是事物的发展往往是从简单到复杂再到高级的简单。显然将来的生物塑料利用不会只是简单重复已有材料的应用，而是有更多层次的创新和发展。目前可以看出的一些动向。

① 塑木复合材料（WPC）的应用。这是把植物纤维废料与部分合成树脂（包括大量废旧回收料）并用制造出的新材料。这种材料虽然最早可以回溯到酚醛树脂与木粉或纤维素的复合，但目前意义的 WPC 已有了长足的发展。我国 WPC 工业虽然起步较晚，但发展迅速，年产量已成为世界

第一，当然还有系列问题需要不断去解决，如 WPC 的变色、变形、使用寿命的延长等。产品应用面的不断扩大，从以往大量室外应用到今后在建筑、室内装饰及工业产品，如交通、工具用材等领域的发展都有良好的前景。

② 聚乳酸（PLA）、聚丁二酸丁二醇酯（PBS）、聚羟基脂肪酸酯（PHA）等生物材料加工和使用性能的提高和产业化。通过生物发酵等途径得到的生物基聚烯烃、PET、PA、PC 等的发展和逐步产业化，前景都很广阔。

③ 从人类最早利用天然纤维素经过“半合成”得到赛璐珞、醋酸纤维，利用动物资源生产酪素塑料，今后利用天然纤维素和动物蛋白的新型塑料必将在更高层次上出现。目前国内外均有不少研发工作，比如找到一些性价比更高的纤维素的溶剂或增塑剂则可能带来更多新的产品问世，这些都值得去充分关注。

随着未来塑料产业的发展，我国在从塑料和制品的生产大国走向强国的过程中，需要依靠科技、产品、管理、组织、制度等方面的创新，优化产业、企业和产品结构，改善和健全以企业为主体、市场为导向、产学研结合的技术创新体系。产业的发展必然出现发展先进，淘汰落后，产业兼并重组，行业转型升级的过程。推进行业整合，提高产业集中度，发展规模经济和综合竞争力，促进上下游产业一体化发展，这些都需要大量高素质、创新型人才。高校是人才培养和科学研究的主要基地，这些都是今后需要努力发展的内容。

参 考 文 献

[1] 黄锐，曾邦禄编著．塑料成型工艺学，第 2 版．北京：中国轻工业出版社，1996.

[2] 杨鸣波编著．聚合物成型加工基础．北京：化学工业出版社，2010.

[3] 塔莫尔著．聚合物加工原理．任冬云译．北京：化学工业出版社，2009.

[4] 黄锐主编．塑料工程手册．北京：机械工业出版社，2000.

[5] 埃伦思坦．聚合物材料——结构、性能、应用．张萍、赵树高译．北京：化学工业出版社，2007.

[6] 周持兴，俞炜编著．聚合物加工理论．北京：科学出版社，2004.

[7] 吴崇周编著．塑料加工原理及应用．北京：化学工业出版社，2008.

[8] 黄锐，王旭，李忠明编著．纳米塑料．北京：中国轻工业出版社，2002.

[9] 黄锐，冯嘉春，郑德编著．稀土在高分子工业中的应用．北京：中国轻工业出版社，2009.

[10] 殷敬华，郑安呐，盛京编著．高分子材料的反应加工．北京：科学出版社，2008.

[11] 詹姆士 F·史蒂文森著．聚合物成型加工新技术．刘廷华，张弓等译．北京：化学工业出版社，2004.

[12] 黄锐编著．塑料的热成型及二次加工．北京：化学工业出版社，2005.

[13] 郑德，黄锐编著．稳定剂．北京：国防工业出版社，2011.

[14] 于文杰，李杰，郑德编著．塑料助剂与配方设计技术，第 3 版．北京：化学工业出版社，2010.

[15] 福建师范大学环境材料开发研究所编著．环境友好材料．北京：科学出版社，2010.

第 2 章　聚合物加工的理论基础

聚合物只有通过成型加工才能获得所需的形状、结构与性能，成为有实用价值的材料或制品。在成型加工过程中，聚合物将呈现出一定的物理和化学变化，从而改变聚合物的内部结构，提高材料的性能。因此，充分认识聚合物在一定外界条件下所表现的物理、化学变化，对配方的合理设计、工艺参数的调整以及对成型设备的要求都是非常重要的。

本章将着重讨论聚合物在成型加工过程中表现出的一些共同基本物理和化学行为——聚合物的流动特性，弹性行为，管隙中的流动行为，结晶，加工过程中的取向、降解及交联等内容。

2.1 聚合物熔体的流动特性

2.1.1 聚合物的熔融行为

大多数成型加工过程需要聚合物处于熔融状态，在这种状态下聚合物不仅易于流动，而且易于变形，从而为它的输送与成型做好准备。

2.1.1.1 熔融方法的分类

根据聚合物的物理特性、原料的形状特点和采用的成型方法，常见的聚合物熔融方法有五种，见表 2-1。

■表 2-1　聚合物的熔融方法

熔融方法	图示	描述	举例
无熔体移走的传导熔融	边界条件；熔体；规定的表面温度；固体；对流；辐射；规定的表面热通量	熔融所需的全部热量由接触或暴露表面提供，熔融速率仅由传导决定	在旋转成型过程中，聚合物粉料被熔结；在热成型过程中，片（板）材被加热软化成型。它是通过与热表面直接接触，或者通过对流、辐射将热量提供给聚合物固体

续表

熔融方法	图示	描述	举例
有强制熔体移走(由拖曳或压力引起)的传导熔融	熔体(拖曳流) 固体 热移动表面	熔融的一部分热量来源于直接接触的热表面，一部分热量由熔膜中的黏性耗散将机械能转变为热能来提供。熔融速率由热传导、熔体迁移和黏性耗散速率决定	固体物料在螺杆挤出机中的熔融挤出等
耗散混合熔融		熔融热量由整个体积内机械能转变为热能来提供。熔融速率由整个外壁面上和混合物固体——熔体界面上辅以热传导决定	固体物料在密炼机、连续混合机、辊式混炼机和某些挤出机的熔融方式
利用电的、化学的或其他能源的耗散熔融方法		在固体中引起高频反复变形的超声波加热，它广泛用于局部加热和局部熔融	焊接和热合
压缩熔融	固体	高压的施加，通过粒子强烈变形及粒子间的摩擦产生热量	由于需要的压力非常高，因此限制了这种熔融方法的应用

2.1.1.2 热扩散系数

物料加热与冷却难易程度由温度或热量在物料中的传递速率决定，而传递速率取决于物料的固有性能——热扩散系数 α，这一系数定义为：

$$\alpha = k/(C_p \cdot \rho) \tag{2-1}$$

式中，k 为热导率；C_p 为比热容；ρ为密度。

一些聚合物的热性能见表 2-2。热扩散系数可表示物体在加热或冷却时各部分温度趋向一致的能力。表 2-2 中所列的热扩散系数仅为常温状态下的。要准确计算加工温度范围内聚合物的热扩散系数很困难，因为式(2-

1）中几个因素都随温度而变化。但从试验数据统计结果可知，在较大温度范围内聚合物的热扩散系数变化幅度不大，通常不到两倍。虽然聚合物由玻璃态至熔融态的热扩散系数逐渐下降，但在熔融态下的较大温度范围内几乎不变，这是因为比热容随温度上升的趋势恰为密度随温度下降的趋势所抵消。

■表 2-2　一些聚合物的热性能（常温）

聚合物	C_p /[cal/(g·℃)]	k /[×10⁻⁴ cal/(cm·s·℃)]	α /[×10⁴/(cm²/s)]
聚酰胺	0.40	5.5	12
高密度聚乙烯	0.55	11.5	13.5
低密度聚乙烯	0.55	8.0	16
聚丙烯	0.46	3.3	8
聚苯乙烯	0.32	3.0	10
硬质聚氯乙烯	0.24	5.0	15
软质聚氯乙烯	0.3～0.5	3.0～4.0	8.5～6.0
ABS 塑料	0.38	5.0	11
聚甲基丙烯酸甲酯	0.35	4.5	11
聚甲醛	0.35	5.5	11
聚碳酸酯	0.30	5.5	13
聚砜	0.30	6.2	16
酚甲醛塑料(木粉填充)	0.35	5.5	11
酚甲醛塑料(矿物填充)	0.30	12	22
脲甲醛塑料	0.40	8.5	14
蜜胺塑料	0.40	4.5	8
醋酸纤维素	0.40	6.0	12
玻璃	0.20	20	37
钢材	0.11	1100	950
铜	0.092	10000	1200

注：1cal/(g·℃)=4.1868×10³J/(kg·K)，1cal/(cm·s·℃)=4.1868×10²W/(m·K)。

从表 2-2 数据可以得到如下结论：各种聚合物的热扩散系数相差不大，但与铜、钢相比，相差很多，要小 1～2 个数量级。这说明聚合物热传导的传热速率很小，冷却和加热都不容易；黏流态聚合物由于黏度很高，流传热速率也很小。基于这两个原因，在成型加工过程中，要使一批塑料的各个部分在较短的时间内达到同一温度，需要很复杂的设备和很大的消耗；由于聚合物的热扩散系数小，加工温差固然可以提高传热速率，但又受到局部高温易引起聚合物降解变质的限制。在冷却过程中，冷却介质与熔体之间的温差太大，会产生内应力而使制品的物理力学性能变差。

2.1.1.3 聚合物的热转变

图 2-1 给出了结晶聚合物与低分子材料的比体积 V（或比热容 C_p）

与温度 T 的变化曲线。对比发现结晶聚合物的熔融过程与低分子材料相似，也发生某些热力学函数（体积、比热容等）的突变，然而这一过程不像低分子那样发生在约 0.2℃的狭窄范围内，而有一个较宽的熔融温度范围，这个温度范围通常称为熔限（或熔程），把熔限的上限点称为平衡熔点 T_m。在这个温度范围内，发生边熔融边升温的现象，而不像低分子那样，几乎保持在某个两相平衡的温度下，直到晶相全部熔融为止。

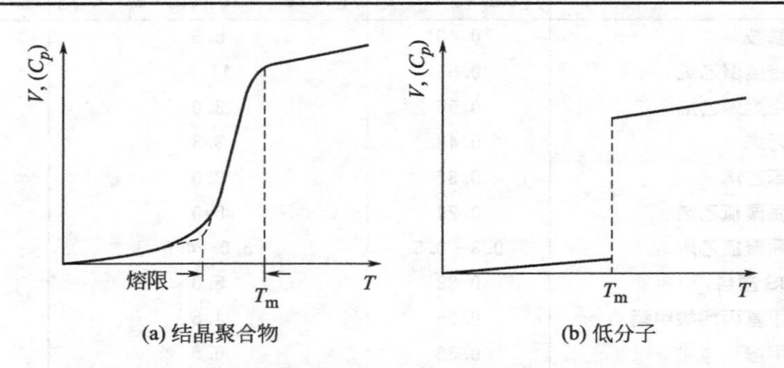

■图 2-1 结晶聚合物与低分子熔融过程比体积（或比热容）-温度曲线

根据聚合物的力学性质随温度变化的特征，可以将晶态聚合物按温度区域不同划分为三种力学状态——玻璃态、高弹态和黏流态。玻璃态与高弹态之间的转变，称为玻璃化转变，对应的转变温度即为 T_g。而高弹态与黏流态之间的转变温度称为黏流温度（T_f）。

不同种类聚合物在恒定外力作用下，随温度升高所具有的力学状态见表 2-3。

■表 2-3 不同种类聚合物具有的力学状态

种类	玻璃态	高弹态	黏流态
无定形聚合物	有	有	有
热固性聚合物	有	无	无
橡胶	无	有	无
结晶聚合物	有	有（$T_f > T_m$） 无（$T_f < T_m$）	有

无定形聚合物在恒定外力作用下的变形-温度关系如图 2-2 所示。结晶聚合物存在晶区与无定形区两相，其变形-温度曲线如图 2-3 所示。结晶聚合物在熔融后还处于高弹态，不利于流动充填模具的型腔。因此要控制聚合物的相对分子质量。

不同的成型加工方法是在一定温度下特定的力学状态下进行的，如图 2-4 所示。

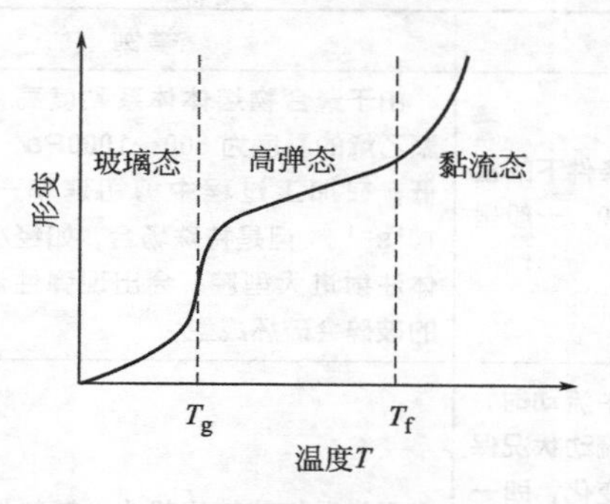

■图 2-2　无定形聚合物的变形-温度曲线

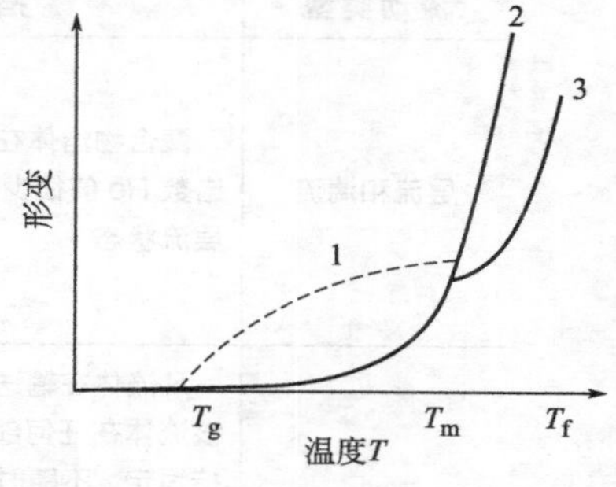

■图 2-3　结晶聚合物的变形-温度曲线

1——结晶聚合物的无定形区部分发生玻璃化转变；
2——T_f 小于 T_m 时，结晶聚合物熔融后直接进入黏流态；3——T_f 大于 T_m 时，结晶聚合物熔融后先转变成高弹态，直至温度升高到 T_f 时，再转化成黏流态

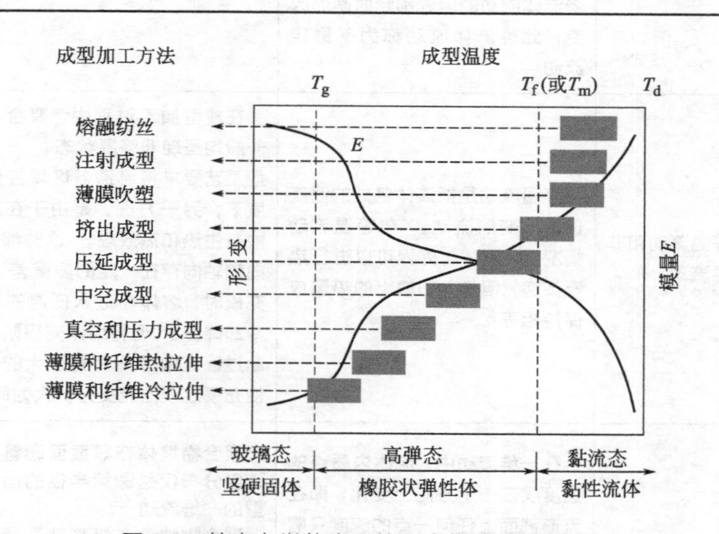

■图 2-4　特定力学状态下的聚合物成型加工方法

2.1.2 聚合物熔体的流动类型和非牛顿流动

2.1.2.1 聚合物熔体的流动类型

聚合物熔体由于在成型过程中的流速、外部作用力形式、流道几何形状和热量传递的不同，可表现出不同的流动类型，见表 2-4。

■表 2-4 聚合物熔体的流动类型

流动类型	描述	举例
层流和湍流	聚合物熔体在成型条件下的雷诺数 Re 值很少大于 10，一般呈层流状态	由于聚合物熔体体系黏度高，如低密度聚乙烯的黏度为 300～1000Pa · s；流速较低，在加工过程中剪切速率一般不大于 10^4s^{-1}。但是特殊场合，如经小浇口的熔体注射进大型腔，会出现弹性湍流，熔体的破碎会破坏成型
稳定流动和不稳定流动	凡流体在输送通道中流动时，该流体在任何部位的流动状况保持恒定，不随时间而变化，即一切影响流体流动的因素都不随时间而改变，此种流体流动称为稳定流动。所谓稳定流动，并非是流体在各部位的速度以及物理状态都相同，而是指任何一定部位，它们均不随时间而变化 凡流体在输送通道中流动时，其流动状况随时间而变化，即影响流体流动的因素都随时间而改变，此种流体流动称为不稳定流动	正常操作的挤出机中，塑料熔体沿螺杆螺槽向前流动属稳定流动，因其流速、流量、压力和温度分布等参数均不随时间而变动 在注射模塑的充模过程中，塑料熔体的流动属于不稳定流动，因为此时在模腔的流动速率、温度和压力等各种影响流动的因素均随时间变化。通常把熔体的充模流动看作典型的不稳定流动
等温流动和非等温流动	等温流动是指流体各处的温度保持不变的流动。在等温流动情况下，流体与外界可以进行热量传递，但传入和输出的热量应保持相等	在成型加工过程中，聚合物熔体的流动一般均呈现非等温状态。一方面是由于成型工艺要求将流道各区域控制在不同的温度下；另一方面，是由于在黏性流动过程中有生热和热效应。这些都使其在流道径向和轴向存在一定的温度差。聚合物注射充模时，熔体在进入低温的模具后就开始冷却降温。但将熔体充模阶段当做等温流动过程处理并不会有过大的偏差，却可以使充模过程的流变分析大为简化
一维流动、二维流动和三维流动	在一维流动中，流体内质点的速度仅在一个方向上变化，即在流道截面上任何一点的速度只需用一个垂直于流动方向的坐标表示 在二维流动中，流道截面上各点的速度需要两个垂直于流动方向的坐标表示 在三维流动中，流体在截面变化的通道中流动，其质点速度不仅沿通道截面两个方面变化，而且也沿主流动方向变化	聚合物熔体在等截面圆管内的层流，其速度分布仅是圆管半径的函数，是一种典型的一维流动 聚合物熔体在矩形截面通道中的流动，其流速在通道路的高度和宽度两个方向均发生变化，是典型的二维流动 聚合物熔体在锥形通道中流动，流体的流速要用三个相互垂直的坐标表示，即典型的三维流动 二维流动和三维流动的规律在数学处理上，比一维流动复杂很多。有的二维流动，如平行狭缝通道和间隙很小的圆环通道中的流动，按一维流动作近似处理时不会有很大的误差

续表

流动类型	描述	举例
拉伸流动和剪切流动	流体内质点速度分布和流动方向关系，可将聚合物加工时熔体的流动分为两类，一类是质点速度沿着流动方向发生变化，称为拉伸流动；另一类是质点速度仅沿着与流动方向垂直的方向发生变化，称为剪切流动 (a) 拉伸流动 (b) 剪切流动	通常研究的拉伸流动有单轴拉伸和双向拉伸。单轴拉伸的特点是一个方向被拉长，其余两个方向则相对缩短，如合成纤维的拉丝成型。双向拉伸时两个方向被同时拉长，别一个则缩小，如塑料的中空吹塑、薄膜生产等
拖曳流动和压力流动	由边界的运动而产生的流动，如运转辊筒表面对流体的剪切摩擦而产生的流动，即为拖曳流动。而边界固定，由外压力作用于流体而产生的流动，称为压力流动	聚合物熔体注塑时，在流道内的流动属于压力梯度引起的剪切流动

2.1.2.2 非牛顿流体的流动

在剪切流动中，按剪切应力τ与剪切速率$\dot{\gamma}$的关系，可以分为牛顿流体流动和非牛顿流体流动。

(1) 牛顿流体流动　理想黏性流体的流动符合牛顿流动定律，其剪切应力和剪切速率成正比：

$$\tau=\eta\dot{\gamma} \tag{2-2}$$

式中，比例系数η为牛顿黏度，单位为Pa·s。黏度是流体流动时内部抵抗流动的阻力，它是流体内摩擦力的表现，是流体本身固有的性质，其大小表征抵抗外力所引起的流体变形的能力。

牛顿流动曲线是通过原点的直线，如图 2-5 所示。该直线与 $\dot{\gamma}$ 轴夹角 θ 的正切值即斜率是流体的牛顿黏度，即 $\eta=\tau/\dot{\gamma}=\tan\theta$。牛顿流体的应变是不可逆的。纯黏性流动的特点是在其应力解除后应变永远保持。牛顿黏度与温度有密切关系。

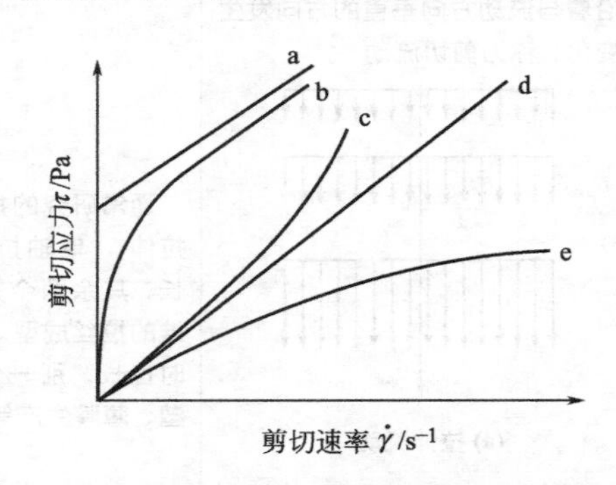

■图 2-5 各类型流体的流动曲线

a—宾汉流体；b,e—假塑性流体；c—胀塑性流体；d—牛顿流体

真正属于牛顿流体的只有低分子化合物的液体或溶液，如水和甲苯等。而聚合物熔体，除聚碳酸酯、偏二氯乙烯-氯乙烯共聚物等少数几种与牛顿流体相近外，绝大多数都属于非牛顿流体。

(2) 非牛顿流体流动 凡流体的流动行为不遵从牛顿流动定律的，均称为非牛顿流体，其分类如表 2-5 所示。非牛顿流体流动时剪切应力和剪切速率的比值不再称为黏度而称为表观黏度，用 η_a 表示。表观黏度在一定温度下并不是一个常数，可随剪切应力、剪切速率变化而变化，有些还随时间变化而变化。

2.1.2.3 拉伸流动

拉伸流动是两种基本流动形式的另一种。拉伸流动存在于各种成型加工过程当中，如中空吹塑、热成型、纺丝和双轴拉伸等。图 2-6 是挤棒或纤维拉丝过程，是在无约束条件下牵引拉伸使制品伸长变细。在拉伸流动区，流体质点的速率仅沿流动方向发生变化，属于拉伸流动。

对于牛顿流体，拉伸应力 σ 与拉伸应变速率 $\dot{\varepsilon}$ 之间有类似于牛顿流动定律的关系：

$$\lambda=\sigma/\dot{\varepsilon} \tag{2-3}$$

式中 λ——拉伸黏度。

拉伸黏度随所拉应力是单向、双向等而异，这是剪切黏度所没有的。

■表 2-5　非牛顿流体的分类

非牛顿流体		描述	公式	原因分析	举例
与时间无关	假塑性流体	该流体的表观黏度随剪切速率的增大而减小，见图 2-5	$\tau=K\dot{\gamma}^n$ 式中，K—流动常数，Pa·s^n； n—流动性指数，无因次量。$n<1$	当缠结的大分子受应力作用时，其缠结点就会被解开，所受的应力愈高，则被解开的缠结点就愈多，同时被解开缠结点的大分子沿着流动方向规则排列，这时的大分子之间发生相对运动，内摩擦力就比较小，表现在宏观性能上就是表现黏度下降	在聚合物成型加工过程中，假塑性流动是十分普遍的现象，因此可以利用其性能，改善聚合物的加工工艺性。例如，在聚合物挤出、注塑工艺中，在不增加温度的情况下，适当提高螺杆转速，可降低聚合物熔体的剪切黏度，从而提高熔体的流动性
	胀塑性流体	该流体的表观黏度随剪切速率的增大而增加，见图 2-5	$\tau=K\dot{\gamma}^n$ 式中，K—流动常数，Pa·s^n； n—流动性指数，无因次量，$n>1$	在静止状态，固体粒子密集地分布在液相中，较好地排列并填充在颗粒间的间隙中。在高剪切速率下，颗粒沿着各自液层滑动，不进入层间的空隙，出现膨胀性的黏度增加	胀塑性流体的数量比假塑性流体少得多，含有较高体积分数固相粒子的悬浮体、较高浓度的聚合物分散体、聚合物熔体与固体颗粒填料体系，如：PVC 高浓度悬浮溶液、玉米粉、糖溶液等属于此类流体
	宾汉塑性流体	该流体的特性是，当剪切应力超过屈服应力之后才开始流动，开始流动之后像牛顿流体一样，图 2-5。	$\tau-\tau_y=\eta_p\gamma$ 式中，τ_y—屈服应力，Pa； η_p—刚性系数，Pa·s	因为流体静止时形成了凝胶结构，外力超过 τ_y 时这种三维结构才受到破坏，然后产生不可恢复的塑性流动	牙膏、油漆、润滑脂、钻井用的泥浆、下水污泥、聚合物在良溶剂中的浓溶液和凝胶性糊塑料等属于或接近于宾汉流体
与时间有关	触变性（摇溶性）流体	该流体的表观黏度随剪切力作用时间的延长而降低		通常认为触变形流体和流凝性流体的这种属性是由于流体内部物理或化学结构发生变化而引起的。触变性流体在持续剪切过程中，有某种结构的破坏，使黏度随时间减少；而流凝性流体则在剪切过程中伴随着某种结构的形成	属于此类流体的聚合物流体较少，高分子化合物溶液、某些流质食品和涂料属于此类
	流凝性（震凝性）流体	这种流体的表观黏度随剪切力作用时间延长而增加			此类流体如某些溶胶和石膏悬浮液等

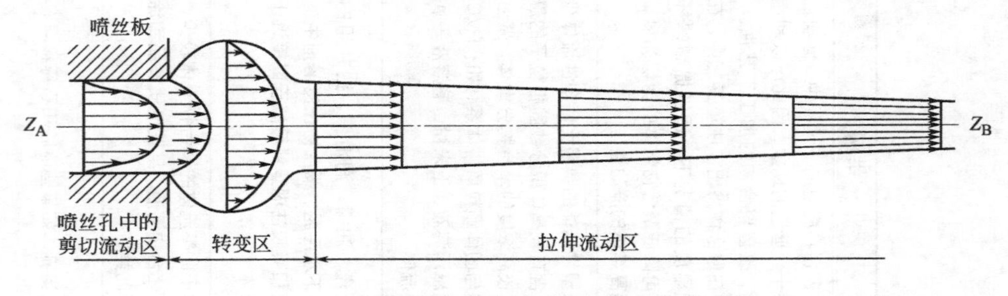

■图 2-6 拉伸流动中速度梯度的变化

假塑性流体的表观黏度随剪切应力的增大而下降，但拉伸黏度则不同，有降低、不变、上升三种情况。这是因为在拉伸流动中，除了由于解缠而引起黏度降低外，还有链的拉直和沿拉伸轴取向，使拉伸阻力、黏度增大。因此，拉伸黏度随拉伸应力的变化趋势，取决于这两种效应哪一种占优势。如图 2-7 所示，低密度聚乙烯、聚异丁烯和聚苯乙烯等支化聚合物，由于熔体中有局部弱点，在拉伸过程中形变趋于均匀化，又由于应变硬化，因而拉伸黏度随拉伸应力增大而增大；聚甲基丙烯酸甲酯、ABS、聚酰胺、聚甲醛、聚酯等低聚合度线型高聚物的拉伸黏度与拉伸应力无关；高密度聚乙烯、聚丙烯等线型聚合物，因局部弱点在拉伸过程中引起熔体的局部破裂，所以拉伸黏度随拉伸应力增大而降低。应指出的是，剪切黏度随剪

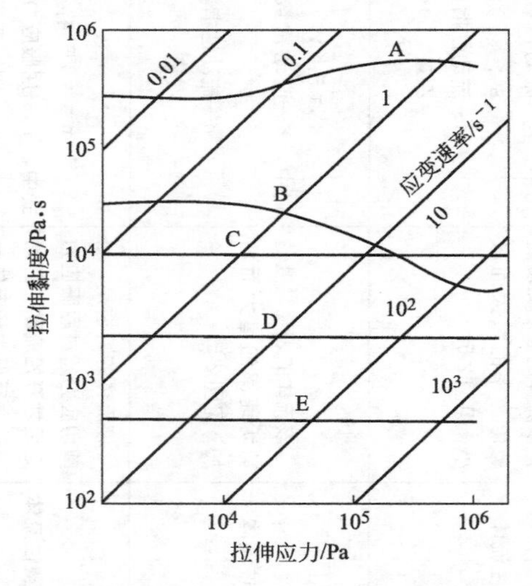

■图 2-7 几种热塑性塑料熔体在常压下的拉伸应力-拉伸黏度关系

A——低密度聚乙烯(170℃)；B——乙丙共聚物(230℃)；C——聚甲基丙烯酸甲酯(230℃)；D——聚甲醛(200℃)；E——聚酰胺 66(285℃)(图中塑料均为指定产品，数据仅供参考)

切应力增大而下降的聚合物，其拉伸黏度并不一定随拉伸应力的增大而下降，多数情况下是随拉伸应力的增加而增加，即使有下降，其下降幅度也很小。在大应力下，拉伸黏度往往比剪切黏度大 100 倍，而不是像低分子流体那样 $\lambda=3\eta$。由此可以推断，拉伸流动成分只需占总形变的 1%，其作用就相当可观，甚至占支配地位，因此拉伸流动不容忽视。在成型加工过程中，拉伸流动行为具有实际指导意义，如吹塑薄膜或成型中空容器型坯时，采用拉伸黏度随拉伸应力增大而增大的物料，则很少会出现制品或半成品应力集中或局部强度变弱的现象。反之，则易于出现这些现象，甚至发生破裂。

2.1.3 聚合物熔体黏度的影响因素

聚合物熔体的黏度是影响聚合物加工性能的重要因素之一，不同的加工方式，对聚合物熔体的黏度要求有所不同。大多数聚合物熔体属于假塑性流体，黏性剪切流动中，黏度受各种因素的影响。下面主要讨论影响聚合物熔体黏度的主要因素，如剪切速率、温度、压力、分子结构及添加剂等。以下讨论的主要因素，是以假设其他因素不变为前提的。

2.1.3.1 剪切速率的影响

在低和高剪切速率区，聚合物熔体的剪切黏度不随剪切速率而改变，而在中间剪切速率区黏度随剪切速率增加而降低。一般情况下，高剪切速率下熔体黏度比低剪切速率下的黏度小几个数量级。但不同聚合物熔体在流动过程中，随剪切速率的增加，黏度下降的程度是不相同的。如图 2-8 所示，柔性链的聚氯醚和聚乙烯的表观黏度随剪切速率的增加明显地下降，而刚性链的聚碳酸酯和醋酸纤维，则下降不多。这是因为柔性链分子容易通过链段运动而取向，而刚性分子链段较长，极限情况下只能有整个分子链的取向，而在黏度很大的熔体中要使整个分子取向，内摩擦阻力是很大的，因而在流动过程中取向作用很小，随着剪切速率的增加，黏度变化很小。

从黏度的剪切依赖性来说，一般橡胶对剪切速率的敏感性要比塑料大。不同塑料的敏感性有明显区别，敏感性较明显的有 LDPE、PP、PS、HIPS、ABS、PMMA 和 POM；而 HDPE、PSF、PA1010 和 PBT 的敏感性一般；PA6、PA66 和 PC 最不敏感。对剪切速率敏感性大的塑料，可采用提高剪切速率的方法使其黏度下降。而黏度降低可使聚合物熔体容易通过浇口而充满模具型腔，也可使大型注射机能耗降低。

2.1.3.2 温度的影响

随着温度的升高，熔体的自由体积增加，链段的活动能力增强，聚合

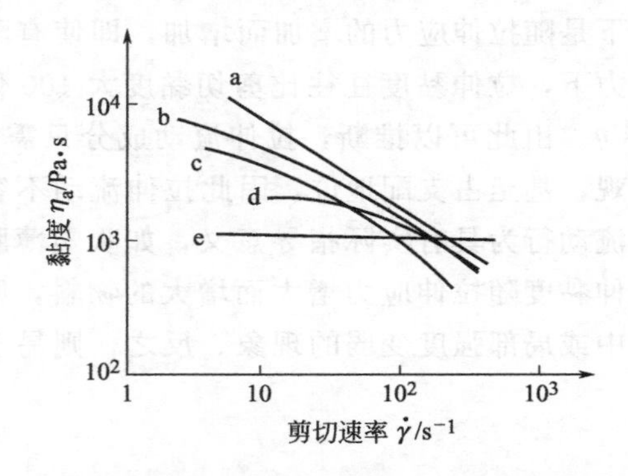

■图 2-8 剪切速率对聚合物熔体黏度的影响
a——氯化聚醚(200℃)；b——聚乙烯(180℃)；c——聚苯乙烯(210℃)；
d——醋酸纤维(210℃)；e——聚碳酸酯(302℃)

物分子间的相互作用力减弱，使聚合物的流动性增大，熔体的黏度随温度升高以指数方式降低，因而在聚合物加工中，温度是进行黏度调节的首要手段。在温度范围为 $T>T_g+100$℃时，聚合物熔体黏度对温度的依赖性可用阿累尼乌斯（Arrhenius）方程来表示。

$$\eta=A\exp(\Delta E_\eta/RT) \tag{2-4}$$

式中 A——与材料性质、剪切速率和剪切应力有关的常数；

ΔE_η——在恒定剪切速率和恒定剪切应力下的流动活化能，J/mol；

R——摩尔气体常数，8.3145J/(mol·K)；

T——热力学温度，K。

如果把式(2-4）的指数形式改写成对数形式，则

$$\ln\eta=\ln A+\frac{\Delta E_\eta}{RT} \tag{2-5}$$

即熔体黏度的对数与温度的倒数之间存在线性关系。图 2-9 是一些聚合物的表观黏度-温度关系曲线。可以看到，各种聚合物都得到直线，然而直线斜率各不相同，这意味着各种聚合物的表观黏度表现出不同的温度敏感性。直线斜率 $\Delta E_\eta/R$ 较大，则流动活化能较高，即黏度对温度变化较敏感。一般分子链刚性越大，或分子间作用力越大，则流动活化能越高，这类聚合物的黏度对温度有较大的敏感性。例如，聚碳酸酯和聚甲基丙烯酸甲酯，温度升高 50℃左右，表观黏度可以下降一个数量级，可见在加工中，为了调节这类聚合物的流动性，改变温度是非常有效的方法。而柔性高分子链，如聚乙烯、聚丙烯和聚甲醛等，它们的流动活化能较小，表观黏度随温度的变化不大，在加工中调节流动性时，如果仅仅改变温度则不行，因为温度升高很多时，它的表观黏度降低仍有限，例如温度升高 100℃，表观黏

度也降不到一个数量级。而另一方面，这样大幅度提高温度可能使它发生降解，从而降低制品的质量，对成型设备等的损耗也较大，而且会恶化工作条件。表 2-6 列出了一些高聚物的流动活化能值。

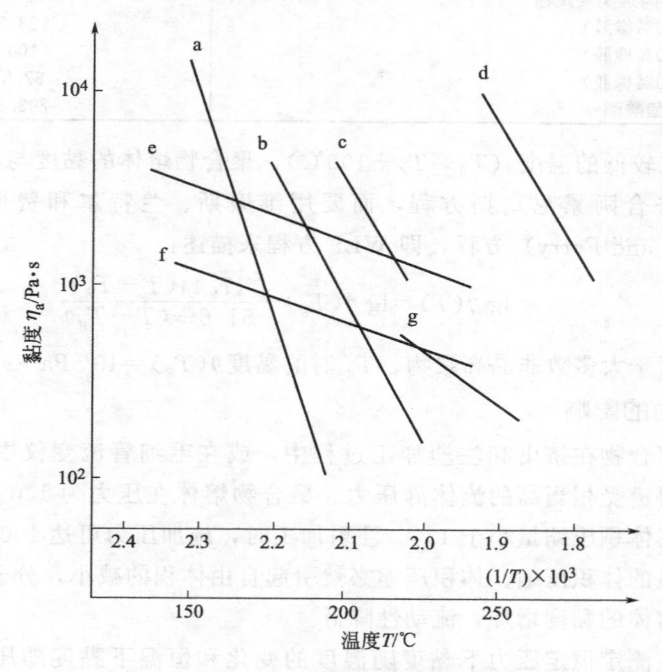

■图 2-9 温度对聚合物黏度的影响

a——醋酸纤维；b——聚苯乙烯；c——聚甲基丙烯酸甲酯；d——聚碳酸酯；e——聚乙烯；f——聚甲醛；g——尼龙

■表 2-6 一些高聚物的流动活化能

聚 合 物	流动活化能 ΔE_η/(kJ/mol)
聚二甲基硅氧烷	16.7
高密度聚乙烯	26.3～29.2
低密度聚乙烯	48.8
聚丙烯	37.5～41.7
聚丁二烯(顺式)	19.6～33.3
天然橡胶	33.3～39.7
聚异丁烯	50～62.5
聚苯乙烯	94.6～104.2
聚 α-甲基苯乙烯	133.3
聚氯乙烯	147～168
增塑聚氯乙烯	210～315
聚醋酸乙烯酯	250
聚 1-丁烯	49.6
聚乙烯醇缩丁醛	108.3
聚酰胺	63.9

续表

聚 合 物	流动活化能 ΔE_η/(kJ/mol)
聚对苯二甲酸乙二酯	79.2
聚碳酸酯	108.3～125
苯乙烯-丙烯腈共聚物	104.2～125
ABS(20%橡胶)	108.3
ABS(30%橡胶)	100
ABS(40%橡胶)	87.5
纤维素醋酸酯	293.3

在较低的温度（T_g～T_g+100℃），聚合物熔体的黏度与温度的关系已不再符合阿累尼乌斯方程，而要用维廉斯、兰特尔和费里（Williams、Lardel and Ferry）方程，即 WLF 方程来描述：

$$\lg \eta(T)=\lg \eta(T_g)-\frac{17.44(T-T_g)}{51.6+(T-T_g)} \tag{2-6}$$

对于大多数非晶高聚物，T_g 时的黏度$\eta(T_g)=10^{12}$Pa·s。

2.1.3.3 压力的影响

聚合物在挤出和注塑加工过程中，或在毛细管流变仪中进行测定时，常需要遭受相当高的流体静压力。聚合物熔体在压力为 1.0～10MPa 下成型，其体积压缩量小于 1%。注射加工时，施加压力可达 100MPa，此时会有明显的体积压缩。体积压缩必然引起自由体积的减小，分子间距离减小，导致熔体的黏度增加，流动性降低。

在测定恒定压力下黏度随温度的变化和恒温下黏度随压力的变化后，得知压力增加 Δp 与温度下降 ΔT 对黏度的影响是等效的。这种等效关系可用换算因子（$\Delta T/\Delta p$）$_\eta$ 来处理。这一换算因子可确定与产生黏度变化所施加的压力增量相当的温度下降量。一些聚合物熔体的换算因子见表 2-7。

■表 2-7 几种聚合物（$\Delta T/\Delta p$）$_\eta$ 熔体的换算因子

聚 合 物	$(\Delta T/\Delta p)_\eta$/(℃/MPa)	聚 合 物	$(\Delta T/\Delta p)_\eta$/(℃/MPa)
聚氯乙烯	0.31	共聚甲醛	0.51
聚酰胺 66	0.32	低密度聚乙烯	0.53
聚甲基丙烯酸甲酯	0.33	硅烷聚合物	0.67
聚苯乙烯	0.40	聚丙烯	0.86
高密度聚乙烯	0.42		

如低密度聚乙烯，在常压和 167℃下的黏度，要在 100MPa 压力下维持不变，需要升高多少温度。由表 2-3 上得到换算因子 0.53℃/MPa，温度升高为

$$\Delta T=0.53\times(100-0.1)\approx 53℃$$

换言之，此熔体在 220℃和 100MPa 时的流动行为，与在 167℃和 0.1MPa 时的流动行为相同。

挤出加工的压力比注塑的低，因此挤出压力使熔体黏度增加大致相当于加工温度下降了几度，而对注塑却是温度下降了几十度。不同的聚合物，其黏度对于压力的敏感性不同。PS因为有很大的苯环侧基，且分子链为无规立构，分子间隙较大，所以PS对压力非常敏感。

2.1.3.4 分子结构的影响

(1) 相对分子质量　聚合物熔体的黏性流动主要是分子链之间发生的相对位移，因此相对分子质量越大，流动性越差，黏度较高。

在给定温度下，聚合物熔体的零剪切黏度η_0随相对分子质量增加呈指数关系增大，如图2-10所示。而且在它们的关系中存在一个临界的相对分子质量M_c。零剪切黏度η_0与重均相对分子质量$\overline{M_w}$之间的关系为：

$$\eta_0 = K_1 \overline{M_w} (\overline{M_w} \leqslant M_c) \tag{2-7}$$

$$\eta_0 = K_2 \overline{M_w}^{3.4} (\overline{M_w} > M_c) \tag{2-8}$$

式中，K_1、K_2和3.4是经验常数。此关系说明了相对分子质量越高，则非牛顿流体流动行为越强。反之，低于M_c时，聚合物熔体表现为牛顿流体。表2-8列出了几种聚合物的临界相对分子质量M_c。

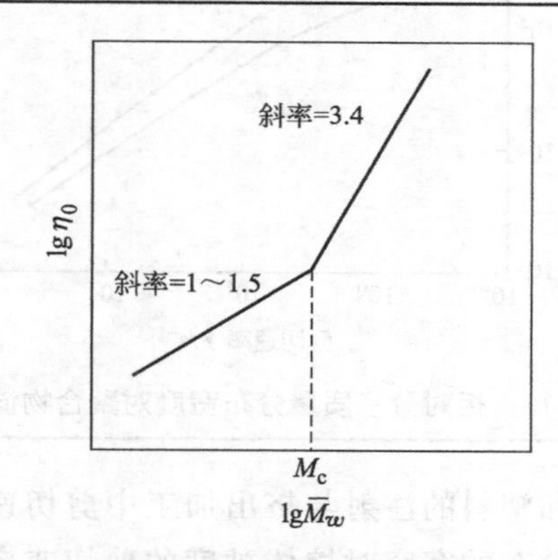

■图2-10　聚合物熔体黏度与相对分子质量的关系

■表2-8　几种聚合物的临界分子量值

聚合物	M_c	聚合物	M_c
聚乙烯	4000	天然橡胶	5000
聚丙烯	7000	聚异丁烯	17000
聚氯乙烯	6200	聚氧化乙烯	6000
聚乙烯醇	7500	聚醋酸乙烯酯	25000
聚酰胺6	5000	聚二甲基硅氧烷	30000
聚酰胺66	7000	聚苯乙烯	35000

从聚合物成型加工角度考虑，希望聚合物的流动性能好一些，这样可以使聚合物与添加剂混合均匀，制口表面光洁。降低分子量可以增加流动

性，改善加工性能，但是过多地降低分子量又会影响制品的机械强度，所以在三大合成材料的生产中要恰当地调节分子量的大小，在满足加工要求的前提下尽可能提高其分子量。

不同用途和不同加工方法对分子量也有不同要求。合成橡胶的相对分子量一般控制在 20 万左右，合成纤维的相对分子量一般很低，2 万～10 万左右。塑料的相对分子量一般控制在纤维和橡胶之间。通常，注塑用聚合物的相对分子量比较低，挤出用聚合物的相对分子量比较高，而吹塑用聚合物的相对分子量介于两者之间。

（2）相对分子质量分布　如图 2-11，相对分子质量分布宽的聚合物熔体对剪切速率的敏感性较分布窄的聚合物大。在较低的剪切速率范围，分布宽的聚合物熔体就呈现较明显的剪切变稀的非牛顿特性。随着剪切速率的增大，分布宽的聚合物熔体的黏度下降较分布窄的多些。

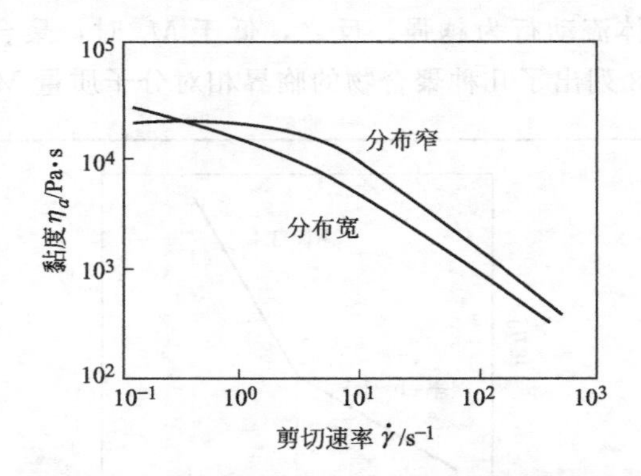

■图 2-11　相对分子质量分布宽度对聚合物流动曲线的影响

一般的纺丝和塑料的注射与挤出加工中剪切速率都比较高，在这样的情况下，分子量分布的宽窄对熔体黏度的剪切速率依赖性影响很大。在同样的注塑和挤出加工条件下，具有相同分子量的试样，宽分布比窄分布具有更好的流动性。

橡胶加工中确实希望分子量分布宽些，其中低分子量部分是相当优良的增塑剂，对高分子量部分起增塑作用，与其他添加剂混炼捏和时，比较容易吃料，由于流动性较好，可减少动力消耗，提高产品的外观光洁度，而高分子量部分则可以保证产品物理力学性能的要求。当然也不是分子量越宽越好，相对于橡胶而言，塑料和纤维的分子量分布不宜过宽，因为塑料和纤维的平均分子量一般都较低，分子量分布过宽势必含有相当数量的小分子量部分，它们对产品的物理机械性能将带来不良的影响。

（3）支化　当相对分子质量相同时，分子链是直链型还是支链型，及其支化程度，对黏度的影响很大。图 2-12 为顺丁橡胶的零剪切黏度η_0与分子链支化之间的关系。对于短支链聚合物，其黏度比直链聚合物低。因为支链短，使分子链之间距离增大，缠结点减少。且支链越多越短，黏度就越低。对于长支链聚合物，其黏度比直链聚合物高。因为长支链聚合物在超过临界相对分子质量的 2～4 倍后，主链和长支链都能形成缠结点，使黏度增大。

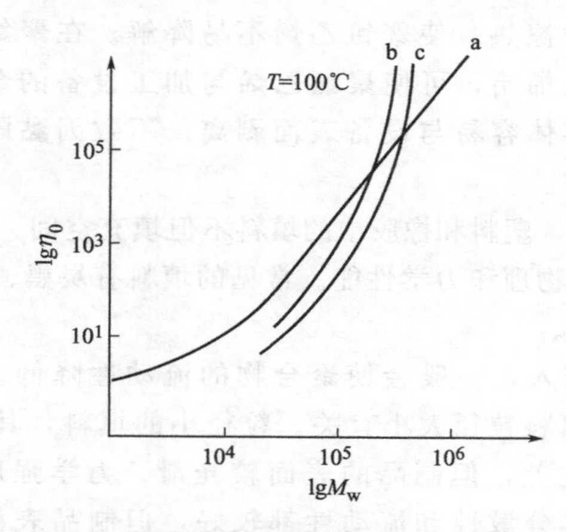

■图 2-12 顺丁橡胶的零剪切黏度与分子链支化的关系

a——直链；b——三支链；c——四支链

在橡胶加工时掺入一些支化的或已降解的低交联度再生胶，可以使橡胶黏度降低，改善其加工性能。低密度聚乙烯具有支化型分子链，在高剪切速率下，分子链间支化链破坏缠结作用，使其黏度低于具有相同相对分子质量的高密度聚乙烯。

(4) 其他结构因素 凡是能使玻璃化转变温度升高的因素，往往也能使黏度升高。对分子量相近的不同聚合物来说，柔性链的黏度比刚性链低。例如聚有机硅氧烷和含有醚键的聚合物黏度就特别低；而刚性很强的聚合物，例如聚酰亚胺和其他主链含量有芳环的聚合物黏度都很高，加工也较困难。

此外，分子的极性、氢键和离子键等对聚合物的熔融黏度也有很大的影响。如氢键能使尼龙、聚乙烯醇、聚丙烯酸等聚合物的黏度增加。离子键能把分子链互相连接在一起，犹如发生交联，因而高聚物的离子键能使黏度大幅度升高。聚氯乙烯和聚丙烯腈等极性聚合物，分子间作用力强，因而熔融黏度也较大。

2.1.3.5 添加剂的影响

对聚合物熔体流动性能有显著影响的添加剂有增塑剂、润滑剂和填料等。

(1) 增塑剂　加入增塑剂，会降低成型过程中熔体的黏度。增塑剂的类型和用量不同，黏度的变化就有差异。聚氯乙烯黏度随增塑剂用量的增加而下降，可以提高流动性。但加入增塑剂后，其制品的力学性能及热性能会随之改变。

(2) 润滑剂　聚合物中加入润滑剂可以改善流动性。如在聚氯乙烯中加入内润滑剂硬脂酸，不仅使熔体的黏度降低，还可控制加工过程中所产生的摩擦热，使聚氯乙烯不易降解。在聚氯乙烯中加入少量的外润滑剂聚乙烯蜡，可使聚氯乙烯与加工设备的金属表面之间形成弱边界层，使熔体容易与设备表面剥离，不致因黏附在设备表面上的时间过长而分解。

(3) 填料　塑料和橡胶中的填料不但填充空间、降低成本，而且改善聚合物的某些物理和力学性能。常见的填料有炭黑、碳酸钙、陶土、钛白粉、石英粉等。

填料的加入，一般会使聚合物的流动性降低。填料对聚合物流动性的影响与填料粒径大小有关。粒径小的填料，其分散所需能量较多，加工时流动性差，但制品的表面较光滑，力学强度较高。反之，粒径大的填料，其分散性和流动性都较好，但制品表面较粗糙，力学强度下降。此外，填充的聚合物的流动性还受众多因素的影响。例如，填料的类型及用量、表面处理剂的类型及填料与聚合物基体之间的相互作用等。

2.2 聚合物熔体的弹性行为

聚合物熔体流动过程中由于聚合物分子的构象发生了变化，因此产生了可逆的高弹形变，这是聚合物熔体区别于小分子流体的重要特点之一。聚合物的弹性与聚合物的成型加工密切相关。聚合物熔体的弹性效应主要有包轴效应、入口效应、离膜膨胀和熔体破裂现象。

2.2.1 包轴效应

用一转轴在聚合物熔体或浓溶液中快速旋转时，受到旋转剪切作用，流体会沿轴上升，发生爬竿现象或包轴效应，也称为韦森堡（Weissenberg）效应，如图 2-13 所示。完全不同于相同状况下小分子流体由于离心作用发生中间部位液面下降，器壁处液面上升的现象。

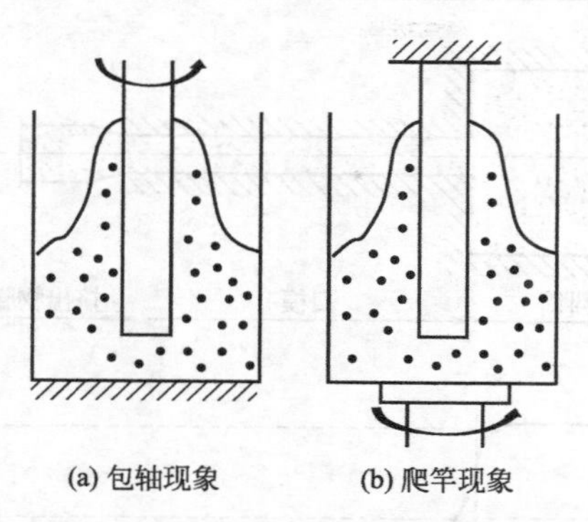

■图 2-13　聚合物熔体或浓溶液的韦森堡效应

包轴现象是由聚合物熔体的弹性所引起的。由于靠近转轴表面的线速度较高，分子链被拉伸取向缠绕在轴上。距转轴越近的聚合物拉伸取向的程度越大，取向了的分子链，其链段有自发恢复到卷曲构象的倾向，但此弹性回复受到转轴的限制，使这部分弹性能表现为一种包轴的内裹力，把熔体分子沿轴向上挤（向下挤看不到），形成包轴层。

2.2.2 入口效应

被挤压的聚合物熔体通过一个狭窄的口模，即使口模通道很短，也会有明显的压力降。这种现象称为入口效应。

聚合物熔体从大直径料筒进入小直径口模会有能量损失，如图 2-14 所示。若料筒中某点与口模出口之间总的压力降为 Δp，则可将其分成三个组成部分：

$$\Delta p=\Delta p_{en}+\Delta p_{di}+\Delta p_{ex} \tag{2-9}$$

此式中，口模入口处的压力降 Δp_{en} 被认为由三个原因造成。

① 物料从料筒进入口模时，由于熔体黏滞流动的流线在入口处产生收敛所引起的能量损失，从而造成压力降。

② 在入口处由聚合物熔体产生弹性变形，因弹性储存的能量消耗，造成压力降。

③ 熔体流经入口处，由于剪切速率的剧烈增加引起流体流动骤变，为达到稳定的流速分布而造成的压力降。

口模内的压力降 Δp_{di}，取决于稳态层流的黏性能量损失；口模出口压力降 Δp_{ex} 是聚合物熔体在出口处所具有的压力。就牛顿流体而言，Δp_{ex} 为零，而对非牛顿流体 Δp_{ex} 大于零。

聚合物熔体从料筒进入口模的模型如图 2-15 所示。在料筒末端的转角处，有次级环形流动。实验研究表明，LDPE 和 PS 等在口模入口处产生明

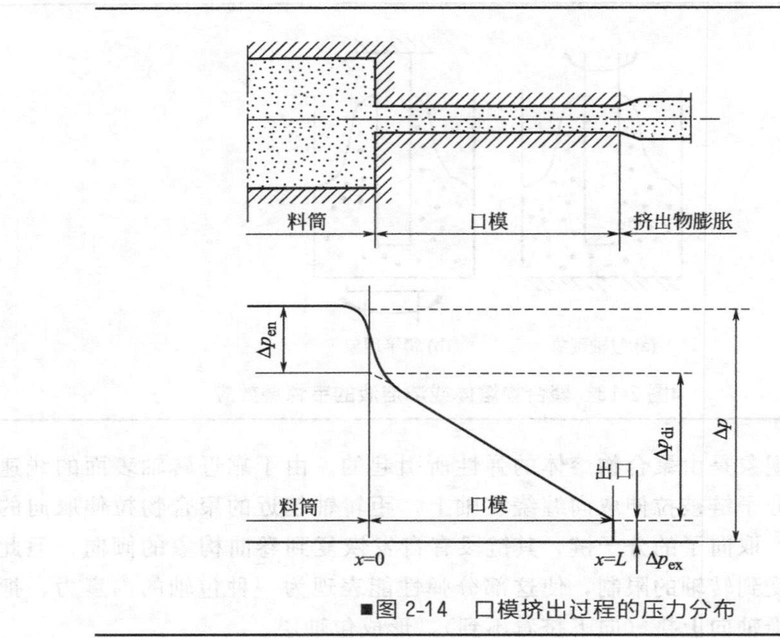

■图 2-14 口模挤出过程的压力分布

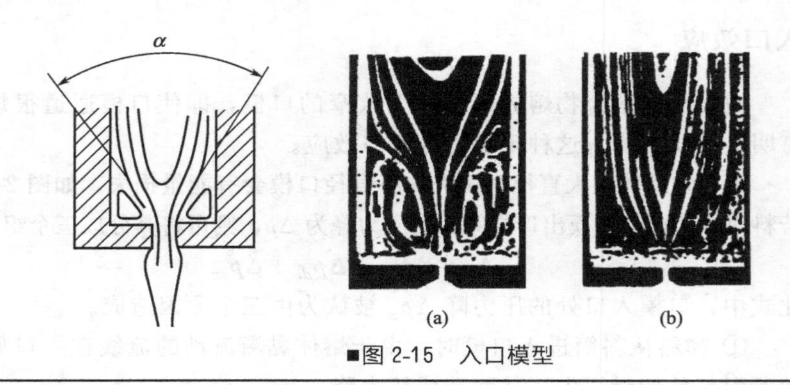

■图 2-15 入口模型

显的涡流。入口角 α 较大的 HDPE 和 PP 等则无此现象发生。这种入口处所产生的不同现象，取决于聚合物的品种与其入口角 α。各种聚合物熔体的入口角，见表 2-9。

■表 2-9 若干聚合物熔体的入口角 α

聚合物	剪切速率 $\gamma=133s^{-1}$		β=料筒直径/口模直径
	$\alpha\pm5°$	温度/℃	
低密度聚乙烯	30～50	180	7.2
低密度聚乙烯	28	190	20.0
低密度聚乙烯	30～40	183	5.3

续表

聚合物	剪切速率 $\gamma=133s^{-1}$		β=料筒直径/口模直径
	$\alpha\pm5°$	温度/℃	
高密度聚乙烯	130	180	7.2
高密度聚乙烯	144	190	20.0
聚苯乙烯	90	180	7.2
聚丙烯	130	180	7.2
聚甲基丙烯酸甲酯	126	180	7.2
聚酰胺 66	90	270	7.2
甘油 2.5%	180	25	21

入口角 α 随熔体的入口速度而异。通常，入口速度越大，α 角越小，易产生涡流。实验又证明，在近似相同的剪切速率下，不同口模长径比的入口压力降 Δp_{en} 基本相同，Δp_{en} 随剪切速率 $\dot{\gamma}$ 的增加而升高，与口模长径比无关。对于黏弹性流体，可将入口总压降 Δp_{en} 人为分成两部分。

$$\Delta p_{en}=\Delta p_{vis}+\Delta p_{ela} \tag{2-10}$$

通过对多种聚合物熔体的研究发现，黏性压力降 Δp_{vis} 小于弹性压力降 Δp_{ela} 的 5%。因此，入口压力降的绝大部分都是由熔体的弹性引起的。

一般而言，考虑和计入入口效应的压力损失，需要引入贝格里（Begely）方法进行入口修正。由于聚合物熔体的黏弹性，口模的真实长度比实际长度长。经过入口修正后，与长径比无关。

2.2.3 离模膨胀

聚合物熔体挤出口模后，挤出物的截面积比口模截面积大的现象，称为离模膨胀，也称挤出物胀大现象或巴拉斯效应。当口模为圆形时，如图 2-16 所示，离模膨胀现象可用胀大比 B 值来表征。B 定义为挤出物最大直径值 D_{max} 与口模直径 D_0 之比。

$$B=D_{max}/D_0 \tag{2-11}$$

离模膨胀也是聚合物熔体弹性的表现。至少有两方面的因素引起。其一，是聚合物熔体在外力作用下进入窄口模，在入口处流线收敛，在流动方向上产生速度梯度，因而聚合物受到拉伸力产生拉伸弹性形变。这部分形变一般在经过模孔的时间内来不及完全松弛，那么到了出口之后，外力对分子链的作用解除，聚合物分子链就会由受拉伸的伸展状态重新回缩为蜷曲状态，发生出口膨胀。另一种原因是聚合物在模孔内流动时由于剪切应力的作用，所产生的弹性形变在出口模后回复，因而挤出物直径胀大。当模孔长径比 L/D 较小时，前一原因是主要的；当模孔长径比较大时，后一原因是主要的。等规聚丙烯和高密度聚乙烯的 B 值可高达 3.0～4.5。

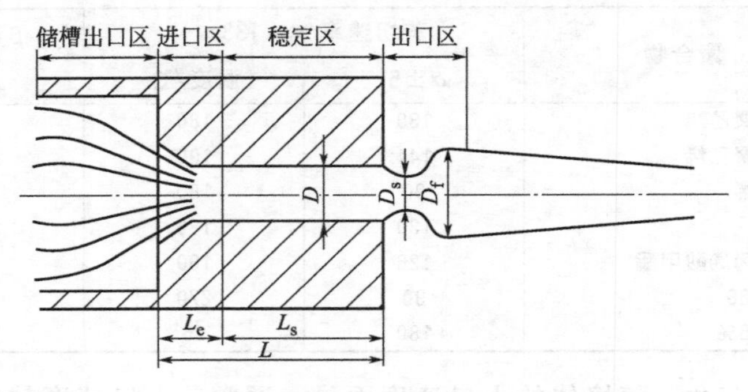

■图 2-16 挤出胀大现象

D—口模直径；D_s—物料收缩到最小时的直径；D_f—物料膨胀到最大时的直径；

L_e—进口区的长度；L_s—稳定区的长度；L—定型部分的长度

影响离模膨胀的因素有以下几个方面：

① 当口模的长径比一定时，膨胀比 B 随剪切速率的增大而增大，并在发生熔体破裂的临界剪切速率 $\dot{\gamma}_c$ 之前有个最大值 B_{max}，而后的 B 值下降，如图 2-17 所示。

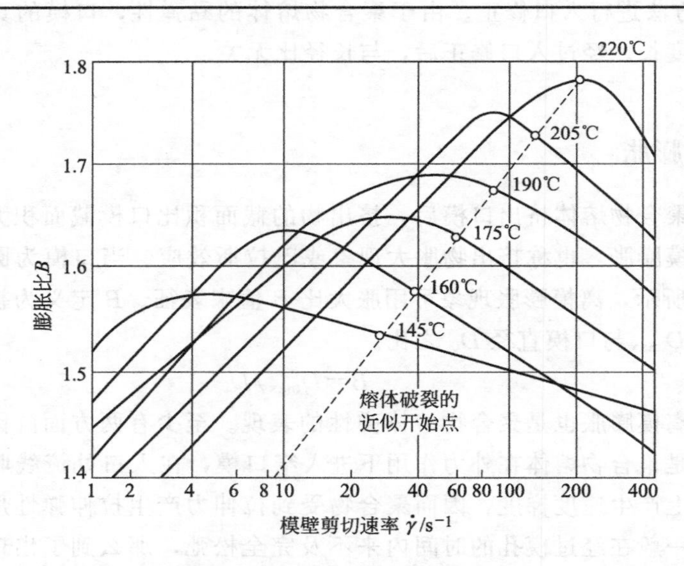

■图 2-17 LDPE 在六种温度下的 B-$\dot{\gamma}$ 关系

② 在低于临界剪切速率 $\dot{\gamma}_c$ 下，膨胀比 B 随温度的升高而降低，但最大膨胀比 B_{max} 随温度升高而增加，如图 2-17 所示。有些特殊材料如聚氯乙烯，其膨胀比 B 随温度的升高而增大。

③ 在低于发生熔体破裂的临界剪切应力 τ_c 下，膨胀比 B 随剪切应力 τ 的增加而增大。在高于 τ_c 时 B 值下降。在低于 τ_c 较小的剪切应力时，膨胀比 B 与温度无关，见图 2-18。

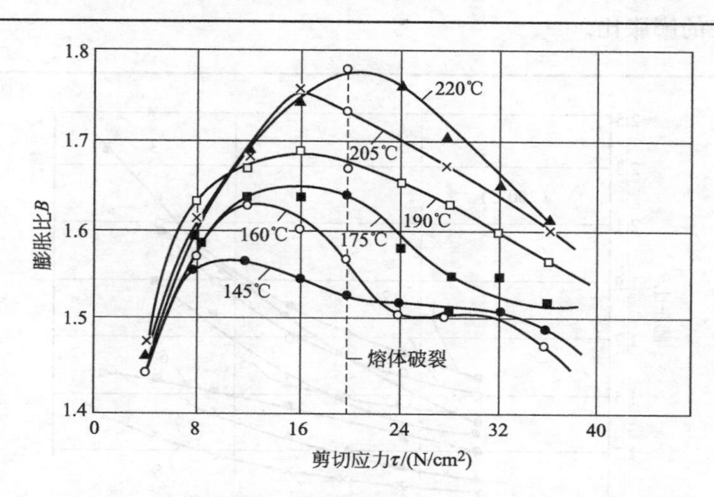

■图 2-18　LDPE 在六种温度下的 B-τ 关系

④ 当剪切速率恒定时，膨胀比 B 随口模长径比 L/D 的增大而降低。在 L/D 超过某一数值时 B 为常数。

⑤ 膨胀比随熔体在口模内停留时间呈指数关系地减小，如图 2-19 所示。这是由于在停留期间每个体积单元的弹性变形得到充分的松弛回复。

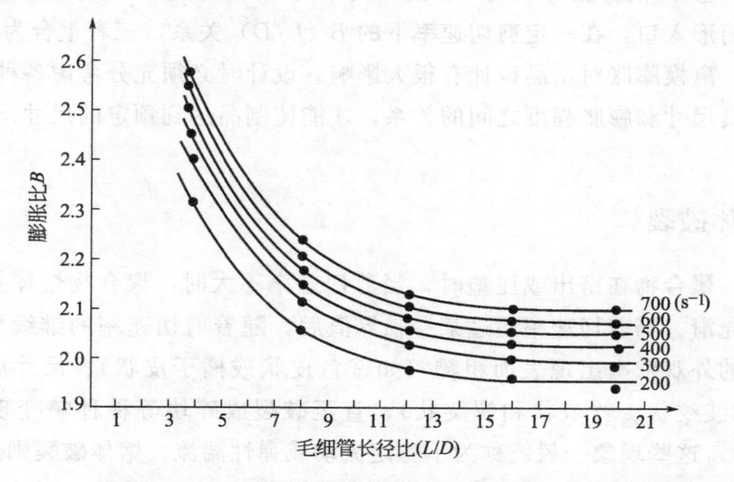

■图 2-19　HDPE 于 180℃ 在不同剪切速率下的 B-(L/D) 关系

⑥ 离模膨胀随聚合物的品种和结构不同而异。图 2-20 测得的各种聚

合物熔体离模膨胀的结果。聚合物的相对分子质量会影响口模膨胀。但由于相对分子质量分布和分子结构不同，其影响相当复杂。一般来说，相对分子质量分布对口模膨胀比的影响较大。宽相对分子质量分布的聚合物有较大的膨胀比。

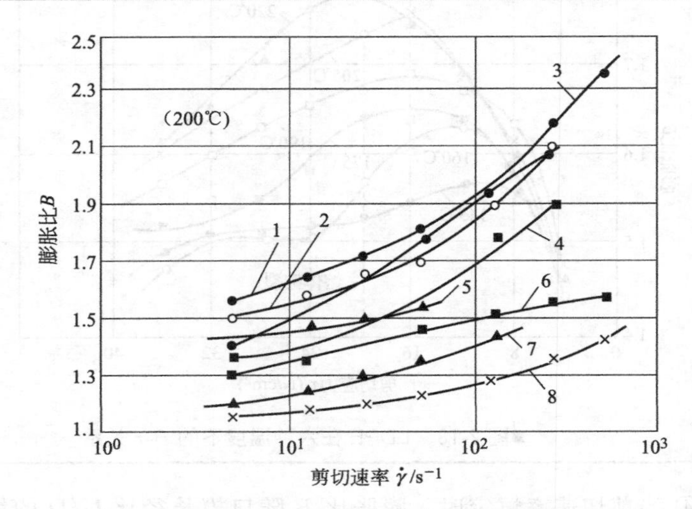

■图 2-20 几种聚合物熔体在 200℃下的 B-$\dot{\gamma}$ 关系

1—HDPE；2—PP 共聚物；3—PP 均聚物；4—结晶型 PS；5—LDPE；6—抗冲改性 PVC；7—抗冲改性 PS；8—抗冲改性 PMMA

⑦ 离模膨胀与口模入口的几何结构无关。实验测得平板形、截锥形和圆筒形入口，在一定剪切速率下的 B-(L/D) 关系，三者重合为一条曲线。

离模膨胀对制品设计有很大影响。设计时必须充分考虑各种影响因素、模具尺寸和膨胀程度之间的关系，才能使制品达到预定的尺寸。

2.2.4 熔体破裂

聚合物在挤出或注塑时，当剪切速率不大时，聚合物熔体挤出物的表面光滑。当剪切速率超过某一临界值后，随着剪切速率的继续增大，挤出物的外观依次出现表面粗糙（如鲨鱼皮状或橘子皮状）、尺寸周期性起伏（如波纹状、竹节状和螺旋状），直至破裂成碎块等种种畸变现象（图 2-21），这些现象一般统称为不稳定流动或弹性湍流，熔体破裂则指其中最严重的情况。

有很多原因造成熔体的不稳定流动，其中熔体弹性是一个重要原因。目前对不稳定流动原因的解释是，在聚合物流动过程中，中心部位的聚合

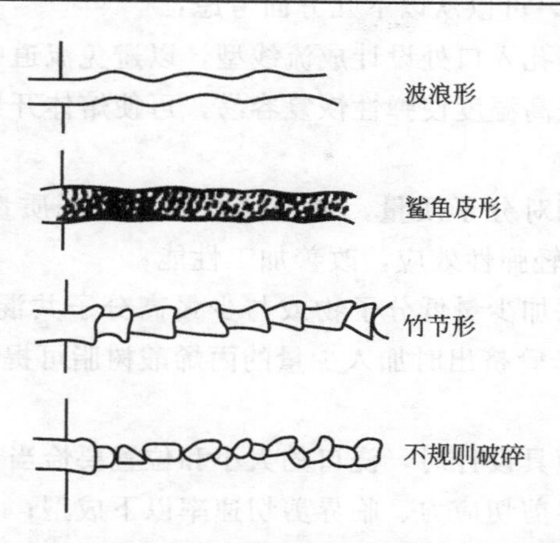

■图 2-21 聚合物熔体破碎时挤出物外观的典型类型

物受到拉伸，由于它的弹性，在流场中产生了可回复的弹性形变。形变程度随剪切速率的增大而增大。当剪切速率增大到一定程度，弹性形变达到极限，熔体再不能够承受更大的形变了，于是流线发生周期性断开，造成破裂。另一种解释是“黏-滑机理”，认为：由于熔体与流道壁之间缺乏黏着力，在某一临界切应力以上时，熔体产生滑动，同时释放出由于流经口模而吸收的过量能量。能量释放后以及由于滑动造成的升温，使得熔体再度黏上。由于流线的不连续性，使得有不同形变历史的熔体段错落交替地组成挤出物。

熔体破裂现象一般与以下因素相关。

① 熔体破裂只能在管壁处剪切应力或剪切速率达到临界值后才会发生。

② 临界值随着口模的长径比和挤出温度的提高而上升。

③ 对大多数塑料来说，临界剪切应力约为 $10^5 \sim 10^6$ Pa。塑料品种和牌号不同，此临界值有所不同。

④ 临界剪切应力随着聚合物相对分子质量的降低和相对分子质量分布变宽而上升。

⑤ 熔体破裂与口模光滑程度关系不大，但与模具材料的关系较大。

⑥ 如果使口模进口区流线型化，常可以使临界剪切速率增大十倍或更多。

⑦ 某些聚合物，尤其是 HDPE，有超流动区，即在剪切速率高于寻常临界值时挤出物并不出现熔体破裂现象。因此，这些聚合物采用高速加工是可行的。

在聚合物成型加工过程中，应通过调节各种工艺参数，尽可能避免不稳定流动，从而避免成型制品性能的劣化。要避免或减轻聚合物熔体产生熔体破裂现象，可以从以下几方面考虑：

① 可将模孔入口处设计成流线型，以避免流道中的死角；

② 适当提高温度使弹性恢复容易，可使熔体开始发生破裂的临界剪切速率提高；

③ 降低相对分子质量，适当加宽相对分子质量分布，使松弛时间缩短，有利于减轻弹性效应，改善加工性能；

④ 采用添加少量低分子物或与少量高分子共混，也可减少熔体破裂。例如，硬 PVC 管挤出时加入少量的丙烯酸树脂可提高挤出速率改进塑料管的外观光泽；

⑤ 注射模具设计时，浇口的大小和位置要恰当；

⑥ 在临界剪切应力、临界剪切速率以下成型；

⑦ 挤出后适当牵引可减少或避免熔体破裂。

2.2.5 影响聚合物熔体弹性的因素

聚合物具有的弹性是区别于小分子流体的重要特点，它受到以下因素的影响，见表 2-10。

■表 2-10 影响聚合物熔体弹性的因素

影响因素	现象描述
剪切速率	随着剪切速率的增大，熔体弹性效应增大。但是，如果剪切速率太快，以致分子链来不及伸展，则出口膨胀反而不太明显
温度	温度升高，高分子熔体弹性形变减小。因为温度升高，使取向分子的松弛时间缩短
相对分子质量与相对分子质量分布	聚合物熔体的弹性受相对分子质量和相对分子质量分布的影响很大。相对分子质量大或相对分子质量分布宽，聚合物熔体弹性效应特别显著。这是因为当相对分子质量大，熔体黏度高，松弛时间长，弹性形变松弛得慢，则弹性效应表现出来。当相对分子质量分布宽，切模量 G 较低，松弛时间分布也宽，因而弹性形变大而松弛时间长，熔体的弹性表现更为明显
流道的几何形状	聚合物熔体流经管道的几何形状对熔体弹性也有很大影响。例如，流道中管径的突然变化，会引起不同位置处流速及应力分布情况的不同，进而引起大小不同的弹性形变导致高弹湍流
其他因素	长支链支化程度增加，导致熔体弹性增大；又如加入增塑剂能缩短物料的松弛时间，减小聚合物熔体弹性

2.3 聚合物熔体在管隙中的流动行为

在聚合物成型加工过程中，聚合物熔体会经过各种几何形状的流道。

■表 2-11　聚合物熔体在简单几何形状流道中的流动行为

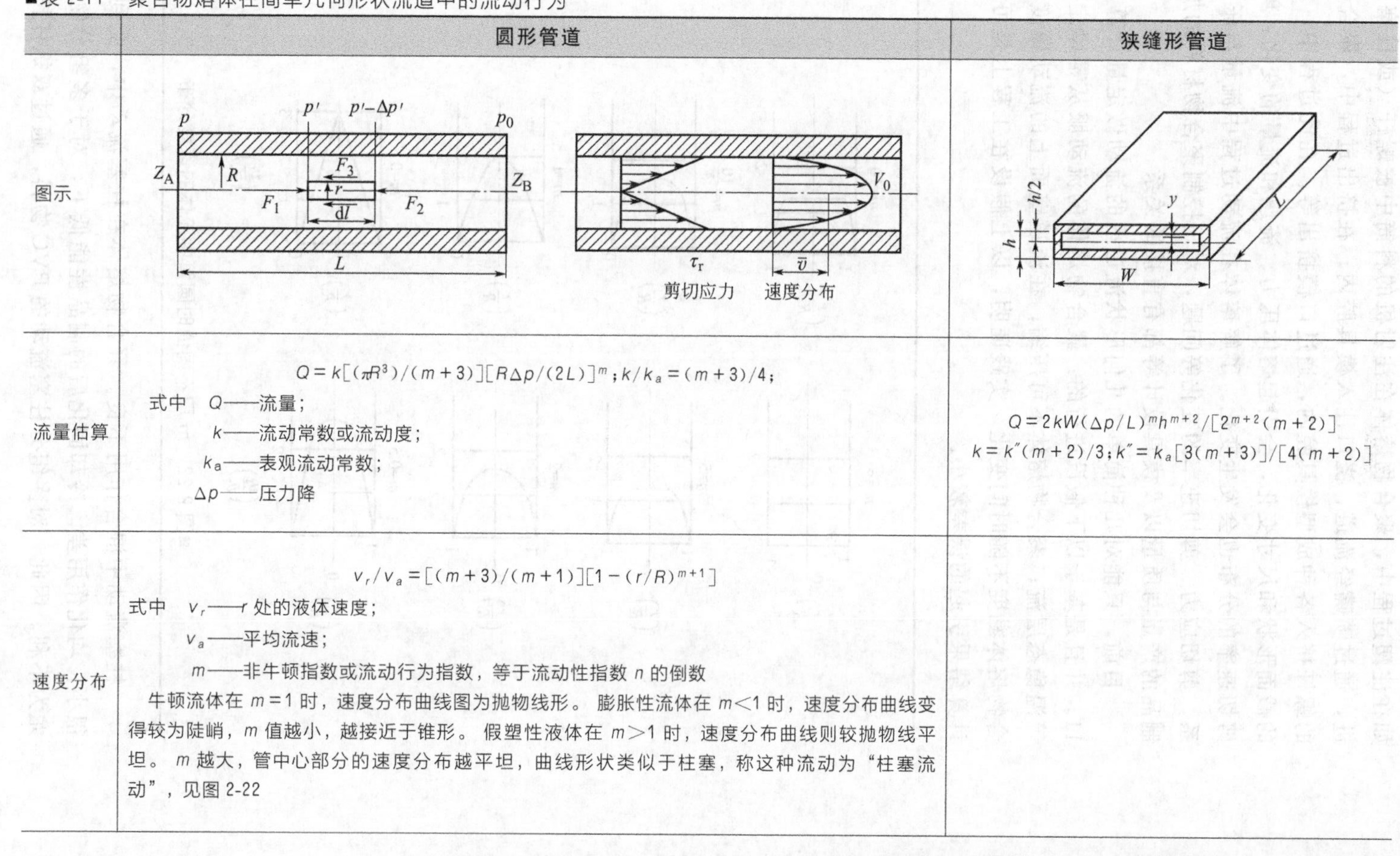

	圆形管道	狭缝形管道
图示		
流量估算	$Q=k[(\pi R^3)/(m+3)][R\Delta p/(2L)]^m$；$k/k_a=(m+3)/4$； 式中　Q——流量； k——流动常数或流动度； k_a——表观流动常数； Δp——压力降	$Q=2kW(\Delta p/L)^m h^{m+2}/[2^{m+2}(m+2)]$ $k=k''(m+2)/3$；$k''=k_a[3(m+3)]/[4(m+2)]$
速度分布	$v_r/v_a=[(m+3)/(m+1)][1-(r/R)^{m+1}]$ 式中　v_r——r 处的液体速度； v_a——平均流速； m——非牛顿指数或流动行为指数，等于流动性指数 n 的倒数 牛顿流体在 $m=1$ 时，速度分布曲线图为抛物线形。膨胀性流体在 $m<1$ 时，速度分布曲线变得较为陡峭，m 值越小，越接近于锥形。假塑性液体在 $m>1$ 时，速度分布曲线则较抛物线平坦。m 越大，管中心部分的速度分布越平坦，曲线形状类似于柱塞，称这种流动为“柱塞流动”，见图 2-22	

如在注塑过程中，聚合物熔体在注射机的料筒中被螺杆（或柱塞）向前推进，通过喷嘴经流道、浇口注入模具腔内；在挤出过程中，聚合物被转动的螺杆挤入各种成型模具腔内，通过口模挤出等。在此过程中，流道本身的截面形状和尺寸变化，会引起熔体压力、流速和流量的变化，剪切应力、剪切速率的分布也会发生变化。了解熔体在流动过程中流量与压力降的关系，剪切应力、剪切速率的变化等问题，对于控制聚合物材料的加工工艺、制品的产量与质量以及模具设计等都有直接的关系。

目前，只能对几种简单的几何形状流道内的流动做定量计算，见表 2-11。并且是基于以下假设进行的：聚合物熔体的流动服从幂律定律，且为等温稳态层流；聚合物熔体不可压缩；在流道壁面上的流动速度为零；聚合物熔体黏度不随时间变化。实践证明，以上假设在工程上是可行的，其计算结果引起的误差较小。

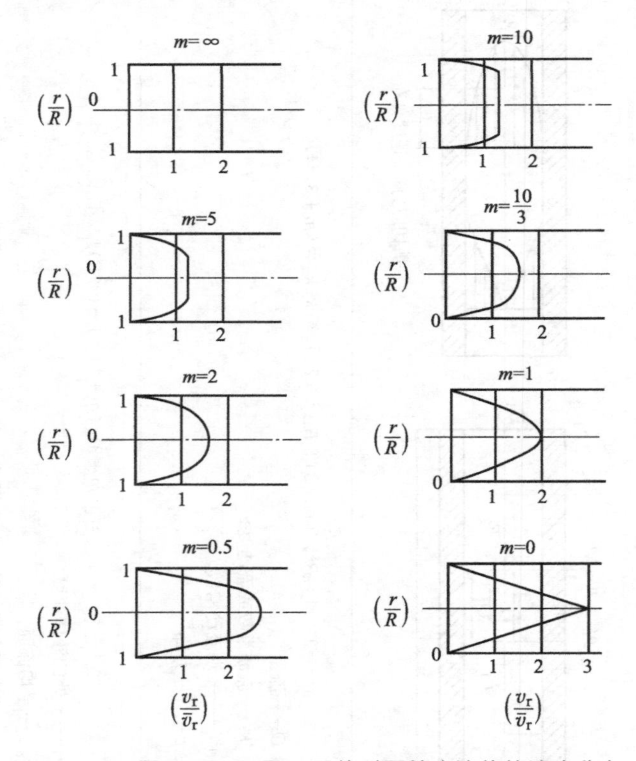

■图 2-22　m 取不同值时圆管中流体的速度分布

柱塞流动中混合作用不良。聚合物熔体在柱塞流动中，受到剪切作用很小，均化作用差。冷却固化后的制品性能低下，对于多组分物料的加工尤为不利。因此，对多组分柱塞流动的 PVC 物料，通过双螺杆挤出的输送和均化，才能达到满意的效果。

最大剪切应力和最大剪切速率在管壁上。流体在管中的流速及其体积流率，均随管径和压力的增大而增大，随流体黏度和管长的增大而减小。

曾假定在管壁的流速为零，但实际上熔体在管壁上有滑移现象。熔体在圆管内流动过程中，还伴随有聚合物相对分子质量的分级效应。相对分子质量低的级分在流动中逐渐趋于管壁附近，使这一区域流体黏度降低，流速有所增加。相对分子质量较大的级分，则趋于管的中央，使中央区域流体黏度增加，流速减缓。由于上述两种原因，熔体的流动速率实际上比计算值大。如果熔体在狭小流道中流动，在管壁上产生冷却固化的皮层，使有效管径变小，才会有流速更大的喷泉流动。

2.4 聚合物的结晶

高分子的链结构决定了聚合物基本性质，而聚合物的聚集态是决定其本体性质的主要因素。也就是说，链结构只是间接影响聚合物材料的性能，聚集态结构才是直接影响其性能的因素。了解高分子聚集态结构的特征、形成条件及其与材料性能的关系，对于通过控制材料成型条件，获得具有预定结构和性能的材料，是必不可少的，同时也为聚合物材料的物理改性和材料设计提供科学的依据。

2.4.1 聚合物的结晶现象及结晶形态

2.4.1.1 聚合物的结晶现象

所有的小分子都能结晶，但并非所有的高分子都能结晶。各种高分子的结晶能力有大有小，有些高分子容易结晶，或者结晶倾向大；另一些高分子不容易结晶或者结晶倾向小；还有些完全没有结晶能力。高分子化合物分为结晶型高分子化合物（如PE、PP、PA、POM、PET等）和非晶态高分子化合物（如PS、PVC、PC、PSF等）。而在通常情况下结晶型高分子化合物并不是100%完全结晶的。

结晶聚合物得到的晶体结构和晶体形貌很大程度上受到成型条件和加工过程的影响。由于结晶条件的变化，高分子结晶呈现一些有趣的现象。例如，聚乙烯稳定晶型是正交晶型，拉伸时则可形成三斜或单斜晶型，全同聚丙烯在不同结晶温度下，由同一种链构象 $H3_1$ 螺旋，可按不同方式堆砌形成三种不同的晶型。而全同聚丁烯-1则以不同的链螺旋体形成三种不同的晶型。这种同一种聚合物可以形成不同晶型晶体的现象称为聚合物的同质多晶现象。而聚丁烯-1 和聚丙烯都具有 3_1 螺旋结构，可以共同形成晶体。由于参与共聚的单体相应的均聚物都是结晶型聚合物，且结晶结构相同，这种聚合物中不同的结构单元可以排入一个共同晶格的现象被称作异质同晶的现象。

2.4.1.2 聚合物的结晶形态

结晶形态研究的对象是单个晶粒的大小、形状以及它们的聚集方式。结晶型聚合物的溶液或熔体冷却时，随着结晶条件如溶液浓度、介质、温度、引发结晶的方式（结晶体发生的诱导方法）的不同，会生成形态不同的晶体，其中主要有单晶、球晶、伸直链片晶、串晶、纤维晶等。下面对它们的形态和结构作对比介绍，如表 2-12 所示。

2.4.2 聚合物的结晶过程

2.4.2.1 分子链结构与结晶能力

高分子的结晶性能差别的根本原因是高分子具有不同的结构特征，这些结构特征中能不能规整排列形成高度有序的晶格是关键。晶体中原子或分子在 a、b、c 三个方向上的排列都必须具有严格的周期性。在高分子的晶体中 c 方向是高分子链的主轴方向，因此只有当高分子链本身的空间结构具有高度的规整性才能排入晶格。

凡是具有严整的重复空间结构的聚合物通常都能结晶。但是这并不意味高分子链必须具备高度的对称性，许多结构对称性不强而空间排列规整的聚合物同样也能结晶。

为了能够结晶，聚合物的分子构型应该具有空间排列的规整性，但不一定要求分子链节全部都是规整的排列，允许其中有若干部分的不规整，比如说带有支链、交链或构型上其他的不规整性。但是不规整部分不能多，规整序列仍然应该占绝对优势，而且要有合理的长度。

分子空间排列规整是聚合物结晶的必要条件，但不是充分条件。规整的结构只能说明分子能够排成整齐的阵列，尚不能保证这种阵列在分子热运动作用下不会混乱。为了使得阵列不乱，则分子链节之间必须具有足够克服分子热运动的吸力。这种吸力来源于分子链节间的次价力，即分子的偶极力、诱导偶极力、范德华力和氢键等。

分子链节小和柔顺性不大都是结晶的有利因素。链节小的易于形成晶核；柔顺性不大的不容易缠结，排列成序的机会多。这就是它们有利于结晶的原因。

虽然很多缩聚聚合物具有规整的构型并且能够结晶，但它们有一点与加聚聚合物不同，即一般结晶比较困难。这是因为缩聚聚合物的重复结构单

■表 2-12　聚合物的几种结晶形态的比较

名称	图示	形态描述	结构特征	形成条件
单晶	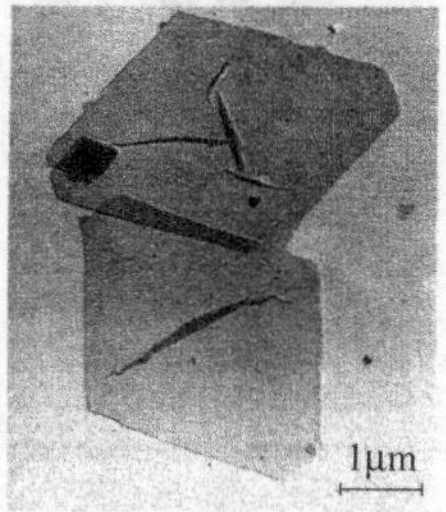	聚乙烯单晶的电镜照片(Keller,1968)具有规则几何形状的薄片状晶体	晶体的厚度一般在10nm(100埃)左右。并不是结晶学意义上真正的单晶，严格的说，它们大多是多重孪晶	极稀的溶液中(0.01%～0.1%)中一定的温度缓慢的结晶。在适当条件下，聚合物单晶体还可以在熔体中形成
球晶	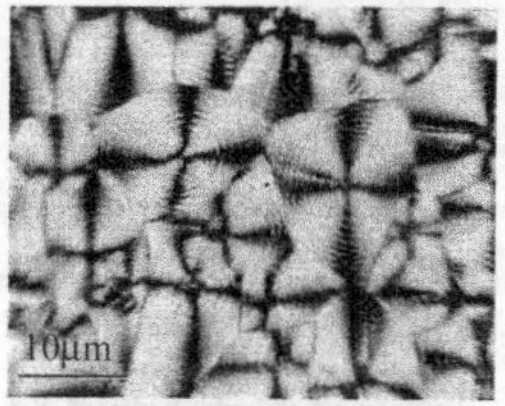	聚乙烯环带球晶的偏光显微镜照片(Wunderlich,1963)自球晶的中心沿着径向辐射排列的由晶片聚集而成长条状扭曲状的微纤束形成的多晶聚集体	有明显的晶区和非晶区。晶片的结构基本等同于单晶。其直径通常在0.5～100μm	在不存在应力或流动的情况下，结晶性的聚合物从浓溶液中析出，或从熔体冷却结晶
伸直链晶		高温高压下得到的聚乙烯伸直链片晶(Wunderlich,1967)柱状、块状	厚度和高分子的分子量分布有关，一般比溶液或熔体中得到的晶片要大很多。分子链呈现伸直链的构象	聚合物熔体在高压下结晶

续表

名称	图示	形态描述	结构特征	形成条件
串晶	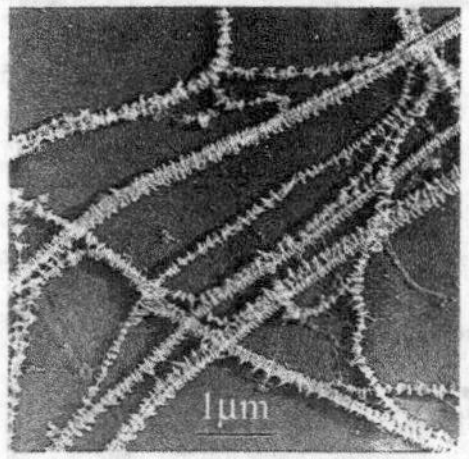 聚乙烯的串晶的电镜照片（Pennings. ,1970）	类似“羊肉串”	由中心的脊纤维晶体和周围的附生的晶体共同形成	搅拌和流动条件的由溶液或熔体结晶
纤维晶		聚四氟乙烯气相聚合纤维晶的电镜照片（Wunderlich，1972）纤维状	高分子链的主轴与纤维晶体轴平行	聚合过程中形成；结晶型聚合物/小分子物质的混合晶体；自溶液结晶

元通常都比较长的缘故。

可见高分子链结构的规整程度是决定高分子是否具有结晶能力的关键。结晶能力只是对聚合物具有结晶倾向的说明，是内因。这些聚合物也只有在外因（有利的加工条件）促使下才能结晶。因而，具有结晶倾向的聚合物既可以是晶形的，也可以是非晶形的。

2.4.2.2 加工过程中影响结晶的因素

如前述，聚合物结晶不仅与分子结构有关，而且强烈地依赖结晶发生的历史。加工过程中有许多因素都影响到聚合物结晶的形成。如何实现从熔体到晶态结构的控制，建立聚合物结晶过程-凝聚态结构-制品之间的关系，取得预期的结构，加工过程的控制至关重要。

（1）温度　温度是聚合物结晶过程中最敏感的因素，温度相差 1℃ 结晶速度可相差若干倍。聚合物加工过程能否形成结晶，结晶的程度、晶体的形态和尺寸都与熔体冷却状态有关。

① 结晶速率的温度依赖性　聚合物的结晶受温度的影响很大，如图 2-23 所示，所有结晶聚合物大致都遵循此规律，在玻璃化温度 T_g 以下和熔点 T_m 以上，结晶速率基本为零，而在 T_g 和 T_m 之间，则有最大的结晶速率。

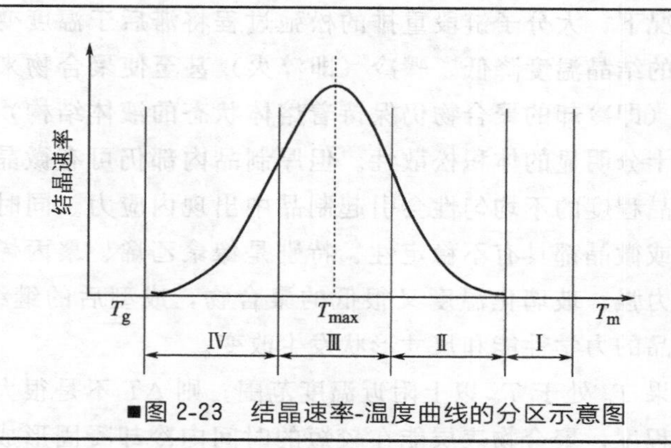

■图 2-23　结晶速率-温度曲线的分区示意图

关于出现最大结晶速率时的温度 T_{max}，有人归纳了各种聚合物的实验结果，提出了如下一些经验式：

$$T_{max}=0.63T_m+0.37T_g-18.5$$

或

$$T_{max}\approx(0.80\sim0.85)T_m \tag{2-12}$$

几种高聚物的实验数据如表 2-13 所示。

② 过冷度　熔体温度 T_m 与冷却介质温度 T_c 之间的差值（$T_m-T_c=\Delta T$），即过冷度，决定了熔体的冷却速率，决定了聚合物的结晶速率。如果熔体温度一定，则 ΔT 决定于冷却介质温度。根据冷却温差的大小，可大致将冷却速率或冷却程度分为三种情况。

■表 2-13 几种高聚物的 T_m 和 T_{max}

高聚物	T_m/K	T_{max}/K	T_{max}/T_m
天然橡胶	301	249	0.83
等规聚苯乙烯	513	448	0.87
聚乙二酸乙二醇酯	332	271	0.82
聚丁二酸乙二酯	380	303	0.78
等规聚丙烯	449	393	0.85
聚对苯二甲酸乙二醇酯	540	453	0.84
聚酰胺 66	538	约 420	0.79
聚酰胺 6	500	300	0.82
聚甲醛（M＝4000）	453	361	0.80
聚(四甲基对硅苯撑硅氧烷)（M＝8700）	418	338	0.81
（M＝14000000）	423	338	0.80
1-聚（氧化丙烯）（M＝10300）	348	285	0.82

当 T_c 接近聚合物最大结晶温度 T_{max} 时，ΔT 值小，属于缓冷过程，这时熔体的过冷程度小，冷却速率慢，结晶实际上接近于静态等温过程，并且结晶通常是通过均相成核作用而开始的，由于冷却速率慢，在制品中容易形成大的球晶。大球晶结构使制品发脆，力学性能降低；同时冷却速率慢使生产周期增长；冷却程度不够易使制品扭曲变形。故大多数加工过程很少采用缓冷操作。

当 T_c 低于 T_g 以下很多时，ΔT 很大，熔体过冷程度大，冷却速率快，这种情况下，大分子链段重排的松弛过程将滞后于温度变化的速度，以致聚合物的结晶温度降低。骤冷（即淬火）甚至使聚合物来不及结晶而呈过冷液体（即冷却的聚合物仍保持着熔体状态的液体结构）的非晶结构，制品具有十分明显的体积松散性。但厚制品内部仍可有微晶结构形成。这种内外结晶程度的不均匀性会引起制品中出现内应力。同时制品中的过冷液体结构或微晶都具有不稳定性、特别是像聚乙烯、聚丙烯和聚甲醛等这些结晶能力强、玻璃化温度又很低的聚合物，成型后的继续结晶（后结晶）会使制品的力学性能和尺寸形状发生改变。

如果 T_c 处于 T_g 以上附近温度范围，则 ΔT 不是很大，这种情况为中等冷却程度，聚合物表层能在较短的时间内冷却凝固形成壳层，冷却过程中接近表层的区域最早结晶。聚合物内部也有较长时间处于 T_g 以上温度范围，因此有利于晶核生成和晶体长大，结晶速率常数也较大。在理论上，这一冷却速率或冷却程度能获得晶核数量与其生长速率之间最有利的比例关系，晶体生长好，结晶较完整，结构较稳定，所以制品稳定性好，且生产周期较短，聚合物加工过程常采用中等冷却速率，其办法是将介质温度控制在聚合物的玻璃化温度至最大速率结晶温度（T_{max}）之间。

（2）应力 聚合物在纺丝、薄膜拉伸、注射、挤出、模压和压延等成型加工过程中受到高应力作用，有加速结晶作用的倾向。这是应力作用下聚合物熔体取向产生了诱发成核作用所致，（例如，聚合物受到拉伸或剪切作用时，大分子沿受力方向伸直并形成有序区域。在有序区域中形成一些“原纤”，它成为初级晶核引起晶体生长)。这使晶核生成时间大大缩短，晶核数量增加，以致结晶速率增加。

由于“原纤”的浓度随拉伸或剪切速率增大而升高，所以熔体的结晶速率随拉伸或剪切速率增加而增大。例如受到剪切作用的聚丙烯，生成球晶所需的时间约比静态结晶时少一半；聚对苯二甲酸乙二酯在熔融纺丝过程中拉伸时，其结晶速率甚至比未拉伸时要大1000倍，结晶度可达10%。同时聚合物的结晶度随应力或应变的增大而提高。应力或应变速率对结晶速率、结晶温度和密度的影响如图2-24和图2-25所示。熔体的结晶度还随压力增加而提高，压力并使熔体结晶温度升高。图2-26表示压力对聚丙烯密度的影响关系。但是如果应力作用的时间足够长，应力松弛会使取向结构减少或消失，熔体结晶速率也就随之降低。

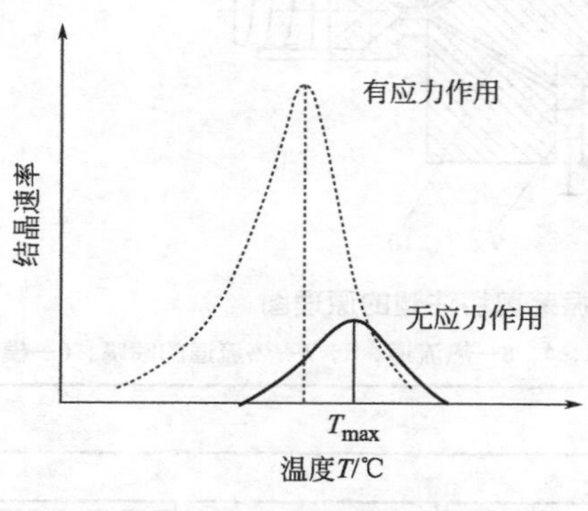

■图2-24　应力对结晶速率和最大速率结晶温度的影响

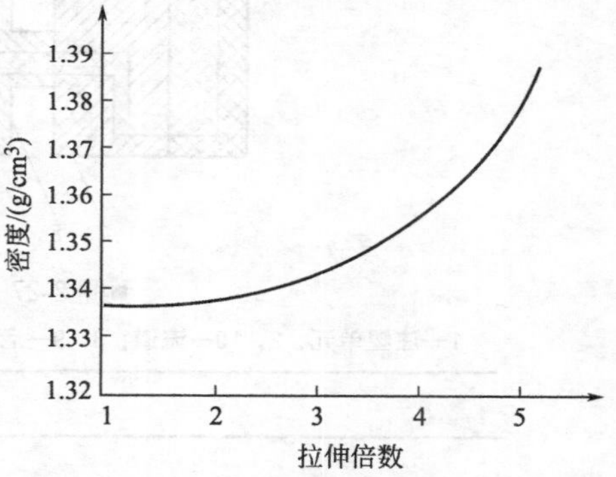

■图2-25　拉伸倍数对聚酯密度的影响

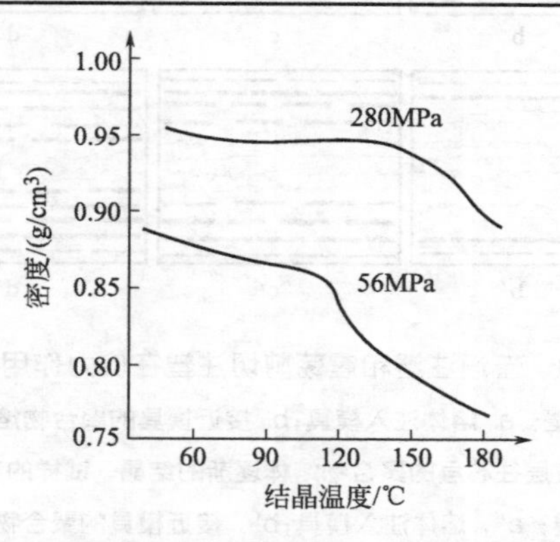

■图2-26　压力对聚丙烯密度及其结晶温度的关系

应力对晶体的结构和形态也有较大影响。螺杆式注塑机注射的制品中具有均匀的微晶结构，而柱塞式注塑机的注射制品中则有直径小而不均匀的球晶。相比于普通的注塑，采用振荡剪切注塑，如图 2-27 所示，熔体进入模具型腔 6 后，通过活塞 9 往复的抽动，使得熔体在冷却过程中受到持续的剪切。这就使得熔体的结晶过程和最终形成的晶体结构都明显的不同与普通的注塑，如图 2-28 所示。压力也能影响球晶的大小和形状，低压下能生成大而完整的球晶，高压下则生成小而形状不规则的球晶。

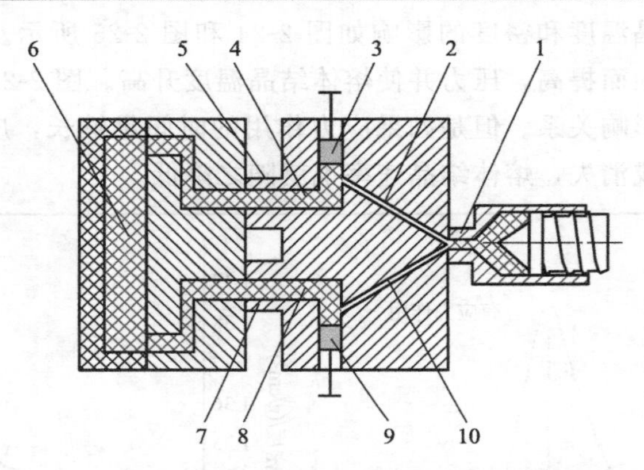

■图 2-27 振荡剪切注塑的原理图

1—注塑单元；2，10—流道；3，9—活塞；4，8—热流道；5，7—热流道的喷嘴；6—模具型腔

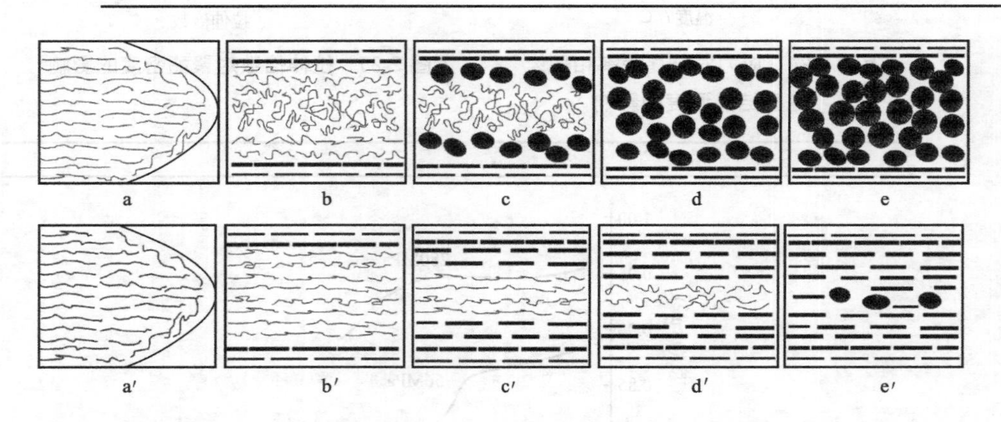

■图 2-28 普通注塑和震荡剪切注塑在应力作用下的晶体演变过程

普通注塑：a. 熔体注入模具；b. 接近模具的聚合物熔体冷却结晶；c～e. 从皮层往芯层的聚合物熔体逐渐的结晶，试样的芯层形成球晶。

震荡剪切注塑：a′. 熔体注入模具；b′. 接近模具的聚合物熔体冷却结晶；c′～e′. 从皮层往芯层的聚合物熔体在应力作用下，逐渐固化，基本都形成取向的晶体应力对熔体结晶过程的作用在成型加工中必须充分地估计。例如应力的变化使结晶温度降低时，加工过程还在高速流动的熔体中就有可能提前出现结晶，从而导致流动阻力增大，使成型发生困难。

(3) 其他方面的因素 某些低分子物质（溶剂、增塑剂、水及水蒸气等）和固体杂质等在一定条件下也能影响聚合物的结晶过程。例如 CCl_4 扩散入聚合物后能促进内应力作用下的小区域加速结晶过程。吸湿性大的聚合物如聚酰胺等吸收水分后也能加速表面的结晶作用，使制品变得不透明。存在于聚合物中的某些固体杂质能阻碍或促进聚合物的结晶作用。那些促进结晶的固体物质类似于晶核，能形成结晶中心，称为成核剂。炭黑、氧化硅、氧化钴、滑石粉和聚合物粉末都可作成核剂。聚合物中加入成核剂能大大加快聚合物的结晶速率，例如能使聚对苯二甲酸乙二酯等这类结晶速率很缓慢的聚合物产生较快的结晶。

2.4.3 结晶对制品物理机械性能的影响

同一种单体，用不同的聚合方法或不同的成型条件可以制得结晶的或不结晶的高分子材料。虽然结晶聚合物与非晶态聚合物在化学结构上没有什么差别，但是它们的物理机械性能却有相当大的不同。例如聚丙烯，由于聚合方法的不同，可以制得无规立构聚丙烯和等规立构聚丙烯。前者不能结晶，在通常温度下是一种黏稠的液体或橡胶状的弹性体，无法作塑料使用；而后者却有较高的结晶度，熔点为 176℃，具有一定的韧性和硬度，是很好的塑料，甚至可纺丝成纤。又如聚乙烯醇，含有大量的羟基，对水有很强的亲和力。普通的聚乙烯醇结晶度较低，在一块试样中只有部分能够结晶，由于其结晶程度低，遇热水就要溶解。如果将聚乙烯醇在 230℃热处理 85min，其结晶度可提高到 65%左右，它的耐热性和耐溶剂侵蚀性都提高了，在 90℃的热水中溶解很少。但这种聚乙烯醇纤维还不能作为民用衣料。必须采取缩醛化以减少羟基，使耐水温度提高到 115℃。如果用定向聚合的方法合成等规聚乙烯醇，这种聚乙烯醇的结晶度很高，不经过缩醛化也能制成性能相当好的耐热水的合成纤维。再如聚乙烯是分子量较大的直链烯烃，它不溶于烃类中正是由于聚乙烯结晶的缘故，结晶可以提高它们的耐热性和耐溶剂侵蚀性。所以对于塑料和纤维，通常希望它们有合适的结晶度。对橡胶当然不希望它有很好的结晶性，因为结晶后将使橡胶硬化而失去弹性。例如汽车轮胎，在北方的冰天雪地里，有时就会因橡胶的结晶而爆裂，但是在拉伸情况下少量结晶，又能使它具有较高的机械强度，如果完全不结晶则强度不好。

下面分几个方面进行讨论。

（1）力学性能 结晶对聚合物力学性能的影响，要视聚合物的非晶区处于玻璃态还是橡胶态而定。因为就力学性能而言，这两种状态之间的差别是很大的。例如弹性模量，晶态与非晶玻璃态的模量事实上是十分接近的，而橡胶态的模量却要小几个数量级（表 2-14）。因而当非晶体区处在橡胶态时，聚合物的模量将随着结晶度的增加而升高，定量关系如图 2-29 所示。硬度也有类似的情况。在玻璃化温度以下，结晶度对脆性的影响较大，当结晶度增加，分子链排列趋紧密，孔隙率下降，材料受到冲击后，分子链段没有活动的余地，冲击强度降低。在玻璃化温度以上，结晶度的增加使分子间的作用力增加，因而抗张强度提高，但断裂伸长率减小。在玻璃化温度以下，聚合物随结晶度增加而变得很脆，抗张强度下降。另外，在玻璃化温度以上，微晶体可以起到物理交联作用，使链的滑移减小，因而结晶度增加可以使蠕变和应力松弛降低。下面把结晶度增加对力学性质的影响列于表 2-15。

■表 2-14 聚合物不同状态下的弹性模量值

状 态	弹性模量/Pa
非晶橡胶态	10^6
非晶玻璃态	10^{10}
晶体	10^{11}

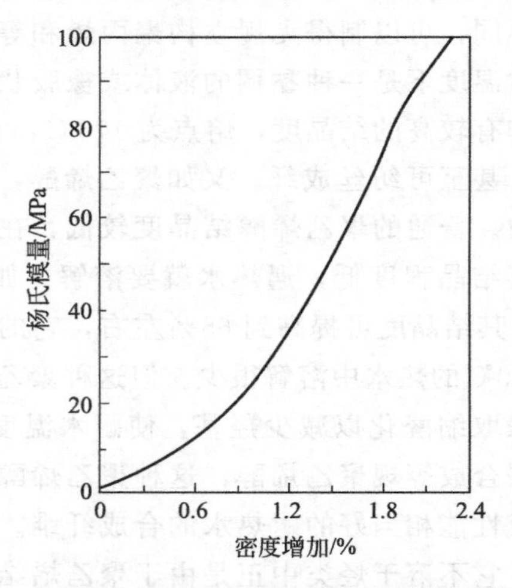

■图 2-29 结晶对未硫化橡胶模量的影响

■表 2-15 结晶度增加时力学性质的变化趋势

状态	温度	弹性模量	硬度	冲击强度	拉伸强度	伸长率
皮革态	$T_m \sim T_g$	↑	↑	(↓)	↑	↓
硬结晶态	$<T_g$	—	—	↓	↓	—

注：↑上升，↓下降，—变化不大，(↓)稍有下降。

例如聚四氟乙烯的 $T_m=327℃$，$T_g=115℃$。用淬火的办法（使制件从烧结温度 370～380℃迅速冷却越过最大结晶速度的温度范围），可以降低制件的结晶度。表 2-16 是在 T_g 以下的一系列温度，测量其三种主要力学性质的结果，与未淬火试样（结晶度较高）比较，可以看出淬火处理有利于提高拉伸强度。

■表 2-16　聚四氟乙烯力学性能与结晶度的关系

温度/℃	弯曲强度/MPa		拉伸强度/MPa		相对断裂伸长率/%	
	淬火	未淬火	淬火	未淬火	淬火	未淬火
−40	1130	2390	50	20	10	7
−20	980	2330	44	32	16	10
0	740	1810	44	30	19	15
20	470	850	25	20	40	47
40	400	510	24	18	50	65
80	238	380	20	13	50	60
100			19	11	48	54

又如聚乙烯在室温下，非晶区处于橡胶态，表 2-17 说明，随着结晶度的增加，其拉伸强度和硬度有较大的升高，而冲击强度和断裂伸长率明显下降。

■表 2-17　不同结晶度的聚乙烯的性能

性能　　结晶度/%	65	75	85	95
相对密度	0.91	0.93	0.94	0.96
熔点/℃	105	120	125	130
拉伸强度/MPa	14	18	25	40
伸长率/%	500	300	100	20
冲击强度/(kJ/m²)	54	27	21	16
硬度	130	220	380	700

值得注意的是，除了结晶度与聚合物力学性能密切相关外，结晶的形貌同样有很大的影响。即使结晶度相同的试样，球晶的大小和多少也能影响性能，而且对不同聚合物，影响的趋势也可能不同。而取向的晶体（例如 shish-kebab 晶体）有利于力学性能的提高，特别是刚性、模量和拉伸强度，而取向结构如何更好地优化力学性能还需要进一步的研究。

（2）密度和光学性质　晶区中的分子链排列规整，其密度大于非晶区，因而随着结晶度的增加，聚合物的密度增加。从大组聚合物的统计发现，结晶和非晶密度之比的平均值约为 1.13。因此，只要测量未知样品的密度，就可以利用下式粗略的估计结晶度 f_c^v：

$$\frac{\rho}{\rho_a}=1+0.13f_c^v \tag{2-13}$$

式中，ρ 为聚合物试样的密度，ρ_a 为聚合物试样非晶区的密度。

物质的折射率与密度有关，因此聚合物中晶区与非晶区的折射率显然不同。光线通过结晶聚合物时，在晶区界面上必然发生折射和反射，不能直接通过。所以两相并存的结晶聚物通常呈乳白色，不透明，例如聚乙烯、聚酰胺等。当结晶度减小时，透明度增加。那些完全非晶的聚合物，通常是透明的，如有机玻璃、聚苯乙烯等。常见结晶型聚合物的密度见表2-18。

■表 2-18 常见结晶型聚合物的密度

聚合物	ρ_c/(g/cm^3)	ρ_a/(g/cm^3)	ρ_c/ρ_a
聚乙烯	1.00	0.85	1.18
聚丙烯	0.95	0.85	1.12
聚丁烯	0.95	0.86	1.10
聚异丁烯	0.94	0.86	1.09
聚戊烯	0.92	0.85	1.08
聚丁二烯	1.01	0.89	1.14
反式聚异戊二烯	1.05	0.90	1.16
聚乙炔	1.15	1.00	1.15
聚苯乙烯	1.13	1.05	1.08
聚氯乙烯	1.52	1.39	1.10
聚偏氟乙烯	2.00	1.74	1.15
聚偏氯乙烯	1.95	1.66	1.17
聚四氟乙烯	2.35	2.00	1.17
聚三氟氯乙烯	2.19	1.92	1.14
聚酰胺 6	1.23	1.08	1.14
聚酰胺 66	1.24	1.07	1.16
聚酰胺 610	1.19	1.04	1.14
聚甲醛	1.54	1.25	1.25
聚氧化乙烯	1.33	1.12	1.19
聚氧化丙烯	1.15	1.00	1.15
聚对苯二甲酸乙二酯	1.46	1.33	1.10
聚碳酸酯	1.31	1.20	1.09
聚乙烯醇	1.35	1.26	1.07
聚甲基苯烯酸酯	1.23	1.17	1.05

如果一种聚合物，其晶相密度与非晶密度非常接近，光线在晶区界面上几乎不发生折射和反射。或者当晶区的尺寸小到比可见光的波长还小，这时光也不发生折射和反射。所以，即使有结晶，也不一定会影响聚合物的透明性。例如聚 4-甲基-1-戊烯，它的分子链上有较大的侧基，使它结晶时分子排列不太紧密，晶相密度与非晶密度很接近，是透明的结晶聚合物。对于许多结晶聚合物，为了提高其透明度，可以设法减小其晶区尺寸，例如等规聚丙烯，在加工时用加入成核剂的办法，可得到含小球晶的制品，透明度和其他性能有明显改善。

(3) 热性能　对作为塑料使用的聚合物来说，在不结晶或结晶度较低时，最高的使用温度是玻璃化温度。当结晶度达到40%以上后，晶区相互连接，形成贯穿整个材料的连续相，因此在T_g以上，仍不至软化，其最高的使用温度可提高到结晶熔点。

（4）其他性能　由于结晶中分子链作规整堆积，与非晶区相比，它能更好地阻挡各种试剂渗入。因此，聚合物结晶度的高低，将影响一系列与此有关的性能，如耐溶剂性（溶解度），对气体、蒸汽或液体的渗透性，化学反应活性等。

2.5 加工过程中分子的取向

2.5.1 聚合物的取向现象

当线型高分子充分伸展的时候，其长度为其宽度的几百、几千甚至几万倍，这种结构上悬殊的不对称性，使它们在某些情况下很容易沿某特定方向作占优势的平行排列，这就是取向现象。高分子和/或链段和/或微晶的某一个晶轴或某一个晶面沿着某一个方向或某一个平面择优排列，这种聚集状态称作取向态，具有这种状态的聚合物就称作取向态聚合物。取向态与结晶态虽然都与高分子的有序性有关，但是它们的有序程度不同。取向态是一维或二维在一定程度上的有序，而结晶态则是三维有序的。

高分子有大小两种运动单元，整链和链段，因此非晶态聚合物可能有两类取向（图2-30）。链段的取向可以通过单键的内旋转造成的链段运动来完成，这种取向的过程在高弹态下就可以进行。整个分子的取向就需要高分子各链段协同的运动才能实现，这就只有聚合物处于黏流态下才能进

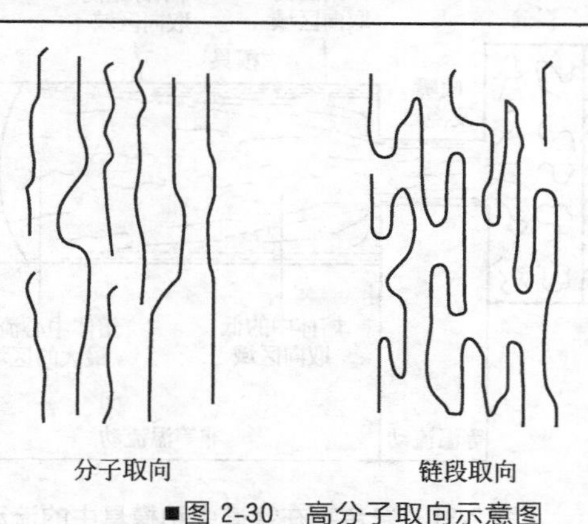

■图2-30　高分子取向示意图

行。取向的状态在热力学上是一种非平衡态。在高弹态下，拉伸可以使链段取向，但是一旦外力除去，链段便自发解取向而恢复原状。在黏流态下，外力使分子链取向，外力消失后，分子也要自发解取向，取向是热力学非平衡态。为了维持取向状态，获得取向材料，必须在取向后使温度迅速降到玻璃化温度以下，将分子和链段的运动“冻结”起来。而结晶聚合物的取向，除了非晶区中可能发生的链段的取向与分子取向外，还可能发生晶粒的取向。

2.5.2 取向的形成

聚合物在成型加工过程中不可避免地会有不同程度的取向作用。通常有两种取向过程，一种是聚合物熔体或浓溶液中大分子、链段在剪切流动时沿流动方向的流动取向；另一种是聚合物在受到外力作用时大分子、链段或微晶等这些结构单元沿受力方向的拉伸取向。如果取向的结构单元只朝一个方向称为单轴取向，如果取向单元同时朝两个方向称为双轴取向或平面取向。

（1）聚合物的剪切取向　加工过程聚合物熔体或浓溶液常常都必须在加工与成型设备的管道和型腔中流动，这是一种剪切流动。剪切流动中，在速度梯度的作用下，蜷曲状长链分子逐渐沿流动方向舒展伸直和取向。另一方面，由于熔体温度很高，分子热运动剧烈，故在大分子流动取向的同时必然存在着解取向作用。

熔体在普通的注塑过程中，取向结构的分布有一定规律。从图 2-31 中可以看出。

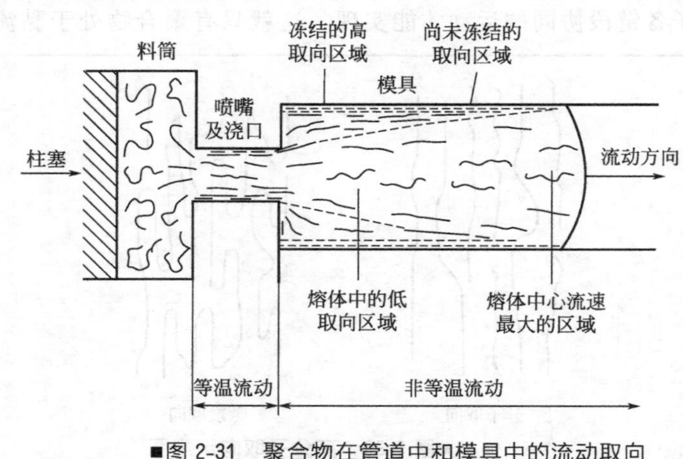

■图 2-31　聚合物在管道中和模具中的流动取向

① 在等温流动区域，由于管道截面小，故管壁处速度梯度最大，紧靠管壁附近的熔体中取向程度最高。在非等温流动区域，熔体进入截面尺寸较大的模腔后压力逐渐降低，故熔体中的速度梯度也由浇口处的最大值逐渐降低到料流前沿的最小值，所以熔体前沿区域分子取向程度低。当这部分熔体首先与温度低得多的模壁接触时，即被迅速冷却而形成取向结构少或无取向结构的冻结层。但靠近冻结层的熔体仍然移动，且黏度高，流动时速度梯度大，故次表层（据表面约 0.2～0.8mm）的这部分熔体有很高的取向程度。模腔中心的熔体，流动中速度梯度小，取向程度低，同时由于温度高，冷却速度慢，有时间进行分子的解取向，故最终的取向度极低。

② 在模腔中，既然熔体中的速度梯度沿流动方向降低，故流动方向上分子的取向程度是逐渐减小的。但取向程度最大的区域不在浇口处，而在距浇口不远的位置上。因为熔体进入模腔后最先充满此处，有较长的冷却时间，冻结层厚，分子在这里受到剪切作用也最大，因此取向程度也最高。所以，注塑与挤出时，制品中的有效取向主要存在于较早冷却的次表面层。图 2-32 表示注塑的矩形长条试样中取向结构的分布情况。

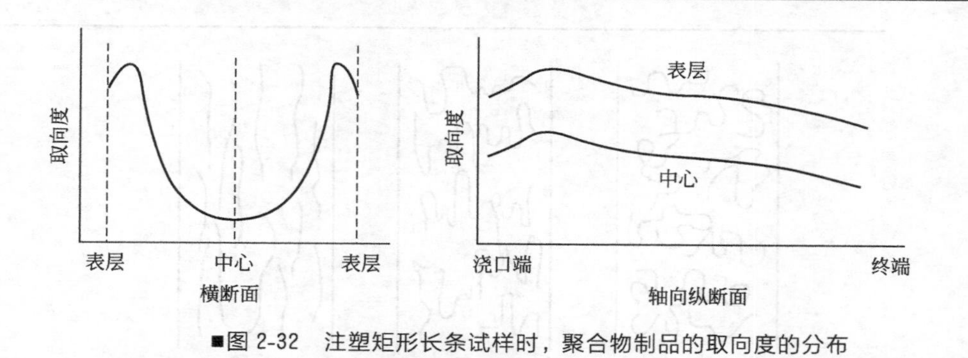

■图 2-32　注塑矩形长条试样时，聚合物制品的取向度的分布

而若采用振荡剪切注塑，在熔体填充模腔后，继续施加持续的剪切，就会形成图 2-28（见结晶部分）的结构。这种取向结构从皮层往芯层的过渡，均化了“皮-芯”结构，有利于力学性能的提高。

流动取向可以是单轴的或是双轴的，主要视制品的结构形状、尺寸和熔体在其中的流动情况而定。如果沿流动方向制品有不变的横截面时，熔体将主要向一个方向流动，故取向主要是单轴的；如果沿流动方向制品的截面有变化，则会出现向几个方向的同时流动，取向将是双轴（即平面取向）的或更为复杂的（图 2-33）。

（2）聚合物的拉伸取向　非晶聚合物拉伸时可以相继产生普弹形变、高弹形变、塑性形变或黏性形变。由于普弹形变值小且在高弹形变发生时便已消失，所以聚合物的取向主要由与上述形变相应的高弹拉伸、塑性拉

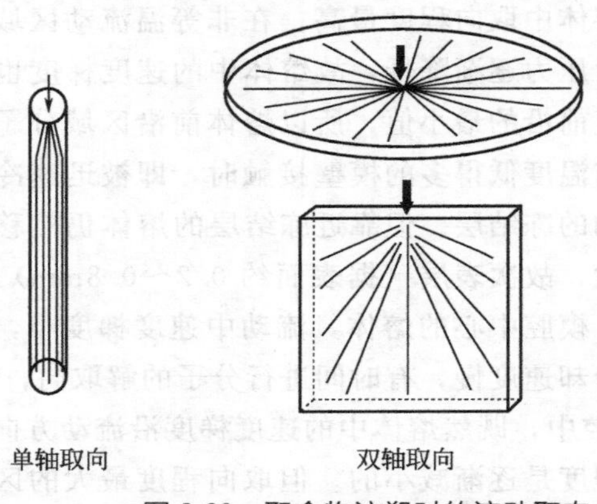

■图 2-33 聚合物注塑时的流动取向

伸或黏流拉伸所引起。拉伸时包含着链段的形变和大分子作为独立结构单元的形变两个过程，两个过程可以同时进行但速率不同。外力作用下最早发生链段的取向，进一步的发展才引起大分子链的取向（图 2-34）。

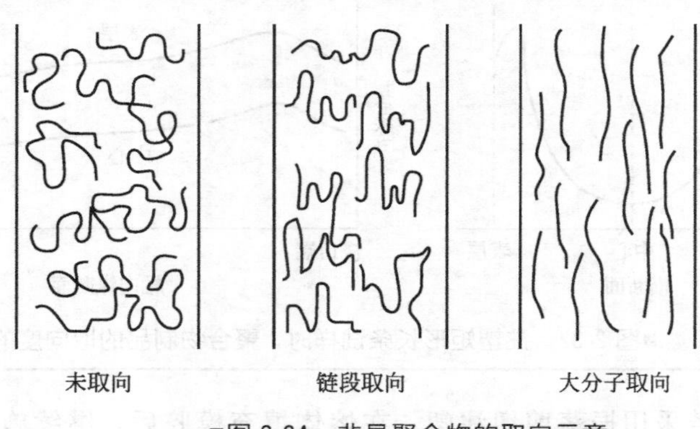

■图 2-34 非晶聚合物的取向示意

在玻璃化温度 T_g 附近，聚合物可以进行高弹拉伸和塑性拉伸。拉伸时拉应力 σ 和应变 ξ 之间有如下关系：

$$\sigma-\sigma_y=E\xi \tag{2-14}$$

式中，E 为杨氏模量；σ_y 为聚合物的屈服应力。

当 $\sigma<\sigma_y$ 时，只能对材料产生高弹拉伸。拉伸中的取向为链段形变和位移所贡献，所以取向程度低、取向结构不稳定。当 $\sigma>\sigma_y$ 并持续作用于材料时，能对材料进行塑性拉伸。式(2-14) 说明应力 σ 中的一部分用于克服屈服应力后，剩余的部分（$\sigma-\sigma_y$）则是引起塑性拉伸的有效应力。它迫使高弹态下大分子作为独立结构单元发生解缠和滑移，从而使材料由弹性形变发展为以塑性形变为主的伸长。由于塑性形变具有不可逆性，所以塑性拉伸能获得稳定的取向结构和高的取向度。

拉伸过程中，材料变细，材料沿拉力（即轴向）方向的拉伸速度 v 是逐渐增加的，所以单位距离内的速度变化即速度梯度（$\xi = \mathrm{d}v/\mathrm{d}x$）只存在于轴向。速度分布的这一特点必然使聚合物的取向程度沿拉伸方向逐渐增大。

在 $T_g \sim T_f$（或 T_m）温度区间，升高温度，材料的 E 和 σ_y 降低，所以拉伸应力 σ 可以减小；如果拉伸力不变，则应变 ξ 增大，所以升高温度可以降低拉伸应力和增大拉伸速度。温度足够高时，材料的屈服强度几乎不显现，不大的外力就能使聚合物产生连续均匀的塑性形变，并获得较高和较稳定的取向结构。这时材料的形变可视为均匀的拉伸过程。

当温度升高到 T_f 以上处于聚合物的黏流态时，聚合物的拉伸称为黏流拉伸。由于温度很高，大分子活动能力强，即使应力很小也能引起大分子链的解缠、滑移和取向。但在很高的温度下解取向发展也很快，有效取向程度低。除非迅速冷却聚合物，否则不能获得有实用性的取向结构。同时，因为液流黏度低，拉伸过程极不稳定，容易造成液流中断。黏流拉伸引起的取向和剪切流动中的取向有相似性，所不同的是引起取向的应力和速度梯度的方向有差异，前者为拉应力作用，速度梯度在拉伸方向上，后者为剪切力作用，速度梯度在垂直于液流的方向上。纺丝熔体或原液流出喷丝孔时以及吹塑管形薄膜时熔体离开口模一段距离内的拉伸基本属于粘流拉伸。聚合物三种拉伸的机理示意于图 2-35 中。

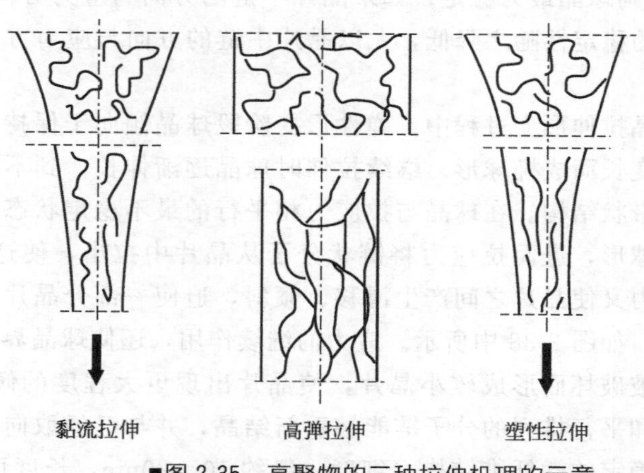

■图 2-35 高聚物的三种拉伸机理的示意

结晶聚合物的拉伸取向通常在 T_g 以上适当温度进行。拉伸时所需应力比非晶聚合物大，且应力随结晶度增加而提高。取向过程包含着晶区与非晶区的形变。两个区域的形变可以同时进行，但速率不同。结晶区的取向发展快，非晶区的取向发展慢，当非晶区达到中等取向程度时，晶区的取向就已达到最大程度（图 2-36）。

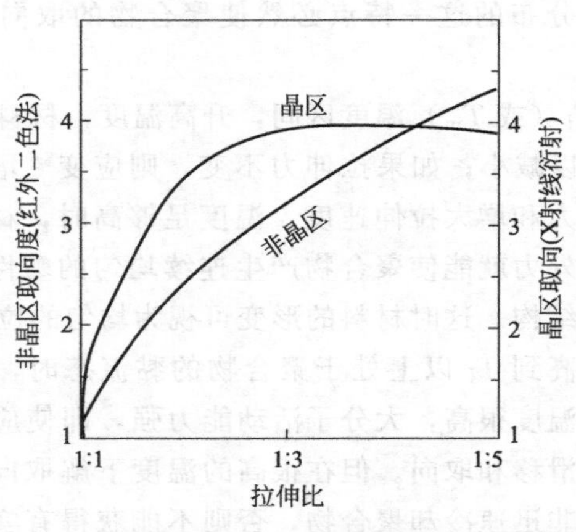

■图 2-36 拉伸比对聚酰胺-6 取向度的影响

晶区的取向过程很复杂，取向过程包含结晶的破坏、大分子链段的重排和重结晶以及微晶的取向等，过程中还伴随有相变化发生。由于聚合物熔体冷却时均倾向于生成球晶，因此拉伸过程实际上是球晶的形变过程（图 2-37）。球晶对形变的稳定性与晶片中链的方向和拉应力之间形成的夹角有关。如果球晶晶片中链的方向与拉应力方向一致（相当于应力垂直于晶面），则球晶最为稳定；如果晶片中链的方向与应力方向存在一个角度，则球晶的稳定性随之降低，尤以晶片中链的方向与应力方向相垂直时最不稳定。

球晶拉伸形变过程中，弹性形变阶段球晶倾向于保持原样，但往往有显著的变长而成椭球形。继续拉伸时球晶逐渐伸长，到不可逆形变阶段球晶变成带状结构。在球晶与拉应力相平行的最不稳定状态，球晶首先被拉长呈椭球形，进而拉应力将链状分子从晶片中拉出，使这部分结晶熔化，同时应力又使晶片之间产生滑移、倾斜，迫使一部分晶片沿受力方向转动而取向，如图 2-38 中所示。应力的继续作用，还使球晶界面或晶片间的薄弱部分被破坏而形成较小晶片，使晶片出现更大程度的倾斜滑移和转动。被拉伸和平行排列的分子链能够重新结晶，并与已经取向的小晶片一起形成非常稳定的微纤维结构（细度一般约 10～20nm，长度可达 1μm 左右）。微晶在取向过程出现的熔化与再结晶作用使结晶聚合物在拉伸后比非晶聚合物能获得更高的取向程度，且取向结构更为稳定，同时晶区的取向程度也高于非晶区。经拉伸的聚合物，伸直链段数目增多，而折叠链段的数目减小。由于晶片之间的连接链段增加，从而提高了取向聚合物的力学强度和韧性。

■图 2-37　聚合物拉伸过程中的球晶形态的变化

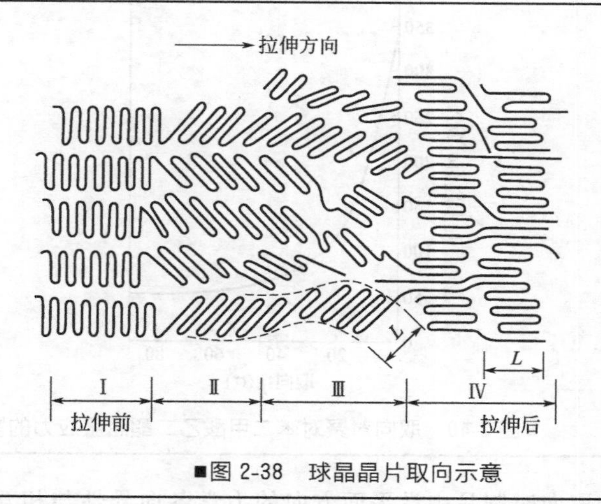

■图 2-38　球晶晶片取向示意

2.5.3 取向结构对制品性能的影响

非晶聚合物取向后，沿应力作用方向取向的分子链大大提高了取向方向的力学强度，但垂直于取向方向的力学强度则因承受应力的是分子间的次价键而显著降低。因此拉伸取向的非晶聚合物沿拉伸方向的拉伸强度 $\sigma_{\parallel}$、断裂伸长率 $\xi_{\parallel}$ 和冲击强度 $I_{\parallel}$ 均随取向度提高而增大（图 2-39）。例如聚苯乙烯薄膜取向方向的 $\sigma_{\parallel}$ 和 $\xi_{\parallel}$ 分别要比垂直方向的 $\sigma_{\perp}$ 和 $\xi_{\perp}$ 提高近三倍，而冲击强度甚至提高近 8 倍。在拉力方向和垂直于拉力方向的 90°范围内，拉伸薄膜中强度是随偏离拉力方向的角度（即取向角）增大而减小的

(图 2-40)。

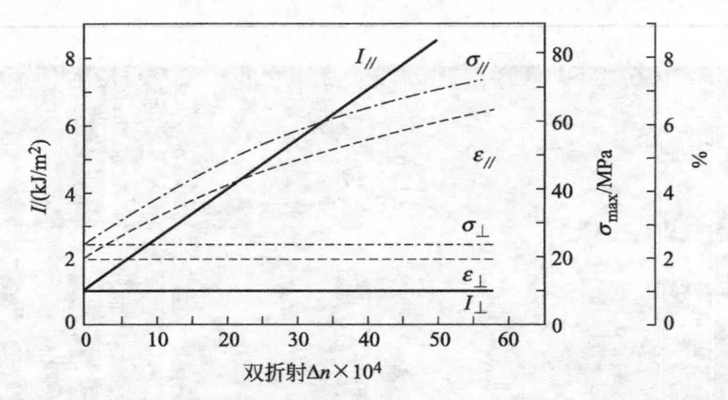

■图 2-39 拉伸对聚苯乙烯薄膜抗张强度 σ_{max}、断裂伸长率 ε_{max} 和冲击强度 I 的影响

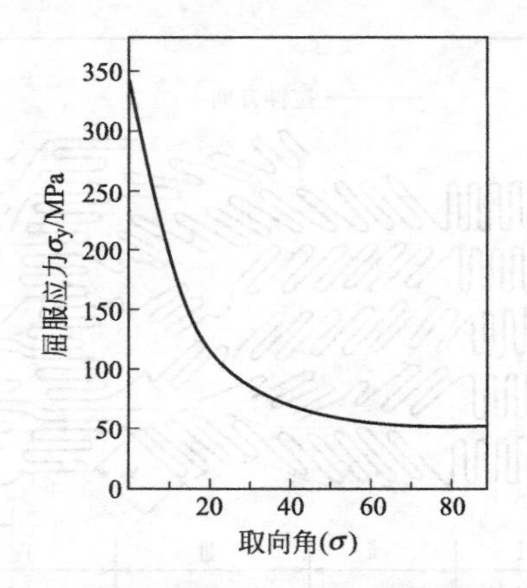

■图 2-40 取向对聚对苯二甲酸乙二酯屈服应力的影响

双轴取向时制品中沿平面方向的力学各向异性与相互垂直的两个方向的拉伸倍数有关。当两个方向的拉伸倍数相同时，平面内的各向异性差别很小。如果一个方向的拉伸倍数大于另一个方向时，则该方向强度增加的同时另一个方向的强度将有所削弱。双轴取向改善了单轴取向时力学强度弱的方向，使薄片或薄膜在平面内两个方向上都倾向于具有单轴取向的优良性质。与未取向材料相比，双轴取向的薄膜或薄片在平面的任何方向上均有较高的抗张强度、断裂伸长率和抗冲击强度，抗龟裂能力也有所提高。取向还使某些脆性的聚合物如聚苯乙烯、聚甲基丙烯酸甲酯等韧性增加，扩展了用途。如战斗机的透明机舱罩通常是用有机玻璃做的，未取向的有机玻璃板仍带脆性，经不起冲击，取向后强度提高，一般的冲击可以不破，或者不发生严重的开裂。如用聚氯乙烯或 ABS 为原料生产安全帽时，也采

用真空成型工艺来获得取向制品，以提高安全帽承受冲击力的能力。此外各种中空塑料制品（瓶、箱、筒等）广泛地采用吹塑工艺，也是通过取向提高制品强度的一种方式。

表 2-19 列出了三种塑料取向前后几项力学性能的数据，可以看出，双轴取向后，不仅抗张强度提高了，而且断裂伸长率和冲击强度也有大幅度的提高。

■表 2-19　三种塑料拉伸前后的力学性能比较

性　能	聚苯乙烯		PMMA		聚氯乙烯	
	未取向	双轴取向	未取向	双轴取向	未取向	双轴取向
拉伸强度/MPa	35～63	49～84	52～72	56～77	40～70	100～150
断裂伸长率/%	1～3.5	8～18	5～15	25～50	50	70
冲击强度/(kJ/m²)	0.25～0.5	>3	4	15	2	

聚合物取向后其他性能也发生了变化。如随取向度提高材料的玻璃化转变温度上升，高度取向和结晶度高的聚合物 T_g 约可升高 25℃。由于取向制品中存在一定的高弹形变，在一定温度下，取向聚合物回缩或热收缩率与取向度成正比。线膨胀系数也随取向度而变化，通常垂直方向的线膨胀系数约比取向方向大 3 倍。

2.6 聚合物的降解和交联

2.6.1 聚合物的降解

聚合物在热、力、氧、水、光、超声波和核辐射等作用下往往会发生降解的化学过程，从而使性能恶化。降解的实质是：断链，交联，分子链结构的改变，侧基的改变，以及以上四种作用的综合。在以上作用中，自由基常是一个活泼的中间产物。作用的结果都是聚合物分子结构发生变化。在正常操作的情况下，热降解是主要的，由力、氧和水引起的降解居于次要地位，而光和核辐射的降解则是很少的。显然，标志热作用大小的是温度，但是温度的大小也与力、氧和水等对聚合物的降解有密切关系。比如，温度高时，对氧或水与聚合物的反应均有利，而就力对聚合物的降解却没有利，因为温度高时聚合物的黏度小。

2.6.1.1 聚合物降解的影响因素

加工过程中聚合物是否发生降解和降解的程度，与加工的条件、聚合物本身的性质、聚合物的质量等因素有关。

(1) 聚合物结构的影响

大多数聚合物都是以共价键结合起来的，共价键断裂的过程就是吸收能量的过程。如果加工时提供的能量等于或大于键能时则容易发生降解。但键能的大小还与聚合物分子的结构有关。分子内的共价键彼此影响，例如主链上伯碳原子的键能依次大于仲碳原子、叔碳原子和季碳原子。因此，大分子链中与叔碳原子或季碳原子相邻的键都是不很稳定的。所以主链中含有叔碳原子的聚丙烯比聚乙烯的稳定性差，易发生降解。当主链中含有—C—C ═C—结构时，在双键β位置上的单键也具有相对的不稳定性，因此橡胶比其他饱和聚合物更容易发生降解。主链上 C—C 键的键能还受到侧链上取代基和原子的影响。极性大和分布规整的取代基能增加主链 C—C 键的强度，提高聚合物的稳定性，而不规整的取代基则降低聚合物的稳定性。主链上不对称的氯原子易与相邻的氢原子作用发生脱氯化氢反应，使聚合物稳定性降低，所以聚氯乙烯甚至在 140℃时就能分解而析出 HCl。主链中有芳环、饱和环和杂环的聚合物以及具有等规立构和结晶结构的聚合物稳定性较好，降解倾向较小。大分子链中含有—O—、$-\underset{\underset{O}{\|}}{OC}-$、$-NH-\underset{\underset{O}{\|}}{C}-$、$-NH-\underset{\underset{O}{\|}}{CO}-$ 等碳-杂链结构时，一方面由于其键能较弱，另一方面这些结构对水、酸、碱、胺等极性物质有敏感性，因此稳定性差。

聚合物的降解速度还与材料中杂质的存在有关。材料在聚合过程中加入的某些物质（如引发剂、催化剂、酸、碱等）去除不净，或材料在运输贮存中吸收水分、混入各种化学或机械杂质都会降低聚合物的稳定性。例如易分解出自由基的物质能引起链锁降解反应；而酸、碱、水分等极性物质则能引起无规降解反应，杂质的作用实际上就是降解的催化剂。

(2) 温度的影响　在加工温度下，聚合物中一些具有较不稳定结构的分子最早分解。只有过高的加工温度和过长的加热时间才引起其他分子的降解。如果没有别的因素起作用，仅仅由于过热而引起的降解称为热降解。热降解为自由基链锁过程。

降解反应的速率是随温度升高而加快的。降解反应速率常数 K_d 与温度 T 和降解活化能 E_d 的关系可表示为：

$$K_d = A_d e^{-\frac{E_d}{RT}} \tag{2-15}$$

对聚苯乙烯，按常数 $A_d=10^{13}$、$E_d=22.6$kcal/mol，根据式(2-15) 所绘制的降解反应速率常数对温度变化的关系曲线如图 2-41 所示。可看出，在 227℃（500K）以下聚苯乙烯降解速率很慢，超过这一温度范围后降解非常迅速。所以，加工过程中不适当地升高温度，发生严重降解的可能性增大。温度对几种聚合物的降解速率的影响可以从图 2-42 中看出。

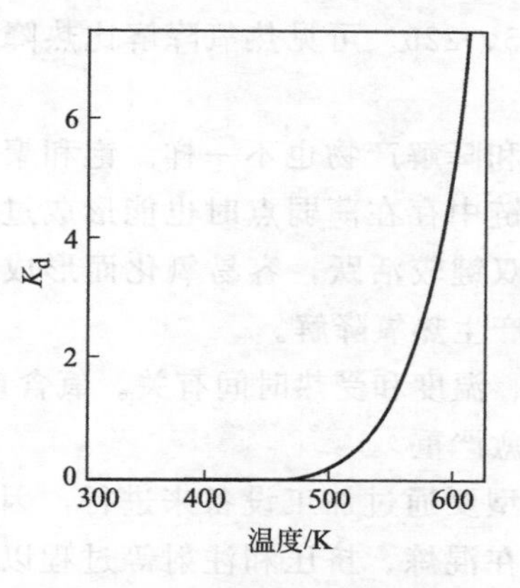

■图 2-41 温度对聚苯乙烯降解反应速率的影响

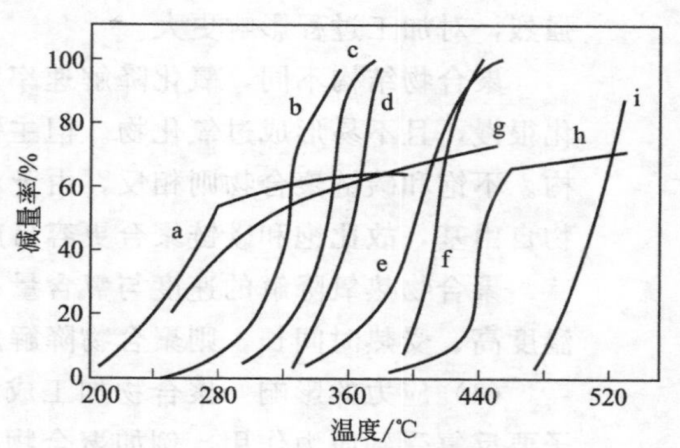

■图 2-42 温度对几种聚合物的降解速率的影响

a—聚氯乙烯；b—聚甲基丙烯酸甲酯；c—聚异丁烯；d—聚苯乙烯；e—聚丁二烯；f—聚乙烯；g—聚丙烯腈；h—聚偏二氯乙烯；i—聚四氟乙烯

（3）氧的影响

加工过程往往有空气存在，空气中的氧在高温下能使聚合物生成键能较弱、极不稳定的过氧化结构。过氧化结构的活化能 E_d 较低（例如聚苯乙烯的热降解活化能为 22.6kcal/mol，形成过氧化结构后的降解活化能降低到 10kcal/mol）容易形成自由基。使降解反应大大加速（降解反应速率常数 K_d 随 E_d 减小而增大）。通常把空气存在下的热降解称为热氧降解。比较图 2-43 中聚甲醛在单纯受热和有氧存在下受热时的降解动力学曲线可

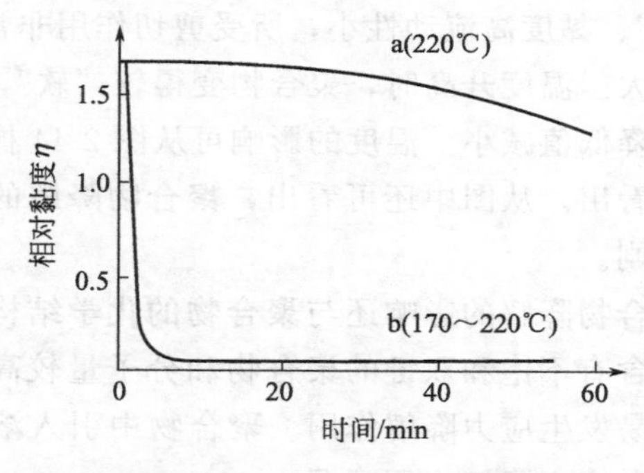

■图 2-43 未稳定的聚甲醛在热降解(a)和热氧降解(b)时黏度随时间变化的关系

以看出，氧能大大加速热降解速率，并引起聚合物分子量显著的降解。又如聚氯乙烯在氯气、空气和氧气中于 182℃加热 30min 时，脱氯化氢的速速率［mmol/(g·h)］依次为 70、125、225。可见热氧降解比热降解更为强烈，对加工过程影响更大。

聚合物结构不同，氧化降解速率和降解产物也不一样。饱和聚合物氧化很慢，且不易形成过氧化物。但主链中存在薄弱点时也能形成过氧化结构。不饱和碳链聚合物则相反，由于双键较活跃，容易氧化而形成过氧化物自由基，故比饱和碳链聚合更容易产生热氧降解。

聚合物热氧降解的速度与氧含量、温度和受热时间有关。氧含量增加、温度高、受热时间长，则聚合物降解愈严重。

(4) 应力的影响　聚合物加工成型要通过加工设备来进行，因而大分子要反复受到应力作用。例如聚合物在混炼、挤压和注射等过程以及在粉碎、研磨和搅拌与混合过程都要受到剪应力的作用。在剪切作用下，聚合物大分子键角和键长改变并被迫产生拉伸形变。当剪应力的能量超过大分子键能时，会引起大分子断裂降解，降解的同时聚合物结构和性能发生相应的变化。常常将单纯应力作用下引起的降解称为力降解（或机械降解），它是一个力化学过程。但加工过程很少有单纯的力降解，很多情况下是应力和热、氧等几种因素共同作用加速了整个降解过程。例如聚合物在挤出机和注塑机料筒、螺杆、口模或浇口中流动时或在辊压机辊筒表面辊轧时都同时受到这些因素的共同作用。

降解作用是在剪切应力作用下、大分子断裂形成自由基开始的，并由此引起一系列连锁反应。可见剪切作用引起降解和由热引起降解有相似的规律，即都是自由基连锁降解过程。增大剪应力或剪切速率、大分子断链活化能 E_d 降低，降解反应速率常数 K_d 增大，降解速度增加。一定大小的剪切应力只能使聚合物大分子链断裂到一定长度。

聚合物受到剪切时，温度的高低影响剪切作用的大小。较低温度下，聚合物较“硬”、黏度高流动性小，所受剪切作用非常强烈，分子量（或黏度）降低幅度大。温度升高时，聚合物变得较“软”，剪切效率下降，分子量（或黏度）降低值减小。温度的影响可从图 2-44 橡胶门尼黏度随塑炼温度变化的关系看出。从图中还可看出，聚合物降解的程度还随应力作用的时间增长而加剧。

应力对聚合物降解的影响还与聚合物的化学结构和所处的物理状态有关。大分子中含有不饱和双键的聚合物和分子量较高的聚合物对应力的作用较敏感，较易发生应力降解作用。聚合物中引入溶剂或增塑剂时，聚合物流动性增大，应力降解作用减弱。

(5) 水分的影响　聚合物中存在的微量水分在加工温度下有加速聚合

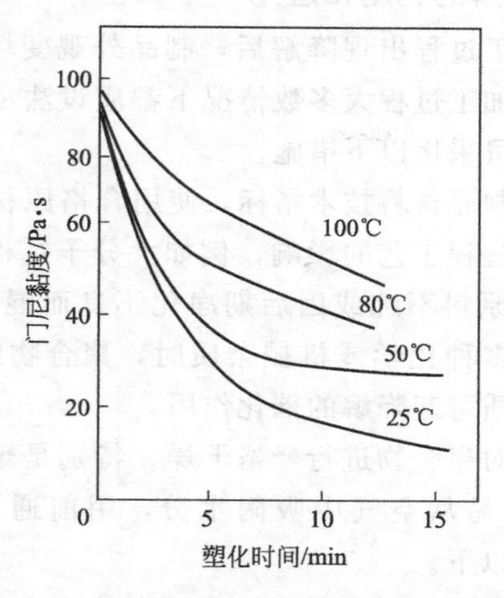

■图 2-44　塑炼时间和温度对橡胶门尼黏度（100℃）的影响

物降解的作用。在高温高压下由水引起的降解反应称为水解作用，主要发生于聚合物大分子的碳—杂原子键上。水引起该键断裂，并与断裂的化学键结合。H^+或OH^-存在能加速水解速率，所以酸和碱是水解过程的催化剂。水解的难易程度决定于聚合物组成中官能团和键的特性，含有

$-\overset{O}{\overset{\|}{C}}-NH-$、$-\overset{O}{\overset{\|}{C}}-O-$、$-\overset{R}{\overset{|}{C}H}-O-$和$-CH_2-O-CH_2-$等结构的聚合物，如聚酰胺、聚酯、聚醚等特别容易水解，但由芳香环构成主链的聚合物比由脂肪族构成主链的聚合物要稳定。当聚合物由于氧化而具有可水解的过氧化基团时，也变得容易水解。降解产物的分子量和结构与发生水解断链的位置有关。当侧链官能团水解时，聚合物仅发生化学组成的改变，分子量影响不大；当主链中发生水解时聚合物的平均分子量降低。

聚合物可从空气中吸附和吸收水分，虽然大多数聚合物在空气中的平衡吸水率不是很高（一般小于0.5%），但在加工过程的高温下却能引起显著的降解反应。例如吸湿量不同的聚对苯二甲酸乙二酯熔融时，分子量和黏度降低的程度是随吸湿量增大的，有关数据如表 2-20 所示。

■表 2-20　聚对苯二甲酸乙二酯含水量对降解的影响

水分含量 /%	数均分子量 M_n	特性黏数 [η]	相对黏度	分解率/%	
				M_n 减小	[η]降低
未吸水样品	21182	0.888	1.368	—	—
0.01	18974	0.64	1.356	10.43	0.75
0.05	18866	0.50	1.273	36.92	27.7
0.10	8894	0.38	1.207	58.20	46

2.6.1.2 加工过程对降解的利用和避免

聚合物在加工过程出现降解后，制品外观变坏，内在质量降低，使用寿命缩短。因此加工过程大多数情况下都应设法尽量减少和避免聚合物降解。为此，通常可采用以下措施。

(1) 严格控制原材料技术指标，使用合格原材料。聚合物的质量在很大程度上受合成过程工艺的影响，例如大分子结构中含有双键和支链，分子量分散性大，原料不纯或因后期净化不良而混有引发剂、催化剂、酸、碱或金属粉末等多种化学或机械杂质时，聚合物的稳定性和加工性变坏。杂质中的一些物质可起降解的催化作用。

(2) 使用前对聚合物进行严格干燥。特别是聚酯、聚醚和聚酰胺等聚合物存放过程容易从空气中吸附水分，用前通常应使水分含量降低到 0.01%～0.05%以下。

(3) 确定合理的加工工艺和加工条件

使聚合物能在不易产生降解的条件下加工成型，这对于那些热稳定性较差，加工温度和分解温度非常接近的聚合物尤为重要。绘制聚合物成型加工温度范围图（图 2-45）有助于确定合适的加工条件。一般加工温度应低于聚合物的分解温度。某些聚合物的分解温度与加工温度如表 2-21 所列。

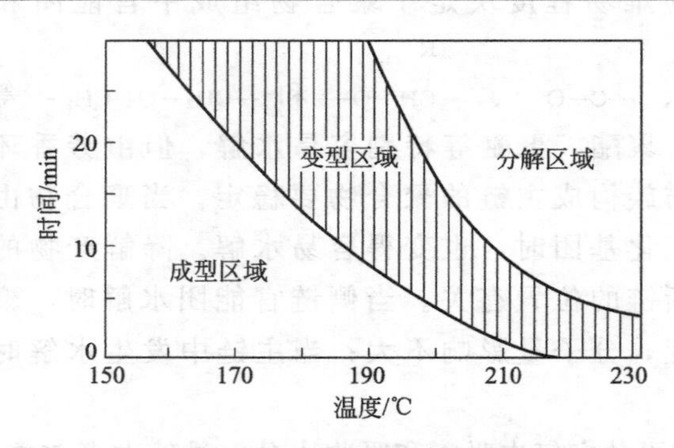

■图 2-45 硬聚氯乙烯成型温度范围

■表 2-21 若干种聚合物的分解温度与加工温度

聚合物	分解温度/℃	加工温度/℃	聚合物	分解温度/℃	加工温度/℃
聚苯乙烯	210	170～250	聚丙烯		220～300
聚氯乙烯	170	150～190	聚甲醛	300	195～220
聚甲基丙烯酸甲酯	280	180～240	聚酰胺-6	220～240	229～290
聚碳酸酯	380	270～320	聚对苯二甲酸乙二酯	300	260～280
氯化聚酯	280	120～270	聚酰胺-66	280	260～280
高密度聚乙烯	320	220～280	天然橡胶	198	<100
			丁苯橡胶	254	<100

(4) 加工设备和模具应有良好的结构。主要应消除设备中与聚合物接触部分可能存在的死角或缝隙，减少过长的流道、改善加热装置、提高温度显示装置的灵敏度和冷却系统的效率。

(5) 根据聚合物的特性，特别是加工温度较高的情况，在配方中考虑使用抗氧剂、稳定剂等以加强聚合物对降解的抵抗能力。抗氧剂有与氧作用形成稳定物质的能力，能使热氧降解作用大大减缓。这种关系可以从图 2-46 中看出。稳定剂具有与自由基作用而终止或改变链锁降解反应的作用，它实际上是自由基的受体，能捕捉自由基而消除引起降解的因素。一般的情况，随稳定剂或抗氧剂用量增大，聚合物加工过程的稳定性也增加，这种关系可从图 2-47 中看出。显然，由于混炼或塑炼过程聚合物还受到应力的作用。而且与空气接触的表面在不断更新着，故在同样浓度的稳定剂作用下，单纯烘箱加热出现降解的时间比混炼的长。但有一些情况也利用降解作用来改变聚合物的性质(包括加工性质)、扩大聚合物的用途。例如通过机械降解（辊压或共挤）作用可以使聚合物之间或聚合物与另一种聚合物的单体之间进行接枝或嵌段聚合制备共聚物，这是改良聚合物性能和扩展聚合物应用范围的途径之一，并在工业上得到了应用。生橡胶在辊压机上塑炼降解以降低分子量，改善橡胶加工性的办法已经是橡胶加工中不可缺少的一个过程。

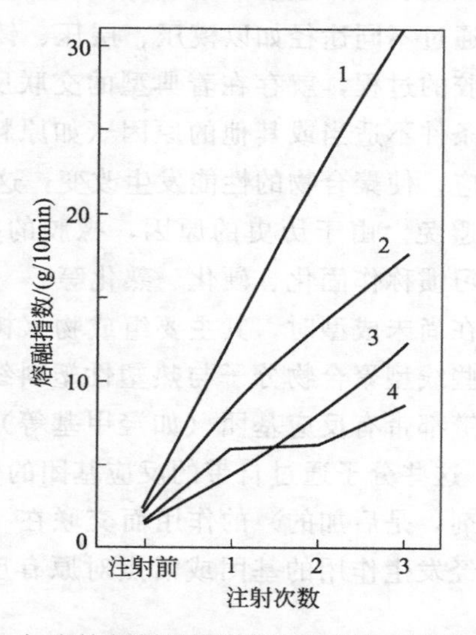

■图 2-46　加有抗氧剂的聚丙烯对热氧降解的稳定性(300℃ ± 2℃)

1——未加抗氧剂；2——0.1％DLTP；3——0.25％CA＋0.25DLTP；
4——0.1％CA(CA-酚类抗氧剂；DLTP-硫类抗氧剂)

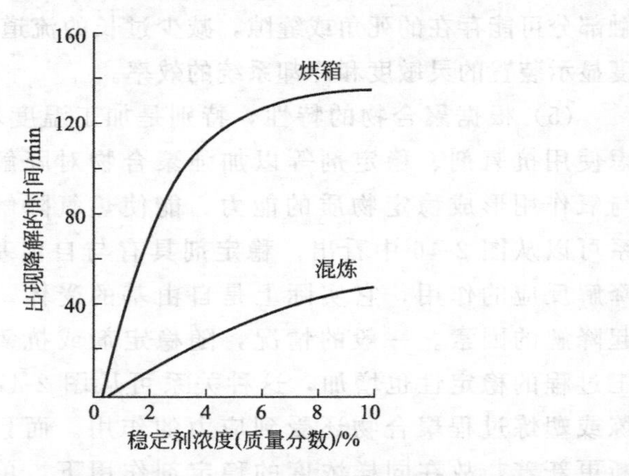

■图 2-47 聚氯乙烯中钡/镉稳定剂用量对降解时间的影响

2.6.2 聚合物的交联

聚合物的加工过程，形成三向网状结构的反应称为交联。通过交联反应能制得交联（即体型）聚合物。和线型聚合物比，交联聚合物的机械强度、耐热性、耐溶剂性、化学稳定性和制品的形状稳定性等均有所提高。所以，在一些对强度、工作温度、蠕变等要求较高的场合，交联聚合物有较广泛的应用。通过不同途径如以模压、层压、铸塑等加工方法生产热固性塑料和硫化橡胶的过程，就存在着典型的交联反应，但在加工热塑性聚合物时由于加工条件不适当或其他的原因（如原料不纯等）也可能在聚合物中引起交联反应，使聚合物的性能发生改变，这种交联为非正常的交联，在加工过程中要避免。由于历史的原因，橡胶的交联过程习惯称为硫化；塑料的交联过程习惯称作固化、硬化、熟化等。

热固性塑料在尚未成型时，其主要组成物（树脂）都是线型或带有支链的聚合物。这些线型聚合物分子与热塑性塑料线型聚合物分子的不同点在于：前者分子链都带有反应基团（如羟甲基等）或反应活点（如不饱和键等），成型时，这些分子通过自带的反应基团的作用或自带反应活点与交联剂（也称硬化剂，是后加的）的作用而交联在一起。这些化学反应都称为交联反应。已经发生作用的基团或活点对原有反应基团或活点的比值称为交联度。

交联反应是很难进行完全的，其主要原因是：①交联反应是热固性树脂分子向三维发展并逐渐形成巨型网状结构的过程。随着过程的进展，未发生作用的反应基团之间，或者反应活点与交联剂之间的接触机会就越来越少，甚至变为不可能。②有时反应系统中包含着气体反应生成物（如水汽），因而阻止了反应的进行。

以上都是从化学意义上来说明交联作用的。在成型工业中，交联一词常常用硬化、熟化等词代替。所谓“硬化得好”或“硬化得完全”并不意味着交联作用的完全，而是指交联作用发展到一种最为适宜的程度，使制品的物理机械性能等达到最佳的境界。显然，交联程度不会大于100％的，但是硬化程度是可以的。一般称硬化程度大于100％的为“过熟”，反之则为“欠热”。此外，不同热固性塑料，即使采用同一类型的树脂，它们的完全硬化在化学意义上也可能是不同的。

工业上还习惯将树脂交联过程分为三个阶段：甲阶，这一阶段的树脂是既可以溶解又可以熔化的物质；乙阶，此时树脂在溶解与熔化的量上受到了限制，也就是说，有一部分是不溶解不熔化的，但是依然是可塑的；丙阶，这一阶段的树脂是不熔化不溶解的物质。不过严格地说，丙阶树脂中仍有少量可以溶解的物质。

硬化作用的类型是随树脂的种类而异的，它对热固性塑料的贮存期和成型所需的时间起着决定性的作用。硬化不足的热固性塑料制品，其中常存有比较多的可溶性低分子物质，而且由于分子结合得不够强（指交联作用不够），以致对制品的性能带来了损失。例如机械强度、耐热性、耐化学腐蚀性、电绝缘性等的下降；热膨胀、后收缩、内应力、受力时的蠕变量等的增加；表面缺少光泽；容易发生翘曲等。硬化不足时，有时还可能使制品产生裂纹，这种裂纹有时甚至用肉眼也能察觉到。裂纹的存在将使前面举述的性能进一步恶化，吸水量也有显著地增加。出现裂纹说明所用模具或成型条件不合适，不过塑料中树脂与填料的用量比不当时也会产生裂纹。

过度硬化或过熟的制品，在性能上也会出现很多的缺点。例如机械强度不高、发脆、变色、表面出现密集的小泡等。显而易见，过度硬化或过熟连成型中所产生的焦化和裂解（如果有的话）也包括在内。制品过熟一般都是成型不当所引起的。必须指出，过熟和欠熟的现象有时也会发生在同一制品上，出现的主要原因可能是模塑温度过高、上下模的温度不一、制品过大或过厚等。

参 考 文 献

[1] 黄锐，曾邦禄．塑料成型工艺学，第2版．北京：中国轻工业出版社，1998.
[2] 徐佩弦．高聚物流变学及其应用．北京：化学工业出版社，2003.
[3] 张邦华，朱常英，郭天瑛．近代高分子科学．北京：化学工业出版社，2005.
[4] 王加龙．高分子材料基本加工工艺．北京：化学工业出版社，2004.
[5] 何曼君，陈维孝，董西侠．高分子物理（修订版）．上海：复旦大学出版社，2000.

[6] 周达飞，唐颂超．高分子材料成型加工．北京：中国轻工业出版社，2000.
[7] 王小姝，阮文红．高分子加工原理与技术．北京：化学工业出版社，2006.
[8] 王贵恒，高分子材料成型加工原理．北京：化学工业出版社，1982.
[9] Bower DI. An Introduction to Polymer Physics. England: Cambridge University Publishers, 2002.
[10] Wunderlich B. Macromolecular Physics: Vol 2. New York: Academic. Press INC., 1976.
[11] 邱明恒．塑料成型工艺．西安：西北工业大学出版社，1994.
[12] 沈新元，主编．高分子材料加工原理，第 2 版．北京：中国纺织出版社，2009.
[13] Throne J L. Plastics Process Engineering, New York: Marcel Dekker, INC., 1979.
[14] Chanda M., Salil MC. Plastics Technology Handbook. 4th. New York: Marcel Dekker INC., 1993.
[15] 申开智．塑料成型模具，第 2 版．北京：中国轻工业出版社，2013.
[16] Zhong GJ, Li LB, Mendes E, Byelov D, Fu Q, Li ZM. Suppression of skin-core structure in injection-molded polymer parts by in situ incorporation of a microfibrillar network. Macromolecules, 2006, 39 (19): 6771-6775.
[17] Chen, YH, Zhong GJ. Wang Y, Li ZM, Li LB. Unusual tuning of mechanical properties of isotactic polypropylene using counteraction of shear flow and beta-nucleating agent on beta-form nucleation. Macromolecules 42 (12): 4343-4348.
[18] Wang Y, Pan JL, Mao YM, Li ZM, Li LB, Hsiao BS. Spatial distribution of gamma-crystals in metallocene-made isotactic polypropylene crystallized under combined thermal and flow fields. Journal of Physical Chemistry B 114 (20): 6806-6816.
[19] Kmetty A, Barany T, Karger-Kocsis J. Self-reinforced polymeric materials: a review. Progress in Polymer Science, 2010, 35 (10): 1288-1310.
[20] Zhu PW, Edward G. Morphological distribution of injection-molded isotactic polypropylene: a study of synchrotron small angle X-ray scattering. Polymer 2004, 45 (8): 2603-2613.
[21] Scott G. Mechanisms of polymer degradation and stabilization. London and New York: Elsevier Science Publishers LTD, 1990.

第3章 混合

在合成树脂制品生产中，单一使用聚合物的情况很少见，更多的是以一种聚合物为基体，通过混入各种加工助剂、填料、纤维或其他聚合物，经混合作用最终形成聚合物混合物，从而达到改善聚合物加工性能，增强其制品的使用性能同时降低生产成本等目的。同时，体系中聚合物分子量的均化、热质的传递、气体排出等过程也强烈依赖混合作用以实现。因此，混合是合成树脂材料加工中普遍存在的、必不可少的重要过程。

通常，聚合物加工过程中混合主要涉及两种情况：一种是添加、填充组分的加入，此时一般添加相浓度较低，与基体密度差别显著，将主要发生固相在液相（熔体）中的分散和聚集；另一种是共混聚合物的加入，此时一般添加相浓度较高，与基体密度相近，将主要发生液相间的渗透扩散，但由于各组分间不同的相容性，分散程度将受到添加相物理性质和混合过程中流体力学的影响。

本章主要讨论合成树脂材料的混合原理，介绍常见的混合设备以及常用的混合方法。

3.1 混合与分散理论

3.1.1 混合的概念和原理

3.1.1.1 混合的概念

混合是将各自均匀分散的多组分物料通过有效手段加工成更均匀、实用的混合物的过程。混合是一种操作，是一个过程：是一种使混合物趋向于减少非均匀性的操作；是一种在整个系统的全部体积内，各组分在其基本单元没有本质变化的情况下的细化和分布的过程。

混料的目的是为了满足特定的应用而将聚合物原材料转变为可加工的混合物。混合的原料涉及热塑性树脂、热固性树脂和弹性体。混合包括诸多单元操作，由如下众多加工过程组合而成的：

① 聚合物和各种助剂（稳定剂、润滑剂、塑化剂、颜料、填料、阻燃剂、交联剂、发泡剂、硫化剂等）的混合及其充分分散；

② 合成纤维如玻璃纤维或碳纤维，或天然纤维如亚麻、剑麻纤维等增强聚合物过程中的复合和分散；

③ 不同聚合物间合金化共混；

④ 掺混具有相似分子结构但相对分子质量显著不同的各种聚合物；

⑤ 均化单一聚合物熔体，或通过控制剪切条件来改进其流变行为；

⑥ 反应挤出。

同时，为实现良好的混合作用以及达到获得可加工混合物的目的，混合还涉及以下分离过程：聚合物原料的分选和挥发物（残余单体、溶剂、水分）挥脱；聚合物溶液或溶胶的配制及浓缩；聚合物熔体的过滤以完成指定杂质的分离；混合物的粉碎、造粒以使其形成易于处理和适于加工的形式。

3.1.1.2 混合原理

混合作为一种在整个系统的全部体积内，各组分在其基本单元没有本质变化的情况下使混合物趋向于减少非均匀性的操作，各组分非均匀性的减少和各组分的分布和细化只能通过多组分的物理运动来完成，但对混合机理的认识还未能统一。普遍认为混合涉及分子扩散、涡旋扩散和体积扩散等基本运动形式。

分子扩散是由浓度（化学势能）梯度驱使自发发生的一种过程，各组分的微粒子由浓度较大的区域迁移到浓度较小的区域，从而达到各组分的均化。分子扩散在气体和低黏度液体中占支配地位，但在固体与固体间，分子扩散作用是很小的。一般说来，在聚合物加工中熔体与熔体的混合并不是靠分子扩散来实现的。但如果参与混合的组分中存在低分子物质组分（如抗氧剂、发泡剂、着色剂等），则分子扩散可能成为一个主导的重要因素。

涡旋扩散即紊流扩散，通常靠系统内产生的紊流来实现。但在聚合物加工中，由于聚合物熔体特殊的流变行为，熔融物料的运动速度达不到紊流，因此极少发生涡旋扩散。但当混合的组分中含有两种或多种低黏度的单体、中间体或低分子量添加成分的液体组分时，则低黏度流体之间有可能产生紊流扩散，从而成为混合过程中的一个参与因素。

体积扩散即对流混合，是指流体质点、液滴或固体粒子由系统的一个空间向另一个空间位置的运动，或两种以及多种组分在相互占有的空间内发生运动，以期达到各组分的均布。在聚合物加工中，这种混合通常占据支配地位。对流混合通过两种机理发生，一种叫体积对流混合；另一种叫层流混合，或层流对流混合。前者涉及通过塞流对物料进行体积重新排列，后者涉及熔体之间通过层流而造成的变形。

由于聚合物加工混合的特殊性，聚合物熔体的黏度一般都高于 10^2Pa·s，因此混合只能在层状领域产生的层流对流混合中进行。由于在聚合物的加工混合过程中缺乏能够提高混合速率的涡流扩散和分子扩散的显著参与，因此要求更加合理的混合设备和混合工艺的选择，以更好地达到聚合物的均匀混合。

3.1.1.3 混合过程中的主要作用

聚合物混合的过程中的混合作用包括“剪切”、“分流、合并和置换”、“挤压（压缩）”、“拉伸”、“集聚”等作用，它们在混合过程中的出现及其影响效果因混合目的、物料状态、温度、压力、速度等的不同而不同。

剪切的作用是把高黏度分散相的粒子或凝聚体分散于其他分散介质中。剪切包括有介于两块平行板间的物料由于板的平行运动而使物料内部产生永久变形的“黏性剪切”，刀具切割物料的“分割剪切”，以及由以上两种剪切组合而成的如磨盘作用的“磨碎剪切”。典型平行平板混合器的黏性剪切如图 3-1 所示。

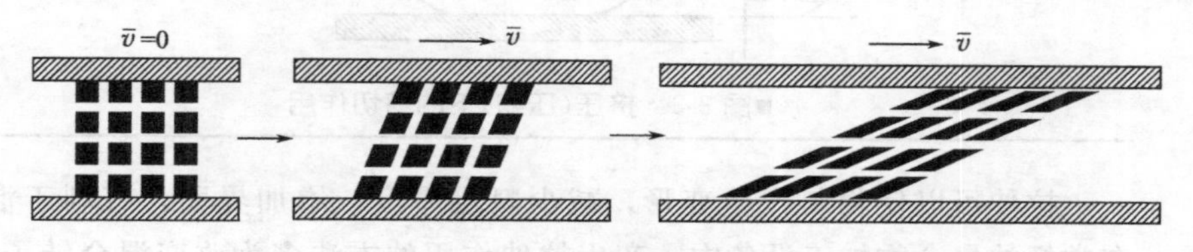

■图 3-1　平行平板混合器黏性剪切示意图

剪切的混合效果与剪切力的大小和力的作用距离有关，如图 3-2 所示。剪切力（F）越大和剪切时作用力的距离（H）越小，混合效果越好，受剪切作用的物料被拉长变形越大（L 增大），越有利于与其他物料的混合。但在混合过程中，水平方向的作用力仅使物料在自身的平面（层）流动；

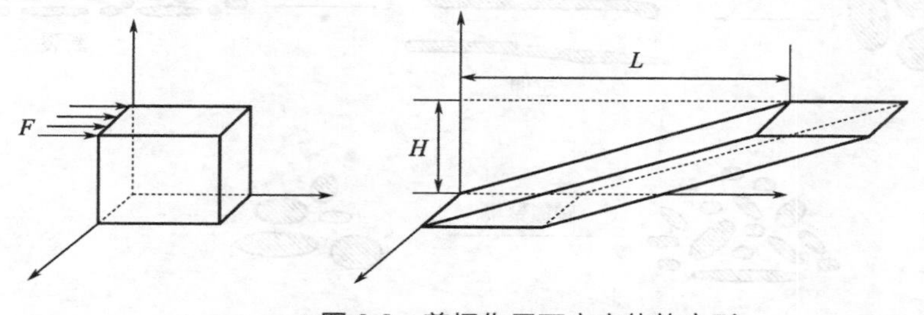

■图 3-2　剪切作用下立方体的变形

如果作用力 F 与平面具有一定角度，则在垂直方向产生分力，造成层与层间的物料流动，从而大大增强了混合效果。故在生产中最好能不断作 90° 角度的改变，即使物料能连续承受互为垂直角度的两个方向剪切力的交替作用，以提高混合效果。

分流即利用器壁对流体进行分流，即在流体的流道中设置突起状或隔板状的剪切片进行分流。流体会在分流后发生合并和置换：有的在流动下游再合并为原状态，有的在各分流束内引起循环流动后再合并；有的在各分流束进行相对位置交换（置换）后再合并，也有以上几种过程共同作用的情况。

当物料被压缩时，物料内部会发生流动，产生由于压缩引起的流动剪切，如图 3-3 所示。这种压缩常见于双辊开炼机混合时两个辊隙之间的相对运动。在挤出过程中，压缩不仅有利于固体输送和传热熔融，而且也有利于物料和熔体受到剪切进一步分散。

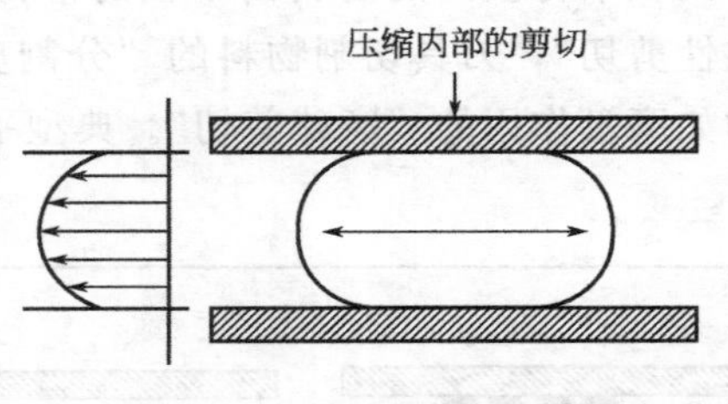

■图 3-3　挤压(压缩)下的剪切作用

拉伸可以使物料产生变形，减少料层厚度，增加界面，有利于混合。在常规的聚合物加工设备中，产生拉伸作用的方法多为改变混合转子的外形和尺寸。

聚集是指在混合过程中，已破碎的分散相在热运动和微粒间相互吸引力的作用下重新集集在一起的过程。对分散的粒度和分布来说，这是混合的逆过程。混合过程中分散与聚集过程如图 3-4 所示。

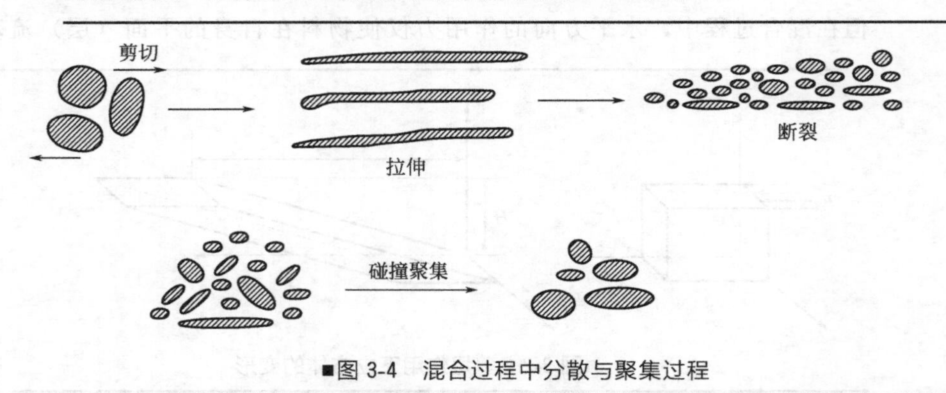

■图 3-4　混合过程中分散与聚集过程

当聚集作用和分散作用达到平衡后，分散相即得到该条件下的平衡粒径。因此，为达到良好的分散效果，在混合过程中应尽量限制重聚过程的发生。

3.1.2 混合的分类

混合可依据混合形式、物料特性和过程特点分别划分为分散性混合和非分散性混合，固体-固体混合，液体-液体混合和固体-液体混合以及间歇混合和连续混合。

3.1.2.1 分散性混合和非分散性混合

依据混合形式的不同，混合可划分为分散性混合和非分散性混合，如图 3-5 所示。分散性混合和非分散性混合不仅是混合类型的一种划分，同时也是聚合物材料加工中所涉及的两种基本过程——混合与分散。混合是不同组分相互分布于各自所占的空间中的过程，仅是多种组分所占空间的最初分布情况发生变化。分散则是指在混合中一种或多种组分的内部物理特性发生变化的过程。

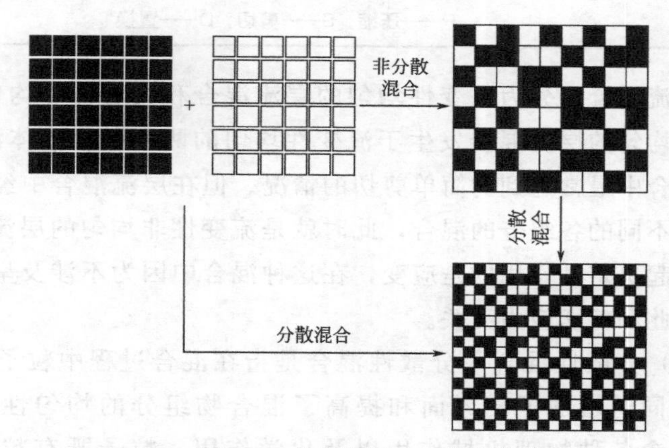

■图 3-5　分散性混合和非分散性混合

(1) 非分散性混合　在混合中仅增加粒子在混合物中分布的均匀性而不减小粒子初始尺寸的混合过程称为非分散混合或简单混合。非分散混合的运动基本形式是通过对流来实现的，它又分为分布性混合和层流混合。

分布性混合主要发生在固体与固体、固体与液体、液体与液体之间，它可能是无规则的，也可能是有序的。层流混合发生在液体与液体之间，例如混炼过程中黏性流体的混合要素就涉及剪切、分流和置换，如图 3-6 所示。

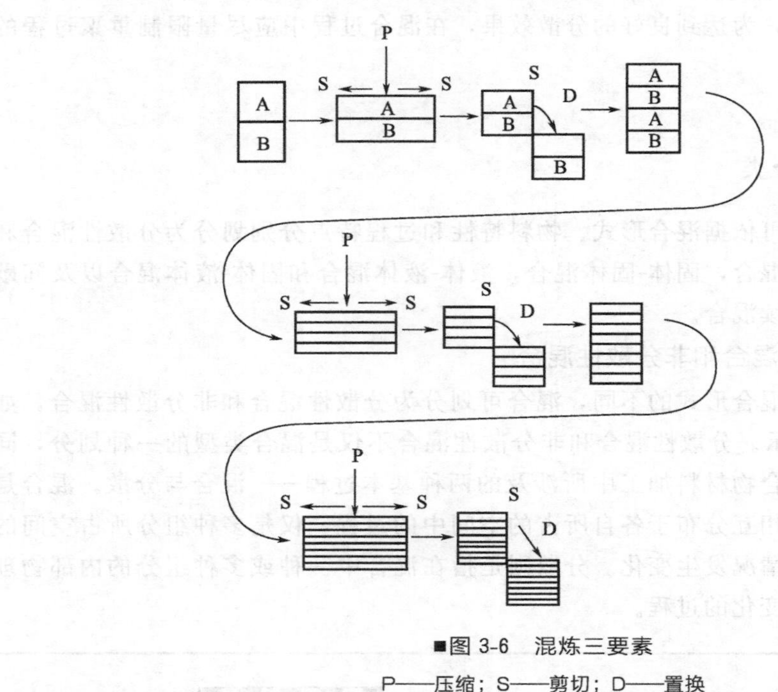

■图 3-6 混炼三要素

P——压缩；S——剪切；D——置换

层流混合又分为流变性均匀的层流混合和流变性非均匀的层流混合。流变性均匀的层流混合发生于流变性均匀的两种黏性液体混合的过程中，例如混合中最常遇到的简单剪切的情况。但在层流混合中经常涉及流变特性明显不同的各组分的混合，此时就是流变性非均匀的层流混合。在层流混合中起决定性作用的是应变，在这种混合中因为不涉及呈现屈服点的物料，因此和剪切应力无关。

（2）分散性混合 分散性混合是指在混合过程中粒子尺寸减小到极限值，同时增加了相界面和提高了混合物组分的均匀性。分散混合过程中包含各种物理机械作用以及化学作用，粒子既有粒度的变化，又有位置的变化。这种变化是通过如图 3-7 所示的各种物理-力学和化学作用实现的。

在流场产生的黏性拖拽下，较大的固体团聚体和聚合物团块被破碎为适合于混合的较小粒子；在剪切热和传导热的作用下，聚合物熔融塑化，使黏度逐渐降低至黏流态时的黏度；粉状或液状的较小粒子组分克服聚合物的内聚能，渗入到聚合物内部；较小的粒子在流场剪切应力的作用下，粒径进一步减小至形成聚集体之前的最小尺寸；固相最终粒子在流场作用下分布均化，混合均匀；聚合物和活性填充剂之间产生力-化学作用，使填充物料形成强化结构。

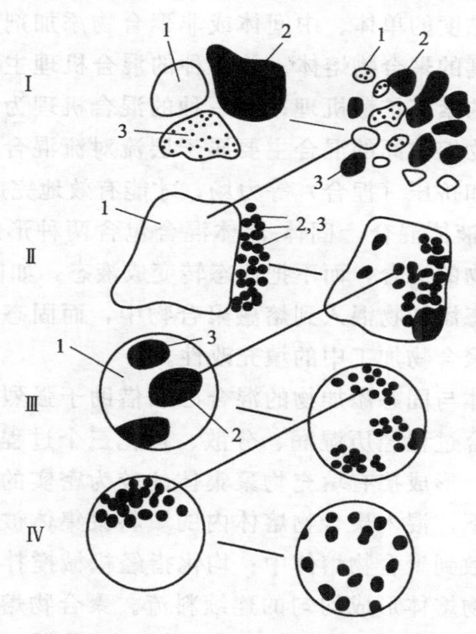

■图 3-7　分散混合时发生的主要机械现象和流变现象示意图

Ⅰ—使聚合物和添加物粉碎；Ⅱ—使粒状和粉状固体添加剂渗入聚合物中；

Ⅲ—分散；Ⅳ—分布均化

1—聚合物；2,3—任何粒状和粉状固体添加物

分散混合主要是通过剪应力起作用，剪切应力的大小不仅与粒子或结块的尺寸有关，同时还与物料的黏度相关。为了获得较大的剪应力，混合机的设计应引入高剪切区（即设置窄的通过间隙），保证所有固体颗粒重复通过高剪切区。分散度取决于混合器内最大有效剪切速率和通过次数：剪切速率越高，通过次数越多，分散程度越好。此外，提高混合机的转速可以提高剪切速率，从而能增加分散能力。在间歇混合机中，提高转速还可以使物料更频繁地通过最大剪切区，以便更好地分散混合。

3.1.2.2 固体-固体混合、液体-液体混合和固体-液体混合

在聚合物共混过程中，按物料状态的不同，混合可划分为固体-固体混合、液体-液体混合和固体-液体混合三种类型。

(1) 固体-固体混合　固体-固体混合主要是固体聚合物与其他固体组分的混合。固体间混合的机理属于体积扩散，即对流混合机理。

固体粒子的粒径大小及分布对其自身的流动特性及分散过程都有影响。同时固体粒子的密度对加工混合也有一定的影响。

（2）液体-液体混合　液体-液体混合涉及低黏度低分子量液体与高黏度高分子量聚合物熔体的混合，通常涉及两种极端的情况：一种是参与混合的液体是低黏度的单体、中间体或非聚合物添加剂，另一种情况是参与混合的是高黏度的聚合物熔体。前一种的混合机理主要是分子扩散机理以及流体内产生的紊流扩散机理；后一种的混合机理为体积扩散，即对流混合机理。聚合物熔体间的混合主要属于层流对流混合，通常需要对物料施加剪切、拉伸和挤压（捏合）等力场，才能有效地完成混合过程。

（3）固体-液体混合　固体-液体混合包含两种形式：一种是液态添加剂与固态聚合物的混合，而不把固态转变成液态，如固体填料的表面处理；另一种是将固态添加物混入到熔融聚合物中，而固态添加物的熔点在混合温度之上，如聚合物加工中的填充改性。

聚合物熔体与固态添加物的混合必须借助于强烈的剪切和搅拌作用才能完成，其混合过程经历湿润、分散、均化三个过程。湿润即指聚合物熔体包容填充物，形成掺有填充物聚集体的较为密实的大胶团；分散即指在强力剪切作用下，混入聚合物熔体内的填料聚集体被搓碎成细小尺寸的微粒，并均匀分散到聚合物熔体中；均化指经机械搅拌掺混作用，使高度分散的填充聚合物熔体形成均匀的连续料流。聚合物熔体的黏度越小，对固体粒子的湿润性就越好，混入越容易，但难于分散；聚合物熔体的黏度越高，固体粒子的混入就越困难，但易于分散。混合过程要合理选择工艺条件以寻求这两种相互矛盾的要求达到平衡。

3.1.2.3 间歇混合和连续混合

按混合过程的特点，混合可划分为间歇混合和连续混合。间歇混合和连续混合是通过混合设备的选择来控制的。典型的间歇式混合设备有高速混合机、开炼机和密炼机等，典型的连续式混合设备有单螺杆挤出机和双螺杆挤出机等。间歇混合时被混组分可同时或依次加入到混合设备中，而物料需要多次通过混合设备的工作机构，反复重复混合过程直到混合物质量达到要求。而连续混合时混合组分通常同时加入混合设备，通过混合机工作腔一次达到规定的质量，因此在加料之前常常需要使用间歇式混合设备进行预混。

间歇混合的过程是不连续的，混合过程主要有三个步骤：投料、混炼、卸料，此过程结束后，再重新投料、混炼、卸料，周而复始，因此间歇混合的劳动强度很大、生产效率低。但是间歇混合能够实现高强度混合，并且在混合过程可以随时调整混合工艺，有利于混合程度的良好控制。

连续混合的过程是连续的，混合过程易于实现自动控制，因此连续混合的劳动强度低，混合能耗小，生产效率高，各批次间的混合质量均匀稳定。连续混合在配备相应的成型设备后，可实现连续混合成型，能够减少制品加工的工序，保证制品性能的稳定，提高生产能力。

3.2 混合状态的判定

聚合物制品的性能在很大程度上由混合体系最终的混合状态如各组分之间所形成的形态结构、分布的均匀程度以及分散程度等所决定。物料各组分混合是否均匀，质量是否达到预期的要求，生产中混合终点的控制等都涉及混合状态的判定。

为判定混合体系内各组分单元的均匀分布程度，必须采用合适的检验尺度。绝对均匀的混合物是没有的，均匀混合是一种相对性的标准，均匀性是与检验尺度相关的。在研究混合物的分散结构时，必须使用适于粒子尺寸的检验尺度以使混合物呈现出合适的分散状态，从而可以使用统计学的方法予以衡量。

对混合状态的判定，有直接描述和间接描述两种方法。

3.2.1 混合状态的直接描述

混合状态的直接描述即直接对混合物取样检查其混合状态，观测其形成的形态结构，对各组分分布的均一性和分散度进行评价。所谓均一性是指混合是否均匀，分散相浓度分布是否均匀，如图 3-8 所示，其中图 3-8(a) 不同区域分散相的浓度变化较大，故均一性差；图 3-8(b) 不同区域分散相的浓度基本上一致，故均一性好。而混合物的分散程度是指被分散物质的破碎程度如何，破碎程度大，粒径较小，则分散程度高；反之，破碎程度小，粒径较大，则分散程度低。

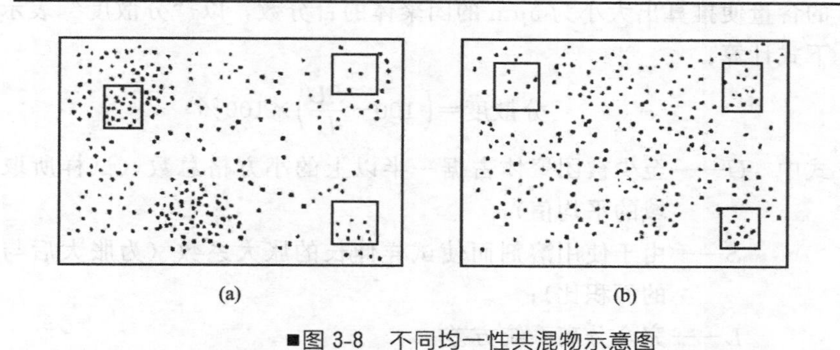

■图 3-8 不同均一性共混物示意图

直接描述可以分为定性描述和定量描述。直接描述的方法包括统计学描述，视觉描述以及光电法等。

3.2.1.1 统计学描述

使用统计学描述时，通常使用平均粒径、总体均匀度、分离尺度的分离强度等指标及计算方法来来定性地描述具体的混合状态，这里将不详述。

3.2.1.2 视觉描述

视觉描述是指利用视觉，通过直观或借助光学以及电子显微手段人为对混合状态进行判别描述，常用的方法包括视觉检测法、团聚计数法、光学和电子显微镜法等。

(1) 视觉检测法　视觉检测法是一种定性的视觉描述。主要用于评判填料在聚合物基体中的分散情况，通常是将观察到的试样切口情况与一组标准照片相比较来评定填料的分散等级，其结果可用数值来表示。该方法属于美国材料试验协会（ASTM）推荐的方法。

具体做法：将混合物试样撕开或切开（有的还要进行适当处理），以暴露其新鲜表面，用肉眼，最好是在放大镜或低倍数双筒显微镜下进行观察并与标准照片相比较，然后评等级。该方法也可称为对比样本法。视觉上的分散等级与混合物的某些重要物理特性有关，共有 5 个等级，等级为 5 时表明此时的分散状态使混合物的物理性质接近最好，等级为 1 时表明此时的分散状态使混合物的物理性质明显下降。

(2) 团聚计数法　团聚计数法是依靠光学显微镜测量混合物切片中团聚体所占面积的百分数来评定分散程度。由于此法涉及直接测量，故为定量测定，它比视觉观测法更为精确，也是 ASTM 常用的一种方法。具体做法：将混合物切成足够薄的切片（还要经过一定处理），放在透射光下，靠光学显微镜对团聚体进行观察。光学显微镜放大倍数在 75～100 之间，用以计数的目镜包含分成 10000 个 $1cm^3$ 大小的正方形网格。计算所有不小于 $5\mu m$ 的团聚体所占据的面积。根据材料中已知的形成该团聚体的添加物的含量便推算出大小为 $5\mu m$ 的团聚体的百分数，以“分散度”表示，可按下式计算：

$$\text{分散度}=\left(100-\frac{SU}{L}\right)\times 100\% \tag{3-1}$$

式中　U——至少被团聚体占据一半以上的小方格总数（试样所取 5 个区域的平均值）；

S——由于使用溶剂而使试样伸长的胀大系数（为胀大后与胀大前的面积比）；

L——完全分离系统方差。

(3) 光学和电子显微镜法　光学和电子显微镜法是常用的直接观察混合物形态的定性方法。当聚合物的共混物相畴较大时，可用光学显微镜直接观察。当需要对更微小尺寸的混合物形态进行分析时可借助扫描电子显微镜或透射电子显微镜。扫描电子显微镜能够直观反映样品的表面形貌特征，因此需要对分析试样进行断面处理或刻蚀处理；透射电子显微镜能够反映样品内部的结构特征，但通常透过能力有限且成像需要衬度差别，因此样品需要做超薄切片处理并常常要求进行染色。

3.2.1.3 其他方法

直接判断混合状态的方法还有很多，其中光电法应用较为常见。以下对光电法进行简介。

光电法的测试原理：通过测微光度计对处理过的试样薄片进行扫描，利用聚集体不同尺寸厚度对光透过能力的不同将透过的光度转变成电压波动信号，从而得到混合信息。其混合状态和电压波动间的关系如图 3-9 所示。

由图 3-9 可见，电压波动良好地反映出混合物内部填充物的聚集情况：大尺寸的聚集体对应大的电压波动，小尺寸的聚集体对应小的电压波动，因此填充物分散、分布得越好，电压波动越小。

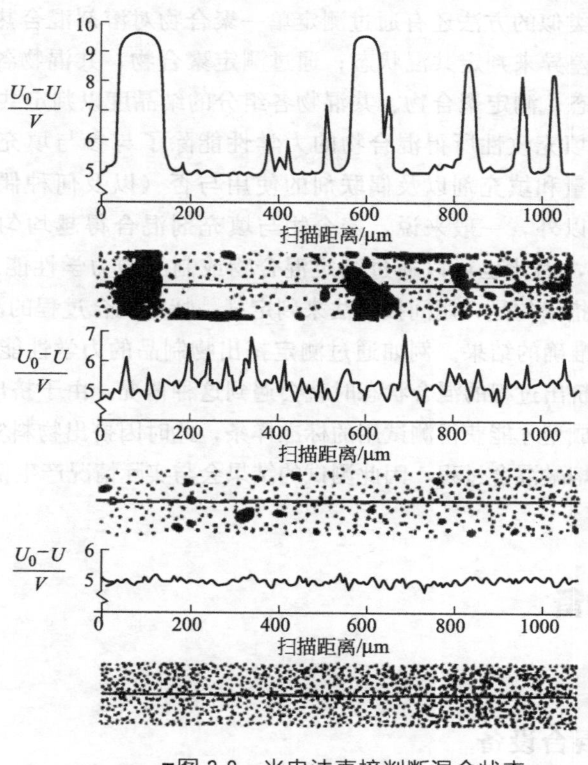

■图 3-9　光电法直接判断混合状态

3.2.2 混合状态的间接判定

混合状态的间接判定是指通过对制品或试样的物理性能、力学性能和化学性能等的检测以判断混合状态。由于这些性能往往与混合状态密切相关，因此可以用来作为混合状态的间接判定标准。

例如，聚合物共混物的玻璃化转变温度与两种聚合物组分分子级的混合程度有直接关系。若两种聚合物完全达到分子级的混合，形成均相体系，则只有一个玻璃化转变温度，该玻璃化转变温度取决于两组分的玻璃化转变温度和每一组分所占的体积分数。如果两种聚合物完全没有分子级的混合，就有两个玻璃化温度，分别等于两组分的玻璃化转变温度。当两组分有一定程度的分子级混合时，虽仍有两个玻璃化转变温度，但这两个玻璃化转变温度相互靠近了，其靠近程度取决于分子级的混合程度，分子级混合程度越大，靠近程度越大。据此，只要测出共混物的玻璃化转变温度的变化情况，即可推断其分子级的混合程度，也可得到形态结构方面的间接信息，如相状态、界面情况等。

其他类似的方法还有通过测定单一聚合物对溶剂混合热与共混物对溶剂混合热的差异来判定共混状态；通过测定聚合物、共混物各部分的熔点来判定共混状态；测定聚合物、共混物各组分的结晶度以判定共混状态等。

又如填充改性所得混合物的力学性能除了与参与填充改性的聚合物的种类、数量和填充剂以及偶联剂的使用与否（以及何种偶联剂）等一系列因素有关以外，一般来说，聚合物与填充剂混合得越均匀，混合物的力学性能越好，因此也可以通过测定混合物或制品的力学性能来判定混合状态。

需要指出的是，用间接方法来判定某一特定混合过程的混合状态时，有时不能获得准确的结果。例如通过测定挤出物制品的力学性能来判定混合状态，进而判断挤出过程的混合状态时就会遇到这种情况：由于挤出混合物通常需要通过注射成型才能获得测试用的标准样条，此时因挤出物料实际上又经历了一次注射机熔融混合过程，因此测试的结果会与实际情况产生偏差。

3.3 混合设备

3.3.1 间歇式混合设备

间歇式混合设备的种类很多，根据其基本结构和运转特点可分为静态混合设备、辊筒类混合设备和转子类混合设备，就其在聚合物加工过程中所处的工艺环节可分为物料初混设备和混合加工设备。

3.3.1.1 初混设备

初混设备是指物料在非熔融状态下进行混合所用的设备。初混设备很多，包括重力混合和气动混合设备、辊筒类混合设备和转子类混合设备，以下将从这几方面着重介绍几种典型的初混设备。

（1）转鼓式混合机　转鼓式混合机是最简单的混合设备，它主要由混合室与驱动装置构成。根据混合室的形状可分为多种，如图 3-10 所示。

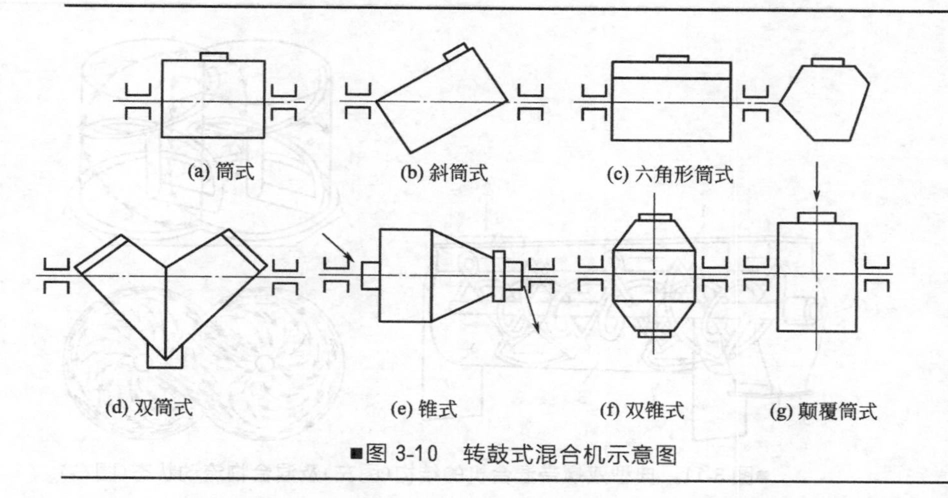

■图 3-10　转鼓式混合机示意图

转鼓式混合机的混合作用是靠盛载物料的混合室的转动来完成的。当与驱动轴相连的混合室转动时，鼓内的物料在垂直平面内回转，初始时位于混合室底部的物料由于黏结作用及物料与侧壁间的摩擦力而随鼓升起，又由于离心力作用而趋于靠近壁面，使物料间及物料与室壁间的作用力增大。当物料上升到一定高度时，在重力作用下落到底部，接着又升起，如此循环往复，使物料在竖直方向反复重叠、换位，从而达到混合均匀的目的。

转鼓式混合机的混合效果除与混合室的形状、结构及安装形式有关外，还与转速与填充率有关。混合室的回转速率一般为 3～30r/min，小型混合机的速率可取较高值。填充率也是影响混合质量与产量的重要因素：填充率太小时，将明显影响产量；填充率太大时，物料流动分布空间受到限制，料流置换与对流区域减小，不利于有效的混合。一般转鼓式混合机的填充率较小，对于粉状物料，填充率为 0.3～0.4，对粒状物料，填充率为 0.7～0.8。

（2）螺带式混合机　螺带式混合机由内螺带、混合室、驱动装置和机架组成，螺带是起搅拌、推动物料运动的转子。常用的螺带混合机为双螺带混合机，分卧式和立式两种。

图 3-11 显示了典型双螺带混合机的结构及混合物流动状态。其中，两根螺带的螺旋方向是相反的，当螺带转轴旋转时，两根螺带同时搅动物料上、下翻转，由于两根螺带外缘回转半径不同，对物料的搅动速度不相同，因此有利于径向分布混合。同时，外螺带将物料从右端推向左端，而内螺带又将物料从左端推向右端，使物料形成了在混合室轴向的往复运动，产生轴向的分布混合。

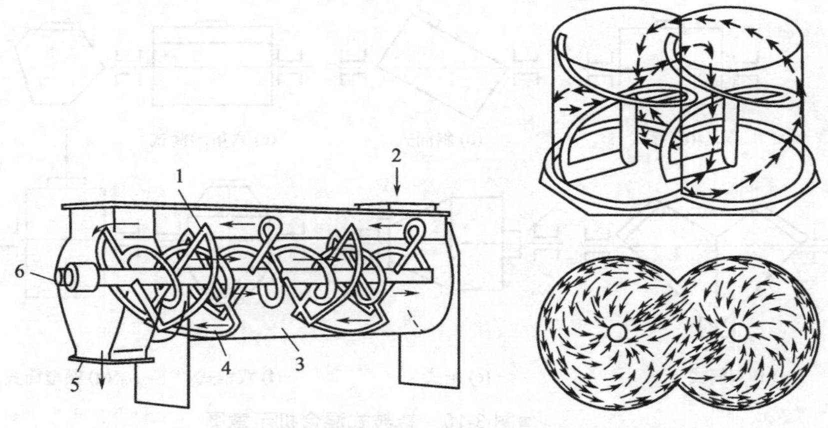

■图 3-11　典型双螺带混合机的结构(图左)及混合物流动状态(图右)

1—螺带；2—进料口；3—混合室；4—物料流动方向；
5—出料口；6—驱动轴

螺带混合机的混合室外部可加装夹套，可以通入蒸汽或冷水进行加热、冷却。螺带混合机的加料量取决于混合室的容积和螺带外缘最大高度。加料量应低于螺带外缘最大高度，加料容积应为混合室容积的 40%～70%。双螺带混合机对物料的搅动作用较为强烈，除了具有分布作用外，尚有部分分散作用，可使部分物料结块破碎等，因此不仅适用于粒状或粉状塑料与添加剂的混合，也可用于固态粉料与少量液态添加剂的混合。

螺带混合机结构简单、操作维修方便、耗能较低，因而在生产中有广泛的应用。然而这类混合设备的混合强度一般较小，因而混合时间较长。此外当两种密度相差较大的物料相混时，密度大的物料易沉于底部，因此使用螺带混合机进行混合作业时，应当选择密度相近的物料。

(3) Z 型捏合机　Z 型捏合机是广泛用于塑料和橡胶等高分子材料的混合设备。Z 型捏合机主要由转子、混合室及驱动装置组成，典型的 Z 型捏合机结构如图 3-12 所示。由于所用转子形状如“Z”形，故称为 Z 型捏合机。

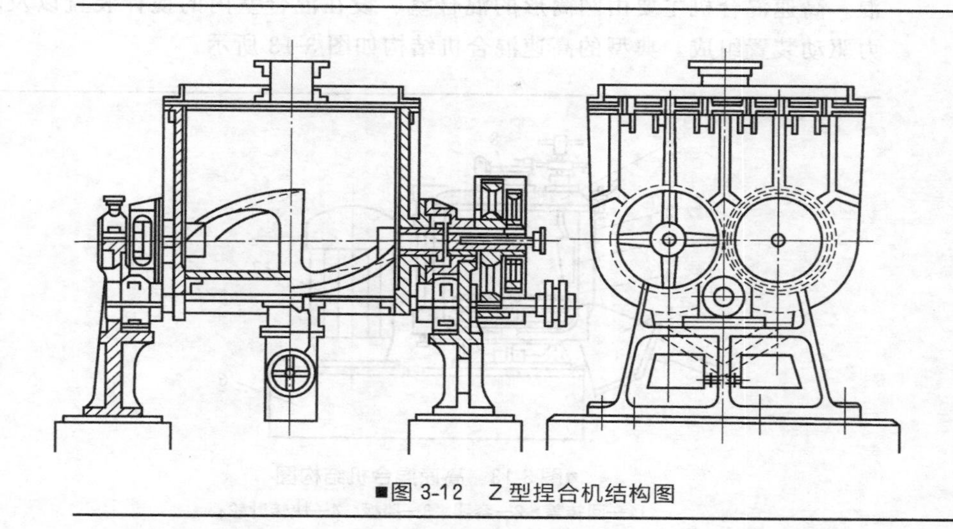

■图 3-12　Z 型捏合机结构图

Z 型捏合机的转子在混合室内的安装形式有两种，一种为相切式安装，一种为相交式安装。相切式安装时，转子可同向旋转，也可异向旋转，而相交式安装的转子因外缘运动轨迹线相交，只能同向旋转。对于转子相切式安装的捏合机，当转子旋转时，物料在两转子相切处受到强烈剪切作用，同时物料在转子外缘与混合室壁的间隙内也受到强烈剪切作用，因此转子相切式 Z 型捏合机有两个分散混合区域。转子相切式捏合机除了分散混合作用外，转子旋转时对物料的搅动、翻转作用有效地促进了物料各组分间的分布混合，因此特别适用于初始状态为片状、条状或块状物料的混合。

转子相交式捏合机对物料的剪切作用发生在转子外缘与混合室壁的小间隙内，在这样小的间隙中物料将受到强烈剪切、挤压作用，一方面可增加混合（或捏合）的效果，同时也可以有效地除掉混合室壁上的滞料，有自洁作用，所以对于热塑性塑料的初混或 PVC 的配料是十分合适的。由于转子外缘相交，因而可在相交区域促使物料做交叉流动，故其分布混合作用比相切式转子强烈，搅动范围更大，因此转子相交式捏合机更适用于粉状、糊状或高黏度液态物料的混合。目前中等规模的配料大多使用这类捏合机。

Z 型捏合机广泛用于各类物料的混合，其规格从小型实验捏合机到装填量 104L 的大型捏合机，转子转速一般 10～35r/min，驱动功率由转子结构和物料性质决定，一般在 10^4～3×10^5 W/m^3 之间。对于设计良好的捏合机，可代替密炼机工作，但结构较密炼机仍然简单得多。

（4）高速混合机　高速混合机是聚合物加工过程中使用最为广泛的混

合设备，可用于聚合物材料的配料、混色、填料表面处理及共混物料的预混。高速混合机主要由圆筒形的混合室、设在混合室内的搅拌装置以及动力驱动装置组成，典型的高速混合机结构如图 3-13 所示。

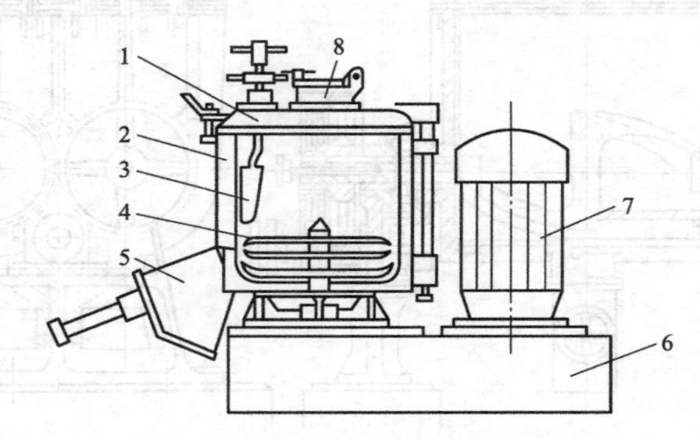

■图 3-13　高速混合机结构图

1—回转盖；2—容器；3—挡板；4—快转叶轮；5—出料口；6—机座；7—电机；8—进料口

高速混合机的搅拌装置包括位于混合室下部的快转叶轮和可以垂直调整高度的挡板。叶轮根据需要可有 1～3 组，分别装置在同一转轴的不同高度上，每组叶轮的数目通常为 2 个。当高速混合机工作时，高速旋转的叶轮借助表面与物料的摩擦力和侧面对物料的推力使物料沿叶轮切向运动。同时，由于离心力的作用，物料被抛向混合室内壁，并且沿壁面上升，当升到一定高度后，由于重力的作用，又落回到叶轮中心，接着又被抛起，使物料颗粒之间相互碰撞、摩擦，产生较高的剪切作用和热量，从而促进了组分的均匀分布和对液态添加剂的吸收。挡板的作用是使物料运动呈流化状，更有利于分散均匀。混合机的加料口在混合室顶部，进出料由压缩空气操纵的启闭装置控制。加料应在开动搅拌后进行，以保证安全。

使用高速混合机混合时，物料填充率是影响混合质量的重要因素，填充量小时，物料流动空间大，有利于均匀混合，但又影响生产效率；填充量大时则影响混合效果，因此需要选择合适的填充率。一般认为填充率以 0.5～0.7 为宜，对于高位式叶轮，填充率最高可达 0.9。

高速混合机的混合效率较高，通常情况下一个混合过程只需 8～10min，每次混料量为几十至数百千克。作为一种高强度、高效率、短混合时间的混合设备，高速混合机非常适合中、小批量的混合。

3.3.1.2 开炼机和密炼机

开炼机和密炼机是间歇式混合设备中两种最重要的混合设备，广泛应用于聚合物物料特别是橡胶的混合加工中。开炼机和密炼机能够提供很高的混合强度，在加工中具有连续式混合设备不可替代的作用，是橡胶的塑炼与混炼、塑料的塑炼以及高浓度填充母料的制备等所采用的主要设备。

(1) 开炼机

开炼机又称为开放式炼胶机和开放式炼塑机，是通过两个相对旋转的辊筒对物料施加挤压和剪切作用的混合设备，在橡胶和塑料制品加工过程中得到非常广泛的应用。开炼机虽然因其存在的劳动条件差、劳动强度大、能量利用不尽合理、物料易发生氧化等固有的缺点而使其部分工作被密炼机所取代，但由于开炼机具有以下其他混炼设备所没有的特点而至今仍得到广泛的应用。

① 开炼机工作时，经取样可直接观察到物料在混合过程中的变化，从而能及时调整操作工艺及配方而达到预定的目的，特别是对那些尚不完全清楚其物性的物料，用开炼机更易于探索最适宜的工艺操作条件。

② 在开炼机上可实时观察物料的物理化学状态如胶料的提前硫化、热塑性塑料的固化等，易于对固有的混合工艺进行改进。

③ 结构简单，混炼强度高，价格低廉。

开炼机的结构如图 3-14 所示，主要由两个辊筒、辊筒轴承、机架、横梁、传动装置、辊距调整装置、润滑装置、加热或冷却装置、紧急停车装置、制动装置和机座等组成。它的主要工作部分是两个辊筒，两个辊筒并列在一个平面上，分别以不同的转速做向心转动，两辊筒之间的距离可以调节。辊筒为中空结构，其内可通入介质加热或冷却。

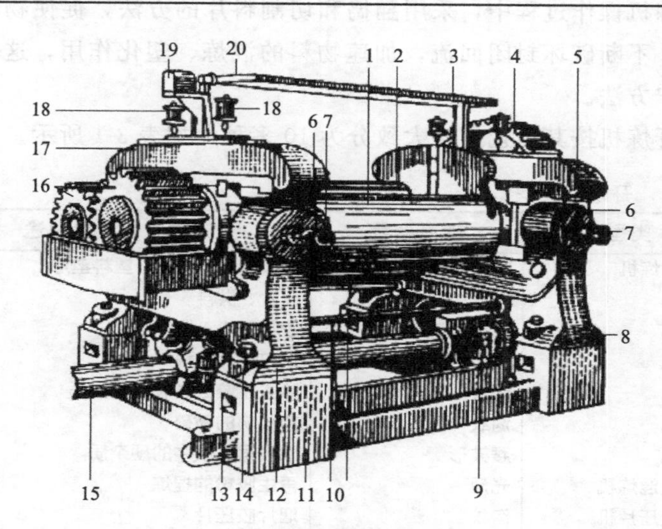

■图 3-14 开炼机

1—前辊；2—后辊；3—挡板；4—大齿轮传动；5，8，12，17—机架；6—刻度盘；7—控制螺旋杆；9，14—传动轴齿轮；10—加强杆；11—基础板；13—安装孔；15—传动轴；16—摩擦齿轮；18—加油装置；19—安全开关箱；20—紧急停车装置开炼机工作时．两个辊筒以不同的速度相对回转。堆放在辊筒上的物料，由于与辊筒表面的摩擦和黏附作用，以及物料之间的黏结作用，被拉入两辊筒之间的间隙。这时，在辊隙内的物料受到强烈的挤压与剪切，使物料在辊隙内形成楔形断面的料片，如图 3-15 所示。从辊隙中排出的料片，由于两个辊筒表面速度和温度的差异而包覆在一个辊筒上，重新返回两辊间，同时物料受到剪切，产生热量或受到加热辊筒的作用渐渐趋于熔融或软化，这样多次往复，直至达到预期的塑化和混合状态。

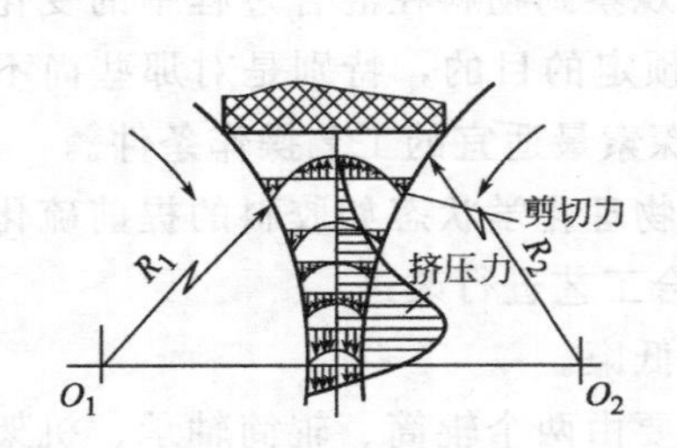

■图 3-15 物料在辊距中的受力分布

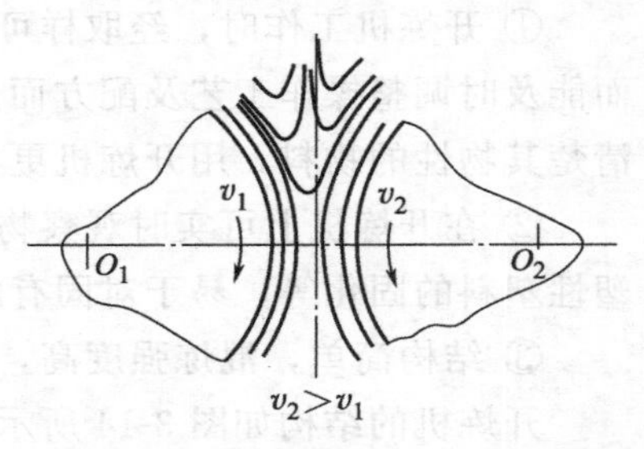

■图 3-16 辊距间的物料分布流线

开炼机工作过程中，物料的流线分布如图 3-16 所示。靠近辊筒处物料的流线与辊筒转动面同轴处存在回流区域，形成两个封闭的回流线。因此，在开炼机操作过程中，采用翻捣和切割料片的方法，促使物料沿辊筒轴线移动，不断破坏封闭回流，加速物料的混炼、塑化作用，这是开炼机的基本操作方法。

开炼机按其工艺用途大致分为 10 多种，如表 3-1 所示。

■表 3-1 开炼机类型

类型	辊面形状	主要用途
混(塑)炼机	光滑	橡胶塑炼、混炼、塑料塑炼
压片机	光滑	压片、供料
热炼机	光滑或沟纹	胶料预热、供料
破胶机	沟纹	破碎天然胶块
洗胶机	沟纹	除去生胶或废胶中的杂质
粉碎机	沟纹	废胶块的破碎
精炼机	腰鼓形	除去再生胶中的硬杂质
再生胶混炼机	光滑	再生胶粉的捏炼
烟片胶压片机	沟纹	烟片胶压片
绉片胶压片机	光滑或沟纹	绉片胶压片
实验用炼胶机	光滑	各种小量胶料实验

开炼机的规格，国家标准用“前辊筒工作部分直径×后辊筒工作部分直径×辊筒工作部分长度”来表示，单位是 mm（毫米）。国家标准规定的

开炼机规格与主要技术特征如表 3-2 所示。

■表 3-2　开炼机主要性能参数

辊筒尺寸(直径×直径×长度)/mm	前后辊筒速比	前辊线速率/(m/min)≥	主电动功率/kW≤	一次投料量/kg	用途
160×160×320	1：(1.2～1.35)	9	7.5	2～4	塑炼、混炼、热炼、塑化
250×250×620	1：(1.1～1.3)	14	22	10～15	
360×360×900		16	37	20～25	
400×400×1000		18	55	25～35	
450×450×1200		30	50	30～50	
550×550×1500 (560×510×1530)①	1：(1.05～1.3)	26	110	50～60	塑炼、混炼
			160		热炼、供料
660×660×2130		30	160	140～160	压片
660×660×2130		30	250	70～120	热炼
450×450×620	1：(2.5～3.5)	20	45	300	橡胶的破碎
560×510×800	1：(1.2～3.0)	25	95	2000	旧橡胶的破碎
			75		生胶的破碎
610×480×800	1：(1.5～3.2)	20	75	150	旧橡胶的粉碎
		23		300	再生胶的精炼

① 为保留规格。

国内各开炼机生产厂开炼机规格的表示方法是在辊筒直径数字前冠以汉语拼音符号表示机台的用途。如 XK-160，其中“X”表示橡胶用，“K”表示开炼机，160 表示辊筒工作部分直径为 160mm；XKP-160 表示直径为 160mm 辊筒的橡胶破碎机；SK-160 表示辊筒直径为 160mm 的开放式炼塑机，“S”表示塑料用。而西方国家和日本生产的开炼机，多用英制单位表示，其单位是“in”。例如 18in 炼胶机，表示辊筒工作部分直径为 18in 的开炼机。

(2) 密炼机　密炼机是在开炼机的基础上发展起来的一种高强度间歇混合设备。密炼机的混炼过程密闭，工作密封性好，混合过程中物料不会外泄，可减少混合物中添加剂的氧化或挥发，混炼室的密闭有效地改善了工作环境，降低了劳动强度，缩短了生产周期，并为自动控制技术的应用创造了条件。

密炼机的结构形式较多，但主要由五个部分和五个系统组成，包括：密炼室、转子及密封装置；加料及压料机构；卸料机构；传动装置；机座。

五个系统包括：加热冷却系统；气动控制系统；液压传动系统；润滑系统；电控系统。典型密炼机的结构如图 3-17 所示。密炼机主要工作部件是一对表面有螺旋形突棱的转子和一个密炼室。密炼室由室壁和上顶栓、下顶栓组成，两个转子在密炼室里以不同的速度相向旋转，室壁外和转子内部有加热或冷却系统。两个转子顶尖以及侧顶尖与密炼室内壁间的间距都很小，因此能对物料施加强大的剪切力。

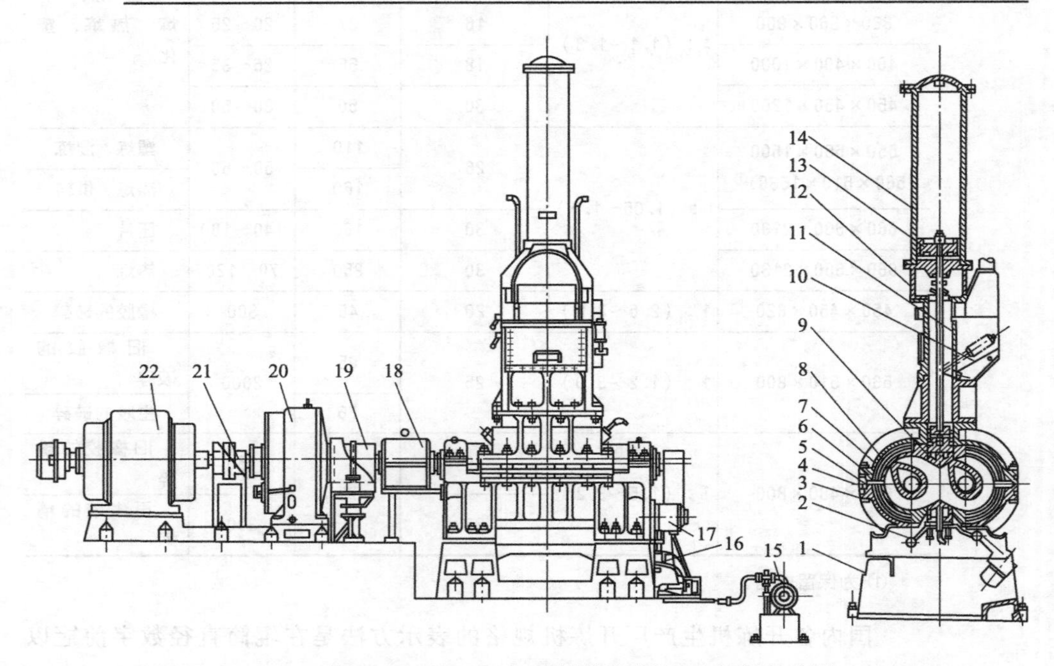

■图 3-17 XM-250/40 型椭圆形转子密炼机结构图

1—底座；2—卸料门锁紧装置；3—卸料装置；4—下机体；5—下密炼室；6—上机体；7—上密炼室；8—转子；9—压料装置；10—加料装置；11—翻板门；12—填料箱；13—活塞；14—气缸；15—双联叶片泵；16—管子；17—旋转油缸；18—速比齿轮；19，21—联轴节；20—减速器；22—电动机

密炼机工作过程如图 3-18 所示，物料从加料斗加入密炼室以后，加料门关闭，压料装置的上顶栓降落，对物料加压。物料在上顶栓压力及摩擦力的作用下，被带入两个具有螺旋棱、有速比的、相对回转的两转子的间隙中，致使物料在由转子与转子、转子与密炼室壁、上顶栓、下顶栓组成的捏炼系统内，受到不断变化和反复进行的强烈捏炼作用，从而达到塑炼或混炼的目的。物料炼好后，卸料门打开，物料从密炼室下部的排料口排出，完成一个加工周期。

物料在密炼过程中所受的捏炼作用如图 3-19 所示：各种物料在转子作

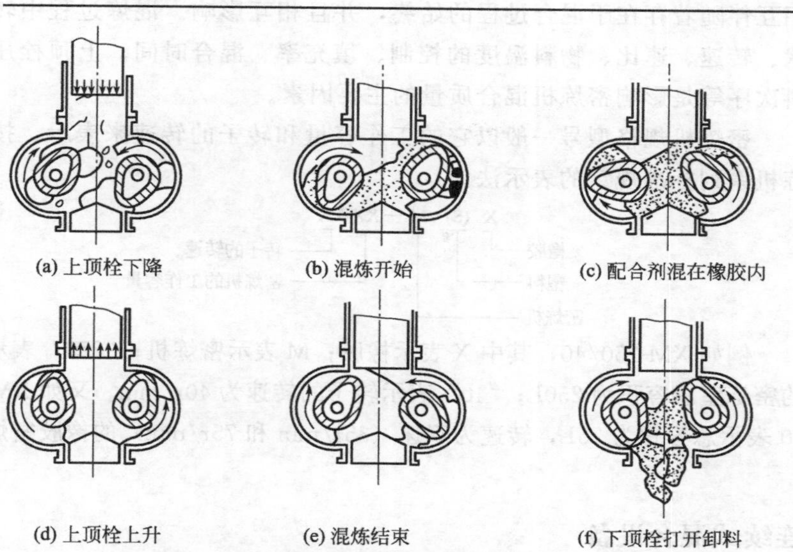

(a) 上顶栓下降
(b) 混炼开始
(c) 配合剂混在橡胶内
(d) 上顶栓上升
(e) 混炼结束
(f) 下顶栓打开卸料

■图 3-18　密炼机混炼过程示意图

A部放大
A
δ
e
δ

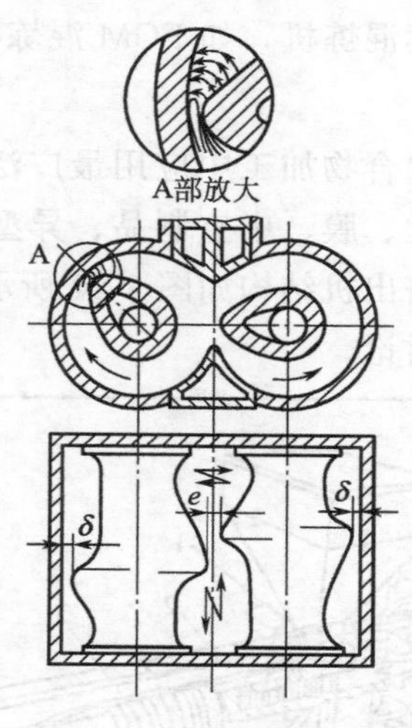

■图 3-19　捏炼工作原理示意

用下进行强烈的混合，其中大的团块被破碎，逐步细化，达到一定的粒度，这一过程为分散过程；在混合过程中，粉状与液体添加剂附着在聚合物表面，直到被聚合物包围，这一过程称为浸润或混入过程；混合物中各组分在密炼室中进行位置更换，形成各组分均匀分布状态，这一过程称为分布过程；混合中，由于剪切、挤压作用，聚合物逐步软化或塑化，达到一定流动性，这一过程称为塑炼过程。这四个过程在混合中不是独立的，而是相互伴随着存在于混合过程的始终，并且相互影响。混炼过程中转子的形状、转速、速比、物料温度的控制、填充率、混合时间、上顶栓压力、加料次序等是影响密炼机混合质量的主要因素。

密炼机规格型号一般以它的工作容量和转子的转速来表示。按我国密炼机系列标准规定的表示法为：

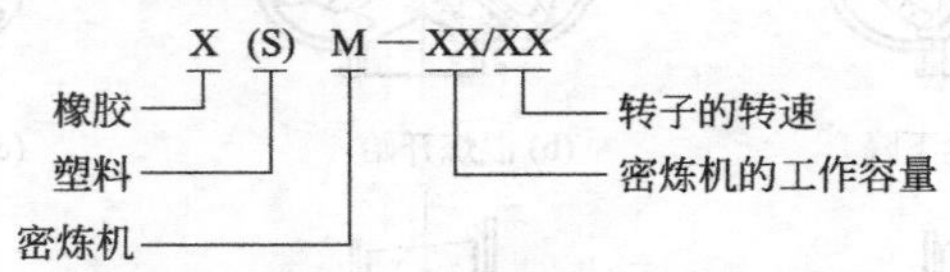

例如 XM-250/40，其中 X 表示橡胶；M 表示密炼机；“250”表示密炼机的密炼室总容积为 250L；“40”表示转子的转速为 40r/min。又如 XM-75/35/70 表示总容积为 75L，转速为双速（35r/min 和 75r/min）的橡胶密炼机。

3.3.2 连续式混合设备

连续混合设备是聚合物混合加工中的重要设备。连续混合设备包括以挤出机为主的单螺杆挤出机、双螺杆挤出机、行星螺杆挤出机以及由密炼机发展而成的各种连续混炼机，如 FCM 混炼机等。

3.3.2.1 单螺杆挤出机

单螺杆挤出机是聚合物加工中应用最广泛的设备之一，主要用来挤出造粒，成型板、管、丝、膜、中空制品、异型材等，也可用于完成部分混合生产任务。单螺杆挤出机结构如图 3-20 所示，其具体的工作机理和混合过程将在第 5 章详细讨论。

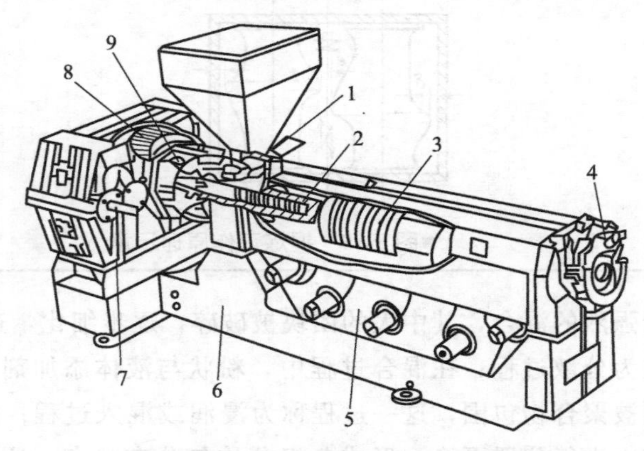

■图 3-20　单螺杆挤出机结构示意图

1—加料口；2—料筒和螺杆；3—料筒加热器；4—机头连接器；5—冷却系统；6—底座；7—传动马达；8—齿轮箱；9—止推轴承；

单螺杆挤出机具有一定的混合能力，在一定程度上能完成一定范围的混合任务，但由于单螺杆挤出机剪切力较小，分散强度较弱，分布能力也有限，因而不能用来有效地完成要求较高的混合任务。为了改进混合性能，通常在螺杆和机筒结构上进行改进，如在螺杆上加装混合元件和剪切元件，形成各种屏障型螺杆、分离型螺杆、销钉型螺杆及各种专门结构的混炼螺杆。或在机筒上采用增强混合性能的结构，如机筒销钉结构等，也可在螺杆和机头之间设置静态混合器以增强分布混合。在采用这些措施后，单螺杆挤出机已广泛用于共混改性、填充改性及反应加工等方面。

3.3.2.2 双螺杆挤出机

双螺杆挤出机是目前最为广泛使用的聚合物混合加工设备。双螺杆挤出机能够提供良好的混合塑化作用，广泛应用于各种粉料、粒料的熔融混合，填充改性，纤维增强改性，共混改性以及反应性挤出等混合生产中。双螺杆挤出机的结构如图 3-21 所示，其具体结构及工作机理将在第 5 章中详细讨论。

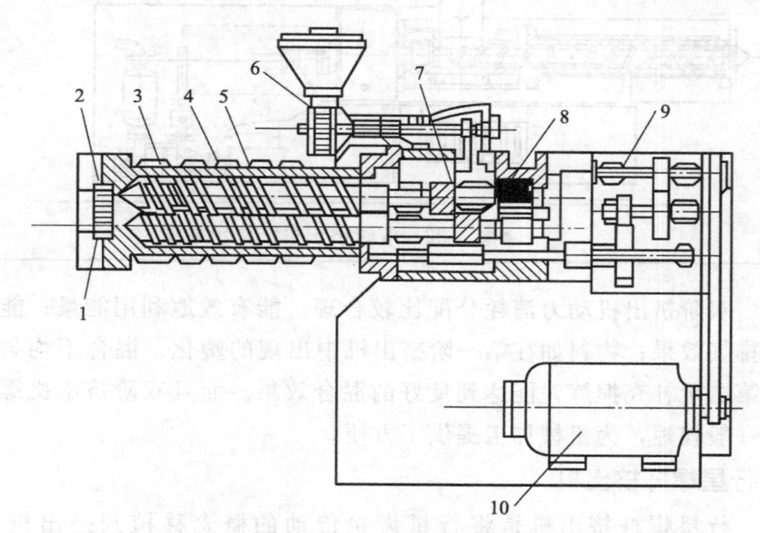

■图 3-21　双螺杆挤出机结构示意图

1—连接器；2—过滤器；3—料筒；4—螺杆；5—加热系统；
6—加料器；7—支座；8—止推轴承；9—减速器；10—电动机

双螺杆挤出机的种类很多，主要有啮合异向旋转双螺杆挤出机、啮合同向旋转双螺杆挤出机以及非啮合（相切）型双螺杆挤出机。啮合异向旋转双螺杆挤出机广泛应用于挤出成型和配料造粒等；啮合同向旋转双螺杆挤出机主要应用于聚合物的物理改性如共混、填充和纤维增强等；非啮合（相切）型双螺杆挤出机主要应用于反应挤出、着色和纤维增强等。

3.3.2.3 双阶挤出机

双阶挤出机是在螺杆挤出机的基础上为提高螺杆挤出机的塑化混合效果和挤出生产量，把一台挤出机的各功能区分开来，设置成两台挤出机，串联在一起，完成整个混合挤出过程的挤出设备。双阶挤出机的结构如图 3-22 所示，第一台挤出机被称为第一阶，第二台挤出机被称为第二阶。第一阶可以为任何类型挤出机。第二阶通常是单螺杆或双螺杆挤出机。两阶挤出机的组合可以是平行的，也可以成 L 形。双阶挤出机的具体结构及工作机理将在第 5 章中详细讨论。

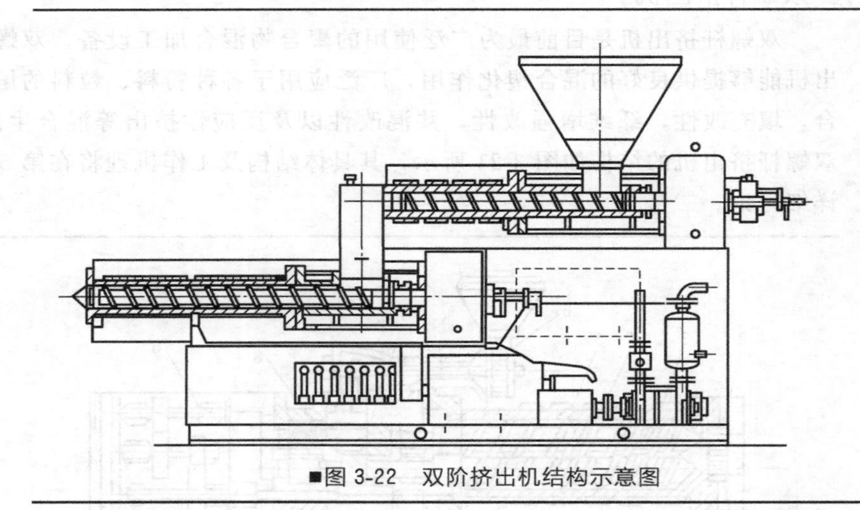

■图 3-22 双阶挤出机结构示意图

双阶挤出机动力消耗分配比较合理，能有效地利用能量；能达到良好的排气效果；物料如在第一阶挤出机中出现的塑化、混合不均匀现象，可在第二阶补充捏炼，能达到良好的混合效果。而且双阶挤出机螺杆的长径比一般较短，为机械加工提供了方便。

3.3.2.4 行星螺杆挤出机

行星螺杆挤出机是将行星齿轮传动的概念移植到挤出机中而设计出的一种越来越广泛应用的混炼机械，具有混炼和塑化的双重作用，可用于 RPVC 的加工以及作为压延机的供料装置等。行星螺杆挤出机的结构如图 3-23 所示，其具体结构及工作机理将在第 5 章中详细讨论。

3.3.2.5 FCM 混炼机

FCM 混炼机是在密炼机基础上发展起来的一种可连续工作的密炼混合设备。FCM 混炼机的外形很像双螺杆挤出机，但喂料、混炼和卸料方法与挤出机完全不向。FCM 混炼机的工作原理和结构如图 3-24 所示。

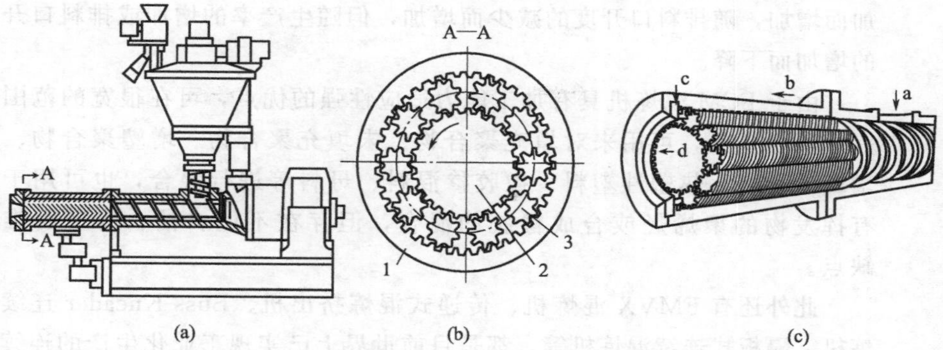

■图 3-23 行星螺杆挤出机结构示意图

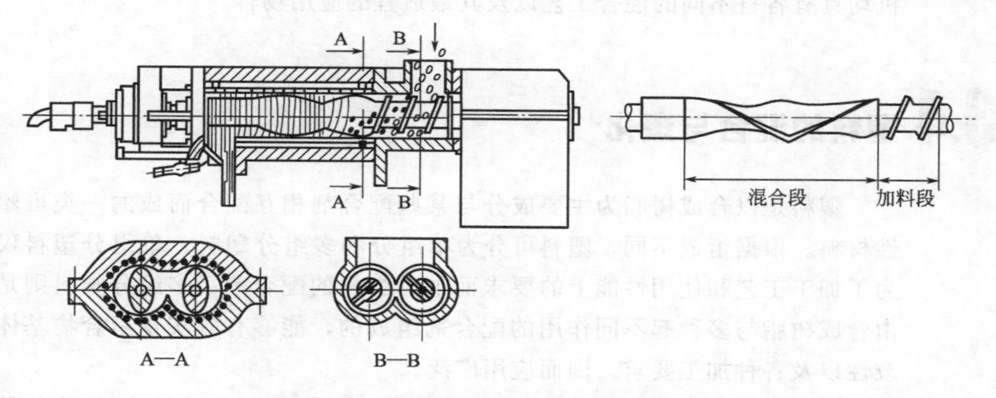

■图 3-24 FCM 混炼机的工作原理和结构示意图

FCM 混炼机有两根相切并排着的转子。转子的工作部分主要由加料段、混炼段和出料段组成。两根转子作相向运动，但速度不同；加料段很像异向旋转相切型双螺杆挤出机，在分开的机筒孔中回转。混炼段的形状很像密炼机转子，有两段螺纹，混炼段之后是排料段。混炼段的两段螺纹中，与加料段相接的螺纹和与排料段相接的螺纹方向相反。前者把物料推向排料段，而后者则迫使物料向回运动，与前进的物料相对抗。

物料通过速率可控计量装置加入加料段，然后在螺纹的输送下输送到混炼段。在混炼段，混合料受到捏合、辊压，发生彻底混合，在两段相反方向螺纹的作用下，最终迫使物料移动到排料段，经可调间隙的排料孔排出。

FCM 混炼机的排料量是由加料速度决定的，加料量是可调的，以此来调节物料在混炼段内的停留时间和产量。转子可在空载状态下工作，也可在充满料的状态下工作。总的输入功率随生产率（加料量）、转子速度的增加而增加，随排料口开度的减少而增加，但随生产率的增加或排料口开度的增加而下降。

由于 FCM 混炼机具有加工能力适应性强的优点，可在很宽的范围内完成混合任务，可用来对填充聚合物、未填充聚合物、增塑聚合物、未增塑聚合物、热塑性塑料、橡胶掺混料、母料等进行混合，也可用于含有挥发物的聚烯烃或合成橡胶的混合，但存在不能自洁、清理困难等缺点。

此外还有 FMVX 混炼机、传递式混炼挤出机、Buss-Kneader 连续混炼机、隔板式连续混炼机等，都是目前世界上已实现工业化生产的连续混炼设备。上述各类混合机在设计思路上更注重将混合理论应用于实际的混合过程，混合效果都有独到之处。由于设计思路各异，因此上述各种混炼机均具有各自不同的混合工艺以及其最适宜的应用场合。

3.4 塑料的混合与塑化

塑料是以合成树脂为主要成分与某些配合剂相互配合而成的一类可塑性材料。根据组成不同，塑料可分为单组分和多组分塑料。单组分塑料仅为了加工工艺和使用性能上的要求而加有少量的配合剂；多组分塑料则是由合成树脂与多种起不同作用的配合剂组成的，能够有效实现聚合物基体改性以及各种加工要求，因而应用广泛。

多组分塑料的配制是塑料成型前的准备阶段。塑料的主要形态是粉状或粒状，两者的区别不在于它们的组成，而在混合、塑化和细分的程度不同，一般是由物料的性质和成型加工方法对物料的要求来决定是用粉状塑料还是粒状塑料。粉状的热塑性树脂用作单组分塑料可以直接用于成型，某些热塑性的缩聚树脂在缩聚反应结束时通过切片（粒）成的单组分粒状塑料，也可以直接成型，这些单组分塑料的配制过程都比较简单。但是大多数多组分粉状和粒状热塑性塑料或热固性塑料的配制是一个较复杂的过程，一般包括原料的准备、混合、塑化、粉碎或粒化等工序，其中物料的混合和塑化是最主要的工艺过程。工艺流程见图 3-25。

3.4.1 原料的准备

原料的准备主要是对原材料进行预处理、配料计量和输送等。合成树

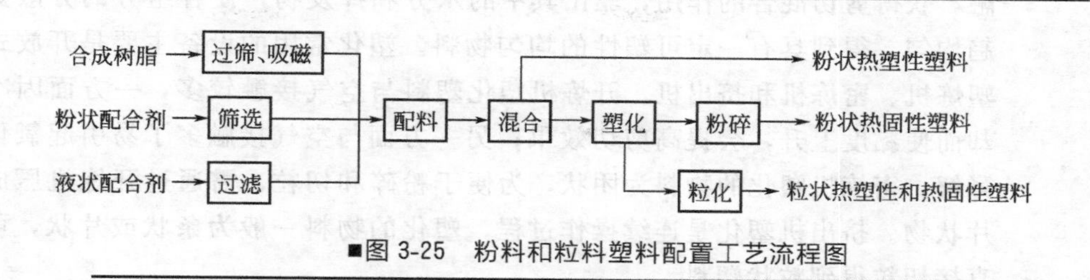

■图 3-25 粉料和粒料塑料配置工艺流程图

脂和各种配合剂在贮存和运输过程中，有可能混入杂质或吸湿，为了提高产品质量，在混合前要对原材料进行吸磁、过筛、过滤和干燥等处理，以去除杂质和水分。对于一些小剂量和难分散的配合剂，为了让其在塑料中均匀分散，可以先把它们制成浆料或母料，再混入混合物中。配料计量是根据配方中各原料组成比率精确称量。固体树脂和配合剂的输送可用气动源送至料仓，液状配合剂的输送可用齿轮泵管道输送至高位贮槽，为混合过程连续化创造必要条件。

3.4.2 混合

此处的混合指的是物料的初混合，是一种简单混合，是在树脂的流动温度以下和较低剪切作用下进行的。混合过程中只是增加各组分微粒空间的无规则排列程度，而不减小粒子的尺寸，通常为间歇操作过程。根据混合组分中有无液体物料而分为固态混合和固-液混合，种类不同，混合的工艺和设备也不同。

在大批量生产时，较多使用高速混合机，其适用于固态混合和固液混合。S型和Z型捏合机主要适用于固态和液态混合，对物料有较强的捏合作用，另外还有转鼓式混合机和螺带式混合机。物料初混的终点一般凭经验来控制，初混物应疏松而无结块，表面无油脂，手捏有弹性。

经初混合的物料，在某些场合下可直接用于成型，这就是某些热塑性的粉状塑料，但一般单凭一次初混合很难达到要求。因此对于这种粉状塑料在成型过程中要求有较强的塑化混合作用。

3.4.3 塑化

塑化是物料在初混合基础上的再混合过程，是在高于树脂流动温度和较强剪切作用下进行的。塑化的目的是使物料在温度和剪切力的作用下熔融，获得剪切混合的作用，驱出其中的水分和挥发物，使各组分的分散更趋均匀，得到具有一定可塑性的均匀物料。塑化常用的设备主要是开放式塑炼机、密炼机和挤出机。开炼机塑化塑料与空气接触较多，一方面因冷却而使黏度上升，会提高剪切效果；另一方面与空气接触多了易引起氧化降解。密炼机塑化的物料为团状，为便于粉碎和切粒，需通过开炼机压成片状物。挤出机塑化是连续操作过程，塑化的物料一般为条状或片状，可直接切粒得到粒状塑料。

不同的塑料品种和组成，塑化工艺要求和作用也不同。热塑性塑料的塑化基本上是一个物理作用，但由于混合塑化的条件比较激烈，如果控制不当，塑炼时也会发生树脂降解、交联等化学变化，给成型制品性能带来不良影响。因此，对不同的塑料应有与其相适宜的塑炼条件，一般需通过实践来确定主要的工艺控制条件，如温度、时间和剪切力。热固性塑料的塑化主要是一个物理过程，但塑化时树脂起了一定程度的化学反应。例如酚醛压塑粉的配制，在塑化阶段既要使树脂对填料等配合剂浸润和混合，也要使树脂缩聚反应推进到一定的程度，这样才能使混合后的物料达到成型前应具有的可塑度。

塑化的终点可以通过测定试样的均匀和分散程度或试样的撕裂强度来确定，但实际生产中是凭经验来决定的。如开炼机塑化，可用小刀切开塑炼片，观察其截面，以不出现毛粒，色泽均匀为宜；密炼机塑化则往往通过密炼机转子运转时电流负荷的变化来判断。

3.4.4 粉碎和粒化

为了便于贮存、运输和成型时的操作，必须将塑化后的物料进行粉碎或造粒，制成粉状或粒状塑料。粉状塑料和粒状塑料无原则区别，只是细分程度不同。相同组成的物料是制成粉状还是粒料，主要由物料的性质及成型方法对物料的要求来决定。一般挤出、注射成型要求的多是粒状塑料，热固性塑料的模压成型多数是要求粉状塑料。

粉碎和造粒都是将塑化后的物料尺寸减小，减小固体物料尺寸的基本手段通常有压缩、冲击、摩擦和切割等。

粉状塑料一般是将塑化后的片状物料用切碎机先进行切碎，然后再用粉碎机粉碎而得到。某些热固性粉状塑料，如酚醛压塑粉则选用具有冲击作用和摩擦作用的粉碎机和研磨机来完成粉碎。

塑料多数是韧性或弹性物料，要获得粒状塑料，常用具有切割作用的造粒设备。造粒方法根据塑化工艺的不同有开炼机轧片造粒、挤出机挤出条冷切造粒以及挤出热切造粒三种。

3.5 合成树脂溶液、分散体的配制

3.5.1 聚合物溶液的配制

聚合物溶液在工业中的应用十分广泛，如许多黏合剂、涂料其基体就是聚合物溶液，并以溶液的形式直接应用，例如在纺织工业中的溶液纺丝技术中聚合物溶液的应用，因此常常涉及聚合物溶液的配制。

3.5.1.1 溶质和溶剂

溶液由溶质和溶剂组成，作为成型用的高分子溶液中的溶质通常是聚合物以及一些成型过程所需的助剂，而溶剂通常是指烃，芳烃和氯代烃类，酯类，醚类和醇类。但是用溶液为原料加工成的最终制品（如薄膜），其中并不含溶剂（事实上可能存在挥发未尽的痕量溶剂），所以构成制品的主体仍是聚合物，溶剂只是为了分散树脂而加入。它将聚合物溶解成具有一定黏度的液体，在成型过程中获得所需的流动性后，必须予以排除，所以从经济效益和劳动保护角度考虑溶剂的选择应满足以下几点：

① 溶剂对聚合物有较好的溶解能力；

② 在溶解聚合物的过程中，不和聚合物发生化学反应；

③ 沸点不能过高或过低；

④ 毒性低，化学稳定性好；

⑤ 价格低廉。

溶剂对聚合物的溶解能力是最重要的，在选择溶剂时除了单一的溶剂外，还经常选用混合溶剂，混合溶剂对聚合物的溶解能力往往高于单一溶剂，甚至两种非溶剂的混合物也会对某种聚合物有很好的溶解能力，如聚丙烯腈不能溶于硝基甲烷或甲酸中，却能溶于两者的混合溶剂中。

此外溶液还可含有增塑剂、稳定剂、着色剂和稀释剂等。前三种配合剂的作用如同其他塑料配方，稀释剂的作用主要是和溶剂形成混合溶剂，降低溶液黏度，利于成型，也可以是提高溶剂的挥发性，降低成本。

3.5.1.2 聚合物的溶解过程

由于高分子结构的多样性和复杂性，分子有线型、支化和交联之分，聚集态又有结晶和非晶之分，且分子链很大并具有分散性，所以它的溶解相对于小分子来说是十分复杂的。

无定形聚合物和溶剂接触时通常发生溶胀过程，为了使其分散得更为均匀，应采用必要的措施加快溶胀及大分子之间的脱离及扩散，例如采用颗粒较小的聚合物为原料，或采用加热及机械搅拌等。而结晶型聚合物排列规整，堆砌紧密，分子间作用力大，溶剂分子很难进入聚合物的内部，所以往往要升高温度，甚至升高到它们的熔点之上，待结晶结构破坏后才能溶解。

3.5.1.3 溶液的配制工艺

为了加速聚合物的溶解过程，工业上所用的设备是带有强烈搅拌的加热夹套和溶解釜，釜内往往有各式挡板，以加强搅拌作用。配制过程的生产控制和质量检验指标主要是固体含量和黏度。工业上配制溶液，常采用以下两种配制方法。

(1) 慢加快搅法　即配制时先将选定的溶剂置于溶解釜内加热到一定温度，然后恒温并快速搅拌，同时缓慢加入聚合物，直至投完为止，加料速度以不出现结块现象为宜。快速搅拌是为了加速聚合物的分散和扩散作用，并防止结块。

(2) 低温分散法　先将溶剂在溶解釜里降温至对聚合物失去溶解能力的活性温度，然后将聚合物一次性投入釜中，不断搅拌并升温，当溶剂通过升温恢复活性的时候，即可快速将聚合物溶解。

无论采用何种方法，必须注意应尽可能地降低溶剂和溶液加热的温度以免引起溶剂的过多损失，造成环境污染和影响生产安全。另外要注意激烈的搅拌和较高的温度会引起聚合物的降解。同时，配制的溶液必须需经过过滤和脱泡，去除杂质和空气，然后才可用于成型。

3.5.2 溶胶塑料的配制和性质

3.5.2.1 溶胶塑料的性质和应用

成型工业中作为原料用的分散体主要是固体能稳定地悬浮在非水液体介质中形成的分散体（悬浮体），其中以聚氯乙烯聚合物或者共聚物与非水液体形成的悬浮体应用最广，通常称聚氯乙烯糊。采用的非水液体主要是指在室温下对聚氯乙烯溶剂化作用很小但在高温下又很容易增塑聚氯乙烯的增塑剂或者溶剂。必要时也可添加非溶剂性的稀释剂、热固性树脂或其单体热固性树脂。此外根据需要，配制时还要加入其他助剂如胶凝剂、填充剂、表面活性剂等。

3.5.2.2 溶胶塑料分类

根据溶胶塑料中加入的组分不同，通常可以将其分为塑性溶胶、有机溶胶、塑性凝胶和有机凝胶四类。

表 3-3 列出了四种典型溶胶塑料的具体配方。必须指出，工业上所用

配方按要求不同在分量和所用品种上还有不同，后两种都是分别在前两种溶胶塑料的基础上加入胶凝剂配制而成的，胶凝剂的主要作用是使溶胶的流动性在刚开始就呈现宾汉流体的行为，即只有剪切应力高达一定的值后才能流动，这样具有三维结构的凝胶塑料在不受外力和加热的情况下不会因自身的重力而发生流动，且易于成型。

■表 3-3　四种溶胶塑料的配方

组成名称	材料品种	塑性溶胶/质量份 (1)	(2)	有机溶胶/质量份	塑性凝胶/质量份	有机凝胶/质量份
树脂	乳液聚合聚氯乙烯（成糊用的）	100	100	100	100	100
分散剂						
增塑剂	邻苯二甲酸二辛酯	80	50	40	40	40
	环氧酯	—	50	—	40	
挥发性溶剂	二异丁酮	—	—	70	—	40
稀释剂	粗汽油（沸程 155～190℃）	—	—	70	—	10
稳定剂	二碱式亚磷酸铅	3	3	3	3	3
填充剂	碳酸钙	—	20	—	—	—
色料	镉红	2	2	—	—	—
	二氧化钛	—	—	—	—	—
	炭黑	—	—	—	0.9	0.9
胶凝剂		—	—	—	5	5

3.5.2.3 溶胶塑料的配制工艺

溶胶塑料配制的关键在于物料能够充分地分散在液体中，并将分散体中的气体含量降至最小，配制工序通常由原料准备、研磨、混合、脱泡和贮存等工序组成，以聚氯乙烯糊为例介绍溶胶塑料的配制工艺。

（1）原料准备　主要是对所用原料的预处理，例如高湿含量原料的干燥，受污染或者结块粉料的粉碎、过筛和吸磁处理等。

（2）研磨　在配制糊料之前需将颜料、填料、稳定剂等不易分散的固体配合剂与部分液体增塑剂研磨成浆料，浆料的制备多在三辊涂料研磨机上进行，一方面使得物料均匀分散，另一方面使得增塑剂充分浸润粒子表面。

（3）混合　由于糊料各组分的混合和分散均在这一工序中实现，所以这是配制溶胶塑料的关键工序，要求混合设备有足够的剪切作用，常用的设备有调漆式混合釜、捏合机、球磨机、高速混合机等。低黏度的聚氯乙烯糊经常利用高速混合机的强烈剪切作用而得到分散。但是高黏度的增塑糊由于流动性不好，不适宜用高速混合机制备。

（4）脱泡　高速混合制得的聚氯乙烯增塑糊总会卷入一些空气，为了保证糊塑料制品的质量，在成型之前需进行脱泡。通常有以下几种方法：一是使糊料以薄层流动方式从斜板上流下，使气泡在流动中溢出；二是将糊料放入密闭的容器内抽真空或者离心方式排除气泡；三是将混合后的糊料用三辊研磨机以薄层方式再研磨1～2次。

(5) 贮存　配制好的聚氯乙烯糊，通常情况下是稳定的，但是随着时间的延长及温度的升高，由于分散剂的溶剂化作用增强，黏度也会慢慢增加，因此贮存温度不宜超过30℃。另外贮存中不能与铁、锌、光线等接触，所以贮存容器以密闭的陶瓷、玻璃容器为宜。

参 考 文 献

[1] 何曼君，陈维孝，董西侠．高分子物理（修订版）．上海：复旦大学出版社，2000.

[2] B.B鲍格达诺夫，著；吴祉龙，陈耀庭译．聚合物混合工艺原理．北京：烃加工出版社，1989.

[3] 周达飞，唐颂超．高分子材料成型加工．北京：中国轻工业出版社，2000.

[4] 黄锐，曾邦禄．塑料成型工艺学．第二版，北京：中国轻工业出版社，1998.

[5] 沈新元，主编．高分子材料加工原理．第二版，北京：中国纺织出版社，2009.

[6] F. 汉森主编；郭奕崇，丁玉梅等译．塑料挤出技术．北京：中国轻工业出版社，2001.

[7] 徐百平，谢再晋，彭响芳等．聚合物加工中强化混炼混合的理论与实践．化工装备技术，2003，24（3）：20-24.

[8] 许王定．LLDPE/SBS共混过程的数值模拟及实验研究．浙江：浙江工业大学，2009.

[9] 周海英．多级磨盘式强剪切分散混炼器对聚烯烃及其碳酸钙填充体系流变行为和分散性能影响的研究．四川：四川大学，2006.

[10] S. Aslanzadeh，M. Haghighat Kish，A. A. Katbab，et al. Effects of melt processing conditions on photo-oxidation of PP/PPgMA/OMMT composites. Polymer Degradation and Stability，2010（95）：1800-1809.

[11] Cheng CC，Jen，Cheng-Kuei，Banakar，H. et al. Melting quality of polymer in internal mixer diagnosed by ultrasound. International Polymer Processing，2009（5）：374-383.

[12] 王贵恒．高分子材料成型加工原理．北京：化学工业出版社，1982.

[13] 赵素合，张丽叶，毛素新．聚合物加工工程．北京：中国轻工业出版社，2001.

[14] 耿孝正，张沛．塑料混合及设备．北京：中国轻工业出版社，1992.

[15] 王小妹，阮文红．高分子加工原理与技术．北京：化学工业出版社，2006.

[16] 周湘文，朱跃峰，熊国平等．开炼机与密炼机动态硫化制备NBR/PVC．材料科学与工艺，2010，18（3）：307-312.

[17] 陈福林，岑兰，周彦豪．氯丁橡胶/三元乙丙橡胶共混胶的混炼工艺性能．合成橡胶工业，2007，30（3）：196-199.

[18] 刘梦华．浅析炼胶设备的发展动向及特点．橡塑技术与装备，2004. 30（2）：2-15.

[19] 程军，马世义，高梅等．中国塑料机械的发展现状与开拓市场的几点建议．工程塑料应用，2004，32（10）：58-62.

[20] 于清溪．橡胶挤出机现状与展望（下）．橡胶技术与装备．2010，36（8）：28-35.

[21] 王加龙．高分子材料基本加工工艺．北京：化学工业出版社，2004.

[22] 张春怀，赵治国．杨胥云等．密炼机/挤出机对PP/POE共混体系的影响．塑料工业，2009，37（1）：22-25.

[23] 刘朋霞，汪传生，胡海明等．密炼机同步转子构型对纳米填料分散性的影响．橡胶工业，2007，54：426-429.

[24] M. Faghihi，A. Shojaei. Properties of Alumina Nanoparticle-Filled Nitrile-Butadiene-Rub-

ber/Phenolic-Resin Blend Prepared by Melt Mixing. Polymer Composites，2009：1290-1298.

[25] 陈国栋，汪传生，刘生兰等．啮合型调距转子密炼机混炼性能的研究．世界橡胶工业，2010，37（7）：28-31.

[26] Peter Ryzko，Edmund Haberstroh. Quality assurance in the rubber mixing room-Prediction of the rubber compound properties that are relevant for the elastomer product properties. Macromolecular Material and Engneering. 2000，284：64-69.

[27] 罗河胜．塑料改性与实用技术．广州：广东科技出版社，2006.

[28] Shih-Jung Liu，Kang-Ming Peng. Rotational Molding of Polycarbonate Reinforced Polyethylene Composites：Processing Parameters and Properties. Polymer Engineering and Scince，2010：1457-1465.

[29] 黄锐．塑料工程手册（下册）．北京：机械工业出版社，2000.

[30] 谭海生．胶乳制品工艺学．北京：中国农业出版社，2006.

[31] Huiju Liu，Peng Wang，Xueyan Zhang. Effects of extrusion process parameters on the dissolution behavior of indomethacin in Eudragit EPO solid dispersions. International Journal of Pharmaceutics，2010，383：161-169.

[32] 刘国栋．对高分子稀溶液理论教学中几个问题的理解与讨论．分散体．2010，26（8）：172-174.

[33] 黄海涛，邱颖，孙亚君．降低聚氯乙烯糊树脂黏度的措施．聚氯乙烯，2007，12：12-14.

[34] 李玉峰，祝洪雷，高晓辉等．水分散性聚苯胺/环氧树脂乳液防腐蚀涂层研究．热固性树脂，2010，25（3）：35-43.

第 4 章 合成树脂共混、填充及增强改性

合成树脂改性是指通过物理的、化学的或者物理、化学相结合的方法，使树脂性能得到改善或发生变化，或者赋予树脂材料新的功能。

随着现代科学技术的日益进步，社会对树脂材料、制品提出广泛而又多功能的要求。例如：有些工程构件、工业配件、电子电气工业、汽车制造工业等部件，要求塑料材料既耐高温又易于加工成型；既要有良好的韧性，又要有较高的硬度；既要有良好的刚性，又要有卓越的抗冲击强度；既要达到阻燃效果，又要具有绝缘性能；既要综合性能好，又要价格低廉等。单一的均聚树脂很难同时满足多样化、高品质的要求，而经过技术工艺改性则可把性能有限的单一树脂改变成为多种功能的新型材料，从而满足不同领域、不同层次、不同性能的需求，生产制造轻质、高强度、耐高温、耐辐射、易加工成型的新型改性树脂材料，扩大了其应用领域，为现代科学技术及人类生活做出了有益的贡献。

合成树脂改性的方法很多，大致可分为化学改性和物理改性两大类。化学改性是指在改性过程中聚合物分子链的主链、支链、侧链及分子链之间发生化学反应的一种改性方法；物理改性是指依靠物理混合过程，通过不同组分之间的物理作用，使整个组分发生形态变化的改性方法。与化学改性方法相比，物理改性更为实用、经济，且改性设备相对简单，可以在加工企业中“就地”自行实现，因而被企业广泛采用。因此，本章将重点介绍合成树脂的物理改性方法，包括共混改性、填充改性、增强改性等。

4.1 合成树脂的共混改性

4.1.1 共混改性的基本概念

由两种聚合物或多种聚合物（均聚物或共聚物，包括塑料、橡胶和热塑性弹性体等）在加工设备中加以混合与混炼，在机械剪切力和物理力与

热的作用下，改变了原有材料性能，形成新的聚合物共混物，称之为共混改性。采用这种方法制得的树脂，叫做共混改性树脂。由于聚合物共混物是一个多组分体系，又称聚合物合金或高分子合金。

通过共混改性，可以实现综合各组分性能、改善加工性能、赋予聚合物特殊功能及降低成本等目的。

（1）综合各共混组分性能　两种或多种聚合物中各组分的性能取长补短，消除各单一聚合物组分性能上的弱点，择其优去其劣，获得综合性能更为理想的新材料。如不同密度 PE 按不同比例共混，可以获得不同的产品，其软硬度适中，达到比较理想的物性要求；当 PE 与 PVC 共混，可以提高制品的阻燃性能；PVC 具有强度高、耐酸碱腐蚀、难燃等特点，且软、硬制品均可加工；PVC 的缺点是热稳定性差、受热易分解，与 ABS 共混，可以综合 ABS 的优点，具有抗冲击强度高、热稳定性能好、加工性能优良等特点，达到取长补短的目的；又如，PP 的特性是质轻、耐温，缺点是低温冲击性差，与 EPDM，IIR，PB，EVA，POE，SBS 之中的一种共混，可以改进 PP 耐低温冲击性能；PP 与 EPDM 和 LDPE 三元共混，可以改进 PP 的耐冲击性和透明性。

（2）改善加工性能　有的树脂熔体流动指数非常低，有的树脂成型加工难度大。特别是现代宇航领域中使用的高强度耐高温工程高分子结构材料，大多数熔点高、流动性能比较差，采用共混改性技术可以有效地加以解决。例如：难熔难溶的聚酰亚胺与少量熔融流动性良好的聚苯硫醚共混，共混后大大地改善了材料的加工性能，可以比较容易地实现注射成型，又不影响聚酰亚胺耐高温和高强度的特性。又例如，LLDPE 与 LDPE 共混、PPO 与 PS 共混等，都可改善共混体系的加工流动性能和流变特性。

（3）赋予聚合物特殊功能　加入部分树脂共混，赋予聚合物共混物特殊的性能，使其成为具有特殊功能的新型共混材料，如光学、导电、抗静电、阻隔性、感光性、吸水性、吸油件、电磁屏蔽等，其功能因聚合物分子结构中所含的功能基团不同而异。例如：以 PMMA 与 PE 两种折射率相差较悬殊的树脂共混，可获得彩虹效果，市场上供应的彩虹膜就是根据这一原理制成的；用硅树脂的润滑性可以使共混物具有良好的润滑性能；采用拉伸强度相差悬殊，互容性又差的两种树脂共混后发泡，可制成多孔、多层材料，其纹路酷似木纹。

（4）降低成本　在树脂原料中，价格有平有贵。市场竞争中，在保证质量的前提下，价格竞争也是非常重要的。价格昂贵的高档工程塑料，可以通过与通用树脂共混，在不影响使用要求条件下切实可行地降低原料及产品成本。例如：聚碳酸酯（PC）、聚酰胺（PA）与聚烯烃共混改性，既可保持原聚碳酸酯、聚酰胺材料的基本性能，又降低共混体系的成本；在一般树脂中混入高吸水性或导电聚合物，可改善其抗静电性能；在聚甲醛中混入少量聚四氟乙烯，可制得高润滑 POM，摩擦性能也得到极大改善。

4.1.2 共混物的相容性

聚合物共混物的相容性一般是指热力学相容性。按照高分子间热力学相容行为的特征，可将两种聚合物以任意比例形成大分子水平均匀混合的均相体系，称为完全相容。如果只在一定组成范围内才形成稳定的均相体系，称为部分相容。一般情况下，当部分相容性大时，称之为相容性好，如 PPO/PS，PVC/PMMA，PVC/EVA 等极少数体系，当相容性较小时，称之为相容性差。当聚合物之间相容性很小时，称之为基本不相容或不相容。

因为大部分聚合物分子之间是不相容的，属于非相容体系，将这些非相容性的聚合物进行混合混炼时，体系往往会产生宏观的相分离，其共混物因界面强度差而没有应用价值。对于不相容的聚合物体系，如果能通过某些方法或加入某种物质而改变它的相分离过程，有效地控制体系相形态，使其形成一种宏观上均匀、微观上相分离的体系，则体系中因相界面层有较低的界面张力和较强的缠结黏性，可以较好的传递应力而产生协同效应，使共混材料性能有较大的提高。因此，聚合物共混改性的要点就在于如何使体系具有良好的混合性、相容性和稳定性。

4.1.2.1 共混物的相容性原则

一般来说，在聚合物共混中为实现改善性能的目的，往往要求共混物不同组分间具有一定的相容性，从而制得相畴大小适宜、相相之间结合力较强的多项结构体系。了解与判断共混物体系之间的相容性，应考虑如下几个原则。

（1）溶解度参数相近原则　聚合物之间的共混过程，实际上是分子链间相互扩散的过程，并受分子链之间作用的制约。分子链间相互作用的大小，可以用溶解度参数来表示。溶解度参数的符号为 δ，其数值为单位体积内聚能密度的平方根。表 4-1 给出了部分聚合物的溶解度参数 δ 值。不同组分之间的相容性好坏，可用其溶解度参数 δ 之差来衡量，即 δ 越接近，其相容性越好。不同分子量的共混物组分，对 δ 值的接近程度要求也不同。两种或两种以上聚合物相容，则它们溶解度参数的差值要小于 1，通常要小于 0.2。聚合物与低分子液体化合物两者的溶解度参数相差＜1.5 时，便可相容；而两聚合物之间溶解度参数之差＞0.5 时，不能以任何比例相容。例如：PVC/NBR 共混体系，PVC 的溶解度参数 δ_A 为 9.4～9.7，而 NBR 的溶解度参数 δ_B 为 9.3～9.5，所以 PVC 与 NBR 相容性良好；又如 PS/

PB共混体系，它们的溶解参数之差>0.7，所以两者的相容性差。PVC与PS的溶解度参数差>1，所以两者基本不相容。但溶解度参数相近原则仅适用于非极性组分体系。

■表4-1 溶解度参数δ各组分值

聚合物名称	实验值	聚合物名称	实验值
聚乙烯	7.7~8.4	聚丙烯酸丁酯	8.8~9.1
聚丙烯	8.2~9.2	聚甲基丙烯腈	10.7
聚甲醛	10.2~11.0	聚环氧氯丙烷	9.4
聚异丁烯	7.8~8.1	聚亚乙基硫醚	9.0~9.4
聚苯乙烯	8.5~9.3	聚8-氨基庚酸	12.7
聚氯乙烯	9.4~10.8	聚乙烯醇缩丁醛	11.2
聚丙烯腈	12.5	二醋酸纤维素酯	10.9~11.4
聚丁二烯	8.1~8.6	聚二甲基硅氧烷	7.3~7.5
PA-66	13.2~13.8	聚己二酸己二胺	13.6
聚碳酸酯	9.5	聚苯亚乙烯硫醚	9.3
酚醛树脂	11.3	聚氧化四亚甲基	8.3~8.6
聚乙烯醇	12.6~14.2	聚甲基丙烯酸甲酯	9.1~12.8
聚四氟乙烯	6.0~6.4	聚甲基丙烯酸乙酯	8.9~9.1
聚三氟乙烯	7.2~7.9	聚甲基丙烯酸丁酯	8.7~9.0
聚氧化丙烯	7.5~9.9	聚甲基丙烯酸苄酯	9.8~10.0
乙基纤维素	10.3	聚甲基丙烯酸异丁酯	8.2~10.5
聚偏二氯乙烯	9.91~12.2	聚甲基丙烯酸叔丁酯	8.3
聚醋酸乙烯酯	9.3~11.0	聚对苯二甲酸乙二醇酯	9.7~10.7
聚丙酸乙烯酯	8.5	硝酸纤维(含N11.83%)	10.5~14.9
聚丙烯酸甲酯	9.7~10.4	聚丙烯酸-α-氰基甲醇酯	14.0~14.5
聚丙烯酸乙酯	8.8	聚甲基丙烯酸乙氧基乙醇酯	9.0~9.9
聚丙烯酸丙酯	9.2~9.4	丁苯橡胶(75/25)	7.6~8.5

（2）极性相近原则　聚合物之间共混体系的极性越相近，其相容性越好，即极性组分与极性组分、非极性组分与非极性组分都具有良好的相容性。例如：PVC/EVA，PVC/NBR之间极性相近，所以其相容性好。在考虑共混改性配方设计时，要了解聚合物之间相容性的基本原则：极性/极性≥非极性/非极性≥极性/非极性。

极性组分与非极性组分之间的聚合物一般不相容，例如：PVC/PC，PVC/PS，PC/PS等。

极性相近原则也有些例外，例如：PVC/CR共混体系，其极性相近，但不相容；而PPO/PS两种极性不同组分，相容性反而很好。

（3）结构相近原则　聚合物共混体系中各组分的结构相似，则相容性就好，即两聚合物的结构越接近，其相容性越好。所谓结构相近，是指各组分的分子链中含有相同或相近的结构单元，例如：PA6与PA66分子链中都含有—CH_2—，—NH_2—CO—NH—，故有较好的相容性。

（4）结晶能力相近原则　共混体系中有结晶聚合物时，如晶态与非晶态、晶态与晶态体系的相容性很差，只有在形成共晶时才会相容，如 PBT/PET，PVC/PCL 等体系。而两组分均为非晶态时相容性较好，如 PPO 与 PS，PVC 与 NBR，PVC 与 EVA 等。

(5) 表面张力 γ 相近原则　共混体系中各组分的表面张力越接近，其相容性越好。共混物在熔融时，其稳定性及分散度受两相表面张力的控制。γ 越相近，两相间的浸润-接触与扩散就越好，界面的结合也越好。如常用的共混体系 BR/PE、NBR/PVC、NR/EVA 等均遵循表面张力相近的原则。

(6) 黏度相近原则　共混体系中各组分的黏度相近，有利于组分间的浸润与扩散，形成稳定的互溶区，所以相容性好。

4.1.2.2 共混物相容性的标定

判断聚合物共混物是否相容，可以热力学为基础的溶解度参数 δ 作为基本判据，并通过以下实验方法验证。

(1) 玻璃化转变温度　玻璃化转变温度法，是通过测定共混物的 T_g，判断聚合物之间的相容性。当两聚合物完全相容时，所测得共混物显示单一的 T_g 转变温度，该温度介于两共混组分的 T_g 之间。完全不相容的两种聚合物共混物显示出与原聚合物 T_g 位置完全一致的两个 T_g；若两种聚合物部分相容时，则出现两个位置相互靠近的 T_g。分子级混合程度越大，两个 T_g 就靠得越近。

(2) 显微镜法　在聚合物共混体系中，可利用显微镜观测来估计聚合物之间的相容性。光透射显微镜和相差显微镜可观察纳米级的相分离；透射电子显微镜和扫描电子显微镜也是观察聚合物相形态的常用方法，可观察到 0.01μm 或更小的尺寸范围。例如在 HIPS 与橡胶共混物中，用铬酸蚀刻剂处理试样使橡胶相被蚀去，在样品表面形成空洞，此空洞的形状、大小与原来的橡胶相相同。然后用适当的方法将这种蚀刻过的表面复制下来，再用电镜进行观察，可直接了解分散相颗粒的大小和形状以及颗粒在空间的配置情况。

(3) 三元溶液法　三元溶液法又称共溶剂法，是将两种聚合物共混物溶解，并彻底混匀于同一溶剂中，其浓度由低度至中度，使混合物静置几天。如果不发生相分离，则说明这两种聚合物是相容的；如果发生了相分离，则两者不相容。

4.1.2.3 共混物相容性的提高方法

(1) 加入相容剂　相容剂又称增容剂或大分子偶联剂。其与共混物中各组分都有较好的相容性，并借助聚合物分子间的键合力，降低两相组分间的界面张力，增加共混体系的均匀性，减小相分离，改善聚合物共混物的综合性能，促使不相容的两种或多种聚合物组分结合在一起，从而形成相容的共混体系。一般情况下，相容剂通过降低两相之间的界面能、促进相分散、阻止分散相再凝聚以及强化相间黏合力等方法实现增容作用。

按照作用性质，可将相容剂分为非反应型和反应型两大类。非反应型相容剂是指在共混相容过程中，本身没有反应基团，在塑炼过程中不发生化学反应，只是靠相容剂分子链段的扩散作用或范德华力增加两组分的黏结力。而反应型相容剂是通过相容剂分子中的活性基团，如酸基、环氧基、异氰酸酯基等与共混物中的活性基团反应实现相容。表 4-2 和表 4-3 分别列出了一些常用的非反应型相容剂及反应型相容剂。表 4-4 为反应型相容的共混高分子复合体系。

■表 4-2　常见非反应型相容剂

共混物品种 / 相容剂名称	P_1	P_2
聚苯乙烯-聚酰亚胺嵌段共聚物(PS-b-PI)	聚苯乙烯(PS)	聚酰亚胺(PI)
聚苯乙烯-聚甲基丙烯酸甲酯嵌段共聚物(PS-b-PMMA)	聚苯乙烯(PS)	聚甲基丙烯酸甲酯(PMMA)
聚苯乙烯-聚乙烯嵌段共聚物(PS-b-PE)	聚苯乙烯(PS)	聚乙烯(PE)
氯化聚乙烯(CPE)	聚氯乙烯(PVC)	聚乙烯(PE)、聚苯乙烯(PS)
聚苯乙烯-聚丙烯酸乙酯接枝共聚物(PS-g-PEA)	聚苯乙烯(PS)	聚丙烯酸乙酯(PEA)
聚苯乙烯-聚丁二烯接枝共聚物(PS-g-PB)	聚苯乙烯(PS)	聚丁二烯(PB)
乙烯-丙烯共聚物弹性体(EPR)	聚乙烯(PE)	聚丙烯(PP)
聚丙烯-(乙烯-丙烯-二烯类三元共聚物)接枝共聚物(PP-g-EPDM)	聚丙烯(PP)	乙烯-丙烯-二烯类三元共聚物(EPDM)
聚丙烯-聚酰胺接枝共聚物(PP-g-PA)	聚丙烯(PP)	聚酰胺(PA)
聚氧化乙烯-聚酰胺接枝共聚物(PEO-g-PA)	聚氧化乙烯(PEO)	聚酰胺(PA)
聚二甲基硅氧烷-聚氧化乙烯接枝共发物(PDMS-g-PEO)	聚二甲基硅氧烷(PDMS)	聚氧化乙烯(PEO)

■表 4-3　常见反应型相容剂

共混物品种 / 相容剂名称	P_1	P_2
羧化聚乙烯(PE)或乙烯-甲基丙烯酸接枝共聚物 P.(E-MAA)	聚酰胺(PA)	聚乙烯(PE)
离子聚合物或羧化聚乙烯(PE)	聚酰胺(PA)	聚乙烯(PE)
马来酸酐接枝聚丙烯(PP-g-MAH)	聚酰胺(PA)	聚丙烯(PP)
离子聚合物	聚酰胺(PA)	聚丙烯(PP)
苯乙烯-甲基丙烯酸接枝共聚物 P.(St-MAA)	聚酰胺(PA)	聚苯乙烯(PS)
苯乙烯-马来酸酐接枝共聚物 P.(St-MAH)	聚酰胺(PA)	聚苯醚(PPO)
苯乙烯-丙烯酸-马来酸酐接枝共聚物 P.(St-A-MAH)或 P(St-AA)	聚酰胺(PA)	ABS

续表

相容剂名称 \ 共混物品种	P_1	P_2
苯乙烯-马来酸酐接枝共聚物 P.(St-MAH)或马来酸酐化-乙-丙弹性体(MAH化-PER)	聚酰胺(PA)	OH化丙烯酸类橡胶或乙烯-丙烯共聚物弹性体
马来酸酐-烯丙基醚接枝共聚物 P.(MAH-烯丙基醚)	聚酰胺(PA)	聚碳酸酯(PC)
羧化聚丙烯(PP)或羧化聚乙烯(PE)	聚对苯二甲酸乙二醇酯(PET)	聚丙烯(PP)或聚乙烯(PE)
苯乙烯-丙烯酸与丙烯酸酯-马来酸酐接枝共聚物 P(St-MMA-MAH)	聚碳酸酯(PC)	ABS
磺化聚苯乙烯(PS)	聚苯醚/聚苯乙烯(PPO/PS)	磺化乙烯-丙烯-二烯类三元共聚物
马来酸酐接枝聚丙烯共聚物(MAH化PP)/末端带氨基的丁腈橡胶(NBR)	聚丙烯(PP)	丁腈橡胶(NBR)
MAH化SBS或MAH化苯乙烯-乙烯-丁二烯-苯乙烯嵌段共聚物(SEBS)	工程塑料	工程塑料

■表 4-4 反应型相容的共混高分子复合体系

复合体系	相容剂	复合体系	相容剂
PA6/LDPE	HDPE-g-MAH	PPE/LCP	PS-g-GMA
PA6/HDPE	HDPE-g-MAH	PPE/PBT	PS-g-(环氧改性 PS),
PA6/PP	带噁唑啉官能团的 PP		PP-g-GMA
PA6/PP	PP-g-MAH	PPE/PMMA	PS-g-PEO
PA6/ABS	SAN-co-MAH	LDPE/EVOH	LDPE-g-MAH
PA6/EVOH	羧化 EVOH	LDPE/HIPS	LDPE-g-PS
PA6/LCP/HIPP	PP-g-MAH	HDPE/EVOH	SEBS-g-MAH
PA46/TLCP	EPDM-g-MAH	HDPE/PET	PET-co-HPB
PA66/PPE	SEBS-g-MAH	PVC/ABS	SAN
PA66/PBT	环氧树脂	PVC/EVA	EVA-g-PMMA
非晶 PA/SAN	PP-g-MAH	PC/ABS	PMMA. PC-g-SAN
PP/HDPE	PP-g-MAH	PC/PA6	聚环氧丙烷
PP/EVOH	PP-g-LCP	PS/PA6	聚(St-g-环氧乙烷)
PP/LCP	EGMA	PA6/PBT	PS-co-MAH-co-GMA
PET/LCP	环氧树脂		

（2）交联反应　交联是指在聚合物大分子链之间产生的化学反应，从而形成化学键的过程。交联反应如果是在相互不相容的聚合物之间，可大大提高两种聚合物的相容性，甚至使不相容组分变为相容组分。例如：用辐射的方法使 LDPL/PP 产生化学交联，首先形成具有增容作用的共聚物，在共聚物作用下，形成所希望形态结构，然后，继续交联使所形成的形态结构稳定。

（3）IPN 技术　IPN 技术，也称互穿网络技术，可以制得互穿网络聚合物共混物，是一种以化学法制备物理共混物的方法。它是两种聚合物分子在共混体系内互相贯穿，在分子水平上达到“强迫互容”和“分子协同”效应的一种提高共混物相容性比较有效的方法。

IPN技术的操作是先制备交联聚合物网络（聚合物Ⅰ），将其在含有活化剂和交联剂的第二聚合物（聚合物Ⅱ）单体中溶胀，然后聚合，于是第二步反应所产生的交联聚合物网络与第一种聚合物网络相互贯穿，实现了两种聚合物的共混。在这种共混体系中，两种不同聚合物之间不存在接枝或化学交联，而是通过在两相界面区域不同链段的扩散和纠缠达到两相之间良好的结合，形成一种互穿网络聚合物共混体系，其形态结构为两相连接。目前已成功的IPN共混物有：PS/聚丙烯酸乙酯、聚氯乙烯/聚（丁二烯-co-丙烯腈）、聚甲基丙烯酸乙酯/聚正丁基丙烯酸酯、端羟基丁腈橡胶聚氨酯/聚甲基丙烯酸甲酯等。

（4）引入聚合物组分间相互作用基团　聚合物组分中引入离子基团或离子-偶极官能团的相互作用，可使聚合物分子链之间具有较好的相容性。在聚合物组分之间引入氢键或离子键，或促使分子链上原有的酸性和碱性基团产生相互作用，共混时可以产生质子转移，从而实现相容作用；或聚合物分子链之间产生离子键或配位键，利用分子链中官能团的某种相互作用，实现聚合物之间更好的相容性效果。例如：PMMA/PVA共混，由于分子链之间可以形成氢键，所以具有良好的相容性；又如：聚苯乙烯中引入5%（摩尔分数）的—SO_3H基团，同时将丙烯酸乙酯与5%（摩尔分数）的乙烯吡啶共聚，然后将二者共混，即可制得稳定性能优异的共混材料。

（5）改变分子链结构　PS是极性较弱的聚合物，与其他聚合物相容比较困难。但是苯乙烯与丙烯腈的共聚物——SAN，由于改变了分子链结构，可与许多聚合物相容，如能与PC、PVC、PSF等树脂共混相容。非极性的聚丁二烯与聚氯乙烯很难相容，但丁二烯与丙烯腈的共聚物与聚氯乙烯却具有良好的相容性。所以说，通过共聚的方法改变聚合物的分子链结构，增加聚合物之间的相容性是一种比较有效的办法。

4.1.3 共混物制备方法

聚合物共混物的制备方法主要有物理共混法和化学共混法。物理共混法是以物理作用实现聚合物共混的方法，根据物料的形态分为干粉共混、熔体共混、溶液共混和乳液共混。化学法主要是共聚-共混法制取聚合物共混物和IPN法形成互穿网络聚合物共混物。

（1）干粉共混法　将两种或两种以上不同类型聚合物粉末在球磨机、螺带式混合机、高速混合机、捏合机等非加热熔融的混合设备中加以混合。混合后的共混物仍为粉料，可直接用于成型。干粉共混法要求聚合物粉料的粒度尽量小，且不同组分在粒径和密度上应比较接近，这样有利于混合分散效果的提高。

干粉共混法具有设备简单，操作容易，大分子受机械破坏程度小的优点，但由于干粉共混法的混合分散效果相对较差，一般仅应用于聚合物难以熔融流动或熔融温度下易分解的场合，例如聚四氟乙烯与其他树脂的共混就采用干粉共混。

(2) 熔融共混法　将聚合物各组分在软化或熔融流动状态下用各种混炼设备加以混合，获得混合分散均匀的共混物熔体，经冷却、粉碎或粒化后再成型。

为增加共混效果，有时先进行干粉混合，作为熔融共混法中的初混合。熔融共混法由于共混物料处在熔融状态下，各种聚合物分子之间的扩散和对流较为强烈，共混合效果明显高于其他方法。尤其在混炼设备的强剪切力作用下，有时会导致一部分聚合物分子降解并生成接枝或嵌段共聚物，可促进聚合物分子之间的相容。所以熔融共混法是一种最常采用、应用最广泛的共混方法。

熔融共混法要求共混聚合物各组分易熔融，熔融温度、热分解温度相近，而且各组分在混炼温度下，熔体黏度应接近，以获得均匀的共混体系。聚合物各组分在混炼温度下的弹性模量也不应相差过大，否则会导致聚合物各组分受力不均而影响混合效果。常用的熔融共混设备主要有开炼机、密炼机、单螺杆挤出机和双螺杆挤出机等。

(3) 溶液共混法　将共混聚合物各组分溶于共溶剂中，搅拌混合均匀或将聚合物各组分分别溶解再混合均匀，然后加热驱除溶剂即可制得聚合物共混物。

溶液共混法要求溶解聚合物各组分的溶剂为同种，或虽不属同种，但能充分互溶。此法适用于易溶聚合物和共混物以液态被应用的情况。因溶液共混法混合分散性较差，且需消耗大量溶剂，工业上无应用价值，主要适于实验室研究工作。

(4) 乳液共混法　将不同种类的聚合物乳液搅拌混合均匀后经共同凝聚即得共混物料。此法因受原料形态的限制，且共混效果也不理想，故主要适用于聚合物乳液。

(5) 共聚-共混法　此法是化学共混法，操作过程是在一般的聚合设备中将一种聚合物溶于另一聚合物的单体中，然后使单体聚合，即得到共混物。所得的聚合物共混体系包含两种均聚物及一种聚合物为骨架接枝上另一聚合物的接枝共聚物。由于接枝共聚物促进了两种均聚物的相容性，所得的共混物的相区尺寸较小，制品性能较优。

近年来此法应用发展很快，广泛用来生产橡胶增韧塑料等，如高抗冲聚苯乙烯，ABS树脂等。

(6) IPN法　这是利用化学交联法制取互穿聚合物网络共混物的方法。其制备过程是先制备一种交联聚合物网络，将其在含有活化剂和交联剂的第二种聚合物单体中溶解，然后聚合；第二步反应所产生的聚合物网络就与第一种聚合物网络相互贯穿，通过在两相界面区域不同链段的扩散和纠缠达到两相之间良好的结合，形成互穿网络聚合物共混物。该法近年来发展很快。

4.1.4 典型合成树脂的共混改性

共混改性作为开发新型聚合物材料最有效的方法以及实现现有聚合物制品高性能化、功能化的主要途径而得到广泛的研究，常用树脂如PE、PP、PA、PC等工程塑料的共混改性技术已经在工业生产中得到广泛的应用。

共混改性的重点在于合理选择树脂与助剂，在设计共混配方时，需要了解产品的用途和特定性能及掌握树脂、助剂的性能、价格，优化并确定添加剂的用量，配方设计不仅要能满足制品的使用要求和经济要求，同时还需要满足成型加工的需要。不同的树脂基体具有不同的共混改性特点和改性工艺，充分理解各个共混组分聚合物的特性和相互间的混合特性是进行共混选择的先决条件，表4-5列出了部分常见聚合物共混物的制备及性能特点，随后将具体地对几种典型合成树脂的共混改性技术做简单的介绍。

■表4-5　常见聚合物共混物的制备及性能特点

共混物名称	参考共混比	主要改进性能	共混方法	主要应用范围
HDPE/LDPE	任意	增加HDPE柔韧性或增加LDPE硬度	挤出	容器、薄膜、泡沫塑料等
PP/PE+PER	85/15	提高PP耐冲击性能	挤出	注射成型制品
PVC/CPVC/CPE	75/25/1	增加PVC强度	辊压	结构材料
PVC/CPE	85/15	提高PVC耐候性能	挤出或辊压	结构材料
PVC/ABS		提高PVC耐冲击性能	辊压	容器、板材、管材
PVC/EVA	100/5	提高PVC耐冲击性能	辊压	容器、膜
PS/SBR	75/25	提高PS耐冲击性能	辊压	结构材料
NBR/PVC	任意	提高NBR耐候性或提高PVC耐冲击性能	辊压	结构材料
NBR/SBR	NBR≤60%	提高NBR耐寒性	辊压	密封材料、耐油橡胶制品
SBR/HDPE	100/5～20	改善SBR耐候性、耐磨性、改善加工性	辊压	耐油制品

续表

共混物名称	参考共混比	主要改进性能	共混方法	主要应用范围
SBR/NR	任意	提高 SBR 耐磨性	辊压	轮胎
SBR/BR	任意	提高 SBR 耐寒性、耐磨性	辊压	胎面胶
CR/NR	80/20	改善 CR 加工性	辊压	运输带
CR/BR	90～60/10～40	改善 CR 耐寒性、耐磨性、加工性	分别混炼后再合炼	胶带、耐寒制品
IIR/PE	60～80/40～20	改善 IIR 耐油性、耐腐性	辊压	化工设备衬里

4.1.4.1 聚烯烃类

聚烯烃共混改性主要是 PE 和 PP 共混改性。

PE 易于同多种树脂组成复合共混体系，可显著改善自身的综合物理性能。PE 主要的共混工艺包括不同密度聚乙烯共混特别是 LDPE 与 LLDPE 共混以获得不同柔韧度和机械性能的制品；与 PP 共混以改善共混物韧性；与 PS 共混以改善 PS 抗冲击性能；与 ABS 或 PA 共混以提高共混物的尺寸稳定性以及低温耐冲击性能。

PP 共混主要包括同 PE 特别是 LDPE 与 HDPE 共混以改善 PP 抗冲击性能；与 EPDM 共混增韧；与 PS 共混以改善 PS 抗冲击性能；与 SBS、EVA 共混以提高冲击性能；与 PA、PET 共混以提高冲击性能和机械性能。典型的聚烯烃共混改性的配方如表 4-6～表 4-8 所示。

■表 4-6 PE/PP 共混改性配方及相关性能

配方(质量分数)/%			工艺条件	相关性能
树脂	LDPE	20	挤出	提高抗冲击强度，减少熔体下垂；剥离强度为 68～87N/mm；弯曲弹性模量 1079～1024MPa
	HDPE	30		
	PP	30		
相容剂	EPR 嵌段共聚物	20		

■表 4-7 PP/PE/EPDM 共混改性配方及相关性能

配方(质量分数)/%			工艺条件	相关性能
树脂	PP	70	挤出/密炼	缺口冲击强度 5kJ/m²；拉伸强度 23.2MPa；断裂伸长率 115%；弯曲弹性模量 359.5MPa
	HDPE	20		
	EPDM	8		
相容剂	PE-*g*-MAH	2		

4.1.4.2 聚氯乙烯

PVC 的共混改性主要是增韧改性、综合性能改性和功能性能改性，以改善 PVC 的流动性或耐热性或冲击韧性。主要的共混树脂包括 ABS、

■表 4-8 PP/PA 共混改性配方及相关性能

配方/质量份			工艺条件	相关性能
树脂	PA	100	挤出	缺口冲击强度为 43kJ/m²；拉伸强度为 51.3MPa；伸长率为 11.2%；吸水率 8.5%。可应用于汽车、机械、电子等制品
	PP	15		
相容剂	PP-g-MAH	5		
助剂	Hst	0.3		

CPE、CPVC、EVA、NBE、ACR、CR 等。同时，利用 PVC 与其他聚合物共混，也可以改善其他聚合物的使用性能，如与 ABS 共混以改善 ABS 的阻燃性等。典型的聚烯烃共混改性的配方如表 4-9～表 4-11 所示。

■表 4-9 PVC/CPE 共混改性配方及相关性能

配方/质量份			工艺条件	相关性能
树脂	PVC(SG5)	100	高速混合机混合 6～10min，而后在挤出机上挤出，挤出温度 165～175℃	拉伸强度 45～57MPa；弯曲强度 60～80MPa；断裂伸长率 90%～150%；缺口冲击强度 5～25kJ/m²；维卡软化点 80～88℃
	CPE	5～12		
加工助剂	ACR-201	2.0		
抗冲改性剂	ACR	3～12		
填充剂	$CaCO_3$	4.0		
稳定剂	CdSt	6.0		
润滑剂	Hst	0.5		
着色剂	金红石型钛白粉	2～3		

■表 4-10 PVC/ABS 共混改性配方及相关性能

配方/质量份			工艺条件	相关性能
树脂	PVC	100	PVC、DOP 及稳定剂在高速混合机混合 3min，而各种助剂在 80～100℃ 下搅拌均匀，随后在挤出机上挤出，挤出温度 170～180℃	共混物冲击强度随 ABS 加入量的增加而增加。主要性能：拉伸强度 40～50MPa；弯曲强度 74～88MPa；弯曲模量 1.8～2.6GPa；断裂伸长率 ≥50%；维卡软化点 90～150℃
	ABS	5～12		
	CPE	2～8		
填充剂	$CaCO_3$	5～10		
增塑剂	DOP	10～15		
稳定剂	三碱式硫酸铅	1～3		
	二碱式亚磷酸铅	1～2		
	CaSt	0.3		
	ZnSt	0.3		
抗氧剂	1010	0.2		

4.1.4.3 聚苯乙烯类

苯乙烯类共混改性主要是 PS、HIPS 以及 ABS 的共混改性，主要改性的方向是该类树脂的增韧与增强，提高其抗冲击性能。典型苯乙烯类树脂的共混改性配方如表 4-12、表 4-13 所示。

■表 4-11 PVC/ABS/EVA 共混改性配方及相关性能

配方/质量份			工艺条件	相关性能
树脂	PVC	100	挤出	PVC 与 ABS 中的 SAN 溶解度参数接近。不会改变 ABS 固有的“海-岛”结构；作为增韧和加工助剂的聚合物 EVA 与 P-83 的加入，有效改善了共混材料的抗冲击韧性，可广泛应用于汽车制造业和电子电器行业 共混材料拉伸强度为 20～25MPa；低温缺口冲击强度10～15kJ/m²；断裂伸长率 80%～180%；维卡软化点 80～90℃
	ABS	40～60		
	EVA	10～15		
	P-83	2～4		
增塑剂	TOTM	10～20		
稳定剂	三碱式硫酸铅	2～2.5		
	二碱式亚磷酸铅	1.5		
抗氧剂	1010	0.2		
	DLTP	0.4		
着色剂	炭黑	适量		

■表 4-12 PS/HDPE 共混改性配方及相关性能

配方/质量份			工艺条件	相关性能
树脂	PS	100	高速混合机均匀混合后挤出，挤出温度为175～185℃；机头温度 200℃	热塑性弹性体 SEBS 具有良好的相容效果。随 SEBS 含量的增加，共混物抗冲击强度提高，断裂伸长率增大，但拉伸强度下降明显 共混材料无缺口冲击强度为60～70kJ/m²；拉伸强度为 38～40MPa；弯曲模量1.6～1.8GPa；伸长率为 7.2%～9.8%
	HDPE	15		
相容剂	SEBS	10		

■表 4-13 ABS/PC 共混改性配方及相关性能

配方/(质量分数)/%			工艺条件	相关性能
树脂	ABS	75	100～120℃高速混合机均匀混合 5～10min，随后挤出，挤出温度为 180～220℃；螺杆转速 120r/min	ABS/PC 共混体系具有优良的力学性能、尺寸稳定性、耐热性和耐寒性，加工性能好。 共混材料拉伸强度为 45～55MPa；无缺口冲击强度为 60～70kJ/m²；弯曲模量 1.6～1.8GPa；伸长率为 7.2%～9.8%。主要用于电子、电器和汽车部件及其高级制品
	PC	20		
相容剂	ABS-g-MAH/SMA/S-g-MA	5		

4.1.4.4 工程塑料

工程塑料共混改性主要是聚酰胺类（如 PA）以及聚酯类（如 PET、PBT 和 PC 等）的共混改性，共混改性的目的主要是提高工程塑料的柔韧性和耐低温冲击性或通过强-强联合获得高强度材料，同时降低成本。典型工程塑料的共混改性配方如表 4-14～表 4-16 所示。

■表 4-14 PA6/PP 共混改性配方及相关性能

配方/质量份			工艺条件	相关性能
树脂	PA6	50～80	PA6 做烘干预处理，高速混合机混合后挤出，加工温度 220～240℃，螺杆转速 40r/min	PA6/PP 共混是常用的合金材料，可有效地改善 PA 吸湿性，提高制品的尺寸稳定性，并具有一定增韧作用 共混材料拉伸强度为 42～52MPa；缺口冲击强度 6.2～10.5kJ/m²；无缺口冲击强度 50～55kJ/m²；弯曲模量 1.1～2GPa.；伸长率为 78%～112%；吸水率为 5.3%～8.6%
	PP	20～50		
相容剂	PP-g-MAH	3～8		

■表 4-15 PET(PBT)/PC 共混改性配方及相关性能

配方/质量份			工艺条件	相关性能
树脂	PET(PBT)	80	PET、PBT 和 PC 对水敏感，极易降解，加工前应做干燥处理，控制含水率 0.1%以下。混合后挤出，加工温度 200～250℃，螺杆转速 30～40r/min	PET(PBT)/PC 共混体系部分相容，添加相容剂可进一步提高和改善共混体系的相容性，相容剂也用 A-B 型相容剂，如 PC、PBT、PET 嵌段或接枝共聚物；也可以采用 C-D 型相容剂，如聚烯烃接枝马来酸酐、EVA、乙烯-甲基丙烯酸共聚物。共混材料拉伸强度 54.1MPa；弯曲强度 84.8MPa；缺口冲击强度 15.5kJ/m²；无缺口冲击强度 50～55kJ/m²；弯曲模量 1.1～2GPa；伸长率为 22.9%；热变形温度 72℃
	PC	20		
相容剂	PP-g-MAH	3～8		
改性剂	5MAH	5		

■表 4-16 PC/PA6 共混改性配方及相关性能

配方/质量份			工艺条件	相关性能
树脂	PC	70～80	PA 和 PC 易熔融水解，加工前应做干燥处理控制含水率 0.02%以下。混合后挤出，加工温度 220～275℃，螺杆转速 100～140r/min	PC/PA 热力学不相容，并容易发生氨基交换反应，导致分子量降低，必须选择相容剂和改性剂，借助共混加工中机械塑炼与温度搅拌提高和控制两相间共混的相容性 共混材料性能：拉伸强度 55.4～58.1MPa；弯曲强度 78.8～89.8MPa；缺口冲击强度 51.3～56.2J/m；热变形温度 115～129℃
	PA6	20～30		
相容剂	S-NA-GMA	5		
改性剂	MBS	5		

4.1.4.5 弹性体

弹性体共混改性主要包括橡胶（如天然橡胶）以及合成橡胶等共混改

性和热塑性弹性体如 TPU、TPS 和 TPO 等共混改性。橡塑共混以及热塑性弹性体与聚烯烃或工程塑料的共混改性是其中最为重要的改性手段。典型的弹性体改性配方如表 4-17、表 4-18 所示。

■表 4-17 NBR/PVC 共混改性配方及相关性能

配方/质量份			工艺条件	相关性能
树脂	粉末 NBR	30	PVC 与增塑剂、稳定剂及润滑剂在高速捏合机中捏合，随后开炼，而后与 NBR 混炼，混炼温度 150～160℃，随后动态硫化成型	NBR 与 PVC 具有优良的相容性，通过共混可提高其耐老化、抗臭氧、耐油、耐溶剂和耐化学稳定性能；同时赋予共混物阻燃性、耐热性和耐寒性；并提高其拉伸强度、定伸应力，具有良好的动态屈挠性能 共混材料性能：拉伸强度 29.4MPa；低温缺口冲击强度 10～15kJ/m²；断裂伸长率 428%；撕裂强度 59.8kN/m，300%定伸应力 17.8MPa，回弹性 13%
	PVC	70		
增塑剂	DOP	10		
硫化剂	S	1.5		
硫化促进剂	TMTD	0.2		
稳定剂	BaSt CaSt	2.0 1.0		
防老剂	CZ	0.4		
润滑剂	Hst	0.8		

■表 4-18 SEBS/HIPS 共混改性配方及相关性能

配方/质量份			工艺条件	相关性能
树脂	SEBS	100	80～100℃高速混合机均匀混合 10～15min，随后挤出，挤出温度为 160～210℃；螺杆转速 40～60r/min	SEBS 与 HIPS 具有良好的相容性，共混体系具有低温韧性、良好的耐磨性、抗撕裂性和高拉伸强度以及良好的耐紫外光和热氧老化性能 共混材料性能：拉伸强度 22.4MPa；断裂伸长率 320%；撕裂强度 59.8kN/m，300%定伸应力 4.9MPa，扯断永久变形 28%
	HIPS	20～30		
填充剂	$CaCO_3$	100		
润滑剂	HSt 石蜡	0.5 1.0		

4.2 合成树脂的填充改性

4.2.1 填充改性的基本概念

合成树脂填充改性是指在树脂成型加工过程中，加入一定量的无机物或有机物填料，目的是降低产品成本，或使制品的某些性能得到改进，或赋予填充材料一些特殊功能。

填充改性是企业最常用的物理改性方法之一，可显著地改善树脂的机械性能、耐摩擦性能、热学性能、耐老化性能、尺寸稳定性等；采用特殊的填充材料，产品可获得具有阻燃、导电、抗静电、耐老化等功能，既经济又方便，也比较容易实现工业化生产。

填充改性中填料的类别、性质、粒径、工艺、设备、添加量和表面处理等因素，将会影响到改性材料的性能和改性的综合效果。能否达到较好的填充效果，是生产树脂产品的关键。如果填充用量或品种不当，或表面偶联处理不好，会造成制品生产工艺、色彩、物理性能及外观手感等多方面的损害，对生产设备也极为不利。

塑料填充改性的无机填料大部分都是价格比较便宜的粉体，在降低成本的同时，也会导致产品某些性能的下降，如果加入填料过多，甚至造成冲击强度大幅度下降，透明性、表面光泽度及加工成型性明显变差。所以，尽管填充改性的一个重要目的是降低原材料成本，但必须要保证产品的加工性能和使用性能达到使用要求。填充改性另一个重要目的是赋予改性材料新的功能。随着塑料改性加工技术的进步，加上塑料品种的不断开发，填充改性已不是单纯的降低成本，而是降低成本和改善性能兼而有之，特别是赋予填充改性材料更多新功能的目的显得越来越重要。

为了改善填料的表面物理结构，最普通的方法是对填料进行机械研磨处理和偶联剂处理。填料的机械粉碎、研磨是在机械能的作用下，产生新的断面，表面原子的规则性结合被破坏，导致表面电荷局部化或产生自由基，以改善填料的表面物理结构。偶联剂可看作是表面化学处理剂或架桥剂，是一种增加无机物与有机聚合物之间的亲和力，且具有两性结构的一类多官能团物质。它是在无机物和有机聚合物之间通过物理缠绕或进行某种化学反应，形成牢固的化学键，从而促使有机聚合物与填料两种性质大不相同的材料紧密地结合起来。

4.2.2 填料的性能特征

树脂填充改性材料的性能与改性效果，取决于基材树脂的性能以及填料种类、形态、浓度及分散状态等因素。填料，不论是天然矿物、工业废渣，还是人工制造或是现成物质加以利用，都不可能是完全纯净的，通常都含有杂质和水分。填料品种很多，其化学组成、物理性能、结构、粒径大小、几何形状、比表面积、吸油量、硬度等都会对填充改性聚合物的性能造成很大影响。

(1) 化学组成　化学组成是填料的基本性质，在填充改性中，尤其是赋予材料功能性时，填料的化学组成起着决定性作用。填料应用于许多体系中时必须要考虑化学组成因素。填料在形成过程中，由于表面原子的配位状态与内部的不同，有时表面原子会与其他原子或化合物反应生成不饱和键，遇到大气中一些反应性强的物质，如氧和水等，它们很快就与这些不饱和键反应，形成了一些表面官能团，如羟基、羧基等。

有关填料的化学组成可分为：氧化物、盐、单质和有机物四大类，见表 4-19。

■表 4-19 填料的化学组成

化学类型	来源	实　例	耐酸	耐碱	其他
氧化物	矿物	水铝矿(三水合氧化铝)	良	良	
		氧化铝(金刚砂)	良	良	
盐	矿物	碳酸钙	差	可	水可溶
	合成	硫酸钡(重晶石)	优	优	
	动物	霰石、碳酸钙(蚝壳)	差	可	
硅酸盐	矿物				
neso		硅酸锆(锆石)	优	优	
ino-		硅酸钙(硅灰石)	差	可	水可溶
		硅酸镁钙(闪透石)	可	良	
phyllo		硅酸铝(高岭土)	良	良	
		硅酸铝钾(云母)	良	良	
		硅酸镁(滑石)	良	良	
		硅酸镁(蛇纹石或石棉)	良	良	
		硅酸铝(叶蜡石)	良	良	
tecto-		氧化硅	优	差	
		水石氧化硅(乳石)	优	良	
		硅酸铝钠钾长石(霞石)	良	良	
	合成	玻璃微珠	良	差	
		硅酸钙(沉淀法)	差	可	
单质	矿物(合成)	结晶态碳(石墨)	优	优	
	合成	金属(铁、铜、铝的片、球状)	差	优	对铝则为差
有机物	植物	煤(无烟煤)	优	可	含挥发物
		木粉，树皮粉，软木粉，果壳粉	差	差	与酸、盐反应

(2) 填料的粒径与形状　聚合物改性用填料对粒径大小的要求是根据产品要求不同而定的。一般以 0.1～15μm 粒径为宜，对于超细填料，如纳米级材料，其粒度可达 10nm 左右。填料的粒径对填充改性材料的性能影响很大，粒径细小，对材料的拉伸强度、冲击强度、光的散射、透光性及流变学行为都有正面影响。

大多数颗粒状填料是由岩石或矿物用不同的方法制成的粒状无机填料。

由于多数填料是经矿物粉碎而制得，颗粒的形状一般不规则且不均匀。但归纳起来，仍能把填料的形状分为以下几种：薄片状、纤维状、球状、柱状、颗粒状和无规则形状等。

（3）比表面积　填料的比表面积是指单位质量的物质所具有的比表面积、微孔分布及各种质物的吸附量等。表面积的大小是填料最重要的性能指标之一，填料的许多性能与其表面积有关。同体积不同形状的物体，球形的表面积最小，这仅仅是对物体表面绝对光滑而言。实际上各种有机或无机填料很少有光滑的表面，其表面积增大有利于在树脂中分散，微孔多的填料易于与表面活性剂、分散剂、表面改性剂、助剂以及极性聚合物吸附或与填料表面发生化学反应。

（4）吸油值　许多填充改性材料都有一定的吸收值，其大小由其吸油量决定，填料的吸油量定义为100g填料吸收液体助剂的最大体积数(mL)，常用填料的吸油量见表4-20。

■表4-20　常用填充料的吸油量

填料名称	吸油量(DOP)/(mL/100g)	填料名称	吸油量(DOP)/(mL/100g)
硫酸钡	16	高岭土(陶土)	66
沉降碳酸钙	36	硅藻土	148
重质碳酸钙	36	滑石粉	33
硅灰石	31～32	白云石	33
石粉	30	黏土	46
白炭黑	42	轻质碳酸钙	125
云母	79		

填料的吸油性主要影响改性树脂配方中液体助剂的添加量，填料的吸油性越大，相应加大液体助剂的添加量，以弥补被填料吸收而不能发挥作用的液体助剂。

如果增塑剂或助剂为填料所吸收，就会大大降低其功能效果。填料本身在等量填充时因各自吸收值不同，对体系的影响十分明显。例如：在PVC加工配方中，为了保证增塑剂对树脂的足够供应量，必须考虑填料吸收增塑剂而引起的增塑剂损耗。增塑剂的添加量应为PVC树脂需要增塑剂用量与填料吸收增塑剂用量两部分之和。

（5）硬度　填充材料的硬度，对树脂填充改性有正效应的优点，也有负效应的缺点：正效应的优点是硬度高的填充材料可以提高填充改性材料及其制品的硬度、刚性、耐磨性和耐刻画性，对于要求耐磨、高硬度的制品，尽可能选用高硬度的填充材料。例如半硬质的PVC铺地块材，用石英做填充材料，其硬度、耐磨性能比用碳酸钙好得多。缺点是填充材料的硬度越大，对加工设备的磨损越严重。填充材料硬度大小不同，对成型加工设备磨损的情况不同。表 4-21 列出了一些常用填料的硬度，以供参考。

■表 4-21　常用填充材料的硬度

填料名称	莫氏硬度	维氏压痕硬度	填料名称	莫氏硬度	维氏压痕硬度
滑石	1.0		石棉	3.0～5.0	
壳粉	1.0		硅灰石	5.0～5.6	
木粉	1.0			6.5～7.0	
水合氧化铝	1.0～3.0		多孔珍珠岩	5.6	
蛭石	1.5		玻璃	5.5～6.0	500
高岭土	2.0		长石(霞石)	5.5～6.0	774
云母(沸石)	2.0～2.5		石英砂	7.0	1350
方解石(重晶石)	3.0	120	煅烧高岭土	7.0	
	2.6～3.0	(103～146)	黄玉	8.0	
煤	3.0		金刚石	9.0	2380～2800
铁(普碳钢)	4.5	120～250	最硬	10.0	

(6) 光、热、电、磁性能　填料的光学性质如颜色、折射率和对一些波长光的吸收等特性，均与改性树脂的性能有直接关系。如填充材料的光学折射率与树脂基材的光学折射率之间的差别，会使填充改性材料的透明性受到明显的影响，也对制品的着色深浅及鲜艳程度造成直接影响。表 4-22 给出了一些常用填充材料的折射率。此外，一些填料能选择性地吸收一些波长的光，对树脂填充改性同样具有重要意义。如紫外光可促使聚合物发生光老化，从而缩短了制品的使用年限。有些填料具有吸收紫外光的功能，如炭黑、石墨等，将其用作改性填料，可降低聚合物的光老化及避免由紫外光照射而引发的降解。

■表 4-22　常用填充材料的折射率

填料名称	折射率	填料名称	折射率
重质碳酸钙	1.49～1.66	高岭土	1.55～1.57
轻质碳酸钙	1.53～1.69	滑石	1.54～1.59
云母	1.50～1.62	长石	1.528～1.538
霞石	1.528～1.538	玻璃	1.52
硅灰石	1.63～1.67	水合氧化铝	1.57
	1.54～1.55	重晶石	1.64～1.65
石棉	1.50～1.55	氧化锌	2.03
硅藻土	1.48	铅白	2.09
锐钛型二氧化钛	2.71	硫化锌	2.37
金红石型二氧化钛	2.52		

聚合物的成型加工及产品应用都会涉及热性能，如热变形、维卡软化点、熔融温度、冷却定型等。填充改性的制品在使用中也要受到各种热因素的影响，因此填料的热性能，如热导率、比热容和热膨胀系数等都会影响制品的性能。表 4-23 为常用填料的热导率、比热容和热膨胀系数。

■表 4-23　常用填料的热导率、比热容和热膨胀系数

填料名称	热导率 W/(m·K)	比热容 J/(kg·K)	热膨胀系数/K^{-1}
碳酸钙	2.35	8.8×10^{2}	10.0×10^{-6}
高岭土	1.97	9.2×10^{2}	8.0×10^{-6}
滑石	2.10	8.7×10^{2}	8.0×10^{-6}
云母	2.54	8.6×10^{2}	8.0×10^{-6}
长石(霞石)	2.35	8.8×10^{2}	6.5×10^{-6}
硅灰石	2.51	10.1×10^{2}	6.5×10^{-6}
多孔珍珠岩	0.01	10.1×10^{2}	8.8×10^{-6}
玻璃	0.71	11.3×10^{2}	8.6×10^{-6}
玻璃微珠	0.01	10.1×10^{2}	8.8×10^{-6}
合成硅酸盐	0.84～1.26	8.4×10^{2}	10.0×10^{-6}
水合氧化铝	0.84～1.26	8.0×10^{2}	10.0×10^{-6}
石棉	2.10	10.9×10^{2}	0.3×10^{-6}
煤	0.25～0.34	12.6×10^{2}	5.0×10^{-6}
重晶石	2.51	4.7×10^{2}	10×10^{-6}
壳粉	0.59	18.0×10^{2}	5×10^{-6}～50×10^{-6}
木粉	0.25～0.34	17.6×10^{2}	5×10^{-6}～50×10^{-6}

填充材料的电性能包括导电性与介电常数。就导电性而言，金属是电的良导体，以金属粉末作填料时，一定会影响聚合物的电性能，加入一定量的金属粉末填料，可以生产半导体聚合物或导电树脂体系。非金属填充材料通常都是电的绝缘体，按一定的配方比例加入聚合物中可以提高聚合物的电绝缘性。聚合物的介电常数一般为2～3，而填料的介电常数大小不一（表4-24），因此添加不同的填料会使树脂的介电性能发生变化。

■表 4-24　常用填料、聚合物的介电常数

填料名称	介电常数	聚合物名称	介电常数
碳酸钙	6.14	聚乙烯(外推到无定形)	2.3
高岭土	2.6	聚丙烯(无定形部分)	2.2
煅烧高岭土	1.3	聚苯乙烯	2.55
滑石	5.5～7.5	聚邻氯苯乙烯	2.6
云母	2.0～2.6	聚四氟乙烯(无定形)	2.1
长石(霞石)	6.0	聚氯乙烯	2.8～3.05
硅灰石	6.0	聚乙酸乙烯酯	3.25
多孔珍珠岩	1.5	聚甲基丙烯酸甲酯	2.6～3.7
玻璃	5.0	聚甲基丙烯酸乙酯	2.7～3.4
玻璃微珠	1.5	聚α-氯代丙烯酸甲酯	3.4
合成硅酸盐	9.0	聚α-氯化丙烯酸乙酯	3.1
水合氧化铝	7.0	聚丙烯腈	3.1
石棉	10.0	聚甲醛	3.1
重晶石	7.3	聚2,6-二甲基苯醚	2.6
壳粉	5.0	聚对苯二甲酸乙二醇酯(无定形)	2.9～3.2
木粉	5.0	聚碳酸双酚A酯	2.6～3.0
煤	3.0	聚己二酰己二胺	4.0

■表 4-25 常用无机填料的物理化学性能

类别	名称	主要化学成分	外观	密度/(g/cm³)	粒度/μm	莫氏硬度	主要性能及用途
天然无机填料	重质碳酸钙（干式）	$CaCO_3$	白	2.75	<10	3.0	降低成本，改善尺寸稳定性，与黏土并用能改善弹性和热变形。用于 PVC,PO 等
	滑石粉	$3MgO \cdot 4SiO_3 \cdot H_2O$	白至浅灰	2.7～3.0	<10	1.0～2.0	改善加工性、刚性、硬度、耐热及电绝缘，降低成本。用于 PVC，PO 等均聚物
	白云母	$K_2O \cdot 2Al2O3 \cdot 6SiO_3 \cdot 2H_2O$	灰白	2.7～3.0	<4	2.03～.0	改善电绝缘性、刚性、硬度、耐热等。用于热塑性及热固性塑料
	高岭土	$Al_2O_3 \cdot 2SiO_2 \cdot 2H_2O$	白至浅灰	2.5～2.6	片	1.0～2.0	降低成本，电性能好，用于 PU，PVC 及 PP，PET，PA 等填充改性
	煅烧陶土	$Al_2O_3 \cdot 2SiO_3$	灰白	2.52～.63	K	7.0	改善电及电绝缘性，降低成本。用于 PVC、聚烯烃、UP，PA，PET 等
	膨润土	$Al_2O_3 \cdot 4SiO_2 \cdot H_2O$	白至浅灰	2.6～2.7	无定形		降低成本。用于 PVC、聚烯烃、烯烃共聚物等
	凹凸棒土	$Mg_5Si_8O_2(OH)_2 \cdot 4H_2O$	白或灰白	2.0～2.3	<100	2.0～3.0	降低成本。用于一般塑料
	石膏	$CaSO_4 \cdot 2H_2O$(质量分数 57%)	浅黄	2.3～2.7	<10	2.03～.5	降低成本，用于热塑性塑料。改善尺寸稳定性、加工性
	硅灰石	$CaSiO_3$	白	2.9	晶体	4.5	吸湿、吸油性低，介电性能好，改善尺寸稳定性。用于工程塑料
	硅藻土	$SiO_2 \cdot H_2O$	黄灰	2.0～2.3	<0.02	1.48	改善绝缘性能，降低成本。用于热固性及热塑性塑料
	菱苦土	$MgCO_3$(<60%)	白	2.1～2.8	<10	3.0	降低成本，改善加工性与热绝缘性。用于热塑性塑料
	石粉		白	2.89	—		降低成本。用于热固性及热塑性塑料

续表

类别	名称	主要化学成分	外观	密度/(g/cm³)	粒度/μm	莫氏硬度	主要性能及用途
天然无机填料	石棉	$3MgO \cdot 2SiO_2 \cdot 2H_2O$	白	2.3～2.5	0.1～0.8		增强填充效果优于玻璃微珠，有致癌危险，多以纤维使用。用于各种塑料
	二氧化硅(石英砂)	SiO_2	白	2.6～2.7	0.8～5.0	7.0	改善耐热性、耐化学稳定性，且分散性好。用于PO,PA及热塑性和热固性塑料
	浮石		灰白	2.21			降低成本。用于热固及热塑性塑料
	油页岩灰	有机及无机混合物	褐色	2.69	30		用于PVC，优于$CaCO_3$，有增强作用。用于热塑性塑料
合成无机填料	碳酸钙(湿式)	$CaCO_3$	白	2.65～2.7	<3	8.0	同干式碳酸钙
	碳酸钙(轻质)	$CaCO_3$	白		<0.02		同干式碳酸钙，增强效果好，耐酸性更好
	炭黑	C	黑	1.8～2.1			提高增强效果及耐磨性能；导电性、耐热性、硬度及断裂伸长率更好。用于矿井设备，中空炭黑可用于泡沫塑料、导电塑料及各种耐候、抗老化塑料
	(1)超细				6～19		
	(2)细				19～30		
	(3)中细				30～60		
	(4)粗				≥60		
	二氧化硅(白炭黑)	SiO_2	白	2.1～2.2	<0.3	5.0	同二氧化硅(石英砂)，而质量更优
	二氧化硅(气凝法)	SiO_2	白	2.0～2.2	多孔片状	5.0	同二氧化硅(石英砂)，而质量更优
	二氧化硅(胶态)	SiO_2	白	2.6	0.02	7.0	同二氧化硅(石英砂)，而质量优异
	玻璃微球空(心)	$SiO_2 \cdot Na_2O$	白	2.5	44～4.0		改善电绝缘件及消音性，良好的加工性。用于热固性及热塑性塑料
	玻璃微球实(心)	$SiO_2 \cdot Na_2O$	白	2.3～2.4	10～250		低密度，改善电绝缘性及消声性，尺寸稳定性、光泽性良好。用于各种塑料
	硫酸钡	$BaSO_4$	白	4.3～4.6	球形	2.5～3.5	良好的耐磨性、耐热性、耐水性，改善制品色泽。用于热固性塑料
	石墨	C	黑	2.25	晶体		同炭黑，但更优

续表

类别	名称	主要化学成分	外观	密度/(g/cm³)	粒度/μm	莫氏硬度	主要性能及用途
合成无机填料	水合氧化铝(氧化铝)	$Al_2O_3 \cdot 2H_2O$	白	2.4	斜方微晶	1.56～1.58	良好加工性、刚性、电绝缘性、耐水性，具有阻燃及消烟性能。用于阻燃、电绝缘
	水合氧化镁(氢氧化铝)	$MgO \cdot H_2O$	白	2.38	三角晶体	1.56～1.58	具有阻燃性、消烟性，改善制品颜色。用于 PVC,PO,PA 等阻燃制品
	氧化镁	MgO	无色	3.58	立方晶体	1.74	增加导热性，低成本。用于 PVC,PO,PA 发泡促进剂
	氧化铝	Al_2O_3	白	3.7～7.9	片状	9.0	增加制品密度，改善制品颜色。用于聚烯烃及其共聚物、氟塑料等
	氧化锌	ZnO	白	5.0～6.0	片状		增加制品密度和光稳定性。用于热塑性聚烯烃、PVC、PA、氟塑料、热固性塑料等
	氧化锑(氧化二锑)	Sb_2O_3	白	5.2～5.9	无定形		增加密度和光稳定性，为卤素阻燃剂的有效剂。用于各种树脂的阻燃
	五氧化二锑	Sb_2O_5	黄	7.5	粉末		增加制品密度和光稳定性。为卤素阻燃剂的有效剂，价格较贵，用于阻燃制品
	硫化铅	PbS	蓝	2.59			提高制品耐磨性及自润滑性
	亚硫酸钙	$CaSO_3$	白	3.8～4.2	<10		改善加工性、尺寸稳定性和降低成本
	二氧化钛(钛白粉)	TiO_2	白	4.5～5.0	<0.1	67～.0	改善制品颜色，密度，有消光性。用于聚烯烃、PVC、PA、氟塑料及热固性塑料
	二硫化钼	MoS_2	白	2	流动粉末	1～1.5	具有润滑性，改善加工性、刚度及硬度。用于热塑性塑料
其他填料	赤泥、红泥(RB)	CaO,SiO_2,Fe_2O_3	赤黄，棕红	2.6～2.7	150，粉末		降低成本，改善光、热稳定性，加工性，热变形性。主要用于 PVC 制品
	硅铝炭黑(SAC)	SiO_2,Al_2O_3 余为类炭黑	黑灰	2.1～2.4	0.5～2.0		增加强度，吸油量低，可节省增塑剂，降低成本。用于热塑性及热固性塑料和橡胶
	粉煤灰	SiO_2 及 Al_2O_3	黑灰	2.0～2.5	圆球为主		降低成本，改善加工性，其他性能介于氧化铝与二氧化硅之间。用于各种塑料

聚合物本身一般并不具备磁性，树脂的磁性是通过加入具有磁性的粉末填料改性而获取的。将粉状磁性材料加入到聚合物中，用成型加工方法生产磁性树脂制品，诸如塑料磁铁或磁条已得到广泛应用。磁性填料体系改性的磁性树脂有钛氧化体和稀土之类。其磁性不及磁铁好，但具有机械性能好、易于成型加工、尺寸稳定性高及相对密度小等优点，因而得到生产厂家的采用。

4.2.3 常用填料的分类及其物理化学性能

按照填料的化学结构及特性，我们将其分为无机填料、有机填料、金属粉末填料、复合填料和纳米粉末填料几大类。

（1）无机填料　无机填料包括碳酸钙、云母、高岭土、滑石粉、二氧化硅、二氧化钛及炭黑等品种，表 4-25 给出了常用无机填料的物理化学性能（见 128 页），以供参考。表 4-26～表 4-32 为其中一些常见填料的技术指标。

■表 4-26　重质碳酸钙的主要技术指标

技术指标	一级品	二级品	技术指标	一级品	二级品
碳酸钙含量/%≥	98.2	97	吸油值/(g/cm³)	5～10	5～10
密度/(g/cm³)	2.75	2.75	水分含量/%	0.20	0.30
粒度/μm<	5	10	溶解度(18℃)/%	0.0013	0.0019
莫氏硬度	3.0	3.0	盐酸不溶物/%<	0.1	0.3
pH(5%浆液，23℃)	9.5	9.5	铁含量/%	0.1	0.1

■表 4-27　轻质与活性碳酸钙技术指标

轻质 $CaCO_3$	一级品	二级品	活性 $CaCO_3$	指标
$CaCO_3$ 含量/%≥	98.2	97.0	$CaCO_3$ 含量/%	52～54
水分含量/%<	0.30	0.40	水分含量/%<	1.0
盐酸不溶物/%<	0.10	0.20	吸油值/(mL/100g)	23～36
Fe_2O_3/%<	0.15	0.20	pH	8.3～9.0
游离碱(以 CaO 计)/%	0.1	0.15	灼烧减量/%	44～46
筛余物(125μm)/%<	0.005	0.005	平均粒径/μm	0.03～0.08
筛余物(45μm)/%<	0.50	0.50	比表面积/(m²/g)	30～87
沉降体积/(mL/g)≥	2.80	2.50	铁氧化物含量/%	0.2
铁氧化物含量/%<	0.10	0.10	铝氧化物含量/%	0.15
锰氧化物含量/%<	0.0045	0.008		

■表 4-28 滑石粉的技术指标

指 标	数值	指 标	数值
二氧化硅含量/%	58～62	相对密度/(g/cm³)	2.70～2.80
氧化镁含量/%	28～31	粒度(300 目通过)/%≥	99
三氧化二铝含量/%	0.5～5.0	白度/%	65～92
三氧化二铁含量/%	0.3～5.0	pH	7.5～9.5
灼烧减量/%	4.5～6.0	水分/%＜	0.5

■表 4-29 高岭土主要技术指标

项 目	中国物性值	美国物性值	日本物性值
二氧化硅/%	40～50	43～45	40～60
三氧化二铝/%	40～30	38～39.5	25～45
三氧化二铁/%	1.2～2.0	0.5～2.0	0.03～3.0
二氯化钛/%			
锰/%	0.0045～0.007	1.0～2.0	0.1～3.0
灼烧减量/%	11.0～12.0	13.5～14.0	10.0～16.0
氧化钙/%＜		0.7	
氧化镁/%＜		0.5	
气化钠/%＜		0.5	0.1～2.0
氧化钾/%＜		0.5	0.1～2.0
相对密度/(g/cm³)	2.5～2.6	2.6～2.63	2.6
粒径:(5μm)/%＜		3.0～5.0	30～90
(2μm)%＜		85～92	
pH	5.0～8.0	4.5～5.5	4.0～7.0
折射率	1.56		
比表面积(m²/g)		20～30	

■表 4-30 白云母的技术指标

项 目	物性值	项 目	物性值
二氧化硅/%	35.57	相对密度/(g/cm³)	2.8～3.2
三氧化二铝/%	36.72	平均粒度/μm	4
三氧化二铁/%	0.95	莫氏硬度	2.0～3.0
氧化亚铁/%	1.28	灼烧减量/%	5.05
氧化钙/%	0.21	pH	8.5
氧化镁/%	0.38	吸油量/(g/cm³)	50～70
氧化钠/%	0.62	折射率	1.59
氧化钾/%	8.81	介电常数(10⁴Hz)	6.4～6.7
含氟/%	0.15	热导率/(×10⁻²W/℃)	0.075

■表 4-31　白炭黑的技术指标

项　目	气相法白炭黑			沉淀法白炭黑	
	1#	2#	3#	1#	2#
二氧化硅含量/%≥	99.5	99.5	99.5	95.07	96.43
游离水分(11℃，2h)/%≥	3.0	4.0	4.0	6.7	7.4
灼烧减量/%<	5.0	5.0	6.0	10.4	10.6
铁含量/%<	0.01	0.01	0.005		
铅含量/%<	0.02	0.02	0.02		
pH	4～6	4～6	3.6～5	8.5	8.8
相对密度/(g/cm³)				1.18	1.15
视密度/(g/mL)	0.03～0.05	0.03～0.05	0.04～0.06		
视比容/(mL/g)				263.2	181.8
筛余物(200 目)				0.005	0.003
比表面积(吸附法)(m²/g)	80～100	80～150	150～200		
(电镜法)(m²/g)				65.7	101
吸油值/(mg/g)	2.6～2.8	2.8～3.5	≥3.5	2.33	2.65

■表 4-32　几种炭黑的技术指标

项　目	炉法炭黑	槽法炭黑	热裂解法炭黑	乙炔法炭黑
平均粒径/μm	13～70	10～30	150～500	350～500
比表面积/(m²/g)	20～950	100～1125	5～15	60～70
吸油值/(mL/g)	0.65～2.0	1.0～5.7	0.3～0.5	3～5
pH	3～9.5	3～6	2～8	5～7
挥发分/%	0.3～4.0	3～10	0.1～0.5	0.3～0.4

（2）有机填料　有机填充材料可分为天然材料和合成材料两大类。天然有机物包括木屑、木粉、棉、麻、贝壳及植物的茎秆、果壳等农作物副产品，主要成分是纤维素和少量的木质素及其他化合物。合成材料包括聚合物及其边角料、纺织工业的合成纤维及其下脚料等。

由于大部分有机填料都是其他场合的舍弃材料，所以价格低廉，就地易得，可以提高经济效益。有机填料质轻、密度小，可起到补强、降低成型收缩率及提高尺寸稳定性等作用。由于有机填料的耐热性不良而影响其加工性能，只可用于加工温度比较低的树脂，如 PVC，PE，EVA 及大部分热固性树脂。

（3）金属粉末填料　金属粉末填料可由还原、粉末冶金或研磨等方法制备，其性能因制法不同而略有差异。如铁粉、铅粉、铜粉、铝粉、锌粉等，粉末细度一般 300～350 目。主要用于改善树脂的导电性、耐磨性、传热性及外观光洁度等。表 4-33 为部分金属填料的性能及应用。

（4）复合填料　复合填料是由具有不同特性的多种填料复配而成。如云母填料能提高塑料制品的刚性，但同时又降低了其冲击强度，若同时加入小于 1μm 的碳酸钙粉末，则可以防止冲击强度的下降；又如将无机粉末填料与有机粉末填料并用，常可使混合填料兼具两者的优点等。

■表 4-33 部分金属填料的性能及应用

金属种类	制法	密度/(g/cm³)	表观密度/(g/cm³)	形状	应用范围
铝	粉末冶金	2.70	0.40～1.15	不规则	改善制品加工、抗外击性，传热及导电性。用于制造结构件及塑料涂料
铜	粉末冶金 电解 还原	8.93 8.93 8.93	4.00～5.00 0.74～4.20 1.70～3.10	球状 不规则 多孔	改善制品加工性、传热及导电性。用于装饰制品
铁	羰基还原	7.80	1.80～3.50	球状	提高制品耐磨性能
铅	粉末冶金	11.34	2.50～6.00	球状	提高制品密度、防辐射及吸声性能
不锈钢	粉末冶金	7.80	2.30～2.80	不规则	用于结构工件制品
锌	研磨	7.14	2.00～3.00	不规则	防腐蚀，用于塑料、涂料

（5）纳米粉末填料　所谓纳米粉末填料是指粒径在 1～100nm 的粉末填料。其品种多为金属氧化物，如 Al_2O_3，Fe_2O_3，ZnO，TiO_2，ZiO_2，SiO_2。这类填料的比表面积极大，而且粒子中包含的分子数极少，使原子（分子）有极大的活性，作为树脂的填料，可以得到一般填料意想不到的效果。与一般填料相比，纳米粉末填充的制品具有高强度、耐热性好、密度较小，同时显示出良好的透明性和较高的光泽度。

4.2.4 填料的使用及其表面处理

（1）填料的性能与相容　树脂填充改性在降低材料成本的同时，可提高制品的刚性、耐热性，有些填料还可以赋予制品特殊的功能（表 4-34）。

■表 4-34 常用填料的改性性能

改性性能	填充材料品种
耐热性	铝矾土、石棉、碳酸钙、硅灰石、硅酸钙、炭黑、高岭土、煅烧陶土、云母、滑石粉等
耐药品性	铝矾土、石棉、硅灰石、煤粉、高岭土、石墨、云母、滑石粉等
电绝缘性	氢氧化铝、硅灰石、高岭土、α-纤维素、石棉、云母、二氧化硅、滑石粉、木粉等
抗冲击性	硅灰石、石棉、纤维素等
润滑性	云母、石墨、高岭土、三氧化铝、滑石粉等
导热性	铝粉、氧化铝、青铜粉、石墨、炭黑、铝纤维等
导电性	炭黑、金属粉、石墨、云母、SnO_2、ZnO 等
阻音性	铁粉、铅粉、硫酸钾、硫酸钡、氧化铁等
绝热性	玻璃微珠、硅石中空微珠、石英中空微珠等

续表

改性性能	填充材料品种
阻燃性	氧化铝、氢氧化铝、氢氧化镁、碳酸锌、水滑石等
抗紫外线	氧化钛、氧化锌、氧化铁等
电磁屏蔽	铁酸盐、石墨、木炭粉、金属粉或纤维
吸湿性	氧化钙、氧化镁等
除臭	活性白土、沸石等

聚合物是有机体，而填料大多数都是无机物。加入填料，首先要考虑的是两者的相容性或亲和力。如填料添加量在20%～40%，会降低加工流动性，增加熔体与料筒或螺杆之间的摩擦，因此要添加润滑剂以增加物料的加工流动性。如果所加入的填料具有自润滑性，如滑石粉、硼泥、石墨等，或可少添加或不添加润滑剂。填料的加入，或降低了树脂的热稳定性，或提高了成型加工温度，或降低了制品的表面光泽等，所以改性工作者要针对其某些性能的不足之处，添加适当的有关助剂：如添加相容剂、偶联剂、热稳定剂、表面光亮剂、润滑剂、分散剂或流动促进剂等。

(2) 填料的表面处理　无机填料表面处理的目的在于增加填料与树脂之间的相容性。一般情况下，填料表面呈亲水性，而树脂表面呈亲油性。所以，填料表面处理的意图是要降低填料的亲水性，提高填料的亲油性，增大二者之间的相容性。因此，表面处理剂的分子中必须同时含有亲水和亲油基团，或者含有能与无机填料形成化学键的官能团，同时又能与树脂保持良好的亲和力。能符合上述结构要求的化合物有偶联剂、表面活性剂和某些有机高分子及无机物。

偶联剂是一种增加无机物与有机聚合物之间的亲和力，而且具有两性结构的物质。偶联剂在无机物与聚合物之间通过物理缠绕或进行某种化学反应，形成牢固的化学键，促使两种性质不相同的材料紧密“偶联”结合。目前，工业生产和应用的偶联剂有硅烷类偶联剂、钛酸酯类偶联剂、铝酸酯类偶联剂、锆类偶联剂、有机铬类偶联剂等。

作为填料处理剂用的活性剂很多，硬脂酸类是最常用的一类。硬脂酸分子中的羧基可与无机填料中的金属氧化物或盐作用，以化学键或范德华力的形式吸附在填料的表面，而分子中长链烃基由于其亲油性，与基体树脂有较好的亲和性，从而达到填料处理的效果。其他长链脂肪酸或其盐也常用作处理剂，诸如脂肪酸及其盐类、磺酸盐及其酯类、有机低聚物、有机胺及不饱和脂肪酸等。

4.2.5 典型合成树脂的填充改性

聚合物填充改性是有效降低生产成本以及赋予聚合物材料电、磁等特定性能的有效途径。由于其所具有的现实应用性，填充改性作为最易于工业化生产的加工技术而广泛应用于各种聚合物制品中。

填充改性的重点在于填充材料的合理选择以及填充材料的表面处理，对填充材料的性能特别是尺寸形态结构的认识以及表面化学状态的了解，是选择正确有效的表面处理工艺的关键。同时，必须通过合理的分散加工手段使填充材料获得均匀分散状态以保证共混物能够保持较好的综合应用性能。在选择加工工艺的同时也需要了解填充材料对基体树脂熔体黏度特性以及最终结晶性能等微观结构的影响，才能设计出满足应用要求、配比适宜、工艺合理的填充配方。以下将对几种典型合成树脂的共混改性技术做简单的介绍。

4.2.5.1 聚烯烃

聚烯烃填充改性主要是 PE 和 PP 的填充改性。适宜 PE 和 PP 填充改性的主要填料为各类 $CaCO_3$ 以及滑石粉、木粉和玻璃微珠。典型聚烯烃填充改性的配方如表 4-35～表 4-37 所示。

■表 4-35 $CaCO_3$ 填充 PP 改性配方及相关性能

配方/质量份			工艺条件	相关性能
树脂	PP	100	$CaCO_3$ 干燥活化处理，偶联剂调稀后对 $CaCO_3$ 做偶联处理，高速混合机105℃均匀混合后挤出，挤出温度为160～170℃	密度 1.088g/cm³；拉伸强度 28.8MPa；冲击强度 13.1kJ/m²；热变形温度 85～140℃
填充材料	$CaCO_3$	35		
偶联剂	KH－550	0.5		
调稀剂	无水乙醇	1.0		
抗氧剂	1010	0.2		
	DLTP	0.5		
稳定剂	CaSt	0.5		
润滑剂	HSt	0.3		

■表 4-36 炭黑改性导电 HDPE 工艺配方及相关性能

配方/质量份			工艺条件	相关性能
树脂	HDPE	100	$CaCO_3$ 干燥活化处理，表面偶联处理，高速混合机均匀混合后开炼、而后挤出，开炼温度 150～200℃。挤出温度 160～210℃	表面电阻率 10^8 Ω；体积电阻率(20℃)10^2 Ω · cm；拉伸强度 16.5MPa；断裂伸长率 385%
	丁烯-乙烯共聚物	18		
填充材料	炭黑	20		
	$CaCO_3$	20		
偶联剂	KH-570	1.0		
分散剂	PE 蜡	1.0		
稳定剂	CaSt	0.5		
润滑剂	HSt	0.3		

4.2.5.2 聚氯乙烯

聚氯乙烯填充改性的目的主要在于降低成本同时提高共混物的热稳定

■表 4-37　无卤阻燃 LLDPE 改性配方及相关性能

配方/质量份			工艺条件	相关性能
树脂	LLDPE	100	阻燃剂研磨后表面处理，随后经高速搅拌机混合后挤出。挤出温度 80～160℃，螺杆转速 60r/min	氧指数 27.5%；拉伸强度 7.5MPa；伸长率为102%
	EVA	15		
阻燃剂	APP	25		
	PER	8		
	ZEO	1.5		
偶联剂	钛酸酯 38S	1.5		
稳定剂	CdSt	0.5		
润滑剂	HSt	0.5		

性、硬度以及使用强度。常用的填充材料包括炭黑、各类 $CaCO_3$ 以及滑石粉、木粉等。典型聚氯乙烯填充改性的配方如表 4-38 所示。

■表 4-38　木粉填充 PVC 仿木配方工艺及相关性能

配方/质量份			工艺条件	相关性能
树脂	PVC(SG5)	100	各组分与色母料按一定比例在高速混合机混合均匀，随后在挤出机上挤出，挤出温度 155～170℃，螺杆转速 40～60r/min	质轻并有较好的机械强度、成型加工性能，表面光泽度优良，可广泛应用于塑料建材、板材、片材、异型材、塑料门窗、高档家具、装饰材料等制品
	CPE	12		
填充材料	木粉(300 目)	10		
	$CaCO_3$(800 目)	5		
偶联剂	KR-TTS	1.0		
加工改性剂	EAA	2		
	ACR	2		
色母料	PVC/着色剂混合料	适宜		
稳定剂	三碱式硫酸铅	2～3		
	二碱式亚磷酸铅	1～2		
润滑剂	HSt	0.3		
	石蜡	1.5		

4.2.5.3 聚苯乙烯类

苯乙烯类树脂填充改性的目的主要在于改善冲击强度同时提高共混物的硬度和耐热性，并降低材料成本。常用的填充材料包括 $CaCO_3$、滑石粉、木粉以及云母粉、黏土等。典型苯乙烯类树脂填充改性的配方如表 4-39 所示。

■表 4-39　云母粉填充改性 HIPS 配方工艺及相关性能

配方/质量份			工艺条件	相关性能
树脂	HIPS	100	偶联剂稀释喷雾处理云母粉，随后各组分混合均匀挤出，加工温度 185～200℃，螺杆转速 60～100r/min	拉伸强度 48～52MPa；弯曲强度 86～90MPa；缺口冲击强度 11.5～13.6kJ/m²；无缺口冲击强度 50～55kJ/m²；弯曲模量 12～15GPa；热变形温度 89～94℃
填充材料	云母粉(800 目)	35		
偶联剂	A-174	0.8		
分散剂	EBS	0.8		

4.2.5.4 工程塑料

工程塑料填充改性的目的主要在于提高基体的摩擦性能和硬度，改善冲击性能以及获得高性能、功能化复合材料。常用的填充材料包括 $CaCO_3$、SiO_2、硅灰石、滑石粉、云母粉以及各类纳米黏土等。典型工程塑料填充改性配方如表 4-40 所示。

■表 4-40 纳米蒙脱土改性 PA6 高阻隔配方工艺及相关性能

配方/质量份			工艺条件	相关性能
树脂	PA	100	PA6 真空烘箱 100℃干燥 3～5h，HDPE与蒙脱土经高速混合机 90～100℃混合 10min，随后挤出，加工温度 200～250℃，螺杆转速 180～200r/min	氨基有机化蒙脱土易于在 PA 中形成剥离结构从而有效改善 PA 的阻隔性能，可广泛应用于气体阻隔材料中 相关性能：氧气透过系数下降 60%，水蒸气透过系数下降 25%
	HDPE	30		
填充材料	有机改性纳米蒙脱土	5		

4.2.5.5 热固性树脂

填充改性是热固性树脂加工改性中最早应用同时也是最主要的改性手段。常见的热固性树脂填充改性包括酚醛树脂、环氧树脂以及氨基树脂的填充改性，其目的主要在于填充增强基体机械性能、降低成本以及获得耐热、绝缘、阻燃等特殊性能。常用的填充材料包括木粉、石英粉、云母粉、微胶囊化红磷等。典型热固性树脂填充改性的配方如表 4-41 所示。

■表 4-41 红磷改性 EP 阻燃绝缘配方工艺及相关性能

配方/质量份			工艺条件	相关性能
树脂	E-44	100	按比例将 E-44 与微胶囊化红磷加热混合搅拌，升温至 100℃随后加入海特酸酐，控制温度 65℃，加入 DMP-30，充分均匀后把物料灌注入模具，100℃固化3～4h。	氧指数为 32%，燃烧性能为 UL94V-0 级。拉伸强度 61MPa；冲击强度 137.4Pa；马丁耐热温度 80℃；体积电阻率 2.7×10^{9} Ω · cm；介电常数 3.4；介电损耗角正切值 1.1×10^{-2}
填充材料	微胶囊化红磷	6		
	硅粉	适量		
固化剂	海特酸酐	78		
	DMP-30	0.5		

4.3 合成树脂的增强改性

4.3.1 合成树脂的增强及其意义

4.3.1.1 增强改性的基本概念

凡通过添加增强材料，包括纤维状增强材料、片状填充料或金属粉末等，与高聚物树脂进行共混、共聚以及工艺的变革手段，使其力学性能得到显著提高的改性方法，均称之为增强改性树脂。

增强改性树脂最早的品种叫“玻璃钢”，“玻璃钢”是以玻璃纤维为主增强热固性树脂的制品。根据传统习惯，通常仅把玻璃纤维增强的热固性环氧树脂或不饱和聚酯称为玻璃钢。

20 世纪 30 年代玻璃纤维就已经得到工业化生产，很快也作为填充材料应用于树脂制品行业。至今，玻璃纤维作为树脂改性的增强材料，已成为重要的增强改性品种。由于热固性树脂其分子呈立体网状结构，不能再熔融或热成型，所以其增强改性材料的应用受到很大限制。20 世纪 60 年代以后，树脂加工企业开始采用热塑性树脂作为基体加入玻璃纤维增强，生产出各种玻璃纤维增强的树脂品种，如增强 PP、HIPS、ABS、PVC、PA、PC、PBT、PET 等，几乎所有热塑性树脂都可以加入纤维增强材料，在一定温度和机械剪切力作用下重新熔融，或进行各种工艺的热成型加工，实现纤维增强的改性。

增强改性树脂具有质轻、减震、高强、绝缘、耐热、耐腐蚀等优异性能；易操作、成型工艺简单等特点，因此，无论在品种上或发展速度上均成为所有材料工业中发展最快的一个新品种。特别是近年来材料界和国民经济各支柱产业对增强塑料使用性能的要求越来越高，增强改性树脂的应用领域越来越广泛，也给新型的增强材料及增强品种提供了新的发展机遇，为传统增强改性塑料提供了一条新的途径。

4.3.1.2 增强材料的作用机理

增强材料在树脂中最重要的作用就是提高制品的机械强度。关于增强材料增强作用的机理目前尚没有一个统一的理论定义。就其作用机理而言，大致可分为桥联作用、传能作用、增强作用和增黏作用。

（1）桥联作用　增强材料经过表面活化处理，作为填料在聚合物材料中能通过分子间力或化学键力与聚合物相结合，将材料自身的特殊性能与聚合物树脂的基本性能融为一体，取长补短。在增强材料与聚合物相互结合的作用中，起主要作用的是分子间力。要增大分子间力，要求选用极性材料，增大固有偶极和诱导偶极。按材料一定的比例，设法增大增强材料与聚合物树脂的界面接触，促使增强材料与聚合物分子间作用力更好地作用。只有两者形成良好的亲和力，才能达到增强改性的目的。

（2）传能作用　由子增强材料与聚合物树脂之间的桥联结合，聚合物树脂中某一分子链受到应力时，应力通过这些桥联点向外传递扩散，从而起到传能作用。

（3）增强作用　在增强材料与聚合物材料结合的应力作用下，如果发生了某一分子链的断裂，与增强材料紧密结合的其他链可起到加固作用而不致迅速危及整体，起到增强的作用。

（4）增黏作用　聚合物中加入经表面处理后的增强材料，促使聚合物体系的黏度增大，从而增大了内摩擦。当材料受到外力作用时，这种内摩擦吸收更多的能量，增大抗撕裂、耐磨损性能，从而起到增强的作用。

4.3.2 常用增强材料的分类及其物理性能

4.3.2.1 增强纤维的定义及其优缺点

增强改性用的增强填料主要是纤维状材料。虽然片状材料也有增强作用，但在加工过程中难于保持原有的径厚比，增强效果也不如纤维材料，所以应用不多。增强纤维具有极大的长径比、高强度和柔韧性能，因此，增强性能比粉末填料强。根据 Katz 及 Milewski 定义，凡长径比大于 10，且具柔软性和高强度的填料均称为增强纤维。

增强纤维具有提高树脂拉伸强度、弯曲强度、冲击强度、尺寸稳定性、耐磨性及改善耐热性等优点，但也存在一些缺点，如：降低了制品的伸长率；由于无机填料流动性差，降低了树脂熔体的流动指数，使成型加工性变差；制品表面光洁度变差；对加工机械和模具的磨损较大等。

4.3.2.2 常用增强纤维的物理性能

在工业生产中常用的增强纤维可以分为：无机增强纤维、有机增强纤维及金属纤维等。

（1）无机增强纤维　玻璃纤维是增强纤维中用量最大的品种。通常用于树脂增强改性的玻璃纤维直径为 6～15μm，其拉伸强度为 1000～3000MPa。根据玻璃成分的不同，可将玻璃纤维分为 A、D、E、M、R 及 S 共 6 个等级，其中 E 级是无碱玻璃纤维，最为常用，碱金属氧化物的含量一般不超过 1%，具有优良的化学稳定性、电绝缘性和力学性能，增强效果好。除玻璃纤维以外，碳纤维、硼纤维、晶须等也是常用的无机增强纤维，表 4-42～表 4-48 分别给出了几种常用纤维的物理性能，以供参考。

■表 4-42　玻璃纤维的主要物理性能

性质＼级别	E 级	A 级（不加硼）	A 级（加硼）	R 级	S 级	M 级
密度/(g/cm^3)	2.52	2.48	2.5	2.5	2.49	2.89
单丝强度/(N/mm)	3500	2450	2900	4750	4900	3500
弹性模量/MPa	7300	45000	60000	83000	87000	124000
破坏伸长率/%	4.8					
比热容/[J/(kg·K)]	800					
通过纤维的声速/(m/s)	5500					

■表 4-43　碳素纤维与石墨纤维的物理性能

性质	碳素纤维	石墨纤维
密度/(g/cm³)	1.3～1.8	1.4～2.0
纤维直径/μm	8～9	6～9
拉伸强度/(×10²N/mm²)	2.1～5.6	18～22
形态	线，织物，绒，纤维	线，绳，纤维
石墨质量分数/%	88～99	92～99.5
吸水率(20%，相对湿度 56%)/%	2～14	0
断裂伸长率/%	100	100
体积电阻率/(×10⁹Ω·cm)	3.5～6	0.7～1.2
弹性模量/(×10²N/mm²)	4.2～7.5	21～56

■表 4-44　硼纤维的物理性能

项目＼纤维直径/μm	102(4mil)	142(5.6mil)
密度/(g/cm³)	2.63	2.57
弹性模量/MPa	42×10^9	42×10^8
比弹性模量/MPa	16×10^9	16.3×10^8
拉伸强度/MPa	$(3220\sim4000\times)10^4$	$(3100\sim3500)\times10^4$
断裂伸长率/%	0.7～0.9	0.7～0.9
硬度(莫氏)	9.0 以上	9.0 以上
熔点/℃		2050
热膨胀系数/℃⁻¹	8×10^{-6}	8×10^{-6}

■表 4-45　石棉纤维物理性能及与玻璃纤维比较

项目	石棉纤维数值	石棉纤维性能	玻璃纤维(E)性能
密度/(g/cm³)	2.4～2.6	价格低廉	价格中等
拉伸强度/MPa	108～1177	纤维性能不随成型条件而变化	纤维性能随成型条件而变化
弹性模量/MPa	10.5×10^8	弹性模量高	耐冲击性能好
莫氏硬度	2.5～4.0	对成型机械磨耗小	对成型机械磨耗大
熔点/℃	1500	改善聚合物阻燃性	不改变聚合物阻燃性
吸水率/%	3	稳定性能低	良好的稳定性能
加热减量(500℃)/%	<1	具中等程度电气性能	电气性能良好
外观	白色或灰白色粉末	着色性不良	着色性良好

■表 4-46　硅灰石纤维与硅酸纤维性能

项目	硅灰石纤维	合成硅酸纤维
化学结构式	$CaO\cdot SiO_2$	$6CaO\cdot 6SiO_2\cdot H_2O$
密度/(g/cm³)	2.55～2.78	2.85～2.95
拉伸强度/MPa	1000～2500	
分子量	710～720	
折射率/%	1.586	1.63
最高使用温度/℃	1000	

■表 4-47 晶须纤维的物理性能

晶须种类	结晶构造	密度 /(g/cm³)	纤维直径 /μm	纤维长径比 /μm	拉伸强度 /MPa	弹性率 t_o/(n·f/mm²)	莫氏硬度	熔点/℃	耐热性/℃
$K_2Ti_6O_{13}$	单斜晶	3.30	1.0	20～50	70	28	4	1370	1200
$MgSO_4 \cdot 5MgO_2 \cdot 8H_2O$	斜方晶	2.30	1.0	10～100	4				250
$9Al_2O_3 \cdot 2S_2O_3$	斜方晶	2.93	0.5～1.0	10～30	80	40	7	1440	1200
SiC	立方晶	3.18	0.05～1.5	5～200	210	50	9	2690	1600
Si_3N_4	六方晶	3.18	0.1～1.6	5～200	140	39	9		1700
ZnO	三六晶	5.80	0.20～3.0	2～50					1720
Al_2O_3		3.99	1.0～10		210	43	9	2040	1600
$CaSO_4$		2.96	2.0	60	21	18	3	1450	1600
$Na_2CaP_2O_{18}$		2.86	1.0～5.0	50～400	26	40	4	740	
MgO	立方晶	3.65	3.0～10	200～300	1080			2825	1600
$Mg_2B_2O_5$		2.91	1.0	10～100			6.5	1340	1000
TiB_2	六方晶	4.50	100	10		43			2980
$Al_2O_3 \cdot SiO_3$	斜方晶	3.10	0.7～3.0	10～35					
AlN	六方晶	3.30	120	15		34			

■表 4-48　钛酸钾等晶须的物理性能

项目 / 晶须化学式	钛酸钾晶须 $K_2Ti_6O_{13}$	碱式硫酸镁晶须 $MgSO_4 \cdot 5Mg(OH)_2 \cdot 3H_2O$	碳化硅晶须 SiC	硼酸铝晶须 $Al_{18}B_4O_{33}(9Al_2O_3 \cdot 2B_2O_3)$	氧化锌晶须 ZnO
外观	白色针状晶	白色粉末		白色针状结晶体	白色
密度/(g/cm³)	3.1～3.3	2.3	3.2	2.93	5.7
表观密度/(g/cm³)	0.3	0.1		0.2	0.1～0.5
晶须尺寸/μm	φ0.2～1.5，长18～80	φ<1.5，长18～80	φ0.3～1.5，长20～50	φ0.2～1.5，长10～40	φ0.1～1.3，长10～100
弹性模量/GPa	280		500	4000	
莫氏硬度	4		9	7	
膨胀系数/℃⁻¹	6.8×10^{-6}		4.7×16^{-6}	3×10^{-6}	4×10^{-6}
电阻率/Ω·cm	3.3×10^{15}	2.4×10^{14}		1.0×10^{3}	
介电常数 ε	3.3～3.7	2.9～3.8			
pH	7～9	9.5		5.5～7.5	
吸湿性/%	0.3	<1			

（2）有机增强纤维　有机增强纤维主要品种有聚酯纤维、聚乙烯醇纤维、聚酰胺纤维等。其中芳香族聚酰胺纤维（又称芳纶纤维）是一种高强度、高模量且质轻的新型合成纤维，其化学组成为聚对苯二甲酰对苯二胺。聚酰胺纤维的比强度是钢丝的 5 倍，密度仅为 1.43～1.45g/cm^3，且具有良好的耐热性能，已广泛应用于航天、航空、汽车、机械、电子电器等高尖端产品的部件。

（3）金属纤维　金属纤维又称金属细丝，作为塑料增强材料，主要应用于抗静电、导电类的增强树脂制品（表 4-49）。

■表 4-49　金属纤维的主要性能

化学成分	密度/(g/mm^3)	弹性模量 /(×10^5 N/mm^2)	理论断裂伸长率 /(×10^4 N/mm^2)	实际断裂伸长率 /(×10^4 N/mm^2)
Al	7.85	2.04	2.04	1.34
Ni	9.05	2.18	2.18	0.39
Cu	8.92	1.27	1.27	0.30
钢	7.75	2.11		0.40
Be	1.83	2.46		0.13

4.3.3 增强树脂的混合加工

4.3.3.1 增强纤维的表面处理

作为增强改性填充材料，玻璃纤维用量最大，具有许多优势，所以应用范围也最广，但同时也存在不少缺点，诸如黏结力不佳、伸长率小、耐磨性差、易吸水等；特别是纤维与基体树脂黏结力差，基体树脂的分子无法承受应力的传递，玻璃纤维也就不能充分发挥增强作用，严重地影响了增强树脂的力学性能。

玻璃纤维的含量、长度、直径大小与分散形式等都会影响增强塑料的性能，玻璃纤维表面的羟基容易吸附空气中游离的水分，在玻璃纤维表面形成吸附水层。空气中湿度越大，吸附水层越厚；粒径越小，比表面积越大，吸附的水量也就越多。玻璃纤维吸附水层的存在，会严重影响玻璃纤维与基体树脂的黏结强度。

为了提高玻璃纤维与基体树脂界面间的结合力，必须对玻璃纤维进行表面处理。常用的表面处理方法是热—化学处理法：先在 400～550℃的加热炉内将玻璃纤维烘烧 1min，以除去拉丝时浸渍在玻璃纤维表面上的石蜡乳化型浸润剂，然后用硅烷偶联剂进行表面处理（最好用喷洒方法），最后在烘干炉中干燥，偶联剂的用量一般为 0.5%～3%。常用的偶联剂为有机配合物、硅烷偶联剂及钛酸酯偶联剂等。

4.3.3.2 玻璃纤维及碳纤维增强树脂的加工工艺

玻璃纤维为刚性增强填料，它是能使树脂获得显著增强效果的增强剂。用于增强树脂的玻璃纤维品种很多，诸如无碱玻璃纤维、中碱玻璃纤维、高碱玻璃纤维与特种成分玻璃纤维等。根据加工工艺可简单地将玻璃纤维分为长纤维和短纤维两种，玻璃纤维的长度不同加工工艺也不尽相同。

在使用双螺杆挤出机加工长玻纤工艺中，一般树脂从第一加料口加入，受热后熔融。玻璃纤维从第二个加料口加入，此时树脂已经充分塑化，这样不仅有利于二者的混合，也大大减轻了玻璃纤维对设备的磨损。玻璃纤维依靠螺杆旋转产生的剪切力被连续不断地拉入机内。玻璃纤维的加入量可由玻璃纤维的输入根数和螺杆的旋转速度进行控制。短玻璃纤维增强树脂的工艺方法，是用硅烷偶联剂表面处理好短玻璃纤维，与树脂直接熔融混合、混炼、挤出造粒。虽然采用单螺杆挤出机可以造粒，但采用同向旋转双螺杆挤出机更好，尤其是对熔融黏度较高的基体树脂，如聚烯烃、聚苯乙烯等，采用双螺杆挤出机效果更好。玻璃纤维进入螺筒后，立即被螺杆和捏合装置折断，折断的玻璃纤维平均长度可依靠改变螺纹块组合方式和混合段螺杆的长度来调节。

玻璃纤维增强树脂在相同的工艺条件下，短玻璃纤维比长玻璃纤维体系分散更均匀、成型加工性及制品表面平滑性更好，但机械强度不如长玻璃纤维好。

碳纤维是沥青、聚丙烯腈、人造丝、聚乙烯醇及芳香族聚酰胺等有机原料，在300℃以下空气中预氧化，然后在惰性气体保护下在2000℃以上高温中得到的一种高强度纤维。其通用型的拉伸强度为834～1177MPa，高性能型的拉伸强度高达3432MPa。碳纤维的相对密度小、耐高热、防辐射、耐水及防腐蚀性能好。

为了提高碳纤维与树脂的相容性，需对其进行表面处理，使其表面含氧基数量增多，在增强塑料中与树脂的层间剪切强度提高。常用的表面处理剂是环氧树脂，附着率可达0.5%～2.0%；也可使用酚醛树脂、聚乙烯醇、聚酯、聚酰胺、聚四氟乙烯等。

4.3.4 典型合成树脂的增强改性

增强改性是合成树脂特别是工程塑料高性能化最有效的手段，合成树脂通过玻璃纤维、碳纤维这两种最常见的高模量材料改性可以有效地获得高强度、轻质的结构复合材料，并能够有效代替部分金属材料和陶瓷材料，具有良好的应用前景。同时，兼具纳米填料和高长径比、高模量优点的晶须纤维填料的开发也为合成树脂增强改性提供了新的发展方向。选择有效的增容偶联处理工艺是进行配方设计，获得良好性能复合增强材料的关键因素。以下对几种典型合成树脂的增强技术做简要介绍。

4.3.4.1 通用塑料

常用于增强的通用塑料包括聚乙烯、聚丙烯、聚苯乙烯等，通过增强改性可达到类似工程塑料的性能。常用的增强材料为玻纤、碳纤、晶须等。典型通用塑料增强改性的配方如表 4-50 和表 4-51 所示。

■表 4-50 GF 增强 PP 改性配方及相关性能

配方/质量份			工艺条件	相关性能
树脂	PP	100	玻纤经表面处理后，与混合好的 PP/PP-g-MAH 共混挤出造粒	拉伸强度 42.1MPa；弯曲强度 47.5MPa；缺口冲击强度 0.251kJ/m²
增强材料	玻璃纤维(GF)	30		
相容剂	PP-g-MAH	18		
偶联剂	KH－550	1		
助剂	抗氧剂 热稳定剂 分散剂	2		

■表 4-51 镁盐晶须增强 HIPS 改性配方及相关性能

配方/质量份			工艺条件	相关性能
树脂	HIPS	100	镁盐晶须干燥活化处理，表面偶联处理，高速混合机均匀混合后挤出造粒，挤出温度 180～210℃，螺杆转速 150～180r/min	拉伸强度 88～100MPa；弯曲强度 120～140MPa；断裂伸长率 1.5%～2.0%；缺口冲击强度 28～42J/m²；热变形温度 78～90℃
增强材料	镁盐晶须纤维	25		
增韧剂	SEBS	5		
偶联剂	NDZ-201	0.5		
流动促进剂	POE	0.3		

4.3.4.2 工程塑料

用于增强的工程塑料包括 PA、PC、POM、PET 等，通过增强改性，其性能甚至可跨进金属强度的范畴，大大扩展了热塑性塑料在工程领域中的应用。典型工程塑料增强改性的配方如表 4-52～表 4-54 所示。

■表 4-52 玻璃纤维增强 PC 改性配方及相关性能

配方/质量份			工艺条件	相关性能
树脂	聚碳酸酯(PC)	100	玻璃纤维切成丝束状，以偶联剂表面处理，与树脂、助剂等充分混合后，挤出造粒	拉伸强度 130～140MPa；弯曲强度 165～175MPa；杨氏模量 7.1GPa
增强材料	短玻璃纤维	30		
偶联剂	KH－560	0.5		
助剂	聚乙二醇	13.8		

4.3.4.3 热固性塑料

增强改性塑料最早的品种“玻璃钢”便是以玻璃纤维为主增强热固性

■表 4-53　碳纤维增强 PA66 改性配方及相关性能

配方/质量份			工艺条件	相关性能
树脂	PA66	100	PA66 干燥处理，CF 表面氧化处理，高混机混合均匀后挤出造粒。挤出温度 235～280℃，螺杆转速 60～80r/min	拉伸强度 182MPa；弯曲强度 270MPa；断裂伸长率 4%；缺口冲击强度 35kJ/m²；热变形温度 245℃(1.86MPa)；吸水率 0.65%(23℃,24h)
增强材料	碳纤维(CF)	30		
抗氧剂	1010	0.2		
	DLTP	0.3		

■表 4-54　芳纶增强 PA6 改性配方及相关性能

配方/质量份			工艺条件	相关性能
树脂	PA6	100	PA6 与芳纶干燥处理，高混机混合均匀后挤出造粒。挤出温度 230～290℃，螺杆转速 30～40r/min	拉伸强度 128～132MPa；弯曲强度 192～208MPa；断裂伸长率 2.2%～2.6%；缺口冲击强度 167～175J/m²；热变形温度 245～250℃(1.86MPa)
增强材料	芳纶	20～30		
润滑剂	HSt	0.4		
抗氧剂	1010	0.2		
	DLTP	0.3		

塑料的制品。常用于增强的树脂有热固性环氧树脂、不饱和聚酯等。典型的热固性塑料增强改性的配方如表 4-55 所示。

■表 4-55　玻璃纤维布增强环氧树脂玻璃钢改性配方及相关性能

配方/质量份			工艺条件	相关性能
树脂	环氧树脂	100	将环氧树脂及助剂溶溶液均匀地涂于120～130份玻璃布上，晾干、层叠。固化条件：压力 0.75MPa，温度 80℃，时间 2h	室温下弯曲强度 380～413MPa；150℃ 弯曲强度 224～270MPa；200℃ 弯曲强度 74～75MPa
增强材料	玻璃纤维布	适量		
溶剂	丙酮或甲苯	60～70		
助剂	2-乙基-4-甲基咪唑			

参 考 文 献

[1] 何曼君，陈维孝，董西侠. 高分子物理（修订版）. 上海：复旦大学出版社，2000.

[2] 罗河胜. 塑料改性与实用工艺. 广州：广东科技出版社，2006.

[3] 吴培熙，张留城. 聚合物共混改性. 北京：中国轻工业出版社，1996.

[4] Deka BK，Maji TK. Effect of coupling agent and nano clay on properties of HDPE，LDPE，PP，PVC blend and Phargamites karka nanocomposite. Compos Sci Technol. 2010，70（12）：1755-1761.

[5] Chiu FC，Yen HZ，Chen CC. Phase morphology and physical properties of PP/HDPE/organoclay（nano）composites with and without a maleated EPDM as a compatibilizer. Polym Test. 2010，29（6）：706-716.

[6] 邓本诚，李俊山. 橡胶塑料共混改性. 北京：中国石化出版社，1996.

[7] 张淑娟，张坦，邹晓轩等. iPP/sPP/云母三元共混物的制备与性能. 高分子材料科学与工程. 2001，26 (8)：94-97.

[8] 庞纯，何继辉，叶华等. PP/PE-LLD/SBS 共混交联体系的结构与性能研究. 中国塑料. 2005，19 (3)：46-51.

[9] 陆冲，周达飞. PP/sBS/PE/硅灰石共混改性研究 高分子材料科学与工程. 1994，6：60-64.

[10] 王士财，李宝霞. PVC/ ABS 共混材料老化及其防老化研究. 塑料. 2004，33 (4)：54-57.

[11] 陈枫何鹏. PET/聚烯烃共混改性的研究进展. 工程塑料应用. 2009，37 (12)：84-87.

[12] 黄兴. PA 共混改性研究进展. 塑料科技. 2000，2：37-40.

[13] 陈广玲，杨杰，刘春丽等. LDPE 熔融接枝纳米 SiO2 协同增韧 PPS 的研究. 高分子材料科学与工程. 2007，23 (1)：104-108.

[14] 吴力立，邱丽莎，张超灿. β成核剂和纳米 SiO_2 复合改性 PP/POE 复合材料研究. 高分子材料科学与工程. 2010，3：34-39.

[15] 孙莉，杨晋涛，施艳琴等. PA6/CNT 复合材料的动态机械性能和增强机理分析. 塑料工业. 2007，35：247-249.

[16] 张凌燕，唐华伟，赖伟强. 白云母改性与填充 ABS 工程塑料的试验研究. 塑料. 2007，36 (4)：5-7.

[17] 邹晓燕，方立翠，黄兆阁. 不同高岭土填充 PA6 复合材料的性能研究. 塑料工业. 2010，38 (4)：51-53.

[18] 何春霞，薛盘芳，顾红艳. 稻壳粉/PP 复合材料的力学性能. 高分子材料科学与工程. 2010，26 (1)：62-65.

[19] Geiser V，Leterrier Y，Manson JAE. Rheological Behavior of Concentrated Hyperbranched Polymer/Silica Nanocomposite Suspensions. Macromolecules. 2010，43 (18)：7705-7712.

[20] Tong Hui Zhou，Wen Hong Ruan，Min Zhi Rong，et al. Keys to Toughening of Non-layered Nanoparticles/ Polymer Composites. Advanced Materials. 2007，19：2667-2671.

[21] 刘述梅，赵建青，叶华. 聚烯烃塑料改性的研究进展. 石油化工. 2007，36 (7)：645-652.

[22] 项素云，田春香，李慧玲等. 滑石粉在填充改性聚丙烯塑料中的应用与展望. 中国非金属矿工业导刊. 2005，6：13-16.

[23] 肖炜，杨杰，李光宪. 纳米 SiO_2 对有机硅/聚苯硫醚复合材料相区大小及性能的影响. 塑料工业. 2006，34 (7)：11-14.

[24] 张静，路琴. 混杂填料增强 PA6 复合材料摩擦磨损性能. 塑料. 2009，38 (6)：82-87.

[25] Morcom M，Atkinson K，Simon GP. The effect of carbon nanotube properties on the degree of dispersion and reinforcement of high density polyethylene [J]. Polymer. 2010，51 (15)：3540-3550.

[26] Alexopoulos ND，Bartholome C，Poulin P，et al. Damage detection of glass fiber reinforced composites using embedded PVA-carbon nanotube (CNT) fibers. Compos Sci Technol. 2010，70 (12)：1733-1741.

[27] 郑亮，廖功雄，徐亚娟等. 连续玻璃纤维增强 PPESK 共混树脂基复合材料的性能. 高分子材料科学与工程. 2009，25 (2)：48-51.

[28] 谢和平，刘雄祥. 聚丙烯/玻璃纤维复合材料注塑工艺条件研究. 工程塑料应用. 2009，37 (7)：43-45.

[29] 傅丽玲，范宏，卜志杨. 镁盐晶须、聚烯烃弹性体增强增韧聚丙烯研究. 中国塑料. 2004，18 (9)：34-37.

[30] 王港，芦艾，陈晓媛等. 玻纤增强聚苯硫醚复合材料的增韧研究. 中国塑料. 2006，20 (3)：64-66.

[31] 钟明强，孙莉，郭绍义. 纳米 Al_2O_3 增强 PA6 复合材料的摩擦磨损性能研究. 摩擦学学报. 2004，24 (2)：148-151.

第5章 挤出成型

塑料的挤出成型是用加热或加入熔剂的方法使塑料成为具有可塑性的流动状态，然后在压力的作用下使它通过塑模而制得连续的制品。挤出制品的产量居塑料产品的首位，而且质量均匀密实。挤出成型方法与其他成型方法相比，存在如下明显的优点。

① 生产过程连续　可根据需要生产任意长度的管材、异型材、板材、薄膜、电缆、单丝等，产品断面形状由挤出机机头来决定。

② 生产效率高　与注塑成型相比，制品的平均单机产量是注射制品的一倍以上。而且从发展趋势来看，挤出制品生产效率的提高将比其他方法快。

③ 应用范围广、产品类型多　挤出成型几乎可以加工所有的热塑性塑料和某些热固性塑料。制品包括管材、板材、异型材、棒材、薄膜、单丝、包覆制品、共挤出制品以及非塑料复合制品等。此外，还可采用挤出法进行混合、塑化、脱水、造粒和着色。

④ 设备简单，工艺容易掌握，投资小、收效快。

由于挤出成型具有上述优势，因而其制品普遍应用于农业、建筑、轻工、纺织、石化、机械、国防等工业领域。

5.1 挤出成型设备

挤出机被广泛地运用于聚合物的加工中，根据聚合物不同的加工特性挤出机采用不同的设计。根据操作方式的不同分为连续式或非连续式。连续式挤出机主要用于生产管材、板材、薄膜、电缆等任意长度的型材；非连续式挤出机以间歇方式输送聚合物，主要适用于注塑和吹塑之类的分批式过程。根据螺杆结构的不同，又可分为单螺杆和多螺杆挤出机。各种挤出机的分类见表5-1。

5.1.1 单螺杆挤出机

单螺杆挤出机具有成本较低、设计简单、坚固而可靠，以及满意的性

■表 5-1 挤出机的分类

螺杆挤出机（连续式）	单螺杆挤出机	单级或多级
		塑料与橡胶挤出机
	多螺杆挤出机	双螺杆挤出机 齿轮泵挤出机 行星式齿轮挤出机 多螺杆（>2）挤出机
盘式或鼓式挤出机（连续式）	黏性推进式挤出机	螺旋形盘式挤出机 鼓式挤出机
		盘式压实塑化挤出机 台阶形盘式挤出机
	弹性熔体挤出机	无螺杆挤出机（Maxwell） 螺杆/盘式挤出机（前苏联）
往复式挤出机（非连续性）	柱塞式挤出机	熔体喂料挤出机 塑化挤出机（毛细管流变仪）
	往复式螺杆挤出机	注塑机的塑化装置 配混挤出机（蜗杆-捏合机、脉动作用）

价比等优点，成为合成树脂加工工业中最重要的一类挤出机。单螺杆挤出机结构将在 5.2 节中作详细说明。

挤出机通常按机筒直径来命名。在美国，标准挤出机尺寸（单位：in）为 0.75，1，1.5，2，2.5，3.5，4.5，6，8，10，12，14，16，18，20 和 24。大型挤出机主要用于直接从聚合反应釜中排出熔体之类的特殊操作。在欧洲，挤出机标准尺寸（单位：mm）为 20，25，30，35，40，50，60，90，120，150，200，250，300，350，400，450，500 和 600，大多数挤出机尺寸范围为 1～6in 或 25～150mm。另外一种单螺杆挤出机的表示方法是长径比（L/D）。典型的 L/D 范围为 20～30，最常用的为 24。用于排除挥发物的挤出机（排气式挤出机）的 L/D 要高一些，可达到 35 或 40，有时甚至更高。

根据作用不同，单螺杆挤出机可分为热塑性塑料挤出机、排气挤出机和橡胶挤出机。橡胶挤出机不是本书的重点，热塑性塑料挤出机将在 5.2 节中进行详细论述。

排气挤出机在设计和功能上与非排气挤出机有很大的区别。排气挤出机在机筒上有一个或多个排气口，挥发物可由此逸出，如图 5-1 所示。因而，排气挤出机能连续从聚合物中排除挥发物，除此之外，还可利用排气口向聚合物添加某些组分，如添加剂、填充剂、反应组分等。

螺杆的设计对排气挤出机的正确运行非常关键。若排气口出现溢料，则挥发物不仅不能顺利地从排气口抽离出来，而且会有聚合物熔体从排气口溢出。因而挤出机螺杆必须设计成使排气口（排气段）下面的聚合物呈

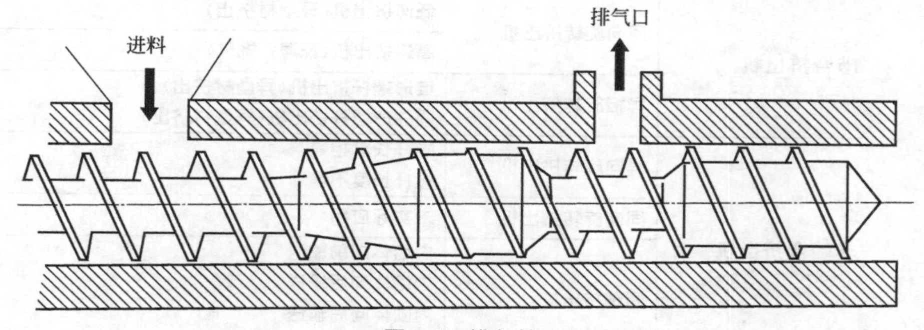

■图 5-1 排气挤出机示意图

不充满状态，这就导致开发二级挤出螺杆。二级挤出螺杆有被释压/排气段所分隔的两个压缩段。排气挤出机用于排除单体和低聚物、反应生成物、水分、溶剂等。

采用多级排气系统，双螺杆挤出机可处理 50%或更高含量的溶剂，采用单级排气系统，处理的溶剂含量最多可达 15%。而常规设计的单螺杆排气挤出机通常所能处理的挥发物不超过 5%，且需要多个排气口。在单排气口的条件下，常规设计的单螺杆排气挤出机一般仅能减少不到 1%的挥发物，当然这也取决于聚合物/溶剂体系。

5.1.2 多螺杆挤出机

多螺杆挤出机是指配备两根及以上螺杆的螺杆式挤出机。除了单螺杆挤出机，实际生产中还用到了多螺杆挤出机，如双螺杆挤出机、行星辊式挤出机、四螺杆挤出机等。

5.1.2.1 双螺杆挤出机

双螺杆挤出机是一种具有两条阿基米德螺杆的机器。由于设计、操作原理以及应用领域方面的巨大差异，双螺杆挤出机种类繁多，基于挤出机的几何构型可将双螺杆挤出机分类，见表 5-2。各种双螺杆挤出机的设计、操作及功能将在 5.3 节中进行详细叙述。

5.1.2.2 行星辊式挤出机

行星辊式挤出机进料段与标准单螺杆挤出机相同，但混合段则有较大差异，见图 5-2。在挤出机的行星辊段中，六个或更多的均匀分布的行星螺杆环绕主螺杆（太阳螺杆）周围旋转，行星螺杆与太阳螺杆和机筒啮合。这种螺杆设计能使配混料的薄层展开大的表面积，导致有效的排气、热交换和温度控制，因而能加工热敏感性配混料。

■表 5-2 双螺杆挤出机分类

啮合挤出机	同向旋转挤出机	低速挤出机(异型材挤出)
		高速挤出机(配混，排气)
	异相旋转挤出机	锥形螺杆挤出机(异型材挤出) 圆柱形螺杆挤出机(异型材挤出)
非啮合挤出机	异向旋转挤出机	螺杆长度相等 螺杆长度不等
	同向旋转挤出机	未实际应用
	同轴挤出机	内熔体向前输送 内熔体向后输送 内固体向后输送 内塑化，向后输送

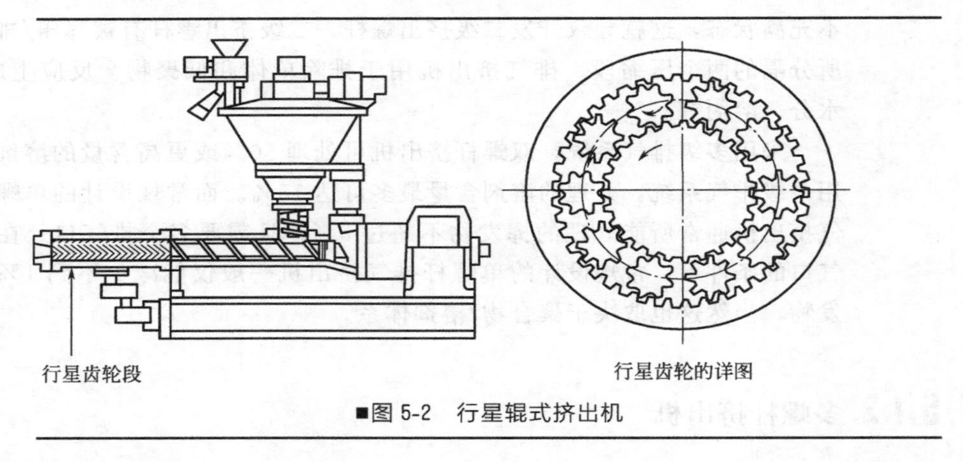

■图 5-2 行星辊式挤出机

5.1.2.3 四螺杆挤出机

四螺杆挤出机结构如图 5-3 所示，主要用于排除溶剂，可使溶剂含量从 40%降低至 0.3%。急骤排气发生在附加于机筒上的圆拱形排气室。聚合物溶液在高于溶剂沸点的温度和压力下输送。溶液经喷嘴膨胀至圆拱形排气室，然后由急骤排气产生的多泡物料被四根螺杆输出，多数情况下，装备有后续排气段以便进一步降低溶剂含量。

5.1.3 非螺杆式挤出机

有许多挤出机不采用阿基米德式螺杆输送物料，但仍然属于连续式挤出机一类，即无螺杆挤出机，主要有盘式挤出机和鼓式挤出机两类，这些设备目前已很少使用。

5.1.3.1 齿轮泵式挤出机

在单螺杆或双螺杆塑化挤出机的端部使用齿轮泵，这些齿轮泵是紧密

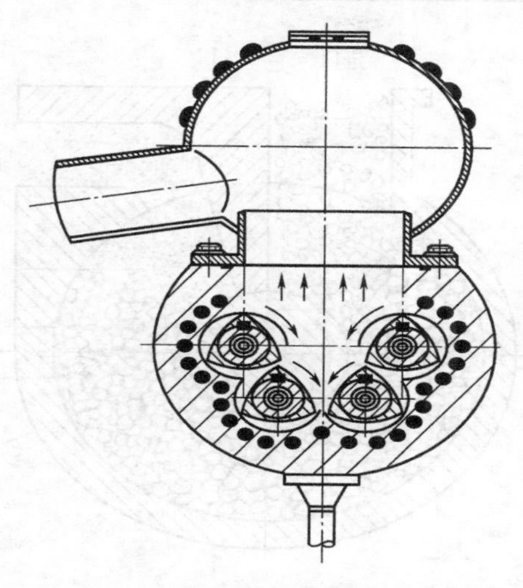

■图 5-3　四螺杆挤出机

啮合且异相旋转的。这些齿轮泵只用于产生压力，所以一般不将其归类于挤出机。齿轮泵的主要优点之一是其良好的产生压力的能力，以及保持相对稳定的出熔体出口压力。

5.1.3.2 盘式挤出机

盘式挤出机的主要部分是与平行盘成小距离安置的阶梯形盘，当其中一盘带有聚合物熔体在轴向缝隙中转动时，在一较大缝隙向另一较小缝隙过渡处出现压力增长，见图 5-4。

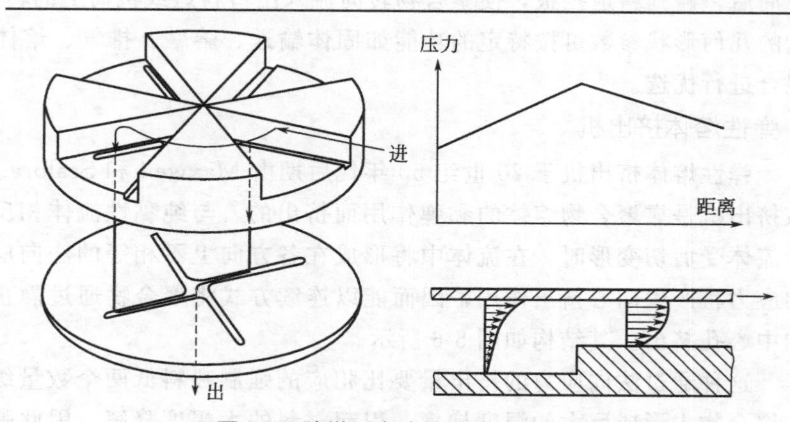

■图 5-4　阶梯形盘式挤出机及阶梯区的压力生成

组合盘式挤出机（Disk-Pack extruder）是由 Tadmor 最先提出来的，且在若干专利中涉及，其结构见图 5-5。

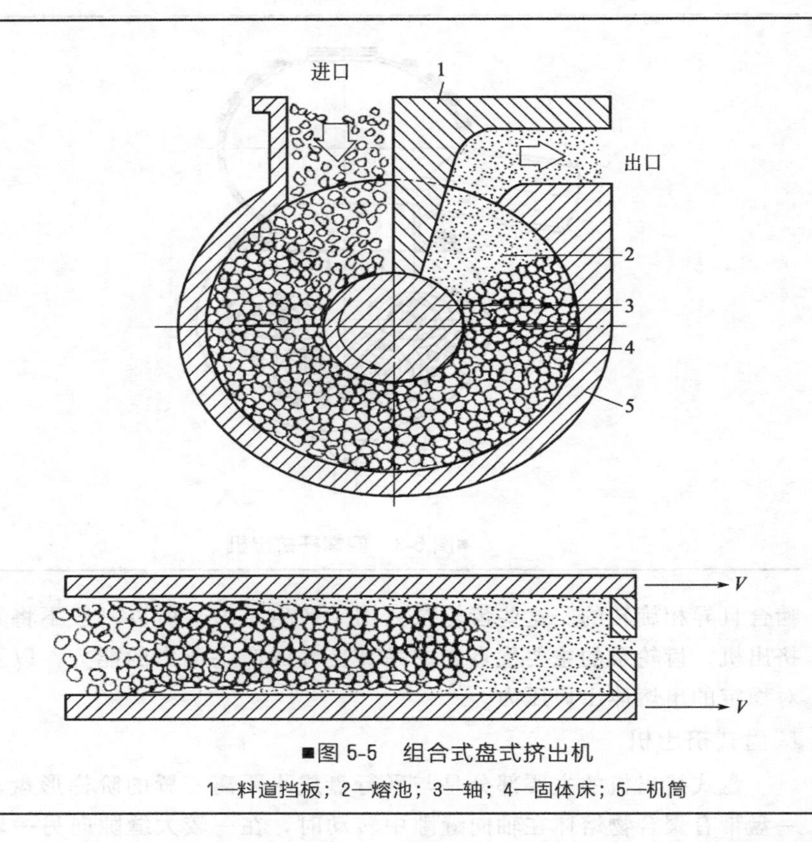

■图 5-5 组合式盘式挤出机

1—料道挡板；2—熔池；3—轴；4—固体床；5—机筒

物料投入装配在旋转轴上的较薄型盘之间的轴向缝隙，物料随盘运动一周后，碰到料道挡板，使聚合物转向流入出口料道或机筒上的转换流道。盘的几何形状参数可按特定的功能如固体输送、熔融、排气、熔体输送和混合进行优选。

5.1.3.3 弹性熔体挤出机

弹性熔体挤出机于 20 世纪 50 年代后期由 Maxwell 和 Scalora 所开发。该挤出机是靠聚合物熔体的黏弹作用而挤出的。与纯黏性流体相反，当弹性流体受剪切变形时，在流体中将形成在各方向上不相等的法向应力。法向应力将产生向心挤出作用，因而能以连续方式将聚合物通过静止平板上的中心孔挤出。其结构如图 5-6 所示。

这种通过法向应力的挤出量要比相应的强制喂料低两个数量级，而且在聚合物中形成巨大的温度梯度，引起材料的大幅度降解，因此弹性熔体挤出机在市场上缺乏认可。

5.1.3.4 柱塞式挤出机

柱塞式挤出机结构简单、坚固，能产生非常高的压力。其操作方式不

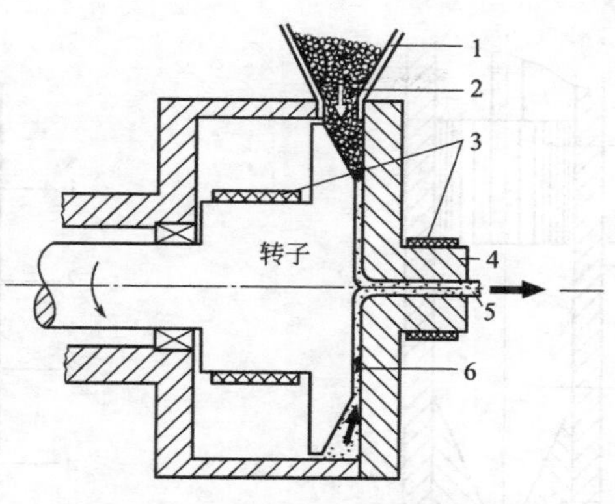

■图 5-6 弹性熔体挤出机

1—料斗；2—固体聚合物；3—加热器；4—模口；5—挤出物；6—聚合物熔体

连续，基本上为正向位移装置。由于柱塞式挤出机的间歇式操作，故主要用于诸如注塑和吹塑类周期性过程。早期的注塑机几乎都装有柱塞式挤出机，将熔体熔融后以高压注入型腔。但它具有一定的局限性：熔融能力有限；聚合物熔体的温度均一性差。

目前柱塞式挤出机主要用于较小注射量的注塑，以及需要利用正向位移特征和卓越生压能力的某些操作。柱塞式挤出机有两种类型：单柱塞挤出机和多柱塞挤出机。

固态挤出是一种逐渐普及的挤出技术，它是在低于聚合物熔点时进行加工。由于聚合物处于固态，所以产生很有效的分子取向，这种分子取向比普通熔融加工中发生的分子取向更有效，因此能获得独特的性能。固态挤出有两种方法：一种是直接固态挤出；另一种是静液压挤出。前者预成型的物料实心圆棒（料锭）直接与柱塞和挤出口模壁接触，见图 5-7。静液压挤出中，挤出所需的压力由柱塞经润滑液（通常为蓖麻油）传递至料锭。静液压油减小摩擦，因而降低挤出压力，见图 5-8。

单柱塞式挤出机的主要缺点是生产过程的非连续性，研究者通过设计制造出能进行连续性生产的柱塞式挤出机，即多级柱塞式挤出机。

Westover 设计了组合四套活塞-料筒的连续柱塞式挤出机；两套活塞-料筒用于塑化，两套用于挤出。通过连接全部活塞-料筒的复杂梭型阀实现连续挤出。

Yi 和 Fenner 设计了一种 V 形料筒的双柱塞式挤出机，两柱塞卸料至共同料筒，料筒的塑化轴连续旋转，因而固态输送发生在两个分开的料筒中，而塑化和熔体输送则发生在料筒和塑化轴之间的环形区。此挤出机能连续挤出，但均一性较差。

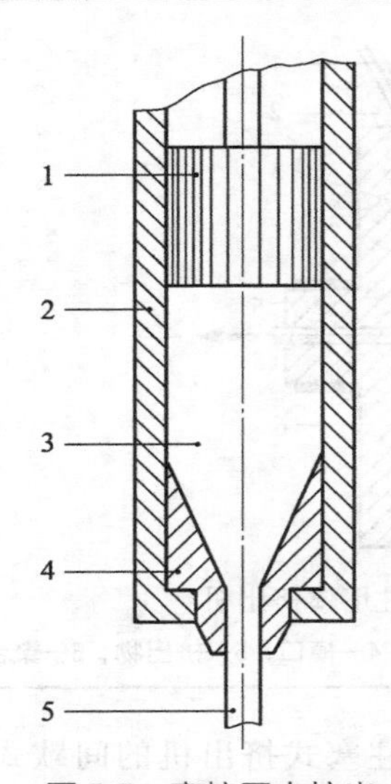

■图 5-7 直接固态挤出

1—柱塞；2—机筒；3—料锭；4—模口；5—挤出物

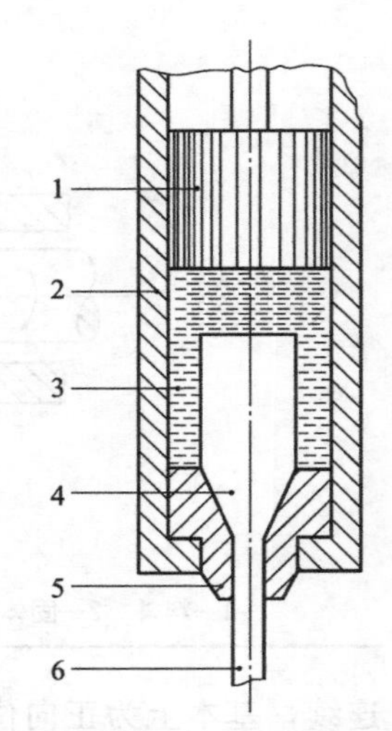

■图 5-8 静液压固态挤出

1—柱塞；2—机筒；3—油；4—料锭；5—模口；6—挤出物

5.2 单螺杆挤出原理

5.2.1 单螺杆挤出机的基本结构

单螺杆挤出机由四部分组成：挤出系统、传动系统、加热/冷却系统和控制系统。挤出系统主要由螺杆和料筒组成；传动系统主要由电机、调整与传动装置组成；加热/冷却系统由加热器和冷却装置构成。单螺杆挤出机根据螺杆的空间位置可分为卧式和立式两种，目前挤出生产线上以卧式单螺杆挤出机为主。其典型结构如图 5-9 所示。

5.2.2 单螺杆挤出机用螺杆

螺杆是挤出机中非常关键的部分，它负责固体塑料的输送、塑料塑化和塑料熔体的输送职能，因而被称为挤出机的心脏。通常的挤出过程中，物料在螺杆上停留的时间在一至几分钟之间，大部分都不到一分钟。但在这短短的时间内，却发生了大量的物理及化学变化。因此螺杆的设计合理

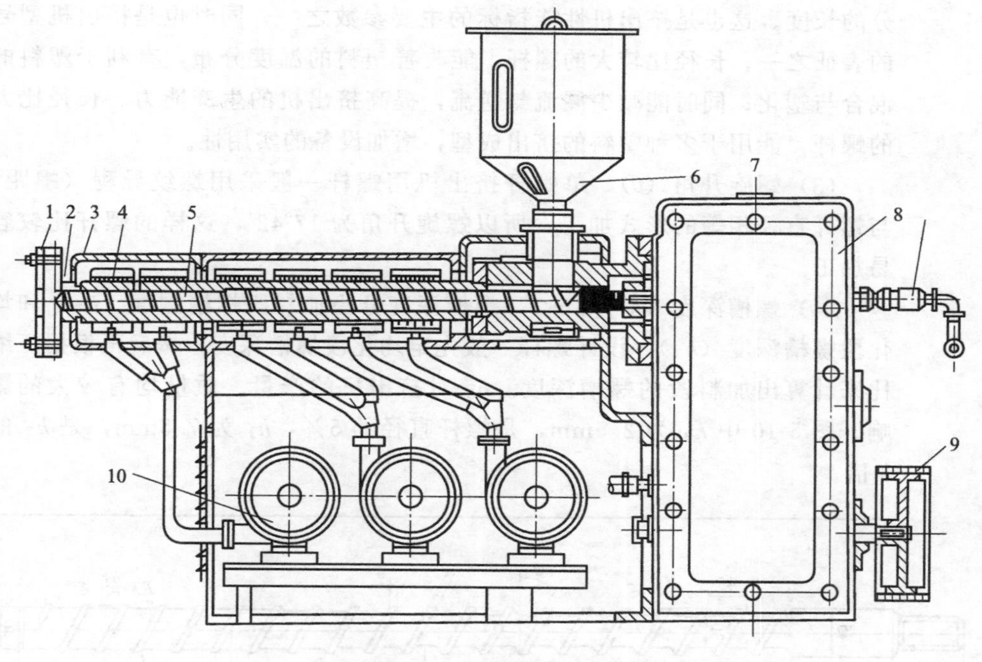

■图 5-9 卧式单螺杆挤出机示意图

1—连接器；2—料筒；3—防护罩；4—加热器；5—螺杆；6—料斗；7—减速箱；8—旋转接头；9—皮带轮；10—风机

与否直接影响着挤出产量的高低和制品质量的好坏。为进一步地优化挤出成型工艺，必须先掌握螺杆的基本结构特征，见图 5-9。

（1）螺杆直径（*D*） 螺杆直径通常是指螺纹的外径，这是螺杆的基本参数之一。同时螺杆直径的大小是挤出机规格大小的表征。例如 SJ-45-25 表示该挤出机的螺杆直径是 45mm，其后的 25 则是指螺杆的长径比。我国挤出机的螺杆直径已经系列化，如 30、45、65、90、120、150、200。螺杆直径与部分挤出制品尺寸间的关系见表 5-3。

■表 5-3 螺杆直径与部分挤出制品尺寸之间的关系 单位：mm

螺杆直径 ϕ	30	45	65	90	120	150	200
硬管直径	3～30	10～45	20～65	30～120	50～180	80～300	120～400
吹膜直径	50～300	100～500	400～900	700～1200	约 2000	约 3000	4000
挤板宽度	—	—	400～800	700～1200	1000～1400	1200～2500	—

增大螺杆直径，挤出成型机的生产能力也显著增加。挤出量与螺杆直径的平方几乎成正比。直径增加，挤出机的功率消耗也增加。

（2）螺杆长径比（*L*/*D*） 长径比是指螺杆的有效长度与螺杆直径之

比。这里有效长度是指与塑料接触部分的长度，不包括键槽及轴承接触部分的长度。这也是挤出机性能指标的主要参数之一，同时也是挤出机型号的表征之一。长径比较大的螺杆，能改善塑料的温度分布，有利于塑料的混合与塑化；同时能减少漏流与逆流，提高挤出机的生产能力。长径比大的螺杆，能用于多种塑料的挤出成型，增加设备的实用性。

（3）螺旋升角（θ） 单螺杆挤出机用螺杆一般采用螺纹导程（螺距）与螺杆直径相等的形式加工，所以螺旋升角为 17°42′，这样的螺杆比较容易加工。

（4）螺槽深度（h_1 和 h_3） 螺槽深度分为加料段螺槽深度（h_1）和均化段螺槽深度（h_3），设计螺杆一般先定均化段螺槽深度，然后再根据压缩比来计算出加料段的螺槽深度。h_3 对挤出机的产量、质量均有较大的影响。图 5-10 中 h_3 为 2.5mm，是螺杆直径的 5%，h_1 为 7.5mm，是 h_3 的 3 倍。

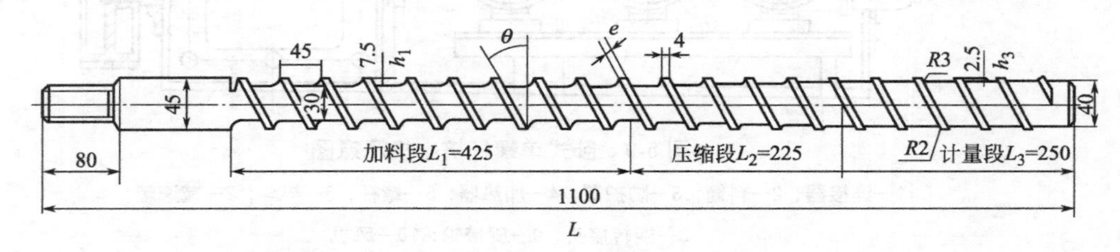

■图 5-10 螺杆分段与螺杆重要参数示意图

h_1—加料段螺槽深度；h_3—计量段螺槽深度；θ—螺旋升角；

L—有效螺杆长度；e—螺棱宽度

（5）螺棱宽度（e） 螺棱宽度对挤出过程同样有较大的影响，e 太小会使漏流增加，降低产量；e 太大，增加动力消耗，而且会导致局部过热。图 5-10 中，e 为 4mm，是螺杆直径的 4%。

（6）螺杆与料筒间隙（δ） 螺杆与料筒的间隙是指径向间隙。δ 值太大，则漏流增加，塑化效率降低；δ 值太小，则剪切过热，且容易挡膛。表 5-4 是我国专业标准对 δ 作出的规定。

■表 5-4 螺杆与料筒间隙 δ　　单位：mm

螺杆直径	30	45	65	90	120	150	200
最小间隙	0.10	0.15	0.20	0.30	0.35	0.40	0.45
最大间隙	0.25	0.30	0.40	0.50	0.55	0.60	0.65

（7）螺纹头数 一般都采用单头螺纹，也有用双头螺纹的。

（8）螺杆头部形状 常见螺杆头部形状有平头、尖头、球形、扇形体、锥体和扁球形等。

(9) 几何压缩比 (ξ) 几何压缩比是指压缩段开始处的一个螺距螺槽的容积与计量段处一个螺距螺槽的容积之比。不同的塑料适应不同的几何压缩比。一般压缩段的长度为螺杆有效长度的25%～50%。计量段长度一般为 $(4\sim7)D$。

5.2.3 单螺杆挤出原理

挤出理论是对塑料在单螺杆挤出机中的三个历程，即从加料区的固态到过渡区（熔融区）的固态-黏流态，直到挤出区（均化区）的黏流态这三种物理过程进行的研究，其目的是提高挤出效率和产品质量。通常根据各段职能的不同将普通三段式螺杆分为：加料段 L_1（固体输送段）；熔融段 L_2（压缩段）和均化段 L_3（计量段），如图5-11所示。

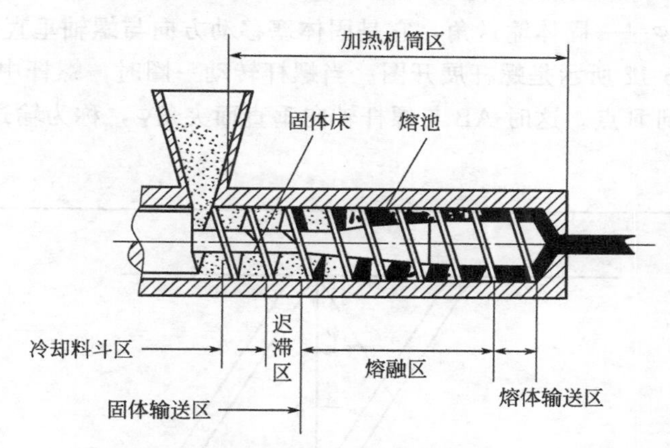

■图5-11 塑料在普通螺杆挤出机中的挤出过程简图

(1) 加料段 塑料自料斗进入螺杆后，在旋转着的螺杆作用下，通过机筒内壁和螺杆表面的摩擦作用被向前输送和压实。塑料在加料段呈固态向前移动。

(2) 熔融段 此段的作用是使塑料进一步压实和塑化，同时将塑料中夹带的空气压回加料口处排除。塑料在这一段，由于螺槽逐渐变浅和机头阻力，机筒内形成高压，塑料进一步被压实，在外加热和螺杆剪切热的作用下，塑料逐渐转变为黏流态熔体。

(3) 均化段 黏流态熔体在这一段里进一步塑化和均化，使之定压、定量、定温地从机头挤出。

挤出理论是以螺杆的三个职能区为研究对象的，包括固体输送理论、熔融理论和熔体输送理论。为了在实际操作中更好地处理制品缺陷，下面将这三个理论进行简要介绍。

5.2.3.1 固体输送理论

固体输送理论研究旨在提高挤出机加料段的固体输送效率和挤出机的生产能力。在诸多的研究中，固体输送理论以达涅耳（Darnell）和莫尔（Mol）为代表，根据固体对固体摩擦静力原理建立起来的固体输送理论，经过一系列的计算和论证，获得固体输送速率的计算式(5-1)：

$$Q_1 = \pi^2 D h_1 (D - h_1) N \frac{\tan\theta \tan\varphi}{\tan\theta + \tan\varphi} \tag{5-1}$$

式中 Q_1——固体输送速率（体积）；

N——螺杆转速；

D——螺杆直径；

h_1——螺杆加料段螺槽深度；

θ——螺杆的螺旋升角；

φ——固体输送角，它是固体塞移动方向与螺轴垂直面的夹角。

图 5-12 所示是螺杆展开图。当螺杆转动一圈时，螺杆中固体塞上的 A 点移动到 B 点，这时 AB 与螺杆轴向垂直面夹角φ，称为输送角，通常φ＝10°～25°。

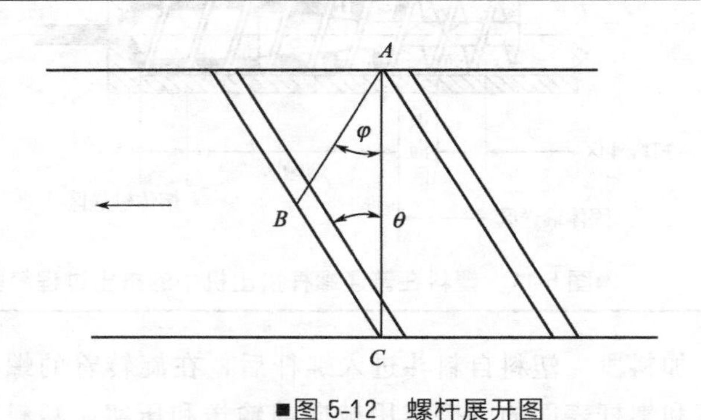

■图 5-12 螺杆展开图

当然，单螺杆挤出机的实际挤出量不可能达到理论挤出量，存在一个固体输送效率问题，比较理想的效率是 0.65～0.85。

5.2.3.2 熔融理论

熔融理论是对塑料在挤出机熔融段中从固态转变为熔融态这一过程的研究，又称熔化理论或相迁移理论。迄今为止，塔莫尔（Tadmor）和克累恩（Klein）所建立的熔融理论较为成熟，该理论是建立在大量的冷却实验条件下的。

塑料熔化过程是由加料段送入的物料在向前推进的过程中同已加热的机筒表面接触，熔化即从接触部分开始，且在熔化时于机筒表面留下一层熔体膜，若熔体膜的厚度超过螺棱与机筒间隙时，就会被旋转的螺棱刮落，将积存在螺棱的前侧，形成旋涡状熔体池，而螺棱的后侧则为固体床（又称固体塞），如图 5-13 所示。由于螺槽深度逐渐变浅，固体床被挤向内壁，这样在螺筒加热器和剪切热作用下，随着物料沿螺槽向前移动，固体床的宽度就会逐渐减小，溶池逐渐变宽，直到固体床全部消失，即完全熔化。熔融作用均发生在熔膜和固体床的界面处，从熔化开始到固体床消失这段区域，称为熔化区长度，即熔融段。

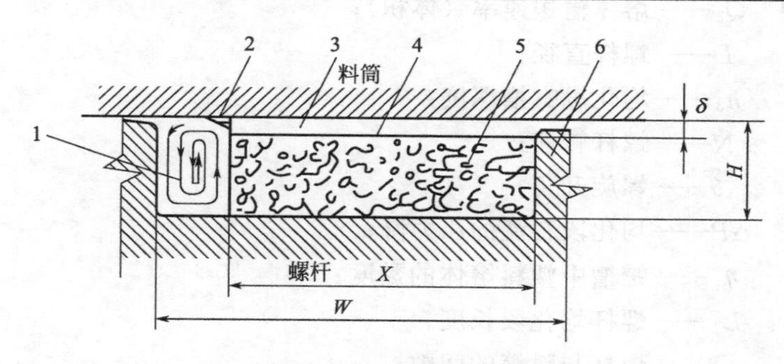

■图 5-13　螺槽内塑料的熔化过程模型

1—熔体池；2—料筒壁；3—熔体膜；4—固体-熔体界面；5—固体床；6—螺棱；

X—固体床宽度；*W*—螺槽宽度；*H*—螺槽深度

显然，如果固体床厚度减小速率低于螺槽深度减浅的速率，则会出现固体床堵塞螺杆现象，使挤出料流产生时断时续的波动，因此选择合理的螺杆参数十分重要。熔融段长度的确立是众多研究者研究的目的，因为这是螺杆设计的重要指标之一。科技工作者通过对数学模型进行演算，建立了螺杆参数和工艺条件的数学解析式，其结论是挤出机熔融段的质量流率（挤出量）G 及熔融段的螺杆长度 L_2 取决于操作工艺条件、物料的性质以及螺杆的几何参数等。

5.2.3.3 熔体输送理论

熔体输送理论又称流体动力学理论，它以螺杆均化段塑料为研究对象，以能定压、定量和定温地将塑料从机头挤出，获得稳定的产量和高质量的制品为最终目的。由复杂的流动状态分解成四种流动状态：正流、横流、逆流和漏流。

正流（也称拖曳流动）：指塑料沿着螺槽向机头方向的流动，是由在螺槽中的塑料与螺杆和料筒的摩擦作用而产生的，塑料的挤出量就是靠正流。

横流（也称环流）：指塑料在螺槽内不断地改变方向，作环形流动。横流对塑料的混合、热交换和塑化都起了积极的作用，但对挤出量不产生影响。

逆流（也称倒流或压力流动）：它是由机头、口模、过滤网等对塑料反压引起的反向流动，逆流的结果是减少了挤出量。

漏流：是指由机头、口模、过滤网等对塑料反压引起的反向流动，这种流动不是在螺槽中，而是在料筒的间隙中，漏流的结果也是使挤出量减少。

由四种流动的综合结果，可以推导出熔体输送速率（Q_3）的计算式：

$$Q_3=\pi^2 D^2 h_3 N\cos\theta\sin\theta/2-\pi D h_3^3 \sin^2\theta\Delta P/(12\ \eta_1 L_3)-\pi^2 D^2 \delta^3 \tan\theta\Delta P/(10\ \eta_2 e L_3) \tag{5-2}$$

式中　Q_3——熔体输送速率（体积）；

D——螺杆直径；

h_3——均化段螺槽深度；

N——螺杆转速；

θ——螺旋升角；

ΔP——均化段料流的压力降；

η_1——螺槽中塑料熔体的黏度；

L_3——螺杆均化段长度；

δ——螺杆与料筒的间隙；

η_2——螺杆与料筒间隙中熔体的黏度；

e——螺杆螺棱的宽度。

单螺杆挤出时实际的挤出量（Q_3）等于正流量（$\pi^2 D^2 h_3 N\cos\theta\sin\theta/2$）减去逆流量［$\pi D h_3^3 \sin^2\theta\Delta P/(12\ \eta_1 L_3)$］再减去漏流量［$\pi^2 D^2 \delta^3 \tan\theta\Delta P/(10\ \eta_2 e L_3)$］。在此，生产厂家应该注意，漏流量和料筒与螺杆间隙（δ）的三次方成正比，新挤出机的料筒与螺杆的间隙比较小，随着使用时间的延长，螺杆、料筒的磨损，料筒与螺杆的间隙增大，使漏流量急剧增大。这就是用久了的挤出机挤出量严重下降的重要原因。

5.2.4 挤出机工作点的选取

对于正常的单螺杆挤出机，由于其螺杆与料筒的间隙很小，因而在实际的计算时漏流往往略去，故(5-2) 可简化为：

$$Q_3=\pi^2 D^2 h_3 N\cos\theta\sin\theta/2-\pi D h_3^3 \sin^2\theta\Delta P/(12\ \eta_1 L_3) \tag{5-3}$$

当螺杆选定后，式(5-3) 右边第一项（$\pi^2 D^2 h_3 \cos\theta\sin\theta/2$）是常数，用 A 表示；右边第二项［$\pi D h_3^3 \sin^2\theta/(12 L_3)$］也是常数，用 B 表示。则挤出量 Q_3 用 Q 表示，η_1 用 η 表示，式(5-3) 可简单地表示为：

$$Q=AN-B\Delta P/\eta \tag{5-4}$$

式(5-4) 是螺杆特征方程。将(5-4) 绘在 Q-ΔP 坐标上，可得一系列具有负斜率的平行线，称之为螺杆特性曲线，如图 5-14 所示。

均化段螺槽深度 h_3 比较小时，螺杆特性曲线比较平坦，见图 5-14 中的实线，人们习惯上称这种螺杆特性曲线比较硬，或者更简单地说，这种螺杆的熔体输送量随压力的变化而变化得较小，而不是指螺杆的刚性大。如果用 h_3 比较大的螺杆可得另一组曲线，见图 5-14 中的一组虚线。其螺杆特性曲线比较软。

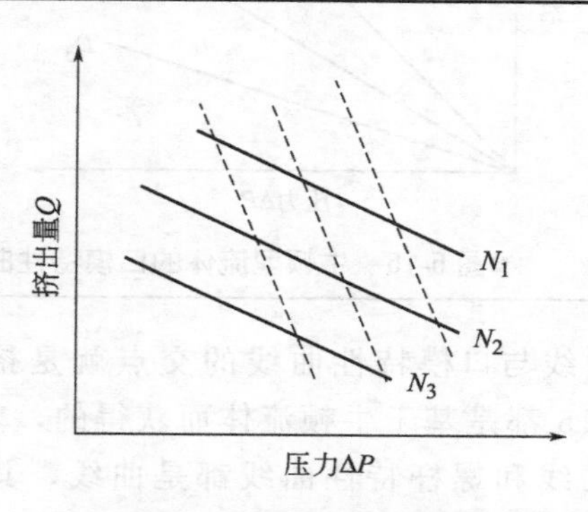

■图 5-14　两种螺槽深度的螺杆特性曲线

螺杆特性曲线说明了螺杆末端产生的压力（ΔP）与螺杆转速（N）之间的关系。螺杆特性曲线对塑料加工厂家如何选择螺杆很有参考价值。如果选用 h_3 较大的螺杆，对于生产 PVC 一类的热敏性塑料来说，不易引起塑料的降解，但挤出量随压力的波动比较大，这一现象是生产厂家最头疼的事。对生产厂家来说，挤出量稍小一点关系不大，最重要的是不能出现波动。如果选用 h_3 比较小的螺杆，挤出量随压力波动的问题就解决了，但必须考虑到有可能引起塑料降解的问题。

从图 5-14 可以看出：当转速不变时，挤出量随机头压力的升高而降低，降低的程度取决于螺杆特性曲线的斜率；增加计量段的螺槽深度或增大螺旋角都会增大螺杆特性曲线的斜率；增加计量段的长度，可使螺杆特性曲线变得平坦，挤出量稳定。

口模特性曲线是表示机头中熔体的流率与压力的线性关系。假设熔体为牛顿流体，当其通过机头时，其流动方程如式(5-5) 所示：

$$Q=K(\Delta P/\eta) \tag{5-5}$$

式中　Q——通过口模的体积流率；

K——口模常数（又称“口模阻力常数”）；

ΔP——塑料通过口模时的压力降；

η——口模内塑料的黏度。

将式(5-5) 在 Q-ΔP 坐标上作图，得到通过原点的直线，其斜率为 K/η，见图 5-15。其中 K 值取决于口模的尺寸与形状。

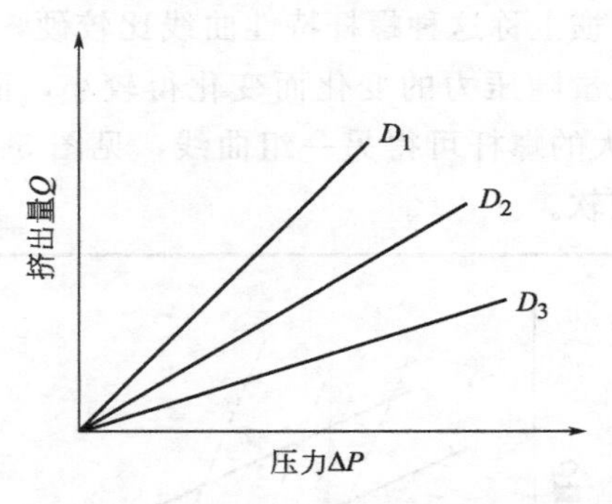

■图 5-15 牛顿型流体的口模特性曲线

螺杆特性曲线与口模特性曲线的交点就是挤出机的工作点。由于图 5-14 与图 5-15 都是基于牛顿流体而获得的，塑料熔体都为假塑性流体，口模特性曲线和螺杆特性曲线都是曲线，其交点即是挤出机的工作点，如图 5-16 所示。

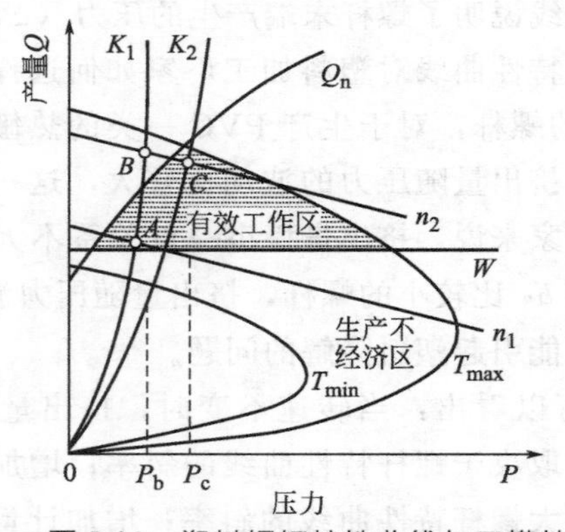

■图 5-16 塑料螺杆特性曲线与口模特性曲线

挤出机的工作点对实际的生产有很重要的指导意义。图 5-16 中的阴影部分即为挤出机的有效工作区。有效工作区由三部分组成。

质量线 Q_n——塑化良与不良的分界线；温度上界线 T_{max}——此线以上，塑料会因过热而降解，或因黏度太低难以控制；经济线 W——低于此线，经济效率不高。

此图可以较好地说明挤出过程对挤出工艺参数的控制。

工作点 A 位于有效工作区的左下方，是螺杆特性曲线 n_1 和口模特性曲线 K_1 的交点。A 点在 W 线以上的一点点，此时的产量较低。当螺杆转速由 n_1 提高到 n_2 后，螺杆特性曲线和口模特性曲线 K_1 交于 B 点。在 B 点，挤出量虽然提高了些，但超出了有效工作区，有可能产生塑化不良现象。要想既提高产量，又不出现塑化不良，唯一的办法就是在螺杆转速不变时（即螺杆特性曲线为 n_2）提高机头压力（即机头压力由 P_b 提高到 P_c），提高了机头压力就改变了口模特性曲线，即此时的口模特性曲线为 K_2。这样，挤出机的工作点就由 B 点移动到 C 点（也就是螺杆特性曲线 n_2 和口模特性曲线 K_2 的交点）。当然，此时的产量比 B 点要稍微下降一点，但能满足塑化质量的要求。

5.2.5 影响挤出量的主要因素

影响挤出机生产能力的因素很多，物料性质，加工工艺条件，螺杆、机筒、机头等的几何结构及尺寸，机器的加工制造精度等都影响着挤出机的生产能力和制品质量。

（1）螺杆转速的影响　在其他条件都一定时，挤出机的生产能力 Q 与螺杆转速 n 成正比。如果挤出机各段能力足够，主、辅机特性配套，那么提高螺杆转速可大幅度提高挤出机的生产能力。

（2）机头压力的影响　正流量与均化段料流的压力降 ΔP 无关，而逆流量和漏流量与压力 ΔP 成正比，因而挤出机生产能力随机头的压力升高而降低，但有利于塑化，故在实际生产中需在机头处设置多孔板、过滤网等，使物料形成一定的压力，以保证制品质量，尤其是流动性较好的塑料（如聚酰胺）就更应加大阻力。

（3）螺杆与机筒间隙的影响　漏流量与间隙 δ 的三次方成正比，即 δ 增加，Q 明显降低。这就说明，机器长期使用磨损，间隙 δ 会加大，产量将变得很低，此时必须更换或修复有关机件。

（4）槽深度的影响　在均化段，正流量 Q_d 与螺槽深度 h_3 的一次方成正比，而逆流量 Q_p 与 h_3 的三次方成正比。可见太深的螺槽深度反而有害，应有一个最佳的螺槽深度。此外，螺槽深度的选择还与机头阻力有关。

（5）螺杆直径的影响　Q 与螺杆直径 D 的平方成正比，D 增大，将导致 Q 的大幅度提高。它的影响远比螺杆转速 n 对 Q 的影响大。

（6）均化段长度的影响　逆流量和漏流量与均化段长度 L_3 成反比，故当 L_3 增长时，逆流量和漏流量减少，总生产能力增加。所以在选择挤出机螺杆时，一般选长径比较大的为好。

挤出理论揭示了螺杆三个区段的功能，如果用 Q_1、Q_2、Q_3 分别表示固体输送段的固体输送能力、熔融段的熔融塑化能力和均化段的均化、定压及定量挤出熔化能力，当 $Q_1>Q_2>Q_3$ 时挤出才能正常；当 $Q_1=Q_2=Q_3$ 时螺杆的三个区的工作能力达到均衡，此时挤出机达到最佳的工作状态。另一方面，提高挤出机加料段的固体输送能力是提高挤出机生产能力的先决条件，而熔融塑化能力是挤出机生产能力和保证制品质量的关键，这两个能力匹配与否，又是衡量挤出机先进性的标准之一。

挤出理论阐明了挤出机中固体输送、熔化和熔体输送与物料性质、操作工艺、螺杆及机筒参数的相互关系，这对我们在实际生产中排除制品质量缺陷和提高生产率具有重要的现实意义。

5.3 双螺杆挤出原理

5.3.1 双螺杆挤出机的基本结构

双螺杆挤出机的特征是两根平行（或接近平行）的螺杆装设在具有 8 字形孔的机筒内，螺杆旋转，机筒加热，完成对聚合物的塑化挤出。双螺杆挤出机的结构比单螺杆挤出机复杂。在加料装置、机筒构造、推力轴承系统和螺杆传动系统等方面均有突出的特点，见图 5-17。

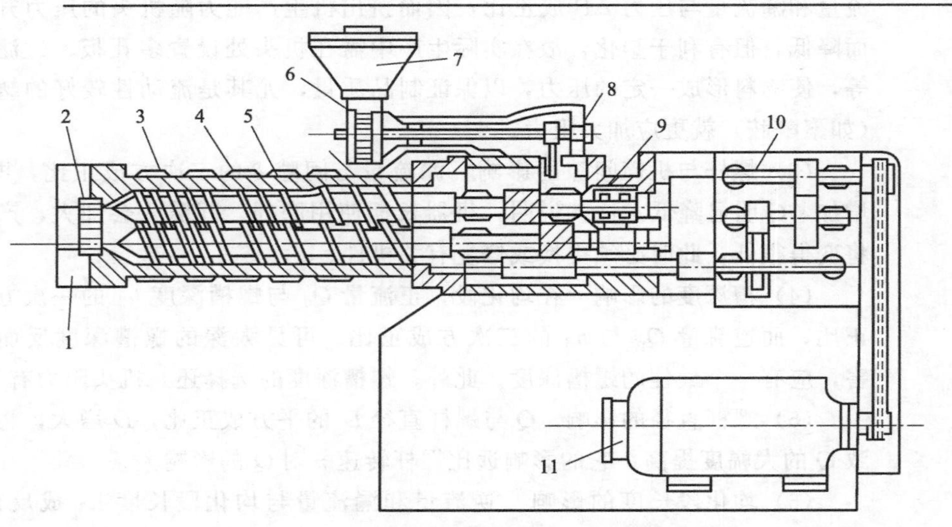

■图 5-17 双螺杆挤出机结构图

1—机头连接器；2—多孔板；3—料筒；4—加热器；5—螺杆；6—加料器；7—料斗；8—加料传动机构；9—止推轴承；10—减速箱；11—电动机

按照螺杆的工作特点双螺杆挤出机被分为四种类型（图 5-18）。啮合型双螺杆挤出机，螺杆轴线之间距离总要小于螺杆外径，极限情况下，螺杆螺纹表面互相接触。非啮合型挤出机，螺杆轴线之间距离至少等于螺杆外径，常大于螺杆外径。类型不同的双螺杆挤出机具有不同的性能。目前以啮合型双螺杆挤出机应用最为广泛。

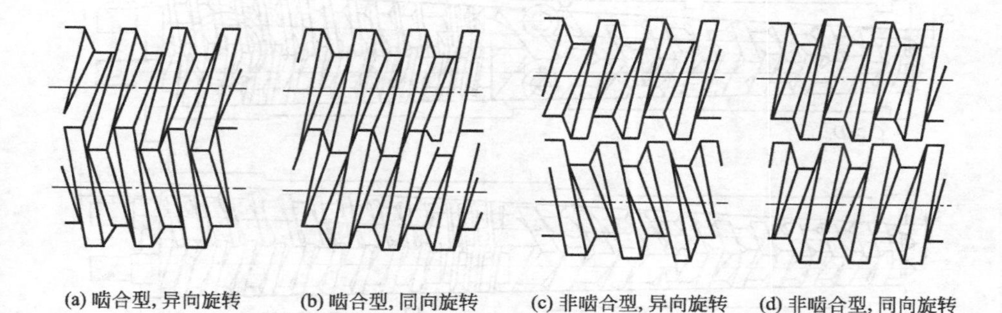

(a) 啮合型，异向旋转　(b) 啮合型，同向旋转　(c) 非啮合型，异向旋转　(d) 非啮合型，同向旋转

■图 5-18　双螺杆挤出机类型

啮合型双螺杆挤出机，按照螺杆压缩物料的结构，可分为三种型式，见图 5-19。

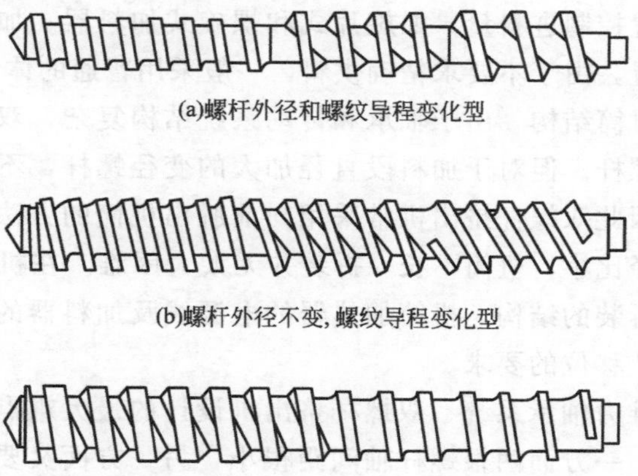

(a)螺杆外径和螺纹导程变化型

(b)螺杆外径不变，螺纹导程变化型

(c)螺杆外径和螺纹导程均不改变，螺棱宽度(螺槽宽度)变化型

■图 5-19　啮合型双螺杆

按螺杆的轴心线是否平行，可分为轴心线平行的啮合异向旋转双螺杆挤出机和啮合型异向旋转锥形双螺杆挤出机（图 5-20）。这里应该提到的是锥形双螺杆挤出机，它特别适宜加工 PVC 塑料。锥形双螺杆的压缩比不但由螺槽从深到浅而形成，同时也由螺杆外径从大到小而形成，因而压缩

比相当大，所以物料在料筒中塑化得更加充分、均匀。

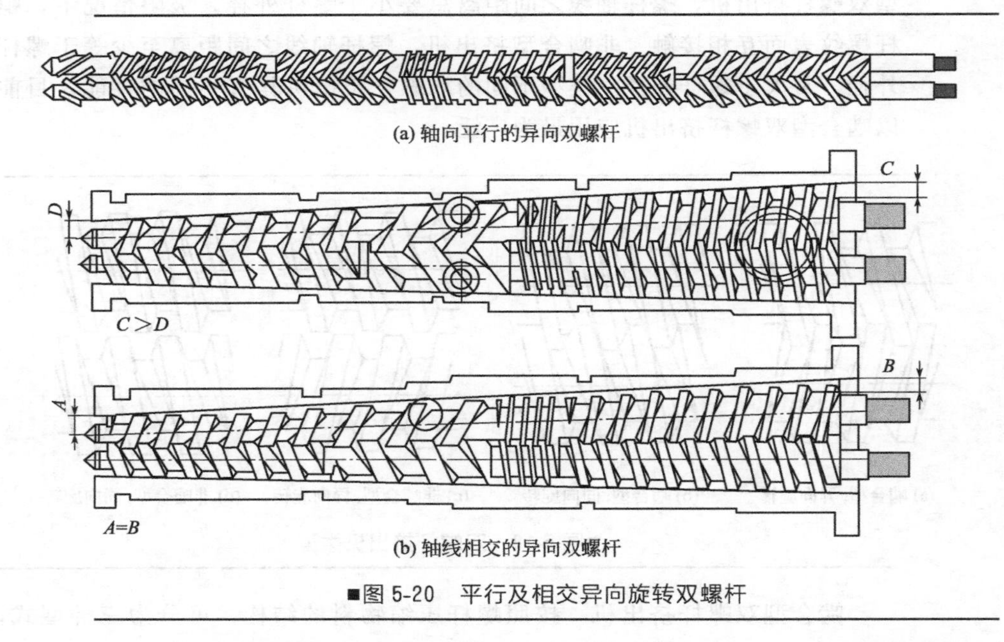

■图 5-20 平行及相交异向旋转双螺杆

（1）加料装置 啮合型双螺杆挤出机具有良好的吃料能力，依靠重力加料往往造成超过物料饱和成型所需要的压力，有害无益。因此常采用定量加料装置控制进料量，如旋片式和螺旋式加料器。加料器多配置无级调速驱动装置，由于不要求精确供料，一般采用普通的体积计量型加料器。

（2）机筒结构 出于轴承和传动系统结构复杂，双螺杆挤出机很难从后部装拆螺杆。但对于加料段直径加大的变径螺杆，不可能从机筒前方拔出螺杆。因此双螺杆挤出机常采用向前脱出机筒的方法。一般双螺杆挤出机螺杆长径比小，机筒不长，拆装并无太大困难。在机筒与机座连接处设计有易于拆装的结构，机筒加热器的电源线及加料器的位置等均设计成适合机筒拆装移位的要求。

（3）推力轴承系统 双螺杆挤出机设计的最大难点是选用和布置推力轴承系统。一方面两根螺杆轴间距很小，另一方面又要承受强大的轴向推力。目前，主要有两类设计方案。一类是以滚针轴承承受径向负荷，以串联的滑动推力轴承承受轴向负荷（图 5-21）；系统必须采用强制循环润滑，推力轴承要求高的加工精度和装配精度，以保证均匀承载；另一类设计（图 5-22）是一根螺杆的轴向力部分由串联的小型向心推力球轴承承受，余下的一部分轴向力通过斜齿轮传递到装有大型向心推力球面滚子轴承的另一根轴上。这种结构改善了轴承的工作条件，易于保证轴承系统的正常工作。

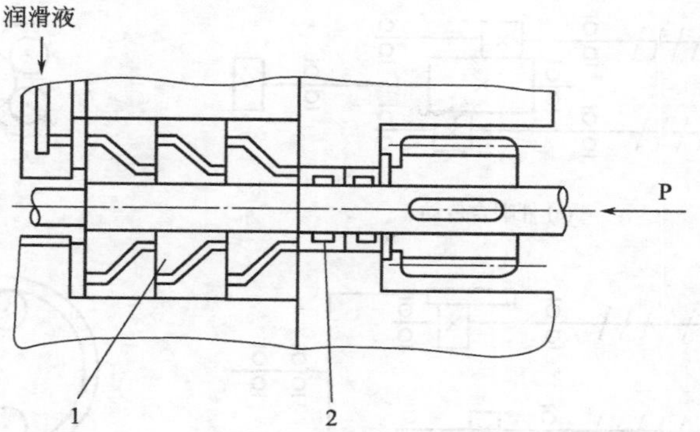

■图 5-21　滑动推力轴承系统

1—滑动推动轴承；2—滚针轴承

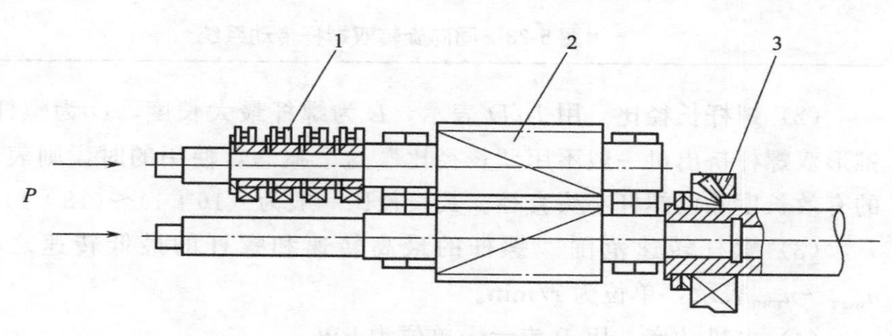

■图 5-22　滚动推力轴承系统

1—向心推力球轴承；2—斜齿轮；3—向心推力球面滚子轴承

(4) **螺杆传动系统**　异向旋转式双螺杆的传动系统较简单［图 5-23(a)］。特点是两轴中心距小，为保证齿轮承载能力，除选用优良材质和适当热处理的斜齿轮外，还要加大齿轮宽度。同向旋转式双螺杆的传动系统相对来说比较复杂，如图 5-23(b) 所示，内啮合传动结构紧凑，但是复杂。一般仍以外啮合传动为常见型式。

5.3.2 双螺杆挤出机主要参数

双螺杆挤出机的主要技术参数与单螺杆挤出机有相同之处，也有不同之处。

(1) **螺杆直径**　指螺杆螺纹的外径。用 D 表示，单位 mm。对于锥形双螺杆的外径，有大端直径和小端直径，一般用小端直径表示螺杆直径的规格。

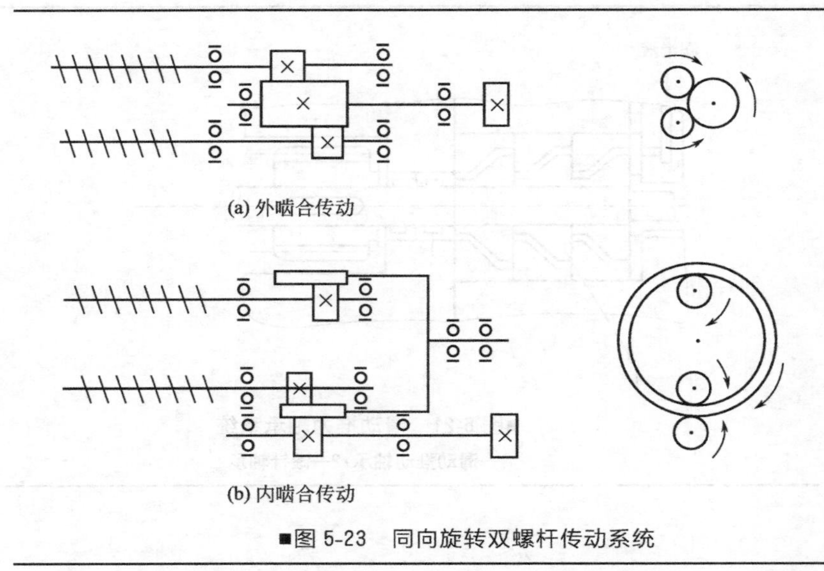

■图 5-23 同向旋转双螺杆传动系统

(2) 螺杆长径比 用 L/D 表示，L 为螺杆最大长度，D 为螺杆直径。锥形双螺杆挤出机一般不用“长径比”这个概念，使用的时候则表示螺杆的有效长度除以螺杆小头直径。其长径比一般为 (16∶1)～(18∶1)。

(3) 螺杆转速范围 螺杆的最高转速和螺杆的最低转速之间，用 n_{max}～n_{min}表示，单位为 r/min。

(4) 电机功率 用 P 表示，单位为 kW。

(5) 双螺杆挤出机生产率 这个数值与挤出物的性质和机头模具结构有关，根据塑料制品的种类标明产量，用 q 表示，单位为 kg/h。

(6) 机筒的加热功率和加热段 机筒分几段加热，加热功率指总加热功率，用 P 表示，单位 kW。

(7) 螺杆的旋向 有同向旋转螺杆和异向旋转螺杆。同向旋转螺杆多用于混料，异向旋转螺杆多用于制品生产。

(8) 螺杆中心距 两根螺杆中心线距离，用 a 表示，单位 mm。

(9) 螺杆承受扭矩 螺杆所能承受的最大扭矩。为了设备的安全，设计操作工艺参数时，不能超过最其大值，单位 N·m。

(10) 螺杆轴承的承载能力 指螺杆用正推轴承的最大承受轴向力，单位 N。

5.3.3 双螺杆挤出原理

经过料斗加入的粉料或粒料首先由于粒子与料筒和螺杆表面的直接接

触被加热。依赖于周围的情况，沿着螺杆固体床在某一点开始熔融，熔融过程可能在腔室没有完全充满的情况下完成。熔体向口模方向输送，而夹带的空气向背后方向逸出。由于聚合物通过不同的漏流间隙向背后流动，压力开始建立，由这一点向前，腔室完全被充满。Janssen，Lindt 和 Holslag 等以 PP 为原料来研究双螺杆挤出机中聚合物的熔融机理，得出结论：与在单螺杆挤出机上进行的类似实验相比，双螺杆挤出机中熔融长度意外地短。在单螺杆挤出机中熔融过程延长了相当大的一段长度（依赖于操作条件，熔融长度通常大约为 10 个螺杆直径）。而在双螺杆挤出机的情况下，通常熔融在 5 个或 6 个腔室内进行得很好。这意味着，在熔体还没有形成的腔室和所有聚合物已经熔融的腔室之间的螺杆长度大约为一个螺杆直径。此外，该过程有重复性。在单螺杆挤出机中，固体床沿着熔融长度稳定地减少，而在双螺杆挤出机中，一个腔室内就可完成一个完整的熔融工序。图 5-24 给出了一个腔室内完成的熔融过程。

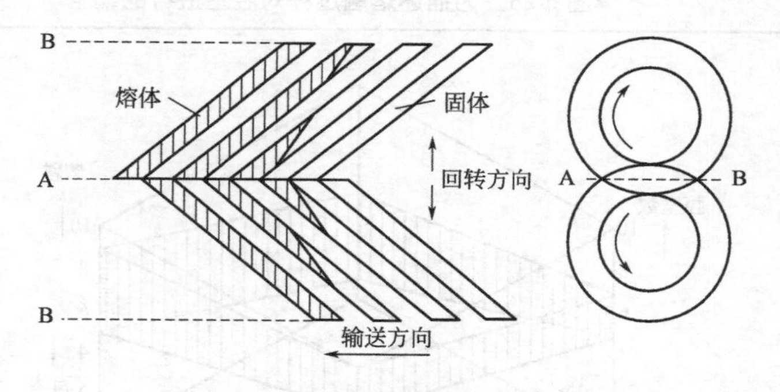

■图 5-24　熔融过程的展平腔室

通过对料斗区的末端到口模给腔室编上号码，如图 5-25 所示，可以画出熔融过程示意图，见图 5-26。在该图中腔室数目被作为纵坐标，而口模入口处的压力和螺杆速度在横坐标上标出。熔融区用阴影部分表示。由图可以看出，在高背压下，完全充满料的挤出段后移到熔融段；而在低背压下，这种情况不会发生。因此有四个可能的区段：固体粒子输送段，熔融段（固体熔体共存），腔室只有部分充满熔体的熔体输送段和腔室完全充满熔体的熔体输送段。

在实验限度内，熔融段的长度与螺杆转速无关，但受到建立起的口模压力的影响。另一方面，熔融在某一点开始，该点对螺杆转速比对总的口模压力更为敏感。后一种作用是把固体加热到熔融温度所需要时间的反映。

图 5-27 模拟出低口模压力和高口模压力下一个 C-形腔室内聚丙烯粉料的熔融过程。

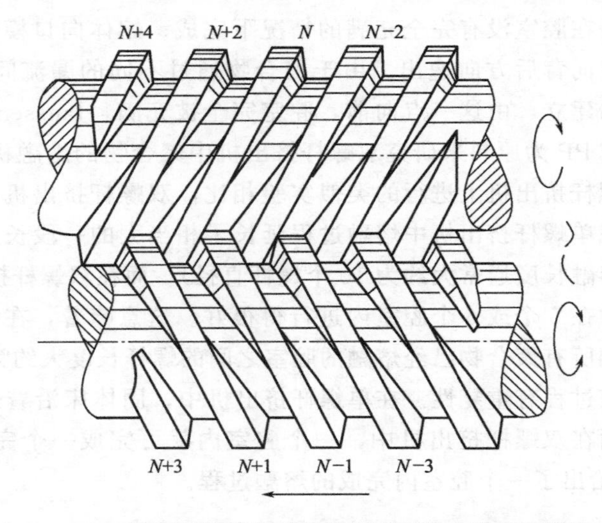

■图 5-25　为描述熔融过程对腔室进行的编号

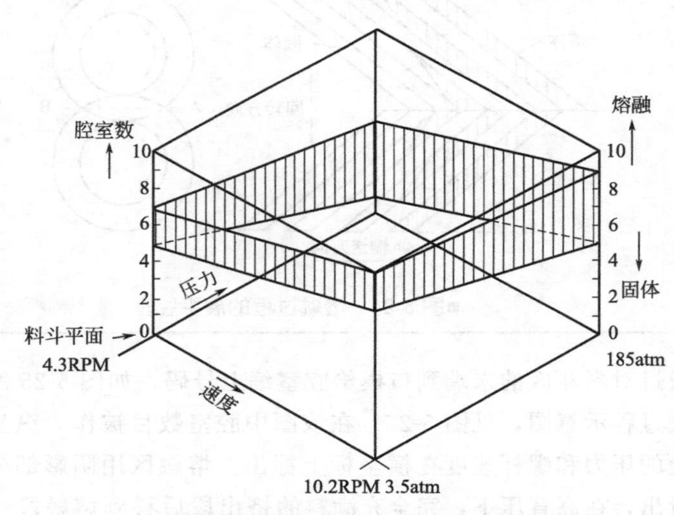

■图 5-26　熔融过程的示意图(1atm＝101325Pa)

由图 5-27 可以看出，在不同背压下，塑料在双螺杆的熔融过程有着很大的差别。在低口模压力下，熔融在热料筒壁面开始，熔体在螺纹推力面的后面汇集起来。在高口模压力下，当挤出机的完全充满料区达到熔融段时，在熔融段本身的腔室中可以建立起相当大的压力。在高口模压力下，在被加热的料筒壁面上熔触过程并未开始，出现的熔体似乎是来源于通过间隙的漏流。从收敛侧（较低）啮合段到发散侧（较高）啮合区绕着腔室可以看到，通过螺棱间隙和四面体间隙熔体的渗漏作用。

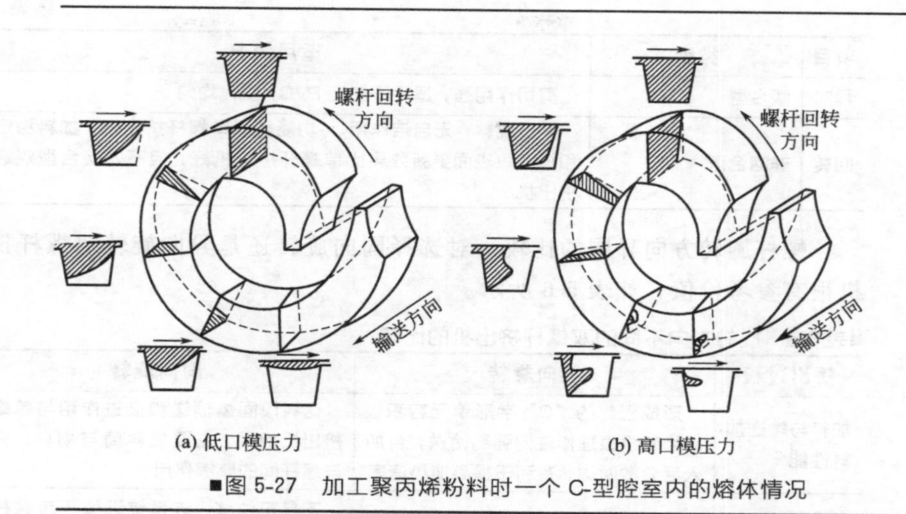

■图 5-27 加工聚丙烯粉料时一个 C-型腔室内的熔体情况

双螺杆挤出机的熔融机理与单螺杆挤出机差别较大。在单螺杆挤出机中聚合物熔融长度比较长，而在双螺杆挤出机中熔融长度并没有超过一个螺杆直径，螺杆转速并不影响该熔融长度，而只是影响熔融段的位置。口模压力既影响熔融段的长度也影响其位置。在每一个腔室中可以看到一个完整的熔融工序。当腔室经由挤出机移动时，固体和熔体界面由两根螺杆的发散侧移向收敛侧。还可以清楚地看出：在低背压下，熔融过程自料筒壁面开始，因此，在此过程中热传递起了很重要的作用。另一方面，在高背压下挤出机完全充满料的那段向后移到熔融段，并存在相当大的漏流。在这种情况下，熔融并不始自料筒壁面，而是在固体和熔体界面开始的。因此通常对单螺杆挤出机采用的熔融模型，不能应用于情况不同的双螺杆挤出机中。

5.3.4 双螺杆挤出机的选用

选用双螺杆挤出机时，要明确所用塑料的特性，同时也必须明确选用的目的，是为了配料还是为了生产制品，成品是哪一类品。

双螺杆挤出机的类型及其适用情况见表 5-5。

■表 5-5 双螺杆挤出机的类型及其适用情况

项目	类型	适用情况
啮合	单头螺纹等深螺槽	加工 PVC-U，不适用于普通树脂
同向	双头螺纹等深螺槽	最适用于混料；自洁性能和高速挤出性能优越
回转	三头螺纹浅螺槽	受热时间短，受热均匀。可自由选择塑料沿料筒所需的温度和压力分布；加料稳定，排气段表面更新效果好

续表

项目	类型	适用情况
异向	啮合型	剪切作用强，适用于加工 PVC，塑化均匀
回转	非啮合型	用于混料，无自洁作用。功能类似单螺杆挤出机；加料稳定性和排气段表面更新效果比单螺杆挤出机好，但不如啮合型双螺杆挤出机

螺杆旋转方向异同的比较，对选择同向旋转还是异向旋转双螺杆挤出机很有参考价值，如表 5-6 所示。

■表 5-6 旋转方向不同的双螺杆挤出机的比较

挤出过程	异向旋转	同向旋转
加料与输送加料性能	形成密封的“C”字形单元容积，以齿轮泵原理作轴向强制输送，料加入后分散两边，有利于提高加热速率	送料段固体输送和推进作用与单螺杆挤出机相同，主要靠料筒与物料、物料与螺杆间的摩擦作用
输送效率	正位移泵系统与摩擦系数无关，其输送量正比于角位移	不是正位移，该系统近似于单螺杆挤出过程，其运动轨迹呈“8”字形边旋转边输送；同时双螺杆的输送效率比单螺杆高，单螺杆的输送角约为 10°，双螺杆的输送角为 30°
外热和内热情况	主要靠外热，转速较低(20～30r/min)，剪切热少，啮合区相对速度是同向双螺杆的 1/6，$E_{外}$ 为正值，热效率高，单耗低为(0.1～0.6)	主要靠剪切热，内热比例比剪切热大，$E_{外}$ 为负值，内热大，反而要冷却，单耗高
排气	异向双螺杆排气比单螺杆困难，排气段设计为部分啮合排气减压装置	同向双螺杆的排气好，料运动呈“8”字形，气体易从料斗排出
熔料熔槽内分布	速度分布正流=反流，漏料少，剪切应力分布不均	同向双螺杆速度分布和剪切速率分布多样性，剪切应力分布均匀
啮合区	异向双螺杆混炼效果较差，啮合区剪切力不均匀，剪切速率小	同向双螺杆混炼效果好，啮合区剪切力均匀，剪切速率大
混炼效果	混炼效果比单螺杆挤出机好，但没有同向双螺杆混合好	原螺杆顶部的料流到第二根螺杆的根部去，原螺杆根部的料流到第二根螺杆的螺槽中去，混炼效果比异向双螺杆好
压力分布	异向双螺杆与压延辊筒效应一样产生压力差，上面压力(P_B)小，下面压力(P_A)大，$P_A>P_B$，故在螺棱偏上磨损快，转速不能高。考虑减少 P_A 和 P_B 系统的压力波动	同向螺杆顶部的料流到第二根螺杆的根部去，原螺杆根部的料流到第二根螺杆的螺槽中去，混炼效果比异向双螺杆好
压缩和熔融压缩	由于双螺杆都是积木式组合，因而可改变很多螺杆本身参数，如 S 截面尺寸，棱形角，螺棱，螺槽体积，螺杆根径等。无论是同向还是异向双螺杆挤出机	

双螺杆挤出机的选用对挤出加工有极其重要的影响，表 5-7 为选用参考。

■表 5-7 双螺杆挤出机的选用

啮合型	同向转动	低速挤出机(型材挤出等) 高速挤出机(配制塑料等)
	反向转动	锥形挤出机(塑料型材挤出等) 圆柱形挤出机(型材挤出等)
相切型		反向转动挤出机(挤出) 同向转动挤出机(未投入使用) 轴向挤出机(聚烯烃挤出等)

5.3.5 双螺杆挤出机挤出量的影响因素

双螺杆挤出机挤出量的计算根据螺杆的啮合方式不同而不同。下面就以非啮合型双螺杆挤出机、啮合型同向旋转式双螺杆挤出机和啮合型异向旋转式双螺杆挤出机为例来计算双螺杆挤出量并分析其影响因素。

5.3.5.1 非啮合型双螺杆挤出机

非啮合型双螺杆挤出机实质上相当于两台平行放置的单螺杆挤出机，不过机筒的连接部分局部切开，互相连通。两根螺杆中的物料可互相串行。物料流体在连通部产生复杂的流动。

在这种挤出机中，物料挤出过程和单螺杆挤出机基本相同。物料经历三个区：固体输送区、熔融区和熔体输送区。与单螺杆挤出机所不同的是物料在两根螺杆的邻接部的复杂流动。图 5-28 描述了两根螺杆间特殊的流动状况。

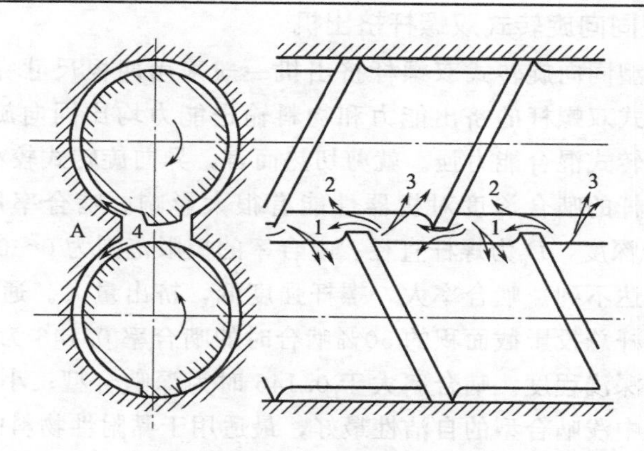

■图 5-28 非啮合型双螺杆挤出机原理图

(1) 螺杆棱顶部的漏流，虽然有开放的连通部分，但大部分（流体 1）仍然流入原来的螺杆内。

(2) 近一半漏流(流体 2)流入另一螺杆。

(3) 螺纹位相同时,螺纹面推力侧压力自然比螺纹面背侧压力高,产生流体 3 从螺杆的高侧压向低侧压流动。

(4) 在切开部分流体 4 与 A 面冲突,产生向两边的分散流动。上述四种特殊的流动是单螺杆挤出机所没有的,因此增加了流体的剪切变形量。同时一个螺槽内的物料向其他螺槽内转移,螺槽底部的物料和螺槽顶部的物料互相交换位置,相当于搅拌混合,增加了流体的均匀性。然而这样连通的切开部分存在问题。由于切开部分使螺杆的挤出口和加料口直接相通,压力波动对挤出量的稳定性影响很大,所以用这种挤出机难以实现高压挤出。

切开部分尺寸小,能增加挤出的稳定性,但混炼效果降低了。为了避免挤出口和加料口相通,在实际生产机上,设计成长度不等的两根螺杆,挤出口部分为单螺杆挤出(图 5-29)。这种结构既具有非啮合型双螺杆挤出机的高混炼性能,又具有单螺杆挤出机的高压成型、挤出稳定的特点。

■图 5-29 非啮合型双螺杆结构

非啮合型双螺杆挤出机多用于聚合物的混炼塑化加工。与其他双螺杆挤出机相比,它具有转速高,挤出量大等优点。但它的自洁性差,计量性不突出,因此不宜加工具有黏性的粉末。

5.3.5.2 啮合型同向旋转式双螺杆挤出机

啮合型同向旋转式双螺杆挤出机一般采用两根尺寸完全相同的螺杆。异向旋转式双螺杆的挤出能力和物料输送能力均比同向旋转式双螺杆好,但同向旋转式混合能力强。就剪切热而言,异向旋转式较小。

双螺杆的啮合深度对机器性能有很大影响。啮合率用 H/D 来表示。H 为啮合深度,D 为螺杆直径。啮合率的极限范围为 0~0.5。当然两种极限一般都达不到。啮合率大,螺杆强度低,挤出量大。通常以螺杆根径截面积占螺杆总投影截面积的 50%啮合时的啮合率 0.146 为界限来划分双螺杆啮合的深浅程度。啮合率大于 0.146 时为深啮合型;小于该值时为浅啮合型。其中浅啮合型的自洁性最好,最适用于黏附性物料的加工。

啮合型双螺杆挤出机的挤出过程可划分为固体输送、熔融和熔体输送三个阶段。各个阶段与单螺杆挤出相比,啮合型双螺杆的一根螺杆的连续流道被另一根螺杆的螺纹阻断,在螺杆内形成 C 形腔室。物料熔体在螺槽内的流动可划分为三种类型:正流、逆流和漏流。正流和逆流分别在牵引和反压作用下产生。与单螺杆所不同的是牵引和反压力作用只能于C形腔室中产生。

同向旋转式双螺杆啮合部压力性质不同。如图5-30所示，各螺杆进入啮合区为加压，脱离啮合区为减压。当两螺杆均以顺时针方向旋转时，螺杆Ⅰ进入啮合区与螺杆Ⅱ的脱离啮合区相邻。反之，螺杆Ⅱ的进入区和螺杆Ⅰ的脱离区相邻。在这种压力分布情况下，螺杆Ⅰ推送的C形熔体段将在螺杆Ⅰ和螺杆Ⅱ啮合区形成的压力差下，由螺杆Ⅰ向螺杆Ⅱ螺槽转移。在螺杆Ⅱ啮合中形成新的C形熔体段，接着又在螺杆Ⅱ推动下，于螺杆Ⅱ和螺杆Ⅰ啮合区向螺杆Ⅰ转移。从宏观上看，熔体围绕螺杆Ⅰ和螺杆Ⅱ成“8”字形螺旋向前运动。在同向旋转的双螺杆构成“8”字形螺旋流道内，熔融流体以正流和逆流的组合形态流动。

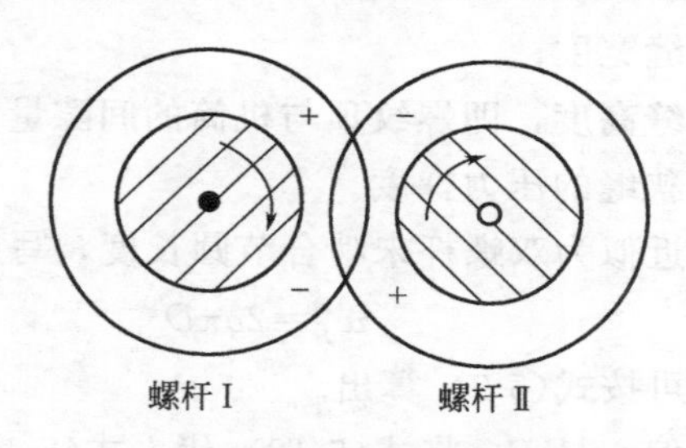

■图5-30　同向旋转压力区位置

啮合型双螺杆挤出机生产率与单位时间由机头处挤出的C形熔体料段数成正比。C形腔室不连续，反压力起增大腔室内混合及产生漏流的作用。双螺杆挤出机熔体挤出速率Q可用下式表达：

$$Q=Q_F-Q_L \tag{5-6}$$

式中　Q_F——双螺杆体积流量；

Q_L——间隙漏流量。

双螺杆单头螺纹的全体体积流量可由C形腔室的几何关系求出：

$$Q_F=2nV \tag{5-7}$$

式中　n——螺杆转速，r/s；

V——C形腔室体积，m^3。

C形腔室体积能近似写成：

$$V=\frac{\pi}{2}HS(D-H)q \tag{5-8}$$

式中　H——螺纹深度，m；

S——螺距，m；

D——螺杆外径，m；

q——系数（表示因螺杆啮合，C 形腔室被遮断部分对腔室体积的影响）。

当以 l 表示未啮合节圆弧长时，q 可用下式表示：

$$q=\frac{l}{\pi(D-H)} \tag{5-9}$$

将式(5-8) 代入式(5-7)，得到 Q_F 的表达式：

$$Q_F=\pi qnHS(D-H) \tag{5-10}$$

漏流项 Q_L 的精确计算相当复杂，故简化为只考虑螺纹顶间隙漏流。设想螺纹顶间隙的漏流为通过宽而薄的狭缝的压力流，其流动方程可表示为：

$$Q_L=\frac{w_f\delta_f^3}{12\ \eta}\left(\frac{\mathrm{d}p}{\mathrm{d}z}\right) \tag{5-11}$$

式中 ω_f——狭缝宽度；

δ_f——狭缝高度，即螺纹顶与机筒的间隙量；

$\mathrm{d}p/\mathrm{d}z$——沿狭缝的压力梯度。

狭缝宽度可近似为双螺杆未啮合节圆长度，写成：

$$w_f=2q\pi D \tag{5-12}$$

式中 q 值仍可按式(5-9) 算出。

考虑到螺杆偏心量 E，将式(5-12) 代入式(5-11) 后，可写出漏流量：

$$Q_L=\frac{\pi qDE\delta_f^3}{6\ \eta}\left(\frac{\mathrm{d}p}{\mathrm{d}z}\right) \tag{5-13}$$

将式(5-10) 和式(5-13) 代入式(5-6) 中，即可得出双螺杆挤出机的挤出速率方程：

$$Q=\pi qnHS(D-H)-\frac{\pi qDE\delta_f^3}{6\ \eta}\left(\frac{\mathrm{d}p}{\mathrm{d}z}\right) \tag{5-14}$$

实际上，压力梯度 $\mathrm{d}p/\mathrm{d}z$ 是难以度量的。式(5-14) 定性地说明双螺杆挤出机挤出量受机头压力影响。漏流量比体积流量要小得多，说明影响程度不大。根据实际测量，能够建立螺杆特性曲线（图 5-31）。由曲线可看出，螺杆特性线有一定倾斜，但比较平缓。形象地说明压力对挤出量的影响。由于压力仅通过漏流起作用，对挤出量影响较小，所以双螺杆挤出机对配用低阻力模具和高阻力模具不像单螺杆挤出机那样敏感，选用模具的范围加宽。同时机头压力波动对挤出量波动的影响也大为减小，有利于稳定挤出和提高挤出物质量。

在实际计算双螺杆挤出机生产率时，常采用经验公式：

$$Q=k\pi qnHS(D-H) \tag{5-15}$$

式中，k 为经验系数（$0<k<1$，由对具体机器实测获得）。

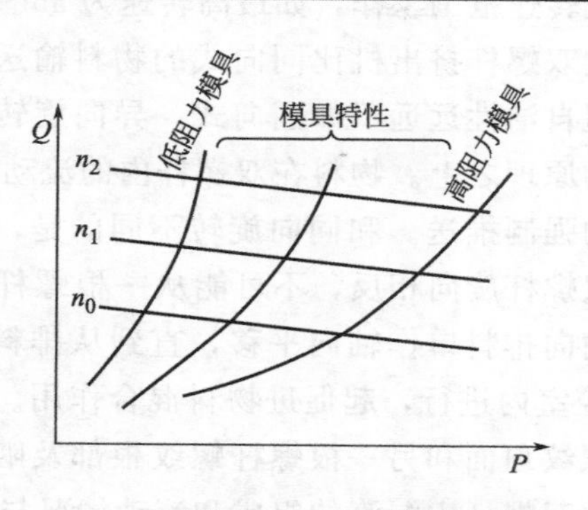

■图 5-31　双螺杆特性曲线

5.3.5.3 啮合型异向旋转式双螺杆挤出机

啮合型异向旋转式双螺杆挤出机从结构上来讲，一般采用两根尺寸完全相同，但螺纹方向相反的螺杆。由于其自身的混合效果较差，所以为了强化混炼效果，螺杆上常采用不同螺纹头数、变螺距和混合室等结构。

异向旋转式双螺杆按照推送物料的方向，可分为内推式［图 5-32(a)］和外推式［图 5-32(b)］两类。两种型式的主要区别是压力位置不同。内推式双螺杆在上部进入啮合，建立高压区；在下部双螺杆脱离啮合，产生低压区。物料在通过双螺杆时，受到类似于辊轮产生的挤压作用，产生捏合效果。但螺杆啮合紧密，势必形成极高的入口压力，造成进料困难。因此目前这种内推式很少采用，仅见于非啮合双螺杆挤出机上。外推式是一种广为采用的形式，特别适合于干粉料的加工。这种旋转方式建立的高压区在下部，低压区在上部，有利于喂入物料。挤出中，物料受到类似于辊轮产生的挤压捏合作用。

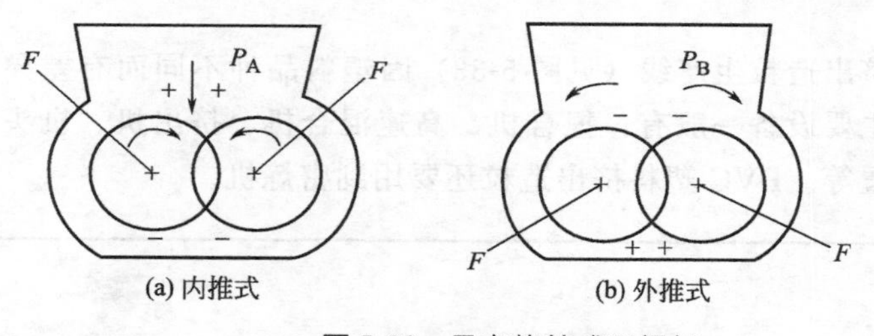

■图 5-32　异向旋转式双螺杆

异向旋转式双螺杆上下部产生的压力差，造成螺杆向两侧偏移的分离力 F。螺杆在 F 力作用下压向机筒，增加了机筒和螺杆的磨损。螺杆转速越高，分离力越大，磨损越大。因而异向旋转式双螺杆的转速受到限制。

一般设计在较低转速范围工作，如最高转速为 35～45r/min。

异向旋转式双螺杆挤出机比同向式的物料输送能力和挤出能力强，计量性能优越，但自洁性远远不如同向式。异向旋转式双螺杆的挤出建立在类似于齿轮泵的原理之上。物料在双螺杆内的流动不是由于摩擦牵引作用，而是因为机械的强制推送。和同向旋转不同的是，物料在螺杆内形成的 C 形段，由于两根螺杆旋向相反，不可能从一根螺杆移向另一根螺杆，而只能在一根螺杆内向排料口作轴向平移，直到从排料口挤出。牵引和反压流动只能在 C 形腔室内进行，起促进物料混合作用。被阻挡在啮合区的物料经受一根螺杆螺纹顶面和另一根螺杆螺纹根部及啮合螺纹侧面的辗压和捏合。异向旋转式双螺杆中漏流的组成和流动情况与同向式相同。

生产率计算公式和同向式通用，这是因为二者都是基于单位时间由机头处挤出 C 形熔体料段数这样的原理。对于实际计算采用的经验式(5-15)也同样运用于异向旋转双螺杆挤出机，只不过经验系数 k 不同。

5.4 塑料挤出造粒技术

5.4.1 概述

造粒是将树脂及各种助剂经计量、混合及塑炼制成便于成型的密实球形、圆形或立方形颗粒的操作过程，它是塑料制品生产的中间环节。粒料是树脂合成厂家的最终产品，同时又是塑料制品厂家的原料。

5.4.2 设备

挤出造粒生产线（见图 5-33）因塑料品种不同而有差异，塑料挤出造粒的主要设备一般有：捏合机、高速混合机、挤出机、机头、切粒机、冷却装置等。PVC 塑料挤出造粒还要用到密炼机。

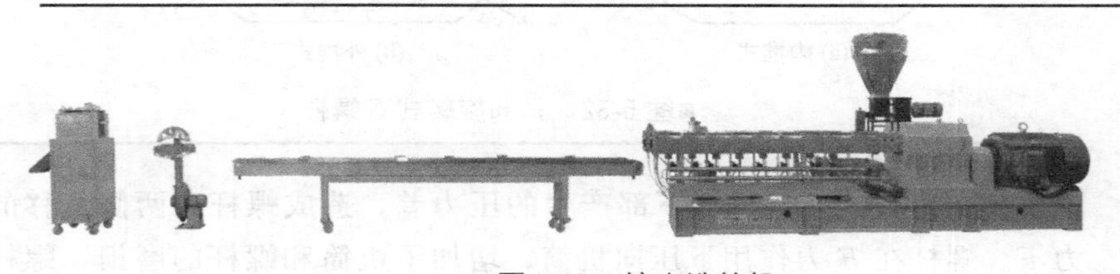

■图 5-33 挤出造粒机

5.4.2.1 捏合机与高速混合机

捏合机和高速混合机的作用均是将各组分添加剂与树脂进行初混合，利用机械搅拌与加热，使原料组分能分散均匀。捏合机一般认为是有Z型的转子或有螺旋带的混合机，高速混合机一般是有叶片螺旋桨的混合机。捏合机有：螺旋带式捏合机、Z型捏合机和高速混合机三种，其中Z型捏合机结构见图5-34。高速混合机由回转盖、混合锅体、搅拌器、折流板、排料装置、加热装置及热电偶、电机等组成，其结构如图5-35所示。

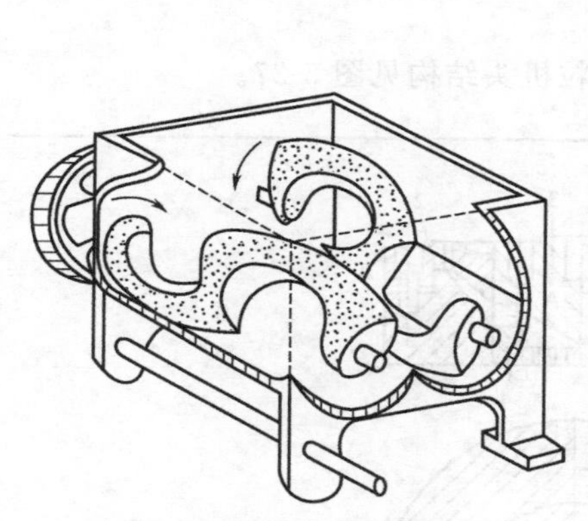

■图5-34 Z型捏合机的结构

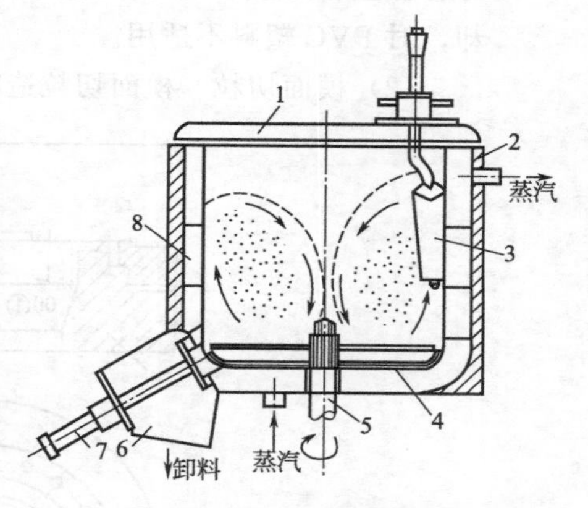

■图5-35 高速混合机的结构

1—回转盖；2—外套；3—折流板；4—叶轮；5—驱动轴；6—排料口；7—排料口气缸；8—夹套

5.4.2.2 挤出机

对于不同品种及配方的塑料，应选用不同结构的挤出机，具体选用可按表5-8所示，表中所列挤出机均为最佳选择，比如PE的造粒也可选用计量型单螺杆挤出机，其螺杆直径一般为45～150mm，压缩比为3.0～3.5。

■表5-8 造粒用挤出机的选用

序号	材料	挤出机
1	PVC-U	锥形双螺杆挤出机
2	SPVC	双螺杆挤出机
3	PE	平行同向旋转双螺杆挤出机
4	PP	平行同向旋转双螺杆挤出机

5.4.2.3 切粒设备

根据粒料不同的冷却方式，切料装置与机头配合各异，造料工艺流程与产量也不相同。

（1）拉条切粒 这是挤出造粒中最简单、产量较低的造粒方法，适合于实验，其工艺流程见图 5-36。

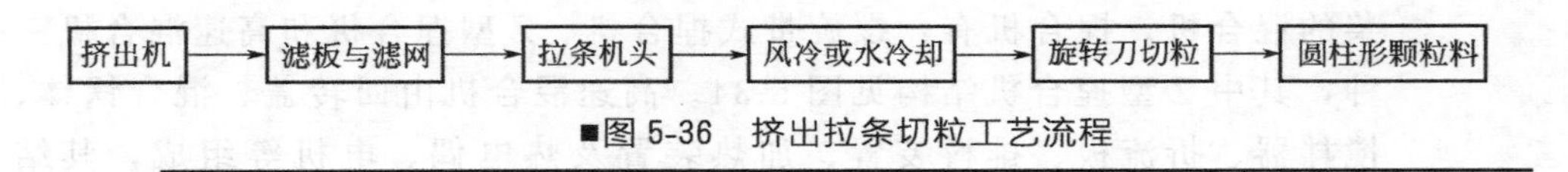

■图 5-36 挤出拉条切粒工艺流程

拉条切粒属于冷切法造粒，适用于 PVC、PE、PP、ABS、PS、HIPS 等各种塑料的染色或与少量改性剂、填料的混合挤出造粒。如果采用水冷却，对 PVC 塑料不适用。

（2）模面切粒 模面切粒造粒机头结构见图 5-37。

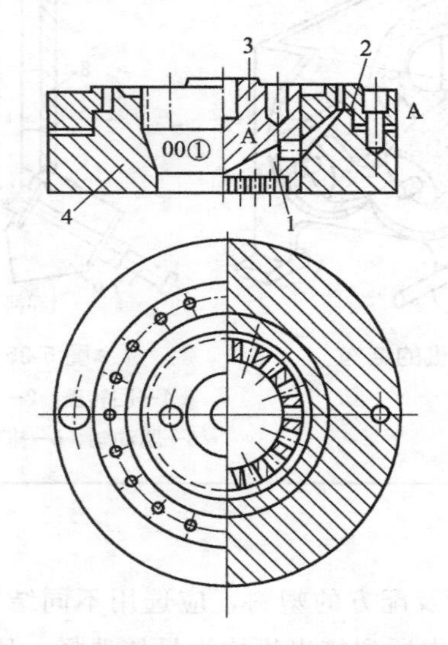

■图 5-37 模面切粒造粒机头结构

1—多孔板；2—出条孔板；3—分流锥；4—模体

① 干热切粒 这种方法适合于熔体黏度较大的 PVC 塑料的造粒，设备简单，操作方便，其机头结构与切粒装置连接，见图 5-38。

② 水下热切粒 这是用于 PE、PP 的造粒设备，是挤出造料产量最高的新型设备。其工艺流程见图 5-39。

③ 空中热切粒 这种设备和切刀与干热切粒法差不多，只是对颗粒的冷却方法不同。此法在切粒罩下面鼓入冷风，冷风将粒料吹起，并冷却粒料。此法比较适用于 SPVC 和聚烯烃色母料造粒或改性料造粒。这种切粒装置见图 5-40。

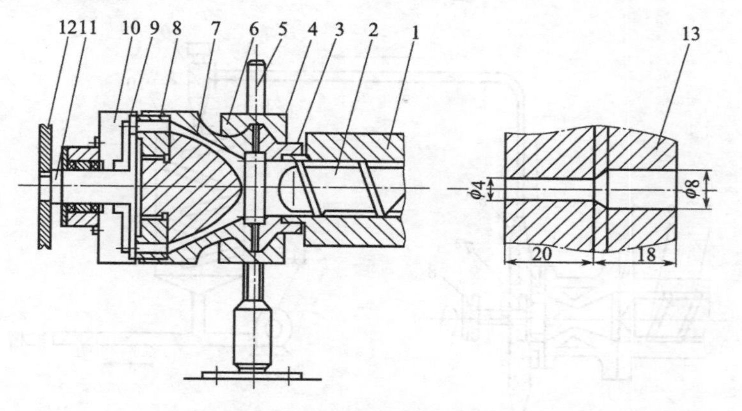

■图 5-38　干热切粒机头与切刀连接结构

1—料筒；2—螺杆；3—多孔板；4—哈夫锁紧法兰；5—丝杆；6—模体；7—分流器；8—多孔模孔板；9—切刀；10—罩子；11—切刀轴；12—皮带轮；13—模板出料孔

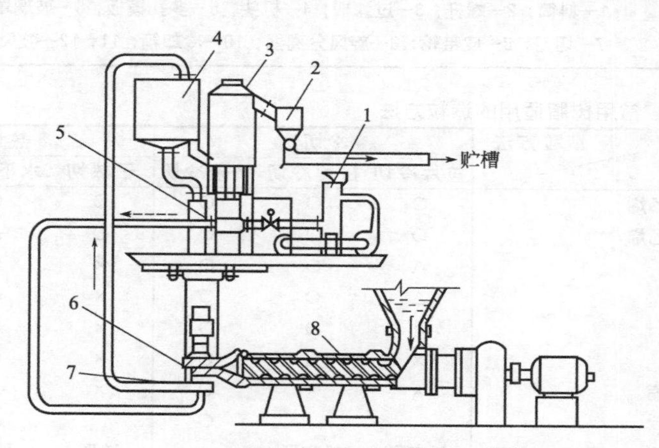

■图 5-39　水下热切粒工艺流程

1—过滤器；2—产品接收器；3—干燥器；4—脱水器；5—加热器；6—水下切粒机头；7—多孔模板；8—挤出机

5.4.3 原料及制品

常见树脂适用的造粒方法见表 5-9。无论何种方法，均要求粒料颗粒大小均匀，色泽一致，外形尺寸不大于 3～4mm，如果颗粒尺寸过大，成型时加料困难，熔融也慢。造粒后物料形状以球形或药片形较好。

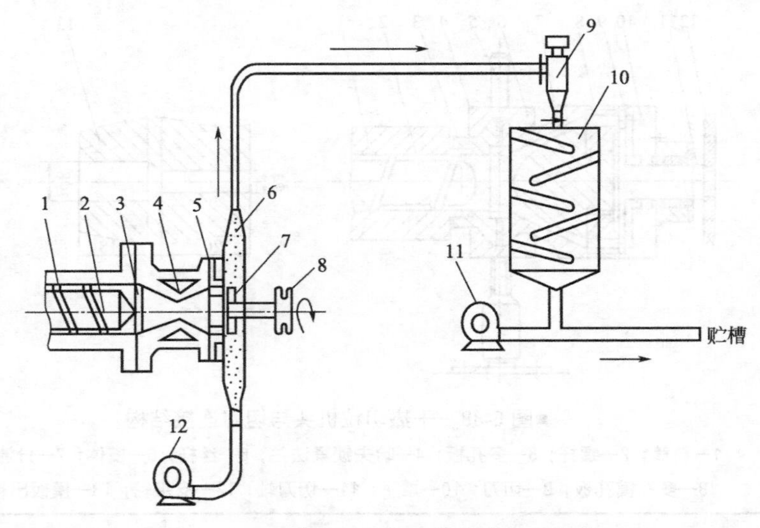

■图 5-40 空中热切粒工艺流程

1—料筒；2—螺杆；3—过滤板；4—机头；5—多孔模板；6—玻璃罩；7—切刀；8—皮带轮；9—旋风分离器；10—冷却箱；11，12—鼓风机

■表 5-9 常用树脂适用的造粒方法

造粒方法 / 树脂	冷切法			热切法		
	拉片冷切	挤片冷切	挤条冷切	干热切	水下热切	空中热切
软聚氯乙烯	○	○	○	○	○	○
硬聚氯乙烯	○	○	○	○	△	△
聚乙烯	△	○	○	×	○	△
聚丙烯	△	○	○	×	○	○
ABS	×	○	○	×	○	△
聚酰胺	×	△	○	×	○	×
聚碳酸酯	×	×	○	×	△	△
聚甲醛			○		△	
颗粒形状	长方形 正方形	长方形 正方形	圆柱形	球形 药片形	球形 药片形	圆柱形

注：○—最适宜；△—尚可；×—不适宜。

5.5 塑料管材挤出生产技术

5.5.1 概述

管材是塑料挤出制品的主要品种，用来挤管的塑料品种很多，主要有

聚氯乙烯、聚乙烯、聚丙烯、ABS、聚酰胺、聚碳酸酯、聚四氯乙烯等。

塑料管材的突出优点是：相对密度小，相当于金属的1/7～1/4，电绝缘性、化学稳定性优良，安装、施工方便，维修容易，单位能耗低，成本低廉。

5.5.2 工艺流程及生产设备

5.5.2.1 挤出管材工艺流程

图5-41为塑料硬管生产工艺流程，将成型原材料通过料斗送入加热的机筒中，物料在机筒内熔融塑化均匀后，熔融料流在螺杆推力作用下，由挤出机均化段经过滤网、粗滤器到达分流器，并被分流器支架分为若干支流，离开分流器支架后熔料又重新汇合在一起，进入管芯和口模间的环形通道，形成管状物，接着经定径装置定径和初步冷却，随后进入冷却装置进一步冷却而成为具有一定口径的管材，最后经由牵引装置引出并根据规定的要求而切割得到所需要的制品。软管的挤出生产线与硬管基本相同，但不设定径装置，而是靠通入压缩空气维持一定形状，最后由收卷盘卷绕至一定壁厚和长度的塑料管材。

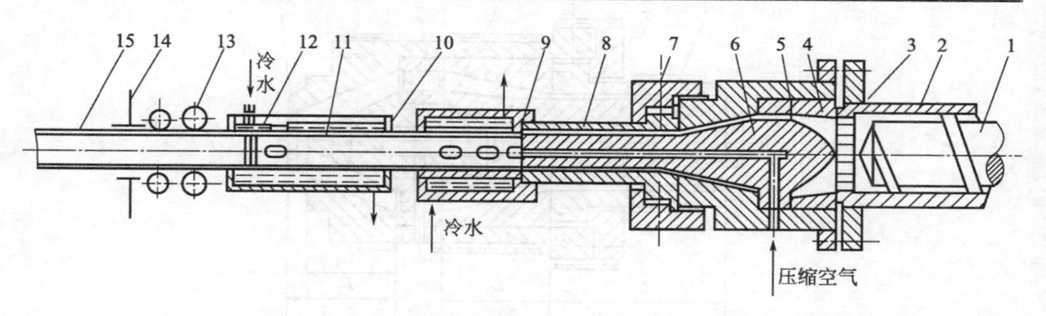

■图5-41 塑料硬管生产工艺流程

1—螺杆；2—机筒；3—多孔板；4—接口套；5—机头体；6—芯棒；7—调节螺钉；8—口模；9—定径套；10—冷却水槽；11—链子；12—塞子；13—牵引装置；14—夹紧装置；15—塑料管

5.5.2.2 挤出管材生产设备

（1）挤出机　一般生产塑料管材的挤出机的螺杆 $L/D=15\sim25$，$\varepsilon=2.0\sim3.0$，螺杆转速10～35r/min，挤出机直径30～200mm，螺杆为等距不等深渐变型螺杆。制品大小与螺杆直径的大小有关。挤出管材时，管材的截面积与挤出机螺杆的截面积之比大约为0.25～0.40，对流动好的物料可取大一些。不同规格挤出机用于生产不同直径的管材，较合理的选择方案见表5-10和表5-11。

■表 5-10 单螺杆挤出机螺杆直径与管材规格关系 单位：mm

螺杆直径	30	45	65	90	120	150	200
管材直径	3～30	10～55	40～85	60～125	110～180	125～250	150～400

■表 5-11 双螺杆挤出机螺杆直径与管材规格关系 单位：mm

螺杆直径(小头)	45	55	65	80
管材直径	12～110	20～250	32～300	60～400

（2）机头与口模　简称管机头，亦称挤管机头。其结构形式有如下几种。

① 直通式管机头（图 5-42）　这种机头最显著的特征是有某种形式的分流器支架支撑着分流器。熔料从挤出机挤出后，经多孔板、过滤网、分流器支架分成若干股料流，然后再汇合，最后进入由芯棒和口模形成的环形通道，经一定长度的定型套连续地挤出管材。这种机头的结构简单，制造容易，使用普遍，但物料经过分流器支架时形成的分流痕迹不易消除，且机头较长，结构笨重。直通式管机头一般适用于成型硬、软聚氯乙烯（PVC）、聚乙烯（PE）、聚酰胺（PA）、聚碳酸酯（PC）等塑料管材。

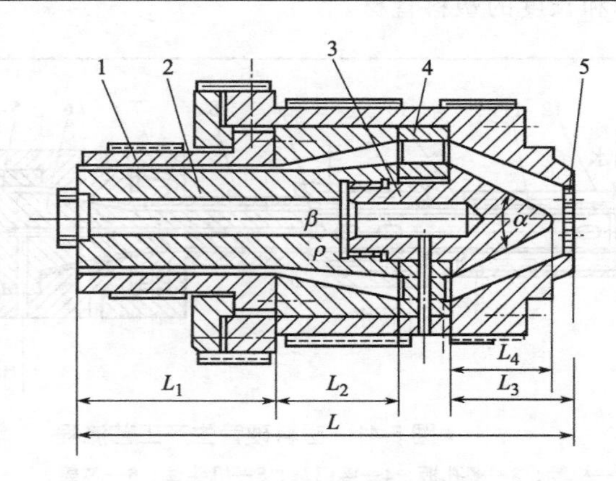

■图 5-42 直通式管机头

1—口模；2—芯模；3—分流器；4—分流器支架；5—多孔板

② 直角式管机头（图 5-43）　直角式管机头的结构特点是内部不设分流器支架，熔体在机头中包围芯棒流动成型，因此只产生一条分流痕迹。直角机头最突出的优点是挤出机机筒容易接近芯棒上端，芯棒容易被加热，与它配合的冷却装置可以同时对管材的内外径进行冷却定型，定型精度较高。另外，由于流动阻力较小，料流较稳定，出料较均匀，生产率高，成型质量好。但直角机头结构复杂，制造困难，生产成本高，一般用于成型聚乙烯、聚丙烯、聚酰胺等大、小口径管材和电线电缆类制品。

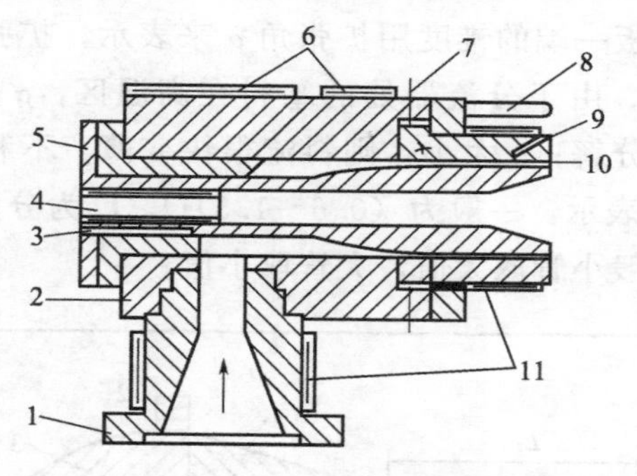

■图 5-43 直角式管机头

1—接管；2—机头体；3，9—温度计插孔；4—芯模加热器；
5—芯模；6，11—加热器；7—调节螺钉；8—导柱；10—口模

③ 旁侧式管机头（图 5-44） 这种机头综合了直通式管机头和直角式管机头的优点。在这种机头中，物料经过二次改变方向消除直角机头一次变向所产生的不均衡现象。它还具有挤出方向与挤出机螺杆轴向一致、占地面积比直角式机头小的优点。但是这种机头结构更复杂，挤出成型时料流阻力较大。

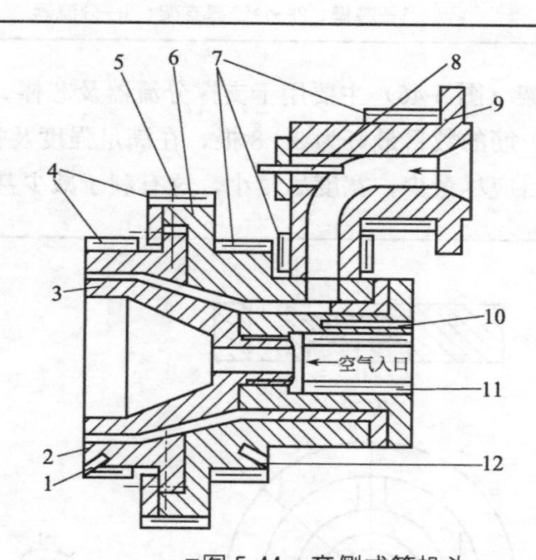

■图 5-44 旁侧式管机头

1，10，12—温度计插孔；2—口模；3—芯模；4，7—加热器；
5—调节螺栓；6—机头体；8—熔融物料温度计插孔；9—机头；11—芯模加热器

其中，直通式管机头用得最多，其机头包括分流器、分流器支架、管芯、口模和调节螺钉等几个部分。

分流器又称鱼雷头（图 5-45）。黏流态塑料经过粗滤板到达分流器，

塑料流体形成环状管坯，并逐渐变薄，有利于塑料的进一步均匀塑化。分流器靠近粗滤板一端的锥度用扩张角 α 来表示，扩张角对挤出不同的塑料有不同的要求。由于分流器处的塑料在高温区，α 过大时，料流阻力大，塑料易于过热分解；α 太小，则料流很快变薄，不利于塑料的均化。分流器的长度以 L 表示，一般为 $(0.6\sim1.5)D$，D 为分流器与分流器支架连接处的直径，一般小管取大值，大管取小值。

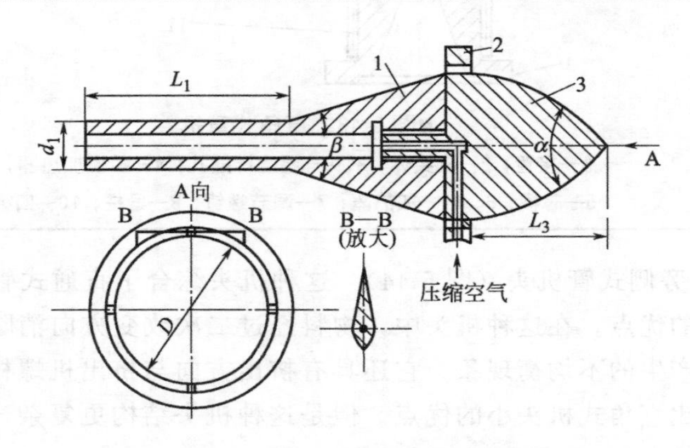

■图 5-45 分流器与管芯

1—芯模；2—分流器支架；3—分流器

分流器支架（图 5-46）主要用于支撑分流器及芯棒。分流器支架与分流器之间靠筋连接。筋的数目最好为 3～8 根，在满足强度及打通气孔壁厚要求的情况下，筋的数目应尽量少，宽度尽量小，这有利于减少甚至消除熔接线。

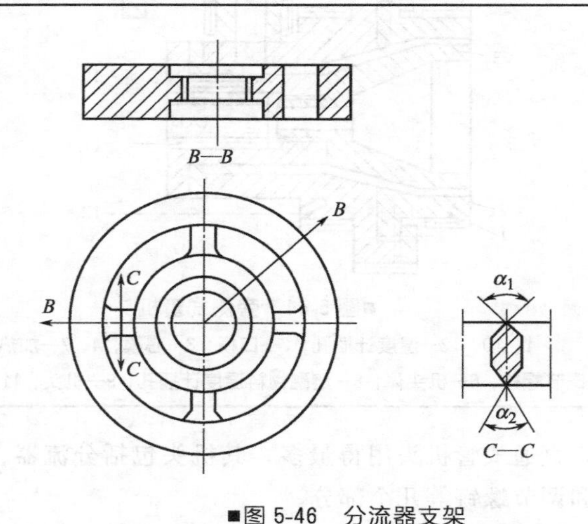

■图 5-46 分流器支架

口模与芯棒的平直部分是构成管材的成型部分。口模（图 5-47）负责成型管材外表面，熔融物料在口模与芯模平直部分受压缩成管状。口模平直部分长度 $L=(1.5\sim3.5)D$，D 为管材直径，或为管材壁厚的 20～40 倍，适当的 L 有利于料流均匀稳定，制品密实，并防止管子旋转；过长的 L 会造成料流阻力太大，管材产量降低；过短的 L 对分流器支架形成的接缝线强度不利，使管材抗冲击强度和抗圆周应力能力降低。确定口模内径时要考虑到物料离模膨胀和冷却定型后收缩等因素，口模内径只要用管材的外径除以经验系数即可，经验系数一般取 1.01～1.06。

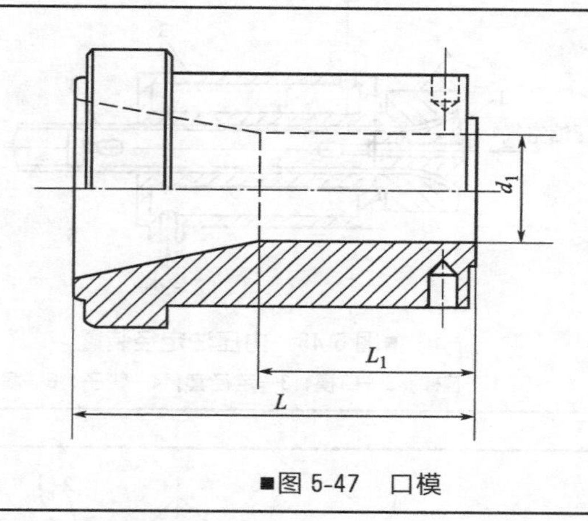

■图 5-47　口模

芯棒与口模配合，成型管材的内表面。芯棒要与分流器同心，以保证料流均匀分布，可采用螺纹结构与分流器对中、连接。为了使塑料离开分料筋后能很好地汇合，芯模收缩角 β 比分流器扩张角 α 小，β 的大小直接影响管材表面光洁度，β 过大，管材表面粗糙。β 随物料熔融黏度增大而减小。硬管一般取 10°～30°；软管取 20°～50°。通常芯模外径比管材内径大 0.5～1mm。

在管材挤出过程中，机头的压缩比是指分流器支架出口处截面积与口模、芯模间环形截面积之比，它表示黏流态塑料被压缩的程度。压缩比一般为 4～10，它随管径的增加而取小值。压缩比太大，机头尺寸大，料流阻力大，易过热分解；压缩比太小，接缝线不易消失，管壁不密实，强度低。

（3）定径套　物料从机头中被挤出时还处于熔融状态，其温度接近塑料的塑化成型温度，这种管坯必须立即进行定径和冷却，使其定型并把温度降到硬化温度以下。

管子的定型主要是定外径，由于塑料挤出管材的内径和壁厚尺寸一般不要求十分精确，外径定好以后，内径和壁厚也就达到了要求。外径定型法采用定径套，有内压定径（图 5-48）、真空定径（图 5-49）和顶出定径

（图 5-50）三种。内压法的塞子用链条拉紧在机头芯模端面，压缩空气由分流梳主架径向通入，经芯模中心孔吹到待定径的管子内壁，将管子压紧到定径套的内壁上。定径套夹套中用水冷却。真空定径法的定径套上有一个或两个区段在整个圆周上抽真空，将管坯吸贴到冷的定径套壁而定型。内压法操作比较麻烦，真空法需要抽真空设备。顶出法不用牵引装置，直接将管材顶出成型，其优点是设备结构简单、投资少、操作方便。但出料慢、产量低、管材壁厚不均匀、强度较低，目前在工厂中很少使用。

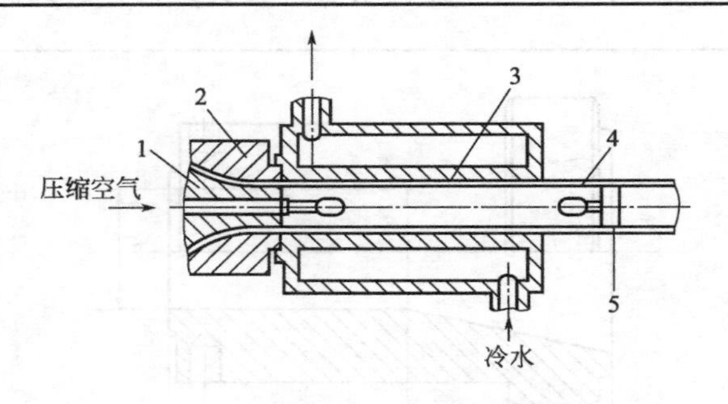

■图 5-48 内压法定径装置

1—芯棒；2—口模；3—定径套；4—管子；5—塞子

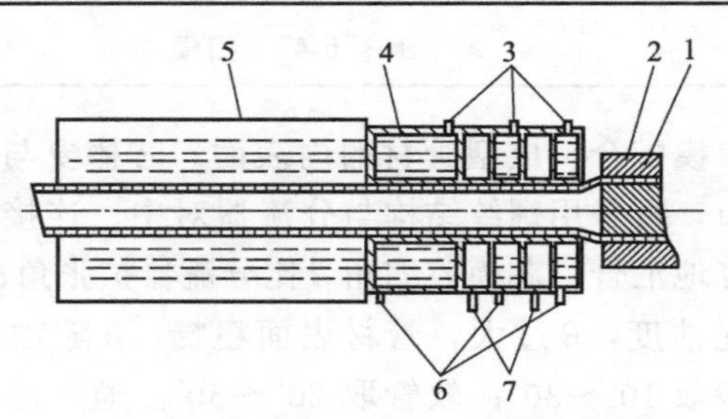

■图 5-49 真空法外径定型装置

1—芯模；2—口模；3，6—冷却水接口；4—外定径套；5—水槽；7—真空泵接口

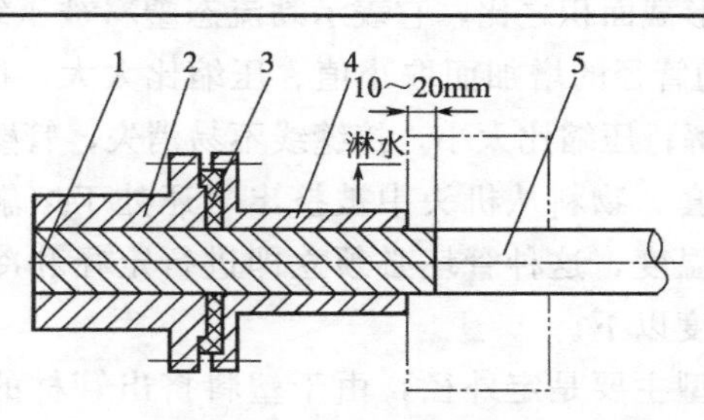

■图 5-50 顶出法外径定径示意图

1—芯模；2—口模；3—垫圈；4—冷却水槽；5—塑料管

（4）冷却水槽　经过定径以后的管子还比较热，硬度和强度也不够，因此需要进一步冷却到接近常温。冷却水槽的高度应该与挤出中心高度相匹配，通常做成高度可调式，水槽长度没有规定。冷却水槽结构简单，大多挤出成型厂都可以自己制造。水槽两端管子入口和出口要密封。常见的冷却水槽有三种，分别是浸没式水槽、喷淋式水槽和喷雾式水槽。浸没式水槽为开放式，具有一定水位，能将管材完全浸没在水槽中，其结构见图 5-51。其长度根据管径和挤出线速度确定，一般为 2～8m，分为 2～4 段，可将两水槽串联使用。浸没式水槽结构比较简单，但水的浮力会使管材弯曲，尤其是大口径管材。因此，该法适用于中小口径的塑料管材。喷淋式水槽是全封闭的箱体，其结构见图 5-52。管材从中心通过，管材四周有均匀排布的喷淋水孔，喷孔中射出的喷淋水直接向管材喷洒，靠近定径套一端喷水较密。喷淋冷却效果较好，克服了水槽冷却时由于黏附于管壁上的水层而减少热交换的缺陷。该法适于厚壁、大口径管材的冷却。为了进一步提高冷却效率，人们设计了喷雾式水槽。其结构是在喷淋式水槽基础上，用喷雾头来替代喷水头。通过压缩空气把水从喷雾头喷出，形成漂浮于空气中的水微粒，接触管材表面而受热蒸发，带走大量的热量，因此冷却效率大为提高。同理，还可采用密闭水槽抽真空的方法产生喷雾，低压下汽化来提高冷却效率。

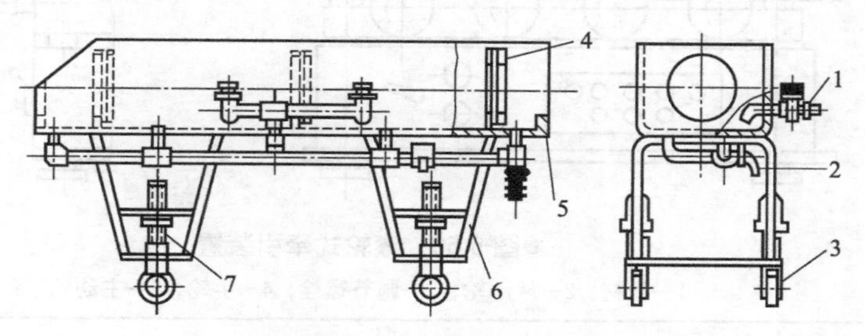

■图 5-51　浸没式水槽结构示意图

1—进水管；2—排水管；3—轮子；4—隔板；5—槽体；6—支架；7—螺杆撑杆

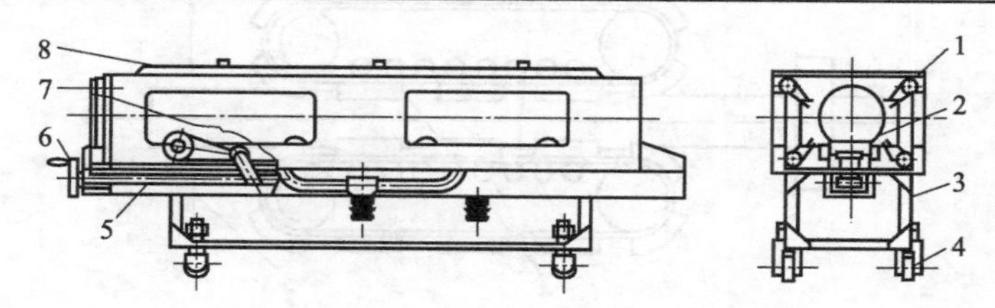

■图 5-52　喷淋式水槽结构示意图

1—喷水头；2—导轮；3—支架；4—轮子；5—导轮调整机构；6—手轮；7—箱体；8—箱盖

（5）牵引装置　常见的硬管牵引装置有两种，一种是滚轮牵引机，滚轮上下对称排列，一般由 2～5 对组成，其结构如图 5-53 所示。下轮为钢制主动轮，位置固定。上轮为从动轮，外面包覆橡胶，可以用手轮调节对管子的压紧程度。滚轮的曲率半径通常做得较大，以适应多种直径管子的牵引。该装置结构简单，调节方便，但轮子与管子外沿呈线接触，再加上滚轮数量有限，因此滚轮牵引机的牵引力较小，一般用来牵引直径不大于 100mm 的管材。另一类牵引机称为履带牵引机，履带通常用三条，分别以 120°均匀布置，其结构如图 5-54 所示。小管子的履带牵引机也有用两条履带的，履带上面嵌有紧密排列的橡胶夹紧块，它们做成凹形或压出一定的花纹以增加与管子的摩擦力。三条履带同时调节离圆心的距离，调距机构有液压式、气压式、机械式和手动式四种。履带牵引机压紧力大而均匀，所以牵引力也大，最大牵引力可以达数吨，适宜于大管子和薄壁管子的牵引，但是履带式牵引装置结构复杂，维修困难。

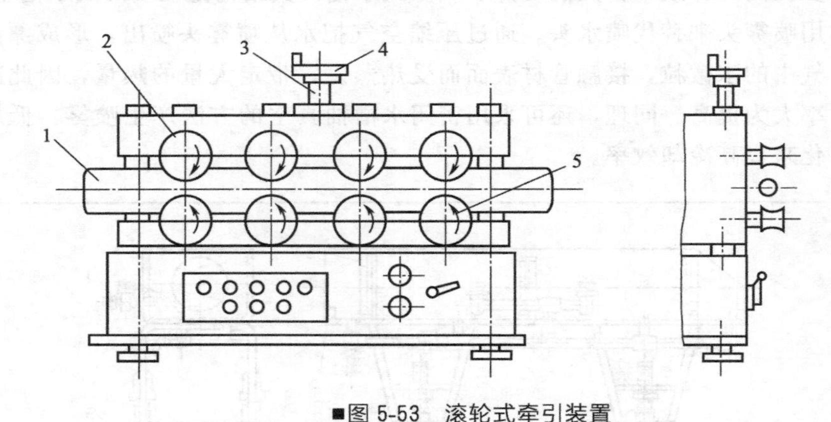

■图 5-53　滚轮式牵引装置

1—管材；2—从动轮；3—调节螺栓；4—手轮；5—主动轮

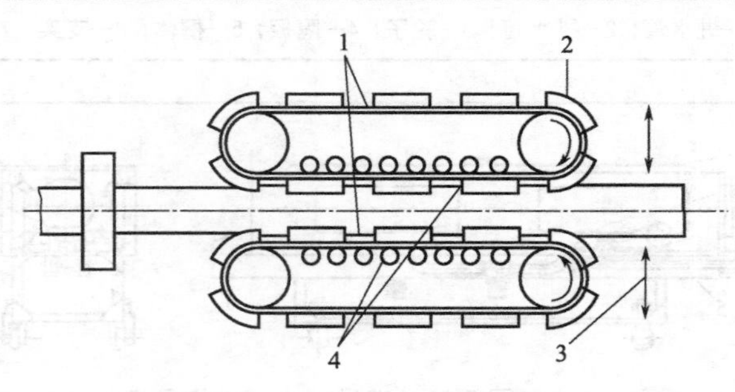

■图 5-54　履带式牵引机

1—输送带；2—弹簧软垫；3—管径调节；4—钢支撑辊

牵引装置一般应满足下面三点要求：①能适应夹紧多种管径的需要。②夹紧力要大，压紧均匀，而且能调节，牵引过程不打滑、跳动。③可以在一定范围内平滑地调节速率，以便同挤出速率配合，并且用调节牵引速率的方法来控制管径。同时，牵引速率一经调妥，应保持稳定。上面介绍的两种常见牵引装置都配有无级变速器，可以在牵引过程中平滑调速。

(6) 切割装置　硬管切割装置都用圆锯片。目前有两种切割机，对中小型管子用摆臂圆盘切割机，锯片从管材一侧切入，沿径向向前推进，直到完全切开，受到锯片直径的限制，这种方式只能切割直径小于 250mm 的管材。对于大管子的切割，则用行星圆盘切割机。圆锯片自转进行切削，绕管材公转，均匀在管材圆周上切割，直至管壁完全切断。

切割机是挤出成型设备中噪声最大的机器，达 100dB 以上，在切割过程中还有切屑飞扬，因此要重视其环境保护。

(7) 收取装置　硬管的收取装置是一个架子，可以自动将管子翻下落到制品堆中，然后等待发运。

软管的牵引辅机同硬管有许多不同，视软管的“软”度和直径而定。有些不必用定径套定型，只需冷却定型；有些可以用硬管牵引机牵引，也有不少场合不用切割而直接卷绕成制品卷。

5.5.3 原料及制品

用于管材生产的塑料主要有 PVC、PE、PP、PA 等，表 5-12 为硬 PVC 管材的应用，表 5-13 为聚烯烃和聚酰胺管材。

■表 5-12　硬 PVC 管的应用

硬质 PVC 管应用领域	PVC(K 值)	稳　定　剂
饮用水管	65～68	Pb,Sn,CaZn
污水管	65～68	Pb,Sn,CaZn
排水管	64～67	Pb,Sn,CaZn
波纹绝缘管	64～67	Pb,Sn,CaZn
电缆导线	64～67	Pb,Sn,CaZn
天沟下水管	64～67	Pb,Sn,CaZn

■表 5-13　聚烯烃和聚酰胺管材

原材料	熔体流动速率/(g/10min)	方法/(℃/kg)	密度/(g/cm³)	熔体结晶范围/℃	特　　性
HDPE	0.19～0.7	190/5	0.943～0.960	122～131	用于输送带压力的水、气和排水管，颜色有黑色、黄色、绿色及蓝色
LDPE	0.50～0.79	190/2.16	0.928～0.938	105～110	加有炭黑的各种黑色管

续表

原材料	熔体流动速率/(g/10min)	方法/(℃/kg)	密度/(g/cm³)	熔体结晶范围/℃	特性
PP	0.45～0.70	230/5	0.900～0.915	158～164	加工成灰色的管
阻燃级 PP	1.2～2.0	230/5	0.924～0.945	158～164	做成灰色的房屋排水管
PA6	20～30	275/5	1.07～1.15	218～222	用于汽车工业的刹车及燃料油管
PA66			1.12～1.16	250～255	
PA11/12	20～60	275/5	1.02～1.05	170～185	

5.5.4 工艺控制

在管材生产过程中，影响管材质量的因素很多，包括聚合物原料、配方、挤管设备和工艺条件。

5.5.4.1 原料及配方

聚合物原料的聚合方法、结构、相对分子质量、相对分子质量分布以及各种助剂对制品性能有较大的影响，应根据管材的用途选用相应的塑料品种。多数塑料品种，如聚乙烯、聚丙烯、聚苯乙烯、EVA、ABS、PET等，均由树脂厂直接提供已加有助剂的粒料，这些粒料可直接用于挤出成型。塑料制品厂需要自己进行配方和制备粉料或粒料的主要是聚氯乙烯塑料，这类塑料在树脂中要添加适当的稳定剂、润滑剂、增塑剂、偶联剂以及抗氧剂、着色剂、填充料等助剂，需要使用捏合机、开炼机、密炼机或挤出机来完成高速混合、造粒等。配方设计的目的是改善树脂的加工性能、内在质量并降低成本。配方设计要依据制品的性能、用途、使用寿命，助剂与树脂的相容性，各类助剂间的相互影响和协同效应以及加工设备的特点。表 5-14 为聚氯乙烯硬管的典型配方，表 5-15 为聚氯乙烯软管的典型配方，仅供参考。

■表 5-14 聚氯乙烯硬管的典型配方 单位：质量份

组分	给水管	排水管	电线导管
PVC 树脂(SG4、SG5)	100	100	100
三碱式硫酸铅		2.5～3.0	
硫醇锡	0.5～0.7		1.1～1.2
二碱式亚磷酸铅		0.5～1.0	
硬脂酸钙	0.6～0.8	0.6	1.5
硬脂酸		0.3～0.6	

续表

组　分	给水管	排水管	电线导管
液体钙/锌复合稳定剂		0.3～0.5	
石蜡	1.0～1.2	0.7～1.0	0.8
聚乙烯蜡		0～0.15	
氯化聚乙烯蜡	0.1～0.2		
冲击改性剂			4.0
加工助剂			1.0
钛白粉	1.0～1.5	2.0～3.0	1.0
荧光增白剂		0.01～0.05	
轻质碳酸钙	2.0～4.3	15.0～30.0	10.0

■表 5-15　聚氯乙烯软管的典型配方　单位：质量份

组分	PVC 液体输送管	电线绝缘套管	医用软管	耐油软管
PVC 树脂(SG3)	100	100	100	100
磷酸三甲酚酯				20
邻苯二甲酸二辛酯	48	42	10	10
高相对分子质量聚酯增塑剂			38	
单油酸甘油酯			0～0.6	
丁腈橡胶				10
有机锡				2.0
硬脂酸铅	2.0			
硬脂酸钡	1.0	1.5		
三碱式硫酸铅		3.5		
石蜡		0～0.5		
环氧大豆油				5.0

5.5.4.2 挤出设备

挤出设备对挤出制品的内在质量和外观质量有重要的影响。作为熔融、塑化、定量输送物料和提供成型压力的挤出机决定着物料的塑化效果、混合程度、温度的均匀性、挤出压力的稳定性等。塑化效果影响制品的内在质量和外观光泽；混合不均匀，使制品性能不均匀而降低等级；挤出物料温度不均匀，导致制品尺寸不均匀、翘曲变形，甚至造成局部过热分解，降低制品使用寿命；挤出压力的波动会引起制品的尺寸大小不均匀且质量波动，甚至出现制品被卡死或被拉断的现象。

辅机主要完成对制品的冷却定型、牵引、切割、卷取等功能，对制品的外形定型、尺寸稳定性、冷却效率、冷却的均匀性、制品的内应力及变形、成品规格有着重要影响。

机头或模具主要使熔融塑化的树脂在一定的压力下成型为所需要的截面形状，它决定了制品的外形尺寸、公差和表观质量，影响制品的物理力学性能、生产效率和操作的稳定性。如管机头分流支架设计不合理会造成熔接痕，并影响熔接处的强度；机头芯模和口模的同心度有偏差，会使制品出现一边厚一边薄的情况；机头压缩比过大，机头尺寸大，料流阻力大，易过热分解；压缩比过小，熔接痕不易消失，管壁不密实，强度低；机头内流道不平滑产生死角，易造成物料停留时间过长而分解。

5.5.4.3 挤管工艺条件

（1）挤出温度　挤出温度是影响塑化及产品质量的主要因素。温度过低，塑化不好，管材外观不光滑，力学性能差；温度过高，物料易分解，产生变色。温度的控制应根据挤出物料的加工流变特性、热分解性能和管材的使用性能综合确定。通常情况下，机颈、机身温度低于口模温度，粉料的成型温度比粒料低 5～10℃。表 5-16 是各种常见塑料管材的挤出成型温度，仅供参考。

■表 5-16　各种塑料管材的挤出成型温度　　单位：℃

各段温度	RPVC	SPVC	LDPE	HDPE	PP	ABS	PA1010	PC
加料段	90～130	100～120	110～130	120～140	140～160	160～170	250～265	200～240
压缩段	140～160	120～140	140～155	150～180	170～190	170～175	260～270	240～250
计量段	160～180	140～165	150～170	160～190	190～210	175～180	270～280	235～255
机颈	185～190	140～160	150～170	160～190	180～200	175～180	220～240	200～220
口模	170～190	160～180	150～170	160～190	180～200	190～195	200～210	200～210

（2）螺杆冷却　对硬 PVC 这样熔体黏度较高的材料，挤出时产生的热量较大，容易引起螺杆黏料分解或管材内壁粗糙，需对螺杆进行通水冷却。但螺杆通冷却水后，会减少挤出量和影响塑化效果，如果螺杆温度下降太多，物料反压力增大，导致产量明显下降，甚至会造成物料挤不出来而损坏螺杆或轴承等事故。因此需严格控制冷却水温度，一般出水温度应在 70～80℃左右。

（3）螺杆转速与挤出速率　螺杆转速既取决于挤出机大小，又取决于管径大小。转速增加，机筒内物料的压力增加，挤出速率增加，挤出量提高，同时还能使物料受到较强的剪切作用而产生更多的内摩擦热，有利于物料的充分混合与均匀塑化，从而提高塑料制品的力学性能。但螺杆转速过高、挤出速率过快会使塑料受到过强的剪切作用，产生过多的内摩擦热，使机筒中心部分的塑料温度“跑高”，型坯产生“开花”现象和过大的离模膨胀，制品质量下降，并且可能会出现因冷却时间过短造成制品变形、弯曲。此外，过高的螺杆转速会使机筒内的熔体流动产生过多的漏流和逆流，增加挤出能耗，加快螺杆磨损；转速过低，挤出速率过慢，物料在机筒内受热时间过长，会造成物料降解，制品的物理力学性能下降。此外，过低的螺杆转速令生产效率下降，塑料得不到均匀、充分的塑化。因此螺杆转速的调节可根据螺杆结构和所加工的物料、产品形状和辅机的冷却速率而定，一般控制在10～35r/min。螺杆直径增大，螺杆转速减小；同一台挤出机，加工管材直径增大，则螺杆转速下降。

（4）牵引速率　在挤出操作中牵引速率的调节很重要。物料经挤出机熔融塑化，从机头连续挤出后被牵引，而后进入定型装置、冷却装置、牵引装置等。牵引速率直接影响制品壁厚、尺寸公差和性能外观。若牵引速率过大，管壁就太薄，管壁的爆破强度明显下降，同时，产品残余内应力增大，管材弯曲变形，甚至会将管材拉断；若牵引速率过小，管壁就太厚，容易导致口模与定型模之间积料。牵引速率必须稳定，且与制品挤出速率相匹配，正常生产时，牵引速率比管材挤出速率高1%～10%，以克服管材的离模膨胀。牵引速率直接影响管材的壁厚，牵引不稳定，管径也会不均匀。牵引作用对制品还有纵向的拉伸，影响制品的力学性能和纵向尺寸的稳定性。

挤出速率和牵引速率确定了管材的拉伸比，而拉伸比对制品的尺寸和力学性能有重要影响。几种塑料管材的拉伸比参考值见表5-17。

■表5-17　几种塑料管材的拉伸比参考值

材　料	RPVC	SPVC	PE	PP	ABS
管材拉伸比	1.00～1.08	1.05～1.30	1.10～1.50	1.00～1.20	1.00～1.10

（5）压缩空气的压力　压缩空气使管材定型并保持一定的圆整度，其压力大于大气压。压缩空气压力的大小取决于管材的直径、壁厚以及物料的黏度，一般取0.02～0.05MPa，在满足圆整度要求的前提下，尽量控制压力偏小些。压力过大，芯棒被冷却，管材内壁裂口，管材质量下降；压力过小，管材不圆，使制品外圆的几何尺寸误差大，表观质量不合格。同时要求压力应稳定，否则，管材出现竹节状。生产软管不需要压缩空气，但机头上的进气孔要与大气相通，否则管子不圆，会吸扁黏在一起。

（6）真空度　真空度是反映定型套内吸附型坯的能力，一般控制在0.035～0.07MPa。真空度太高，吸附力过大，对管坯的定型没这必要，而且还使牵引机负荷过大，有时还会造成牵引时发生颤抖使牵引速率不均匀而产生“堵料”。同时会增加制品的运行阻力，使制品表面粗糙；真空度过低，管坯不能完全被吸附在定型套内腔表面上，造成管材圆整度不够。

（7）冷却水温度　冷却水温应控制在10～20℃之间，水温过高，管材不能充分冷却。

5.5.5 质量检测与控制

挤出管材成型过程中，由于工艺条件掌握不当，设备故障以及原料质量等原因，往往使制品存在一些问题，甚至变为废品。挤出管材过程中可能出现的不正常现象、产生原因及解决方法见表 5-18。

■表 5-18 挤出管材不正常现象、产生原因及解决方法

不正常现象	产生原因	解决办法
管材内外表面毛糙	塑料含水量和挥发物含量过大 料温太低 机头与口模内部不干净 挤出速率太快	干燥塑料 提高料温 清理机头和口模 降低螺杆转速
管壁厚度不均匀	口模、芯模未对中 口模各点温度不均匀 牵引位置偏离挤出机轴线 压缩空气不稳定 挤出速率与牵引速率不匹配 模唇间隙时大时小 模唇变形 出料不均匀	校正相对位置 校正温度 校正牵引位置 调节压缩空气 调节挤出与牵引速率，使之匹配 上紧调节螺丝 修理或更换模唇 检查加热圈是否有损坏
管径不圆	定径套口径不圆 牵引前部冷却不足 挤出温度过高 冷却水供给太猛	更换定径套 校正冷却系统或放慢挤出速率 降低挤出温度 降低冷却水流量
管材口径大小不同	挤出温度波动 牵引速率不均匀	控制温度恒定 检查牵引装置，使之达到平衡
制品带有杂质	滤网破损或滤网不够细 塑料降解 加入填料太多	更换滤网 降低机筒、口模温度 降低填料比例
制品带有焦粒或变色	机身和机头温度过高 机头与口模内部不干净或有死角 分流器设计不合理 原料内有焦粒 控温系统失灵	降低机身和机头温度 清理机头与口模，改进机头与口模流线型 改进分流器设计 更换原料 检修控温仪表
表面凹凸不平及波纹	口模温度不合适 配方不合理 原料潮湿 挤出量过大	调整口模温度 调整原料、更换配方 干燥原料 降低挤出速率

续表

不正常现象	产生原因	解决办法
管被拉断或拉破	牵引速率太快 压缩空气供气量太大	降低牵引速率 降低压缩空气供气量
表面冷斑	口模温度太低 冷却固化太快	提高口模温度 减少冷却水量
管材外表面光亮凸块	口模温度太高 冷却不足	降低口模温度 增加冷却水量
履带式牵引装置运行不平稳	传动链条磨损，链节距拉伸增大 履带用传动辊中心距过小 橡胶块破损 减磨托条变形	更换传动链条 高速传动辊中心距 更换橡胶块 更换减磨托条
管壁忽厚忽薄	牵引速率不稳 真空度不稳定	检查牵引辊是否打滑，高速辊对管子的夹持力 检查清洗真空系统
内壁有明显拼缝线	机头或芯模温度偏低 挤出速率太快，熔料塑化不良 机头结构设计不合理 分流梭结构设计不合理	适当提高机头或芯模温度 适当降低螺杆转速 修改机头结构 修改分流梭设计
断面内有气孔	料筒温度太高 螺杆摩擦热太高 原料配方内易挥发物含量偏高 螺杆磨损严重 螺杆头部结构设计不合理	适当降低料筒温度 向螺杆内通冷水或冷风，适当降低螺杆温度 调整配方 修复或更换螺杆 修改螺杆头部结构
管壁脆弱	螺杆温度偏低 螺杆转速太快，熔料塑化不良 料筒温度太高，熔料容易分解 机头温度太低，塑化不良 树脂黏度太低	减少冷却，提高螺杆温度 降低螺杆转速，改善塑化 降低料筒温度 提高机头温度 采用黏度较高的树脂
表面无光泽	口模内表面粗糙，精度太低 口模温度太高或太低 挤出速率太快 原料未充分干燥，含水量过高	提高口模内表面光洁度 调整口模温度 降低螺杆转速 充分干燥原料

5.6 挤出流延法双向拉伸薄膜生产技术

5.6.1 概述

挤出流延法双向拉伸塑料薄膜是由挤出机将塑料原料熔融塑化，通过狭缝式机头挤出熔体片，浇注到冷却辊筒上，然后经加热、拉伸、定型、卷取等工序而形成。双向拉伸薄膜当其在纵、横两个方向的物理力学性能基本相同时，又称为平衡膜；当其一个方向的机械强度高于另一个方向，呈现各向异性时，又称为强化膜或半强化膜。由于双向拉伸塑料薄膜受热时，分子取向松弛，薄膜发生收缩，故又称为热收缩薄膜。挤出流延法双向拉伸薄膜的拉伸强度、冲击强度、弹性模量、撕裂强度、疲劳弯曲性和表面光泽度等性能指标都比未拉伸的相应薄膜明显高，并且其耐热性、耐寒性、透明性、光泽、透气性、防湿性、电绝缘性、厚度均匀性和尺寸稳定性等性能均有改善。

5.6.2 工艺流程及生产设备

5.6.2.1 工艺流程

挤出流延法双向拉伸薄膜生产工艺按拉伸工艺分为一步法（纵横向同时拉伸法）和两步法（纵横向逐次拉伸法），其工艺流程分别如图 5-55 和图 5-56 所示。一步法用于不能使用两步法工艺的薄膜，如 PA6、PVA 薄膜，并且可以生产厚度为 0.5～1.5μm 的薄膜。

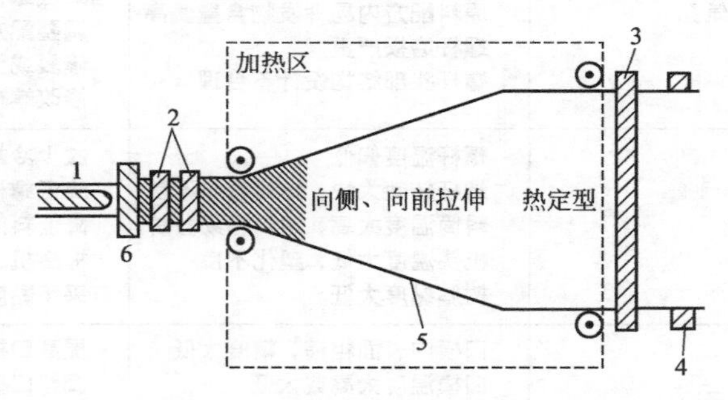

■图 5-55 挤出流延法双向拉伸薄膜一步法生产工艺流程图

1—挤出机；2—流延辊；3—冷却辊；4—卷取；5—加速展辐机压板；6—模头

5.6.2.2 生产装置

（1）挤出机 挤出流延法双向拉伸薄膜一般采用单螺杆挤出机，螺杆多采用混炼结构，长径比为 25～33，压缩比为 4。由于挤出流延法双向拉伸薄膜是高速化生产，挤出机规格至少选择 ϕ90mm，薄膜规格较大时也可用 ϕ200mm 的挤出机。挤出机除大小应符合规定要求外，还应保证挤出物料塑化和温度均匀及料流无脉动现象，否则会使制品厚薄不均。

（2）机头和口模 生产挤出流延法双向拉伸薄膜的机头设计的关键是

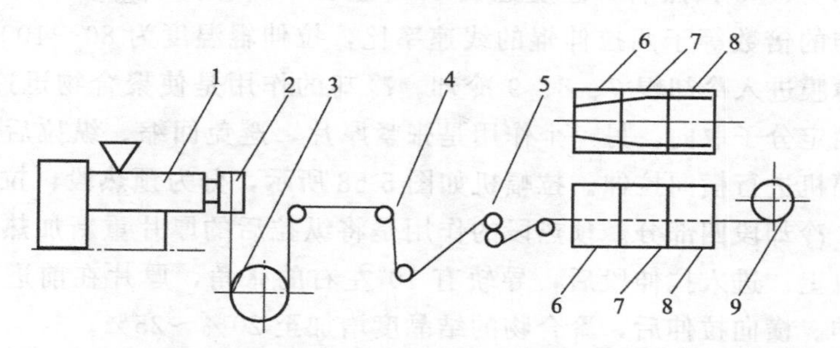

■图 5-56　挤出流延法双向拉伸薄膜两步法生产工艺流程图

1—挤出机；2—T 形机头；3—冷却辊；4—预热辊；
5—纵向拉伸辊；6—横向拉伸预热辊；7—拉伸区；8—热定型区；9—卷取

使物料在整个机头宽度上的流速相等，从而获得厚度均匀、表面平整的薄膜，因而一般为扁平机头，模口形状为狭缝式。按结构特点，目前常用的扁平机头结构形式有衣架式、支管式和分配螺杆式，各机头的特点参见表 5-19。

■表 5-19　各种机头的形式的特点

特点/机头形式	衣架式机头	支管式机头	分配螺杆式机头
存料量	少量	无	无
薄膜厚度均匀性	好	较差	好
维修难度	复杂	简单	复杂
制造成本	高	低	高
应用	广	少	较少

一般机头宽度有 1.3m、2.4m、3.3m 和 4.2m 几种规格。宽度为 4.2m 的机头，其年生产能力为 7000t。口模平直部分的长度为薄膜厚度的 50～80 倍，薄膜厚度小时取大值，一般不小于 16mm。口模较长的平直部分可以增大料流压力以提高薄膜质量，去除料流中的拉伸弹性，有利于控制制品厚度。

(3) 冷却装置　用于双向拉伸的厚片应是无定形的，为达到这一要求，对聚丙烯和聚酯等结晶型聚合物所采取的方法是将离开口模的熔融态厚片实行急冷。急冷是由冷却转鼓进行的。冷却转鼓通常是钢制镀铬的，表面应十分光洁，其内部通道内通有一定温度的冷却水，对于聚酯一般为 60～70℃。挤出的厚片在离开口模一短距离（<15mm）后，转上稳速的冷却转鼓，并在一定的方位撤离转鼓。厚片的厚度大致是拉伸薄膜的 12～16 倍，厚片横向厚度必须严格保持一致。

(4) 拉伸装置　图 5-57 为聚酯厚片纵向拉伸示意图。厚片经预热辊 1、

2、3、4、5 预热后，温度达到 80℃左右，接着在 6、7 两辊之间被拉伸。拉伸的倍数等于两拉伸辊的线速率比，拉伸辊温度为 80～100℃。纵拉后的薄膜进入冷却辊 7、8、9 冷却。冷却的作用是使聚合物迅速停止结晶，并固定分子取向，另一个作用是张紧厚片，避免回缩。纵拉后的厚片送至拉幅机进行横向拉伸。拉幅机如图 5-58 所示，分为预热段、拉伸段热定型段、冷却段四部分。预热段的作用是将纵拉后的厚片重新加热到玻璃化温度以上。进入拉伸段后，导轨有 10°左右的张角，厚片在前进中得到横向拉伸。横向拉伸后，聚合物的结晶度增加至 20%～25%。

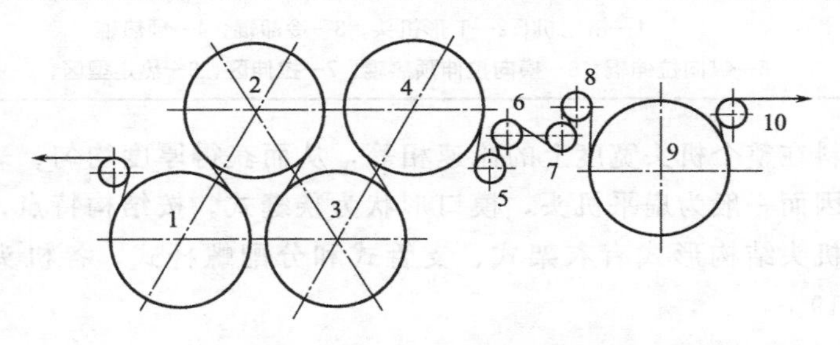

■图 5-57 聚酯厚片纵向拉伸示意图

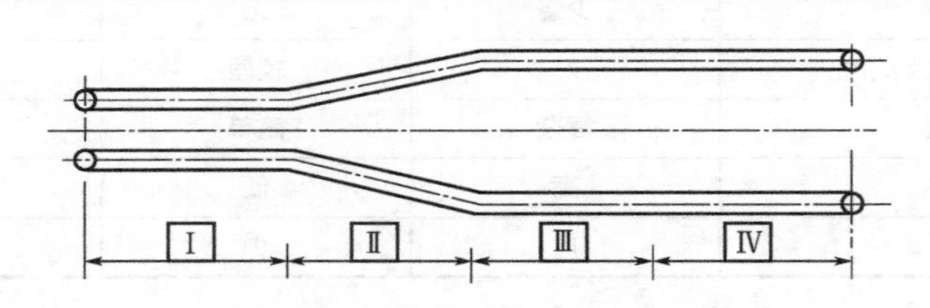

■图 5-58 横向拉伸、热定型和冷却

Ⅰ—预热段；Ⅱ—拉伸段；Ⅲ—热定型段；Ⅳ—冷却段

检测薄膜厚度可用自动化线上的 β 射线测厚仪自动监测和调节，也可人工用千分尺测量。

(5) 热定型和冷却装置 经横拉后的薄膜必须在规定限度内使拉伸薄膜在张紧状态下进行高温处理，即热定型，经过热定型的制品，其内应力得到消除，收缩率大为降低，机械强度和弹性也都得到改善。所采用的温度至少应比聚合物的最大结晶温度高 10℃。

热定型后的薄膜温度较高，必须冷却至室温，以免成卷后热量难以散失，引起薄膜的进一步结晶、解取向与老化。最后得到的制品的结晶度约为 40%～42%。

(6) 切边和卷取装置 薄膜切边采用固定在刀架上的刀片切去薄膜偏

厚的边缘。刀架位置应可调节。切片后的薄膜经导辊引入收卷机卷绕成一定长度或质量的膜卷。

5.6.3 原料及制品

目前，用挤出流延法生产的双向拉伸薄膜有：BOPP、BOPET、BOPA、BOPS、BOPVC，BOCIPE（辐射交联聚乙烯）、BOPVDC（聚偏二氯乙烯共聚物）、BOPVA（聚乙烯醇）等。

5.6.4 工艺控制

挤出流延法双向拉伸薄膜所用原料是根据薄膜用途选定的薄膜级树脂，树脂MFR越高，即分子量越小，熔体流动性越好，但结晶性也越好，生产工艺控制越困难，故MFR应适当。PE挤出流延法双向拉伸薄膜应选MFR为3～8g/10min薄膜级牌号，PP挤出流延法双向拉伸薄膜应选MFR为2～4g/10min薄膜级牌号。PA挤出流延法双向拉伸薄膜原料主要有PA6、PA66和PA12，其中PA6最常用。

挤出成型温度应根据原料确定。挤出机的料筒温度和机头温度要比吹塑同类型薄膜时高20～30℃，要比挤出同类塑料管材时高30～40℃。机头温度控制比挤出机料筒低5～10℃。机头宽度方向上的温度设置为中间低两端略高，因为从挤出机料筒挤出的熔融料流到衣架式机头两边的距离比流到中心位置的距离要长。当然，倘若能通过调节机头中的节流棒和模唇开度，使物料在机头宽度方向上的流动速率一致的话，可以在机头整个宽度方向上采用相同的温度。

由机头浇注到冷却辊上的厚片厚度大致为拉伸薄膜的12～16倍，厚片中的结晶度应控制在5%以下。冷却辊内部通冷却水的水温以15～20℃为宜。拉伸预热温度比拉伸温度低5～10℃，拉伸温度为晶体二级转变温度与熔点（或软化点）之间。几种塑料的拉伸温度范围见表5-20。拉伸后的薄膜进入冷却辊冷却，同时张紧厚片，避免发生回缩。冷却辊温度控制在塑料的 T_g 附近。

■表5-20　几种塑料的拉伸温度范围　单位：℃

原料名称	二级转变温度	熔点(或软化点)	拉伸温度
PTFE	70	255	85～110
PA66	40～50	250	67～75
PA12	45～50	250	65～75
PA6	45～50	250	65～75

续表

原料名称	二级转变温度	熔点(或软化点)	拉伸温度
RPVC	105	170	115～145
SPVC(15%增塑剂)	60	170	70～100
PP		140～180	100～160
PE		110～135	80～130

5.6.5 生产实例

下面以 BOPP 薄膜为例说明在挤出双向拉伸薄膜的生产中应该注意的问题。

聚丙烯双向拉伸薄膜（BOPP 薄膜）广泛用于食品、医药、服装、香烟等各种物品的包装，并大量用作复合膜的基材。BOPP 是用挤出流延法制成厚片，然后经两步法双向拉伸而成型。BOPP 薄膜具有拉伸强度、冲击强度、透明性和电绝缘性高，透气性和吸潮性低等优点。

生产 BOPP 薄膜采用大型单螺杆挤出机与辅机组成的生产线，如生产最大幅宽为 5.5m 的双向拉伸膜所选用的挤出机和螺杆等参见表 5-21，其中纵向拉伸机由预热辊、拉伸辊和冷却辊组成。预热辊是由 4～5 个辊筒组成。各预热辊筒的转速相同，辊筒直径以 6mm 的等差级数增大，加热方式有蒸汽加热或油加热。拉伸辊由多个速度不等的辊筒组成，直径为 167mm，低速辊筒转速 3～30m/min，高速辊筒转速 15～150m/min。冷却辊直径为 300mm，以循环热水进行冷却。

■表 5-21 BOPP 薄膜生产工艺控制

挤出机型号	螺杆类型	螺杆长径比	螺杆压缩比	螺杆转速/(r/min)	机头类型	模唇长度/mm
ϕ200mm	分离型螺杆	33∶1	3.1∶1	9～90	支管式	800

生产 BOPP 薄膜采用熔体指数 2～7g/10min 的均聚或共聚聚丙烯树脂。均聚 PP 耐寒性较差，不能用于冷藏食品包装。有时为了降低热焊接温度，需加入适量的低熔点聚合物（如 PE）。

BOPP 薄膜生产工艺流程如图 5-59 所示，挤出机温度控制在 190～260℃（从机身后向前增温），冷却辊的水温为 15～20℃；预热温度为 150～155℃，拉伸温度为 155～160℃，拉伸倍数与厚片的厚度有关，一般纵向拉伸倍数随着厚片厚度的增加而适当提高，如厚片厚度为 0.6mm 左右时，拉伸倍数为 5 倍；厚片厚度为 1mm 左右时，纵向拉伸倍数为 6 倍。

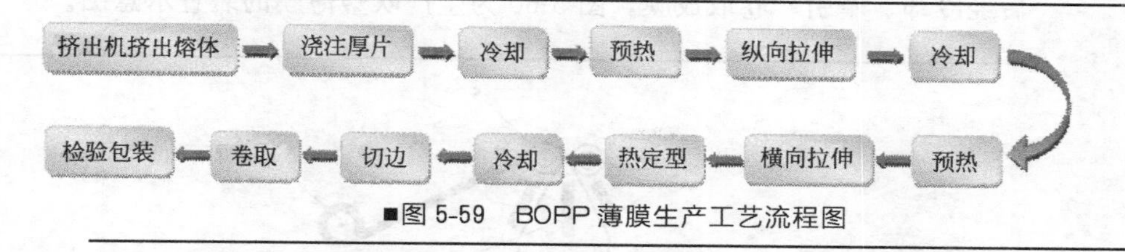

■图 5-59　BOPP 薄膜生产工艺流程图

纵向拉伸有单点拉伸和多点拉伸。所谓单点拉伸，是靠快速辊和慢速辊之间的速差来控制拉伸比，在两辊之间装有若干加热的自由辊，这些辊不起拉伸作用，只起加热和导向作用。多点拉伸是在预热辊和冷却辊之间装有不同转速的辊筒，借助于每对辊筒的速差，使厚片逐渐拉伸。

横向拉伸即使经纵向拉伸后的膜片进入拉幅机拉伸，拉幅机分为预热区（165～170℃）、拉伸区（160～165℃）和热定型区（160～165℃）。膜片由夹具夹住两边，沿张开一定角度的拉幅机轨道被强行横向拉伸，拉伸倍数为 5～6 倍。

5.7 塑料薄膜挤出吹塑生产技术

5.7.1 概述

塑料薄膜广泛应用在工业、农业和国防工业及人们日常生活的各个领域中。吹塑薄膜是塑料薄膜中的一个品种，它在轻工、化工、食品和纺织工业制品包装中，用作防潮、防尘和防腐蚀的保护膜。在农业生产中，用来育苗、保温、保湿、防风和防止病虫害，对提高农作物的产量有很大帮助。

挤出吹塑法广泛用于热塑性塑料如聚乙烯和聚氯乙烯等塑料薄膜的成型加工，它有如下优点：生产工艺简单，设备占地少，投资少，成本低；薄膜经拉伸、吹胀，力学性能好；无边角废料，成品率高，能源消耗少。这种方法的主要缺点是厚度均匀性差、拉伸强度低于压延薄膜，由于吹塑薄膜用风冷却，挤出速率不能太高，产量低。

5.7.2 塑料薄膜挤出吹塑成型工艺及设备

5.7.2.1 塑料薄膜挤出吹塑工艺流程

挤出吹塑法是树脂经挤出机熔融进入环隙口模，出口模的熔融树脂成圆筒状膜管，然后在较好流动状态下向膜管中吹入压缩空气，使其膨胀，后经冷却、牵引、卷取成膜，图 5-60 为生产吹塑薄膜的装置示意图。

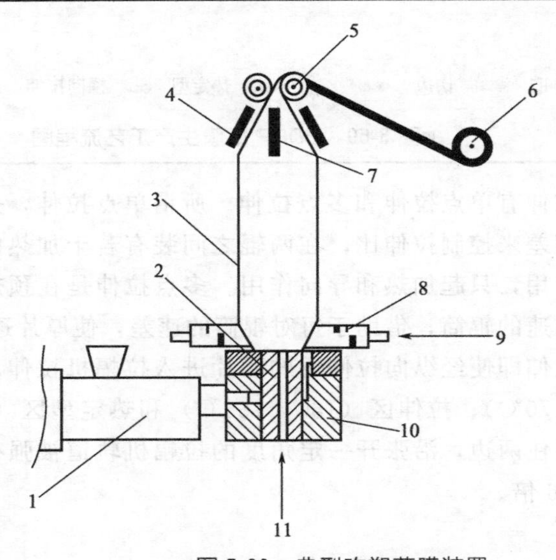

■图 5-60 典型吹塑薄膜装置

1—挤出机；2—芯棒；3—泡状物；4—人字板；5—牵引辊；6—卷取；7—折叠导棒；8—冷却环；9，11—空气入口；10—模头

吹塑薄膜根据引膜方向的不同可分为平挤上吹法、平挤平吹法和平挤下吹法，参见图 5-61。三种吹塑工艺应根据产品规格、原料、生产条件和

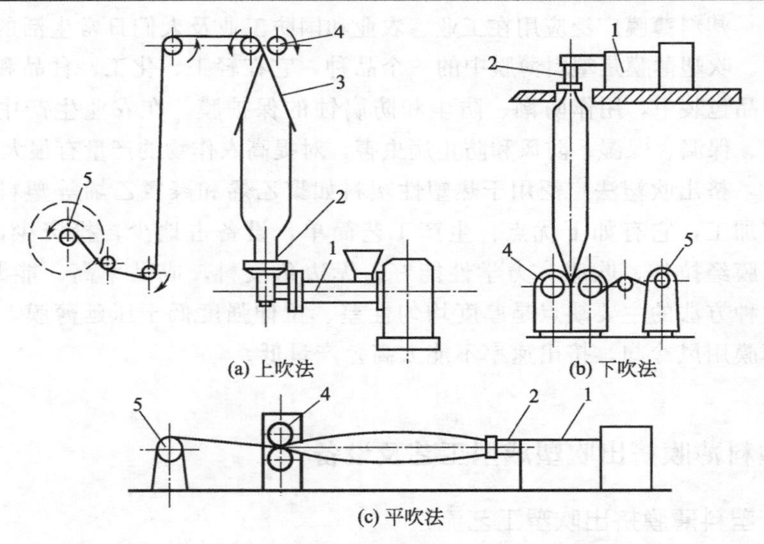

■图 5-61 挤出吹塑薄膜的三种方法

1—挤出机；2—机头；3—人字形导板；4—牵引装置；5—卷取装置

质量要求等因素确定。一般大、中折径尺寸且结晶度较小的吹塑薄膜均用上吹法，小折径（600mm）尺寸且结晶度较小的吹塑薄膜常用平吹法，结晶度较高、熔体指数较小的塑料吹塑薄膜，如PP、PA应选用下吹法。

5.7.2.2 挤出吹塑薄膜生产设备

（1）挤出机　吹塑薄膜一般采用单螺杆挤出机，螺杆长径比大于25，可采用一般螺杆或者新型螺杆。机器的大小由薄膜的宽度和厚度而定，挤出机的生产效率受冷却和牵引两种速率控制，一台挤出机能加工的薄膜规格是有限的。挤出机的规格与薄膜尺寸关系如表5-22所示。

■表5-22　挤出机规格与吹塑薄膜之间的关系

螺杆直径/mm×长径比	吹膜折径/mm	膜厚度/mm
30×20	30～300	0.01～0.06
45×25	100～500	0.015～0.08
65×25	400～800	0.088～0.12
90×28	700～1500	0.01～0.15
120×28	1000～2500	0.04～0.18
150×30	1500～4000	0.06～0.20
200×30	2000～8000	0.08～0.24

挤出吹塑薄膜应根据原料选择螺杆形式，如生产聚氯乙烯薄膜应采用等距不等深渐变型螺杆且螺杆头部应选用尖型头。不要使用有附加螺纹的或屏障型螺杆，避免原料在机筒内因停留时间过长分解。生产聚乙烯和聚丙烯等薄膜时，由于这类结晶型聚合物没有聚氯乙烯挤出时对螺杆的特殊要求，所以选用等距突变型螺杆。螺杆压缩比与原料种类之间的关系见表5-23。

■表5-23　螺杆压缩比与原料种类之间的关系

原料名称	螺杆压缩比	原料名称	螺杆压缩比
聚氯乙烯(粒)	3～4	聚苯乙烯	2～4
聚氯乙烯(粉)	3～5	聚酰胺	2～4
聚乙烯	3～4	聚碳酸酯	2.5～3
聚丙烯	3～5		

（2）吹塑料薄膜机头　吹膜机头种类很多，主要有从侧面进料的芯棒式机头、从中心进料的十字形机头和螺旋芯棒式机头、莲花瓣式机头、旋转机头、共挤出机头等。目前我国使用最多的是从侧面进料的芯棒式机头，螺旋芯棒式机头也得到了应用和推广。

① 侧进料芯棒式机头　图5-62为侧进料芯棒式机头的基本结构。来自挤出机的熔融物料经过设置在挤出机机筒与机头连接处的多孔板后，经机颈到达芯棒轴。在芯棒轴的阻挡下，熔融物料被分为两股流

到芯棒另一侧后又重新汇合。汇合后的料流沿机头环形缝隙挤出成管坯。压缩空气由芯棒内通入，将管坯吹胀成膜。这种机头的优点是：机头内存料少，不易过热分解，结构简单，易制造，只有一条合缝线。但由于物料长时间对芯棒作用，芯棒易产生“偏中”现象，使其中心线偏向与进料方向相反的一侧，而靠近进料一侧的薄膜出现单边偏厚的现象。该机头主要用于热敏性塑料，如软 PVC 薄膜，对聚乙烯、聚丙烯、聚酰胺也适用。

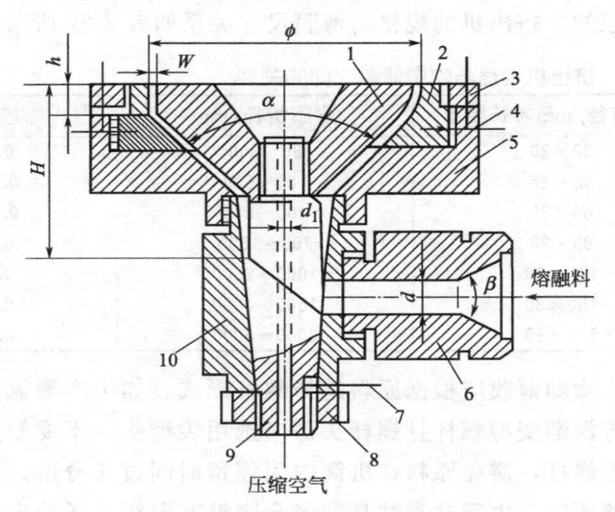

■图 5-62 侧进料芯棒式机头

1—芯棒；2—口模；3—压紧圈；4—调节螺钉；5—上模体；

6—机颈；7—定位销；8—螺母芯棒轴；9—芯棒轴；10—下模体

② 螺旋芯棒式机头 螺旋芯棒机头结构如图 5-63 所示，这种机头属于中心进料式机头，为解决侧进料机头的偏中现象而设计。这种机头的芯棒轴上开设有一条或多条（多为 4～8 条）螺纹流道。来自挤出机的物料从机头中心进入，通过螺纹槽向上做螺旋运动，并进入圆环隙流道。熔料在环形缓冲槽内消除熔接痕之后，进入环形间隙挤成膜管，吹胀成膜。由此可见，这种机头不但可以避免芯棒偏中现象，而且其料流呈螺旋形分散，使混合程度大大提高。这不但消除了薄膜的合缝线，且其厚度均匀性得以改善。这种机头可用于聚乙烯、聚苯乙烯、聚丙烯的吹塑成型。但因物料在芯棒中停留时间较长，故不适于加工热稳定性较差的聚氯乙烯。而且由于这种机头体积较大，不适合吹制大规格口径的薄膜。

吹塑不同原料的薄膜，口模间隙不同，常用树脂的口模间隙参见表 5-24。

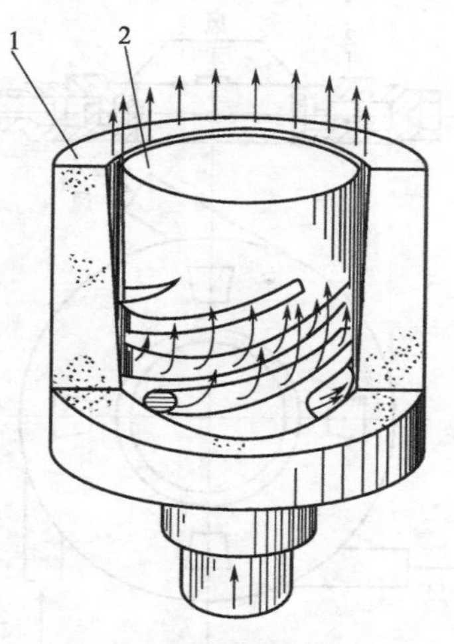

■图 5-63　螺旋芯棒式机头

1—机头体；2—螺旋芯棒

■表 5-24　口模间隙选择

薄膜名称	PVC	LDPE	HDPE	LLDPE	PP	PA
口模间隙/mm	0.8～1.2	0.5～1.0	1.2～1.5	1.2～2.6	0.8～1.0	0.55～0.75

（3）冷却定型装置　不论采用上吹法、平吹法还是下吹法制造薄膜，刚从环隙机头出来的薄膜膜管还处于塑性流动温度，必须立即冷却定型，冷却定型装置的结构和工作性能直接影响薄膜的质量（厚度、均匀度、透明度和表面质量）和吹塑的生产能力。按照冷却部位，冷却定型装置大致可以分为膜管外表面冷却和膜管内表面冷却两种。国外则普遍采用内外同时冷却系统，进行高效能、高质量的挤出吹塑生产。按照冷却介质分，冷却定型装置可分为风冷和水冷两种。我国目前最常见的是采用普通风环的外部冷却装置，其结构见图 5-64，普通风环可以直接与机头相连，也可以与之保持适当的距离（一般为 30～100mm），视物料的加工性能确定。距离的大小和冷却速率对薄膜的透明度和光洁度有直接影响。

普通风环的结构有多种，除普通风环外，还有许多其他的风环，如旋转风环，多出口风环，具有导向管的风环，真空室风环等。

水冷却装置是一个水冷夹套，套在膜管外面，其结构见图 5-65。冷却水在夹套内壁和膜管之间流过，直接与膜管接触而冷却膜管，所以冷却效果比风冷好。但是一种规格水冷却装置只适用于某一种规格的膜管，其适应性没有风冷式强。

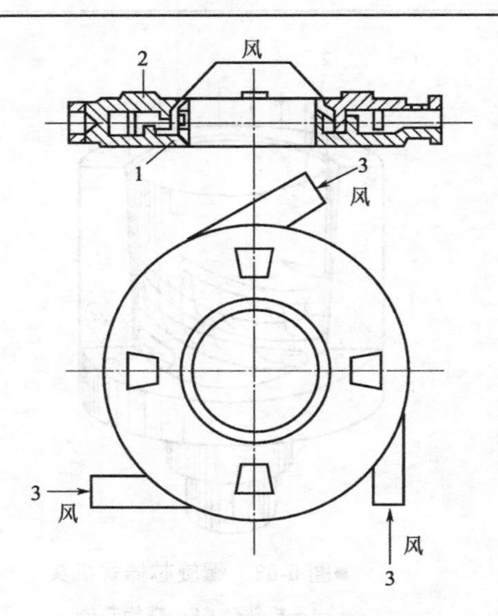

■图 5-64 普通风环

1—风环体；2—风环上盖；3—进风口

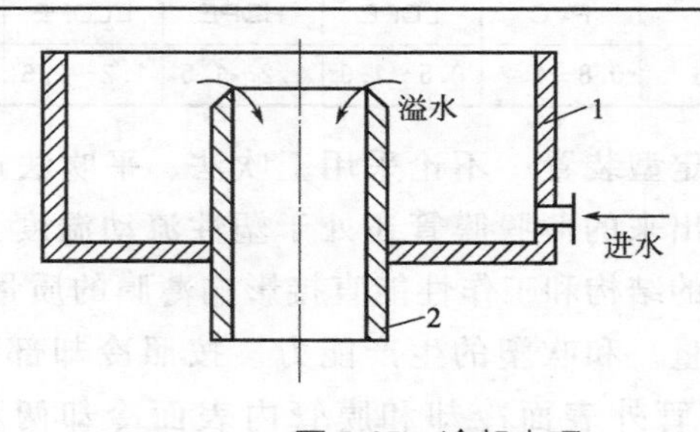

■图 5-65 冷却水环

1—冷却水环；2—定型套

(4) 牵引装置 牵引装置由人字板〈架〉、夹紧牵引辊及其传动装置、导向辊和机架四部分组成。

① 人字板（架） 人字板（架）有稳定膜管、逐渐将圆筒形的膜管折叠成双层平面状薄膜以及进一步冷却膜管三个作用。人字板（架）的种类有导辊式（由多对导辊组成人字板）、硬木夹板式和抛光的不锈钢夹板式。

② 牵引辊 牵引辊的作用在于牵引拉伸膜管，使挤出物料的速度与牵引的速度有一定的比值，即产生牵伸比，从而达到薄膜所应有的横向强度（横向强度依靠吹胀获得）。调节牵引速率还可以控制薄膜的厚度，并使膜管成为折叠的平面状。通过牵引辊的夹紧可防止膜管漏气，以保证恒定的吹胀比，所以有时也称为夹紧牵引辊。牵引辊为一对细长的辊筒（直径通

常为 150mm，长度根据吹塑的膜管尺寸决定），一只辊是镀铬的钢辊，为主动辊，用无级变速器调速；另一只辊外包橡胶，为从动辊，靠弹簧压紧在下辊上，用来夹紧薄膜。

③ 导向辊　导向辊安装在牵引装置的机架上，其作用在于薄膜卷取前展平薄膜、调整折膜位置、稳定卷取速度、保证膜卷边部整齐以及防止薄膜皱折。导向辊大多是铝制辊筒或镀铬钢辊，直径为 50mm 左右。导向辊的数量和排置方式视具体生产而定。

④ 机架　人字板（架）、牵引装置及其传动装置、导向辊等都安装在机架上，组成一台整体牵引机。机架用角钢或槽钢焊接而成，上吹、平吹和下吹三种吹塑方式所配用的牵引机（包括机架）的结构形式不同。就外形来说，上吹法所需机架最高，通常需要在其上设置操作平台，用爬梯上下，以便调节、修理牵引辊和人字板。

（5）卷取切割装置　双折的薄膜经过多道导向辊以后，送向卷取机成卷。薄膜很少采用折叠式装箱。对卷取装置的要求是松紧均匀，边缘整齐。所以卷取装置必须具有卷取速度的自动调节能力，随着卷筒直径的增大而自动减慢卷取辊转速，使得薄膜的张紧度和线速度保持不变。最常用的自动调速方式是摩擦盘式，利用摩擦打滑的方式保持薄膜以恒定的线速度上卷，其结构如图 5-66 所示。

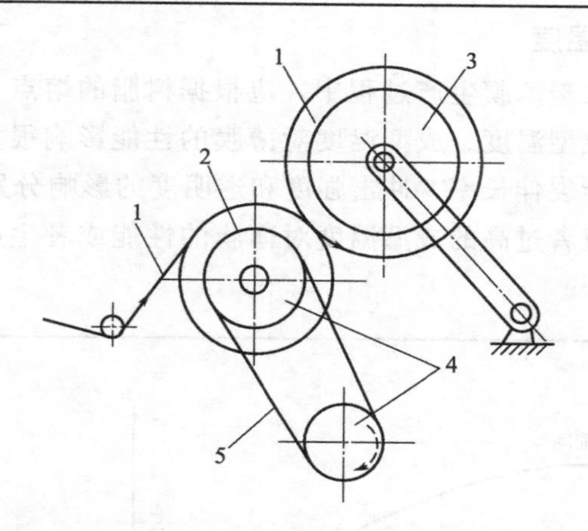

■图 5-66　卷取工作示意图

1—薄膜；2—主动辊；3—卷取辊；4—皮带轮；5—皮带

薄膜的切割分为横切和切边。横切有锯齿刀式和闸刀式等几种，最简单的方式是人工用剪刀裁剪。切边视需要而定，如果折膜用于制袋，则不能切边；如果需要使用单层薄膜，则必须单边或双边切开，然后再展卷或用两台卷取机分别卷取成卷。

5.7.3 原料及制品

吹塑薄膜所用原料品种有 LDPE、LLDPE、HDPE、iPP、cPP、RPVC、SPVC、PMMA、PS、PVDC、离子型聚合物和 PA 等。一般选用吹膜级专用牌号树脂，根据使用性能要求，选择树脂的相对分子质量大小及其分布以及添加剂种类和用量。例如，重包装膜包装的质量大，要求薄膜强度高、断裂伸长率大、薄膜厚度也较大，故应选用熔体指数（MFR＝0.1～2g/10min）较小的树脂，而一般包装膜则应选用 MFR 较大的树脂。并且不同种类的原料应使用不同的方法吹膜，表 5-25 为不同的树脂及所适合的吹膜方法。

■表 5-25　可用于吹膜的树脂及适合的吹膜方法

吹膜成型方法	树　脂
上吹法	聚乙烯、聚氯乙烯和聚丙烯
下吹法	PP、PA 和聚偏二氯乙烯(PVDC)
平吹法	聚乙烯、聚氯乙烯和聚苯乙烯等

5.7.4 工艺控制

5.7.4.1 成型温度

在挤出吹塑薄膜生产过程中，应根据树脂的熔点、熔体指数、密度来选择合适的成型温度。成型温度对薄膜的性能影响很大，成型温度对薄膜拉伸强度、断裂伸长率、冲击强度和透明度的影响分别如图 5-67～图 5-70 所示。过低或者过高的成型温度对薄膜的性能或者生产过程均会造成不利影响。

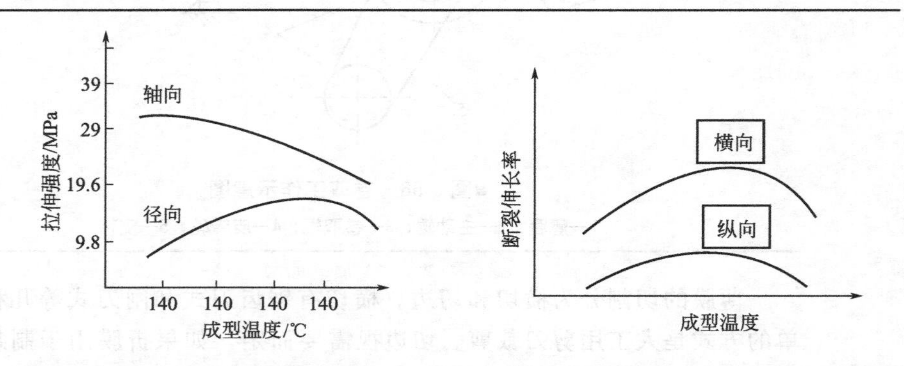

■图 5-67　成型温度与拉伸强度的关系　■图 5-68　成型温度与断裂伸长率的关系

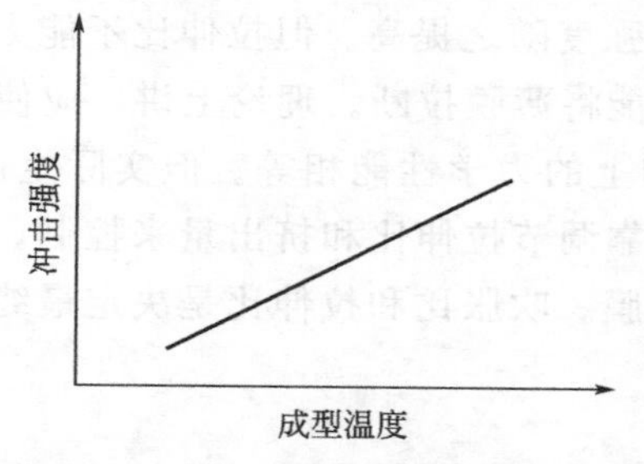

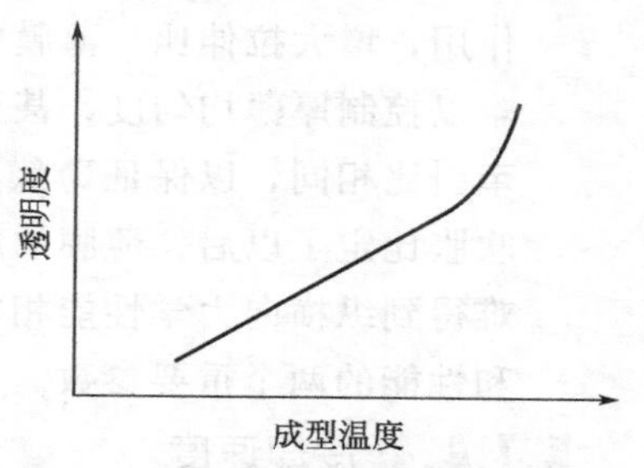

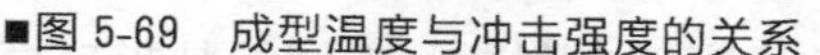
■图 5-69 成型温度与冲击强度的关系

■图 5-70 成型温度与透明度的关系

为了避免进料口产生“搭桥”现象，机尾温度应偏低，口模的作用是使物料进一步塑化均匀，使产品密实，口模温度与机身最高温度一致或低10～20℃。常用塑料吹塑薄膜的挤出温度见表 5-26。

■表 5-26 几种塑料吹塑薄膜的挤出温度　　单位：℃

塑料品种	挤出机料筒			机颈	口模
LDPE	90～100	120～140	140～160	140～160	140～160
HDPE	130～150	150～170	170～190	180～190	190～200
LLDPE	120～140	170～180	180～200	190～200	200～210
PP	150～170	170～190	190～210	210～220	200～210
RPVC	150～160	160～170	170～180	175～190	190～200
SPVC	150～160	170～180	170～180	170～180	175～185

5.7.4.2 吹胀比

吹胀比是指吹胀后的膜泡直径与未吹胀的管坯直径（口模环形间隙直径）之比，一般控制在1.5～5。吹胀比的选择根据树脂的分子结构、相对分子质量、结晶度、熔融张力及加工稳定性等确定，几种常用薄膜的吹胀比见表 5-27。

■表 5-27 几种常用薄膜吹胀比

薄膜	PVC	LDPE	HDPE	LLDPE	PA	PP
吹胀比	2.0～3.0	3.0～4.0	3.0～5.0	1.5～2.5	1.0～1.5	0.9～1.5

吹胀比是薄膜横向牵伸倍数，主要控制泡管直径。吹胀比增大，薄膜横向拉伸强度和横向撕裂强度提高，薄膜冲击强度也提高，但膜泡直径胀得太大会引起蛇形摆动，造成薄膜厚度不均匀，产生褶皱。吹胀比越大，薄膜的透明性越好，这是因为当吹胀比增大时，那些没有塑化好的不规则料流也能纵横延展，使薄膜平滑透明。

5.7.4.3 拉伸比

吹塑薄膜的拉伸比是薄膜牵引速率与管坯挤出速率的比值，一般为

3～7，拉伸比是薄膜纵向牵伸倍数。拉伸比使薄膜在引膜方向上具有定向作用，增大拉伸比，薄膜的纵向强度随之提高。但拉伸比不能太大，否则难以控制厚薄均匀度，甚至有可能将薄膜拉断。理论上讲，应使吹胀比和牵引比相同，以保证薄膜纵横向上的力学性能相等。但实际生产过程中，吹胀比定了以后，薄膜的厚度就靠调节拉伸比和挤出量来控制，因此，很难得到纵横向力学性能相等的薄膜。吹胀比和拉伸比是决定最终薄膜尺寸和性能的两个重要参数。

5.7.4.4 冷却速度

冷却效果好坏可由膜泡冻结线高低来判断。冻结线是指口模到膜泡已定型处的距离，如图 5-71 所示。图 5-71(a) 冻结线适中，冷却适中，薄膜冷却均匀，表面光滑，薄膜质量好；图 5-71(b) 冻结线过低，则冷却过急，冷却时间短，薄膜易产生内应力，薄膜发脆，横向取向增加，表面粗糙；图 5-71(c) 冻结线过高，则冷却缓慢，冷却时间长，结晶度增加，透明度下降，开口性下降，纵向取向增加。值得一提的是，可以通过调节冷却速度来获得不同取向程度的薄膜。

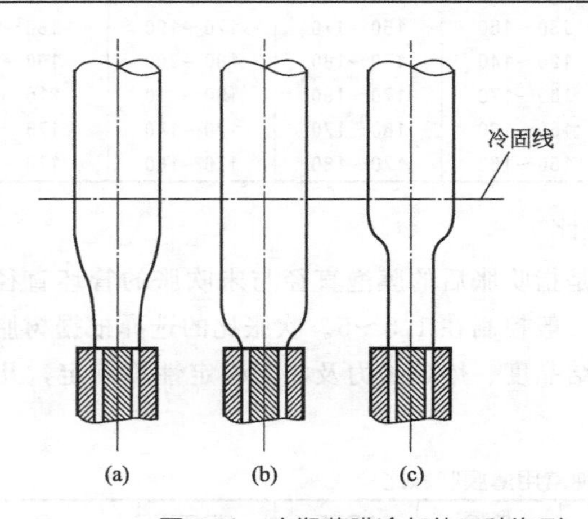

■图 5-71 吹塑薄膜冷却的三种泡形

表 5-28 是几种常见塑料吹塑薄膜的挤出工艺条件。

■表 5-28 几种常见塑料吹塑薄膜的挤出工艺条件

工艺参数	软聚氯乙烯（粉料）	硬聚氯乙烯（粉料）	聚乙烯	聚丙烯
螺杆类型	渐变型	渐变型	渐变型	渐变型
螺杆直径/mm	65	25	65	45
长径比(L/D)	20	20	20	20
压缩比	3.6	3.5～4	3.1	3.5
均化段螺槽深度/mm	2.4	1	3	1.75

续表

工艺参数	软聚氯乙烯（粉料）	硬聚氯乙烯（粉料）	聚乙烯	聚丙烯
螺杆转速/(r/min)	200	40-50	10～90	10～90
过滤网/目数(mm)	60	60	80×100×80	80×100×100
牵引速率/(m/min)	—	10	10	20
机筒温度/℃	160～175	170～185	130～160	190～250
连接器温度/℃	170～180	180～190	160～170	240～250
机头温度/℃	185～190	190～195	150～160	230～240
薄膜厚度/mm	0.05～0.08	0.05～0.06	0.08	0.03

5.7.5 质量检测与控制

挤出吹塑薄膜在成型过程中，由于工艺条件掌握不当，设备故障以及原料质量等原因，制品往往会存在一些问题，甚至变为废品。挤出吹塑薄膜生产中的异常现象、产生原因及其解决方法见表 5-29。

■表 5-29 吹塑薄膜异常现象、产生原因及解决方法

异常现象	产生原因	解决方法
引膜困难	1. 机头温度过高或者过低 2. 口模出料不均匀 3. 挤出量和引膜速度不匹配 4. 熔料中含有焦料杂质	1. 调节机头温度 2. 调节口模间隙均匀 3. 调节挤出量和引膜速度 4. 更换原料，拆机头，清理螺杆
膜泡摆动	1. 熔料温度过高 2. 吹胀比过大 3. 冷却风、量风压不足 4. 膜泡与人字板的摩擦力过大 5. 收卷速度不稳定	1. 降低机身和机头的温度 2. 降低吹胀比 3. 加大人字板夹角 4. 加大风环的风量和风压 5. 检修收卷驱动装置，稳定卷取速度
膜泡中有气泡	1. 原料潮湿 2. 原料中含易挥发组分 3. 机筒或料斗部位冷却水渗漏	1. 干燥原料 2. 调整原料配方 3. 检修冷却管道及装置，排除渗漏
膜管不正	1. 机身、口膜温度过高 2. 机颈温度过高 3. 机头间隙出料不均匀 4. 口模侧向力大 5. 风环冷风量不均匀	1. 降低机身、口模温度 2. 降低机颈温度 3. 整定心环 4. 正芯棒位置 5. 节风环结构使各处风量均匀
膜泡成葫芦形	1. 牵引辊太松 2. 牵引速率不均匀 3. 风力不均或风力过大	1. 拧紧夹辊 2. 调节牵引速率与挤出速率匹配 3. 调节风环风量

续表

异常现象	产生原因	解决方法
膜泡中有焦粒	1. 原料中混有焦粒 2. 树脂分解 3. 加工温度过高，受热时间过长 4. 过滤网破裂	1. 原料过筛 2. 清理机头 3. 降低加工温度 4. 更换过滤网
膜泡中有僵块	1. 过滤网破裂 2. 温度控制偏低，塑化不良	1. 更换过滤网 2. 提高温度
薄膜厚薄不均匀	1. 口模间隙不均匀 2. 风环冷却风不均匀 3. 保温间有冷风 4. 芯棒“偏中”变形 5. 机头四周温度不均匀 6. 挤出量不均匀	1. 整口模间隙 2. 调节冷却风量，使其均匀 3. 保温间风量均匀一致 4. 更换芯棒 5. 检修机头加热器 6. 检查驱动装置和下料口有无故障
薄膜透明度差	1. 塑化温度过低 2. 吹胀比过小 3. 膜泡的冷却速度不合适	1. 提高加工温度 2. 加大吹胀比 3. 调整冷却速度
薄膜开口性差	1. 机身和机头温度过高 2. 牵引辊太紧或牵引速率过快 3. 冷却不足 4. 开口剂用量太少 5. 机头过滤网堵塞	1. 降低机身和机头温度 2. 调整牵引辊夹紧程度或降低牵引速率 3. 加强冷却 4. 增加开口剂用量 5. 更换过滤网
卷取不平	1. 薄膜厚度不均匀 2. 冷却不足 3. 人字板间隙不均匀 4. 牵引辊跑偏 5. 膜管内夹有空气，造成褶皱	1. 调整薄膜厚度 2. 加强冷却 3. 校正人字板间隙 4. 调整牵引辊的夹紧力，使两端均匀一致 5. 排除膜管内空气，消除褶皱
薄膜表面皱褶	1. 口模与人字板中心偏离 2. 人字板张开角度不合适 3. 牵引辊的夹紧力不均匀 4. 薄膜厚度不均匀 5. 收卷张力不恒定 6. 冷却风环吹风量不均匀	1. 调整人字板对正口模 2. 调整人字板张开角度 3. 调整夹紧力，使之分布均匀 4. 调整薄膜厚度 5. 调整收卷张力使之恒定 6. 调节冷却风环吹风量，使之均匀
熔合线明显	1. 机头或机颈温度过高 2. 芯棒尖处有分解料 3. 机头压缩比小	1. 降低机头或机颈温度 2. 顶出芯棒，进行清理 3. 改进口模结构

5.8 塑料板材与片材生产技术

塑料板、片材具有强度高、耐腐蚀性好、电绝缘优良、容易粘接、焊接、可二次加工等特点，它们常作为中间产品被卷取，或被切割成片材来代替钢板、铜板及其他有色金属，用来制造容器、管道的衬里、垫板、绝缘材料等；有的可用于建筑、装饰、食品及医药包装材料等；有些还可用作家用电器的内胆、航空座舱、汽车挡板及光学材料等。

5.8.1 原料及制品

几种常见带有压光装置挤出塑料板、片材的应用如表5-30所示。

■表5-30 压光装置挤出塑料板、片材的应用

原料	厚度/mm	条件	外观	应用
PP	0.5～1.2	用滑石粉填充	白色	食品包装
PMMA、PC	2～6	高抗冲	压花或光滑	卫生用品、窗户、灯罩、照明标牌
PVC-U	1.5～4	光滑或压花	透明或彩色	家庭用品、设备构件、加热和通风设备
软质PVC	4～6	光滑，类似橡胶	透明或彩色	条和旋转门，切刀支持架
ABS、ABS/PVC合金	0.5～3	高抗冲	透明、压花或彩色	汽车和飞机内的箱、盖、坐椅背
PS、HIPS	0.5～6	高抗冲	透明或彩色，光滑或压花	冰箱、淋浴室、浴池设备及玩具
ABS	3～10	高抗冲	彩色、印刷或压花	冰箱、家庭用品、家具、游船、运载工具
HDPE、LDPE、PP	3-6	无应力	天然或彩色	盖、工艺用品
PC	2～6	高抗冲	玻璃样透明	安全玻璃

塑料板材可分为：单层板、多层板、平板、波纹板、发泡板、不发泡板及复合板等。按塑料的软硬程度来分，可分为硬板（包括工业板材、装饰板材及透明板材）和软板（透明与不透明）两种。

同一种塑料挤出的板、片材的品种有单层和多层之分，有平面板、波纹板、轧花板、发泡板和不发泡板之分。成品宽度一般为1.0～1.5m，有些板甚至可达到4m。

板、片材的成型方法有：挤出法、压延法、层压法、浇注法、流延法。它们有各自的优缺点。表5-31进行了比较。

由此可见，在这几种板材的成型方法中，挤出和压延的生产效率最高。尤其是挤出法，板材的厚度范围较大，原料的适应性强。层压法和浇注法虽然板材的厚度范围相当大，但生产效率很低，只适用于特殊情况和特殊

材料。

■表 5-31 板材几种成型方法的比较

成型方法	产品厚度/mm	主要塑料品种	主要优缺点
挤出法	0.02～20	热塑性塑料	设备简单、成本低、板材的冲击强度高；厚薄均匀性差
压延法	0.09～0.8	PVC	产量大，厚薄均匀；设备庞大、维修复杂、板材冲击强度低
层压法	1.0～50	PVC-U 与热固性塑料	板材光洁度好，表面平整；设备庞大，成本高，板易分层
浇注法	1.0～200	PMMA	板材光滑平整，透明度高，抗冲击能力高；间歇生产，劳动强度大
流延法	0.02～0.3	醋酸纤维素	片材光学性能好，厚度均匀；产量低，设备投资大

5.8.2 塑料板、片材挤出生产设备

塑料板、片材生产线主要由加料设备、挤出机、挤板机头、三辊压光机、切边装置、冷却输送辊、二辊牵引机、切割或卷取装置组成，见图 5-72。

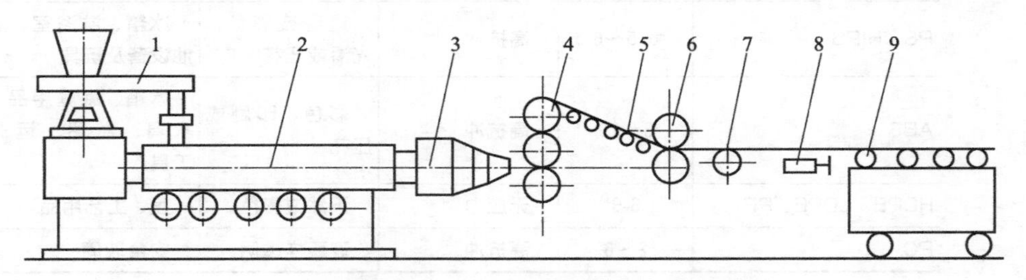

■图 5-72 挤出板材生产线中的主要设备

1—加粒器；2—双螺杆挤出机；3—机头；4—三辊压光机；5—输送装置；6—两辊牵引机；7—圆盘切边机；8—横向切断机；9—成品堆放车

挤板用的挤出机一般为排气式单螺杆挤出机或双螺杆挤出机。排气式单螺杆挤出机的螺杆直径为 90～200mm，长径比为 20～28。例如螺杆直径为 100mm 的挤出机，可生产厚度为 1.5～8.0mm、板材幅宽为 1050mm 的 ABS 板，产量为 2000t/a、生产 PC 板产量为 1000t/a。挤板用挤出机必须具备一定的条件，具体如下：料筒加料段内壁有锥形槽，起强制加料作用，适用于高速高效生产；适宜加工 PC、ABS、PMMA 等塑料板材；自动真空吸料输送器，连续输送 200～300kg/h；排气采用油环式真空泵，最大抽气量达 $175m^3/h$；机头处装有两台压力传感器，装在螺杆顶端与筛网之间；

挤板均需放置过滤板和过滤网，过滤网的层数与网眼根据原料的品种及产品的厚度来决定。

（1）塑料板挤出用机头　塑料板挤出用机头有管模机头和扁平机头两种。前者生产的板材易翘曲、熔接痕难以消除，现在很少使用。所以目前生产塑料板材都用扁平机头。片材机头通常用不锈钢合金制成，而且机头内部需要镀铬以提高其耐污染和耐腐蚀性能。这一点在PVC的加工中显得尤其重要。

生产板材的扁平机头主要有：衣架式、支管式、分配螺杆式和鱼尾式，最常用的还是衣架式机头，如图5-73所示。

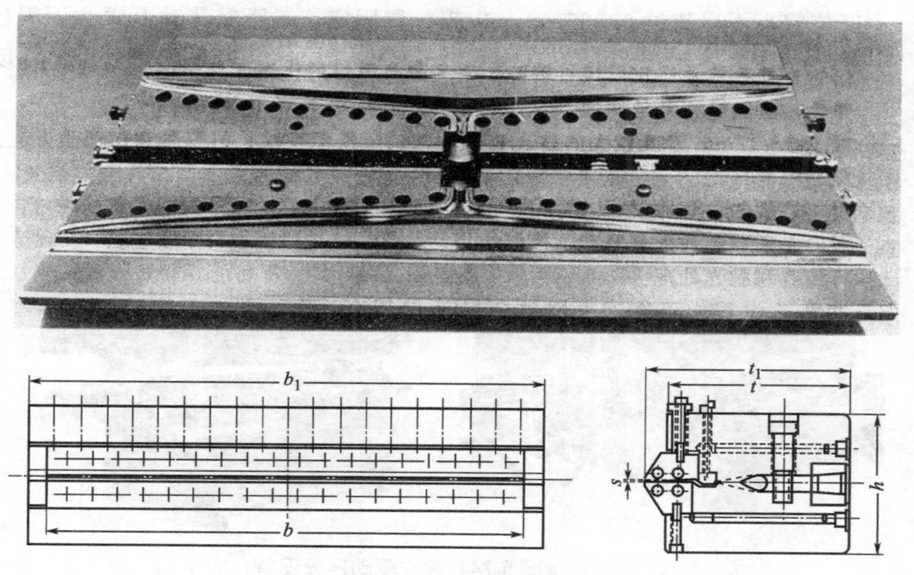

■图5-73　衣架式机头口模及断面

① 衣架式机头　衣架式机头在挤出塑料板、片中使用最广泛。衣架式机头不仅广泛用于流延薄膜的生产，而且还能用于挤出涂覆等作业。衣架式机头型腔装于支管型机头和鱼尾型机头之间，它也有一个支管，但没有支管机头的支管那么大。由于支管小，从而缩短了塑料在机头内的停留时间；由于有扇形部分，从而提高了制品厚薄的均匀性。衣架式机头可生产板材的宽度约为1000～2000mm，最宽达4000～5000mm。

② 热螺栓自动调节式机头　当温度较高时，塑料熔体的黏度变小，流出的物料有可能增多，此时如果螺栓足够长，则螺栓在受热时可自动伸长一段距离，使模唇开度变小，使得熔体流出量减少，如此则可调节料流的稳定性。

(2) 三辊压光机 三辊压光机是由三只反向旋转的辊筒组成，辊筒间隙应与板材的厚度相适应。三只辊筒排列成 45°，辊筒是空心的，可通入加热与冷却介质。若加热介质为油，则辊的温度可达 250℃，辊温度差在 3℃左右。压光机对从扁平机头挤出的板坯进行冷却，同时还对其起到一定的牵引作用，调整板坯各点速度一致，保证板材的平直。

压光辊按照其驱动方式可分为中央驱动压光设备和独立驱动压光设备（图 5-74）。对于中央驱动压光设备，顶部和底部通过一个操纵杆系统与中心辊调准。而具有独立驱动的压光辊既可通过操纵杆系统调节，也可通过电动导杆箱调节。辊筒表面镀铬，粗糙度控制在 $Ra=0.05\mu m$ 以下。辊筒直径不能小于 200mm，一般也不大于 300mm。中央驱动的压光辊的三辊安装偏心不得超过 0.025mm，中辊位置固定，辊距靠移动上辊和下辊位置调节。其主要用于生产 HIPS、ABS、PP 和 HDPE 的热成型片，厚度为 1～8mm，宽度达 1600mm。

■图 5-74 独立驱动压光设备

值得注意的是，三辊压光机与压延机不同，其结构没有压延机牢固，对板坯只能有轻微的压薄作用，板材厚度主要由模唇间隙决定。另外，三辊压光机与机头的距离应尽可能地靠近，一般为 50～100mm，若距离太大，板坯易下垂发皱，粗糙度增加。辊筒表面线速度必须控制与挤出量相适应，例如，对于压光较厚的板坯，牵引的线速度比挤出的线速度快10%～25%，对于压光薄片时，牵引速率则比压光厚的板坯要快得多。

① 冷却装置 三辊压光机虽然对热的板坯有冷却作用，但这一工序的冷却并不能使板坯完全冷却，所以需要外加的冷却装置。通常用风扇或直接气流式中心鼓风机使板完全冷却。对于较厚的板材，板移动速度通常较慢，可通过调节该装置的长度和鼓风机的效率来获得足够的冷却时间。对

于较薄的板材，用鼓风机装置同时增设喷淋水，以改善冷却速率。冷却装置的总长取决于板材的厚度与塑料品种，一般为3～11m；对于非常薄的样品也可不设冷却装置。

② 牵引装置　由压光机压光后的板或片材在导辊的引导下进入牵引装置。牵引装置一般由一个直径为150mm的钢辊（主动辊，在下方）和表面包着橡胶的钢辊（被动辊，在上方）组成，两只辊筒靠弹簧压紧。牵引装置的目的是将板或片材均匀地牵引到切割装置，防止在压光辊处积料，并将板压平。牵引装置的速度要与压光辊基本同步，比压光辊稍快并能实现无级调整。上、下辊的间隙也应能调节。

③ 切断或卷取装置　用于切断连续板、片材的装置主要有锯、剪和热丝熔断切割器。切断器的选择取决于板材的厚度和组成。

对于较薄的板材或软板多用固定的剪刀式裁剪机切断。如果线速度不是太大，这种剪断机可以是静止的，并且剪切操作的时间较短。若线速度较快，剪断时间相对较长，剪断机必须是可移动的，该移动速度与板材的线速度同步，保证板材不起皱。厚板或硬板多用旋转圆锯切断。该锯可以在板材的宽度上移动，锯的位置与板材的线速度是同步的。剪断和锯切对所使用的材料特性都有一定的限制。有些板材（如PS）太脆，当板材被剪断时可能产生碎片，在选择锯断或剪断的时候，板材应保持一定的温度，保证其具有一定的延伸性。有些塑料板材像HIPS和ABS，锯切速度很高时，出现黏锯现象，因此必须有较好的温度控制装置或用圆盘锯替代带锯。

热丝熔断技术可用于边缘光滑的板材。像硬PVC这样的塑料，由于材料本体的分解，不能用热丝熔断法切断。另一方面，像丙烯酸这类塑料，非常适合热丝熔断，因切断干净，能形成光滑的切断面。

④ 切边装置　一般进行纵向切断。产品宽度应比口模最大宽度小10～25mm，切去板材两端厚薄不均匀处。厚板用纵向圆锯片，板材离开牵引辊时即可切割；薄板可用刀片切边，在离开三辊压光机1～2m处即可切割。

⑤ 测厚装置　企业生产早已实现对板材的在线检测，图5-75是自动测厚反馈系统。

5.8.3 塑料板材挤出生产工艺

挤出板、片的工艺流程因原料、设备等因素的不同而有所差别，但基本主工序还是相同的，如用排气式单螺杆挤出机挤出塑料板材时的工艺流程见图5-76。

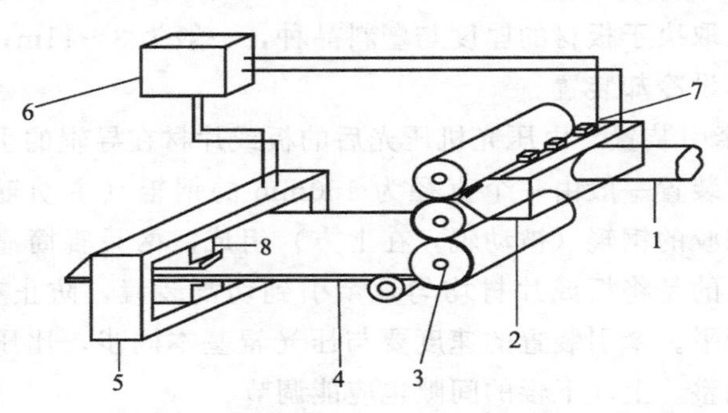

■图 5-75 挤出板、片材生产线中测厚反馈系统

1—挤出机；2—机头；3—三辊压光机；4—板、片材；5—扫描器；
6—测量装置；7—调节螺钉；8—扫描器

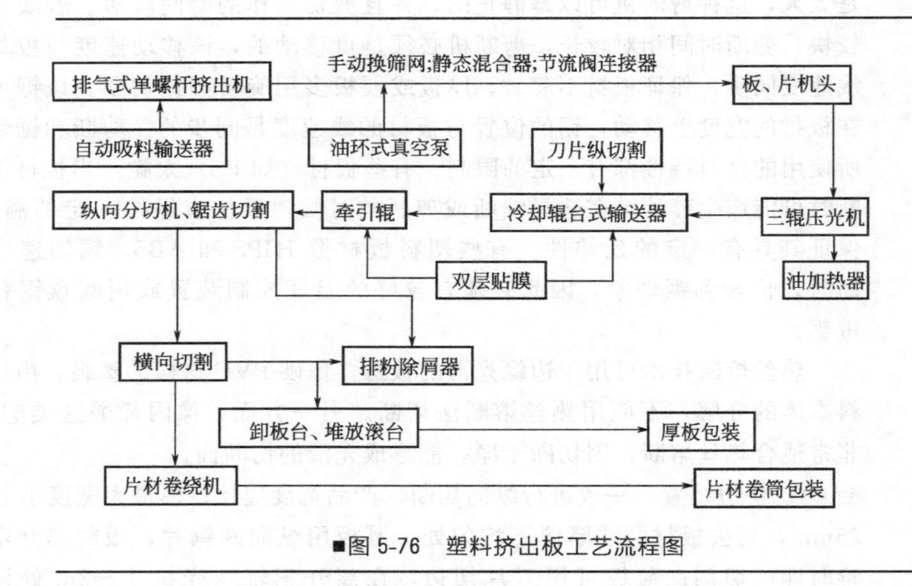

■图 5-76 塑料挤出板工艺流程图

（1）挤出温度　料筒温度的确定应根据原料而定。机头温度一般比料筒温度高 5～10℃左右。因为机头较宽，熔料要在机头分布均匀，必须提高料温，以提高熔料的流动性。机头温度应该严格控制在规定范围之内，如果过低，则板材表面无光泽，易裂；若过高，则塑料易分解，制品有气孔。机头温度控制在中间低两边高。机头温度波动不能超±2℃，这是保证板材厚度均匀的措施之一。表 5-32 是几种典型的塑料板材温度控制。

（2）三辊压光机的温度　三辊压光机的温度直接影响板、片材的表面粗糙度和平整度。为了防止板材产生过大的内应力而翘曲，应使板材缓慢冷

■表 5-32　几种塑料板材挤出温度　　单位：℃

项目		PVC-U	SPVC	HDPE	LDPE	PP	ABS	PC
机身	1	120～130	100～120	170～180	150～160	150～170	200～210	280～300
	2	130～140	135～145	180～190	160～170	180～190	210～220	290～310
	3	150～160	145～155	190～210	170～180	190～200	230～240	300～320
	4	160～180	150～160	210～220	180～190	200～205	250～260	280～300
	5			210～220			220～230	270～280
连接器		150～160	140～150	210～230	160～170	180～200	230～240	260～280
机头	1	175～180	165～170	210～225	190～200	200～210	210～220	265～275
	2	170～175	160～165	210～220	180～190	200～210	200～210	250～270
	3	155～165	145～155	200～210	170～180	190～200	200～210	250～260
	4	170～175	160～165	210～220	180～190	200～210	200～210	250～270
	5	175～180	165～170	220～225	190～220	200～210	210～220	265～275
压光机	上	70～80	60～70	95～110	85	70～90	85～100	160～180
	中	80～90	70～80	95～105	82	80～100	75～95	130～140
	下	60～70	50～60	70～80	50	70～80	60～70	110～120

却。辊筒表面温度应高到足以使熔融塑料与辊筒表面完全贴合，使板、片表面上光或轧花。当然，辊筒的温度又不能过高，过高会使板、片难以脱辊，表面产生横向条纹，甚至导致板材的断裂。温度过低，板、片不能贴紧辊筒表面，板、片表面无光泽。生产 PVC，ABS 板、片时，辊筒温度不能超过 100℃，用 PP 生产时，辊筒温度有时要超过 100℃。

（3）其他工艺参数　生产较厚的板材时，模唇开度一般等于或稍大于板材的厚度。反之，生产薄板（ABS）时，模唇开度通常等于或略小于板材厚度。生产单向拉伸薄板时，模唇开度远远大于片材的厚度。在口模的整个宽度范围内，一般来说，模唇开度中间的间隙较小，两边的间隙稍大。

阻流调节也是影响板、片材厚度的重要因素之一。阻流块开度较大，机头内流入模唇的熔料较多。板材厚度相差太大时，就调节阻流块的位置。厚度相差不大时，只要微调模唇间隙即可。模唇流道长度根据板材厚度的变化，一般取板材厚度的 20～30 倍，有些甚至可达 50 倍。

三光压光机的辊筒间距一般调节至等于或稍大于板材厚度。其中，上辊和中辊间隙的调节更加重要。对于 PE、PP 板材，为了防止口模出料不均而出现缺料使制品产生大块斑，此辊距间隙应有一定量的存料；但存料量又不能过多，否则会使板材产生“排骨”状的条纹。

牵引速率与挤出的线速率基本相等。二辊牵引机应比三辊压光机快 5%～10%。牵引机应使板材保持一定的张力。但张力不能过大，太大会使板材芯层存在内应力，使用过程会发生翘曲或开裂，在二次成型加热时，也会产生较大收缩或开裂；若张力过小，板材会发生变形。

下面以 PVC、PE、PP、ABS、HIPS、PC 及 PMMA 为具体例子来说

明挤出板、片成型工艺特点。

a. PVC-U 板、片挤出生产技术 PVC-U 片目前有较大的市场，主要用于工业产品、机械零件、日用品包装；透明硬片主要用于食品、糕点、药品医疗器械包装材料。表 5-33 给出了 PVC-U 板材生产配方实例。

■表 5-33 PVC-U 板材的配方实例 单位：质量份

序号	原材料	工业用	工业用	普通板	瓦楞板	透明板	装饰板
1	PVC	SG-5 100	SG-4 100	SG-5 100	SG-5 100	SG-4 100	SG-5 100
2	三碱式硫酸铅	1.5	1.0	2.0	4.0		2.5
3	二碱式亚磷酸铅	1.0	0.8	1.0	1.0		1.0
4	有机锡					1.5	
5	硬脂酸铅	1.0	1.0	0.5	0.5		0.5
6	硬脂酸钡	1.5	1.5	1.0	0.5		0.5
7	硬脂酸钙	0.5	0.5	1.0	0.5		0.5
8	液体复合稳定剂					2.5	3.0
9	DOP				4.0	5.0	
10	氯化聚乙烯		5.0				4.0
11	MBS					3.0	4.0
12	ACR	4	4.0	3.5	4.0		
13	硬脂酸	0.8	1.0	1.2	1.0		0.5
14	滑石粉				5.0		
15	碳酸钙	15	10	20	10		
16	颜料或染料	适量					

挤出 PVC-U 板材配方中，稳定体系较强，总量占 4.0～6.5 份，可用双螺杆挤出机用粉料直接挤板，也可以先造粒，然后用单螺杆挤出机挤板。生产透明板材时为了保证制品的透明性，不能用铅盐类和金属皂类，只能用有机锡类和液体复合稳定剂；同时为改善其加工性能，加入 MBS，同样可以使制品不易发黄。对于瓦楞板，为提高其二次加工性，加入了 DOP 和滑石粉。在不透明板材中加入少量碳酸钙可提高板材的成型性，并一定程度上降低成本。

生产 PVC-U 时，混合料中稳定剂的量要足够多，生产设备要镀铬，机关各部分应避免死角。生产波纹板时，纵向波纹定型装置安装在冷却输送辊台前面 1/3 部分，它由上、下两排纵向排列的圆筒组成。波纹成型装置内有预热与冷却装置。

值得注意的是 PVC-U 透明板材的配方中，稳定剂的选择很关键。一方面稳定剂的色泽及相溶性、折射率与 PVC 应相一致，差异太大会影响透明度。另一方面，稳定剂与 HCl 等反应产物的色泽、相溶性也应该与 PVC 相一致。研究表明有机锡类（即二正辛基锡）是制备透明 PVC 制品最适合的热稳定剂。

b. 软质 PVC　软质 PVC 板材与软质 PVC 管材在配方上有一定的共性，可以相互参考。表 5-34 列举了部分软质 PVC 的配方。

■表 5-34　软质 PVC 板材的配方实例

序号	原材料	普通板	透明板	不透明板
1	PVC	SG-3100	SG-2100	SG-2100
2	DOP	25	24	21
3	DBP	10	26	19
4	氯化石蜡	15		10
5	环氧大豆油		5.0	5.0
6	三碱式硫酸铅	3.0		2.0
7	有机锡		1.0	
8	硬脂酸铅	0.5		0.5
9	硬脂酸钡	1.0		1.0
10	流体复合稳定剂		2.0	
11	硬脂酸	0.5	0.2	0.5
12	碳酸钙	10		15
13	颜料		适量	

软质 PVC 板材中增塑剂的用量较多，一般以 DOP 为主，DBP 的挥发性较大，应加入 DOP 共同为主增塑剂，加入氯化石蜡可降低成本，但用量不能太大，否则，就会渗到制品表面。

软质 PVC 板材中稳定剂的用量比 PVC-U 少，一般总量有 3 份以上即可。加入碳酸钙是为了保证软板刚离开机头时较硬，还可降低成本，但不能加入太多，否则防腐性就不合要求。

挤出 PVC 软板与 PVC 硬板不能用同一根螺杆。其螺杆直径为 90～120mm，*L*/*D* 为 25，螺杆的几何压缩比为 3～3.5。挤出温度如表 5-35 所示。

■表 5-35　挤出 PVC 软板时的工艺参数　　单位：℃

料筒部位	1	2	3	4	连接器
数据	120～130	130～140	140～150	150～160	140～150
机头部位	左 1	左 2	中	右 1	右 2
数据	165～170	160～165	150～155	160～165	165～170

PVC 软板的厚度为 1.0～10.0mm，宽度根据需求来定。板材的使用温度为－20～40℃。

c. PE 板材挤出生产技术　由于 HDPE 在物料流动方向收缩率较大，且其结晶度较大，一般采用较高的料筒温度和较低的口模温度。HDPE 板材在压光机中应注意防止中、上辊温度过高而引起连续、多层包辊发生；温度太低也会引起板材两边向下弯曲。下辊温度偏低会引起两边上翘。

LDPE 板材的加工性相对 HDPE 要容易一些，只需控制好其出辊温度为 88～98℃，板材进入牵引辊时的温度为 46～48℃即可。

挤出板材用 LDPE 的 MFI 应选择在 0.3～2.0g/10min，HDPE 挤出板材用 MFR 应选择在 0.1～1.0g/10min，如齐鲁石化公司的 6098（MFR＝0.09g/10min）。选择挤出级或挤出片级树脂型号。

PE 加工时加入的助剂比较少。生产特殊用途的 PE 板材与片材时，需要加入少量抗氧剂或交联剂、发泡剂、着色剂等。可以先将 PE 树脂颗粒与松节油或白油类分散剂混合，让添加剂黏附在树脂表面，然后加入挤出机挤出板材或片材。

PE 板材生产用挤出机多为单螺杆挤出机，螺杆直径为 90～120mm、L/D 为 25，螺杆几何压缩比为 3.5～4.0，机头常用衣架式。加工温度见表 5-4。根据目前执行的国家行业标准 ZBG 3307—89。板材厚度为 2～8mm；宽度大于 1000mm。长度按照需求而定。PE 板材的使用温度为 －50～50℃。

d. PP 板材的生产技术　PP 由于热膨胀系数大，冷却较慢，所以模唇开度可小一些。生产厚板时，若发现压光机的中辊有空气泡进入辊筒时，需要多次减压放气。口模与三辊的距离不能太多，否则，余料易黏附下辊而引起纵向气泡。下辊温度过高则会引起余料翻辊。

制备高透明性 PP 片材时对工艺要求更苛刻，聚丙烯为晶态聚合物，影响透光性的主要因素是结晶度、晶体尺寸和晶体的均匀性。凡是有利于提高结晶质量、降低晶体内部缺陷和晶体尺寸、提高晶体均匀性的因素都可增加 PP 片材的透明度。张玉澎研究指出三个因素对片材雾度影响的主次顺序分别为：口模温度、包辊时间、中辊温度。口模温度过高，物料中较低相对分子质量的组分降解，黄色指数升高，雾度增加，影响片材透明性；模温度低，物料塑化不好，熔体中会含有未熔解的大球晶，同样会影响片材的透明性。包辊时间减少，即增加牵引速率，在应力作用下聚合物熔体产生了诱发成核作用，使晶核生成时间缩短、晶核数量增加，降低了球晶的尺寸，有助于降低雾度，提高片材的透明度。中辊温度过低时，晶体的成核速率较高，生长速度低，结晶度较低，晶片较薄，晶体内部缺陷较多，在一定程度上会影响片材的透明性；中辊温度过高，则高聚物熔体缓慢冷却形成较大的球晶，同样不利于提高片材的透明度。

PP 板材挤出用树脂的 MFR 应在 0.5～1.5g/10min。挤出加工温度见表 5-32。目前国内 PP 板材的执行标准为 ZBG 3306—89。其用途主要有：平片，其包括电渗器框架、电绝缘片、垫片、电池盖片、沉淀池斜管填料等；吸塑片，包括加热真空成型各种容器、浅盘、盒子、杯子等轻包装材料；花纹片，如文件夹、装饰材料等；波纹片，冷却填料。材料的使用温度为 0～80℃。

e. ABS和HIPS板材与片材挤出生产技术　ABS易吸水，在成型前需要干燥，并选用排气式单螺杆挤出机。为了防止排气段溢料，应适当提高加料段和排气段的温度。筛板前压力传感器的压力过高时应更换筛网，或提高机头连接件的温度。压光机下辊温度太低易造成板材不平，表面有浆斑。

ABS与HIPS挤出板材表面都平整光洁、色彩漂亮。容易进行二次加工，制成深度较大的制品；因此广泛用于家电、电子、包装、玩具等行业，制作冰箱、电视机、微波波等家电外壳与内衬板材；各种旅行箱、公文箱的箱包材料；仪器仪表外表及和种玩具等。

ABS板材挤出选用的单螺杆排气挤出机，螺杆直径为120～200mm、L/D为30～35，螺杆的几何压缩比为2.0～2.8。用衣架式机头较好。其挤出温度见表5-32。排气真空度0.003～0.005MPa；螺杆转速40～100r/min，根据板材厚度而定；三辊线速率0.5～5.0m/min，根据板材厚度调节；二辊线速率比三辊线速率快10%～20%；二辊压力大于0.6MPa；模唇开度一般为板厚的115%～130%，挤出薄板时，开度要尽量小一些，否则易使板材厚度横向分布不均匀；滤网基本上是用来过滤杂质，使用全新料时用40×40目的两层滤网，用复配料时用60×60目的三层滤网，过细过多的滤网重叠会积聚摩擦热而使温度过高，应当避免。原料干燥温度70～90℃，干燥时间为2～3h。

f. PC板材挤出生产技术　PC易吸水，原料必须干燥，水分含量小于0.02%，而且应该选用排气式单螺杆挤出机。PC熔体黏度很高，温度升高对熔体黏度降低更为有效，其加工温度见表5-32。压光机中辊压不能高，否则会发生超负荷停机，但温度也不能太低，太低时容易出现板材压碎现象。

g. 多层塑料板材共挤生产技术　复合共挤出片材使多层具有不同特性的物料在挤出过程中彼此复合在一起，使制品兼有几种不同材料的优良特性，在特性上进行互补，从而得到特殊要求的性能和外观，如防氧和防湿的阻隔能力、着色性、保温性、热成型和黏合能力及强度、刚度、硬度等力学性能。共挤出技术的关键是共挤出机头的设计，而聚合物熔体共挤出时流动状态数值模拟的研究是机头流道设计的理论基础。

图5-77是三层共挤出板材与机头结构图。挤出机出口处为圆形截面，板材为矩形截面，所以机头连接器是由圆锥形逐渐过渡为矩形流道，使物料压缩并均匀输送到机头。各种树脂到达总流道之前都有各自的阻流塞控制其流量。一般三层共挤板材的中心较厚，两面层较薄，两面层的料可以相同也可以不同。

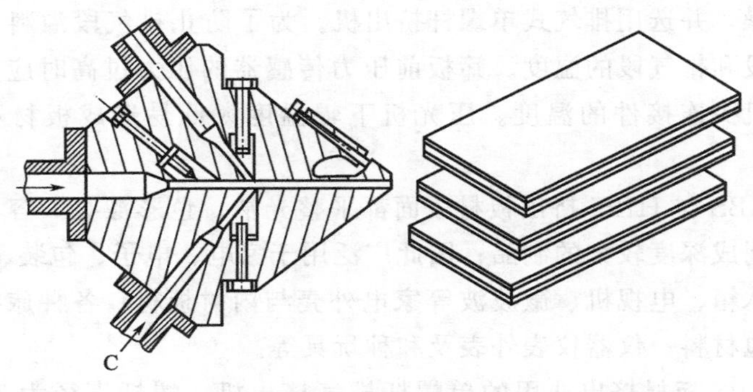

■图 5-77 三层共挤出板材结构与机头结构

多层板、片材的生产控制及相互关系见图 5-78。

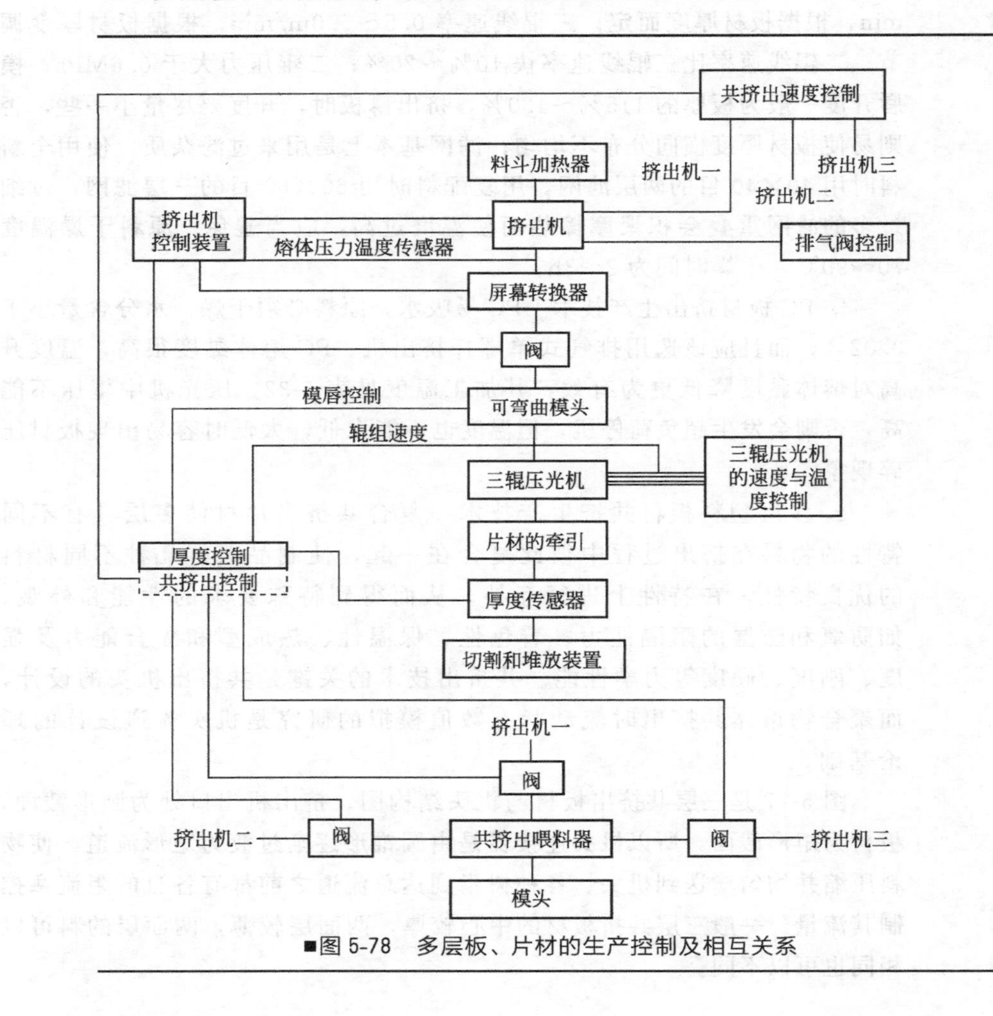

■图 5-78 多层板、片材的生产控制及相互关系

下面以PP/EVOH共挤片材为例进行介绍，其中EVOH为阻隔层，外包覆阻湿性较好、耐蒸煮的PP结构材料层，PP与EVOH之间为胶黏剂层。所以PP/EVOH为五层共挤片材，其结构为PP/AD/EVOH/AD/PP，如图5-79所示。

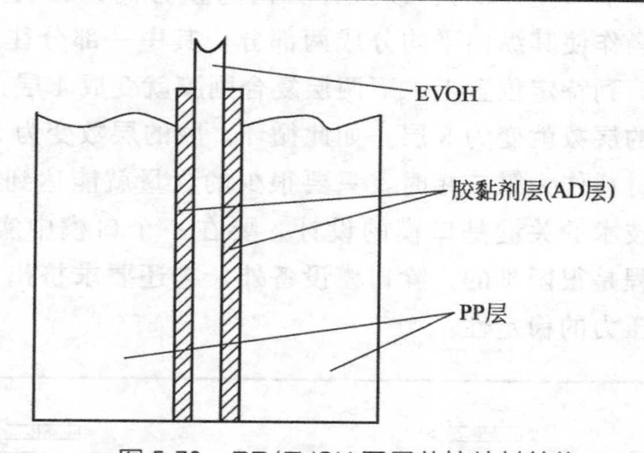

■图5-79 PP/EVOH五层共挤片材结构

PP层—(35%～43%)×2；EVOH层—(6%～20%)；AD层—(3%～5%)×2

其工艺流程图如图5-80所示。

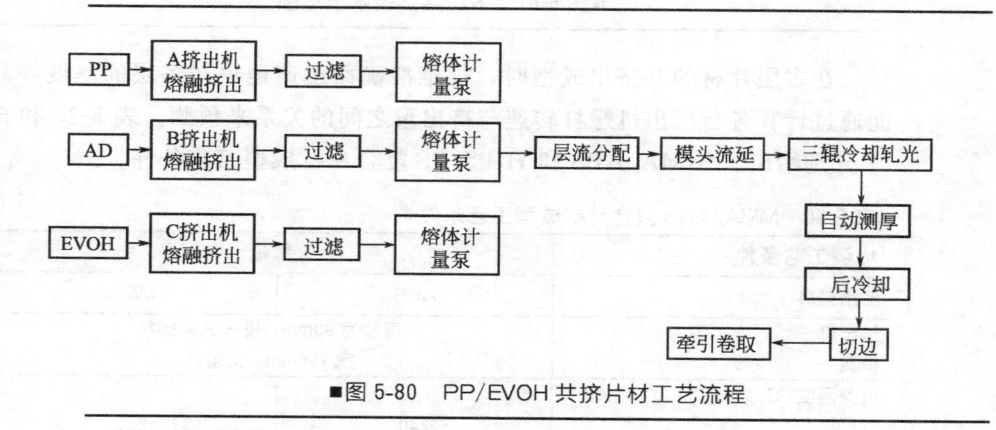

■图5-80 PP/EVOH共挤片材工艺流程

PP/EVOH共挤片材工艺控制应注意以下几点。

• 挤出EVOH后的机筒清洗应采用LDPE（MFR约为1g/10min），在挤出EVOH前，机筒内残留的是HDPE、PP、PVC等非LDPE塑料，应先用LDPE转换，才能挤出EVOH，否则会产生凝胶微粒。

• 挤出过程中，EVOH在机筒及整个流道内停留时间应小于30min.

• 挤出的EVOH有微小凝胶化，则可能是挤出温度太低（190℃以下），存在未熔融EVOH细小颗粒；挤出机塑炼效果差，如L/D太小，挤出机口径大而螺杆转速又过低；EVOH 在 240℃以上发生凝胶化。

近年来多层共挤制备高阻隔性薄膜技术在学术和产业界得到广泛的运用与发展。以 BaerE.、HiltnerA. 等人通过多层挤出技术制备氧化乙烯纳米级单片晶膜，使得 EEA/PEO 薄膜的阻隔性能提高了两个数量级。其制备模型如下（图 5-81）：以拉伸方向为正方向，二层（三层）复合膜经过第一个操作使其纵向平均分成两部分，其中一部分往上前进，另一部分往下前进，到特定位置上、下两层复合则膜就变成 4 层；再经过第一个操作，此时膜的层数就变为 8 层。如此循环，膜的层数变为 2^n 层。所以利用阻隔性高的材料作为第二相时，只要很少的含量就能达到很好的阻隔效果。当然这种技术的关键是口模的设计。要在一个口模中实现如此多次的纵切、叠加过程是很困难的。除口模设备外，它还要求挤出过程的稳定性，包括温度、压力的稳定性。

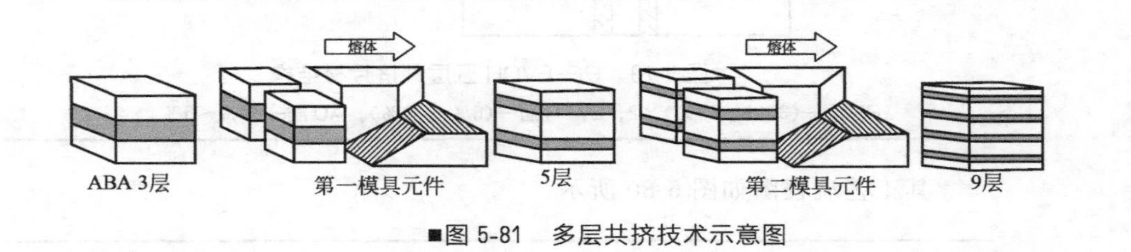

■图 5-81 多层共挤技术示意图

在多层片材的共挤出成型时，很难准确而迅速地得知各层的厚度，只能通过计算各台挤出机螺杆转速与挤出量之间的关系来预测。表 5-36 和 5-37 分别给出了 MMA/ABS 和 HIPS/PS 复合片材成型工艺条件。

■表 5-36 MMA/ABS 复合片材成型工艺条件

成型工艺条件	数值	
使用塑料	ABS	MMA
挤出机	直径为 90mm，排气式单螺杆	
模具	宽 750mm，支管式	
机身温度/℃		
1 段	240	260
2 段	215	250
3 段	225	235
4 段	210	275
5 段	220	255
法兰 1 温度/℃	225	250
法兰 2 温度/℃	220	260
模具温度/℃	220	
压辊温度/℃		
上	58	

续表

成型工艺条件	数值
中	59
下	57
挤出量/(kg/h)	240
过滤网目数/目	80
真空度/MPa	0.07
片材厚度/mm	6

■表 5-37　HIPS/PS 复合片材成型工艺条件

成型工艺条件	数值	
使用塑料	HIPS	PS
挤出机	直径为 90mm，排气式单螺杆	
模具	宽 750mm，支管式	
机身温度/℃		
1 段	220	210
2 段	215	210
3 段	200	205
4 段	185	195
5 段	210	215
法兰 1 温度/℃	195	210
法兰 2 温度/℃	200	210
模具温度/℃	205	
压辊温度/℃		
上	55	
中	56	
下	48	
挤出量/(kg/h)	245	
过滤网目数/目	80	
真空度/MPa	0.07	
片材厚度/mm	1	

5.8.4 塑料板材挤出生产质量控制

在实际板材生产中，会产生一些不正常的现象，其原因有很多。表 5-38 给出了挤出板、片生产中不正常的现象、原因及解决方法。

■表 5-38　挤出塑料板、片生产中不正常现象、原因及解决方法

序号	不正常现象	产生原因	解决方法
1	板材断裂	1. 机身或机头温度过高 2. 模唇开度太小 3. 牵引速率太快	1. 适当升高温度 2. 调节螺钉增加开度 3. 减小牵引速率

续表

序号	不正常现象	产生原因	解决方法
2	板材厚度不均	1. 物料塑化不良 2. 机头温度不均匀 3. 阻流调节块调节不当 4. 模唇开度不均匀 5. 牵引速率不稳定 6. 三辊轴向间距不均匀	1. 改进塑化工艺 2. 检修加热装置 3. 调节阻力调节块 4. 调节模唇开度 5. 检修牵引设备 6. 调整三辊轴向间距
3	有纵向线条	1. 模唇受伤 2. 模唇内有杂质 3. 压光辊筒表面受伤 4. 口模温度过高，有物料分解 5. 过滤网破裂	1. 研磨模唇表面 2. 清理模唇 3. 调换辊筒 4. 降低口模温度 5. 更换过滤网
4	表面有气泡	1. 原料中有水分 2. 机头温度过高	1. 重新干燥原料 2. 降低机头温度
5	表面有黑点变色条纹或斑点	1. 机头温度过高 2. 机头有死角 3. 机头内有杂质 4. 压光辊表面有析出物 5. 原料混有杂质	1. 降低机头温度 2. 修改机头 3. 清洗机头 4. 清洗压光辊表面 5. 更换原料
6	表面粗糙，横向有隆起物	1. 物料混炼、塑化不良 2. 三辊机堆料太多 3. 螺杆转速过快 4. 板材厚薄相差过大 5. 压光辊压力过大	1. 重新混炼 2. 减慢螺杆转速 3. 调整螺杆转速 4. 调整模唇开度 5. 增加压光辊间距
7	板材表面粗糙、有橘皮纹	1. 机头温度偏低 2. 原料潮湿，挥发物太多 3. 模唇平直部分太短 4. 螺杆转速太快，塑化质量差 5. 压光轴温度偏低 6. 压光辊压力不足	1. 提高机头温度 2. 干燥原料，调整配方 3. 更换合适的模唇 4. 适当降低螺杆转速 5. 适当提高压光辊的温度 6. 提高压光辊的压力
8	翘曲不平	1. 压光机温度不当 2. 冷却速率不均匀 3. 挤出速率太快，冷却不足 4. 压光辊温度过低 5. 模唇开度过大	1. 调整压光机各辊温度 2. 增加冷却输送部分长度 3. 适当降低挤出速率，加强冷却 4. 适当提高压光辊温度 5. 适当减小模唇开度
9	板材表面有凹陷痘斑、疙瘩	1. 原料潮湿或干燥不足 2. 挤出机排气孔堵塞 3. 原料混入不相容的材料 4. 原料混合不均匀 5. 过滤网太粗 6. 螺杆转速太快，塑化不良 7. 挤出温度太低，塑化不良	1. 延长原料干燥时间 2. 疏通挤出机排气孔 3. 更换原料或调整配方 4. 改进原料的混合工艺 5. 更换过滤网 6. 降低螺杆转速 7. 提高挤出温度

续表

序号	不正常现象	产生原因	解决方法
10	板材表面光泽不好	1. 模唇流道太短 2. 模唇表面不光滑 3. 原料中含有水分 4. 机头温度偏低 5. 压光辊温度偏低、压光辊表面不光滑	1. 增加模唇流道长度 2. 重新打磨模唇 3. 干燥原料 4. 提高机头温度 5. 提高压光辊温度 6. 调换压光辊或重新抛光压光辊

5.9 挤出机的故障排除及设备维护

5.9.1 挤出机的维护和保养

挤出机投入生产后，由于长时间承受动力载荷工作，再加上接触腐蚀性气体及熔料的侵蚀，一些传动零件和螺杆、机筒的工作性能、生产效率都会逐渐地发生变化，略有下降。平时工作中强调对设备要注意维护保养，目的就是为了延长设备的工作寿命，使其工作性能和生产效率能在较长时间内保持正常状态，以保证企业的经济效益稳定增长。

挤出机的维护保养，分为日常保养和定期保养。

5.9.1.1 挤出机的日常保养

挤出机的保养维护日常工作是在不占设备运转工时的情况下进行的，通常在开车期间完成。重点是清洁机器，紧固易松动的螺纹件，润滑各运动件，及时检查、调整电动机，控制仪表，各工作零部件及管路等。这些内容在操作工须知中有详细介绍，要求操作工认真执行。

操作人员必须熟悉自己所操作的挤出机的结构特点，尤其要正确掌握螺杆的结构特性，加热和冷却的控制仪表特性、机头特性及装配情况等，以便掌握挤出工艺条件，正确地操作机器。挤出不同塑料制品的操作方法各不相同，但也有其相同之处。下面简要介绍挤出各种制品时相同的操作步骤和操作时应注意的事项。

(1) 开车前的准备工作

① 用于挤出成型的塑料 原材料应达到所需要的干燥要求，必要时需作进一步干燥，并将原料过筛除去结块团粒和机械杂质。

② 检查设备中水、电、气各系统是否正常，保证水、气路畅通、不漏，电器系统是否正常，加热系统、温度控制、各种仪表是否工作可靠；辅机空车低速试运转，观察设备是否运转正常；启动定型台真空泵，观察

工作是否正常；在各种设备滑润部位加油润滑。如发现故障要及时排除。

③ 装机头及定型套　根据产品的品种、尺寸，选好机头规格。按下列顺序将机头装好。

a. 机头应装配在一起，整体安装在挤出机上。

b. 装配机头前，应擦去保存时涂上的油脂，仔细检查型腔表面是否有碰伤、划痕、锈斑，进行必要的抛光，然后在流道表面涂上一层硅油。

c. 按顺序将机头各块板装配在一起，螺栓的螺纹处涂以高温油脂，然后拧上螺栓和法兰盘。

d. 将多孔板安放在机头法兰之间，以保证压紧多孔板而不溢料。

e. 在未拧紧机头与挤出机连接法兰的紧固螺栓前应调整口模水平位置，可用水平仪调平方形机头，圆形机头则以定型模型胶底面为基准用机头口模底面调平。

上紧连接法兰螺栓，拧紧机头紧固螺栓，安装加热圈和热电偶，注意加热圈要与机头外表面贴紧。

f. 安装定型套并调整到位，检查主机、定型套与牵引机的中心线是否对准。调整后，紧固固定螺栓。连接定型套水管和真空管。

g. 开启加热电源，对机头、机筒均匀加热升温。同时打开加料斗底部和齿轮箱的冷却水及排气真空泵的进水阀门。加热升温时各段温度先调到140℃，待温度升到140℃时保温30～40min，然后再将温度升到正常生产时的温度。待温度升到正常生产所需温度时，再保持10min左右，以使机器各部分温度趋于稳定，方能开车生产。保温时间长短根据不同型号挤出机和塑料原料品种而有所不同。保温一段时间，以使机器内外温度一致，以免仪表指示温度已达到要求温度，而实际温度却偏低，此时如果将物料投入挤出机，由于实际温度过低，物料熔融黏度过大，会引起轴向力过载而损坏机器。

h. 开车所用原料送入料斗，以备使用。

(2) 开车

① 在恒温之后即可开车，开车前应将机头和挤出机法兰螺栓再拧紧一次，以消除螺栓与机头热膨胀的差异，紧机头螺栓的顺序是对角拧紧，用力要均匀。拧紧机头法兰螺母时，要求四周松紧一致，否则要跑料。

② 开车。先按“准备开车”钮，再按“开车”钮，然后缓慢旋转螺杆转速调节旋钮，螺杆慢速启动。然后再逐渐加快，同时少量加料。加料时要密切注意主机电流表及各种指示表头的指示变化情况。螺杆扭矩不能超过红标（一般为扭矩表量程的65%～75%）。塑料型材被挤出之前，人不得站于口模正前方，以防止因螺栓拉断或因原料潮湿发泡等原因而产生伤害事故。塑料从机头口模挤出后，即需将挤出物

慢慢冷却并引上牵引装置和定型模，并开动这些装置。然后根据控制仪表的指示值和对挤出制品的要求。将各部分作相应的调整，以使整个挤出操作达到正常状态。并根据需要加足料，双螺杆挤出机采用计量加料器均匀等速地加料。

③ 当口模出料均匀且塑化良好可进行牵引入定型套。塑化程度的判断需凭经验，一般可根据挤出物料的外观来判断，即表面有光泽、无杂质、无发泡、焦料和变色，用手将挤出料捏细到一定程度不出现毛刺、裂口，有一定弹性，此时说明物料塑化良好。若塑化不良则可适当调整螺杆转速、机筒和机头温度，直至达到要求。

④ 在挤出生产过程中，应按工艺要求定期检查各种工艺参数是否正常，并填写工艺记录单。按质量检验标准检查型材产品的质量，发现问题及时采取解决措施。

(3) 停车

① 停止加料，将挤出机内的塑料挤光，露出螺杆时，关闭机筒和机头电源，停止加热。

② 关闭挤出机及辅机电源，使螺杆和辅机停止运转。

③ 打开机头连接法兰，拆卸机头。清理多孔板及机头的各个部件。清理时为防止损坏机头内表面，机头内的残余料应用钢片进行清理，然后用砂纸将黏附在机头内的塑料磨除，并打光，涂上机油或硅油防锈。

④ 螺杆、机筒的清理　拆下机头后，重新启动主机，加停车料（或破碎料），清洗螺杆、机筒，此时螺杆选用低速（5r/min 左右）以减少磨损。待停车料碾成粉状完全挤出后，可用压缩空气从加料口、排气口反复吹出残留粒料和粉料，直至机筒内确实无残存料后，降螺杆转速至零，停止挤出机，关闭总电源及冷水总阀门。

⑤ 挤出时应注意的安全项目有：电、热、机械的转动和笨重部件的装卸等。挤出机车间必须备有起吊设备，装拆机头、螺杆等笨重部件，以确保安全生产。

5.9.1.2 挤出机的定期保养维护

挤出机的定期保养维护工作一般在挤出机连续运转 2500～5000h 后停机进行，机器需要解体检查、测量、鉴定主要零部件的磨损情况，更换已达规定磨损限度的零件，修理损坏的零件。可按挤出机的负荷及工作时间酌情安排，一般可每半年或一年进行一次。维护保养时由维修钳工和设备操作工配合工作，工作内容如下。

(1) 清扫、擦洗挤出机上各部位油污及电控箱中灰尘。

(2) 拆开齿轮传动减速箱、轴承压盖，检查各传动件的工作磨损情况；

观察润滑油的质量变化并及时补充油量；如果油中含有较多的杂物，应进行过滤或更换。

(3) 对磨损齿轮应进行测绘，轴承要记录规格。工作后要提出备件制造或购买计划，准备安排时间维修更换。

(4) 检查 V 带磨损情况，调整 V 带安装中心距（保持 V 带传动工作松紧要适当）；如果 V 带磨损较严重，应进行更换。

(5) 检查机筒和螺杆的磨损情况。机筒内表面和螺杆螺纹外圆有轻度的划伤和摩擦痕，可用细油石或细砂布修磨，达到平整光滑，记录机筒、螺杆工作面（机筒内圆和螺杆外圆直径）的实测尺寸。

(6) 检测、校正机筒的加热实际温度（用水银温度计测量）与仪表显示温度误差值，以保证挤出机操作工艺温度的正确控制。

(7) 调整、试验各安全报警装置，以保证其工作的可靠性和准确性。

(8) 检查、试验各种输液管路（水、气和润滑油）是否通畅，对渗漏和阻塞部位进行修理疏通。

(9) 检查、试验各送电线路连接是否牢固，电控箱和设备的安全接地保护是否牢固。

(10) 检查、试验加热装置、冷却风机和安全罩的工作位置是否正确，进行必要的调节修正，以保证它们能正确、有效地工作。

5.9.2 挤出机的维修

5.9.2.1 正常维修

正常维修由生产调度安排，给出时间进行设备维修。通常维修工作和设备的定期维护保养工作同时进行。

挤出机的维修工作项目包括以下一些内容。

(1) 更换磨损严重的齿轮、皮带轮、滚动轴承和三角皮带。

(2) 研磨、修整机筒和螺杆工作面上划痕和毛刺，达到光滑不易粘料。

(3) 检测加热电阻，更换已坏的铸铝加热套。

(4) 如果螺杆与机筒的装配间隙已经超差很多，由设备技术人员决定对螺杆和机筒的维修方案，采取焊接修补或更换螺杆。

(5) 各轴承压盖重新更换密封垫。

5.9.2.2 突然发生的意外事故维修

这种突然发生的意外事故维修，是计划外的突发事件。挤出机在正常工作中，由于有金属异物掉入机筒，或者由于机筒温度低，温度仪表失灵，使物料塑化不好，而螺杆转动扭矩突然加大，造成螺杆、齿轮或者止推轴承的工作负荷严重超载而破坏。另一种可能是电动机长时间超载工作而烧毁等事故。

为了保证每月生产计划的完成，对这种突然发生的设备事故，要抓紧时间对损坏零件进行维修。

5.9.2.3 维修前的准备工作

（1）查阅设备图纸，了解修理零件的部位、精度要求及工作条件要求。

（2）要知道修理零件的质量标准，确定修理方案。

（3）按零件图纸，核实更换件的规格尺寸及精度质量。

（4）准备检测仪器和拆卸、装配工具。

5.9.2.4 维修零件的拆卸及注意事项

（1）在拆卸前要查阅挤出机各部位的装配图，熟悉零件结构和部件组装图中各零件间的相互关系，确定零件的拆卸顺序。

（2）在确定零件拆卸顺序时，应按照原零件装配顺序相反的工作拆卸。通常是先上后下，先外后内，先拆部件再拆部件上的零件。

（3）对于拆卸后要影响连接质量、或者要损坏某一零件时，如过盈较大的装配或铆接件，尽量不拆。

（4）如需用手锤击打拆卸时，被击打部位要垫木方或软金属垫板，防止击坏零件表面。

（5）对于造价高、质量要求高的零件，如螺杆，要重点保护，拆卸清洗后包好，垂直悬挂起来。

（6）对于各种管件，拆卸清洗后，要封好管口，避免掉进杂物。

（7）对于无定位标注或有方向性的零件，拆卸前要打印标记。

（8）一组部件上的零件，拆下清洗后要摆放一起，以方便装配。小零件拆下清洗后，要尽量安装在原件上，避免丢失。

5.9.2.5 维修钳工须知

（1）注意维修的安全，维修前应切断电源，挂上“有人操作，禁止合闸”标牌。

（2）用手电钻时，检查是否接地或接零线。工作时戴绝缘手套和穿绝缘胶靴。手持照明灯电压必须低于 360V。

（3）移动搬运重件时，要有人统一指挥。

（4）不准用手摸转动部位和螺纹。

（5）检修装配后试车，按试车规定办。

5.9.3 挤出机一般故障及其排除

表 5-39 为挤出机的一般故障及其排除方法。

■表 5-39 挤出机的一般故障及其排除

故障	产生原因	处理方法
主机电流不稳	1. 喂料不均匀 2. 主电机轴承损坏或润滑不良 3. 某段加热器失灵，不加热 4. 螺杆调整垫不对，或相位不对，元件干涉	1. 检查喂料机，排除故障 2. 检修主电机，必要时更换轴承 3. 检查各加热器是否正常工作，必要时更换加热器 4. 检查调整垫，拉出螺杆检查螺杆有无干涉现象
主电机不能启动	1. 开车程序有错 2. 主电机线路有问题，熔断丝是否被烧坏 3. 与主电机相关的连锁装置起作用	1. 检查程序，按正确开车顺序重新开车 2. 检查主电机电路 3. 检查润滑油泵是否启动，检查与主电机相关的连锁装置的状态。油泵不开，电机无法打开 4. 变频器感应电未放完，关闭总电源等待 5min 以后再启动 5. 检查紧急按钮是否复位
机头出料不畅或堵塞	1. 加热器某段不工作，物料塑化不良 2. 操作温度设定偏低，或塑料的分子量分布宽，不稳定 3. 可能有不容易熔化的异物	1. 检查加热器，必要时更换 2. 核实各段设定温度，必要时与工艺员协商，提高温度设定值 3. 清理检查挤压系统及机头
主电机启动电流过高	1. 加热时间不足，扭矩大 2. 某段加热器不工作	1. 开车时应用手盘车，如不轻松，则延长加热时间 2. 检查各段加热器是否正常工作
主电机发出异常声音	1. 主电机轴承损坏 2. 主电机可控硅整流线路中某一可控硅损坏	1. 更换主电机轴承 2. 检查可控硅整流电路，必要时更换可控硅元件
主电机轴承温升过高	1. 轴承润滑不良 2. 轴承磨损严重	1. 检查并加润滑剂 2. 检查电机轴承，必要时更换
机头压力不稳	1. 主电机转速不均匀 2. 喂料电机转速不均匀，喂料量有波动	1. 检查主电机控制系统及轴承 2. 检查喂料系统电机及控制系统
润滑油压偏低	1. 润滑油系统调压阀压力设定值过低 2. 油泵故障或吸油管堵塞	1. 检查并调整润滑油系统压力调节阀 2. 检查油泵、吸油管
自动换网装置速度慢或不灵	1. 气压或油压低 2. 气缸（或液压站）漏气（或漏油）	1. 检查换网装置的动力系统 2. 检查气缸或液压缸的密封情况
安全销或安全键被切断	1. 挤压系统扭矩过大 2. 主电机与输入轴承连接不同心	1. 检查挤压系统是否有金属等物进入卡住螺杆。在刚开始发生时，检查预热升温时间或升温值是否符合要求 2. 调整主电机
挤出量突然下降	1. 喂料系统发生故障或料斗中没料 2. 挤压系统进入坚硬卡住螺杆，使物料不能通过	1. 检查喂料系统或料斗的料位 2. 检查清理挤压系统

参 考 文 献

[1] C. 劳温代尔著. 塑料挤出. 北京：中国轻工业出版社，1996. 6.
[2] E. G. Harms. Elastomerics 1977，109，6：33-39.
[3] E. G. Harms. Eur Rubber Journal 1978，6，23.
[4] E. G. Harms. Kunststoffe 1979，69，1：32-33.
[5] S. H. Collins. Plastics Compounding 1982，11，29；D. Anders. Kunststoffe 1979，69：194-198.
[6] B. Maxwell and A. J. Scalora，Modern Plastics，37，107，1959.
[7] A. Mekkaoui and L. N. Valsamis，Polym. Eng. Sci.，24，1260-1269 (1957).
[8] 王加龙主编. 热塑性塑料挤出生产技术. 北京：化学工业出版社，2003. 8.
[9] 姚祝平编. 塑料挤出成型工艺与制品缺陷处理. 北京. 化学工业出版社，2003. 3.
[10] 周殿明编著. 塑料挤出机及制品生产故障与排除. 北京：化学工业出版社，2002.
[11] L. P. B. M 詹森著. 双螺杆挤出. 北京：化学工业出版社，1987.
[12] 叶荣龙等. 铅盐与有机锡稳定剂在硬 PVC 管材挤出性能的影响. 塑料加工应用，1994 (2)：14-16.
[13] 赵开步等. PVC 透明板的试制. 塑料，1990，19 (4)：32-34.
[14] 张玉澎等. 高透明 PP 片材最佳挤出工艺参数的研究. 现代塑料加工应用，2001，13 (3)：36-37.
[15] 于瀛浩. ABS 板材挤出成型工艺及控制. 工程塑料应用，2002，30 (10)：18-20.
[16] 方尔平. ABS 板材挤出成型工艺探讨. 现代塑料加工应用，1997，9 (1)：45-47.
[17] 胡春木等. PP/EVOH 共挤片材生产技术探讨. 1998，27 (4)：41-45.
[18] Haopeng Wang，Jong K. Keum，Anne Hiltner，Eric Baer，Benny Freeman，Artur Rozanski，Andrzej Galeski. Confined Crystallization of Polyethylene Oxide in Nanolayer Assemblies. Science 2009，323 (6)：757-760.
[19] C. Lai，R. Ayyer，A. Hiltner，E. Baer. Effect of confinement on the relaxation behavior of poly (ethylene oxide). Polymer 51 (2010) 1820-1829.
[20] Mohit Gupta，Yijian Lin，Taneisha Deans，Eric Baer，Anne Hiltner，and David A. Schiraldi*. Structure and Gas Barrier Properties of Poly (propylene-graft-maleic anhydride)/Phosphate Glass Composites Prepared by Microlayer Coextrusion. Macromolecules 2010，43：4230-4239.
[21] Haopeng Wang，Jong K. Keum，Anne Hiltner，* and Eric Baer. Crystallization Kinetics of Poly (ethylene oxide) in Confined Nanolayers. Macromolecules 2010，43：3359-3364.
[22] 杨鸣波，唐志玉主编. 中国材料工程大典，第 6 卷，高分子材料工程（上）. 北京：北京：化学工业出版社，2005.
[23] 周达飞，唐颂超主编. 高分子材料成型加工. 北京：中国轻工业出版社，2000.
[24] F. 汉森主编，郭奕崇等译. 塑料挤出技术. 北京：中国轻工业出版社，2001.
[25] 杨东洁主编. 塑料制品成型工艺. 北京：中国纺织出版社，2007.
[26] 张瑞志主编. 高分子材料生产加工设备. 北京：中国纺织出版社，1999.
[27] 黄锐主编. 塑料成型工艺学. 北京：中国轻工业出版社，1997.
[28] 王俊清. 塑料给水管材的应用和发展前景. 市政技术. 2009，27 (5)，540-542.
[29] 李静. 国际塑料管道交流会特别报道. 国外塑料，2009，27 (11)，26-29.
[30] 赵波，陈桓，邹愚. 硬质 PVC 给水管材抽查中常见问题及对策. 聚氯乙烯. 2010，38 (2)，29-31.
[31] 谢学民. 双向拉伸设备技术的发展与进步. 双向拉伸薄膜，2007，(1)：3-7.
[32] Yijian Lin，Anne Hiltner，Eric Baer. A new method for achieving nanoscale reinforcement of biaxially oriented polypropylene film. Polymer 51 (2010) 4218-4224.

[33] F. Ania , F. J. Baltá-Calleja, S. Henning , D. Khariwala , A. Hiltner, E. Baer. Study of the multilayered nanostructure and thermal stability of PMMA/PS amorphousfilms. Polymer, 2010 51 , 1805-1811.
[34] 何元亭，宋武. 双向拉伸薄膜生产线控制系统故障排除. 设备管理与维修，2007，3：28.
[35] 我国 BOPP 原料生产及供求形势分析. 当代石油石化，2008，16 (11)，9-11.
[36] Nello Pasquini. Polypropylene Handbook，2nd edition，2005，542-546.
[37] 刘寒月. 2007 年度 BOPP 膜市场简报. 双向拉伸薄膜，2008，(1)：34.
[38] Global Polyolefin Catalysts 2008-2012 Markets，Technologies & Trends，Chemical Market Resources，Inc. 2008.
[39] 贾润礼，李宁等编. 塑料成型加工技术. 北京：国防工业出版社，2006.
[40] 张玉龙，张子钦主编. 塑料挤出制品配方设计与加工实例. 北京：国防工业出版社，2006.
[41] 张玉霞. 吹塑薄膜技术进展. 塑料包装，2007，17 (3)，38-46.
[42] 黄淮. 吹塑薄膜在线检测膜厚新方法. 国外塑料，2006，24 (1)，57-59.
[43] F. Ania , F. J. Baltá-Calleja, S. Henning , D. Khariwala , A. Hiltner, E. Baer. Study of the multilayered nanostructure and thermal stability of PMMA/PS amorphous films. Polymer 51 (2010) 1805e1811.
[44] Yijian Lin，Anne Hiltner * , Eric Baer. A new method for achieving nanoscale reinforcement of biaxially oriented polypropylene film. Polymer 51 (2010) 4218-4224.
[45] Koski A，Yim K，Shivkumar S. Effect of Molecular Weight on Fibrous PVA Produced by Electrospinning [J]. Materials Letters. 2004，58：493-497.
[46] 刘庶民编著. 实用机械维修技术. 北京：机械工业出版社，2000.

第6章 注射成型

注射成型是高分子成型加工中的一种重要方法。它的特点是成型周期短、生产效率高，能一次成型外形复杂、尺寸精确的产品，成型适应性强，制品种类繁多，容易实现生产自动化，因此应用十分广泛。几乎所有的热塑性塑料及多种热固性塑料都可以用此法成型，此外橡胶制品也可以通过此法成型。

注射成型通常包括两个过程：首先使成型物料熔融流动，并取得所需的形状，然后设法保持既得形状成为制品。不同于挤出成型设备的连续成型，注塑成型是周期性、间歇地生产单个制件。

塑料的注射成型又称注射模塑，其在塑料的加工成型中占有重要地位，热塑性塑料注射成型占注射成型工艺主导地位，热固性塑料和结构泡沫塑料注射成型也占有一定的份额。如今各种塑料注射成型的结构件、功能件以及特殊用途的精密件已经广泛应用到国民经济的各个领域，成为了不可缺少的重要生产资料和消费资料。与此同时，在传统塑料注射成型技术的基础上开发了多种新型注射成型技术，如气体辅助成型（GAIM）、水辅助成型、反应注射成型（RIM）、增强反应注射成型（RRIM）、结构发泡注射成型、低压注射成型、电磁动态注射成型和精密注射成型等，通过各种注射成型可以获得各种结构复杂的塑料制品。

注射成型用于橡胶加工通常叫注压。其所用的设备和工艺原理同塑料的注射成型有相似之处。但橡胶的注压是以条状或块状粒状的混炼胶加入注压机，注压入模后须停留在加热的模具中一段时间，使橡胶进行硫化，才能得到最终制品。橡胶的注压类似于橡胶制品的模型硫化，只是压力的传递方式不一样，注压时压力大、速度快，比模压生产能力大、劳动强度低、易自动化，是橡胶加工的方向。

本章将就高分子材料的注射成型机械、注射成型理论、注塑成型工艺、以及不同材料的注射成型和新型注塑成型等几个方面进行讨论。

6.1 注射成型设备

注射机（又名注塑机）是注射成型的主要设备，注射成型通常是通过注塑机和模具实现的。尽管注射机的种类很多，但无论哪种，其基本功能有两个：一是加热高分子材料，使其达到熔融状态，并使其塑化和均化；二是对熔体施加高压，使其充满模具型腔，经过冷却和固化后而制得具有一定几何形状和尺寸精度的制品。

6.1.1 注射机分类

国内外塑料机械工业发展日新月异，注射机类型日益增多，分类方法也趋于多样化。如按其加工能力分为微型、小型、中型、大型和超大型注射机；按合模方式可分为肘杆式（液压-机械式）、全液压式、全电动式、电动/液压复合式注射机；按操作方式可分为手动、半自动、全自动注射机。下面介绍两种比较常用的分类方法。

6.1.1.1 按塑化和注射方式分类

（1）柱塞式注射机　柱塞式注射机是通过柱塞在料筒内的往复运动将料筒内的熔融物料向前推送，通过分流梭经喷嘴注入模具，如图 6-1 所示。物料在料筒内熔化，热量主要依靠料筒外加热器提供。由于高分子材料的

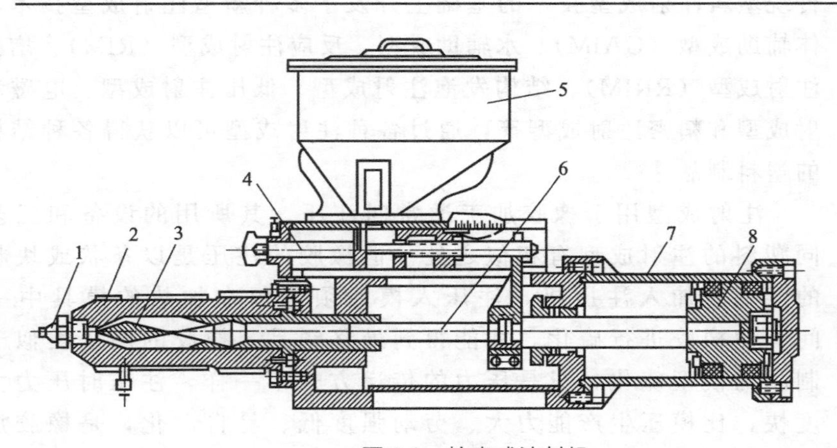

■图 6-1　柱塞式注射机

1—喷嘴；2—加热器；3—分流梭；4—计量装置；5—料斗；6—柱塞；7—注射油缸；8—注射活塞

导热性一般比较差，导致料筒内的物料内外层塑化不均匀，因此，柱塞式注射机不适合用来成型流动性差、热敏性强、注射量过大的塑料制件。这类注塑机发展最早，制造工艺和操作都比较简单，目前仍广泛用于注射小型制品。

（2）双阶柱塞式注射机　相当于两个柱塞式注射装置串联而成，物料先在第一只预塑化料筒内传热、熔融塑化，再进入第二只注射料筒内，然后熔体在柱塞压力下经喷嘴注入模腔内，如图 6-2 所示。这种结构形式上是柱塞式的改进。

（3）螺杆式注射机　螺杆式注射机与柱塞式注射机的区别主要是料筒内以旋转的螺杆代替了平推的柱塞，如图 6-3 所示。料筒内物料的熔融塑

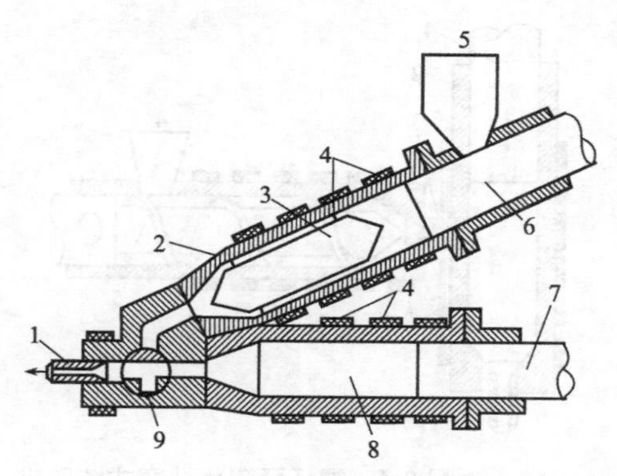

■图 6-2　双阶柱塞式注射机

1—喷嘴；2—供料料筒；3—鱼雷式分流梭；4—加热器；5—加料斗；6—预塑化供料活塞；7—注射活塞；8—注射料筒；9—三通

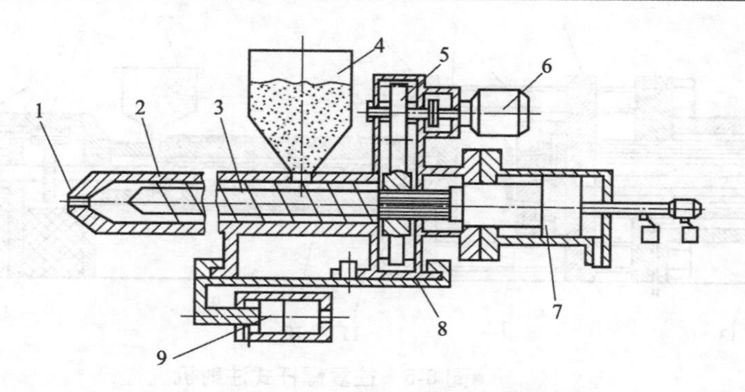

■图 6-3　螺杆式注射机

1—喷嘴；2—料筒；3—螺杆；4—料斗；5—齿轮箱；6—螺杆传动装置；7—注射油缸；8—注射座；9—移动油缸

化以及注射都是由螺杆完成的。物料在料筒中既可旋转又可前后移动，因此能够起到送料、压实、塑化与传压的作用。目前这种注射机产量最大，应用也最广泛。

（4）螺杆预塑化柱塞式注射机　在原柱塞式注射机上装一台仅作预塑化用的单螺杆挤出供料装置。塑料通过单螺杆挤出机预塑化后，经单向阀进入注射料筒，再由柱塞注射，如图 6-4 所示。这种注射机大大提高了对塑料的塑化能力，在高速、精密和大型注射装置及低发泡注射方面都有发展和应用。

（5）往复螺杆式注射机　是由一根螺杆和一个料筒组成，螺杆既能旋转又能水平往复运动，如图 6-5 所示。螺杆在旋转时起加料、塑化物料作

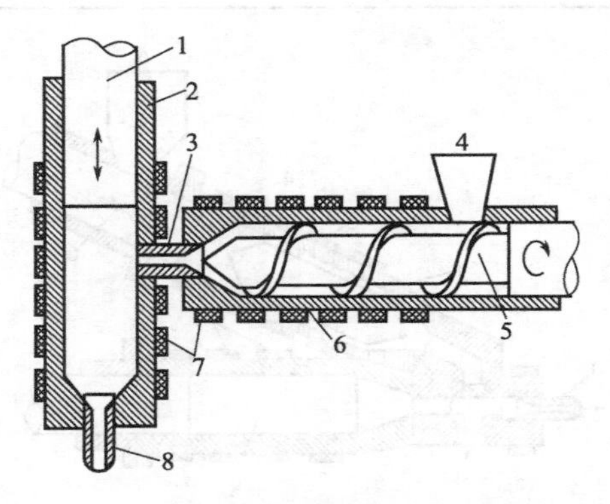

■图 6-4　螺杆预塑化柱塞式注射机

1—注射活塞；2—注射料筒；3—球式止逆喷嘴；4—加料斗；5—挤出螺杆；6—预塑化料筒；7—加热器；8—喷嘴

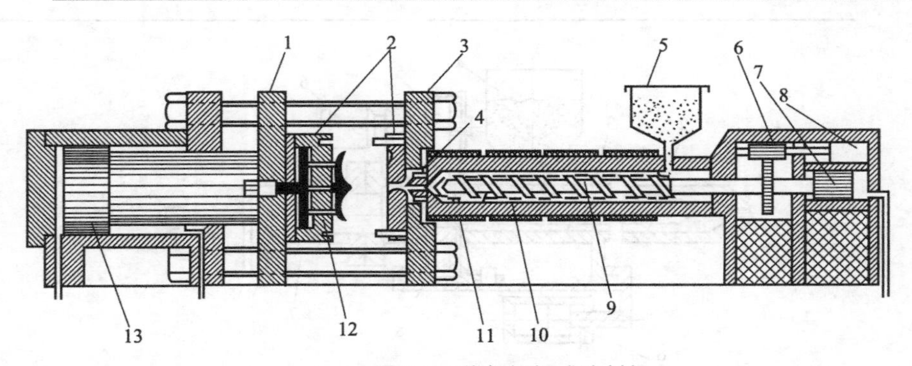

■图 6-5　往复螺杆式注射机

1—动模板；2—注射模具；3—定模板；4—喷嘴；5—料斗；6—螺杆传动齿轮；7—注射油缸；8—液压泵；9—螺杆；10—加热料筒；11—加热器；12—顶出杆；13—锁模油缸

用，熔体向前移动，螺杆在旋转的同时往后退，直到加料和塑化完毕才停止后退和旋转。在注射时，螺杆向前移动，起注射柱塞的作用。塑料熔化的热来自机筒外的加热以及螺杆转动和塑料之间的摩擦热。这种注射机结构严密，塑化效率高，生产能力大，为目前塑料注射成型最为常见的形式。

6.1.1.2 按外形特征分类

（1）立式注射机 立式注射机合模装置与注射装置的轴线呈一线垂直排列，即注射装置和定模板设在设备的上部，而锁模装置、动模板和顶出机构设在设备的下部，如图 6-6 所示。立式注射机占地面积小，模具拆装方便，嵌件安装容易且不易倾斜或坠落。不足之处是：制品从模具中顶出后不能靠重力自动脱出，不易实现自动化；机身高，加料和维修不方便。此类注射机的注射量一般在 60cm³ 以下。

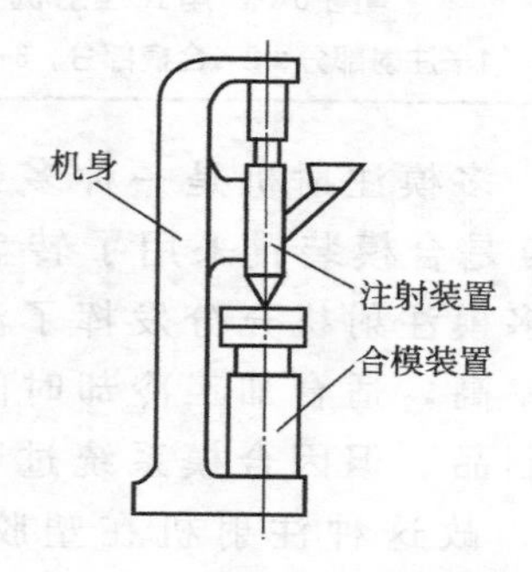

■图 6-6 立式注射机

（2）卧式注射机 合模装置与注射装置的运动轴线呈一线水平排列，如图 6-7，具有机身低，操作、维修方便，自动化程度高等优点。这种形式的注射机应用最为广泛，大、中、小型都适用，是目前注射机的基本形式。

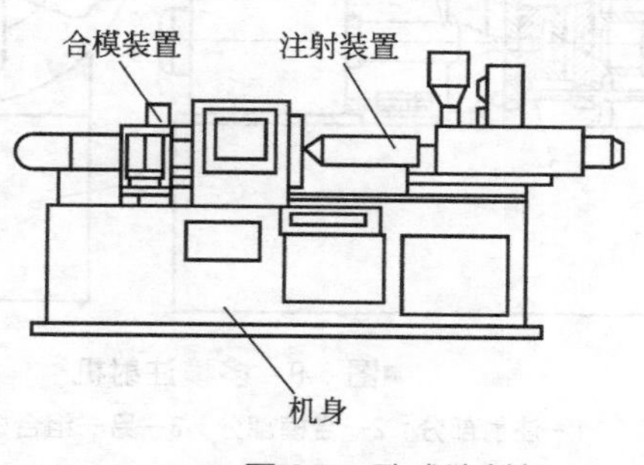

■图 6-7 卧式注射机

（3）角式注射机　角式注射机合模装置和注射装置的轴线相互垂直，如图 6-8 所示，其优缺点介于立式和卧式注射机之间，适于加工中心部分不允许有浇口痕迹、小注射量的制品。

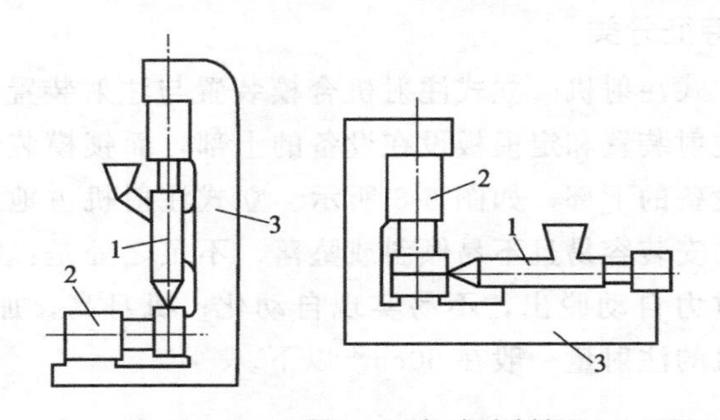

■图 6-8　角式注射机

1—注射部分；2—合模部分；3—机身

（4）多模注射机　多模注射机是一种多工位操作的特殊机型，如图 6-9 所示。其特点是合模装置采用了转盘式结构，工作时模具绕转盘轴依次工作。多模注射机充分发挥了注射装置的塑化能力，缩短了生产周期，效率高，适合加工冷却时间长或安放嵌件需要较长时间的大批量塑料制品。但因合模系统过于庞大、复杂，合模装置的合模力往往较小，故这种注射机在塑胶鞋底等制品生产中应用较多。

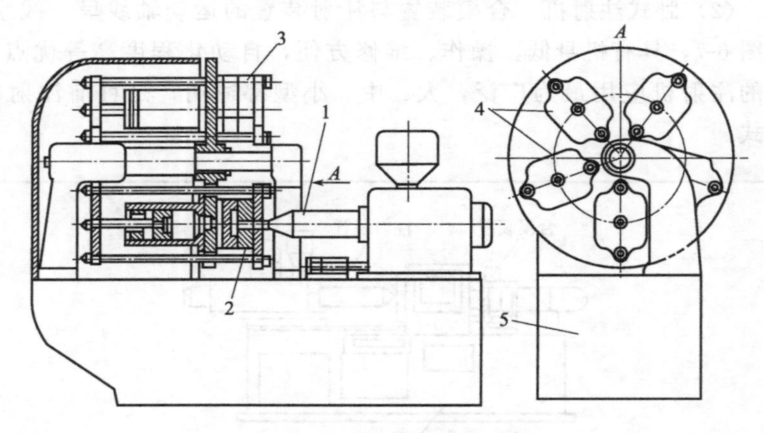

■图 6-9　多模注射机

1—注射部分；2—合模部分；3—另一组合模部分；

4—组合模部分位置分配；5—机身

6.1.2 注射机的基本参数

注射机的基本参数能较好地反映出注塑制品的大小、注射机的生产能力以及被加工材料的种类、品级范围和制品质量，是选择注射机的重要依据。下面以普通卧式注塑机为例，说明注射机的基本参数。

6.1.2.1 注射量

（1）理论注射容积　注塑机对空注射时，螺杆或柱塞一次最大注射行程时所射出的熔料体积，以 cm^3 表示。

（2）理论注射质量　注塑机对空注射时，螺杆或柱塞一次最大注射行程时所射出的熔料的最大质量，以克（g）表示。

（3）公称注射量　注塑机在工作过程中其注射量达不到理论值，也不需要达到理论值。因为塑料的密度随温度、压力的变化而变化；在注射时，熔料在压力下沿螺槽发生反流等。因此，注射量需作适当修正，修正后的注射量称为公称注射量，其计算式为：

$$Q=\alpha Q_L \tag{6-1}$$

式中　Q——实际最大注射量（公称注射量），cm^3；

Q_L——理论注射量，cm^3；

α——射出系数，与被加工塑料的性能、螺杆结构和参数、模具结构、制品形状、注射压力和速率等有关，一般取 0.7～0.9。

（4）实际注射量　在使用注塑机时，塑料制品所需的料量及浇注系统用料量一般为公称注射量的 25％～75％为好，最低不应小于公称注射量的 10％。因为过小的实际注射量不仅使注塑机的加工能力得不到充分的发挥，而且还会因塑料在机筒内停留时间过长而降解。反之，实际注射量过大，制品不能成型。

6.1.2.2 注射压力

注射压力是指在注射时为了克服熔料流经喷嘴、流道和型腔时的流动阻力，螺杆对熔料必须施加的压力，即指螺杆端面处作用在单位面积熔料上的力。

成型时注射压力的选取十分重要，注射压力过高，制品可能会产生飞边，脱模困难，影响制品的表观质量，使制品产生较大的内应力，甚至成为废品，同时还会影响机械的使用寿命；注射压力不足，则会造成熔料充不满模腔，甚至不能成型的现象。合理地选择注射压力是保证制品尺寸精度的重要条件。一般情况下，所选的注塑机的注射压力要大于成型制品所需的注射压力，而且选择注射压力的大小时要考虑熔料的黏度、制品形状、塑化和模具温度及制品精度等因素。如加工熔体流动性好、塑件形状简单、壁厚的制品，注射压力一般小于70MPa；加工熔体黏度较低，形状和精度要求一般的制品，注射压力一般为70～100MPa；加工熔体黏度中等，有一定精度要求的制品，注射压力一般为100～140MPa；加工熔体黏度较高、精度要求高、制件壁薄且尺寸大的制品，注射压力约为140～180MPa；对于一些形状多样、精度要求高的精密塑料制品的注射成型，注射压力可用到230～250MPa。

6.1.2.3 注射速率

注射速率是指单位时间内从喷嘴射出的熔料量，计算公式如下：

$$q_z=\frac{V_s}{t_z}=\frac{\pi}{4}D^2\times v_z \tag{6-2}$$

式中 q_z——注射速率，cm^3/s；

V_s——实际注射容量，cm^3；

t_z——注射时间（螺杆或柱塞作一次注射量所需的时间），s；

D——机筒直径，cm；

v_z——注射速率，cm/s。

注射速度是指单位时间内螺杆或柱塞移动的距离，计算公式如下：

$$v_z=\frac{S}{t_z} \tag{6-3}$$

式中 v_z——注射速度，cm/s；

S——螺杆（或柱塞）最大注射行程，cm；

t_z——注射时间，s。

注射速率的大小会直接影响制品的质量和生产效率。注射速率低，速度慢，注射时间长，熔料充满模腔困难，制品易产生冷接缝、密度不均、内应力大等问题；速率过高，速度越快，物料流经喷嘴等处时易产生大量的摩擦热，使物料烧焦、变色或降解；同时高速注射时，模内气体往往来不及排除，夹杂在物料中影响制品表观质量，产生银纹、气泡。因此注射速率应该根据塑料的性能、制品的形状、工艺条件及模具特点等情况来选择。

6.1.2.4 塑化能力

塑化能力是指单位时间内塑化装置所能塑化的物料量（通常以聚苯乙烯为基准）。注塑机的塑化装置应该在规定的时间内，保证能够提供足够量的塑化均匀的熔料。提高螺杆转速、增加驱动功率、改进螺杆结构都可以提高塑化能力。

6.1.2.5 合模力

合模力也称锁模力，是注塑机最常用的参数之一，其含义是合模机构锁模后，熔料注入模腔时，模板对模具形成的最终锁紧力。当熔料以一定的速度和压力注入模腔前，需克服流经喷嘴、流道、浇口等处的阻力，会损失一部分注塑压力，但熔料在冲模时还具有相当高的压力，此压力成为模腔内的熔料压力，简称模腔压力（P_m）。模腔压力在注射时形成的胀模力会将模具顶开。为了保证制品的形状和尺寸完全符合要求，合模机构必须具有足够的锁模力来锁紧模具。

合模力的大小在很大程度上反映了注塑机加工制品能力的大小。为使模具不至于被熔料胀开，合模力应该满足下面的公式：

$$F \geqslant aPA \tag{6-4}$$

式中 F——合模力，t；

a——安全系数，一般为 1.1～1.6；

P——模腔压力，MPa；

A——制品在分型面上的投影面积，cm^2。

合模力与注射压力，制品投影面积及模腔压力的分布示意图如图 6-10。

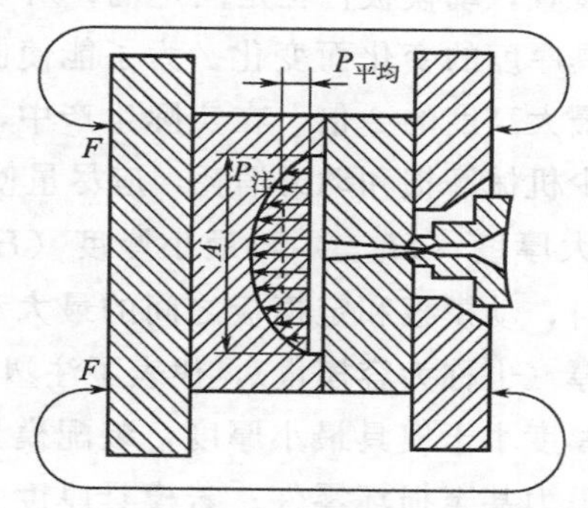

■图 6-10 合模力和模腔压力

6.1.2.6 合模装置基本尺寸

合模装置基本尺寸主要有：模板尺寸与拉杆间距，模板间最大开距与动模行程，模具厚度等。

（1）模板尺寸与拉杆间距 模板尺寸（$H \times V$）和拉杆间距（$H_0 \times V_0$）均表示模具安装面积的主要参数（图 6-11）。模板尺寸限制了注塑机的最大成型面积，拉杆间距限制了模具长与宽的尺寸。模板面积约为机器最大成型面积的 4～10 倍，在设计塑料模具时，模具的外形尺寸要与模板尺寸相适应。

（2）模板最大开距 模具开启后，动模板与定模板之间的最大距离（包括调模行程在内）。这表示注塑机所能加工制品最大高度的参数特征，为了使成型后的制品能够顺利取出，模板最大开距 L_{max} 一般为成型制品最

大高度 h_{max} 的 3～4 倍。为了成型不同高度的制品，模板间距应该能调节，调节范围应该是最大模具厚度的 30%～50%。

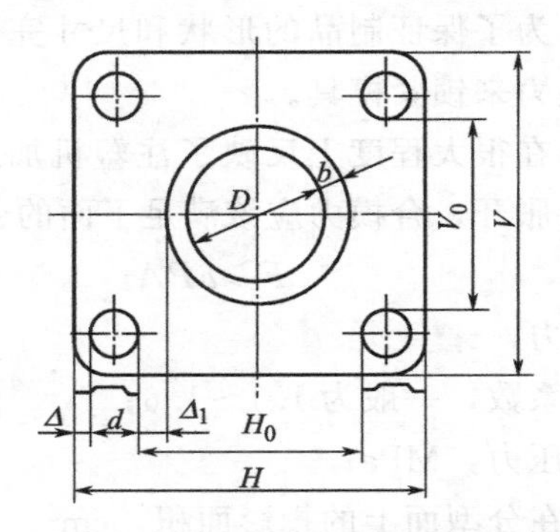

■图 6-11 模板尺寸与拉杆间距

(3) 动模板行程 指动模板能够移动的最大距离，用 S（mm）表示。对于肘杆式合模装置，动模板行程是固定的；对于液压式合模装置，动模板行程随安装模具厚度的变化而变化。为了能使制件顺利取出，移动模板行程要大于制件最大高度的 2 倍。在实际生产中，为了缩短一次成型制品的循环时间，减少机械磨损和动力消耗，应尽量使动模板行程小一些。

(4) 模具最大厚度（H_{max}）与最小厚度（H_{min}） 指动模板闭合后，达到规定合模力时，动模板和定模板之间的最大和最小距离。注塑机的最大模厚和最小模厚（也称为容模量），代表了注塑机能容纳的模具厚度。如果所使用的模具厚度小于模具最小厚度，装配模具时要增加垫板，否则不能实现正常的合模力甚至损坏零件。若模具厚度大于模具最大厚度，则不能正常合模，同样无法达到规定的合模力。最大模厚和最小模厚之差即为调模装置的最大可调行程。

(5) 顶出力和顶出行程 有效的顶出力和顶出行程才能使成型的产品最后顺利地从模具中分离。购买机器时，顶出行程宜取大，以便适合更多产品的生产。

6.1.2.7 开合模速度

开合模速度是反映注塑机效率的参数，它直接影响到成型周期的长短。在每一个成型周期中，模板的移动速度是变化的：动模板运动起始和终了时及制品被顶出时，要求模板慢行，主要是为了保证开合模的平稳性，防止制品表面拉伤，防止顶出制品时塑料制件损坏。但为了缩短成型周期，动模板不能全程都慢速运行，因此，在一个成型周期中，动模板的速度是变化的，即合模时先快后慢，开模时由慢到快再慢。同时要求速度变化的位置能够调节，以适应不同制品的生产需要。

目前，国产注塑机的开合模速度范围：快速为12～22m/min、30～35m/min，也有高达60m/min以上；慢速为0.24～3m/min。

6.1.2.8 空循环时间

空循环时间是指在没有塑化、注射保压、冷却及取出制品等动作的情况下，完成一次循环所需要的最短时间（s）。它是由合模、注射座前移和后退、开模以及动作切换时间等组成的，有的注塑机直接用开合模时间来表示。

空循环时间是表征机械综合性能的参数，也是衡量注塑机生产能力的指标。它反映了注塑机机械结构的好坏、动作灵敏度、液压系统及电器系统性能的好坏。近年来，由于先进的电脑程序控制技术，注塑机各个方面的性能更加可靠、准确，空循环时间有了较大的缩短。

6.1.3 注塑机的结构组成

柱塞式注射机和移动螺杆式注塑机的作用原理大致相同，所不同的是前者用柱塞施加压力，而后者则用螺杆，二者结构特点基本相同，都是由注射系统、锁模系统、液压系统以及注射模具几部分组成。

6.1.3.1 注射系统

注射系统是注射机的主要部分，其主要作用是在一定时间内将一定量的塑料均匀塑化成熔融状态，并以足够的压力和速度注射到模腔中，注射完毕后能对模腔中的熔料进行保压、补料。主要由加料装置、料筒、螺杆（或柱塞及分流梭）、喷嘴等部件所组成。

（1）加料装置　即加料斗，通常为倒圆锥或方锥形的金属容器，其容量视注射机的大小而定，一般要求能容纳1～2h的用料。注射机的加料是间歇性的，每次从料斗加入到料筒的塑料必须与每次从料筒注入模具的料量相等，因此，在料斗上设置有计量装置，以便能定容定量加料，有的料斗还有加热和干燥装置。

（2）料筒　也叫机筒、塑化室，与挤出机的料筒相似，但内壁比较光滑且呈流线型，没有缝隙和死角。料筒外表面包有分段加热和控制的加热器，一般而言从加料口到喷嘴方向料筒的温度是逐渐升高的。料筒的容积决定了注射机的最大注射量，柱塞式的料筒通常为最大注射量的6～8倍，以保证塑料有足够的停留时间和接触传热面，从而利于塑化；螺杆式因为螺杆对塑料进行推挤及搅拌作用，传热、塑化、混合效果较好，因而料筒的容量一般只需为最大注射量的2～3倍。在成型时，料筒要承受很高的注射压力，因此，制造料筒时要选用耐磨、耐压、耐腐蚀的优质钢材，如

38CrMoAl。

注塑机的料筒大约有三种类型，如图 6-12 所示。图 6-12(a) 为常用型，加工精度和装配精度容易保证，料筒受热均匀。料筒为一整体，多用氮化钢，内表面进行氮化处理，但料筒内表面磨损后难以修复。图 6-12(b) 所示料筒外套一般用碳素钢或铸钢，衬套用耐磨的合金钢，衬套磨损后便于更换；但由于外套和衬套所使用的材料不同，热膨胀系数各异，因而配合间隙要求严格，装配难度很大。图 6-12(c) 所示合金层和料筒基体结合牢固，耐磨性好，使用寿命长，并能节约贵重金属。

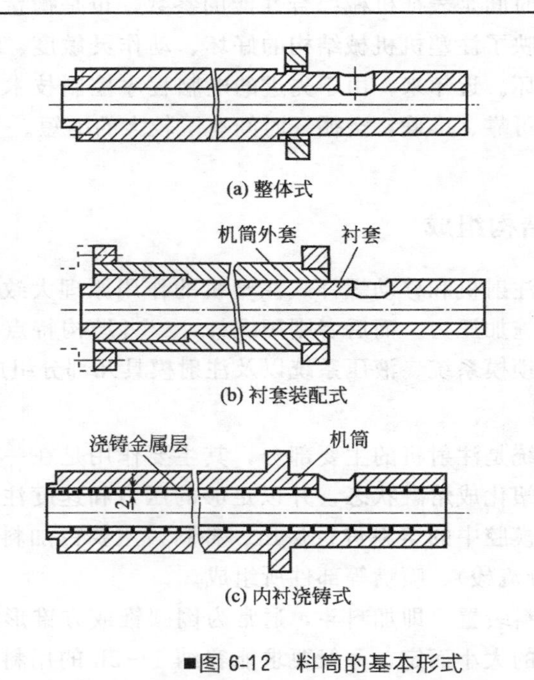

■图 6-12　料筒的基本形式

(3) 螺杆　螺杆是在电机或液压马达的驱动下转动，完成对树脂的受热、受压、塑化，并在熔体的输送中充分混合、均匀塑化，完成将塑化好的熔料注入模具型腔的部件。同挤出机的螺杆一样，也是一根表面有螺纹的金属杆件，但其结构形式及作用与挤出机螺杆有所不同。当螺杆在料筒内旋转时把料筒内的塑料卷入螺槽，并逐渐压实，排出料中的气体，塑料逐步熔化。此后，塑化均匀的料不断由螺杆推向料筒的前端，并逐步积存在靠近喷嘴的一端。与此同时，螺杆本身受熔体压力而缓慢后退。当熔体积存到达一次最大的注射量时，螺杆停止转动和后退。然后，螺杆传递压力，使黏流态料注射入模。

与挤出成型用螺杆 [图 6-13(a)] 相比，注塑用螺杆 [图 6-13(b)] 在结构上有以下特点：注射螺杆的长径比和压缩比都比较小；注射螺杆的均化段螺槽较深；注射螺杆的加料段较长，均化段较短；注射螺杆的头部呈锥形，与喷嘴能够很好的吻合。

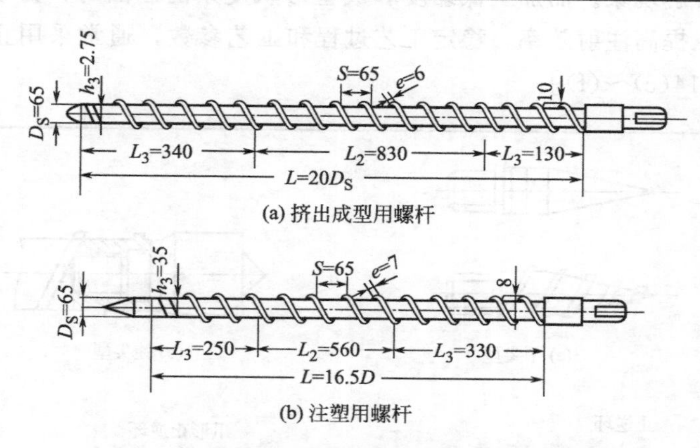

(a) 挤出成型用螺杆

(b) 注塑用螺杆

■图 6-13　挤出成型用螺杆和注塑用螺杆

相比于挤出螺杆，注塑螺杆起预塑和注射的作用，是间歇操作过程，它对物料的塑化能力、操作时的压力稳定以及操作的连续性等要求没有那么严格。

为适应加工塑料的性能（如软化温度范围、硬度、黏度、摩擦系数、比热容、热稳定性、导热性等）的不同要求，而将螺杆做成不同的形式。一般可分为通用型和专用型两种。

① 通用型螺杆　其压缩段长度介于渐变和突变之间，约 3～5 个螺距。主要考虑到一些非结晶型塑料，经受不了突变螺杆在压缩段高的剪切塑化作用；同时又考虑到一些结晶型塑料未经过足够的预热不能软化熔融和难以压缩的特点。

② 专用型螺杆　这是针对某一种塑料专门设计的螺杆，其技术参数有其个性。专用型螺杆对于某种特定的塑料而言，在塑化能力和能耗上，比通用型螺杆具有优势。

螺杆材料要求耐磨、抗腐蚀，大多采用优质氮化钢 38CrMoAlA 并进行氮化处理或镀上特殊的金属。螺杆应有较高的精度和较高的表面粗糙度。

(4) 螺杆头　可根据加工塑料的不同，选用特定结构的螺杆头。螺杆头可以分为“回泄型”和“止逆型”两大类共六种类型，见图 6-14。回泄型中又可分为两种：平尖型和钝尖型；而止逆型可分为四种：环型、爪型、销钉型和分流型。

在加工 RPVC 类的热敏性、高黏度塑料时，采用平尖型螺杆头（也称为“锥形”）[图 6-14(a)]。其锥角 α 一般为 20°～30°，其中一种为光滑圆锥头，另一种在锥形处加工出螺纹。这两种平尖型，结构简单，能够消除滞料分解现象。而加工低黏度和成型形状复杂的制品时，为了防止塑料的流延，提高注射效率，稳定工艺过程和工艺参数，通常采用止逆型螺杆头 [图 6-14(c)～(f)]。

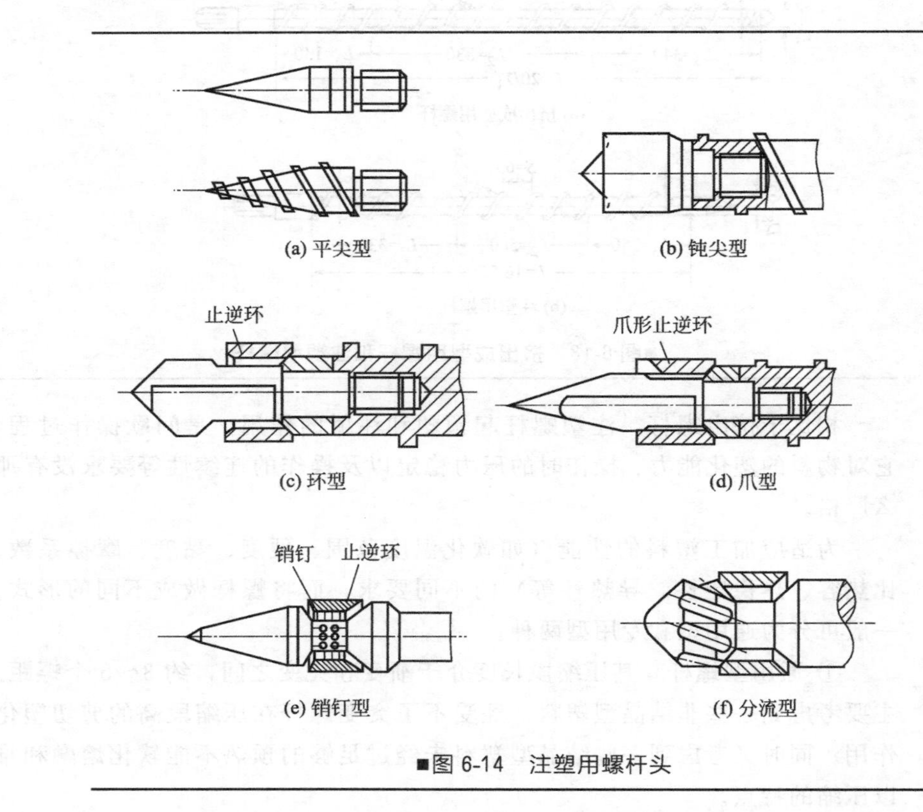

(a) 平尖型 (b) 钝尖型 (c) 环型 (d) 爪型 (e) 销钉型 (f) 分流型

■图 6-14 注塑用螺杆头

（5）柱塞及分流梭 二者均为柱塞式注射机料筒内的主要部件。柱塞为一根坚硬的金属圆棒，通常其直径 D 为 20～100mm。柱塞可以在料筒内作往复运动，其作用是传递施加在塑料上的压力，使熔融塑料注射入模。

分流梭装在料筒前的中心部分，是两端锥形的金属圆锥体，形如鱼雷，因此也叫鱼雷头。其种类很多，通常的形式如图 6-15 所示，其表面通常有 4～8 条呈流线型的凹槽，槽深随注射机的容量大小而变化，一般为 2～10mm，分流梭上有几条突出的分流筋，与料筒内壁紧接，起定位及传热的作用。分流梭的作用是使料筒内流经该处的料成为薄层，使塑料流体产生分流和收敛流动，以缩短传热导程。这既加快了热传导，也有利于减少或避免塑料过热而引起的热分解现象。同时，塑料熔体分流后，在分流梭与料筒间的间隙中流速增加，剪切速度增大，从而产生较大的摩擦热，使料温升高，黏度下降，使塑料得到进一步的混合塑化，有效提高柱塞式注射机的生产效率及制品质量。

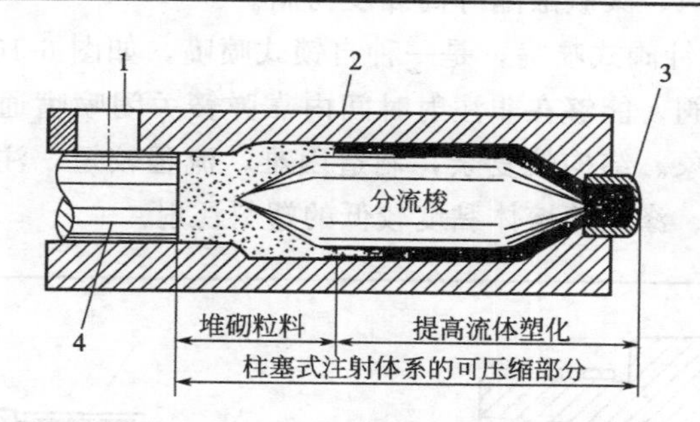

■图 6-15　分流梭结构示意图

1—加料口；2—加热料筒；3—喷嘴；4—柱塞

(6) 喷嘴　在料筒前部，是连接料筒和塑模的通道，其作用是引导塑化料从料筒进入模具，并使其有一定的射程。喷嘴的直径一般都是自进口逐渐向出口收敛，以便与模具紧密接触，由于喷嘴的内径不大，当塑料通过时，流速增大，剪切速度增加，能使塑料进一步塑化。喷嘴的结构形式与塑料的流动特性有关，对喷嘴的要求是结构简单、阻力小、不出现熔料的流延现象。

其主要作用有以下几点：

① 预塑时，建立背压，驱除气体，防止熔料流延，保证塑化能力和计量精度；

② 注射时，与模具主浇套形成接触压力，保持喷嘴与主浇套良好接触，形成密闭流道，防止熔料外溢；

③ 注射时，建立熔体压力，提高剪切应力并将压力能转变为机械能，提高熔料温度，加强混炼效果和均化作用；

④ 保压时，便于向模内补料，而冷却定型时增加回流阻力，减少或防止模具中熔料回流；

⑤ 喷嘴还承担着调温、保温和断料的作用；

⑥ 改变喷嘴结构使之与模具和塑化装置相匹配，组成新的流道形式或注射系统。

热塑性塑料的喷嘴类型很多，结构各异，使用最普遍的有如下三种形式。

① 通用式喷嘴，是最普遍的形式，如图 6-16(a) 所示。这种喷嘴结构

简单、制造方便，无加热装置，注射压力损失小，通常用于聚乙烯、聚苯乙烯、聚氯乙烯及纤维素等注射成型。

② 延伸式喷嘴，是通用型喷嘴的改进形式，如图 6-16(b) 所示。结构也比较简单，制造方便，有加热装置，注射压力降较小，适用于有机玻璃、聚甲醛、聚砜、聚碳酸酯等高黏度树脂。

③ 弹簧针阀式喷嘴，是一种自锁式喷嘴，如图 6-16(c) 所示。通道内部设有止回阀，能够在非注射时间内靠弹簧关闭喷嘴通道而杜绝低黏度塑料的流延现象。结构较复杂，制造困难，流程较短，注射压力降大，较适用于聚酰胺、涤纶等熔体黏度较低的塑料注射。

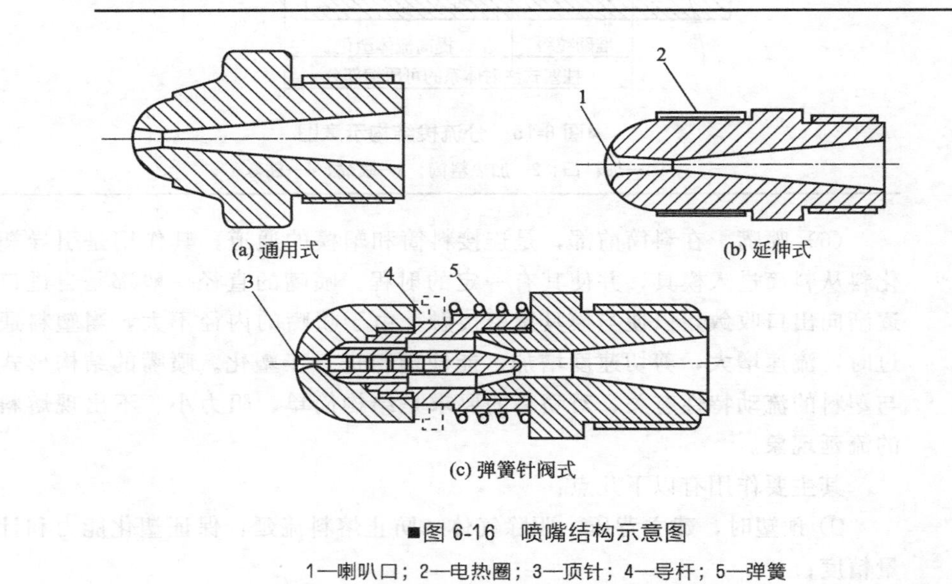

■图 6-16 喷嘴结构示意图

1—喇叭口；2—电热圈；3—顶针；4—导杆；5—弹簧

6.1.3.2 锁模系统

锁模系统，也称合模装置。注射成型时，熔融塑料通常是以 40～200MPa 的高压注射入模的，为了保持模具的严密闭合，要求有足够的锁模力。由于注射系统的阻力，使注射压力有所损失，实际实施与型腔内塑料的压力小于注射压力，因此锁模力比注射压力小，但应大于模腔内压才不至于在注射时使塑模离缝或造成制品溢边现象。

锁模系统的作用是在注塑时锁紧模具，而在脱模取出制品时又能打开模具，故要求锁模系统能够启闭迅速、准确，操作安全，调整灵活及模具闭合时能够提供足够的锁模力。

合模装置分为机械式（图 6-17）、液压式（图 6-18）、液压-机械式（图 6-19）。

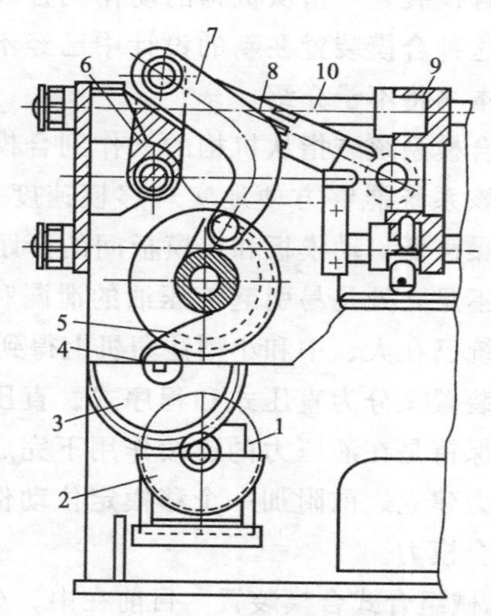

■图 6-17　机械合模装置

1—电动机；2—减速箱；3，4—齿轮；5—扇形齿轮；6—曲肘；
7—构件；8—连杆；9—动模板；10—拉杆

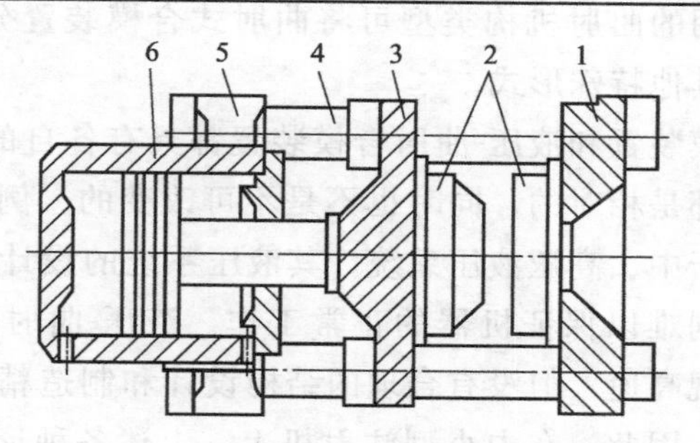

■图 6-18　液压合模装置

1—前模板；2—模具；3—动模板，4—拉杆；5—后模板；6—合模油缸

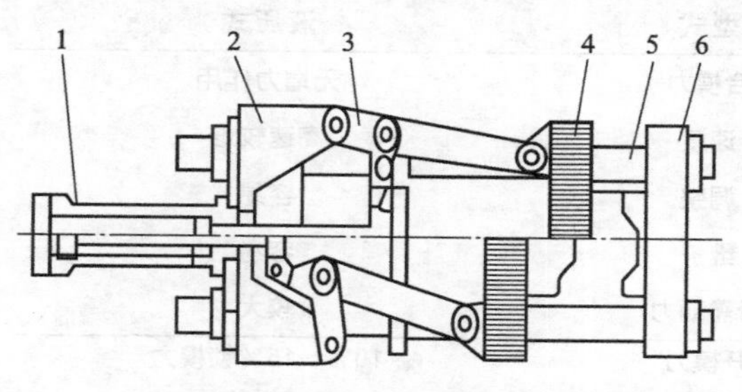

■图 6-19　液压-机械合模装置

1—移模油缸；2—后模板；3—肘杆机构；4—移动模板；5—拉杆；6—前模板

（1）机械式合模装置　指从机构的动作到合模力的产生和保持均由机械传动来完成，这种合模装置在新的设计中已经不再采用，因为它不很符合工艺的要求，本书将不予介绍。

（2）液压式合模系统　指从机构的动作到合模力的产生和保持均由液压传动来完成。该系统能够方便地实现移模速度、合模力的调节和变化；工作安全可靠，噪声低；动模板和定模板间的开距大，能够加工制品的高度范围较大。但不足之处是易引起液压油的泄漏和压力波动，系统刚性较差等。此合模系统已在大、中和小型注塑机上得到了广泛应用。

液压式合模装置又分为直压式和程序式。直压式的特点是移模动作和合模力的产生与保持是在液压力的连续作用下完成的；程序式则是分段完成的，即在合模力建立之前附加一个移模定位动作，当确认移模就位后才建立高压而产生合模力。

（3）液压-机械组合式合模装置　目前在中、小型注塑机上多数使用的是液压-机械式合模装置。这种合模装置由液压系统和机械系统两部分组成，是利用液压系统驱动曲肘，在合模时使合模系统产生内应力实现对模具的合紧，其兼有液压式和机械式的优缺点。

根据常用的曲肘机构类型可将曲肘式合模装置分为单曲肘、双曲肘、曲肘撑板及其他特殊形式。

液压合模装置和液压-曲肘合模装置都具有各自的特点（参看表 6-1），但这些特点都是相对的，同时也不是不可改变的。例如液压合模装置结构简单，适用于中、高压液压系统，其液压系统的设计和对液压元件的要求比较高，否则难以保证机器的正常工作。液压-曲肘合模装置虽有增力作用，易于实现高速，但没有合理的结构设计和制造精度的保证，上述特点也难以发挥。因此，在中小型注射机上，上述各种形式都有应用，不过相对来说，液压-曲肘式多一些，而大中型则相反，液压式采用较多。

■表 6-1　液压式合模装置与液压-曲肘式合模装置的比较

型式	液压式	液压-曲肘式
合模力	无增力作用	有增力作用
速度	高速较难	高速较易
调整	容易	不易
维护	容易	不易
所需动力	较大	小
开模力	10%～15%锁模力	大
寿命	较长	机器制造精度和模具平行度对寿命影响大
油路要求	严格	一般

6.1.3.3 液压系统和电控系统

为了保证注射机实现塑化、注射、固化成型各个工艺过程的预定要求和动作程序准确而又有效地进行工作而设置的动力和控制系统。它主要包括电动机、油泵、管道、各类阀件和其他液压元件以及电器控制箱等。现代注射机多数是由机械、液压和电器组成的机械化、自动化程度较高的控制系统。

（1）液压系统　液压系统是一种重要的控制系统，液压控制系统是注射机的重要组成部分。液压系统利用液压油的流动，控制其压力及流量，以控制机器上各个机件的运动方向、速度及力的大小。

注射机的液压系统由主回路、执行回路及辅助回路系统组成，如图6-20所示。

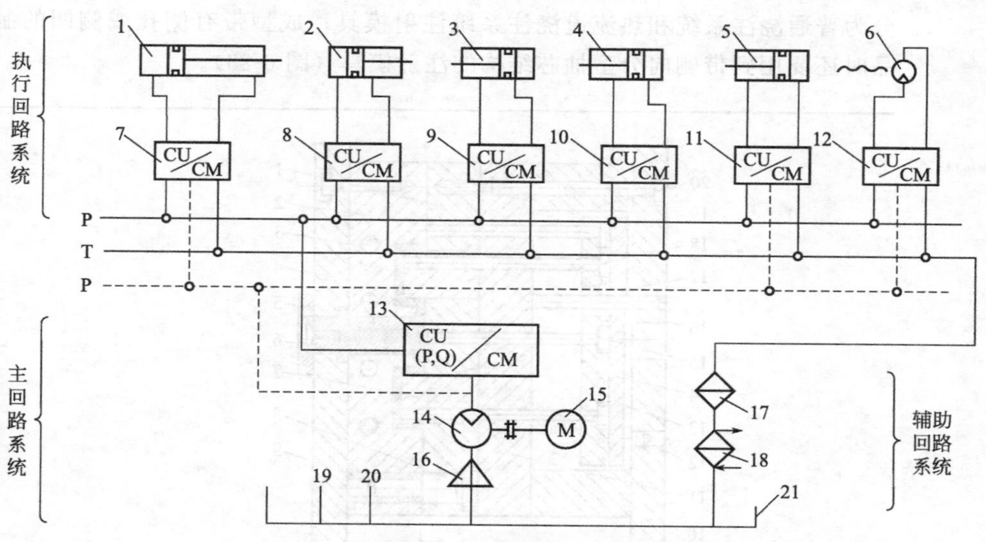

■图 6-20　注射机的液压系统组成图

1～6—分别为合模油缸、顶出油缸、注射座油缸、喷嘴油缸、注射油缸、液压马达；7～12—分别为油缸的控制模块（CU）、指令模块（CM）；13—系统压力（P）、流量（Q）的控制和指令模块；14—泵；15—电机（M）；16—进油过滤器；17—回油过滤器；18—油冷却器；19—页面指示仪；20—油温指示器；21—油箱；P—进油管路（高压）；T—回油管路（低压）

（2）注射机电控系统　电控制是注射机的“神经中枢”系统，控制各种程序动作，实现对时间、位置、压力、速度和转速的控制与调节，由各种继电器组件、电子组件、检测组件及自动化仪表所组成。电控与液压系统相结合，对注射机的工艺程序进行精确而稳定的控制与调节。

电气部分有控制电箱，包括主电机（马达）、电加热、工作过程控制装置和控制电源、调模电路等。控制电箱的种类很多，如继电控制、单板机控制、微电脑 PC 机控制等。

电气部分的作用是：驱动油泵电机供油，供给电加热电源并能够自动控制温度，供给调模电机电源，供给过程控制工作电源。

注射机的电控系统按组成可分为以下三个部分：加热控制部分；电动机及其控制部分；顺序控制部分。

6.1.3.4 注塑模具

注射模具是使塑料注射成型为具有一定形状和尺寸的制品的部件。注射模具的分类方法很多，按其所用的注射机的类型，可分为卧式注射机用注射模具、立式注射机用注射模具和角式注射机用注射模具；按模具型腔数目可分为单型腔和多型腔注射模具；按分型面数量可分为单分型面（图 6-21）和双分型面（图 6-22）或多分型面注射模具；按浇注系统的形式可分为普通浇注系统和热流道浇注系统注射模具；成型带有侧孔或侧凹的制品时还要用到带侧向分型抽芯结构的注射模具（图 6-23）。

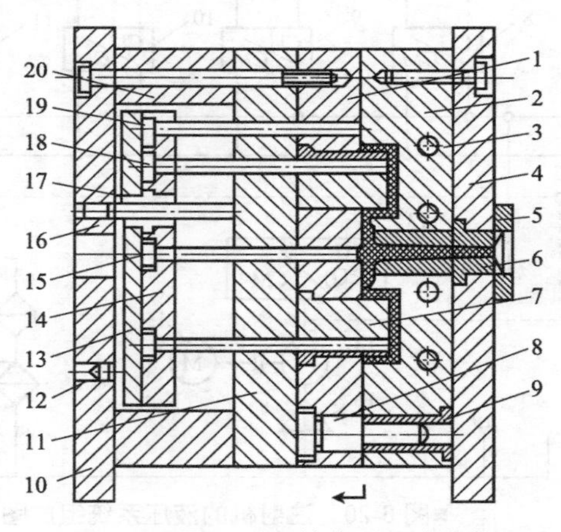

■图 6-21 单分型面注塑模具

1—动模板；2—定模板；3—冷却水孔；4—定模座板；5—定位环；6—主流道衬套；7—型芯；8—导柱；9—导套；10—动模座板；11—支承板；12—限位钉；13—推板；14—推杆固定板；15—拉料杆；16—推板导柱；17—推板导套；18—推杆；19—复位杆；20—垫块

制品结构和形状及注射机的具体结构可以千变万化，但其基本结构是一致的。注射模具主要由浇注系统、成型部件和结构零件等三大部分组成，浇注系统是指塑料熔体从喷嘴进入型腔前的流道部分，包括主流道、分流道、冷料井和浇口等。成型部件是指构成制品形状的部件，包括动模、定模、型腔、型芯和排气孔等。结构零件是指构成模具的各种零件，包括导向柱、脱模装置、抽芯装置等。

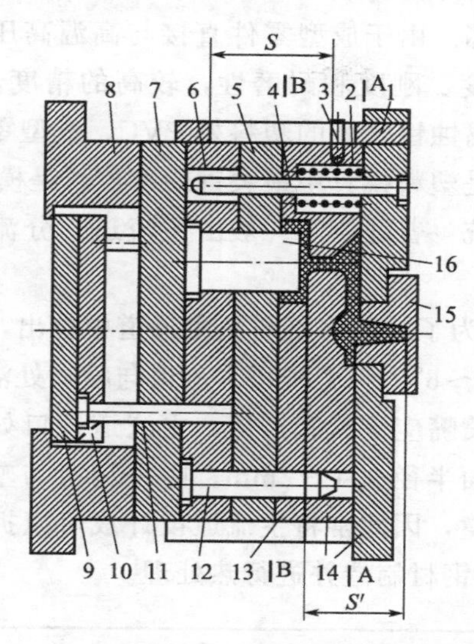

■图 6-22 双分型面注塑模具

1—定距拉板；2—弹簧；3—限位销；4—导柱；5—推件板；6—型芯固定板；7—支承板；8—支架；9—推板；10—推杆固定板；11—推杆；12—导柱；13—定模板；14—定模座板；15—主流道衬套；16—型芯

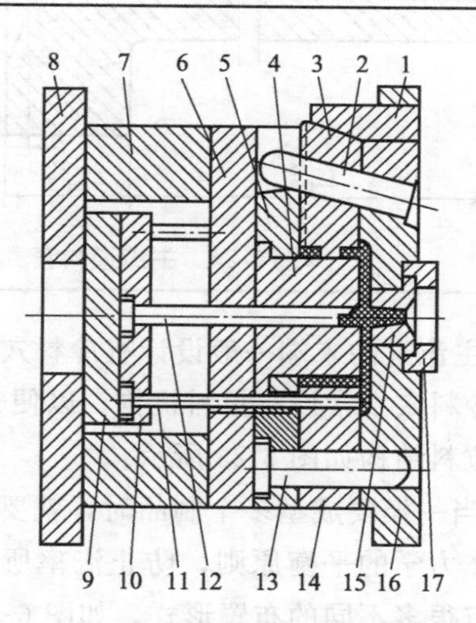

■图 6-23 带侧向分型抽芯机构的注塑模

1—楔紧块；2—斜导柱；3—滑块；4—型芯；5—型芯固定板；6—支承板；7—垫块；8—动模座板；9—推板；10—推杆固定板；11—推杆；12—拉料杆；13—导柱；14—动模板；15—主流道衬套；16—定模座板；17—定位环

（1）成型零件　成型零件是直接与塑料接触、成型塑料的零件，也就是构成模具型腔的零件。成型制品外表面的零件称为凹模，成型制品内表面的零件称为型芯。由于成型零件直接与高温高压的塑料接触，因此要求其具有足够的强度、刚度和耐磨性，较高的精度，较低的表面粗糙度值。成型时可能产生腐蚀性气体的塑料如 PVC，成型零件还应具有一定的耐腐蚀性。成型零件是塑料模具中最关键的部位，是模具的心脏。

（2）浇注系统　普通浇注一般由主流道、分流道、浇口和冷料穴等部分组成。

① 主流道　为了方便将凝料从主流道中拉出，主流道通常设计成圆锥形，其锥角 $\alpha=3°\sim6°$。为了防止主流道与喷嘴处溢料及便于将主流道凝料拉出，主流道与喷嘴应该紧密对接，主流道入口处为球面凹坑，其球面半径应比喷嘴头球面半径大 1～2mm。因主流道与塑料熔体反复接触，进口处与喷嘴反复碰撞，因此常将主流道设计成可以拆卸的主流道衬套（图 6-24），用比较好的钢材制造并进行热处理。

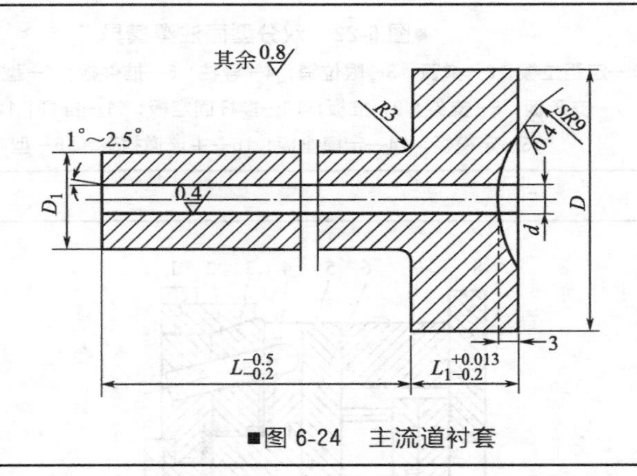

■图 6-24　主流道衬套

② 冷料穴　主流道的末端一般设计有冷料穴，用以储存前锋冷料，保证制品的质量。冷料穴中常设有拉料机构，以便开模时将主流道凝料拉出。常见的冷料穴和拉料结构如图 6-25 所示。

③ 分流道　当一模要成型多个制品时，就要有分流道系统。分流道的分布应该符合流体力学的平衡原则，防止流率所引起的动量、质量和应力的不均，因此，有很多不同的布置形式，如图 6-26 所示。

④ 浇口　浇口是浇注系统最关键的部分，浇口的形状、尺寸和位置对塑件质量影响很大，浇口在多数情况下，是整个浇注系统断面尺寸最小的部分（除直接浇口外）。断面的形状常见为矩形或圆形，浇口台阶长 1～1.5mm 左右。

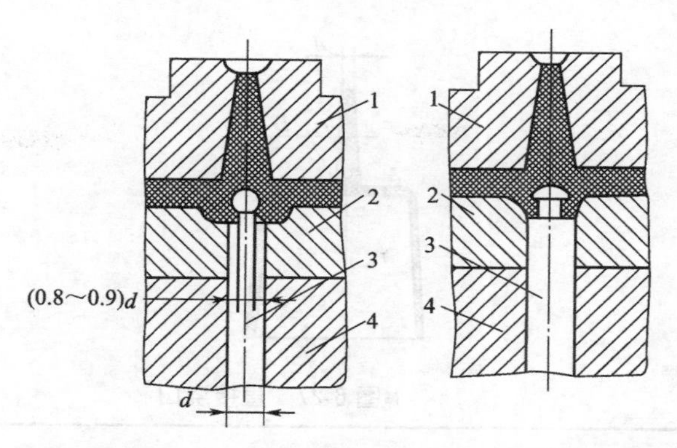

■图 6-25　带球形头(或菌形头)拉料杆的冷料穴

1—定模板；2—推件板；3—拉料杆；4—型芯固定板

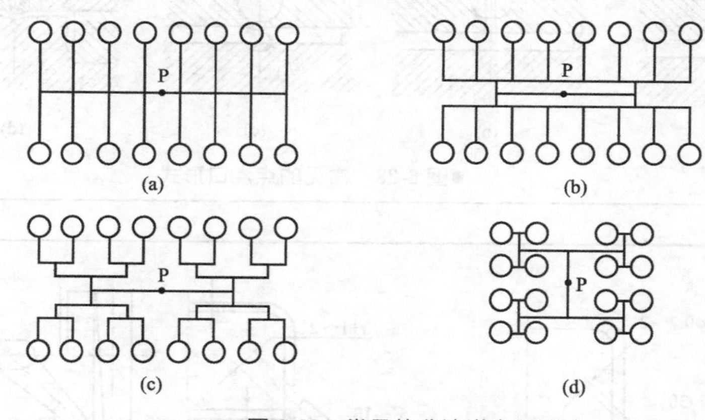

■图 6-26　常见的分流道布置形式

常见的浇口有以下几种。

a. 直接浇口　直接浇口又叫中心浇口、主流道型浇口。由于其尺寸大，固化时间长，延长了补料时间，如图 6-27 所示。

b. 点浇口　点浇口是一种尺寸很小的浇口，如图 6-28 所示。适用于黏度低及黏度对剪切速率敏感的塑料，其直径为 0.3～2mm（常见为 0.5～1.8mm），视塑料性质和塑件质量大小而定。浇口长度为 0.5～2mm（常见为 0.8～1.2mm）。

c. 潜伏式浇口　潜伏浇口是点浇口的一种变异形式，具有点浇口的优点，如图 6-29 所示。此外，其进料口一般设在塑料制件侧面比较隐蔽处，不影响塑件的外观。浇口潜入分型面下面，沿斜向进入型腔。顶出时，浇口被自动切断。

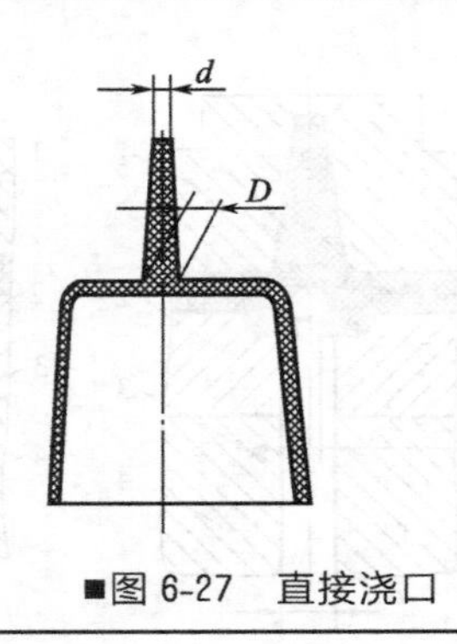

■图 6-27 直接浇口

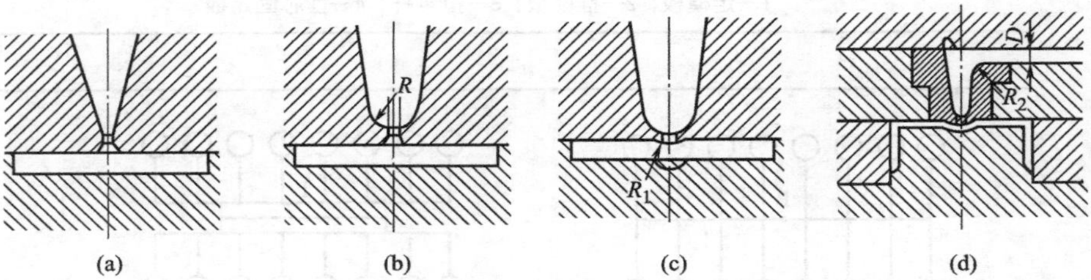

■图 6-28 常见的点浇口形式

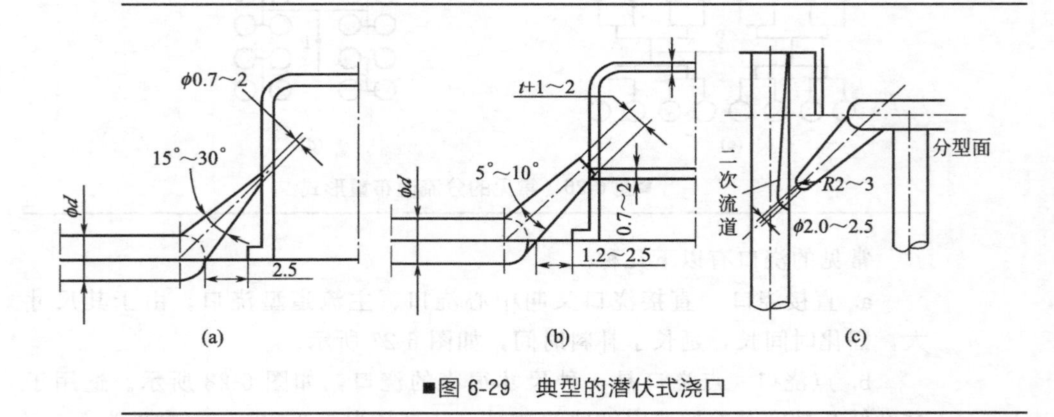

■图 6-29 典型的潜伏式浇口

d. 侧浇口 侧浇口一般开在分型面上，从塑件边缘进料，如图 6-30 所示。可以一点进料，也可以多点同时进料。其断面一般为矩形或近似矩形。浇口的深度决定着整个浇口封闭时间即补料时间。矩形浇口在工艺上可以做到更为合理，被广泛采用。

e. 扇形浇口 扇形浇口是边缘浇口的一种变异形式，常用来成型宽度（横向尺寸）较大的薄片状制件，如图 6-31 所示。浇口沿进料方向逐渐变宽，深度逐渐减小，塑料通过长约 1mm 的浇口台阶进入型腔。塑料通过扇形浇口，在横向得到更均匀的分配，可降低塑件的内应力和带入空气的可能性。

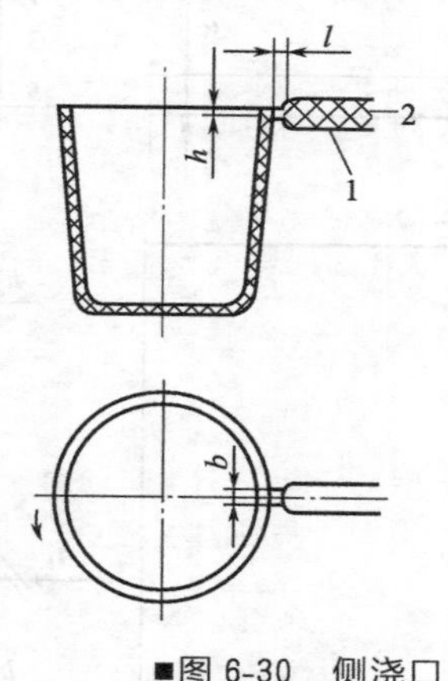

■图 6-30 侧浇口

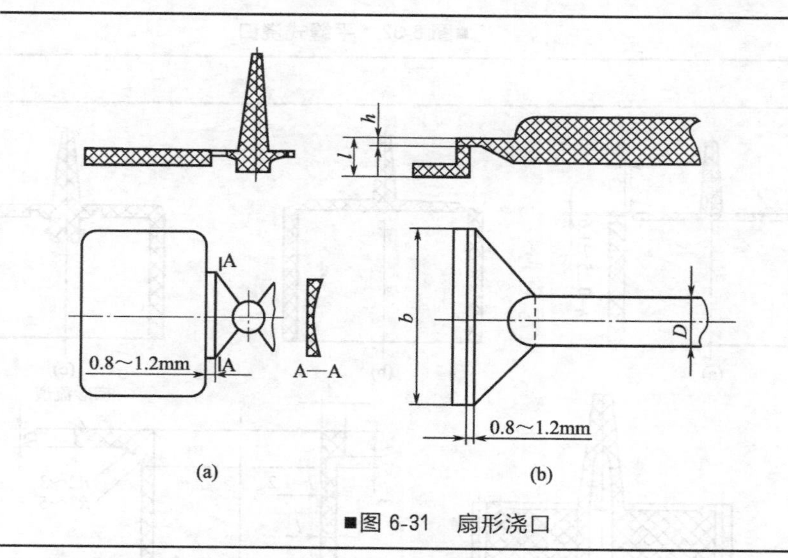

■图 6-31 扇形浇口

f. 平缝浇口 成型大面积的扁平塑件（如片状物），可采用平缝浇口，如图 6-32 所示。平缝式浇口深度为 0.25～0.65mm，宽度为浇口侧型腔宽的 1/4 至此边的全宽，浇口台阶长约 0.65mm。

g. 盘形浇口 盘形浇口主要用于中间带孔的圆筒形塑件，沿塑件内侧向四周扩展进料，如图 6-33(a)～(c)所示。这类浇口可均匀进料，物料在圆周上流速大致相当，空气容易排出，不会产生熔接缝。此类浇口仍可被当做矩形浇口看待，其典型尺寸为深 0.25～1.6mm，台阶长约 1mm。

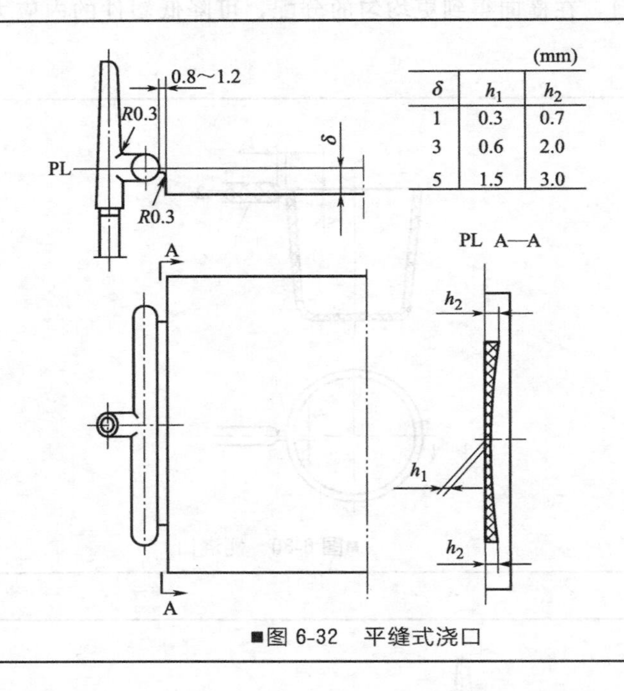

(mm)

δ	h_1	h_2
1	0.3	0.7
3	0.6	2.0
5	1.5	3.0

■图 6-32 平缝式浇口

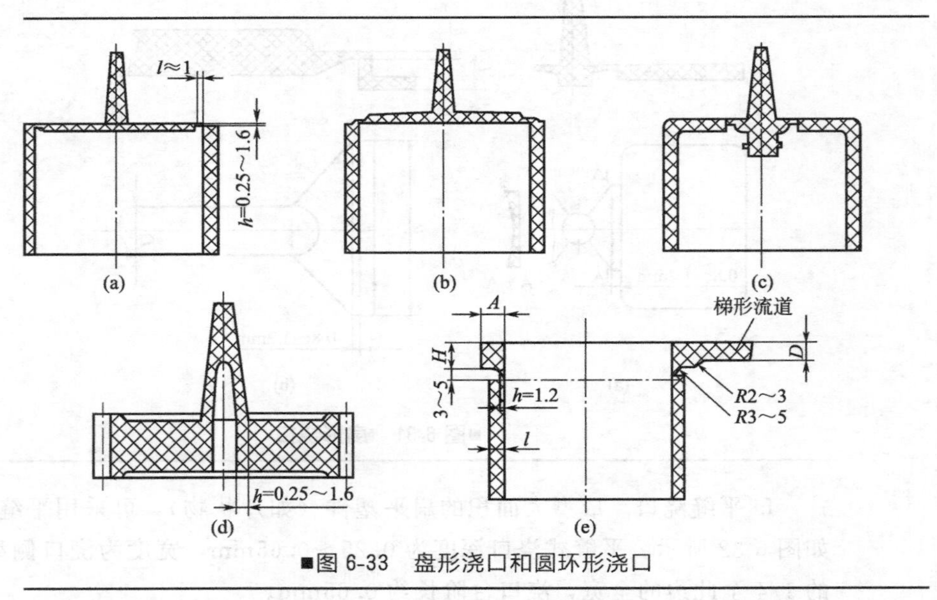

■图 6-33 盘形浇口和圆环形浇口

h. 圆环形浇口 圆环形浇口也是沿塑件的整个圆周而扩展进料的浇口，见 6-33(d) 和图 6-33(e)，成型塑件内孔的型芯可采用一端固定，一端导向支撑的方式固定，四周进料均匀，不会产生熔接缝。

(3) 合模导向系统　导向机构是注塑模具中的一个重要的组成部分，它设在相对运动的各类机构中，在工作过程中起到定位、导向的作用。

合模导向机构可分为导柱导向机构和锥面定位机构。导柱导向机构定位精度不高，不能承受大的侧压力；锥面定位机构定位精度高，能承受大的侧压力，但导向作用不大。

① 导柱　导柱有带头导柱和有肩导柱两种。

② 导向孔和导套　导向孔有不带导套和带导套两种形式。不带导套的结构简单，但导向孔磨损后修复麻烦，只能适用于小批量生产的简单模具。带导套的结构适用于精度要求高、生产批量大的模具。导套磨损后可以很方便地更换。导套按结构又可分为直导套和带头导套。

③ 锥面定位　成型大型、深腔、薄壁和高精度塑件时，动定模之间应采用较高的合模精度，对于大型薄壁容器若动定模偏心就会引起壁厚不均，使一侧进料快于另一侧，由于导柱和导套之间有配合间隙，不可能准确定位。对于侧壁形状不对称的塑件，注塑压力也会产生侧向推力，如果侧向力完全由导柱来承受，则会发生导柱卡死、损坏或开模时增加磨损，因此最好同时采用锥面定位。锥面定位的最大特点是配合间隙为零，可提高定位精度。常见的锥面定位方法有：安装圆锥形定位件，在型腔四周设大的圆锥定位面或矩形台锥定位面。

(4) 分型抽芯机构　当塑件具有与开模方向不同的内外侧凹或侧孔时，除极少数可采用强制脱模外，都需要先进行侧向分型或抽芯，方能脱出塑件。完成侧分型面分开和闭合的机构叫做侧向分型机构，完成侧型芯抽出和复位的机构叫做侧向抽芯机构。二者统称为侧向分型抽芯机构。

按抽芯与分型的动力来源可分为手动、机动、液压或气动分型抽芯。

① 手动侧向分型抽芯　手动抽侧型芯或分开瓣合模块多数是在模外进行的，开模后塑件与活动型芯或瓣合模块一道被推出模外，与塑件分离后在将型芯或瓣合模块重新装入模具，进行下一轮成型（如图 6-34）。也有将侧型芯或瓣合模块保持在模内，通过人力推动传动机构带动凸轮、齿轮、螺纹等进行抽拔的。手动分型抽芯的优点是可简化模具结构，缺点是劳动强度大，生产效率低，不能自动化生产，因此只适用于生产批量不大，或试生产的模具。

② 机械侧向分型抽芯机构　通常是借助机床的开模力，通过一定的机构改变运动的方向完成侧向分型抽芯动作，合模时利用合模力使其复位。最典型的是斜导柱分型抽芯机构（图 6-35），其他如弹簧分型抽芯机构、斜滑块导板分型抽芯机构、齿轮齿条分型抽芯等，其特点是经济合理、动作可靠，易实现自动化操作，在生产中应用广泛。

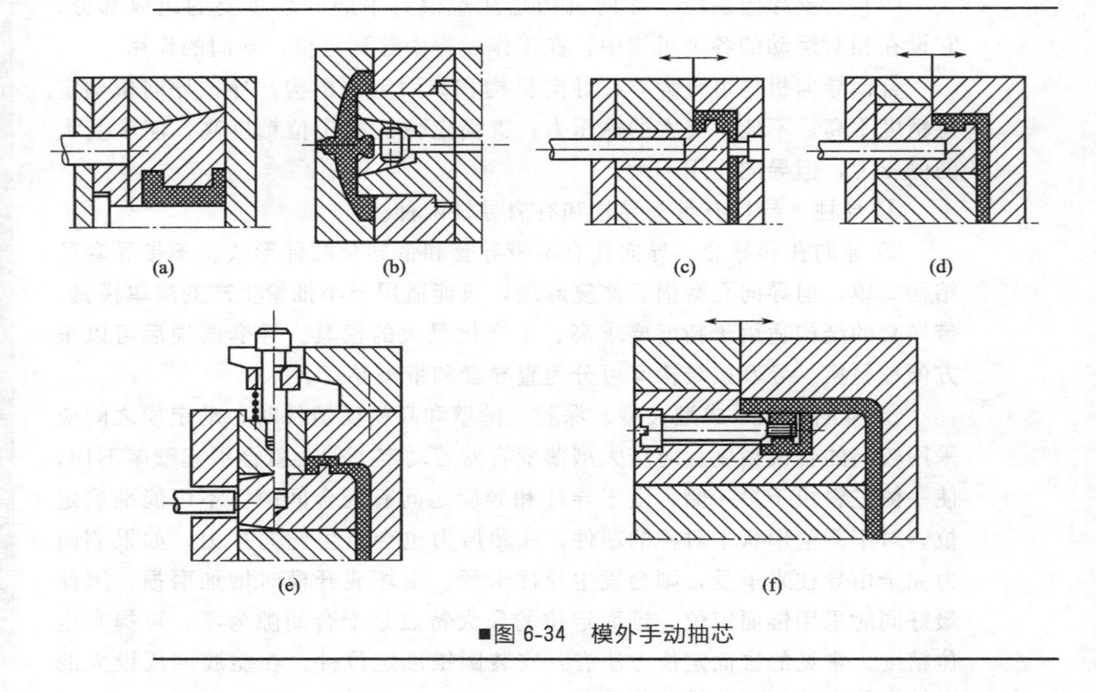

■图 6-34 模外手动抽芯

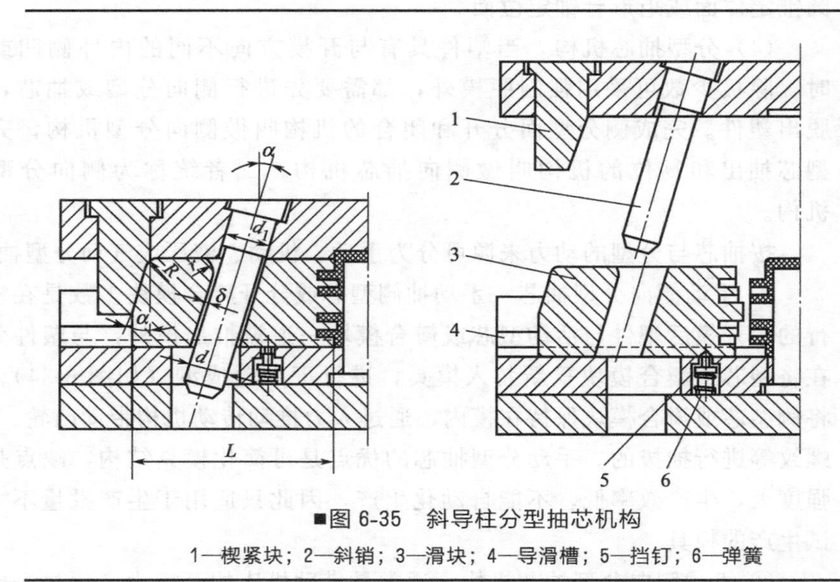

■图 6-35 斜导柱分型抽芯机构

1—楔紧块；2—斜销；3—滑块；4—导滑槽；5—挡钉；6—弹簧

③ 液压或气动分型抽芯 以压力油或压缩空气作抽芯动力，在模具上配置液压缸或气压缸来达到抽芯分型与复位动作，如图 6-36 所示。其特点是抽拔距离长、抽拔力量大，特别是液压抽芯可直接利用注塑机的液压动力，有的大型注塑机出厂就配置有数个抽芯液压缸和与其相连的液压接头，

使用十分方便，当注塑机不带这种装置时需另行选购设计或制作液压缸。

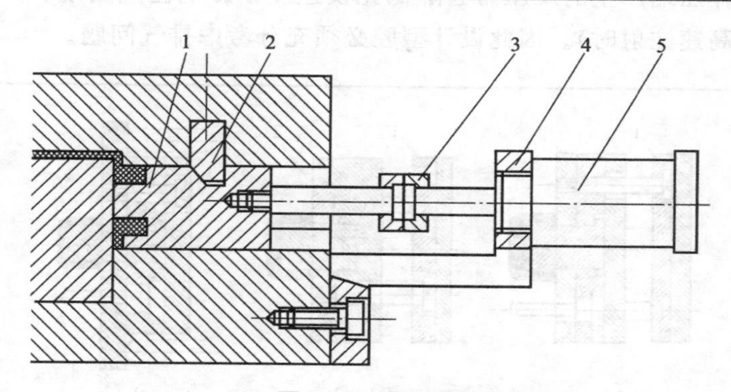

■图 6-36　液压抽侧型芯机构

1—型芯；2—锁紧块；3—联轴器；4—支架；5—液压缸

（5）脱模机构　在注塑的每一个周期内，必须将塑件从模具型腔中脱出，这种从型腔中脱出制品的机构称为脱模机构，也可以称为顶出机构或推出机构。常用的有推杆脱模机构（图 6-37）和推件板脱模机构（图 6-38）。

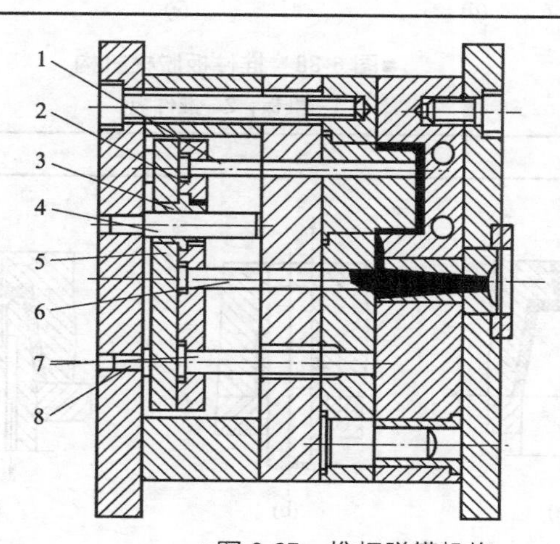

■图 6-37　推杆脱模机构

1—推杆；2—推杆固定板；3—推板导套；4—推板导柱；5—推板；6—拉料杆；7—复位杆；8—限位钉

（6）排气系统　排气是注射过程中不可忽略的问题。当塑料熔体注入型腔时，如果腔内原有气体、蒸汽等不能顺利地排出，将在制品上形成气孔、银丝、灰雾、接缝、表面轮廓不清、型腔不能完全充满等弊病，同时还会因为气体压缩而产生高温，引起流动前沿物料温度过高，黏度下降，容易从分型面溢出，发生飞边，重则灼伤制件，使之产生焦痕。而且模腔内气体压缩产生的反压力会降低充模速度，影响注塑周期和产品质量（特别是高速注射时）。因此设计型腔必须充分考虑排气问题。

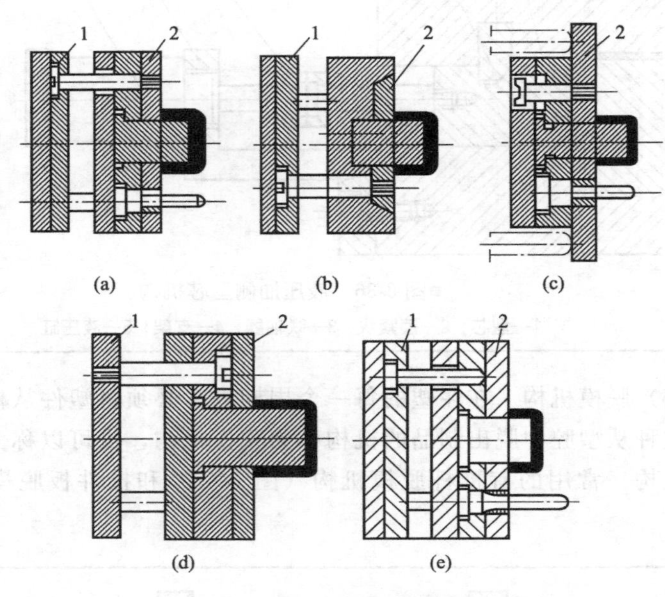

■图 6-38 推件板脱模机构

1—推板；2—推件板

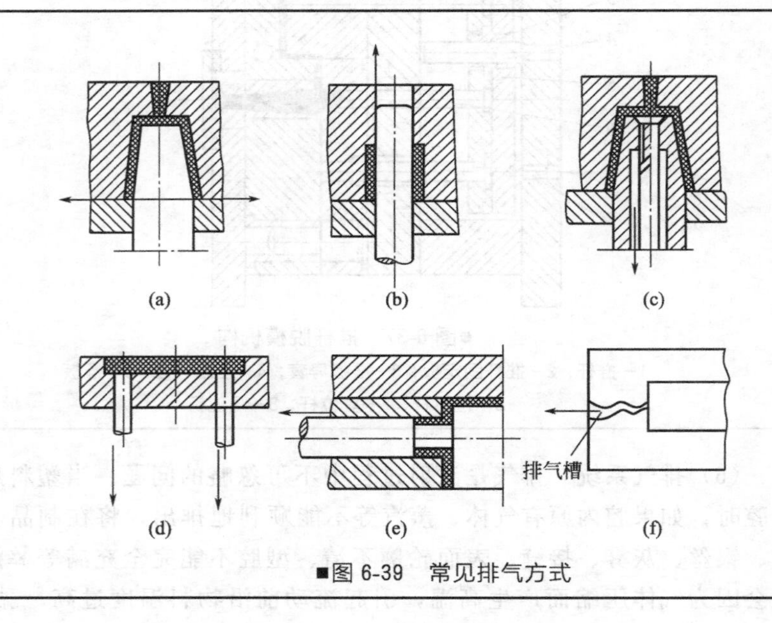

■图 6-39 常见排气方式

排气方式有很多种，如图 6-39(a) 为利用分型面上的间隙排气，图 6-39(b)～(e) 为利用零件的间隙排气，图 6-39(f) 为在分型面上设置排气槽，排气槽尺寸一般宽为 1.5～6mm，深 0.02～0.05mm，以塑料不从排气槽溢出为宜，即应小于塑料的溢料间隙。

(7) 模温调节系统　由于各种塑料的加工性能和加工工艺的不同，模具温度的要求也不同。常见塑料的模温要求如表 6-2 所示。

■表 6-2　常见塑料注射成型模具温度

塑料种类	模温/℃	塑料种类	模温/℃
HDPE	60～70	PA6	40～80
LDPE	35～55	PA610	20～60
PE	40～60	PA1010	40～80
PP	55～65	POM	90～120
PS	30～65	PC	90～120
RPVC	30～60	氯化聚醚	80～110
PMMA	40～60	聚苯醚	110～150
ABS	50～80	聚砜	130～150
改性 PS	40～60	聚三氟氯乙烯	110～130

① 凹模的冷却　凹模常见的冷却形式如图 6-40 所示，冷却水阻力小、温差小，温度容易控制。图 6-41 所示为外联直流循环式冷却结构，用塑料管从外部连接，易加工，且便于检查有无阻塞现象。当凹模深度大，且为整体组合式结构时，可采用图 6-42 所示的冷却方式。

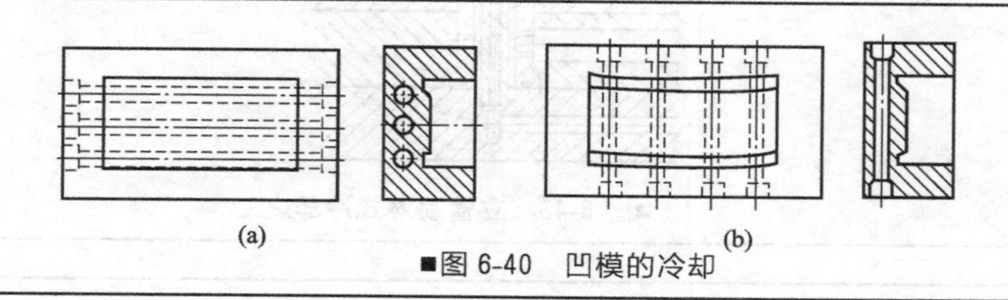

■图 6-40　凹模的冷却

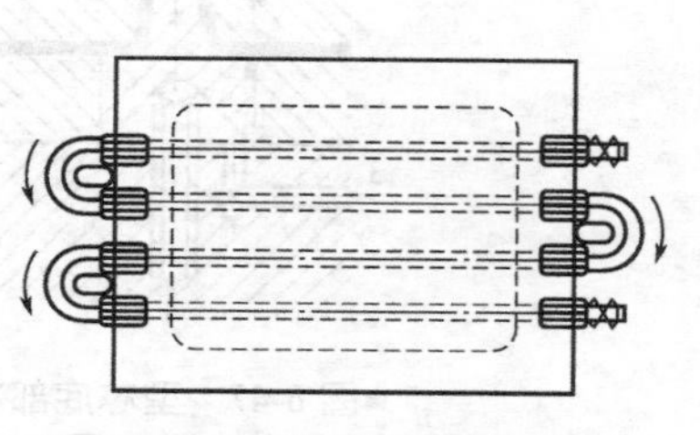

■图 6-41　外联直流循环式冷却

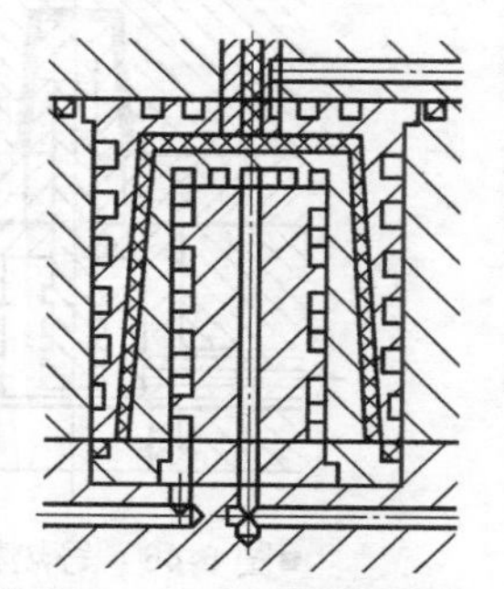

■图 6-42　大型深腔模具的冷却

② 型芯的冷却　型芯的冷却机构与型芯的结构、高度、径向尺寸大小等因素有关。如图 6-43 所示的机构可用于高度尺寸不大的型芯冷却。如图 6-44 和图 6-45 所示的结构可以用于高度尺寸和径向尺寸都大的型芯。当型芯径向尺寸比较小时，采用图 6-46 所示的结构冷却，即采用导热杆式冷却。当型芯直径很小时，可采用图 6-47 所示的型芯底部冷却。

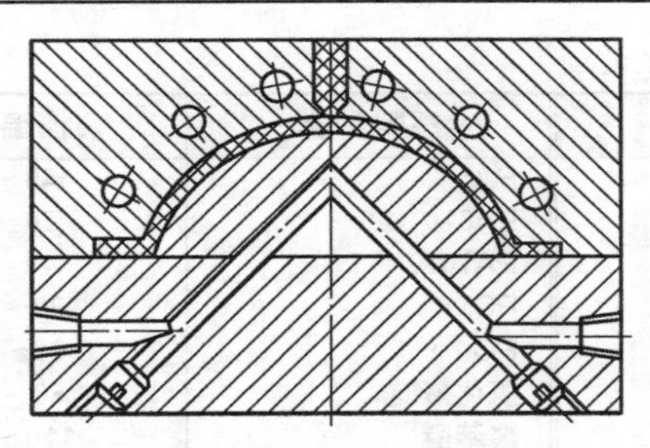

■图 6-43　高度尺寸不大的型芯冷却

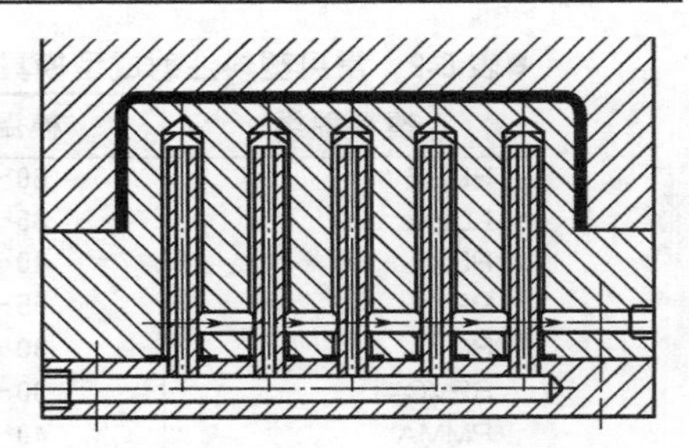

■图 6-44　立管喷淋式冷却之一

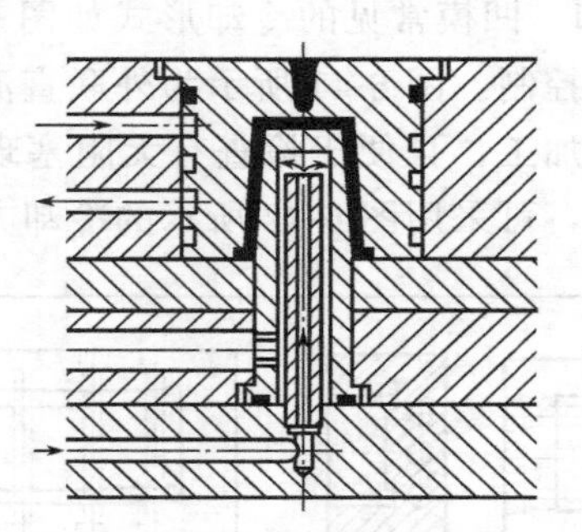

■图 6-45　立管喷淋式冷却之二

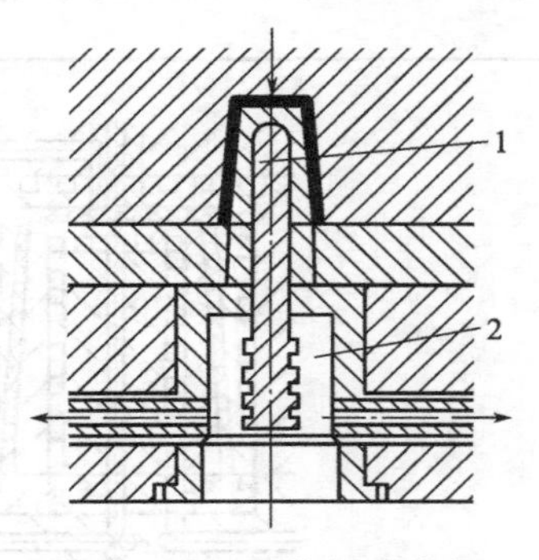

■图 6-46　导热杆式冷却

1—导热杆；2—接头

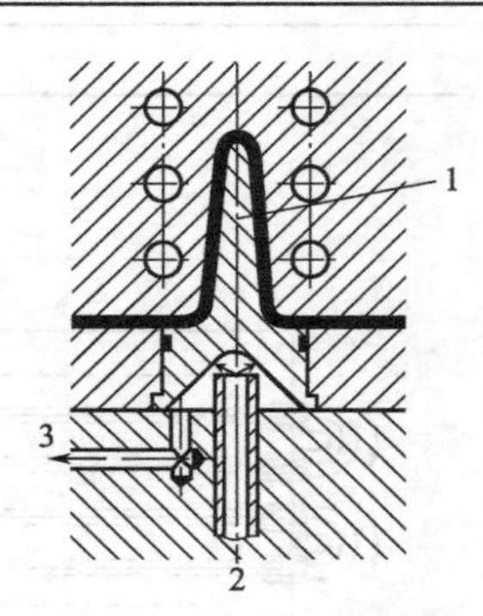

■图 6-47　型芯底部冷却

1—型芯；2—进水槽；3—冷却水槽

6.2 注射成型原理

注塑机的注塑过程包括预塑过程、注射充模、保压补缩、冷却定型过程。无论从制品加工程序角度还是从成型机理角度，“注塑过程”一词较确切地表达了这一过程的实质：“注塑”既表示了为注射过程中提供的预塑化概念，又兼有注射充模保压的概念。

6.2.1 塑化过程

塑化是注射成型的准备过程，是指塑料在料筒内受热达到充分熔融状态，而且有良好的可塑性的过程，是注射成型最重要的关键过程。对塑料塑化的要求是：塑料进入模腔之前要充分塑化，既要达到规定的成型温度，又要使熔体各点温度尽量均匀一致，而其中的热分解物的含量则应尽可能少，必须能提供足够量的上述质量的熔融塑料以保证生产能顺利进行。这些要求与塑料的特性、工艺条件的控制以及注射机塑化装置的结构密切相关。

6.2.1.1 塑料在螺杆中的塑化状态

物料在螺杆的螺段槽中的不同段落，由于剪切作用的强度及热历程的不同，物料的形态各异，如图 6-48 所示。在料入口的加料段（L_1）又称输送段，塑料呈固体状态，如图 6-49 所示。在计量段又称均化段（L_3）、熔融段，塑料经过长期剪切作用和热历程之后，已经全部熔融，如

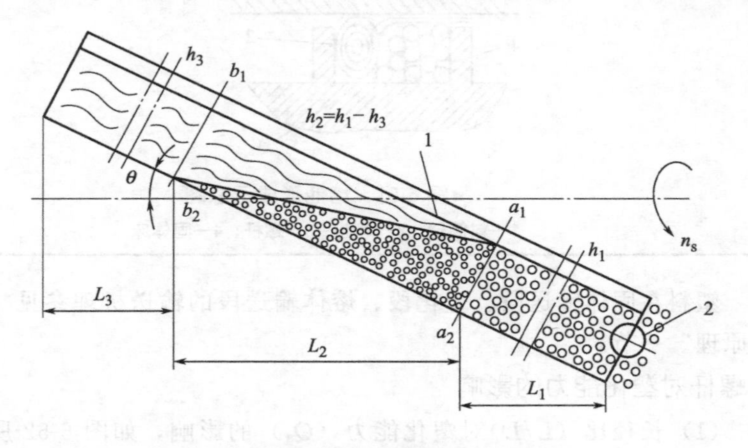

■图 6-48　螺槽物料展开图

图 6-50 所示。而在两者之间的塑化段（L_2）又称压缩段，则是塑料从固态到熔融的过渡过程。在螺槽中，塑料处于颗粒或粉料与熔融共存状态，熔膜不断地形成熔池，固体床不断地解体，熔池不断地扩大直至全部形成熔池为止在此阶段，塑料呈黏弹性状态或高弹态，是个比较复杂的过渡过程，如图 6-51 所示。塑料在不同阶段的形态有着不同的输送机理。

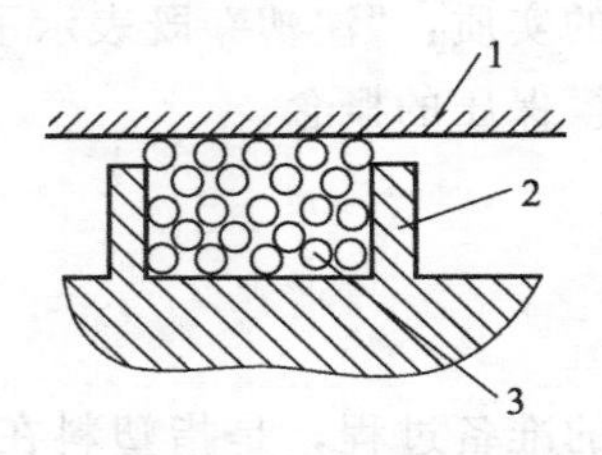

■图 6-49　固体床示意图

1—料筒；2—螺杆；3—固体床

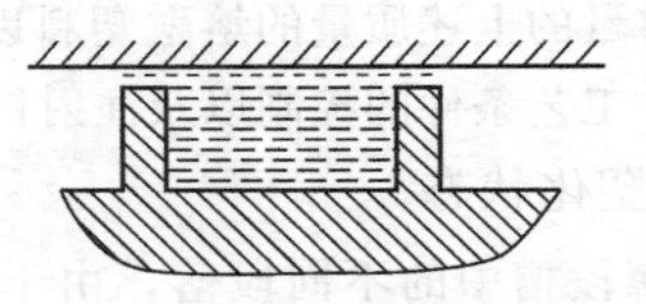

■图 6-50　熔体槽示意图

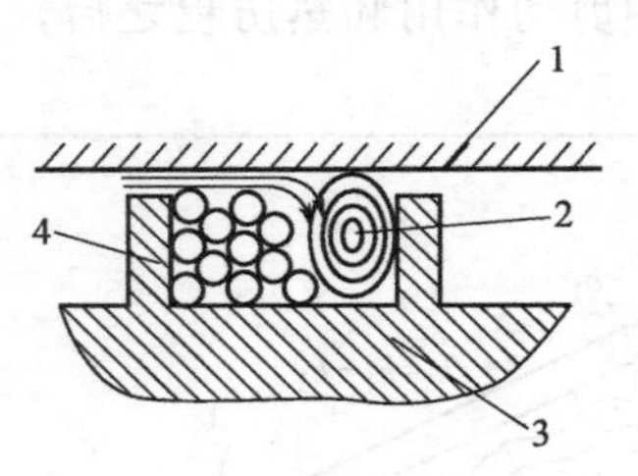

■图 6-51　熔池形成示意图

1—料筒壁；2—熔池；3—螺杆；4—固体床

塑料在固体输送段、塑化段、熔体输送段的输送机理参见“单螺杆挤出原理”一节。

6.2.1.2 螺杆对塑化能力的影响

（1）长径比（L/D）对塑化能力（Q_s）的影响，如图 6-52 所示。用低密度聚乙烯（LDPE）的实验证明，不同的螺杆长径比对塑化能力 Q_s 的影响取决于背压，背压增大塑化能力降低，但却有利于提高塑化质量；在同样的背压下，长径比增加有利于提高塑化能力；还比较了在两组不同螺杆转速 n_s 下的塑化能力。

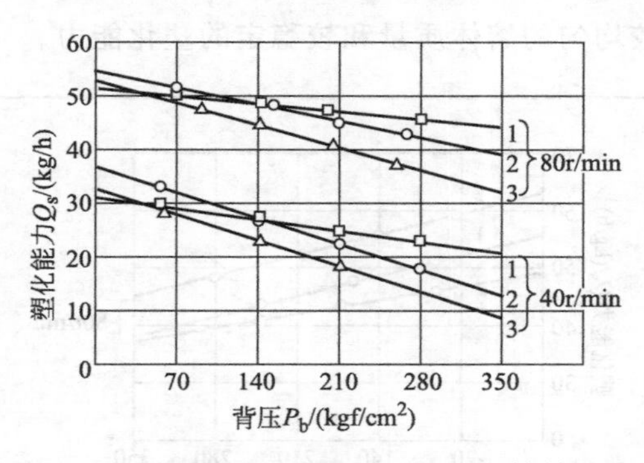

■图 6-52　Y_D-P_b-Q_s-n_s 的关系

1—22.2/1；2—18.6/1；3—15.0/1

(2) 长径比（L/D）对熔体温度（T_m）的影响，如图 6-53 所示。实验证明，在相同的转速下，长径比大者能在背压较大的情况下，获得较高的熔体温度和熔体质量，为剪切和混合提供了较长的工作历程和热历程。

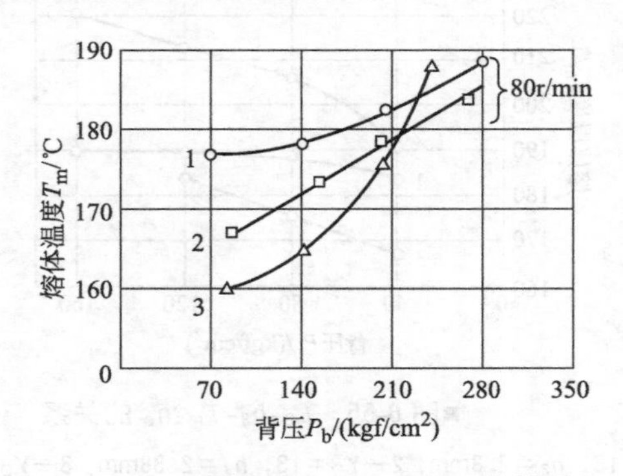

■图 6-53　Y_D-P_b-T_m 的关系

1—22.2/1；2—18.6/1；3—15.0/1

(3) 熔融段长度（L_3）和螺槽深度（h_3）与塑化能力（Q_s）之间的关系，如图 6-54 所示。实验证明，在相同的螺杆转速和相同螺槽深度条件下，熔融段短的要比长的塑化能力强，相同的熔融段长度而不同的槽深，其深者塑化能力强，但是随着背压的增大，塑化能力随其槽深减小而减小的慢，而随螺槽变深而减小的快。

(4) 熔融段长度（L_3）和螺槽深度（h_3）与熔体温度（T_m）的影响如图 6-55 所示。实验证明，在不同的螺杆转速下，熔体温度不同，随转速增加，这是因为剪切应力和摩擦力引起的热能增加，在相同转速和相同槽深条件下，L_3 大者比小者熔体温度要高；而在相同 L_3 条件下，槽浅者比槽深者温度要高。实验证实，较长的熔融段，较浅的螺槽深度配以较高的背压能得到比较均匀的熔体质量和较稳定的塑化能力。

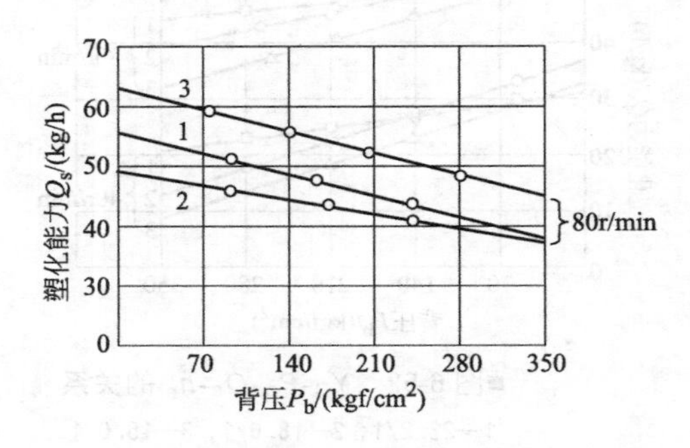

■图 6-54　L_3-h_3-P_b-Q_s 的关系

1—Y_D=13，h_3=2.8mm；2—Y_D=13，h_3=2.38mm；3—Y_D=4，h_3=2.38mm

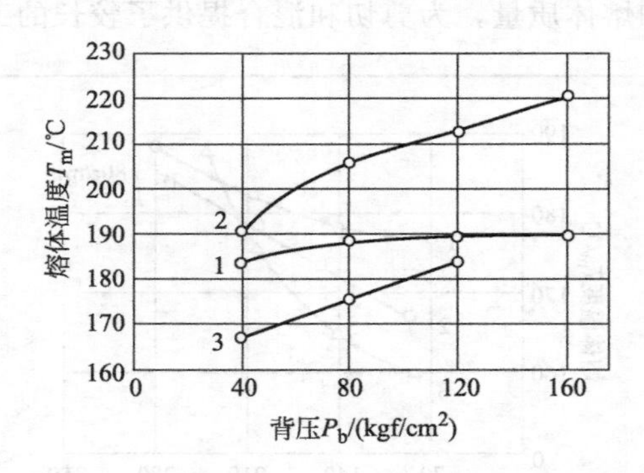

■图 6-55　L_3-h_3-T_m-n_s 的关系

1—Y_D=13，h_3=2.8mm；2—Y_D=13，h_3=2.38mm；3—Y_D=4，h_3=2.38mm

（5）螺杆背压调节特性　螺杆塑化能力受背压（P_b）及其螺杆几何系数（k）和熔体表观黏度的控制。

$$Q_s = -k\frac{P_b}{\eta} \tag{6-5}$$

式中　P_b——螺杆背压；

η——螺杆头部熔体表观黏度；

k——几何系数。

实验证明，螺杆背压将直接影响螺杆的塑化能力，不同的螺杆转速随着背压的提高其塑化能力均逐渐下降。

塑化时，螺杆的压力分布曲线如图 6-56 所示。实验表明，随着螺杆出口背压的增加整个螺杆压力分布曲线上移，对应图中任一同一点的压力要增加。

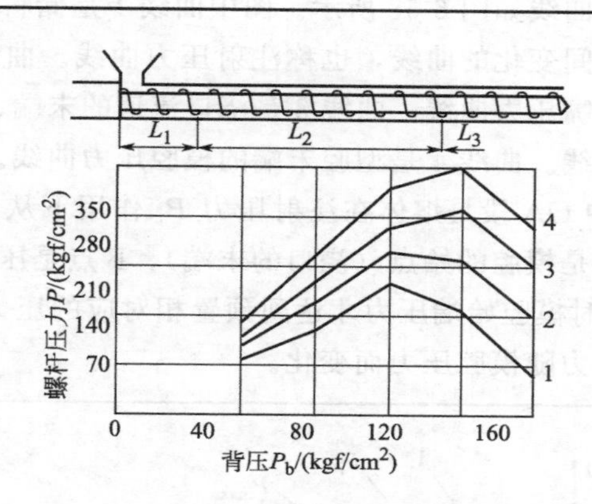

■图 6-56 P_b-P 分布曲线

L_1—加料段；L_2—塑化段；L_3—熔融段

1—126r/min；2—120r/min；3—80r/min；4—40r/min

6.2.2 注射充模过程

塑化良好的塑料熔体在柱塞或螺杆的推动下，由料筒前端的喷嘴和模具的浇注系统流入型腔而获得型样的过程是注射成型最复杂的阶段。这一过程经历的时间虽然短，但熔体在期间所发生的变化却不少，而这些变化对制品的质量有着重要的影响。

这是聚合物向模腔高速流动的过程，充模过程如图 6-57 所示。

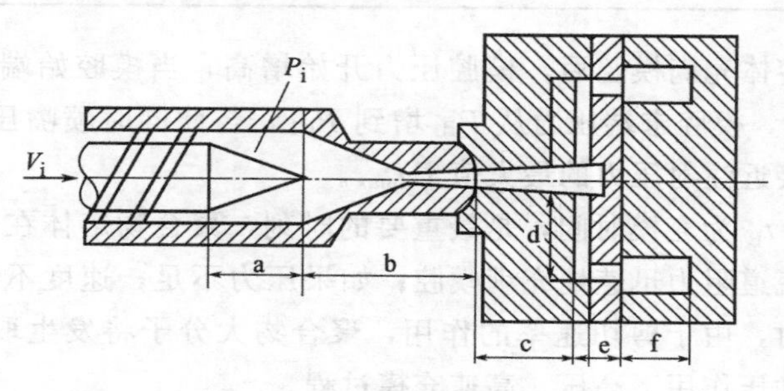

■图 6-57　充模过程

a—储料室流道；b—喷嘴流道；c—主流道；d—分流道；e—浇口；f—型腔

注射时，在螺杆头部熔体所建立起来的压强称为注射压力；螺杆推进熔体的速度称注射速度，熔体流率称注射速率；其行程称注射行程，在数值上与预塑行程也称计量行程相一致。在注射阶段，必须使熔体建立足够的速度头和压力头，才能完成好充模过程，保证制品质量。

注射充模曲线如图 6-58 所示。图中曲线 1 是储料室中的熔体压力（注射压力）随时间变化的曲线，也称注射压力曲线。曲线 2 是喷嘴末端的压力曲线，称喷嘴压力曲线。曲线 3 是浇口流道的末端、模腔起始处的压力，称模腔压力曲线。曲线 4 是型腔末端的模腔压力曲线。

图 6-58 中 OA 段是熔体在注射压力 P_i 作用下从储料室流入模腔始端的时间，A 点是模腔的始点（浇口的末端），B 点是压力升点。当喷嘴内动压力达到 P_Z 时模腔始端压力才达到预置相对应的压力 P_B，模腔压力开始增高。喷嘴压力随模腔压力而变化。

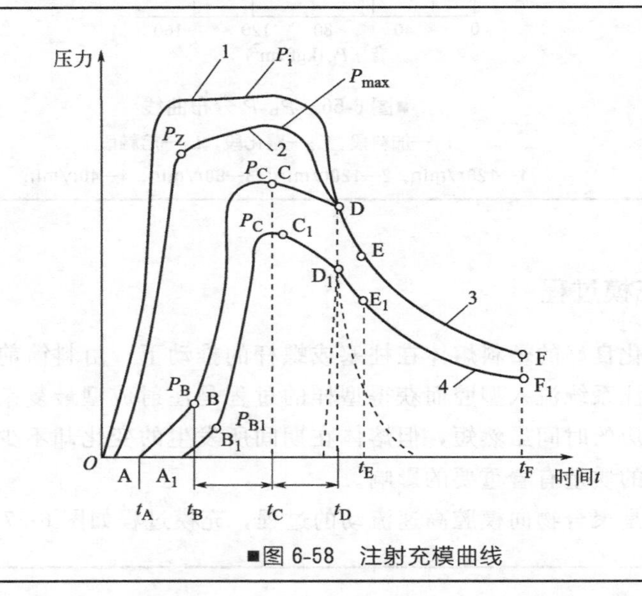

■图 6-58　注射充模曲线

当熔体充满模腔后，模腔压力开始增高，当模腔始端压力从 P_B 增加到 P_C 时，模腔末端压力从 P_{B1} 增到 P_{C1}，与此同时喷嘴压力也迅速从 P_Z 增加至接近注射压力的最大值 P_{Zmax}。

t_A～t_B 为充模时间，是最重要的时刻，聚合物熔体在这段时间内必须能克服流道阻力迅速地充满模腔；如果压力不足，速度不够，流动就会停止。同时，由于剪切速率的作用，聚合物大分子将发生取向和结晶作用。这是在动压作用下高压、高速充模过程。

模腔入口压力 P_B 和末端压力 P_{B1} 之差取决于模腔压力损失的大小。t_B～t_C 时间内，是压实熔体的过程，模腔压力从 P_B～P_C 迅速增至最大。

6.2.3 保压补缩过程

6.2.3.1 增密过程（压实过程）

充模流动结束后，熔体进入模腔的快速流动虽已经停止，但这时模腔的压力并未达到最大，而此时喷嘴的压力已经达到最大值，因而浇道内的熔体仍能以缓慢的速度继续流入模腔，使其中的压力升高直至能平衡浇口两边的压力为止。这个压实过程虽然时间很短，但熔体充满模腔各部缝隙取得精确的模腔型样，且本身受到压缩使成型物增密，就是在这一极短的时间内依靠模腔内的迅速增压来完成的。

在压实流动中模腔内压力要达到最大值，模内最大压力的确定应考虑锁模系统和模具的刚度。对于聚苯乙烯注射，熔体在模腔内压实最大压力可由以下经验公式确定：

$$p_1 = p_n\left[1-\left(\frac{t\Delta T}{K_c}\right)^{1/K_p}\right] \tag{6-6}$$

$$\Delta T = T_1 - T_2$$

式中 p_1——压实期间模内最大压力；

p_n——注射压力；

t——冲模时间；

T_1——模具入口处聚合物温度；

T_2——模腔表面温度；

K_c——与模具冷却条件有关的系数；

K_p——压力传递系数。

6.2.3.2 保压过程

压实结束后柱塞或螺杆不立即退回，而是在最大前进位置上再停留一段时间，使成型物在一定的压力作用下进行冷却。在保压阶段熔体仍能流动，称保压流动，这时的注射压力称为保压压力，又称二次注射压力。保压流动和充模阶段的压实流动都是在高压下的熔体致密流动。这时的流动特点是熔体的流速很小，不起主导作用，而压力却是影响过程的主要因素。产生保压流动的原因是模腔壁附近的熔体因冷却而产生体积收缩，这样在浇口冻结前，熔体在注射压力作用下继续向模腔补充，产生补缩的保压流动。

当然保压流动的必要条件是压实结束后料筒前端仍有一定量的熔体，且从料筒到模腔的通道允许熔体通过，即浇道系统没有冻结。

保压阶段的压力是影响模腔压力和模腔内塑料被压缩程度的主要因素。保压压力高，则能补进更多的料，不仅使制品的密度增加，模腔压力提高，而且持续地压缩还能使成型物各部分更好地融合，对提高制品强度有利。但在成型物的温度已经明显下降后，较高的外压作用会在制品中产生较大的内应力和大分子取向，这种情况反而不利于制品性能的提高。

保压时间也是影响模腔压力的重要因素，在保压压力一定的条件下，延长保压时间能向模腔中补进更多的熔体，其效果与提高保压压力相似。保压时间越短，而且压实程度又小，则物料从模中倒流会使模内压力降低得很快，最终模腔压力就越低，如图 6-59 所示。如保压时间较长或浇口截面积大，以致模腔中熔体凝固之后，浇口才冻结，则模腔压力曲线按虚线下降。

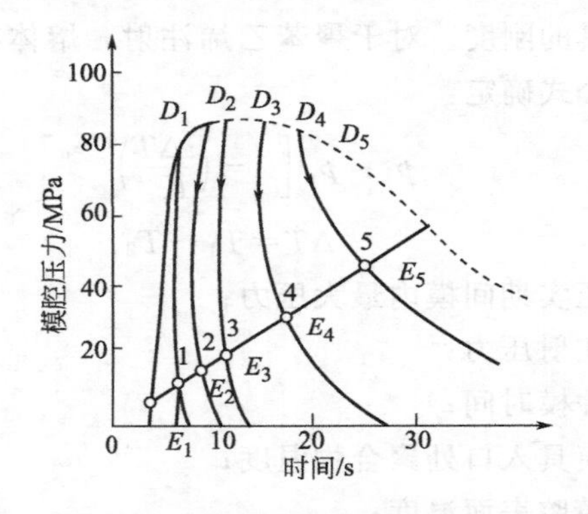

■图 6-59 保压时间对模腔压力的影响

注射温度：254℃；注射压力：112.5MPa；

保压时间：1 为 5s；2 为 7s；3 为 9s；4 为 13s；5 为 17s

6.2.4 冷却定型过程

当浇口封闭后，外面熔体再无法通过浇口进行补缩，保压过程终止，螺杆预塑退回。这时，虽然浇口已经封冻，但在模腔脱模力的作用下，会有少量熔体倒流引起模腔压力的下降，保压持续时间的长短对倒流会有影响。但过长的保压时间不仅会延长成型周期，增加能耗，而且会引起浇口处的应力集中，引起制品断裂。

冷却过程应该从保压终止开始一直持续到制品被顶出模腔为止。过早的脱模，会引起顶出变形，损伤制品，但过晚会增加成型周期。冷却阶段模腔中熔体的冷却过程应遵从状态方程：

$$(p+\alpha)(V-\omega)=RT/M \tag{6-7}$$

式中　p——模腔的压力；

α、ω——材料常数；

V——比容；

T——温度；

R——气体常数；

M——单元分子量。

从 p-V-T 的关系可知，塑料熔体从一种状态（p_1 和 T_1）变换到另一种状态（p_2 和 T_2）时，必引起收缩，图 6-60 所示为聚氨酯（PU）p-V-T 曲线，其收缩率可由公式(6-6)计算。同样，这个关系也可以作为保压过程的工艺理论指导，为保证一定比容或一定密度的制品，通过注射机保压压力，可以调整模腔压力使之与模腔不断冷却的温度配合，对模腔进行补缩增密，以达到较高的制品质量，所以 p-V-T 关系也是近代注射机对制品质量进行控制的重要手段。

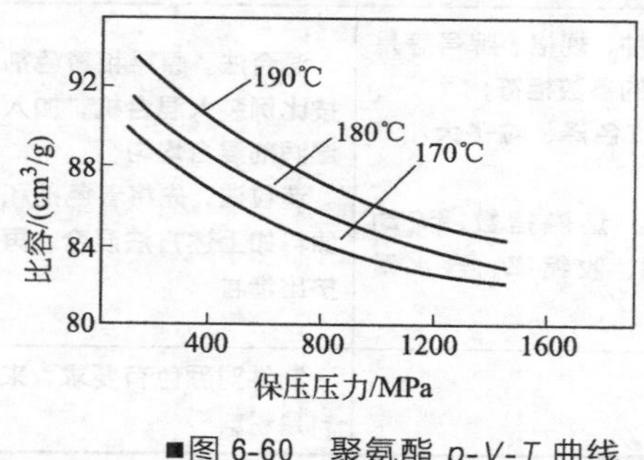

■图 6-60　聚氨酯 p-V-T 曲线

在给定的模温下，制品在模腔中冷却所需的最短时间 t 可用下式估算：

$$t=\frac{\delta^2}{\pi^2\alpha}\ln\left[\frac{4}{\pi}\left(\frac{T_a-T_b}{T_c-T_b}\right)\right] \tag{6-8}$$

式中　δ——制品厚度；

α——塑料的热扩散系数；

T_a——模腔内熔体的平均温度；

T_b——模具温度；

T_c——制品脱模温度。

通常冷却时间随制品厚度增大、料温和模温升高而增加。但对于厚壁制品，有时并不要求脱模前整个壁厚全部冷硬，在用上面的公式估算最短冷却时间时，只要求制品外部的冷硬层厚度能保证从模内顶出时有足够的刚度即可。

6.3 注射成型工艺

6.3.1 注射成型工艺流程

6.3.1.1 成型前的准备

为使注射过程顺利进行和保证产品的质量，应随物料的供应形式（如粉料或粒料）和性质、塑件的结构特点（如有无嵌件）及使用要求等，做好原料和设备的准备，通常包括以下主要内容。

（1）原料的预处理　原料预处理主要步骤及内容见表 6-3。

■表 6-3　原料预处理主要步骤及内容

步骤	检验	染色	干燥
内容	原料的品种、规格、牌号等是否与所要求的参数相符； 外观状态（色泽、粒子大小、均匀性等）； 工艺性能（熔融指数、流动性、热性能、收缩率、含水量等）	混合法，原料和着色剂按比例装入混合机，加入湿润剂混合均匀； 造粒法，先将着色剂和原料如上述方法混合，再挤出造粒	大批量物料采用沸腾床干燥或气流干燥； 受热易降解变质的塑料（如 PA）需真空干燥
适用情况	所有树脂	制件对颜色有要求；来料是粉料	分子链含有亲水基团；贮存运输中吸湿

表 6-4 是常用塑料成型前允许的含水量、干燥温度和时间。

■表 6-4　常用塑料成型前允许含水量、干燥温度和时间

塑料名称	允许含水量/%	干燥温度/℃	干燥时间/h
PE	0.01	80	1
PP	0.10	71～82	1
PS	0.05～0.10	71～79	1
PVC	0.08	60～93	1
PA	0.04～0.08	71	4～6
ABS	0.10	80	2～3
PET	0.05～0.10	120	4～6
PBT	0.01	120～140	3～4
PMMA	0.05	80	4～6
PPO	0.10	110	2
PC	0.01～0.02	120	2～3

（2）料筒的清洗　在注射机使用之前，或在生产中更换原料、调换颜色，或成型过程中发现物料出现分（降）解反应时，均需对注射机料筒进

行清洗或更换。料筒清洗方法见表6-5。

■表6-5　料筒清洗方法

柱塞式注射机	螺杆式注射机		
拆卸清洗采用专用料筒	预换树脂与原树脂加工成型温度		
	远高于	远低于	相当
	升温至预换树脂最低成型温度，加入预换树脂对空注射	升温至原树脂最佳流动温度，切断电源，在自然降温状态下清洗	直接加入预换树脂清洗

此外，如预换料的成型温度高，熔融黏度大，而料筒内的存料又是如聚氯乙烯、聚甲醛等热敏性的树脂，为防止存料分解，应选用流动性好，热稳定性高的聚苯乙烯或高压聚乙烯做过渡换料。

（3）嵌件的预热　塑件中加设金属嵌件时，嵌件周围常常产生收缩内应力，甚至出现裂纹，导致制品强度下降。通常，在制件设计时需要加大嵌件周围壁厚，此外，也常通过成型前对嵌件的预热来克服上述问题。预热可以使嵌件周围物料发生一定的热料补缩作用，避免产生过大内应力。嵌件是否需要预热视加工塑料的性质和嵌件的大小而定。对于分子链刚性大的塑件（如PS、PPO、PC、PSF等），若其中有金属嵌件，一般均需预热；若塑件分子链较柔顺，且塑件较小，则嵌件可无需预热。预热嵌件的温度一般取110～130℃，并以不破坏嵌件表面镀层为限。对于无镀层的铝合金或铜等材质的嵌件，预热温度可提高到150℃。

（4）脱模剂的选择　在实际生产中为了使脱模更加顺利，常采用脱模剂。常用的脱模剂有硬脂酸锌、液体石蜡和硅油，其中硬脂酸锌不能用作酰胺类塑件的脱模剂。通常硬脂酸锌用于模具温度较高的情况下，而液体石蜡多用于中低温模具。使用脱模剂时应注意适量，过少，起不到应有效果；过多或涂抹不均则会影响制件外观及强度，这对于透明制件更为明显，用量过多会出现毛斑或浑浊现象。

6.3.1.2 注塑成型过程

一个完整的注射成型过程分加料、塑化、计量、注射充模、保压冷却及脱模等几个主要步骤。其中塑化、注射充模、保压冷却是决定成型周期和成型质量的重要过程。

（1）加料　注射成型过程是一个间歇过程，在每个生产周期中，加入料筒中的料量应保持一定，因此，注射机一般都采用容积计量加料。

（2）塑化　塑化是指塑料在料筒内经加热达到流动状态，并具有良好可塑性的全过程。塑化是在上一注射周期中保压完成后，螺杆或柱塞后退期间进行的。塑化过程应能提供足够数量、温度均匀一致的熔融塑料，并且保证塑料在此过程中不发生或极少发生热降解。能否达到上述要求与塑料的性质、塑化工艺条件的控制及注射机结构密切相关，并且直接决定着制件的质量。

表 6-6 是两种类型注射机塑化情况的比较。

■表 6-6 注塑机塑化情况比较

注射机类型	螺杆式	柱塞式
热量来源	料筒外部的加热器 螺杆旋转产生的摩擦剪切热	料筒外部的加热器 与料筒内壁连接的分流梭传热
参与塑化主要作用	螺杆强烈的混合和剪切作用提供摩擦热，加速外加热传递	分流梭传递外加热，缩短传热距离
塑化效果	塑化程度及温度均匀一致	塑化效果不及螺杆式

目前广泛采用的是螺杆式注射机。

（3）注射充模　注射充模是指在螺杆或柱塞的挤压作用下，将已塑化均匀的塑料熔体经喷嘴、流道及浇口注入闭合模腔中的过程。按照模腔压力的变化特点，注射充模过程可分为引料入模及流动充模两个阶段。

① 引料入模阶段　这是充模的准备阶段，这一阶段，塑料熔体从料筒经注射机喷嘴、注射模主流道、分流道到达浇口，而尚未进入模腔。通常情况下，这一过程存在一定的压力降和温度损失。但由于塑料熔体在流经喷嘴、浇口等截面尺寸较小的流道时，会受到短时强烈的剪切作用，产生剪切热，某些情况下这一阶段后的熔体温度会高于料筒温度。此外，此过程中熔体流动速度也将有所降低，降低程度取决于塑料性质，浇口、流道及喷嘴的形状、尺寸及排列形式等多种因素。引料入模阶段熔体的压力、流速及温度变化规律对其后的充模，甚至注塑件质量都有极重要的影响。

② 流动充模阶段　此阶段是指从熔体由浇口进入模腔开始，至整个模腔被充满的全过程。该阶段内的熔体流动形式、流速、温度及压力变化将直接关系到注塑件的质量，并在一定程度上影响成型周期。

在流动冲模阶段，为保证制件的强度和外观，要尽量避免出现喷射流，使得熔体进入模腔后出现稳定的扩展性流动，此外，为了保证冲模的顺利完成，还要保证熔体在模腔中的极限流动长度不小于模腔深度。

喷射流的出现与塑料的性质以及浇口的设计有关。结晶型、熔融黏度低的塑料较易出现喷射流；而无定形、熔融黏度高的塑料不易出现喷射流；制品厚度与浇口厚度接近时不易出现喷射流，制品厚度较大时易出现喷射流。浇口形状和位置对喷射流的产生也有影响。扇形、环形、针状及护耳式浇口不易出现喷射流，而平直浇口较易出现。喷射流遇到障碍物时会转变为扩展流。此外，调节成型工艺条件，如降低注射压力和注射速度，均有利于防止喷射流的出现。

熔体在模腔中的极限流动长度是塑料熔体的流变性能、热物理性能以及成型工艺条件等的综合反映。熔体的冲模流动强度与塑料的流动性和冷凝速度、料筒温度、注射压力、注射速度、模腔厚度等有关。提高料筒温度、注射压力、注射速度以及模腔厚度均有利于增加熔体的冲模流动长度。

(4) 保压冷却 保压冷却过程是指从模腔完全充满开始到脱模取出制品前的一段，按照模腔压力的变化特点，此过程又可分为保压补料、倒流和浇口冻结后的冷却三个阶段。

① 保压补料 保压补料是指从模腔完全充满时起至柱塞或螺杆后退时止的这段时间。这时，熔体压力及喷嘴压力相对稳定，保压压力基本不变；同时，模具因冷却系统而降温，使熔体温度下降并收缩，料筒内的熔体会进入模腔以补足因收缩产生的空隙。保压可以防止模腔中的物料在浇口冷凝前产生倒流，并充分压实模腔中的物料，降低收缩率，提高强度，此外，还将补充因冷却收缩而造成的模腔内物料体积的减小，确保制品形状、尺寸准确稳定，不缩瘪。

保压时间通常由实验确定，不能过长也不能过短。保压时间过长，不仅延长成型周期，而且会使模腔残余压力过大，造成脱模困难，甚至打不开模具。另外也使能耗增加、注射机使用寿命缩短。保压时间过短则不能起到应有的作用。最佳保压时间应是使开模时模腔残余应力为零。

② 倒流 当柱塞或螺杆后退时，保压结束。此时模腔压力大于流道内压力，模腔中的熔体将从模腔流向流道，发生倒流。倒流使模腔内压力迅速下降并持续到浇口处熔体冻结为止。倒流是否发生以及倒流程度如何与保压时间有直接关系。通常随着保压时间的延长，模腔内熔体受压缩作用的时间越长，倒流越少，制品的收缩率也越小。

③ 冷却 浇口凝固后，熔体在模腔内随之凝固、冷却。这一过程中，模腔内温度逐渐降低，模腔压力也将发生变化。由于模内塑料的温度、压力和体积在这一阶段并不恒定，制品内有可能产生残余应力。若残余应力为正值，脱模较困难，制品易被划伤或损坏；残余应力为负值时，制品会向内收缩产生凹陷、皱纹，内部形成真空泡。而只有残余应力接近于零时，脱模才较顺利，产品质量才最理想。模腔残余压力与保压时间有关，保压时间越长，模腔残余应力越大。

不难看出，冷却如果过快或不均匀，会使得制品各处收缩不均匀，制品会产生内应力。即使冷却均匀，塑料在冷却过程中如通过玻璃化温度的速率快于分子构象转变的速率，这种分子构象不均衡也可能产生残余应力。

(5) 脱模 塑料制件在模内冷却至具有足够刚度，在脱模时不致扭曲变形即可在模具顶出系统的作用下脱模。脱模温度不宜过高，一般控制在塑料的热变形温度与模具温度之间。脱模时模腔残余压力应接近零，这是由保压时间决定的。

6.3.1.3 制品的后处理

在注塑机中成型后，为满足制品力学性能、尺寸精度、表观质量等的要求，有的制品需要进行一定的后处理，制品的后处理主要包括热处理和制品的修饰。

（1）制品的热处理 制品热处理的方法（表 6-7）主要有退火和调湿，用以改善和提高制件的性能及稳定性。

■表 6-7 制品的热处理方法

项目	退火处理	调湿处理
作用	消除结晶、取向和收缩等导致的内应力	避免与空气发生氧化反应，提高尺寸稳定性及柔韧性
方法	定温加热介质（热水、热的矿物油、甘油、乙二醇和液体石蜡等）或热空气循环烘箱中静置	刚脱模制件放入热水中处理
控制条件	温度：制品使用温度以上 10～20℃或热变形温度以下 10～20℃ 时间：以消除内应力为宜	时间由塑料的品种、制件形状、厚度、结晶度确定
适用情况	带有金属嵌件、分子刚性大、使用温度范围大、尺寸精度要求高、壁厚大的制件	与空气接触时会发生氧化反应，吸收空气中的水分而发生膨胀的树脂制件（如PA）
实质	使强迫冻结的分子链得到松弛，提高结晶度，稳定结晶结构	退火的同时使制件达到吸湿平衡

（2）制品的修饰 制品的修饰通常是指以手工或机械加工除去制件毛边、浇口和进行某些修正。有些制品需加工孔、槽等，以满足使用要求，有些制品表面需涂层（如镀金属、喷漆等）。

6.3.2 注射成型工艺条件的控制

要获得一个性能优良的注塑制件，当产品的使用要求及其他要求确定后，应该在经济合算和技术可行的原则下选择合适的原材料、生产方式和模具结构。这些条件确定后，注塑过程中工艺条件的选择与控制就成为最关键的因素。概括地讲，注射成型工艺条件主要包括三个方面，即温度、压力和时间。

6.3.2.1 温度

注射成型过程中需控制的温度主要包括料筒温度、喷嘴温度和模具温度。前两种温度主要影响塑料的塑化和流动，后一种影响塑料的注射和冷却。

（1）料筒温度　料筒温度的选择，应保证塑料能均匀塑化、顺利充模，同时又不产生降解。料筒温度的确定需要考虑的各个参数见表 6-8。

■表 6-8　料筒温度的确定方法

原料	制品及模具结构	注射机类型	其他工艺条件
1. 树脂特性　料筒温度应大于 T_f 或 T_m，但应小于 T_d，热稳定性较差的塑料，料筒温度应选较低值；$T_f \sim T_d$ 温度区间较宽、熔融黏度大的塑料，料筒温度较高； 2. 来源和牌号　平均分子量高、分子量分布窄的牌号，料筒温度应取高值； 3. 助剂或填料　若助剂使其黏度低、流动性好，料筒温度可相对较低。加有玻璃纤维或其他固体填料的塑料，料筒温度应相对较高	注射薄壁、长流程、结构复杂、带金属嵌件的制品时，应取得较高温度	螺杆式注射机温度低，柱塞式注射机温度高	改变料筒温度会起到与调整其他工艺条件相同的效果，如为提高熔体的充模流动长度既可采用提高料筒温度的办法，也可相应提高注射压力和注射速度

总之，料筒温度的确定应考虑到成型材料的热稳定性能、流变性能以及注射机、模具和其他工艺条件等合理选择，并在整个成型过程中保持稳定。此外，为避免物料的过热分解，还应严格控制物料在料筒内的停留时间，这一点对于热稳定性较差的塑料尤其重要。物料在料筒中的停留时间取决于实际注射量与注射机最大注射量的相对比例，以及注射机的塑化能力等多方面因素。

料筒温度的分布通常是从料斗向喷嘴方向逐步升高，以保证塑料温度平稳上升，达到均匀塑化的目的。在某些特殊情况下，这种分布也可作某些变化。例如，当成型料中水分含量较高时，可使料筒后段温度略高，以利水汽排出。又如螺杆式注射机由于可产生大量剪切热，为防止物料分解，前段温度可略低于中段。

表 6-9 列出部分塑料可选用的料筒温度供参考。

■表 6-9　部分塑料的料筒及喷嘴温度（螺杆式注塑机）

塑料名称	料筒温度/℃			喷嘴温度/℃
	后段	中段	前段	
PE	160～170	180～190	200～220	220～240
HDPE	200～220	220～240	240～280	240～280
PP	150～210	170～230	190～250	240～250
PS、ABS、SAN	150～180	180～230	210～240	220～240
PCTFE	250～280	270～300	290～330	340～370
PMMA	150～180	170～200	190～220	200～220
POM	150～180	180～205	195～215	195～215

续表

塑料名称	料筒温度/℃			喷嘴温度/℃
	后段	中段	前段	
PC	220～230	240～250	260～270	260～270
PA6	210	220	230	230
PA66	220	240	250	240
PUR	175～200	180～210	205～240	205～240
CAB	130～140	150～175	160～190	165～200
CA	130～140	150～160	160～175	165～180
CP	160～190	180～210	205～240	205～240
PPO	260～280	300～310	320～340	320～340
PSU	250～270	270～290	290～320	300～340
线型聚酯	70～100	70～100	70～100	70～100
醇酸树脂	70	70	70	70

料筒温度确定得是否合理可通过如下两种方法判断。

① 对空注射法　对空注射熔体时，若料流均匀、光滑、无气泡、色泽均匀，则认为料筒温度合适。如果料流表面粗糙、有银丝或变色现象，则说明料筒温度不合适。

② 直接观察制品外观，若无缺陷，即认为料筒温度合适。

（2）喷嘴温度　喷嘴温度通常略低于料筒最高温度，主要是为防止直通式喷嘴可能产生的“流延现象”。喷嘴温度的降低可通过塑料熔体在此受剪切作用产生的热量得到部分补偿。但喷嘴温度也不能太低，否则容易造成熔料早凝堵塞喷嘴，或凝料注入模腔影响制品质量。

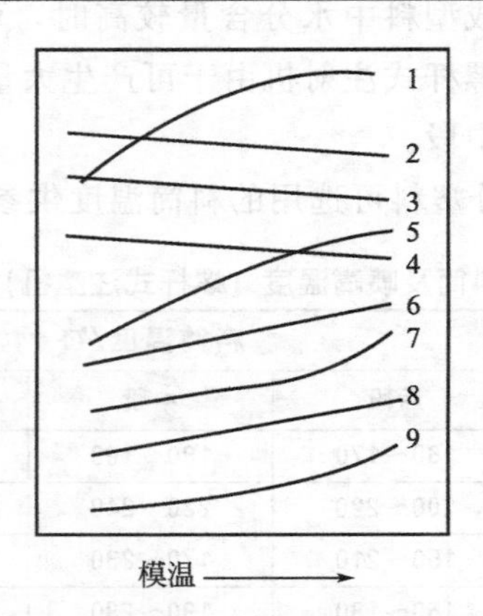

■图 6-61　模具温度对注射成型及制品性能的影响

1—塑料流动性；2—注射压力；3—注射生产率；4—制品内应力、取向度；5—制品表面粗糙度；6—制品冷却时间；7—制品密度或结晶度；8—成型收缩率；9—制品翘曲度

（3）模具温度　模具温度是指与塑料直接接触的模壁温度，它对于制品的内在性能和表观质量影响很大，它直接影响塑料的充模流动性、制品的冷却速率、成型周期以及制品的结晶、取向、收缩等，见图 6-61。

热塑性塑料注射成型时，模具温度必须控制在塑料的热变形温度或玻璃化转变温度以下，以保证制件脱模时有足够的刚度而不致变形。表 6-10 和表 6-11 分别为影响模温的主要因素及部分塑料可选模温范围。

■表 6-10　影响模温的因素

塑料特性	制品要求	其他工艺条件
无定形塑料，在不影响充模的条件下，模具温度可取得较低 结晶型塑料，模温影响结晶度，根据具体要求选取 黏度大的塑料，模温应取得高些	结构特点：模温应有利于各处均匀冷却，厚壁制品选择模温高 使用要求：模温决定过冷度，决定制品的结晶特性，影响制品性能，ΔT 很小时制品中晶粒粗大且数目少，韧性降低；ΔT 较大时形成皮芯结构，皮层晶粒尺寸大晶粒数少，总结晶度降低，热致内应力大，尺寸不稳定；中速冷却 T_M 在 T_g 与 T_{max} 之间，制品内部温度较长时间处于 T_g 以上，有利于晶体结构的生长、完善和平衡	模温的选取与其他工艺条件有关，如模温影响成型周期

■表 6-11　部分塑料成型时可选模温范围

塑料名称	PP	PE	PA	PS	ABS	PMMA	POM	硬 PVC	PC
模温范围/℃	55～65	40～60	40～60	40～60	40～60	40～60	40～60	30～60	90～100

6.3.2.2 压力

注射成型中需选择和控制的压力包括塑化压力、注射压力和保压压力。

（1）塑化压力（背压）　螺杆式注射机中，螺杆顶部物料在螺杆转动后退时所受到的压力称为塑化压力或背压。塑化压力的大小可通过调整注射机液压系统中的溢流阀而调整。增大塑化压力，有利于驱除熔体中的气体，提高熔体的致密度，同时使得螺杆对物料的塑化时间延长，提高塑化效果。但是如果螺杆转速不相应提高，熔体的逆流及漏流量也将大大提高，这样塑化效果或塑化能力就随之下降，不仅使成型周期延长，也使塑料热降解的可能性增大。塑化压力的选择要考虑物料的性质、制品表观及尺寸精度。

在满足塑化要求的前提下，塑化压力越低越好。成型热稳定性差的塑料时（PVC、POM），塑化压力应尽量低，以缩短塑料在料筒中停留时间。对于黏度很低的塑料（PET、PA），过高的背压会使反流和漏流增加，影响塑化效率。成型熔融黏度高的塑料（如 PC、PSU、PI）时，为避免螺杆传动系统过载，塑化压力也不宜选得过高。对于热稳定性好的塑料（PP、PE、PS）需要混色混料时，可适当提高塑化压力，增大塑化效果。塑化压力的选择还应与喷嘴结构结合起来考虑。对于直通式喷嘴，为避免产生流延，塑化压力应较低；而针阀式喷嘴可选择较大的塑化压力。

根据生产经验，塑化压力的范围通常在 3.4～27.5MPa，其中下限值适用于大多数塑料，特别是热稳定性较差的塑料。

（2）注射压力　注射压力是指注射时柱塞或螺杆施加于料筒内熔融塑料单位面积上的力。它的作用是使料筒中的熔料克服注射机喷嘴及模具浇注系统的阻力，以一定速度、一定压力充满模腔，并将模腔中的物料压实。

注射压力对熔体的流动、充模及制品质量都有很大影响。图 6-62 定性地说明了注射压力对成型过程及制品性能的影响。

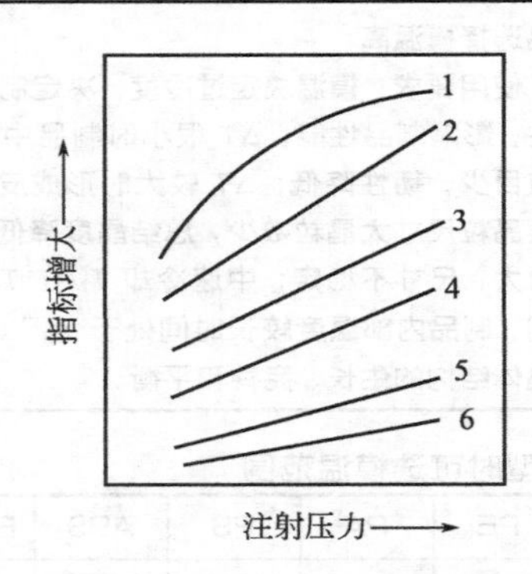

■图 6-62　注射压力对成型过程及制品性能的影响

1—冲模流动长度；2—充模速度；3—熔接痕强度；4—制品密度；5—制品内应力；6—制品取向程度

表 6-12 为注射压力选择原则。

■表 6-12　注射压力选择原则

塑料特性	制品要求	注射系统影响
熔体黏度大，玻璃化温度较高的塑料宜用较高的注射压力。注射压力与料温相互制约，料温高，注射压力减小，料温低，所需注射压力大	黏度不太高、形状简单、精度要求一般，压力取 70～100MPa； 中高黏度，精度有要求，形状不太复杂，压力取 100～140MPa； 黏度高、壁薄长流程、精度高且形状复杂，注射压力取 140～180MPa； 优质、精密、微型制品，注射压力可取 180～250MPa 或更高	注射机类型：其他条件相同，柱塞式注射机所需压力大 流道结构：流道系统的阻力大，所需注射压力大

随着塑料性质、制品的结构特点和精度要求、喷嘴结构形式、浇口尺寸以及注射机类型的不同，所需的注射压力也不同。通常的范围在 40～200MPa。表 6-13 列出了制品结构特点不同时，几种不同种类塑料可选的注射压力范围。

■表 6-13 部分塑料可选的注射压力范围

塑料制品	注射压力/MPa		
	厚壁制品	一般制品	薄壁、窄浇口制品
PE	70～100	100～120	120～150
PVC	100～120	120～150	>150
PS	80～100	100～120	120～150
ABS	80～110	100～130	130～150
POM	85～100	100～120	120～150
PA	90～101	101～140	>140
PC	100～120	120～150	>150
PMMA	100～120	120～150	>150

（3）保压压力　当模腔完全充满后，注射机的螺杆或柱塞往往并不立即后退，而是停留在原位置或略微向前移动，使注射压力仍保持一段时间，这就是保压。保压过程中需控制的两个主要参数是保压压力和保压时间。随着保压压力和保压时间的增大和延长，模腔压力增大，从而使得制品密度也增大，制品收缩率降低。保压压力的选择受制品结构特点影响。保压时间与料温、模具温度、制品壁厚以及模具的流道和浇口有关。通常是在保压压力和注射温度条件确定后，根据制品的使用要求经试验确定。试验的具体方法是：先选取较短的保压时间成型制品，脱模后称量制品质量，然后逐渐增加保压时间，重复成型、称重过程，当制品质量不再随保压时间延长而增加时，即将此临界保压时间定为最佳保压时间。通常选取的保压时间范围在20～120s。

6.3.2.3 成型周期

完成一次注塑成型过程所需的时间称成型周期（表6-14），也叫模塑周期。主要包括注射时间、冷却时间及其他时间。注射时间和冷却时间对制品质量都有决定性的影响。

■表 6-14 注塑成型周期

注射时间		冷却时间	其他时间
冲模时间	保压时间		
与塑料的流动性、制品的几何形状和尺寸、模具浇注系统形式、注射速度、注射压力以及其他工艺条件有关，一般为3～5s	与料温、模温、主流道浇口的大小有关，通常取20～120s	由制品的厚度、塑料的热性能和结晶性能以及模具温度等决定。其终点，应以保证脱模时不引起变形为原则。冷却时间一般为30～120s	除了注射时间和冷却时间之外的时间，包括开模、涂脱模剂、安放嵌件、闭模、脱模等。它的长短与生产过程连续化和自动化程度有关

6.4 热固性塑料的注射成型

热固性树脂是指在受热或在固化剂的作用下，能发生交联而变成不熔不溶状态的树脂，这种树脂在制造或加工过程中的某些阶段受热可以软化，而一旦固化，加热也不能使其再软化。在热固性树脂中加入增强材料、填料及各种助剂所制得的塑料称为热固性塑料。

热固性塑料具有高的耐热性、优良的力学性能、电性能、耐老化性能、耐腐蚀性能以及制品尺寸稳定性好等优点，广泛应用于电子电器、仪表、化工、纺织、轻工、军工等领域。在 20 世纪 60 年代以前，热固性塑料制品一直是用压缩和压铸方法成型，它的工艺周期长、生产效率低、劳动强度大、模具易损坏、产品质量不易稳定、成本较高。60 年代以后，热塑性塑料注射成型技术成功地移植到热固性塑料的加工中，并得到了迅速发展。注射生产的热固性材料主要市场见表 6-15。

■表 6-15　注射生产的热固性材料主要市场

工业领域	产品类型
汽车工业	发动机部件、头灯反射镜和制动用制品
电气工业	断路器、开关壳体和线圈架
家用电器	面包烘箱板、咖啡器的底座、电动机整流子、电动机外壳和垃圾处理机外壳
其他	电动工具壳、灯具外壳、气体流量计和餐具

6.4.1 热固性塑料注射工艺流程

热固性塑料受热成型过程中不仅发生物理状态的变化，而且还发生不可逆的化学变化。热固性塑料的主要组分是线型或稍带支链的低相对分子质量聚合物，而且聚合物分子链上存在可反应的活性基团。加进料筒内的热固性塑料受热转变为黏流态而成为有一定流动性的熔体，但有可能因发生化学反应而使黏度变大，甚至交联硬化为固体，当然这需要一定的温度和时间。所以为了便于注射成型能顺利进行，要求成型物料首先在温度相对较低的料筒内预塑化到半熔融状态，在随后的注射充模过程中受到进一步塑化，在通过喷嘴时必须达到最佳的黏度状态，注入高温模腔后继续加热，物料就通过自身反应基团或反应活性点与加入的硬化剂的作用，经一定时间的交联固化反应，使线型树脂逐渐变成体型结构，反应时放出的低分子物（如氨，水等）必须及时排出，以便反应顺利进行，使模内物料的物理机械性能达到最佳，即可成为制品而脱模。

从上述热固性塑料注射成型的基本过程和要求可以看出，热固性塑料注射与热塑性塑料注射有许多不同之处。

热固性塑料的注射工艺流程见图 6-63。

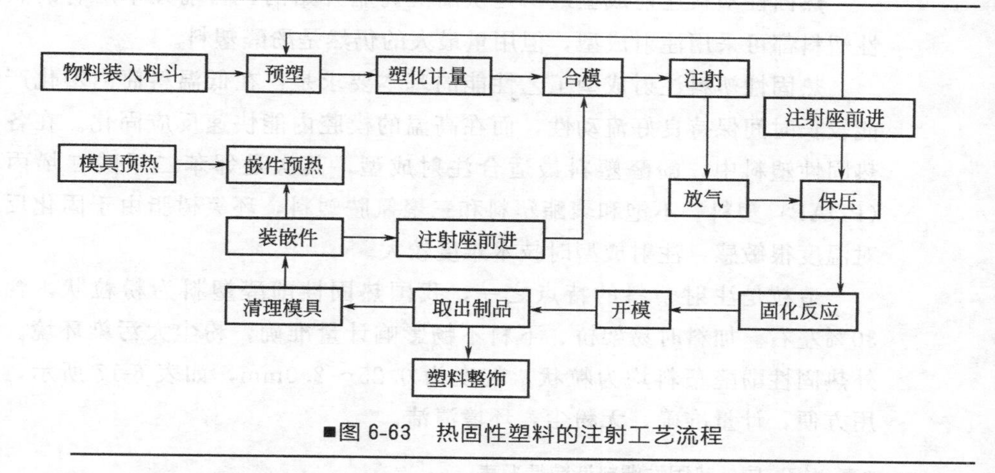

■图 6-63　热固性塑料的注射工艺流程

由图 6-63 可知，热固性塑料注射成型的工艺流程主要分为以下七个步骤，见表 6-16。

■表 6-16　热固性塑料注射成型的工艺流程

项目	具体内容
供料	料斗中的热固性塑料靠自重落入料斗中的螺槽内。一般热固性塑料是粉末状，容易在料斗内发生“架桥”现象，所以最好使用粒状料
预塑化	落入螺槽内的注塑料在螺杆旋转作用下向料筒前端推移，在推移过程中受到料筒外热和螺杆摩擦热的联合作用，使注射料软化、熔融，达到塑化的目的
计量	螺杆不断把塑化好的熔融料向喷嘴推移，同时在熔融料反作用力作用下，螺杆向后退缩，当喷嘴处的熔融料聚集到一次注射量时，螺杆停止旋转，推移到料筒前端的熔融料暂停前进，等待注射
注射保压	预塑完成后，熔融料在螺杆的推动下从喷嘴射出，注入高温模具型腔，直到全部充满模腔。注射压力必须保持到型腔内熔料完全固化
固化成型	熔融料充满模具后，热固性树脂的分子缩合、交联形成网状体型结构，黏度迅速增大。经适当时间的保压固化，硬化定型
取出制品	
下一模的预塑与上模保压工序同步进行	

6.4.2 热固性塑料注射成型的要求

热固性塑料注射成型最初是从酚醛树脂开始的，目前几乎所有的热固性塑料都可采用注射成型，但用量最大的仍然是酚醛塑料。

热固性塑料注射成型工艺性能的基本要求是：在低温料筒内塑化产物能较长时间保持良好流动性，而在高温的模腔内能快速反应固化。在各种热固性塑料中，酚醛塑料最适合注射成型，其次是邻苯二甲酸二烯丙酯（PDAP）塑料、不饱和聚酯塑料和三聚氰胺塑料，环氧树脂由于固化反应对温度很敏感，注射成型时技术难度较大。

造粒是注射塑料的特点之一，我国热固性酚醛塑料为粉粒状，含粉30%左右。加料时易架桥、下料不畅影响计量准确，粉尘大污染环境。国外热固性酚醛塑料均为粒状，粒度为0.25～2.0mm，如表6-17所示，使用方便，计量准确，无粉尘，环境清洁。

■表6-17 国外热固性塑料造粒情况表

序号	塑料型号	名称	公司	颜色粒状/mm
1	FS31	酚醛滞燃塑料	德国 Bekelite	黑0.5～2.5无定形颗粒
2	FS31.9	酚醛无氨塑料	德国 Bekelite	黑0.25～2.0无定形颗粒
3	FS12	酚醛耐热塑料	德国 Bekelite	黑0.25～2.0无定形颗粒
4	2736	无石棉塑料	德国 Bekelite	黑0.25～2.0无定形颗粒
5	CN3415	酚醛滞燃塑料	日本松下	黑0.25～2.0无定形颗粒
6	CN4401	酚醛耐热高强塑料	日本松下	浅棕3.0～5.0无定形颗粒
7	CY9610	酚醛无氨塑料	日本松下	深棕2.0～3.0无定形颗粒
8	A2172	酚醛树脂	瑞典 Perstorp	黑0.25～2.0无定形颗粒
9	A2630	酚醛热固塑料	瑞典 Perstorp	黑0.5～2.5无定形颗粒
10	A2410	酚醛塑料	瑞典 Perstorp	黑2.5～5.0无定形颗粒
11	MP183	三聚氰胺酚醛塑料	德国 Bekelite	灰白0.5～2.5无定形颗粒
12	MP118	三聚氰胺酚醛塑料	日本松下	白2.0～3.0无定形颗粒
13	ME101—T	三聚氰胺酚醛塑料	日本松下	白0.125～2.5无定形颗粒
14	ME992A	三聚氰胺酚醛塑料	日本松下	棕1.6～5.0无定形颗粒
15	MP841	三聚氰胺酚醛塑料	瑞典 Beystorp	黑0.5～2.0无定形颗粒
16	MP842	三聚氰胺酚醛塑料	瑞典 Beystorp	淡黄0.5～2.0无定形颗粒
17	151	脲醛塑料	瑞典 Beystorp	白0.125～1.6无定形颗粒
18	UP804	聚酯塑料	德国 Bekelite	灰白0.5～2.5无定形颗粒
19	CE2100	聚酯塑料	日本松下	灰白团状
20	CE2100	聚酯塑料	日本松下	灰白40左右棒状
21	CE3080	聚酯塑料	日本松下	黑15×1×2(扁圆)杆状
22	CE3150	聚酯塑料	日本松下	黑10×15×100条状

用于注射成型的热固性塑料关键是其流动性和热稳定性，即在料筒温度下加热不会过早发生交联固化，有较高的流动性和较稳定的黏度，且能保持一定的时间。例如：注射用的酚醛压缩粉在80～95℃保持流动状态的时间应大于10min，在75～85℃则应1h以上，熔体在料筒内停留15～20min，黏度应无大的变化。为了达到这个要求，往往在原料中添加稳定剂，在低温下起阻止交联反应的作用，进入模具中在高温状态下即失去这种作用，熔料充满模腔后能迅速固化。

此外注塑机的锁模装置应能满足排气操作的要求，并且注塑机的注射压力和锁模力要高，以免模具开缝产生溢料。

6.4.3 热固性塑料注射成型机

热固性塑料注射机是在热塑性塑料注射机的基础上发展起来的，两者在结构上有许多相似之处，其基本形式也有螺杆式注射机和柱塞式注射机两大类，但是大多数采用螺杆式注射机。只有不饱和聚酯树脂增强塑料才采用柱塞式注射机。热固性塑料与热塑性塑料注射成型机在结构上的差别主要体现在塑化部件与锁模系统上。

注射装置的主要零件为螺杆、料筒和喷嘴。热固性塑料注射成型机所用螺杆长径比较小，在（12：1）～（20：1）范围内变化，压缩比也较小，通常为0.4～1.4之间，螺槽比较深，显然这是为了减少对塑料的剪切作用，减少摩擦热，缩短物料在料筒中的停留时间。对于酚醛塑料的注射螺杆，有人设计成螺杆上不分段，从头到尾为等距等深螺杆，无压缩比，从而螺杆仅起输送作用，其长径比取（12：1）～（16：1）。注射成型硬质无机物填充的塑料时，要求螺杆具有更高的硬度和耐磨性，螺杆头部要设计成锥形，与硬聚氯乙烯所用螺杆头部相似，螺杆头部不宜使用止逆环，以避免滞留的物料固化。模拟压缩比的大小，热固性注塑机的螺杆有三种型式。

热固性塑料注射机料筒与热塑性塑料注射机不同之处在于料筒出口处做成锥角50°，目的是与螺杆头部轮廓相适应，减少死角。料筒一般分2～3段进行加热控温，要求加热温度稳定。目前多采用水或油加热循环系统，其优点是能实现温度均匀稳定和自动控制。在料筒的加热装置上，如果因某种原因需要停机时，可直接通入冷却水迅速冷却，以防止料筒内塑料因受热时间长而固化。热固性塑料注射机中的喷嘴都使用敞开式，孔口直径不小于3mm，一般约4～8mm，同时不需加热。喷嘴应便于拆卸，以便发现硬化物能及时打开清理。料筒结构见图6-64。

要注意的是喷嘴锥形孔为反向，与模具主流道连续连接，当开模时，喷嘴中熔体已经固化成为废料，模具主流道和喷嘴废料连在一起，并在喷嘴入口端断裂，其结构形状如图6-65所示。

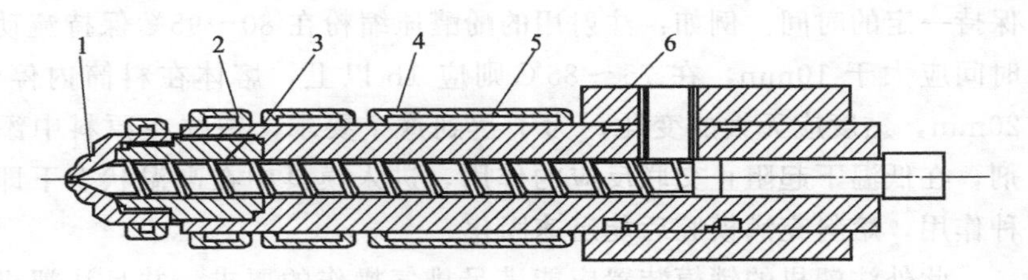

■图6-64 热固性塑料注射机的料筒结构

1—喷嘴，2—加热套，3—前料筒，4—后料筒，5—螺杆，6—料筒座

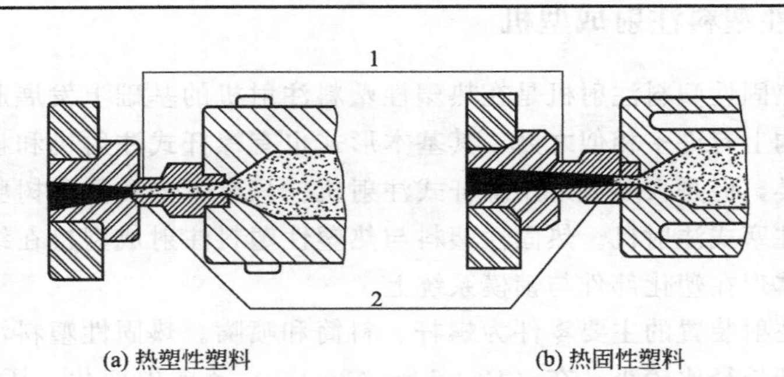

(a) 热塑性塑料　(b) 热固性塑料

■图6-65 热固性塑料主流道赘物示意图

1—喷嘴；2—主流道赘物断开

由于热固性塑料在固化过程中有气体产生，因此注塑机的锁模装置必须有排气动作，一般通过增压油缸卸压和加压来实现。当增压时，可使模具打开，瞬间由增压油缸加压而使模具闭合，从而达到排气的目的。

表6-18为国产某注塑机相关参数。

■表6-18 国产HTFW1/G热固性注塑机相关参数

项目	数值	项目	数值
螺杆直径/mm	36	顶出行程/mm	100
螺杆长径比(L/D)	16.6	顶出力/kN	33
理论容量/cm^3	153	顶出杆根数	5
注射重量/g	181	最大系统压力/($\times 10^5$Pa)	16
注射压力/MPa	173	油泵马达/kW	11
螺杆转速/(r/min)	0～205	油箱容积/L	240
合模力/kN	900	模具电热功率/kW	2×2×1
移模行程/mm	320	料斗容积/kg	25
拉杆内距/mm	360×360	外形尺寸/mm	4.32×1.17×1.86
最大模厚/mm	370	机器重量/t	3.46
最小模厚/mm	140		

6.4.4 热固性塑料注射成型工艺

要保证热固性塑料注射成型的顺利进行，必须合理地控制工艺条件。塑化过程的工艺条件主要是料筒温度、螺杆转速和螺杆背压；注射充模过程的工艺条件主要是注射压力、充模速度和保压时间；固化过程的工艺条件主要是模具温度和固化时间。对各工艺条件的控制见表 6-19。

■表 6-19　工艺条件控制

项目	具体内容
料筒温度	在塑化过程中易受螺杆的剪切作用而使料温升高，为防止料筒中的物料过早固化，在能够预塑的前提下，料筒温度偏低些好，但料筒温度也不能过低。而料筒温度过高，注射物料就会因产生交联而失去流动性，使固化的注射料凝固在料筒中，无法成型。料筒温度过高和过低都会使生产中断，必须停机，及时清理料筒，重新调整料筒温度，待温度正常后再预塑、注射
螺杆转速	螺杆转速应根据物料的黏性而调节。黏度小的物料摩擦力小，螺杆后退时间长，转速可提高一些；黏度大的物料预热时摩擦力大，物料很快到达螺杆前端，引起混炼不充分，应该适当降低螺杆转速，使物料得以充分地混炼塑化。一般热固化时间比较长，因此螺杆的转速不必很高。转速过高，由于剪切热增大，易导致局部塑料升温而过早固化，使注射难以进行。通常螺杆转速在 40～60r/min范围内
螺杆背压	背压过高时，塑料在料筒内停留时间长，温度上升，可使流动性变好，但又可能过早发生固化反应，使黏度增高，流动性下降，不利于充填。所以为了减少摩擦热，避免早期固化，通常采用较低背压
注射压力	一般情况下，热固性塑料注射压力宜选择高一些。注射压力高，流速随之增加，充模时产生的剪切摩擦热加大，这有利于缩短固化保压时间。热固性塑料中含填料的很多，使熔体黏度增大，摩擦阻力增加，这样注射压力就相应增大。对注射料黏度大、厚薄不均、精度要求高的制品，其注射压力应选择 137～177MPa 为宜。但过高的注射压力会引起制件内应力增加，产生飞边，脱模困难，并且对模具寿命有影响
充模速度	快速注射能减少制品表面的熔接痕和流动痕迹，有利于缩短固化时间．提高生产效率。但是，过高的注射速度易卷入空气，模内的水汽来不及排出，使制品可能出现缺料、针状气孔、气痕、接痕等现象。一般在 500g 注射量以下，注射充模时间为 3～5s；1000～2000g 注射量时注射充模时间可选择 8～12s
保压时间和固化时间	热固性塑料的保压时间一般为 8～17s，固化时间与模具温度、制品的壁厚有关，一般为 10～40s。对模具温度高、形状简单、壁薄的制品，固化时间可短些，反之要长一些。随着固化时间的延长，冲击强度、弯曲强度会提高，收缩率、电绝缘性下降，吸水性增加
模具温度	模具温度低，固化时间长，生产效率低，制品的物理、力学性能也下降；模具温度高，固化反应快，其情况与上面相反。不过模具温度也不能过高，因为这会使固化速度加快，使低分子物不易排除，会造成制品质地疏松、起泡和颜色发暗等缺陷。模具温度一般控制在 150～220℃，且动模温度比定模高 10～15℃。随塑料品种和制品的不同，模具温度要相应调整，控制模温应保持在 ±3℃以内

几种热固性塑料的注射工艺条件见表 6-20。

■表 6-20 各种热固性塑料的注射成型工艺条件

项 目	PF	UP	MF	UP	EP	PDAP
料筒温度/℃(加料)	60～70	50～60	50～60	20～40	20～40	40～60
(喷嘴)	70～95	80～90	80～90	70～90	70～90	80～90
模具温度/℃	150～190	120～150	135～160	170～180	170～190	160～170
喷嘴温度/℃	90～100	75～100	85～100			
注射时间/s	2～10	3～8	3～12	5～10		5～10
保压时间/s	5～25	5～15	5～20			
固化时间/s	15～60	15～40	20～70	15～60		15～60
螺杆转速/(r/min)	40～75	45～55	45～55	30～55		
螺杆背压/MPa	0～7	0～5	2～5			
注射压力/MPa	98～137	59～78.4	59～78.4			

6.4.5 热固性塑料注射制品缺陷及产生原因

热固性塑料注射制品缺陷及产生原因见表 6-21。

■表 6-21 热固性塑料注射制品缺陷及产生原因

原因分析 制品缺陷	原料原因	工艺条件原因	模具原因	设备原因
制品末端未充满，局部缺陷	流动性差，固化速率太快	料温太低或太高； 注射压力太低，保压太低，保压时减压太早，保压时间短； 加料量不足，模具温度过高或过低	浇口小，形状和位置不合适，流道小，太细、太长； 塑件管壁太薄，排气槽少或排气不良； 物料从排气口泄漏； 型腔有油污、脱模剂残留	注射机最大注射量小于制品的质量
过分缺料，毛边太多	流动性太强，固化速率慢	注射和保压压力太高； 保压切换时间太晚； 闭模压力太低，加料量太大	模腔投影面积过大； 模具精加工和密封不好； 模具材料强度差	
溢料(飞边多)	流动性好	注射压力太高； 模具温度高； 加料量多	分型面有间隙，各滑配部分有间隙	注塑机注射量太大，合模力太小
熔接痕	流动性差	注射压力低； 注射速度慢； 螺杆背压太高； 料筒温度太高； 模具温度高	模具没有排气槽； 浇口位置不当	

续表

原因分析 制品缺陷	原料原因	工艺条件原因	模具原因	设备原因
烧焦或变色	流动性差 物料对热敏感	料温、模温太高； 注射压力太大； 注射速度太快	浇口截面积太小	
流动纹路		模具温度太高； 料筒温度低； 注射速度低；	制品壁厚太薄； 模具浇口位置不当；	
表面孔隙		模温高； 料筒温度高； 注射压力低； 注射时间短	模具无排气孔或排气孔少	注塑机注射量小
制品表面有凹痕(水迹)	流动性太强，料的湿度太大	合模力、注射压力低； 保压压力太低，保压时间太短； 模温太高，固化时间短； 料温低，注射速度慢	排气不合理，槽太深； 浇口断面太大； 毛边流出沟太宽； 壁厚变化太大； 流动方向有障碍物	注塑机注射量太小
制品表面有划痕	材料中有杂质	热压时间太短	模具成型面划伤； 脱模斜度太小； 模具电镀层剥落	
壁厚不均匀	流动性小	注射压力太高	型腔与型芯的位置偏差； 浇口位置不当； 型芯强度差，变形	
制品表面有斑点或白斑点	材料中有杂质； 流动性差(白)； 固化速率太快； 部分固化	热压时间太长(白)； 料筒温度太高(白)； 模具温度太高(白)	模具清理不彻底； 脱模剂用量不当； 成型表面黏附边长； 浇口断面太窄	料筒内残留以及固化物料清理不彻底
气泡鼓出表面，制品变形	流动性太好； 固化速率慢； 水分含量高	固化时间太短； 料温、模温低； 注射压力低	模具加热不均匀； 浇口太小； 排气不良	
气泡鼓出表面，大多数破裂，制品不变形	水分含量大；挥发物多	固化时间太长； 料温、模温太高； 注射压力太高； 注射速度太快	模具加热不均匀； 加热源太接近模腔； 浇口断面太窄排气不良	注射量小
料流汇合处的表面有气泡	流动不畅通，受到堵塞； 固化速率太快	料温、模温太高； 注射压力太低； 注射速度太慢	喷嘴不合适； 浇口断面太窄，浇口形状与装配不合适； 流动方向有障碍物； 毛边溢料沟太窄	注射量小

6.5 其他注射成型

6.5.1 双色注射成型技术

双色注塑（顺序叠层注塑），又叫双料注塑，属于共注塑方法中的一种，是近年来发展的特殊塑料注射成型方法，它可以成型出由两种不同颜色或不同塑料（如一种硬质塑料、一种软质塑料）组成的制品，实际上是一种模内组装或模内焊接的“嵌件成型”工艺方法。其成型原理是将两种不同的塑料在两个料筒内分别塑化，再注入模具型腔，成型出表面具有两种颜色的塑料件。

双色塑料件的注射成型有两种方法。第一种是使用两副分别成型塑料嵌件和包封塑料的模具，在两台普通注射机上分别注射成型：首先在一台注射机上注射成型塑料嵌件，然后将塑料嵌件安装固定于另一副模具型腔中，在第二台注射机上注射另一种颜色的塑料，将嵌件进行包封，从而得到双色塑料件。这种方法对生产设备没有特殊要求，可以使用现有的普通注塑成型设备来生产，其缺点在于劳动强度大，生产效率低，对工业化生产极为不利，正逐步被淘汰。第二种是用一副模具，在专用的塑料双色注射机上一次注射成型。双色注射机有两个独立的注射装置，分别塑化及注射两种不同颜色的塑料。这种方法克服了第一种方法劳动强度大、生产效率低的缺点，适合于工业化生产，所以得到了广泛应用。使用双色注射机来成型双色塑料件最常采用的工艺方法有型芯旋转式双色注射技术、收缩模具型芯式双色注射技术、脱件板旋转式双色注射技术及型芯滑动式双色注射技术等。

6.5.1.1 成型工艺

（1）型芯旋转式双色注射技术　图 6-66 为型芯旋转式双色注射技术，也称转模芯双色注射技术。首先通过注射装置 3 向小型腔 1 中注射第一种塑料，成型出双色塑料件的第一部分，然后开模，动模旋转 180°，合模，则上一步成型的塑料件转入大型腔 2 中成为嵌件，注射装置 4 向大型腔 2 中注射另一种颜色的塑料，将塑料嵌件进行包封，即可成型出双色塑料件。与此同时，注射装置 3 向小型腔 1 中注射第一种塑料，成型出下一塑料嵌件，待制品固化成型后开模，推出双色塑料件，动模旋转 180°，闭模，即完成一次注射成型周期。利用这一技术，可大大提高产品设计的自由度，因此常用于汽车用调节轮、牙刷及一次性剃须刀等的加工。

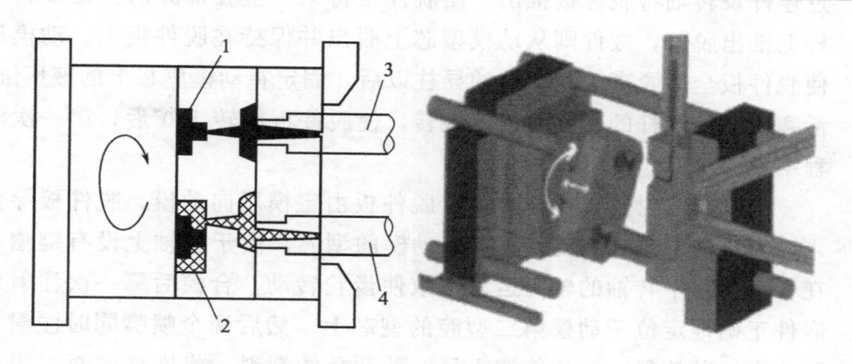

■图 6-66　型芯旋转式双色注射成型技术

1—小型腔；2—大型腔；3—小型腔注塑装置；4—大型腔注塑装置

（2）收缩模具型芯式双色注射技术　图 6-67 为收缩模具型芯的模塑工艺。在液压装置作用下，活动型芯被顶到上升位置，此时注射成型塑料件的外表部分，如图 6-67(a) 所示。待塑料件外表部分固化以后，通过液压装置的作用，活动型芯后退，此时由另一个料筒在型芯后退留下的空间注入嵌件部分塑料熔体，待其固化后，开模取出塑料件，即完成一次成型，如图 6-67(b) 所示。

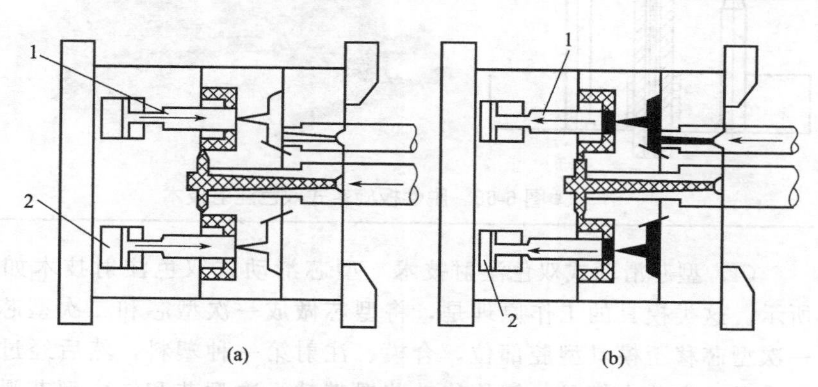

■图 6-67　收缩模具型芯式双色注射技术

1—活动型芯；2—液压装置

（3）脱件板旋转式双色注射技术　脱件板旋转式双色注射技术的工作原理如图 6-68 所示。第一次注射时，先合模、在第一型腔内注射一种塑料，开模时动模部分后退，由于剪切浇口设在定模，故分型时剪切浇道即与嵌件切断分离，但嵌件仍留在动模部分脱件板上。动模继续后退，通过顶杆、拉料杆，首先将主浇道凝料从转轴内的冷料穴中推出而脱落，再通过连杆及转轴将脱件板推出，使脱件板将第一型腔部分的浇道凝料从拉料杆上推出脱落，嵌件则从动模型芯上脱出并保持在脱件板上。动模后退到使脱件板全部脱离动模板上的导柱以后，固定在动模座板上的液压缸动作，活塞带动连接杆的齿条、齿轮旋转，使脱件板旋转 180°后，第一次注射过程结束。

第二次注射过程是：合模，脱件板由定模压向动模，脱件板导套先导入动模导柱，脱件板的型孔导入动模的型芯，由于转轴上设有键槽，因此在合模过程中转轴的轴向运动不致使齿轮转动，合模后第一次注射成型的嵌件正确地定位于动模第二型腔的型芯上，然后两个喷嘴同时注射，第一腔注入一种塑料，第二腔注入另一种颜色的塑料，将嵌件包封，固化后开模。第一腔只推出凝料，第一次注射的嵌件留在脱件板上；第二腔将双色塑料件及其凝料一同顶出，则完成了一个注射成型周期。

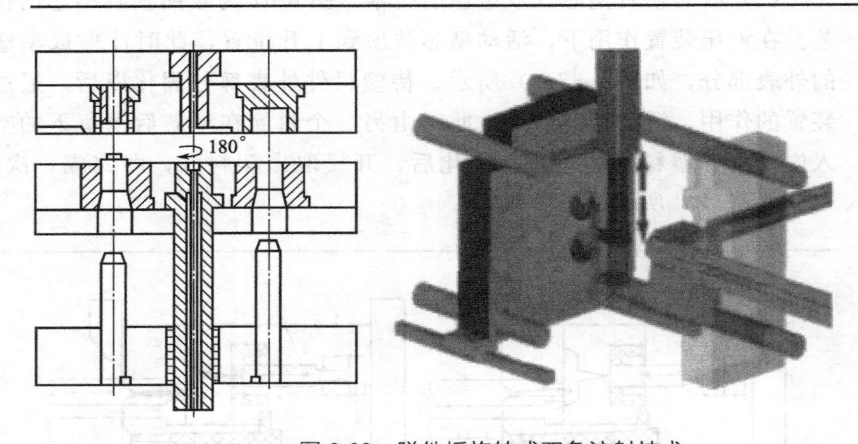

■图 6-68　脱件板旋转式双色注射技术

(4) 型芯滑动式双色注射技术　型芯滑动式双色注射技术如图 6-69 所示。这类模具的工作原理是，将型芯做成一次型芯和二次型芯，先将一次型芯移至模具型腔部位，合模、注射第一种塑料，然后经过冷却打开模具，安装在模具一侧的传动装置带动一次型芯和二次型芯滑动，将二次型芯移至型腔部位，合模、注射第二种塑料，冷却、开模，脱出制品即完成一次成型。型芯滑动式双色注射技术用于成型尺寸较大的双色塑料件。

6.5.1.2 双色注塑成型工艺特点

双色注塑成型技术具有以下工艺特点。

(1) 双色注射机由两套结构、规格完全相同的塑化注射装置组成。喷嘴按生产方式需要应具有特殊结构，或配有能旋转换位、结构完全相同的两组成型模具。注射成型时，要求两套塑化注射装置中的熔料温度、注射压力、注射熔料量等工艺参数相同，要尽量缩小两套装置中的工艺参数的差异。

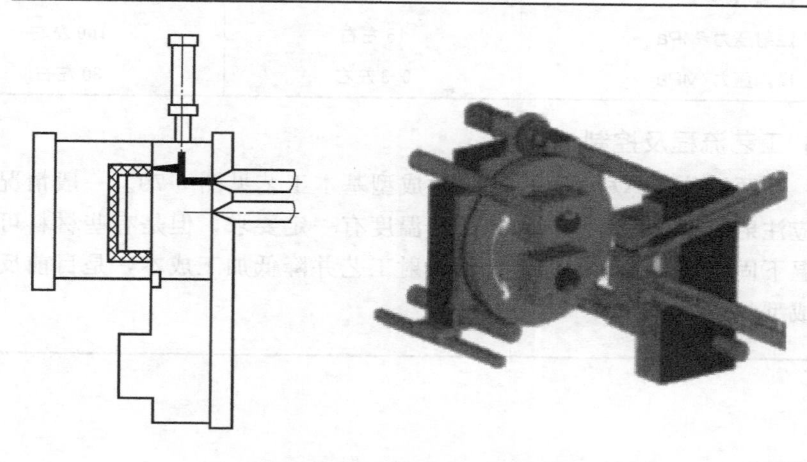

■图 6-69 型芯滑动式双色注射技术

(2) 双色注射成型塑料件与普通注射成型塑料件比较，其注射时的熔料温度和注射压力均较高。主要原因是双色注射成型中的模具流道较长，结构较复杂，塑料熔料流动阻力较大。

(3) 双色注射成型塑料件要选用热稳定性好、熔体黏度低的原料，以避免因熔料温度高、在流道内停留时间较长而分解。应用较多的塑料是聚烯烃类树脂、聚苯乙烯和 ABS 等。

(4) 双色塑料件在注射成型时，为了使两种不同颜色的熔料在成型时能很好地在模具中熔接，保证注塑制品的成型质量，应采用较高的熔料温度、较高的模具温度、较高的注射压力和注射速率。

6.5.2 反应注射成型

反应注射成型（Reaction Injection Moulding 简称 RIM）是指两种或两种以上具有高化学活性的低相对分子量液体材料均匀混合，在一定压力、速度和温度下注入模具型腔，快速完成聚合、交联、固化，成型为制品的技术。反应注射成型具有节能、快速、加工成本低、产品性能好，适合结构复杂、薄壁、大型制品的成型等优点，目前在汽车、仪表、机电产品等领域应用十分广泛，使用的树脂有聚氨酯、环氧树脂、聚酯/甲基丙烯酸系共聚物、有机硅等。RIM 与传统注射成型的比较见表 6-22。

■表 6-22 RIM 与传统注射成型的比较

工艺参数	RIM	传统注射
料温/℃	<60	200～300
模温/℃	<70	50 左右
注射压力/MPa	15 左右	100 左右
模内压力/MPa	0.3 左右	30 左右

6.5.2.1 工艺流程及控制

两组分液体材料的反应注射成型基本工艺见图 6-70。一般情况下，反应注射成型过程对材料和模具的温度有一定要求，但是有些材料可以在常温下固化成型，这大大简化了注射工艺并降低加工成本，是目前反应注射成型的重要方法。

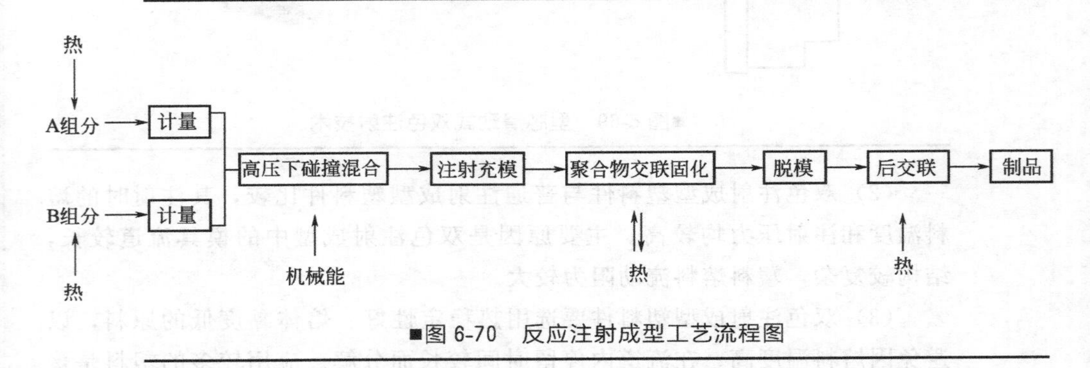

■图 6-70 反应注射成型工艺流程图

(1) 两组分物料的贮存加热 为了防止贮存时发生化学变化，两组分原料应分别贮存在独立、封闭的贮槽内，并用氮气保护。同时用换热器和低压泵，使物料保持恒温及在贮槽、换热器和混合头中不断循环（即使不成型时，也要保持循环），以保证原料中各组分的均匀分布，一般温度维持在 20～40℃，在 0.2～0.3MPa 的低压下进行循环。原料喷出时则经置换装置由低压转换为设定的高压喷出。

(2) 计量 由于化学计量对制品性能的影响极为重要，因此在整个注射阶段，对各组分物料必须精确计量。原料经液压定量泵计量输出，一般选用轴向柱塞高压泵来精确计量和高压输送，其流量为 2.3～91kg/min。为严格控制注入混合头各反应组分的准确配比，要求计量精度达到 11.5%。

(3) 撞击混合 反应注射成型制品的质量直接取决于混合质量。由于反应速度快而分子扩散又较慢，因此必须获得高效的混合，同时混合停留时间要短。反应注射成型的最大特点是撞击混合高速高压。由于采用的原料是低黏度的液体，因此有条件发生撞击混合。反应注射成型的混合是通过高压将两种原料液同时注入混合头，在混合头内原料液的压力能转换为动能，各组分单元就具有很高的速度并相互撞击，由此实现强烈的混合。为了保证混合头内物料撞击混合的效果，高压计量泵的出口压力将达到12～24MPa。混合质量一般与原料液的黏度、体积流量、流型及两物料的比例等因素有关。

（4）充模　反应注射成型的充模特点是料流的速度很高，因此要求原料液有适当的黏度。过高黏度的物料难以高速流动。而黏度过低，充模时会产生如下问题：①混合料易沿模具分型而泄漏和进入排气槽，造成模腔排气困难；②物料易夹带空气进入模腔，造成充模不稳定；③在生产增强的反应注射制品时，反应原料不易和增强物质（如玻璃纤维）均匀混合，甚至会造成这些增强物质在流动中沉析，不利于制品质量均匀一致。充模时一般规定反应物的黏度不小于0.01Pa·s。

在反应注射成型过程中，充模初期物料要求保持在低黏度范围内，这样就能保证高速充模和高速撞击式混合的顺利实现，随后由于化学交联反应的进行，黏度逐渐增大而固化。理想的混合物要求在黏度上升达到一定值之前必须完全充满模腔。在充模期间，混合物应在充满模腔之后尽快凝胶化，模量迅速增加，以缩短成型周期。

（5）固化定型　制品的固化是通过化学交联反应或相分离及结晶等物理变化完成的。对化学交联反应固化，反应温度必须超过使聚合物完全转换成聚合物网络结构的温度。适当提高模具加热温度不仅能缩短固化时间，而且可使制品内外有更均一的固化度，因此材料在反应末期往往温度仍很高，制品处在弹性状态，尚不具备脱模的模量和强度，这就应延长生产周期，等制品冷却到T_g以下再进行脱模。有些材料由于反应活性很高，物料注满模腔后可在很短的时间内完成固化定型。由于塑料的导热性差，大量的反应热使成型物内部的温度高于表层温度，所以制品的固化是从内向外进行的。在这种情况下，模具应具有换热功能，起到散发热量的作用，以控制模具的最高温度低于树脂的热分解温度。表6-23～表6-25给出了RIM法的相关工艺参数与条件。

■表6-23　RIM法典型加工时间　　单位：s

项　　目	高压混合器	低压混合器
注料周期	8	30
乳化时间(发泡剂汽化)	8	30
消黏时间	<120	>120
脱模时间	300	600

■表 6-24 RIM 成型常见制品缺陷和对策

缺陷类型	制品缺陷	原 因	措 施
表面缺陷	分层与气泡	主要原因是混合不良或超前滞后效应	改善混合条件并消除超前滞后现象
	表面质量不均匀	主要由充模夹气或混合时黏度太低带入空气引起	提高原液黏度，改进浇注系统使充模时为层流
	制件外观不一	模具表面不均匀	改进模具温控系统
	制件表面不光洁	模具上发生积料	加强模具的清理，增加涂抹脱模剂的次数
皮层厚度与质量	制品太薄或过于疏松引起局部缺陷	模具温度太高	降低模具温度
	制件皮层有起鳞或剥离现象	模具温度太低，妨碍了表层的反应与固化	提高模具温度，并尽可能保持模具温度的一致性
收缩	制件出现较大的后收缩	聚合反应不完全，后处理不够	提高反应液黏度，以降低收缩率，延长固化时间、调节后处理工艺参数使制件的收缩达到稳定

■表 6-25 常用塑料反应注塑成型工艺参数

项 目	聚氨酯	聚脲	聚酰胺 6	不饱和聚酯	环氧树脂
反应热能/(kJ/mol)	37	37	18.6	30	55.8
活化能/(kJ/mol)	26	5.6	39	50.8	20
物料温度/℃	40	40	100	25	60
固化时间/s	45	30	150	60	150
成型收缩率/%	5	5	10	20	5
模具温度/℃	70	70	130	150	130

6.5.2.2 成型设备

(1) 高压撞击混合系统　高压撞击混合式反应注射是普遍使用的工艺方法之一。撞击反应注射设备主要由贮料容器、高压计量泵、混合系统(混合头)以及液体材料过滤、调温、调压等辅助部件和液压系统等组成，如图 6-71 所示。

(2) 旋转混合系统　旋转混合式反应注射成型设备（简称 RI-RIM）是基于圆筒间层流混合理论发展起来的一种反应注射成型设备，分为间歇式和连续式两种类型。间歇式旋转混合反应注射设备的混合头如图 6-72 所示。

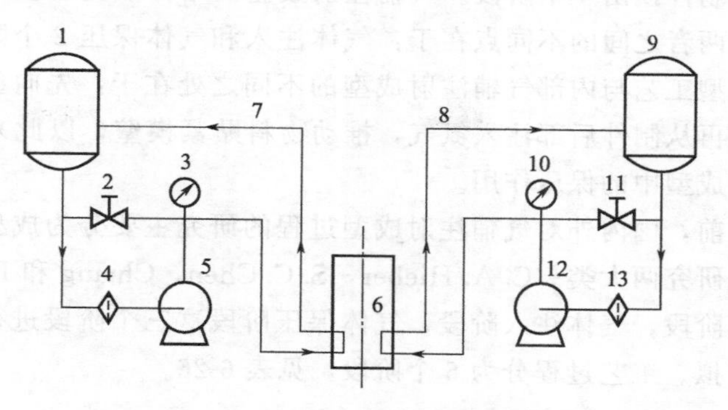

■图 6-71　高压撞击混合系统

1，9—贮料容器；2，11—安全阀；3，10—压力表；4，13—过滤器；

5，12—计量泵；6—混合头；7，8—材料循环回路

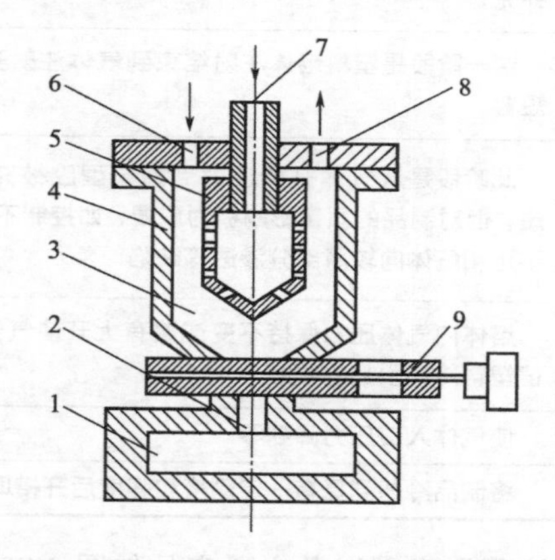

■图 6-72　间歇式旋转混合反应注射设备的混合头

1—模具型腔；2—模具流道；3—混合室；4—机筒；5—空心转子；

6—A 组分进料孔；7—B 组分进料孔；8—排气孔；9—阀门

6.5.3 气体辅助注射成型

气体辅助注射成型是在传统的注射成型基础上发展起来的一种新型注射成型工艺。它综合了结构发泡成型和传统注射成型的优点，为塑料制品的设计和制造提供了更大的灵活性和自由度。对其技术本身的研究改进、新技术的开发以及商业应用都在不断发展中。气辅注射成型技术大致可分为：内部气辅注射成型、外部气辅注射成型、气辅挤出成型等几大类。典型的内部气辅注射成型过程分为：熔体填充、气体注入、气体保压、气体

排出和制件顶出 4 个阶段。气辅注射成型的熔体填充阶段与传统注射成型相同。两者之间的不同点在于：气体注入和气体保压 2 个阶段。外部气辅注射成型工艺与内部气辅注射成型的不同之处在于：先向型腔中注满熔融塑料，再从制件后部注入氮气，推动物料贴紧模壁，以此来补充或代替传统注射成型中的保压作用。

目前，国内外对气辅注射成型过程的研究主要分为成型机理研究和工艺优化研究两大类。C. A. Hieber，S. C. Chen，Chiang 和 Hieber 分别对熔体充填阶段，气体注入阶段，气体保压阶段这三个阶段进行了一些理论研究和模拟。工艺过程分为 6 个阶段，见表 6-26。

■表 6-26 工艺过程

项　　目	具 体 内 容
塑料充模阶段	这一阶段与普通注射成型基本相同，只是普通注射成型时塑料熔体是充满整个型腔，而气辅成型时塑料熔体只局部充满型腔，其余部分要靠气体补充
切换延迟阶段	这一阶段是塑料熔体注射结束到气体注射开始时的时间，这一阶段非常短暂
气体注射阶段	此阶段是从气体开始注射到整个型腔被充满的时间，这一阶段也比较短，但对制品的质量影响极为重要，如控制不好，会产生空穴、吹穿、注射不足和气体向较薄部分渗透等缺陷
保压阶段	熔体内气体压力保持不变或略有上升使气体在塑料内部继续穿透，以补偿塑料冷却引起的收缩
气体释放阶段	使气体入口压力降到零
冷却开模阶段	将制品冷却到具有一定刚度和强度后开模取出制品

气辅成型的流程示意图以及主要产品如图 6-73 和表 6-27 所示。

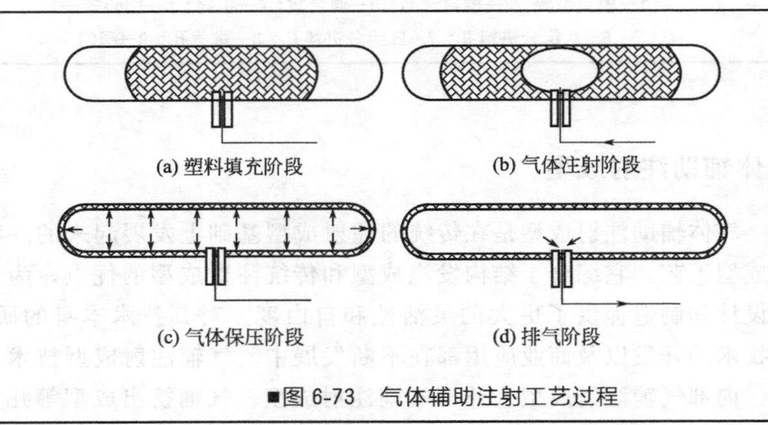

■图 6-73 气体辅助注射工艺过程

■表 6-27　气辅注射成型制品主要产品及优点

类　型	用　途	优　点
厚壁、偏壁管状制件	汽车零件：扶手，方向盘等 电器部件：收录机，电话机，听筒等 家庭用品：马桶、坐垫、椅子及扶手、衣架、刀把、球拍、莲蓬头、门把手等	节省材料 缩短生产周期 降低模具成本 一体化程度高
大型平板制件	汽车零件：仪表盘、踏板、保险杠、门窗框、镜架、踏板盒 电器部件：洗衣机盖、通风罩、洗碗机盖、空调面板、电视机外壳、计算机显示器外壳 家庭用品：桌面板式家具等	设计多样化，外观内测平滑 改善外观，电镀效果好，减小或消除厚筋板的缩痕，低压成型，锁模力减小，内部保压，残留应力小，翘曲减小或消除

6.5.4 结构发泡注射成型

结构发泡法是将发泡剂加入塑料原料中造粒，利用化学方法产生气体使塑料发泡；在塑料中加入化学发泡剂，加热时分解释放出气体而发泡；也可以利用各塑料组分之间发生化学反应释放出气体而发泡。化学发泡剂的要求：其分解释放出的气体应为无毒、无腐蚀性、不燃烧，对制品的成型及物理、化学性能无影响，释放气体的速度应能控制，发泡剂在塑料中应具有良好的分散性。一般采用的无机发泡剂有碳酸氢钠和碳酸铵；有机发泡剂有偶氮甲酰胺和偶氮二异丁腈。结构发泡法的特点：发泡剂加入塑料中在机筒内与塑料一起塑化发泡，不需增加设备，射嘴采用自锁式射嘴。用普通的注塑机便可以生产，只是在采用高压发泡法加工时，需要增加二次合模保压装置。

6.5.4.1 低压发泡法

低压发泡法注塑与普通注塑的区别是其模具的模腔压力较低，约 2～7MPa，而普通注塑则为 30～60MPa。低压发泡注塑一般采用欠注法，即将定量（不能注满模腔）的熔料注入模腔，发泡剂分解出来的气体使塑料膨胀而充满模腔。在普通注塑机上进行低压发泡注塑，一般是将化学发泡剂与塑料混合，在机筒内塑化，必须采用自锁射嘴，注射时，由于气体的扩散速度很快，会造成制品的表面粗糙，因此注塑机的注射速度要足够快，一般采用增压器来提高注射速度和注射量，使注射能在瞬间完成。

低压发泡法注塑的特点：可生产较厚的大型制品；制品的表面致密，其表面可以印刷或涂层；模腔压力小、合模力小、生产成本低。缺点是表面光洁度较差，可以通过提高模具的温度来改善。

Peter Zipper 等用低压法在不同熔融温度下注射成型 PP 圆柱状样品，用小角度 X 射线衍射法对样品进行研究，结果表明：形成结皮周期与样品圆柱的直径和熔融温度有关，熔融温度越高，制品尺寸越大，形成结皮周期越长。

Sporrer 等开发了一种专门用于低压发泡注射机的模具，被称为“排气模具”。其内腔表面覆盖回火碳钢并开了一些槽，而且充模等动作更容易控制。实验证明：在合适的注射参数条件下，用这种模具注射成型的结构发泡制品质量较好。低压发泡法的工艺流程和低压发泡中出现的问题及解决方法分别见表 6-28 和表 6-29。

■表 6-28 低压发泡法的工艺流程

过程	操 作
初混	将成型温度与 AC 发泡剂发泡温度接近的塑料与 AC 进行一定比例的混合，通常比例为 0.5%～5%
熔融共混	混合均匀的材料通过注塑机螺杆共混，此时喷嘴的阀门关闭
注入气体	气体辅助设备运转向密封模具内打入低压氮气，抑制发泡剂在瞬间发泡
注射发泡	当模腔压力达到 0.8～2.0MPa 时，自锁式喷嘴阀门打开开始注射，熔融塑料通过模具内的热流道的加热，让发泡剂达到发泡温度
排出气体	塑料即将填满模腔时(通常在 90%～95%左右)，气体辅助设备开始排气，与此同时塑料内部也充分进行发泡，最后填满整个模腔

■表 6-29 低压发泡中出现的问题及解决方法

问 题	原 因	解 决 方 法
注塑件缩水	填充过于饱和，造成发泡不充分，因而造成筋位和柱位的缩水	减少注射量、降低注气时间、降低注气压力、提高喷嘴温度
注塑件欠注	注塑量不足	适当增加注塑量
熔体破裂，气痕	填充不均匀或者发泡的时机不对，在注塑件表面会有橘皮状缺陷或者有类似于熔接痕的缺陷	调整注塑件充填平衡，适当降低浇口位置填充速度、降低气体压力，适当提高气体排放的斜率、降低料管温度，避免材料在料管中提前发泡

6.5.4.2 高压发泡法

高压发泡法的注塑模腔压力为 7～15MPa，采用满注方式，为了得到发泡，可以扩大模腔，或者使一部分塑料分流出模腔。采用扩大模腔法的注塑机与普通注塑机比较，增加了二次合模保压装置，当塑料和发泡剂的熔融混合物被注入模腔后延时一段时间，合模机构的动模板向后移动一小段距离，使模具的动模和定模稍微分开，模腔扩大，模腔内的塑料开始发泡膨胀。制品冷却后在其表面形成致密的表皮，由于塑料熔体的发泡膨胀受到动模板的控制，因此，也就可以对制品的致密表层的厚度进行控制。

动模板的移动可以是整体移动，也可以是部分移动使局部发泡，从而得到不同密度的制品。高压发泡法注塑的优点：制品表面平整、清晰、能体现出模腔内的细小形状。缺点是模具的制造精度要求高，模具费用高，对注塑机的二次锁模保压的要求高。

6.5.4.3 双组分发泡法

双组分发泡注塑是一种特殊的高压发泡注塑，它采用专门的注塑机，这种注塑机有两套注射装置：一套注塑制品的表层，另一套注塑制品的芯部。不同配方的塑料，分别通过这两个注塑装置按一定的程序先后注入到同一套模具的模腔，从而得到具有致密的表层和发泡的芯部的轻质制品。对于大型的制品，芯部可以掺用下脚料、填充料、废料、纸等，从而大大地降低制品的生产成本。表层材料和芯部发泡材料的选择原则：两种塑料之间必须满足黏合性能好；膨胀和收缩相同或接近；热稳定性和流动性相近。通常，发泡材料有 PS、ABS、PE、PP、PA、PC、AS、PPO、PMMA 等；芯部的填料有玻璃纤维、玻璃珠、陶瓷颗粒等。

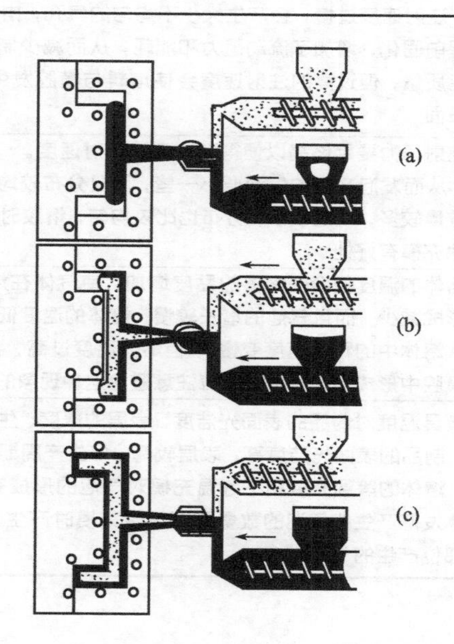

■图 6-74 双组分注射发泡成型

双组分注射发泡成型（图 6-74）通常有以下两种情况：一种是表层塑料 A 和芯部塑料 B 是同一种塑料，B 中含有发泡剂；另一种是 A 和 B 是不同类塑料，但能很好黏合在一起，A 中含有纤维类的增强材料，B 中含有发泡剂和填充料。注塑过程为：先注一部分 A 入模腔，再由另一装置注 B 入模腔，B 将 A 推向模腔的边缘但不将 A 冲破，注满模腔后，再补注一定数量的A，以清洗流道中的B，以避免在浇口处有B的发泡结构而影响外观和防止B料进入下次注射的A料中而形成表层发泡，模腔被注满后延时一段时间，动模开启一定的距离，以控制塑料B的发泡。在注塑过程中必须控制好塑料熔体的温度、模具的温度、注射速度、注射压力等因素，以保证B料能顺利将A料推向模腔的边缘而形成均匀的表层，但不会冲破它。双组分发泡注塑制品的特点有：具有较大的挠曲刚性；厚壁制品的表面质量较好，不会产生凹痕；芯部材料可以采用较便宜的材料，可以降低制品的成本；制品的表面光洁度较高。图 6-79 中黑色代表A料，另一种为B料。

6.5.4.4 影响发泡注塑的因素

影响发泡注塑的因素见表 6-30。

■表 6-30 影响发泡注塑的因素

项 目	具 体 内 容
注射速度	为了得到气孔的大小和分布程度都均匀的注塑制品，注塑机的注射速度要快，注射速度过慢，会产生大小不均匀的气孔，由于沿着模腔壁面流动的熔融物料提前固化，增加了流动阻力和能耗，从而减少制品发泡。高速注射可以提高制品质量，但过高的注射速度会使熔料与模腔发生强烈的剪切作用而得到粗糙的表面
注射压力	注射压力要足够高以便得到较高的注射速度。充模时间短，气泡的形成时间短，从而发泡产生的气泡要小一些，而且分布较均匀，注射压力高时，气泡形成的数量较多，气泡较小，分布也比较均匀，熔胶时加一定的背压，对于稳定、均匀地充模有好处
加工温度	熔体的温度低会使熔体的黏度增加，使气体在熔体中的扩散系数降低，气泡的形成减少，而且气泡的增长较慢，熔体的温度低会使熔体的应力松弛较慢，气体从熔体中的释放速度变慢。但熔体温度过高，容易发生喷射现象，会使熔体在模腔中形成辐射状流动，应注意避免这种现象的出现
模具温度	模具温度对制品的表面光洁度、表层的厚度、生产周期等均有影响，模具温度高，制品的表面光洁度高、表层较薄，但生产周期较长；在其他条件相同的情况下，熔体的等温充模和不等温充模对气泡的形成有较大的影响，不等温充模时熔体发泡产生的气泡的数量要比等温充模时产生的气泡少，熔体充模后，其中心部位产生的气泡较多

6.6 典型合成树脂的注射成型

6.6.1 聚乙烯

聚乙烯（PE）是由乙烯单体聚合而成的高分子化合物。作为塑料的聚乙烯分子量要达到1万以上，根据聚合条件的不同实际分子量可从1万到几百万不等。聚乙烯属结晶型塑料，在低密度范围内它的结晶度与密度成正比。按聚合工艺的不同，一般将聚乙烯分为三类，即高密度聚乙烯、低密度聚乙烯和线型低密度聚乙烯。对注塑工艺，宜选用熔体指数高、分子量分布较窄的聚乙烯料，这样既可满足注射所需要的流动性，又可保证制品的力学性能，并可用于注射形状复杂的大型制品。

6.6.1.1 工艺特性

聚乙烯熔体属于假塑性流体，为非牛顿型流体，其表观黏度对剪切速率比较敏感。提高螺杆转速、注射速率可改善聚乙烯熔体的流动性。但剪切应力越过临界值后，熔体会破裂。

聚乙烯分子为非极性分子链。故聚乙烯是斥水的，它的吸水率很低.吸湿性较小。而且微量水分对制品外观和尺寸无显著影响。通常情况下，完整包装的聚乙烯不需要干燥即可使用，吸水性<0.01%。

聚乙烯分子间作用力小。故加工流动性很好，注射成型比较容易。

热稳定性较好，一般在300℃左右无明显的分解现象。但是纯的聚乙烯树脂，由于分子链的支链不稳定，易造成光、氧降解，所以聚乙烯必须添加光稳定剂和抗氧剂，如：二苯甲酮类、受阻胺类、UV-531、UV-327、Gw-540和酚类抗氧剂CA、2246等，

在成型过程中，熔体充模后冷却定型时因结晶而使制品收缩率较大，且方向性明显，一般收缩率为1.5%～3.5%，须注意模具设计及成型工艺的合理性。

6.6.1.2 注塑工艺条件

低密度聚乙烯和高密度聚乙烯的注塑工艺条件如表6-31所示。

■表6-31　聚乙烯注塑工艺条件

工艺条件		LDPE	HDPE
机筒温度/℃	后部	140～160	180～190
	中部	160～170	180～220
	前部	170～200	120～160
喷嘴温度/℃		170～180	150～180
模具温度/℃			30～60
注射压力/MPa		50～100	70～100
注射时间/s		15～60	15～60
冷却时间/s		15～60	15～60
螺杆转速/(r/min)		<80	30～60

6.6.2 聚丙烯

聚丙烯（PP）是由丙烯单体聚合而成的高分子聚合物，属结晶型塑

料。按甲基在空间排列方式的不同，形成了等规、间规和无规三种不同立体结构的聚丙烯。作为塑料使用的多为等规聚丙烯，等规度为90%～95%。

6.6.2.1 工艺特性

聚丙烯的性能除受相对分子质量及相对分子质量分布影响外，还与立体规整性有密切关系。注射用聚丙烯多为等规体和多种改性产品。

聚丙烯的相对密度为0.89～0.91，在塑料中，它仅比聚4-甲基-1-戊烯的相对密度（0.83）大。

聚丙烯属于结晶聚合物，结晶度50%～70%。它的特点是软化点高，耐热性好，熔点为170～172℃，连续使用温度为110～120℃。

热稳定性好，分解温度为300℃以上，与氧接触，树脂在260℃下开始变黄。

聚丙烯的熔融流动性要比聚乙烯好，图6-75和图6-76分别表示机筒温度、注射压力与流动长度的关系。从图中可以看出，熔体流动性随机筒温度、注射压力的提高而增大，其变化值聚丙烯比高密度聚乙烯明显。其中压力对熔体流动性影响比温度显著一些。

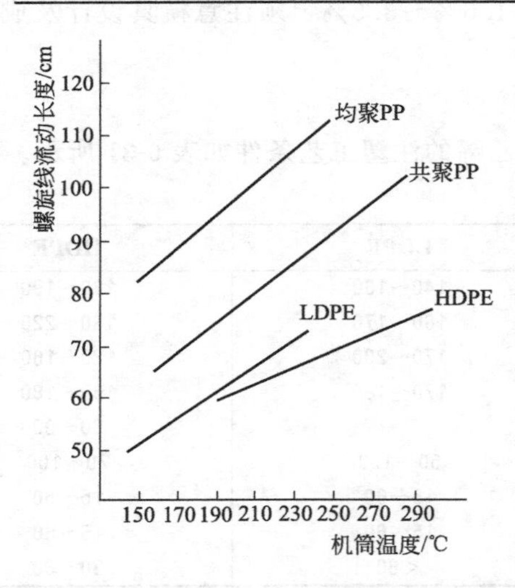

■图 6-75 机筒温度与流动长度的关系

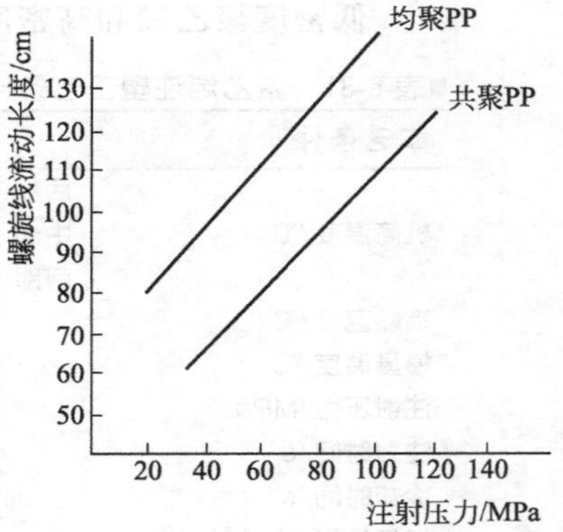

■图 6-76 注射压力与流动长度的关系

6.6.2.2 注塑工艺条件

聚丙烯的注塑工艺条件如表6-32所示。

■表 6-32 聚丙烯的注塑工艺条件

工艺条件		数值
机筒温度/℃	后部	160～180
	中部	180～200
	前部	200～230
喷嘴温度/℃		180～190
模具温度/℃		20～60
注射压力/MPa		70～100
注射时间/s		20～60
冷却时间/s		20～90
螺杆转速/(r/min)		<80

6.6.3 聚氯乙烯

聚氯乙烯（PVC）是氯乙烯的均聚物，属无定形塑料。通常以增塑剂含量分为硬质聚氯乙烯（增塑剂含量 0～5 份）、半硬质聚氯乙烯（增塑剂含量为 5～25 份）和软质聚氯乙烯（增塑剂含量在 25 份以上）。

6.6.3.1 工艺特性

聚氯乙烯为无定形高分子聚合物，无明显的熔点。它的脆化温度低于 −50℃，在 75～80℃变软，玻璃化转变温度随聚合度不同而不尽相同，通常为 80～85℃。在空气中高于 150℃就会降解而放出氯化氢，超过 180℃则迅速降解。所以聚氯乙烯必须添加热稳定剂，即使这样，加工时也很少超过 200℃。

聚氯乙烯热稳定性较其他热塑性塑料差。无论是温度和加热时间都会导致降解。特别是高温下与某些金属离子，如铁等金属接触极易降解，应严格控制成型温度，避免金属离子对降解的催化作用。

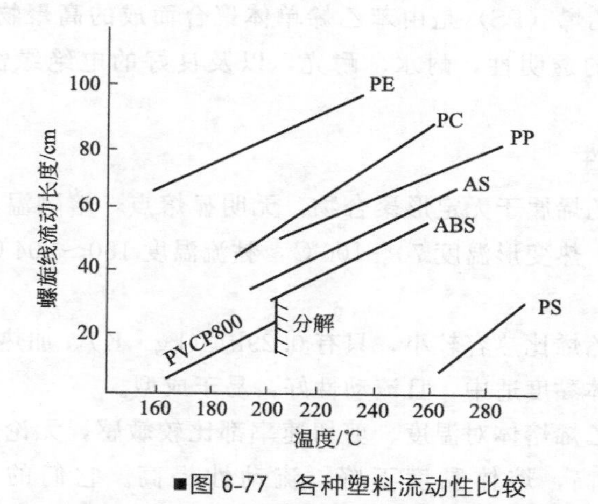

■图 6-77 各种塑料流动性比较

聚氯乙烯熔体黏度大，成型流动性差，聚氯乙烯与其他塑料流动性比较见图 6-77。尽管添加了润滑剂、加工改进剂等助剂，聚氯乙烯的加工性能还是较差。在注射成型中应选择低速高压。

聚氯乙烯分解放出的氯化氢有刺激性和腐蚀性。生产车间中注意通风，螺杆、机筒内表面应抛光镀铬。

聚氯乙烯吸水性较小，通常在 0.05%以下，成型前可不干燥。

6.6.3.2 注塑工艺条件

聚氯乙烯的注塑工艺条件如表 6-33 所示。

■表 6-33 聚氯乙烯的注塑工艺条件

项目		工艺条件
注射机类型		往复螺杆式
螺杆类型		渐变型
机筒温度/℃	后部	160～170
	中部	165～180
	前部	170～190
注射压力/MPa		80～130
注射时间/s		15～60
保压时间/s		0～5
冷却时间/s		15～60
总周期/s		40～130
螺杆转速/(r/min)		28
成型收缩率/%		1～1.5

6.6.4 聚苯乙烯

聚苯乙烯（PS）是由苯乙烯单体聚合而成的高聚物，属无定形塑料。具有良好的透明性，耐水、耐光，以及良好的电绝缘性能，加工流动性很好。

6.6.4.1 工艺特性

聚苯乙烯属于无定形聚合物，无明显熔点，熔融温度范围较宽，且热稳定性好。热变形温度 70～100℃，黏流温度 150～204℃，300℃以上出现分解。

聚苯乙烯比热容较小，只有 0.29kJ/(kg·K)，加热流动和冷却固化速率快。熔体黏度适中，且流动性好，易于成型。

聚苯乙烯熔体对温度、剪切速率都比较敏感，无论是机筒温度或者注射压力提高，熔体黏度下降，流动性提高。它们的关系见图 6-78 和图 6-79。

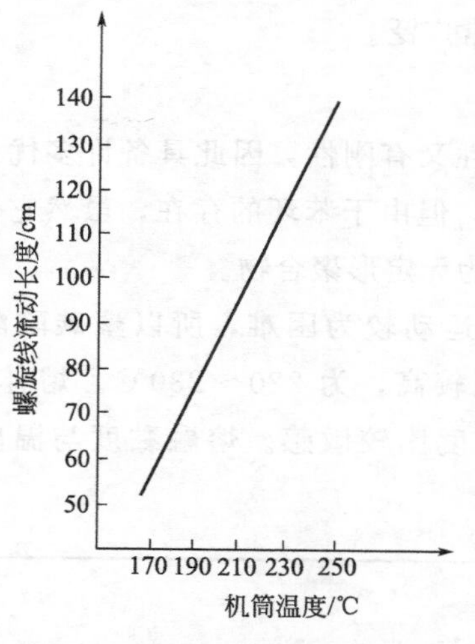

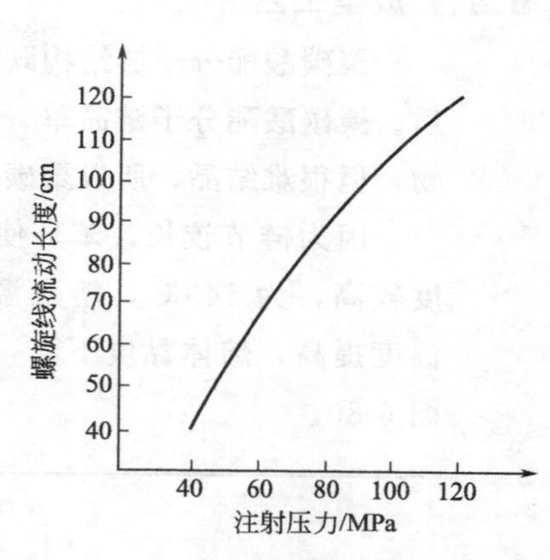

■图 6-78 机筒温度与螺旋线长度的关系 ■图 6-79 注射压力与螺旋线长度的关系

聚苯乙烯分子中含有苯环，使分子内旋受到障碍，分子链运动不易、不柔顺，因此制品容易产生内应力，导致制品易开裂，在油、溶剂等介质中使用较差。

聚苯乙烯成型收缩率较小，一般介于0.49%～0.7%之间。

聚苯乙烯分子链刚性较大，最好不加金属嵌件，防止出现应力开裂现象。

6.6.4.2 注塑工艺条件

聚苯乙烯的注塑工艺条件如表6-34所示。

■表 6-34 聚苯乙烯的注塑工艺条件

工艺条件		数值
机筒温度/℃	后部	140～180
	中部	180～190
	前部	190～200
喷嘴温度/℃		180～190
模具温度/℃		40～60
注射压力/MPa		30～120
注射时间/s		15～45
冷却时间/s		15～60
后处理温度/℃		70
后处理时间/h		2～4

6.6.5 聚碳酸酯

聚碳酸酯（PC）为非结晶型热塑性工程塑料，具有突出的冲击韧性、优良的电绝缘性和良好的透明性，并在很宽的温度范围内保持较高的力学强度，且尺寸稳定性好，应用非常广泛。

6.6.5.1 成型工艺特性

聚碳酸酯分子链结构既有柔性又有刚性，因此具备许多优良的工程性质。聚碳酸酯分子链简单、规整，但由于苯环的存在，虽然它是结晶聚合物，但很难结晶，所以聚碳酸酯为无定形聚合物。

因为链节较长，苯环使链段运动较为困难，所以聚碳酸酯玻璃化温度较高，为 149℃，熔融温度比较高，为 220～230℃。熔体黏度较高，温度提高，熔体黏度下降，对温度比较敏感。熔融黏度与温度的关系见图 6-80。

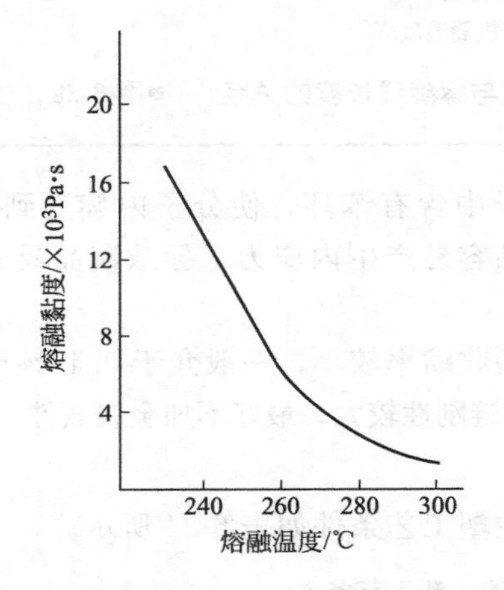

■图 6-80 熔融黏度与温度的关系

聚碳酸酯有吸湿倾向，熔体黏度又高，所以微量水分都会使制品产生银纹等缺陷，冲击强度大大下降。水分还能促进其降解，如无水及酸存在时可在 300℃的高温保持较长时间的稳定。

各种黏度的聚碳酸酯都可用于注射成型。相对分子质量介于 2.2 万～3.8 万。也可用玻璃纤维增强进行改性。聚碳酸酯相对分子质量用熔体指数间接表示。

聚碳酸酯经重复注塑，熔体指数的变化极大，但并不出现显著的热降解，可是性能变差了。

6.6.5.2 注塑工艺条件

聚碳酸酯注射压力和允许最小注射时间如表 6-35 所示。

■表 6-35　聚碳酸酯注射压力和允许最小注射时间

注射温度/℃	注射压力/MPa				
	100	90	80	70	60
	允许最小注射时间/s				
280	2	3	5	6～13	6～13
300	2	2	4	4	5～11
310		2	2	3	4

6.6.6 聚酰胺

聚酰胺（PA）俗称尼龙，是一种含有许多重复酰胺基团的线型热塑性结晶工程塑料。它由两种单体（二元胺和二元酸）合成，根据二元胺和二元酸的碳原子数，由两种单体合成的聚酰胺有：66、610、612、613、1010、1313等；它也可以由一种单体合成，根据单体所含的碳原子数命名，有聚酰胺4、聚酰胺5、聚酰胺6、聚酰胺7、聚酰胺8、聚酰胺9、聚酰胺11、聚酰胺12、聚酰胺13等。

6.6.6.1 成型工艺特性

聚酰胺分子链酰胺基间易形成氢键使分子间作用力较大，导致熔点较高，但是熔融温度范围较窄。熔点高低是由其分子链形成氢键的多少决定的，凡是氨基酸或内酰胺自聚的链节数（碳原子数）为偶数的熔点低，为奇数的熔点高。二元胺二元酸缩聚的链节数为偶/偶的熔点高，偶/奇、奇/奇的熔点低。聚酰胺熔点高加工温度也高。

聚酰胺的酰胺基团极容易吸水，使制品在高温下水解，尺寸稳定性及耐药品性能下降。当相对湿度＞30％时，吸水率明显增加。聚酰胺吸水率较高，成型收缩率也较大。

聚酰胺是典型结晶聚合物。结晶度大小取决于聚酰胺的种类、相对分子质量的大小及成型中冷却速率的选择，结晶度一般为20％～30％之间，结晶度对制品性能有较大影响。

聚酰胺熔体黏度很小，流动性极好。无论是提高温度、提高压力，聚酰胺流动性都有很大提高。在成型加工中应注意，温度超过熔点，熔体流动增加十分迅速防止熔料从喷嘴中流延及机械溢料问题。

聚酰胺熔融状态下热稳定性较差，特别是氧存在下，能加速降解历程。一般情况下机筒温度不超过300℃，并应隔绝氧。还要注意加热时间也不能太长。

6.6.6.2 注塑工艺条件

几种聚酰胺的注塑工艺条件如表6-36所示。

■表 6-36 几种聚酰胺的注塑工艺条件

工艺条件	聚酰胺 66				聚酰胺 6			
注射机类型	柱塞式		螺杆式		柱塞式		螺杆式	
制品厚度/mm	3<	3～6	3<	3～6	3<	3～6	3<	3～6
机筒温度/℃	310～370	310～350	240～310	240～310	240～300	240～300	210～260	210～230
后部	290～350	270～320	240～300	240～300	230～290	240～290	210～260	210～230
中部	270～320	260～320	240～300	240～300	230～290	240～290	210～260	210～230
前部	250～300	250～300	230～280	230～280	220～260	220～260	210～250	210～250
喷嘴温度/℃	20～90	20～90	20～90	20～90	20～90	20～90	20～90	20～90
模具温度/℃	80～200	80～200	60～150	60～150	90～200	80～200	70～160	70～160
注射压力/MPa	10～20	15～40	10～20	15～40	5～20	10～40	5～20	10～40
成型周期/s	25～50	20～70	25～50	30～70	20～50	25～70	20～50	25～70
成型总周期/s			50～120	50～120			50～120	50～120
螺杆转速/(r/min)								

6.6.7 聚甲基丙烯酸甲酯

聚甲基丙烯酸甲酯（PMMA）俗称有机玻璃，是单体甲基丙烯酸甲酯的高分子聚合物，属无定形塑料。它的最大特点是透明性好，可与无机玻璃媲美，对太阳光的透过率可达 90%～92%，紫外线的透过率为 73.5%，应用非常广泛。

6.6.7.1 成型工艺特性

聚甲基丙烯酸甲酯为无定形聚合物，玻璃化转变温度 100℃，熔融温度高于 160℃。热分解温度高达 270℃。供成型的温度范围较宽。注射成型选用悬浮聚合聚甲基丙烯酸甲酯颗粒。由于均聚物在注射温度下易分解，所以常用甲基丙烯酸甲酯与苯乙烯或其他单体共聚物颗粒。

聚甲基丙烯酸甲酯熔体黏度较高，流动性较差；提高成型温度，熔体流动长度提高；提高注射压力，熔体流动长度亦有改善，但不如温度提高后变化明显。

聚甲基丙烯酸甲酯具有一定的亲水性，其颗粒表面吸水率达 0.2%～0.4%。水分的存在使制品产生银纹、气泡，透明度下降，所以成型前应干燥。

聚甲基丙烯酸甲酯收缩率较小。均聚物与共聚物的收缩率介于0.3%～0.5%之间。

6.6.7.2 注塑工艺条件

聚甲基丙烯酸甲酯的注塑工艺条件如表 6-37 所示。

■表 6-37 聚甲基丙烯酸甲酯的注塑工艺条件

工艺条件		数值	工艺条件	数值
机筒温度/℃	后部	180～200	保压压力/MPa	40～60
	中部	190～230	注射时间/s	0～5
	前部	180～210	保压时间/s	20～40
喷嘴温度/℃		180～200	冷却时间/s	20～40
模具温度/℃		40～80	螺杆转速/(r/min)	20～30
注射压力/MPa		80～120		

6.6.8 丙烯腈-丁二烯-苯乙烯共聚物

ABS是丙烯腈、丁二烯和苯乙烯的共混物或三元共聚物，是一种坚韧而有刚性的非结晶型热塑性工程塑料。苯乙烯使ABS具有良好的可塑性、光泽和刚性；丙烯腈赋予ABS良好的耐热、耐化学腐蚀性和表面硬度；丁二烯赋予ABS良好的抗冲击性和低温回弹性。可通过调整这三种组分的比例来调节ABS的性能。

6.6.8.1 成型工艺特性

ABS属于无定形聚合物，无明显熔点。由于其牌号、品种很多，在注射成型时应按品种、牌号制定相应的工艺条件。ABS熔融温度为217～237℃。热分解温度>250℃。

ABS熔体黏度较高；流动性较差，但是流动性比硬聚氯乙烯、聚碳酸酯要好，熔体黏度比聚乙烯、聚苯乙烯、聚酰胺大，熔体冷却固化速率也较快。

ABS热稳定性不太好，注射成型结束后应用机筒清洗剂清理机筒。由于丁二烯含有双键，所以ABS耐候性较差，尤其是紫外线可引起ABS变色。

ABS对温度、剪切速率都比较敏感，温度、注射压力提高以后，熔体表观黏度下降，流动性增加。

ABS为极性大分子，有吸湿倾向。因此在成型时树脂含有水分，其制品上就会出现银纹、气泡等缺陷。树脂中水分应控制在0.3%以下。树脂颗粒层的厚度为10～30mm时，80～90℃，干燥2～3h。树脂湿度较大，制品又复杂，可于70～80℃干燥18～24h，才能取得良好的效果。

ABS成型收缩率较低，一般介于0.4%～0.7%之间。

6.6.8.2 注塑工艺条件

ABS的注塑工艺条件如表6-38所示。

■表 6-38 ABS 的注塑工艺条件

工艺条件		通用	抗冲	耐热	电镀	阻燃	透明
机筒温度/℃	后部	180～200	180～200	190～200	200～210	170～190	190～200
	中部	210～230	210～230	220～240	230～250	200～220	220～240
	前部	200～210	200～210	200～220	210～230	190～200	200～220
喷嘴温度/℃		180～190	190～200	190～200	190～210	180～190	190～200
模具温度/℃		50～70	50～80	60～85	40～80	50～70	50～70
注射压力/MPa		70～90	70～120	85～120	70～120	60～100	70～100
保压压力/MPa		50～70	50～70	50～80	50～70	30～60	50～60
螺杆转速/(r/min)		30～60	30～60	30～60	20～60	20～50	30～60
注射时间/s		3～5	3～5	3～5	0～4	3～5	0～4
保压时间/s		15～30	15～30	15～30	20～50	15～30	15～40
冷却时间/s		15～30	15～30	15～30	15～30	10～30	10～30
总周期/s		40～70	40～70	40～70	40～90	30～70	30～80

6.6.9 聚甲醛

聚甲醛（POM）是一种没有侧链、高密度、高结晶型的热塑性工程塑料。按分子链化学结构的不同，可分为均聚甲醛和共聚甲醛两大类，均聚甲醛是由纯 C—C 键构成，而共聚甲醛则在 C—O 键上平均分布 C—C 键，均聚甲醛的密度、结晶性、机械强度高，但共聚甲醛的热稳定性好。

6.6.9.1 成型工艺特性

聚甲醛为无支链线型结构，分子链柔顺、简单、规整，为典型结晶聚合物，有较明显的熔点，玻璃化转变温度较低，为－85℃。

均聚甲醛由 C—O 键连续构成，共聚甲醛则在若干 C—O 键后分布着 C—C 键。C—O 键受热易解聚，所以均聚甲醛热稳定件较差，加工温度范围较窄。聚甲醛热分解温度为 240℃，加工时温度不得超过此温度，停留时间不宜超过 30min。

聚甲醛流动特性是熔体宏观黏度对剪切速率敏感，即提高剪切力、剪切速率，黏度下降，流动性提高。温度提高虽然流动性也会增加，但是易分解。

聚甲醛结晶度高，成型收缩大，介于 1.5%～3.5%之间。又因为玻璃化转变温度低，脱模后制品还有结晶的可能，所以聚甲醛的后收缩不易解决，在制定工艺条件、设计模具时应引起注意。

聚甲醛熔体凝固速度快，不易烫平，制品表面易出现缺陷，如毛斑、褶皱、熔接痕等。如温度在 160℃左右，即稍低于熔点就会凝固，应采用快速脱模和模具加热（80～120℃）等方法予以解决。

6.6.9.2 注塑工艺条件

聚甲醛的注塑工艺条件如表 6-39 所示。

■表 6-39 聚甲醛的注塑工艺条件

项目		制品厚度 6mm 以下		制品厚度 6mm 以上	
		柱塞式	螺杆式	柱塞式	螺杆式
机筒温度/℃	后部	175～195	175～185	170～185	170～180
	中部	—	165～175	—	160～170
	前部	160～175	155～165	160～170	155～160
模具温度/℃		80	80	80～120	80～120
注射压力/MPa		80～120	60～130	60～120	40～100
注射时间/s		10～60	10～60	45～300	45～300
保压时间/s		0～5	0～5	～	～
冷却时间/s		10～30	10～30	30～120	30～120
总周期/s		30～100	30～100	90～460	90～460
后处理方式		水浴	水浴	空气浴	空气浴
后处理温度/℃		100	100	120～130	120～130
后处理时间/s		0.25～1	0.25～1	大于 4	大于 4
成型收缩率/%		1.5～2.0	1.5～2.0	2.0～3.5	2.0～3.5

6.6.10 聚砜

聚砜（PSF）主链中含有砜基及芳核，商品名优 Udel 等，是一种非结晶型热塑性工程塑料，其中 Ucardel P-1700 及 P-1710 可用于注塑，Ucardel P-3500 及 P-3510 可用于挤出，Ucardel P-2350 可用于电缆包覆。聚砜具有突出的耐热、耐氧化、耐辐射及介电性能。

6.6.10.1 成型工艺特性

聚砜属于无定形高聚物，无明显熔点。其玻璃化转变温度 170℃，黏流温度 280～320℃。分解温度 420℃。

熔体黏度高，熔体黏度对温度比较敏感。

分子链刚硬，成型中容易产生内应力且难以自行消除。

聚砜吸水性很小，在 0.2%以下，但成型时微量水分也会导致熔体水解。故树脂在成型前必须干燥。

6.6.10.2 注塑工艺条件

聚砜的注塑工艺条件如表 6-40 所示。

■表 6-40 聚砜的注塑工艺条件

项目		数值	项目	数值
机筒温度/℃	前部	290～320	注射压力/MPa	80～200
	中部	280～310	注射时间/s	30～90
	后部	260～290	冷却时间/s	30～60
喷嘴温度/℃		280～300	螺杆转速/(r/min)	28
模具温度/℃		100～150	成型收缩率/%	0.7～1.0

6.6.11 聚苯醚

聚苯醚（PPO）是 2,6-二甲基苯酚的聚合物，也称聚亚苯基氧化物，是一种非结晶型热塑性工程塑料。聚苯醚具有优异的电绝缘性、机械性能和尺寸稳定性，应用比较广泛。

6.6.11.1 成型工艺特性

聚苯醚主链中含有酚基芳香环，而有两个甲基封闭了酚其中的两个官能团，所以这种聚合物的凝聚力和稳定性很好，使制品有较高的耐热、耐化学腐蚀性和电绝缘性。与其他塑料相比，具有较小的线膨胀系数。

聚苯醚主链上有酚端基存在，使它的热氧老化性能变差，在空气中超过 200℃，开始氧化降解。改性聚苯醚的热氧稳定性要好得多。

熔体黏度较高，熔体黏度对剪切速率不敏感。对聚苯醚进行改性可改善其加工流动性。

吸水率较低，聚苯醚为 0.06%，改性聚苯醚为 0.07%。

模塑收缩率小，聚苯醚为 0.7%，改性聚苯醚为 0.5%～0.7%。

6.6.11.2 注塑工艺条件

聚苯醚的注塑工艺条件见表 6-41。

■表 6-41 聚苯醚的注塑工艺条件

项目		数值	项目	数值
机筒温度/℃	前部	290～320	注射压力/MPa	80～200
	中部	280～310	注射时间/s	30～90
	后部	260～290	冷却时间/s	30～60
喷嘴温度/℃		280～300	螺杆转速/(r/min)	28
模具温度/℃		100～150	成型收缩率/%	0.7～1.0

改性聚苯醚 Noryl 的注塑工艺条件见表 6-42。

■表 6-42 改性聚苯醚 Noryl 的注塑工艺条件

项目		SE1J731J	SE100J	GFN2J SEI-GFN1J	GFN3J SEI-GFN3J
机筒温度/℃	后部	280	270	290	300
	中部	280	265	290	300
	前部	260	240	275	290
喷嘴温度/℃		280	270	290	300
模具温度/℃		90	80	100	100
注射压力/MPa		126	126	140	140
螺杆转速/(r/min)		73	73	73	73
成型周期/s		33	30	30	30

参 考 文 献

［1］ 熊小平，张增红. 塑料注射成型. 北京：化学工业出版社，2005.

［2］ 周达飞，唐颂超. 高分子材料成型加工. 北京：中国轻工业出版社，2000.

［3］ 王家龙，戴伟民. 热塑性塑料注塑生产技术. 北京：化学工业出版社，2004.

［4］ 王兴天. 注塑技术与注塑机. 北京：化学工业出版社，2005.

［5］ 申开智. 塑料成型模具. 第2版. 北京：中国轻工业出版社，2010.

［6］ 王文俊. 实用塑料成型工艺. 北京：国防工业出版社，1998.

［7］ 张明善. 塑料成型工艺及设备. 北京：中国轻工业出版社，1998.

［8］ 刘庆志 王立平 徐娜. 热固性塑料注射成型技术. 电器制造，2010，(8)：66-68，77.

［9］ 赵素和，张丽叶，毛立新. 聚合物加工工程. 北京：中国轻工业出版社，2001.

［10］ Arzondo L M，Pin N，Carella J M，Pastor J M，Merino J C，Poveda J，Alonso C，Sequential injection overmolding of an elastomeric ethylene-octene copolymer on a polypropylene homopolymer core，Polymer Engineering of Science，2004，44 (11)：2110-2116.

［11］ Zhiliang Fan，Clinton Kietzmann，Shishir R Ray，et al. Costa and Peter K. Kennedy. 63th Annual Technical Conference of the Society of Plastic Engineers：Volume 3 Boston USA：the Society of Plastic Engineers USA，2005，568-572..

［12］ 赵兰蓉. 双色注塑成型技术及其发展. 塑料科技，2009，37 (11)：92-95.

［13］ 朱计，类彦威，张杰. 共注射成型技术及其发展，2007，35 (4)：31-35.

［14］ 沈洪雷，徐玮. 双色注射成形技术及模具设计，电加工与模具，2008，(4)：56-59.

［15］ 申长雨，陈静波，刘春太，李倩. 反应注射成型技术，，工程塑料应用，1999，27 (10)：27-30.

［16］ 王善琴，刘萍，柳宗媛. 塑料注射成型工艺与设备. 北京：中国轻工业出版社，2000.

［17］ 曹长兴. 反应注射成型设备混合系统的类型与性能，塑料科技，2004，160 (2)：42-45.

［18］ CHIANG H H，HIEBER C A，WANG K K. A unified simulation of the filling and postfilling stages in injection molding. Part I：Formulation. Polymer Engineering and Science，2004，31 (2)：116-124.

［19］ CHEN S C，CHENG N T. A simple model for evaluation of contribution factors to skin melt formation in gas assisted injection molding. International Communications in Heat andMass Transfer，1996，23 (2)：215-224.

［20］ CHIANG H H，HIEBER C A，WANG K K. A unified simulation of the filling and postfilling stages in injection molding Part II：Experimental verification. Polymer Engineering and Science，2004，31 (2)：125-139.

［21］ 欧荔苹，杨军，邓云. 气体辅助注射成型技术在汽车内饰件上的应用，模具工业，2009，35 (12)：42-46.

［22］ Peter Zipper，Strashimir Djoumaliisky. Site-Resolved X-Ray Scattering Studies II：The Morphology in Injection-Molded PP Foams. Journal of Cellular Plastics，2002，181：421-426.

［23］ Sandler Jan K W，Mantey Axel，Altstadt Volker. Tailored structure foams by injection-molding with a specialized mold. USA：Society of Petroleum Engineers，2006：32-40.

［24］ Norbert Mu Llery，Gottfried W Ehrenstein. Evalution and Modeling of Injection-molded Rigid Polypropylene Integral Foam. Journal of Cellular Plastics，2004，40 (1)：45-59.

［25］ 瞿金平，黄汉雄，吴舜英. 塑料工业手册. 北京：化学工业出版社，2001.

第 7 章 压制成型

压制成型是合成树脂成型加工技术中历史最悠久、也是最重要的方法之一，几乎所有的合成树脂都可以用此法来成型制品。其原理是依靠外压的作用，实现成型物料的一次造型。根据成型物料的性状和加工设备及工艺的特点，压制成型可分为模压成型和层压成型两大类，具体分类如图 7-1 所示。

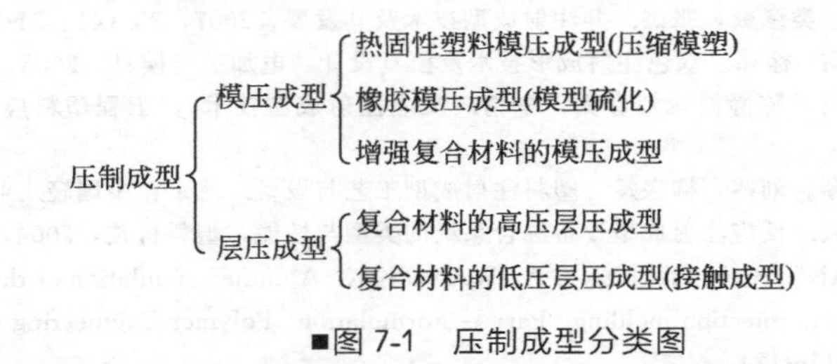

■图 7-1　压制成型分类图

树脂传递模塑（resin transfer molding，缩写为 RTM）吸收了热塑性树脂注射成型的经验，成为一种独特的热固性树脂的成型方法。在成型过程中，虽然熔体流动对成型起主导作用，但其成型技术基于模压成型发展而来，其工艺操作与压制成型比较接近。

本章着重讨论了模压成型、层压成型以及传递模塑成型制品的特点、加工工艺流程以及相应加工工艺条件的控制。此外，本章还简要介绍了几种典型合成树脂的压制成型工艺，并对加工过程中遇到的工艺和制品问题进行分析，这对企业的实际生产有着重要的指导作用。

7.1 热固性树脂的模压成型

热固性树脂的模压成型，又称为压缩模塑。其工艺过程是先将粉末、粒状或纤维状的模塑料放入一定温度的模具型腔中，在压力的作用下熔融充满型腔，然后继续受热，树脂分子发生化学交联反应而形成三维网络结构固体，最后脱模获得模塑制品。压缩模塑不仅适用于热固性树脂，也适用于热塑性树脂。与热固性树脂相比，热塑性树脂没有交联反应，只是纯粹的一系列物理变化，依靠模具冷却固化，获得制品。由于热塑性树脂模压时模具需要交替地加热与冷却，生产周期长，生产效率低，不利于企业大规模的生产。因此，热塑性树脂制品的成型采用注射、挤出法等更为经济，只有熔体黏度极大的聚四氟乙烯、硬质聚乙烯和较大平面的树脂制品成型时，才采用此法。

压缩模塑作为热固性树脂的主要成型方法，其工艺特点如下。

① 成型工艺及设备成熟，设备和模具较注射成型更为简单。

② 间歇成型，生产周期长，生产效率低，劳动强度大，难以自动化。制件有毛边，需要二次修饰。

③ 制品质量好，分子取向程度低。制品的内应力小，翘曲变形小，收缩率小，性能均匀。

④ 能压制较大面积的制品，但不能压制形状复杂、尺寸精度高、厚度较大且不均匀的制品。

⑤ 制品成型后，可趁热脱模。

目前，采用压缩模塑成型的热固性树脂主要有酚醛树脂、氨基树脂(脲-甲醛和三聚氰胺-甲醛)、不饱和聚酯、聚酰亚胺和环氧树脂等，其中以酚醛树脂、氨基树脂的使用最为广泛。制品类型很多，主要用于机械零部件、电器绝缘件、交通运输和日常生活等方面。

7.1.1 热固性树脂的成型工艺性能

热固性树脂的压缩模塑是一个物理化学变化过程。模塑料的成型工艺性能主要是指模塑料适应一定成型技术的固有属性，对成型工艺的控制和制品质量的提高有着重要的指导意义。

热固性塑料压缩模塑工艺性能的优劣不仅依赖于树脂、填料及其他组分的性质，还取决于各组分的配方、制造方法及储存和运输条件等因素。本小节着重介绍模塑料的流动性、固化速率、成型收缩率、压缩率等工艺性能。

7.1.1.1 流动性

模塑料的流动性主要是指在一定温度和压力下，充满型腔的能力。不同的塑料制件需要不同流动性的模塑料，如生产大型制件和形状复杂的制件就需要流动性较好的模塑料。但是模塑料的流动性不是越大越好，流动性太大，会使模塑料填充不紧密，造成制件疏松或树脂和填料分头集中，严重影响制品质量。另外，流动性太大会使模塑料熔融后溢出模腔，从而形成飞边，造成分模面发生不必要的黏合，给脱模和清理带来困难，极大影响生产效率，延长生产周期。反之，流动性太小，模塑料难以充满型腔，造成缺料，以致制品质量下降，甚至成为废品。因此，只有具备适当的黏度和良好的流动性，在模压条件下才能够使模塑料均匀地填充满整个型腔，制得质量合格的制品。

测定热固性模塑料流动性的方法很多，其中拉西格法是最常用的方法之一。此法已列为我国测定模塑料流动性的标准方法。如图 7-2 所示，在一定的温度和压力条件下，将一定量的模塑料压入细而直的孔道内，形成一条细棒，细棒的长度与模塑料的流动性成正比。

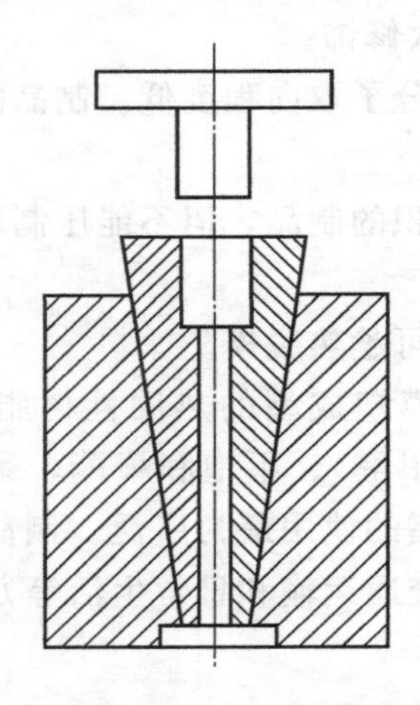

■图 7-2 测定热固性模塑料流动性的拉西格模具示意图

影响模塑料的流动性主要有两个方面的因素。

（1）模塑料的性能和组成　模塑树脂相对分子量小，支化程度低，则流动性大；填料颗粒细小而呈球状，则流动性大；同时低分子物或水含量的增加也会显著改善模塑料的流动性能。

（2）模具与成型条件　模具型腔表面光滑且呈流线型设计，有助于提高模塑料的流动性；对模塑料进行预热及提高模压温度也是提高模塑料流动性的有效手段。

7.1.1.2 固化速率

固化速率又称为硬化速率，是指在一定温度和压力条件下，模塑料压制标准试样时，从熔融流动到交联固化成制品的速率，常用于衡量热固性树脂在模压成型时，发生化学反应（交联）的速率，通常用单位厚度的制品所需的时间表示，单位为 s/mm，且此值越小，表明固化速率越快。

固化速率主要依赖于模塑料交联反应的性质，同时由成型前预压、预热条件以及成型时的工艺条件等诸多因素所决定。

在成型过程中，固化速率应适中。固化速率太快，模塑料过早固化，流动性下降，不能有效地填充满整个型腔，制品缺料，严重影响制品质量，因此不能压制薄壁或形状复杂的制品；反之，固化速率太慢，则生产周期长，生产效率低，影响实际生产效益。

7.1.1.3 成型收缩率

合成树脂的热膨胀系数比模具（钢材）大得多，且热固性塑料成型中发生交联，结构趋于紧密，加上低分子物挥发，体积必定收缩，尺寸发生变化。工艺上常用成型收缩率（S_L）表示各种模塑料在不同成型条件下所得制品的尺寸收缩程度，一般合成树脂的 S_L 在 1%～3%，是模具设计的重要指标，具体可用式(7-1) 表示为：

$$S_L=\frac{L_0-L}{L_0}\times 100\% \tag{7-1}$$

式中 L_0——模具型腔单向尺寸，mm；

L——制品相应的单向尺寸，mm。

影响成型收缩率的因素主要有成型工艺条件，制品的形状大小以及塑料本身固有的性质。

7.1.1.4 压缩率

热固性模塑料一般是粉状或粒状料，其压缩率（R_p）是指塑料制品的相对密度 d_2 和压塑粉表观相对密度 d_1 的比值，可用式(7-2) 表示：

$$R_\mathrm{p}=\frac{d_2}{d_1} \tag{7-2}$$

压缩率越大则压模的装填室也越大，这不仅浪费了模具材料，增加了压膜的质量，而且也不利于加热，生产效率低；此外，装料时引进模内的空气越多，会使压制周期越长，影响生产效率。而通常降低压缩率的方法是在模压成型前对物料进行预压。表 7-1 为常见热固性塑料的成型收缩率和压缩率。

■表 7-1 热固性塑料的成型收缩率和压缩率

模塑料	密度/(g/cm³)	压缩率	成型收缩率/%
酚醛树脂＋木粉	1.32～1.45	2.1～4.4	0.4～0.9
酚醛树脂＋石棉	1.52～2.0	2.0～14	
酚醛树脂＋布	1.36～1.43	3.5～18	
脲醛树脂＋α 纤维素	1.47～1.52	2.2～3.0	0.6～1.4
三聚氰胺甲醛树脂＋α 纤维素	1.47～1.52	2.1～3.1	0.5～1.5
三聚氰胺甲醛树脂＋石棉	1.7～2.0	2.1～2.5	
环氧树脂＋玻璃纤维	1.8～2.0	2.7～7.0	0.1～0.5
聚邻苯二甲酸二丙烯酯＋玻璃纤维	1.55～1.88	1.9～4.8	0.1～0.5
脲醛树脂＋玻璃纤维			0.1～1.2

除以上介绍的几种成型工艺性能外，模塑料还要求有适当的水分和挥发分含量；适当的细度和均匀度；同时与增强材料有良好的浸润性能，以便在合成树脂和填料界面上形成良好的粘接。表 7-2 是几种常用模树脂的工艺性能。

■表 7-2 热固性树脂压塑粉的工艺性能

指标名称	酚醛树脂压塑粉			氨基树脂
	一般用	高压绝缘用	高频电绝缘用	
颜色	红、绿、棕、黑	棕、黑	红、棕、黑	各种颜色
制品密度/(g/cm³)	1.4～1.5	1.4	≤1.9	1.3～1.45
压塑粉比容/(cm³/g)	≤2	≤2	1.4～1.7	2.5～3.0
压缩率/%	≥2.8	≥2.8	2.5～3.2	3.2～4.4
水分及挥发物含量/%	<4.5	<4.5	<3.5	3.5～4.0
流动性/mm	80～180	80～180	50～180	50～180
收缩率/%	0.6～1.0	0.6～1.0	0.4～0.9	0.8～0.9

7.1.2 模压成型的设备和模具

7.1.2.1 压机

压机是模压成型的主要设备，其作用在于通过塑模对塑料施加压力，开闭模具和顶出制品。压机的重要参数包括工程重量、压板尺寸、工作行程和柱塞直径。这些指标决定着压机所能模压制品的面积、厚度以及能够达到的最大模压压力。

压机的种类很多，有机械式和液压式。目前常用的是液压机。根据液压机的结构，又分为上压式液压机（图 7-3）和下压式液压机（图 7-4）。

液压机的公称压力是表示压机压制能力的主要参数，一般用来表示压机的规格，可按式(7-3) 计算：

$$p=p_{L}\times\frac{\pi D^{2}}{4}\times10^{-2} \tag{7-3}$$

式中 D——油压柱塞直径，cm；

p_{L}——制品相应的单向尺寸，MPa。

液压机的有效公称压力应该是公称压力减去主压柱塞的运动阻力。

7.1.2.2 模具

模压成型模具结构形式是由制品本身和压机选用等因素决定的，按其结构特征可分为溢式、半溢式和不溢式三类，其具体的特点比较如表 7-3 所示。在以上三种模具中，以半溢式用得最多。

■表 7-3　压制成型模具特点

塑模类型	示意图	溢料缝	原料	排气	加料室	制品尺寸及性能
溢式模具	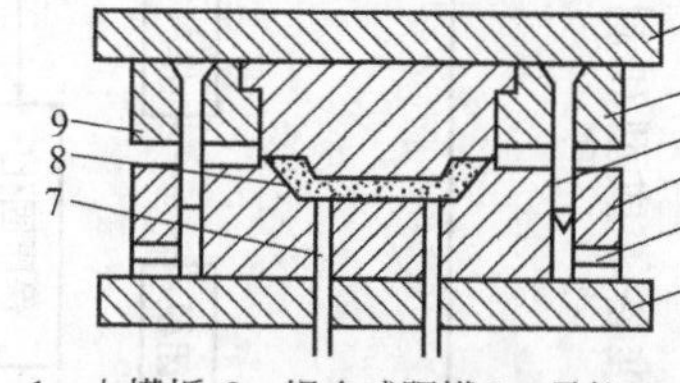 1—上模板;2—组合式阳模;3—导柱;4—凹模;5—气嘴;6—下模板;7—顶杆;8—制品;9—溢流道	有，浪费在5%以内	要求不严格，但必须稍有过量	易	无	制品尺寸不一致，力学性能不易控制
不溢式模具	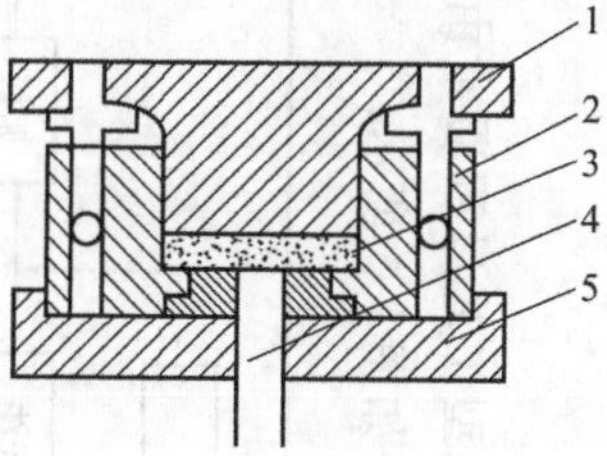 1—阳模; 2—阴模; 3—制品; 4—顶杆; 5—下模板	无	必须用称量的加料方法	不易	有	制品均匀密实，尺寸稳定，质量性能较好
半溢式模具	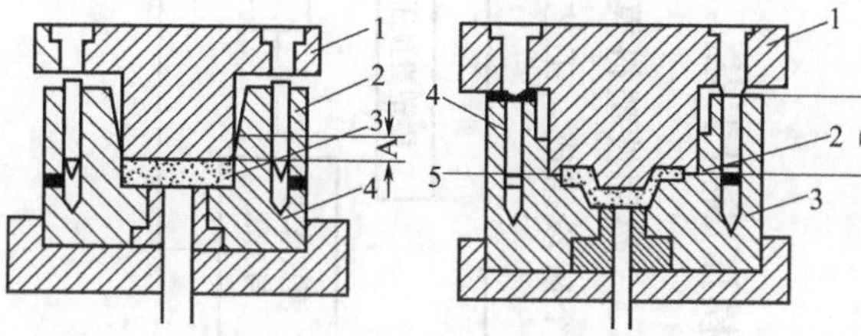 (a) 有支承面　(b) 无支承面 1—阳模;2—制品;3—阴模;4—溢料刻槽;5—支承面 (A段为装料室,B段为平直段)	部分溢料	不严格	较易	有支承面半溢式塑模有加料室，无支承面半溢式塑模无加料室	制品尺寸精确，质量性能较好

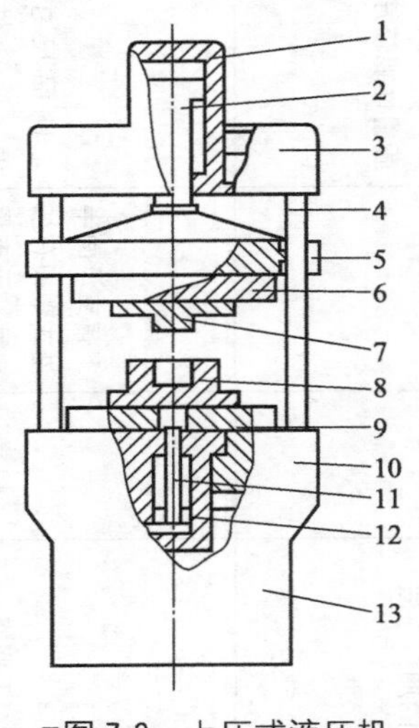

■图 7-3 上压式液压机

1—主油缸；2—主油缸柱塞；3—上梁；4—支柱；5—活动板；6—上模板；7—阳模；8—阴模；9—下模板；10—机台；11—顶出缸活塞；12—顶出油缸；13—机座

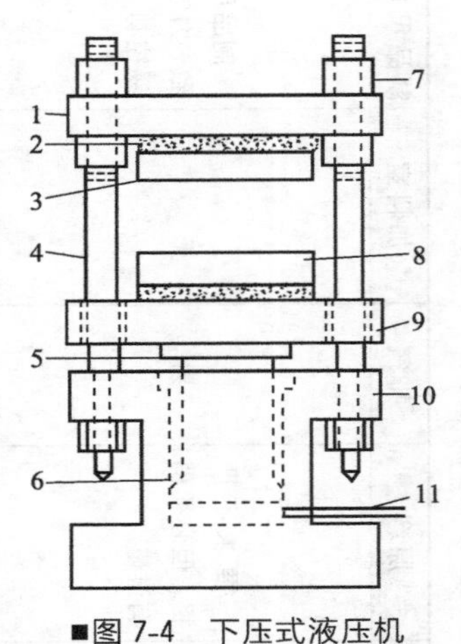

■图 7-4 下压式液压机

1—固定垫板；2—绝缘层；3—上模板；4—拉杆；5—活塞；6—压筒；7—行程调节套；8—下模板；9—活动垫板；10—机座；11—液压管线；

7.1.3 模压成型工艺

热固性塑料模压成型工艺过程通常由物料准备、成型和制品后处理三个阶段组成，工艺过程如图 7-5 所示。

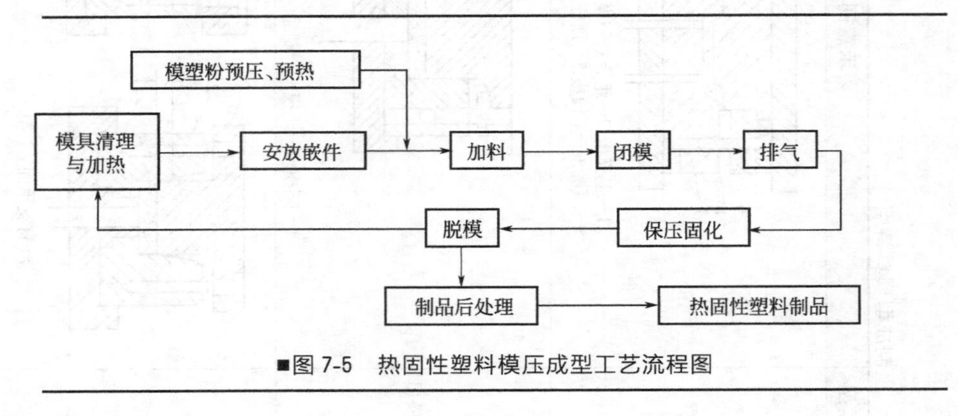

■图 7-5 热固性塑料模压成型工艺流程图

7.1.3.1 物料准备

成型前物料的准备主要是对物料进行预压和预热。

预压就是在室温下将松散的粉状或纤维状的热固性塑料压成质量一定、形状规则的型坯。预压压力一般控制在使预压物的密度达到制品最大密度的80%为宜，其范围约为40～200MPa。预压有如下作用：

① 模压时加料快、正确而简单，避免加料不均或溢料损失；

② 减少物料成型时的体积，降低物料的压缩率，从而减小模具装填室和模具高度，简化模具结构；

③ 预压料紧密，空气含量少，传热快，又可提高预热温度，从而缩短了预热和固化的时间，制品也不易出现气泡；

④ 便于成型较大或带有精细嵌件的制品。

为了提高制品的质量和便于模压的进行，一般模压前需要对模塑料进行加热。而加热的目的主要有两个：干燥和预热。前者是为了去除水分和其他挥发物；后者是为了提高料温，便于成型。

热固性塑料在模压前进行预热有以下优点：能加快塑料成型时的固化速率，缩短成型时间；提高塑料流动性，进而保证制品尺寸的准确；可降低模压压力，成型流动性差的塑料或较大的制品。

预热的方法有多种，常用的有电热板加热、烘箱加热、红外线加热和高频加热等。热固性树脂是具有反应活性的，预热温度过高或时间过长，会降低流动性（图7-6）。因此，预热温度和时间根据塑料种类而定，表7-4为各种热固性塑料的预热温度和时间。

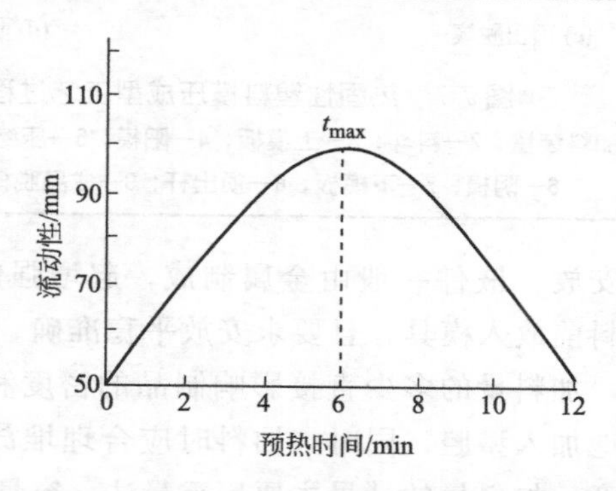

■图7-6 预热时间对流动性的影响（酚醛压塑粉）

■表7-4 热固性塑料的预热温度和时间（高频预热）

树脂类型	酚醛树脂	脲醛树脂	三聚氰胺甲醛树脂	聚邻苯二甲酸二丙烯酯	环氧树脂
预热温度/°C	90～120	60～100	60～100	70～110	60～90
预热时间/s	60	40	60	30	30

7.1.3.2 成型

成型是热固性塑料模压制品生产的关键阶段，模压制品的质量和生产效率在很大程度上取决于这一阶段工艺的控制。模压成型是间歇式的成型方式，每成型一个制品都需要依次经过加料、闭模、排气、固化、脱模和清理模具等一系列操作。图 7-7 是模压成型工艺过程示意图。

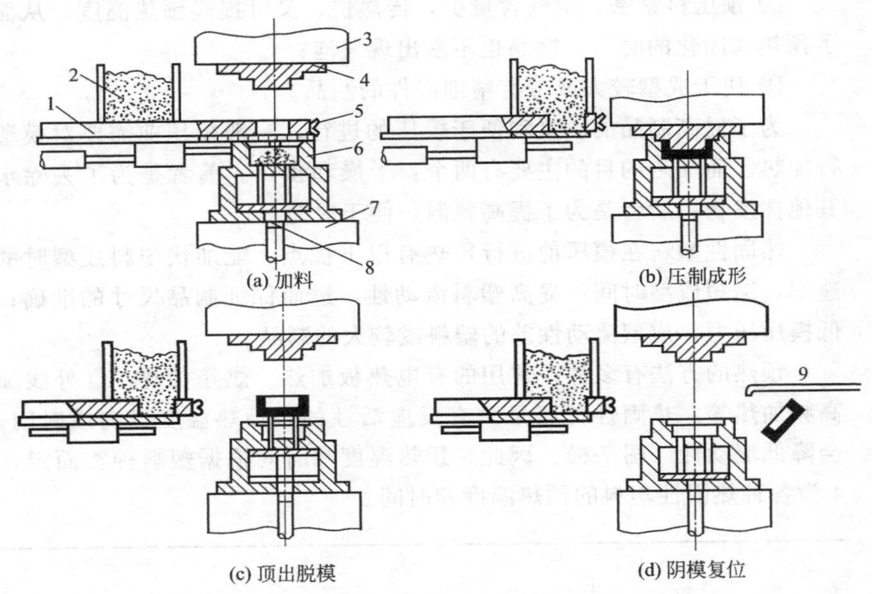

■图 7-7 热固性塑料模压成型工艺过程图

1—自动加料装置；2—料斗；3—上模板；4—阳模；5—压缩空气上、下吹管；6—阴模；7—下模板；8—顶出杆；9—成品脱模装置

(1) 嵌件安放 嵌件一般由金属制成，起增强制品力学性能的作用。嵌件必须在加料前放入模具，且要求安放平稳准确。

(2) 加料 加料量的多少直接影响制品的密度和尺寸，必须严格定量地将物料均匀地加入型腔，同时，加料时应合理堆放，尤其对流动性较小的物料更应注意。加料量的计量主要用重量法、容量法和计数法三种。

(3) 闭模 加料完毕后就进行闭模操作，当阳模尚未触及塑料前，应低压快速，以缩短模塑周期和避免塑料过早的固化或过多的降解，压力一般控制在 1.5～3.0MPa。而当阳模接触物料开始，就应减小闭模速度，以免裹入空气或吹走粉料，压力提高到 15～30MPa。

(4) 排气 闭模后，热固性塑料受热变软、熔融，且发生缩聚等化学反应会释放出小分子物质，因此，成型过程中，需要开模一段时间，达到排气的目的。排气应迅速，且一定在塑料尚未完全塑化时进行，而排气的次数和时间应根据具体情况而定。良好的排气工艺不但能缩短硬化时间，而且还有利于制品性能和表面质量的提高。

(5) 保压固化　保压固化是指在持续保持模塑压力下，热固性塑料从流动态变成不溶不熔的固态直到完全固化为止的过程。保压固化时间取决于塑料的类型、制品的厚度、预热情况、模压温度和压力等，过长或过短的固化时间对制品性能都不利。为了加速热固性塑料的固化，有时需在体系内加入固化剂，如酚醛压塑粉可加一些六次甲基四胺，脲醛压塑粉一般加入草酸作为固化剂。

对于热塑性塑料，持续保持模塑压力，能够促进塑料熔融、排气，有利于提高制品的力学性能，保压时间和模塑压力应视制品投影面积和模塑料类型而定。

(6) 脱模冷却　热固性塑料是经交联而固化定型的，故固化完毕即可趁热脱模，以缩短成型周期。脱模主要靠推顶杆来完成。模压小制品时，可以通过模具与脱模板的撞击来脱模；对带有成型杆或某些嵌件的制品，应先用特种工具将成型杆等拧脱，然后再行脱模。

(7) 模具清理和加热　将模具加热并同时将模具内的残存物料与灰尘清除干净，涂上脱模剂以便进行下次模压。

7.1.3.3 制品后处理

为了提高热固性塑料模压制品的外观和内在质量，脱模后需对制品进行修整和热处理。修整主要是去掉由于模压时溢料产生的毛边；热处理是将制品在较高温度下（高于成型温度10～50℃）进行后处理，可使塑料固化更趋完全。同时消除或减小制品的内应力，减少制品中水分及挥发物，有利于制品强度和电性能的提高。

7.1.4 模压成型工艺条件及控制

在模压过程中，模塑料中的树脂要经历黏流、胶凝和固化三个阶段，而树脂分子本身也会由线型分子链变成不溶不熔的三维网状结构。图 7-8 表示了两种典型模具中，模塑料的压力、温度和体积的变化行为。图中 A 点表示加料时的情况；B 点表示模具加热和施压后模塑料的情况；C 点为在型腔压力保持不变时，型腔内的变化；D 点是交联反应发生时的情况；E 点为模压成型完成、卸压；F 点表示脱模。

图 7-8 的曲线关系仅定性地表明了模压成型过程中的物料压力、温度、体积间变化的一般规律，而对于实际的模压成型过程，模塑料所表现出的行为比以上两种模型复杂得多。通常模压成型的工艺过程主要从模压压力、模压温度和模压时间三方面考虑，本小节将对以上三个方面进行详细

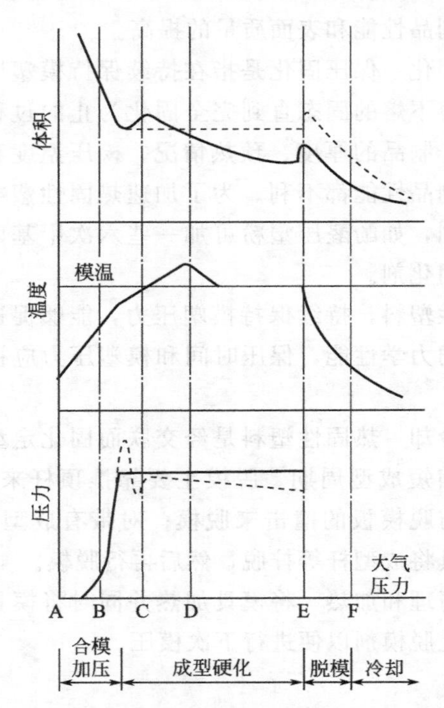

■图 7-8 热固性塑料模压成型时的体积-温度-压力关系

——：无支承面；------：有支承面

阐述。

7.1.4.1 模压压力

模压压力是指模压成型时迫使模塑料充满型腔和进行固化而由压机对模具所施加的压力，可用式(7-4) 计算：

$$p_m = \frac{\pi D^2}{4A_m} p_g \tag{7-4}$$

式中 p_m——模压压力，MPa；

p_g——压机实际使用的液压，MPa；

D——压机主油缸活塞的直径，cm；

A_m——塑料制件在受压方向的投影面积，cm^2。

模压压力的作用是使熔融物料加速在模具型腔中流动充满型腔，提高成型效率；增大制品密度，提高制品的内在质量；克服放出的低分子物及塑料中的挥发成分所产生的压力，从而避免制品出现气泡、表面鼓泡、裂纹等缺陷；闭合模具，赋予制品形状尺寸。

模压压力的大小不仅取决于热固性树脂的种类，而且与模温、制品的形状以及模塑料是否预热等因素有关。一般来说，物料的流动性越小，压缩率越大，固化速率越快时，模压时所需的模压压力越大。反之，所需模压压力低。

实际上模压压力是受到模塑料在模腔内的流动情况制约的，图 7-9 表示了压力对流动性的影响。增加模压压力，对塑料的成型性能和制品性能是有利的，但过大的模压压力会降低模具使用寿命，也会增大制品的内应力。同时，对塑料进行预热可以降低模压压力（图 7-10），但如果预热温度过高或预热时间过长会使塑料在预热阶段提前固化，从而需要更高的模压压力来保证模塑料充满整个型腔。

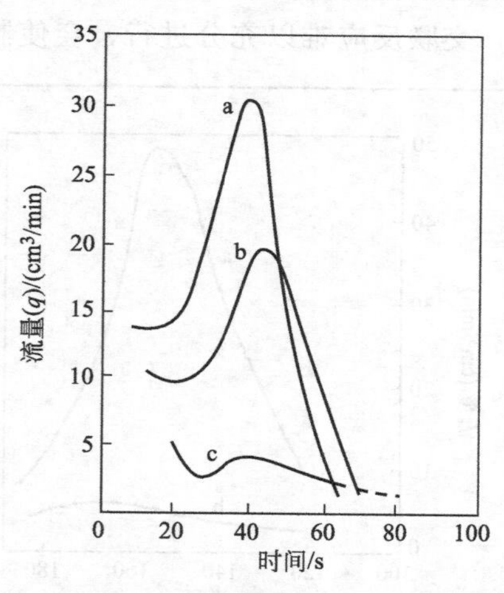

■图 7-9　热固性塑料模压压力对流动固化曲线的影响

a—50MPa；b—20MPa；c—10MPa

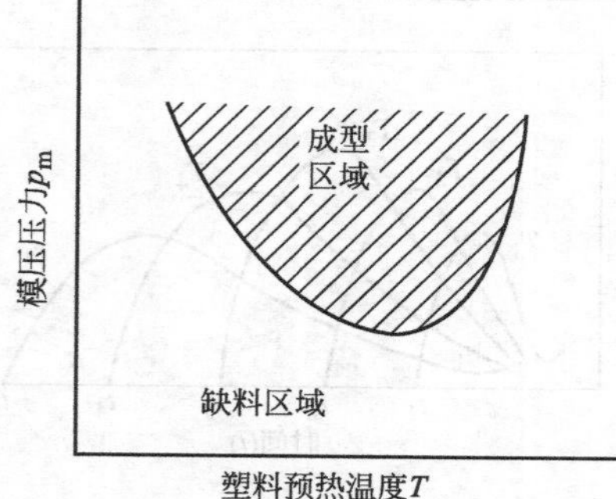

■图 7-10　热固性塑料预热温度模压压力的影响

7.1.4.2 模压温度

模压温度是指模压成型时所规定的模具的温度，对于热固性塑料而言，加热的目的是使模塑料在模具中快速流动，充满型腔，同时固化成型为塑料制品。

如图 7-11，图 7-12 所示，在一定的温度范围内，模温升高，模塑料流动性提高，充模顺利，交联固化速率增加，模压周期缩短，生产效率高。但是过高的模压温度会使塑料的交联反应提前进行，固化速率太快，流动性下降，造成充模不足。此外，由于塑料是热的不良导体，过高的模温会造成模腔内物料内外固化不一，从而造成制品肿胀、开裂和翘曲变形，甚至严重降低制品的力学性能。反之，模压温度过低时，不仅物料流动性差，而且固化速率慢，交联反应难以充分进行，会使制品强度低、无光泽，甚

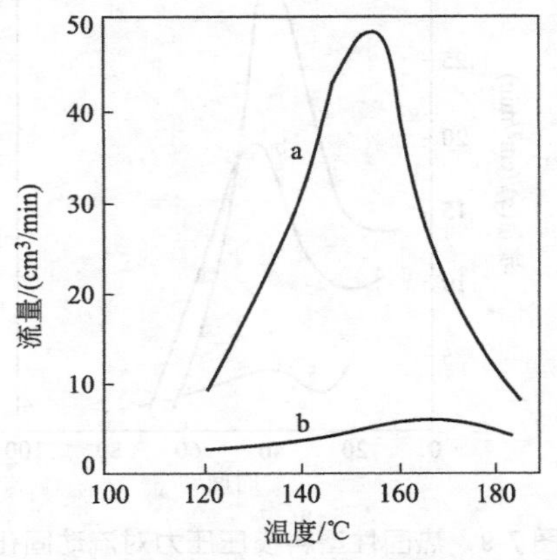

■图 7-11　热固性塑料流量与温度的关系

a—30MPa；b—10MPa

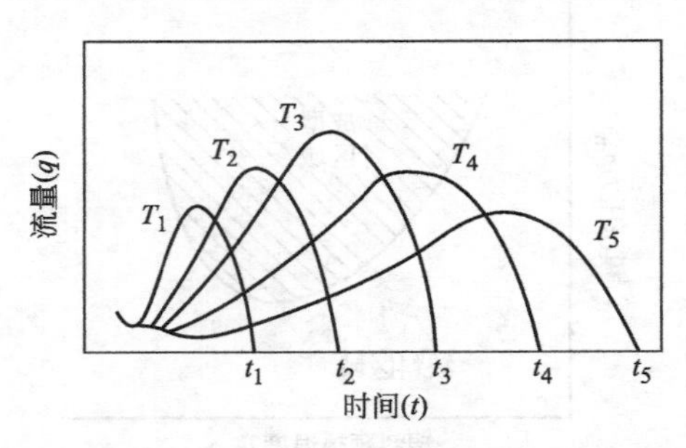

■图 7-12　热固性塑料在不同温度下的流动-固化曲线

（温度：$T_1>T_2>T_3>T_4>T_5$）

至制品表面出现肿胀。

7.1.4.3 模压时间

模压时间是指模具闭合、加热加压到开启模具的时间。包括加料、闭模、排气、加压、固化和脱模等。其中影响最大的是保压固化时间，而保压固化时间取决于塑料的种类。此外，与制品的形状、厚度、模压温度和压力，以及是否预压和预热等有关。

在一定的模压压力和温度下，模压时间过短，制品会因固化不完全造成气泡，表面光泽度差，并出现物理机械性差和翘曲变形等现象。但如果模压时间过长，不仅生产效率低，能耗增大，而且会使制品收缩率增加，使树脂与填料之间产生较大的内应力。表 7-5 为主要热固性塑料的模压成型工艺条件。

■表 7-5　各种热固性塑料的模压成型工艺参数

模塑料	模塑温度/℃	模压压力/MPa	模压时间/(s/mm)
酚醛树脂＋木粉	140～195	9.8～39.2	60
酚醛树脂＋玻璃纤维	150～195	13.8～41.4	
酚醛树脂＋石棉	140～205	13.8～27.6	
酚醛树脂＋纤维素	140～195	9.8～39.2	
酚醛树脂＋矿物质	130～180	13.8～20.7	
脲醛树脂＋α 纤维素	135～185	14.7～49	30～90
三聚氰胺甲醛树脂＋α 纤维素	140～190	14.7～49	40～100
三聚氰胺甲醛树脂＋木粉	138～177	13.8～55.1	
三聚氰胺甲醛树脂＋玻璃纤维	138～177	13.8～55.1	
环氧树脂	135～190	1.96～19.6	60
聚邻苯二甲酸二丙烯酯	140～160	4.9～19.6	30～120
有机硅树脂	150～190	6.9～54.9	
呋喃树脂＋石棉	135～150	0.69～3.45	

7.2 复合材料压制成型

高分子复合材料是指高分子材料和其他不同组成、不同形状、不同性质的原材料，通过不同的工艺方法组成的一种多相固体材料。高分子复合材料最大的优点是博各种材料之长，如高强度、质轻、耐温、耐腐蚀、绝热、绝缘等性质，产品广泛应用于机械、化工、电机、建筑、航天等各种领域。高分子复合材料主要由两个部分组成：基体材料和增强剂。基体材料主要是起黏合作用的胶黏剂，如不饱和聚酯、环氧树脂、酚醛树脂、聚酰亚胺等热固性树脂及苯乙烯、聚丙烯等热塑性树脂；增强剂主要是具有高强度、高模量、耐温的纤维及织物，如玻璃纤维、氮化硅晶须、硼纤维及以上纤维的织物。

复合材料制品较多的是指在热固性树脂中加有纤维性增强材料所制得的增强塑料制品，而纤维增强材料中玻璃纤维及其织物用得最多，因此狭义的增强塑料就是指玻璃纤维增强塑料，其比强度可与钢材相媲美，故亦称“玻璃钢”。玻璃纤维复合材料的成型可以用压制、缠绕和挤拉等方法，其中压制成型是最主要的加工方法。根据成型压力可分为高压法和低压法，高压法包括层压成型和模压成型，低压法主要是手糊成型。

7.2.1 层压成型

层压成型是制取复合材料的一种高压成型法，它是指在一定温度和压力作用下，将多层相同或不同材料的片状物通过树脂的粘接和熔合，压制成层压塑料的成型方法。对于热塑性塑料可将压延成型所得的片材通过层压成型工艺制成板材，但层压成型应用较多的是制造增强热固性塑料制品。将浸有热固性树脂胶液的纸或布用不同的方式层叠后可制成板、管、棒或其他简单形状的增强热固性塑料层压制品。在各种层压制品中，以增强热固性塑料层压板的产量最大，而且在成型工艺上最具代表性。

层压成型工艺由浸渍、压制和后加工处理三个阶段组成，其工艺过程如图 7-13 所示。

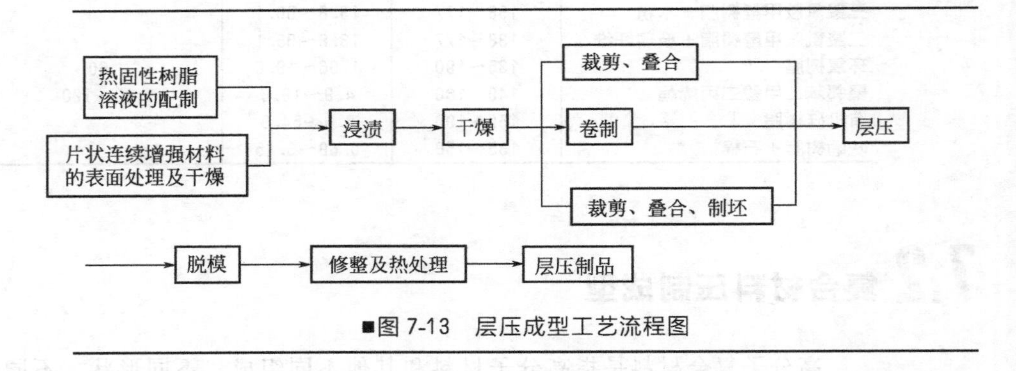

■图 7-13 层压成型工艺流程图

7.2.1.1 浸渍

浸渍工艺是制造层压制品的关键工艺。浸渍前首先将树脂按需要配制成一定浓度的胶液。配制胶液常用的溶剂是乙醇，为了增加树脂与增强材料的黏结力，浸渍液中往往加入一些聚乙烯醇缩丁醛树脂。胶液的浓度或黏度是影响浸渍质量的主要因素，一般将胶液浓度控制在 30%左右。

增强材料的浸渍和烘干是在浸胶机上进行的，浸胶机有立式和卧式两种（图 7-14）。浸胶必须使增强填料被树脂渍充分而又均匀的浸渍，要达到规定的含胶量，一般要求为 30%～55%。而影响浸胶质量的主要因素包括树脂渍的浓度、黏度，浸渍时间以及挤压辊的间隙。浸胶完成后，在干燥阶段必须严格控制干燥箱各段的温度和附胶材料通过干燥箱的速度，保证附胶材料的挥发物含量、不溶性树脂含量和干燥度等指标符合层压成型的要求。

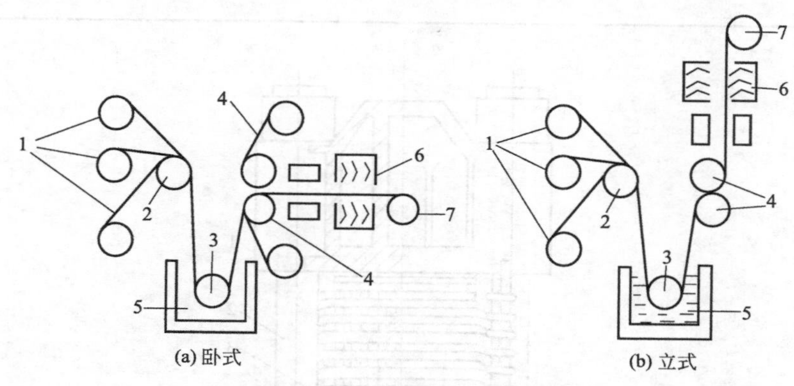

■图 7-14　浸渍上胶机示意图

1—原材料卷辊；2—导向辊；3—浸渍辊；4—挤压辊；5—浸渍槽；6—干燥室；7—收卷辊

7.2.1.2 压制

层压成型的制品主要为板材，其压制成型过程包括叠料、进模、热压和脱模等操作。

（1）叠料　叠料时首先是对所用附胶材料的选择。选用的附胶材料要浸胶均匀、无杂质、树脂含量符合规定的要求，且树脂的硬化程度也应达到规定的范围。随后根据层压制品的形状、大小和厚度，将干燥后的附胶材料裁剪成预定的制品尺寸，并叠合成板坯。压制板的厚度与附胶材料的叠合量关系有如下关系：

$$m=\frac{A\delta d}{1000} \tag{7-5}$$

式中　m——附胶材料的叠合量，kg；

A——层压板的面积，cm^2；

δ——层压板的厚度，cm；

d——附胶材料的相对密度。

将附胶材料叠放成扎时，其排列方向可以按同一方向排列，也可以相互垂直排列。前一种排列方式将导致制品的强度各向异性，而采用后一种排列方式，制品的强度则为各向同性。叠好的板坯应按以下顺序集合压制单元：

金属板──→衬纸（约50～100张）──→单面钢板──→板坯──→双面钢板──→板坯──→单面钢板──→衬纸──→金属板

（2）进模　将多层压机（图7-15）的下压板放在最低位置，而后将装好的压制单元分层推入多层压机的热板中，再检查板料在热板中的位置是否合适，然后闭合压机，开始升温升压。

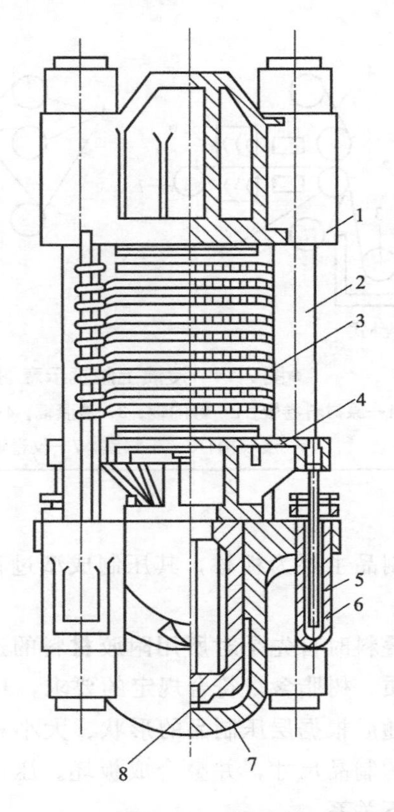

■图7-15　多层压机示意图

1—固定模架；2—导柱；3—压板；4—活动横梁；5—辅助工作缸；6—辅助油缸柱塞；7—主工作缸；8—主油缸活塞

（3）热压　热压过程使树脂熔融流动进一步渗入到增强材料中，并使树脂交联硬化。同热固性塑料模压成型相同，温度、压力和时间是层压成型的三个重要工艺条件。但在压制过程中，温度和压力的控制分五个阶段，如图7-16所示。

① 预热阶段　板坯的温度从室温升至树脂的交联固化温度，这时树脂开始熔化并进一步渗入增强材料中，同时排出部分挥发物。此时施加的压力为全压的1/3～1/2，一般为4～5MPa。

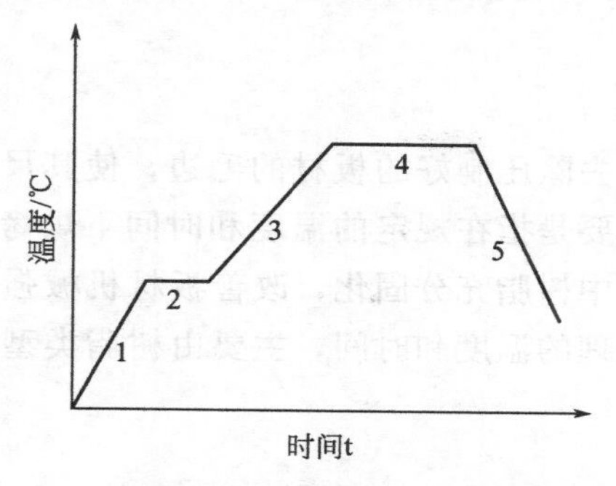

■图 7-16　层压工艺温度曲线示意图

② 中间保温阶段　树脂在较低的反应速度下进行交联固化反应，直至溢料不能拉成丝为止，然后开始升温升压。

③ 升温阶段　这一阶段是自硬化开始的温度升至压制时规定的最高温度，此时树脂的流动性已下降，高温高压不会造成胶液流失，却能加快交联反应。升温速度不宜过快，以免制品出现裂纹和分层。

④ 热压保温阶段　这一阶段的温度达到规定的最高值且保持恒定，以保证树脂充分硬化，而使成品的性能达到最佳值。保温时间取决于树脂的类型、品种和制品的厚度。

⑤ 冷却阶段　树脂充分交联固化后即可逐渐降温冷却。冷却时应保持一定的压力，否则制品表面会起泡或翘曲变形。

压力在层压过程中起到压紧附胶材料，促进树脂流动和排除挥发物的作用。压力的大小取决于树脂的固化特性，在压制的各个阶段压力各不相同。

压制时间取决于树脂的类型、固化特性和制品厚度，总的压制时间＝预热时间＋叠合厚度×固化速度＋冷压时间。

几种层压板材成型的主要工艺条件如表 7-6 所示。

■表 7-6　几种层压板材成型的主要工艺条件

增强填料种类	树　脂	含胶量（以干填料为基准）/%	压制条件		
			温度/℃	压力/MPa	热压时间/(s/mm)
纸	脲醛树脂	50～53	135～140	10～12	约 4
纸	酚醛树脂	30～60	160～165	6～8	3～7
棉布	酚醛树脂	30～55	150～160	7～10	3～5
石棉布	酚醛树脂	40～50	150～160	10	约 15
玻璃布	酚醛树脂	30～45	145～155	4.5～5.5	约 7
玻璃布	三聚氰胺甲醛树脂	35～45	140	7～14	
玻璃布	环氧树脂	25～35	150	1.3～1.4	
玻璃布	有机硅树脂	约 35	170～220	10～20	冷至 80℃，再在 100～250℃进行热处理

当压制好的板材温度已降至 60℃时，即可依次推出压制单元进行脱模。

7.2.1.3 后加工处理

后加工是指去除压制好的板材的毛边，使其尺寸满足成品板材的规格要求。处理则主要是指在规定的温度和时间下烘烤板材，对板材进行热处理，以达到板材中树脂充分固化，改善板材机械强度、耐热性和电绝缘性等的目的。热处理的温度和时间，主要由树脂类型、固化体系特性和板材厚度决定。

7.2.2 模压成型

复合材料模压成型沿用了热固性塑料压制成型的工艺，即将模塑料置于金属对模中，在一定温度和压力下，制成异形制品的工艺过程，属于高压成型方法之一。这种成型方法生产效率高，适于大批量生产，制品尺寸精确，表面光洁，可一次成型形状不太复杂的制件，不需要繁杂的二次加工（如车、铣、刨、钻等），制品外观及尺寸的重复性好。

7.2.2.1 模塑料

复合材料的模塑料多数是以热固性树脂作为粘接剂浸渍增强材料后制得的中间产物，常用树脂有酚醛树脂、环氧树脂和聚酯树脂等。增强材料主要为玻璃纤维。根据增强材料的物理形态，模塑料可分为短纤维模塑料、块状模塑料、片状模塑料三大类。

(1) 短纤维模塑料　短纤维模塑料主要由树脂、增强材料及辅助剂三部分组成，其制备方式主要有预混法和预浸法两种。预混法是将纤维型增强材料切成长度为 15～30mm 的短纤维，然后与一定量的树脂搅拌混匀，再经烘干后制得。而预浸法则是将纤维经过树脂层浸胶，并在烘箱内烘干，然后把纤维切断而成为模塑料。

比较两种制备方法，其中预混法产量大，适于批量生产，且此法制得的模塑料流动性好，有利于制备形状复杂的小型模压制品。而预浸法所制备的模塑料质量均匀性较好，适合制备形状较为复杂的高强模压制品。

(2) 块（团）**状模塑料**　块（团）状模塑料（Bulk Molding Compound，简称 BMC）是由不饱和聚酯树脂、引发剂、着色剂、增稠剂、脱模剂等预先混合，再加入填料，在捏合机中混炼，接着加入增稠剂，然后均匀地把玻璃短纤维分散在树脂中继续捏合，接着根据要求制成一定的大小和形状，熟化后制成 BMC。

BMC 具有成型工艺简单、环境污染较小，所得制品具有机械强度和尺寸精度高、电性能优良等优点，因此愈来愈多地应用于电子、电器、交通运输和日用化工等行业。其成型方法与热固性塑料的模压成型基本一致，具体的生产工艺过程如 7-17 所示。

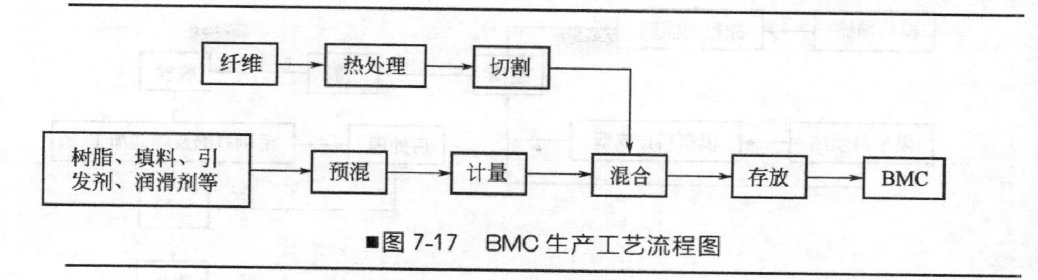

■图 7-17 BMC 生产工艺流程图

(3) 片状模塑料 片状模塑料（Sheet Molding Compound，简称 SMC）的使用源于 20 世纪 60 年代的德国，近年来在我国的复合材料领域获得了广泛的应用。基于 SMC 的模压工艺具有成型容易、设计自由度大、部件集成化、设备要求不高等特点，且 SMC 制品具有密度小、比强度高、返修率低等特点，被广泛应用于汽车和航天航空等领域。

SMC 通常由三部分组成：树脂系统（包括树脂、引发剂、增稠剂、低收缩添加剂、脱模剂等）约占 30%，填料占 40%，玻璃纤维占 30%。树脂主要采用通用型不饱和树脂和间苯二甲酸型不饱和聚酯树脂，树脂要求具有低黏度和高反应活性。填料则主要采用碳酸钙，因其密度小、色白、耐磨损、吸油率低、颗粒尺寸分布广、价格低，可以有效降低模塑时的收缩使制品表面光滑，而且填料在 SMC 中的堆积密度也会明显影响 SMC 工艺及性能。增强材料通常采用 E 玻璃无捻粗纱，它应具有切断性好、分散性好、易于浸渍、抗静电、流动性好等特点。

SMC 的具体生产过程如图 7-18 图所示，连续玻璃纤维经切割，沉降于下承受膜上的树脂糊内，同时用刮有树脂糊的上薄膜覆盖，形成树脂糊-短切玻璃纤维-树脂糊夹层材料，然后通过压辊的捏合作用，驱除夹层内的空气并实现充分浸渍，然后卷成圆筒。片材在一定的环境条件下，经一定时间的熟化，使其增稠到可成型的黏度。

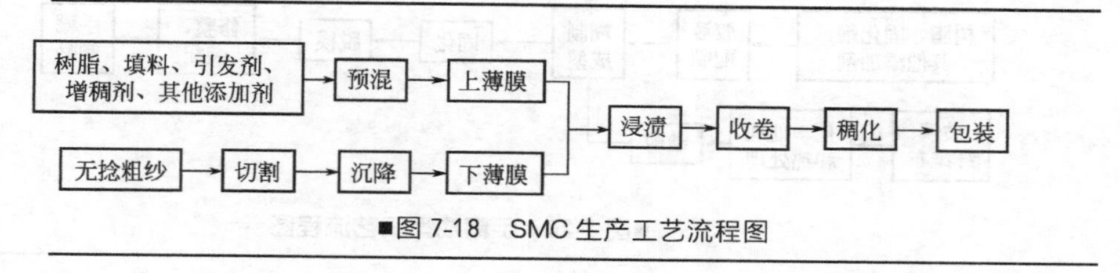

■图 7-18 SMC 生产工艺流程图

7.2.2.2 模压成型工艺

无论是连续纤维（或织物）预浸料、短纤维预浸料、BMC、SMC 等，它们的成型方法都采用模压成型方法，其具体成型工艺如图 7-19 所示。

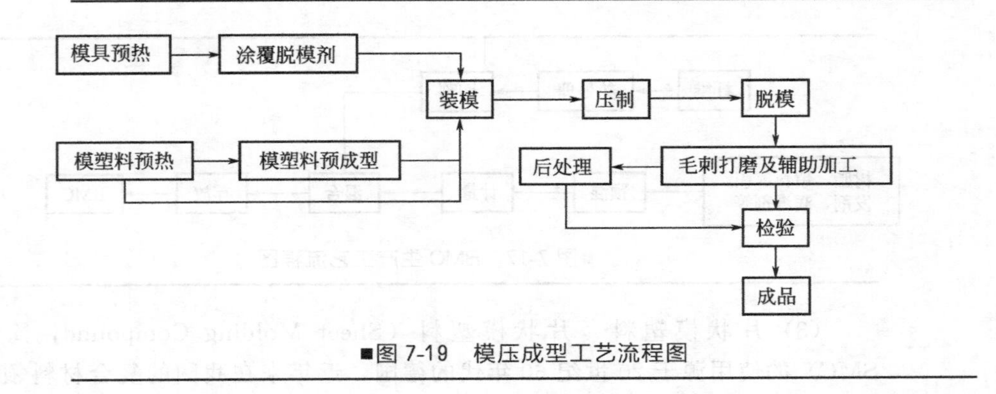

■图 7-19 模压成型工艺流程图

7.2.3 手糊成型

手糊成型是聚合物基复合材料生产中最早使用和最简单的一种工艺方法。尽管随着复合材料的迅速发展，新工艺方法不断涌现，但在世界各国的聚合物基复合材料成型工艺中，该法仍占相当重要的比例。由于在成型时，树脂的交联固化是自由基型加聚反应，其间没有低分子物析出，因此成型时可以不加压力，或仅须加上少许的压力以保持黏结表面相互接触即可，故亦称这类材料的成型为接触成型，属低压成型。

所谓手糊成型是通过手工在预先涂好脱模剂的模具上，先涂上或喷上一层按配方混合好的树脂，随后铺上一层增强材料，排挤气泡后再重复上述操作直至达到要求的厚度，最后固化脱模，必要时再经过加工和修饰工序即得制品。具体的工艺流程如图 7-20 所示。

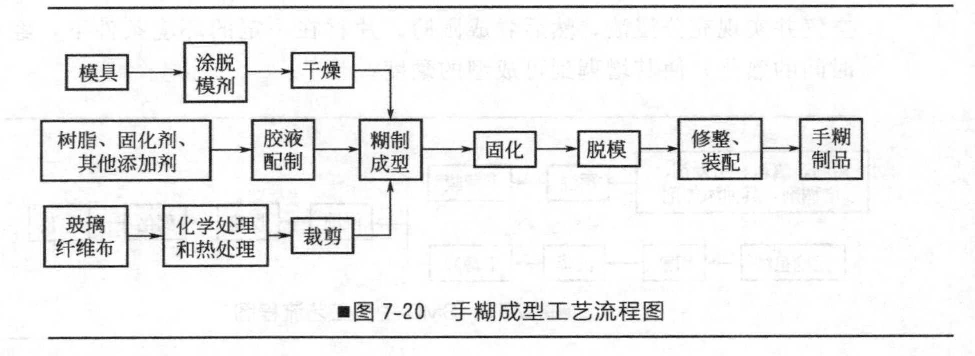

■图 7-20 手糊成型工艺流程图

7.2.3.1 树脂胶液的配制

手糊成型制品所选用的树脂主要是在室温或较低温度下固化的不饱和

聚酯和环氧树脂，为了便于手糊成型，要求配制的树脂胶液黏度为0.4～0.9Pa·s。树脂胶液组分主要包括固化剂、引发剂、促进剂、填料、稀释剂、颜料、触变剂等。

7.2.3.2 玻璃纤维制品的准备

适用于手糊成型的玻璃纤维及其织物主要有无捻粗纱及其布、加捻布、无碱玻璃布及玻璃毡。玻璃纤维布要经过加热烘焙、烧毛及化学的方法除去玻璃布表面的水分和浆料。按模型的大小和形状进行剪裁。

7.2.3.3 模具准备及脱模剂涂刷

手糊成型用的模具分阴模、阳模和对模三大类，结构如图7-21所示。

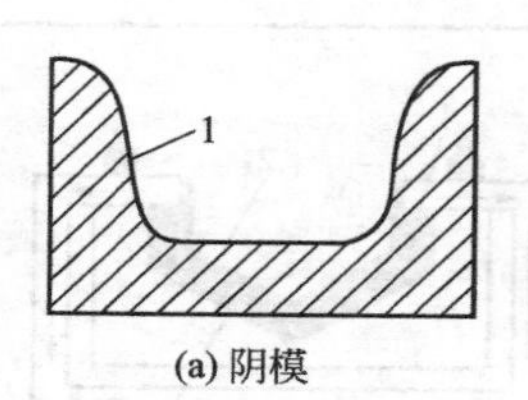

(a) 阴模

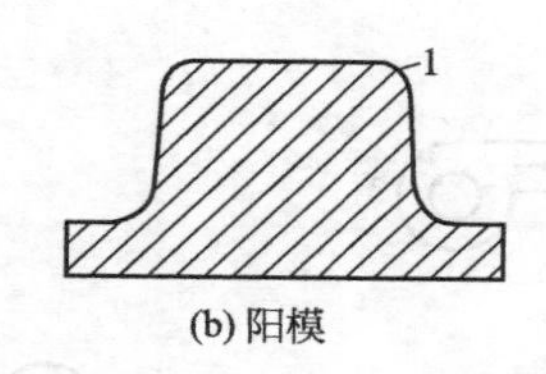

(b) 阳模

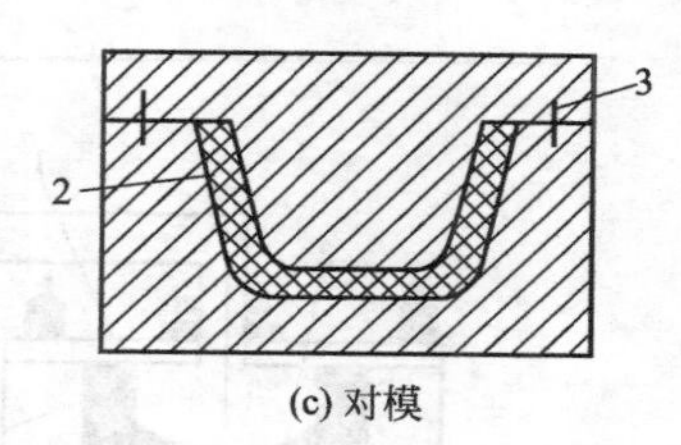

(c) 对模

■图7-21　手糊成型模具示意图

1—工作面；2—模腔；3—定位销

为了防止成型时粘模，保证制品的质量，模具的工作面上一般都要涂刷脱模剂。常用的脱模剂分为以下三类：薄膜型、溶液型和油蜡型。

7.2.3.4 胶衣层的制备

聚酯树脂固化后，由于收缩会使玻璃布纹凸出来。为了改善手糊制品的表面质量，延长使用寿命，在制品表面往往做一层树脂含量较高的面层，称为胶衣层。它可以是纯树脂层，也可以是含有无机填料的树脂胶液。胶衣树脂可以用喷涂和涂刷的方法，均匀地涂在模具上，其厚度一般控制在0.25～0.5mm之间，胶衣层凝胶后方可糊制。

7.2.3.5 糊制成型

糊制操作即在模具上重复地刷一层树脂，贴一层玻璃布，直到要求的厚度。糊制操作要求做到快速、准确、含胶量均匀、无气泡及表面平整。糊制时一般要求环境温度不低于15℃，湿度不高于80%。

7.2.3.6 固化

手糊成型后一般在常温下固化24h才能脱模，脱模后再放置一周左右方可使用。但要达到更高强度，则需更长的时间。为了缩短生产周期，可采用加热处理来提高固化速率。环氧树脂制品的热处理温度一般控制在150℃以内，聚酯树脂制品的热处理温度控制在50～80℃之间，热处理时必须逐步升温和降温。

7.2.3.7 脱模、修整及装配

制品必须固化到脱模强度时才能脱模，脱模时注意避免划伤制品。

脱模后的制品要进行机械加工，除去飞边、毛刺，修补表面和内部缺陷。大型手糊制品往往分几部分成型，再进行拼接组装。

手糊成型还包括压力袋法、真空袋法和喷射成型法等，如图 7-22～图 7-24 所示。压力袋法和真空袋法是通过压缩空气或抽真空，使手糊制品表面承受一定的压力，经固化后得制品。其工作压力分别为 0.4～0.5MPa 和 0.05～0.06MPa。而喷射成型法属于半机械化手糊成型法，是手糊成型的发展趋势。

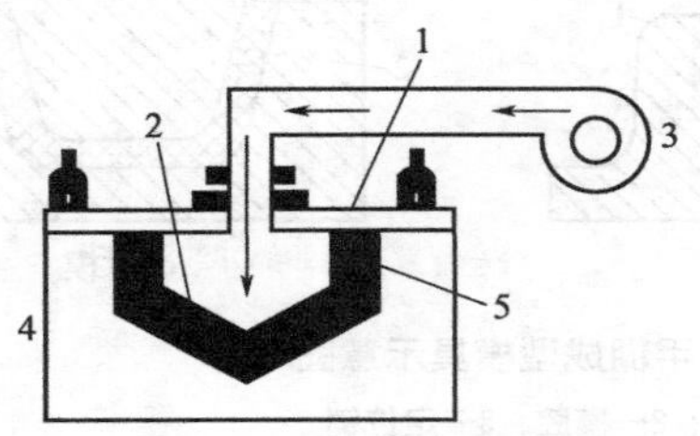

■图 7-22 压力袋法示意图

1—压板；2—橡胶袋；3—空气压缩机；4—模具；5—层状材料

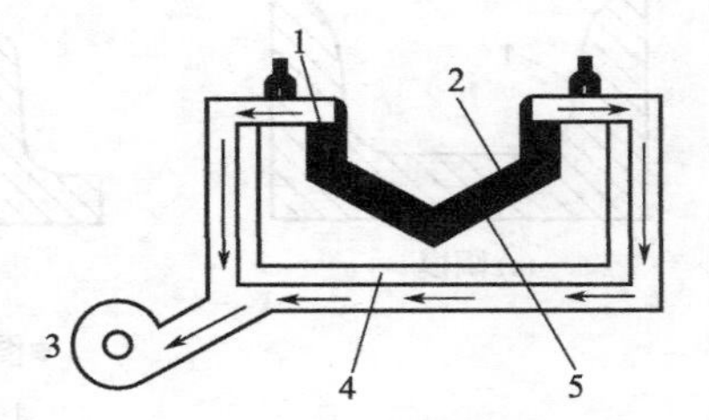

■图 7-23 真空袋法示意图

1—层状材料；2—弹性膜；3—真空泵；4—模具；5—胶衣

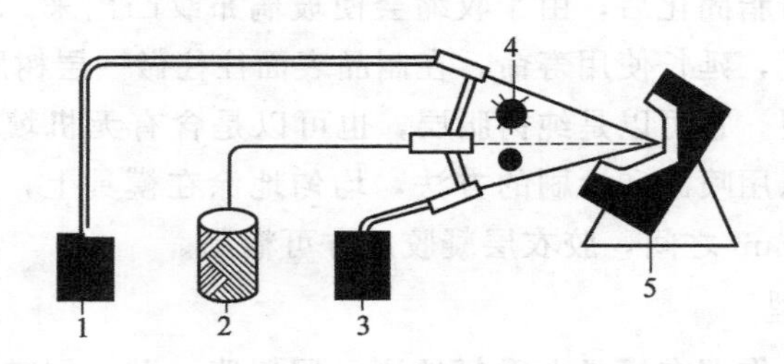

■图 7-24 喷射成型法示意图

1—树脂和催化剂；2—玻璃纤维粗纱；3—树脂和催化剂；4—切断；5—模具

7.3 传递模塑

热固性塑料的传统成型方法是压缩模塑，但这种方法有以下不足：不

能模塑结构复杂、薄壁或壁厚变化大的制件；不宜制造带有精细嵌件的制品；制件的尺寸准确性较差；模塑周期较长等。为了改进以上不足，在吸收热塑性塑料注射模塑经验的基础上，出现了热固性塑料的传递模塑法（RTM）。

RTM成型是一种闭合模塑技术，在成型时，增强材料预成型件放入成型模腔中，将已与固化剂混合的树脂注入模腔并使其在模腔内的预成型件中流动，浸渍预成型件，然后再在一定温度下使树脂通过交联反应而固化，得到复合材料制件，如图7-25所示。传递模塑与压缩模塑的重要区别在于二者所用模具结构不同，传递模塑用模具在成型腔之外另设一加料室，注压时物料的熔融与成型是分别在加料室和成型腔内完成的。

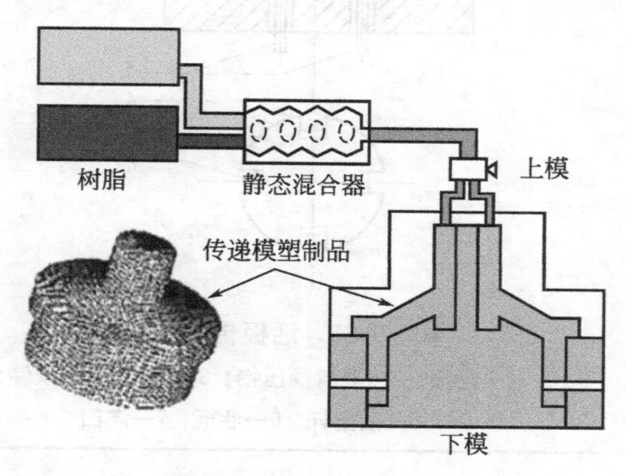

■图7-25　RTM工艺示意图

原则上，适于压缩模塑的各种热固性模塑料，均适用于传递模塑成型，但传递模塑对模塑料成型工艺性能的要求更接近热固性注塑用成型物料，即要求成型物料在未加热到固化温度前的熔融状态应具有良好的流动性，当加热到高于固化温度后又有较大的固化速率。能符合这种要求的有酚醛、三聚氰胺甲醛和环氧等树脂，而不饱和聚酯和脲醛树脂在低温下有较大的固化速率，因此不能成型较大的制品。传递模塑所用模具的结构比压缩模塑成型的复杂些，其工艺条件较压缩模塑更为严格，操作技术要求较高。

7.3.1 传递模塑形式及设备

传递模塑按加料室结构和向成型腔注入塑料熔体方式的不同，可分为活板式、罐式、柱塞式和螺杆式四种形式。

7.3.1.1 活板式传递模塑

活板式是传递模塑的原始形式，所用的模具与模压成型模具大致相同，如图7-26所示。在阴模中放入一个带槽孔的隔板（即活板），使模腔的板上部分成为加料室，而模腔的板下部分成为成型腔。活板式传递模塑仅适于成型形状简单的小型制品，而且只能手工操作，目前生产上已很少采用。

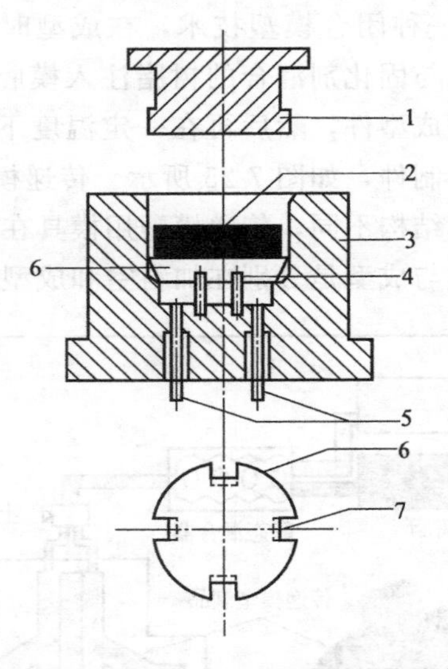

■图 7-26 活板传递模塑塑模

1—阳模；2—塑料预压物；3—阴模；4—嵌件；
5—顶出杆；6—活板；7—浇口

7.3.1.2 罐式传递模塑

罐式传递模塑的塑模结构和操作过程如图 7-27 所示。为保证成型过程中模具可靠的闭合，罐式传递模塑所用模具加料室的截面积，应大于阴

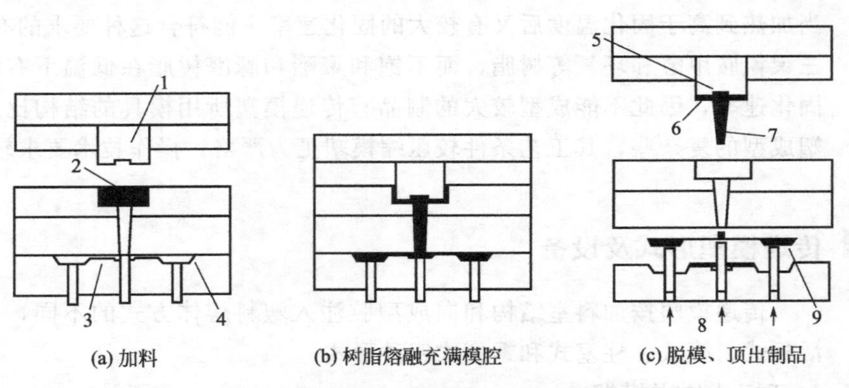

(a) 加料　(b) 树脂熔融充满模腔　(c) 脱模、顶出制品

■图 7-27 罐式传递模塑的塑模结构和操作过程

1—传递柱塞；2—传递罐；3—流道；4—型腔；5—注道残料顶销；
6—余料；7—浇道赘物；8—顶出杆；9—制品

阳模分界面上制品和流道等截面积的10%以上。为确保熔融料能完全填满成型腔和充模后继续向成型腔传压补料，模塑料的一次加料量应略大于制品和流道固化物的总重量。

罐式传递模塑可用移动式模具，也可用固定式模具。前者成型在通用液压机上进行，装料、启模、取出制品等操作靠手工完成，因而劳动强度大，生产效率低；后者可将模具安装在专用液压机上，可进行半自动化操作。

7.3.1.3 柱塞式传递模塑

柱塞式传递模塑的塑模结构和操作过程如图7-28所示。与罐式传递模塑相比，柱塞式传递模塑由于所用模具无主流道，因而往成型腔注入熔融料时的流动阻力较小，而且没有主流道固化物废料产生，故其成型制品时的能耗和物料损耗都较少。此外，由于制品与分流道内的固化物和残留在加料室内的固化物是作为一个整体从模内顶出，使脱模时间缩短，有利于提高生产效率。

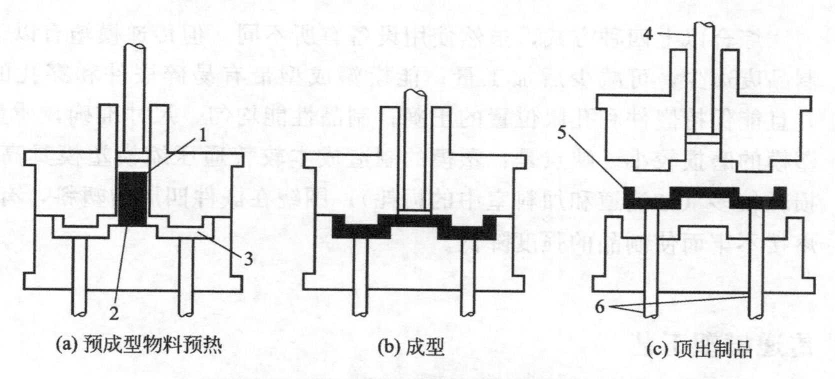

■图7-28 柱塞式传递模塑的塑模结构和操作过程

1—预成型物；2—流道；3—型腔；4—柱塞；5—制品；6—顶出杆

柱塞式传递模塑成型制品一般都用固定式模具，而且要将模具安装在专用的双油缸传递成型机上。成型制品时，传递成型机的一个油缸专用于将模具闭合，另一个专用于通过柱塞对熔融料施压。由于闭合模具和施压注料由两个油缸分别承担，因此柱塞式传递模塑的塑模加料室截面积并不一定要大于阴阳模分界面上制品和流道等截面积。

7.3.1.4 螺杆式传递模塑

螺杆式传递模塑在成型设备的结构和成型操作过程上与热固性塑料注射和柱塞式传递模塑相近，如图7-29所示。成型过程中，模塑料在螺杆料筒内预热塑化，并送入倒转的柱塞式加料室内，然后与柱塞式传递模塑一样通过柱塞对熔融料施压进入模腔。螺杆式传递模塑可进行全自动化操作，目前该法已被热固性塑料注射成型所取代。

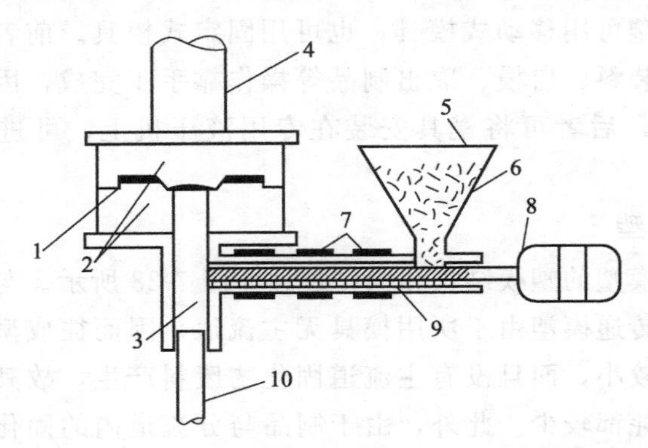

■图 7-29 螺杆式传递模塑示意图

1—成型物；2—对模；3—料室；4—压力活塞；5—料斗；6—材料；7—加热段；8—电机；9—塑化螺杆；10—传递柱塞

综合以上四种方式，虽然使用设备有所不同，但传递模塑有以下优点：制品废边少，可减少后加工量；能模塑成型带有易碎嵌件和穿孔的制品，并且能保持嵌件和孔眼位置的正确；制品性能均匀，尺寸准确，质量提高；塑模的磨损较小。缺点是：塑模的制造成本较普通压缩模塑模具高；塑料损耗较多（如流道和加料室中的损耗）；围绕在嵌件四周的塑料，有时会因熔接不牢而使制品的强度降低。

7.3.2 传递模塑工艺

传递模塑法生产热固性塑料制品的工艺过程与压缩模塑大致相同，二者的主要不同之处在成型操作方面。传递模塑工艺过程如图 7-30 所示。

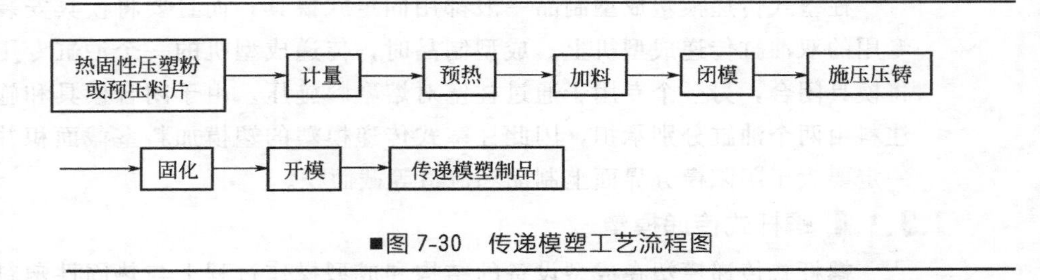

■图 7-30 传递模塑工艺流程图

物料的计量一般采用称量法，加料量应大于制品质量和流道、浇口系统等物料的总和，称量后物料采用高频预热，预热目的是缩短成型周期。

预热后应将物料尽快加到料室中，并在较短的时间内加热物料至熔融温度，然后液压机通过传递压柱或柱塞施压将物料压至闭合的模腔内。模腔内的物料在一定温度和压力条件下，经过一定时间固化后，即可开模并顶出制品。由于传递模塑的模具精度高，制品的废边少，故可减少后加工和清扫模具的工作量。

7.3.3 传递模塑工艺条件

传递模塑与模压成型一样，需控制的主要工艺参数也是模塑压力、模塑温度和模塑时间，但是传递模塑的成型操作过程与模压成型不同，在选择工艺参数时有所不同。

7.3.3.1 模塑压力

模塑压力是指施加在加料室内物料上的压力。对同一种模塑料，模塑压力通常比模压压力高，这样在对熔融料施加压力时能克服浇口和流道的阻力，并且在进入模腔后仍具有足够的充模压力，从而保证成型腔充满后熔融料能被压实和实现补料。模塑压力通常为模压压力的1.5～3.5倍，一般为60～80MPa，高者可达100～120MPa。模塑压力视物料的品种和模塑形式不同而不同，对于固化速率大的模塑料，应选用高压高速，使熔融物料能在较快的时间内充满模腔。但是模塑压力过大，熔融料进入型腔内会冲断细小型芯和嵌件或使之严重变形。柱塞式传递模塑因无主流道浇口，模塑压力可比罐式传递模塑降低10%～20%。

7.3.3.2 模塑温度

模塑温度是指传递模塑成型时的模具温度，一般比模压成型温度低10～20℃，这主要是考虑到物料从加料室注入模腔过程中，因产生剪切摩擦而生热。而且传递模塑模各部分的温度应分别控制，一般情况下，加料室部分比成型腔部分低15～20℃，以避免物料在加料室因温度过高而早期固化，使熔融物料的流动性下降。注料速度对模塑温度也有影响，即压注速度越高，熔融料通过浇口流道进入模腔的流速就越高，所产生的剪切摩擦升温就越大，所选择的模塑温度就应越低一些。

7.3.3.3 模塑时间

模塑时间是指加料室内物料施加压力开始至固化完成开启模具这段时间。通常传递模塑时间比模压时间短20%～30%。这是因为对加料室内物料施压时温度已升高到固化临界温度，物料进入模型后即可迅速进行交联固化反应，使模腔内各处的熔融料温度均一性比模压成型时要高很多，因此在模腔内物料的固化反应时间就短。模塑时间主要取决于物料的种类、制品的大小、形状、壁厚，预热条件及注压条件等。

表 7-7 比较了酚醛模塑料压缩模塑和不同形式的传递模塑工艺条件以及预热情况对工艺条件的影响。

■表 7-7 酚醛模塑料压缩模塑和传递模塑工艺条件

成型方法 / 工艺条件	压缩模塑	传递模塑		
		罐式	柱塞式	
	红外预热	未预热	高频预热	高频预热
预热温度/℃	70		100～110	100～110
模塑压力/MPa	20～25	160	79～96	79～96
注入时间/min	2	4～5	1～1.5	1/4～1/3
固化时间/min	12	8	3	3
成型周期/min	14	12～13	4～4.5	3.5

7.4 典型合成树脂的压制成型

20 世纪的前 50 年，由于酚醛树脂的出现并被大量采用，压制成型是加工塑料的主要方法。至 20 世纪 40 年代，因热塑性塑料的出现并可采用挤出和注射方法来成型，情况开始变化。压制成型初期加工的塑料约占塑料总量的 70%，但至 50 年代，该比例降至 25%以下，目前约为 3%。这种变化并不意味着压制成型是一种没有发展前景的方法，只不过是压制成型生产热塑性塑料制品的成本过高。20 世纪初期，95%的树脂为热固性的，至 40 年代中期，该比例降至约 40%，而目前仅约为 3%。不过，压制成型仍是一种重要的成型方法，尤其在成型某些低成本、耐热制品时。随着新的树脂基热塑性和热固性模压料的出现，以及汽车工业等的发展，压制成型正焕发出新的活力。

7.4.1 不饱和聚酯树脂

不饱和聚酯树脂俗称聚酯，它是由不饱和二元酸或酸酐混以定量的饱和二元酸或酸酐在高温下与饱和二元醇或二元酚经缩聚而制得的线型聚酯树脂。由于在聚酯大分子结构中存在有不饱和乙烯基双键，若用活泼的烯类单体与其交联即成体型结构的热固性塑料。

不饱和聚酯树脂 BMC 和 SMC 模压成型工艺操作简单，模压制品收缩率小，电性能优良，内应力小，对模具损伤小。BMC 和 SMC 有多种级别，它们的力学性能列于表 7-8 中。而不饱和聚酯树脂的模压成型工艺条件如

表 7-9 所示。

■表 7-8 BMC 和 SMC 制品的机械性能

品种		相对密度	成型收缩率/%	拉伸强度/MPa	弯曲强度/MPa	弯曲模量/GPa	吸水率/%
BMC	高强度	1.7	0.15	45	95	7	20
	自熄	1.8	—	45	100	9	25
	低收缩	1.8	0.05	50	95	8.5	20
	耐化学	1.7	0.02	50	110	7	10
	电绝缘	1.8	0.15	45	90	8.5	15
	快固化	1.85	0.1	35	85	7	25
SMC①	通用	1.75	—	60～80	150～170	8～10	0.2
	阻燃	1.78	—	60～80	150～170	9～11	0.15
	汽车用	1.8	—	50～70	130～150	8～10	0.16
	家具用	1.78	—	60～80	155～175	8～10	0.19
	柔性	1.7	—	55～75	140～160	8～10	0.12
	耐化学/电绝缘用	1.78	—	60～80	150～170	8～10	0.23

① 玻璃纤维含量均为 25%。

■表 7-9 不饱和聚酯树脂 BMC 和 SMC 的模压成型工艺条件

项 目	BMC	SMC
模压压力/MPa	10～20	3～5
模压温度/℃	145～155	140
模压时间/(s/mm)	60～70	30～40

7.4.2 环氧树脂

在大分子主链上含有醚键，同时在其两端含有环氧基团的聚合物总称为环氧树脂。它是由双酚 A 或多元醇、多元酚、多元酸、多元胺与环氧氯丙烷经缩聚反应而成。其模压成型制品具有良好的电绝缘性与化学稳定性，可用作电子电气配件（如绝缘层压板、印刷底板、电器件外壳等）以及机械和仪表的零部件（如齿轮、轴承、设备衬里等）。

环氧模塑料是环氧树脂的一个重要且具有发展潜力的应用领域，其可用压塑或传递模塑成型，能在低压下快速成型，生产效率高，制品质量好，成本低。环氧模塑料可分为通用级和电子工业级两类，其基本组成见表 7-10。

■表 7-10 环氧模塑料的基本组成

主要原料	电 子 级	通 用 级
树脂	邻甲酚甲醛环氧树脂	邻甲酚甲醛环氧树脂，酚醛环氧，双酚 A 型环氧，缩水甘油胺
固化剂	酚醛树脂	酚醛树脂，潜伏固化剂

续表

主要原料	电　子　级	通　用　级
固化促进剂	咪唑，DBU	咪唑，DBU
无机填料	熔融或结晶 SiO_2	熔融或结晶 SiO_2 等
增强填料		玻璃、碳纤维
偶联剂	硅偶联剂	硅偶联剂
内脱模剂	蜡、硬脂酸盐	蜡、硬脂酸盐
着色剂	炭黑	炭黑等
阻燃剂	四溴双酚 A 环氧树脂、Sb_2O_3 等	四溴双酚 A 环氧树脂、Sb_2O_3 等

7.4.3 酚醛树脂

酚醛树脂是酚类和醛类缩聚而成的一类树脂，其固化产物具有阻燃性和耐烧蚀性能，热变形温度高，抗老化性好，耐化学腐蚀性能好，而价格比较便宜。因此尽管酚醛树脂存在诸如在固化过程中有副产物放出、需高压成型、固化温度较高、力学性能稍差等缺点，但仍有很强的通用性，广泛应用于各个领域。表 7-11 列出了各种类别的酚醛塑料的特性及其制品的主要用途。

■表 7-11　酚醛模塑料的特性及其制品的主要用途

类　别	型　　号	特　性	主要用途
日用(R)	R121，R126，R128，R131，KR132，R133，R136，R137，R138	综合性能好，外观、色泽好	瓶盖、纽扣、把手及其他日用品
电气(D)	D131，D133，D141，D151	具有一定的电绝缘性	低压电器、绝缘构件，如开关、电话、机壳、仪表壳
绝缘(U)	U165，U1501	电绝缘性、介电性高	电信、仪表和交通电气绝缘构件
高频(P)	P2301，P3301，P7301	较高的高频绝缘性能	高频无线电绝缘零件，高压电气零件，超短波电讯、无线电绝缘零件
高电压(Y)	Y2304	介电强度超过16V/mm	高电压仪器设备部件
耐酸(S)	S5802	较高的耐酸性	接触酸性介质的化工容器、管件、阀门
无氨(A)	A1501	使用过程中无 NH_3 放出	化工容器、纺织零件、蓄电池盖板、瓶盖等
湿热(H)	H161	在湿热条件下保持较好的防霉性、外观和光泽	热带地区用仪表、低压电器部件，如仪表外壳、开关
耐热(E)	E431，E631	马丁耐热超过140℃	在较高温度下工作的电器部件

续表

类别	型号	特性	主要用途
冲击(J)	J1503，J8603	冲击强度高	振动频繁的电工产品、绝缘构件
耐磨(M)	M441，M4602，M5802	耐磨特性好，磨耗小	水表轴承密封圈，煤气表具零件，水轮泵和潜泵的轴承
特种(T)	T171，T661	根据特殊用途而定	

酚醛树脂的模压成型工艺条件如表 7-12 所示。

■表 7-12　酚醛树脂的模压成型工艺条件

名称	模压温度/℃	模压压力/MPa	名称	模压温度/℃	模压压力/MPa
酚醛木粉模塑料	140～195	10～40	酚醛石棉模塑料	140～205	14～28
酚醛玻璃纤维模塑料	150～195	14～40	酚醛矿物质模塑料	130～180	14～20
酚醛纤维素模塑料	140～195	10～40			

7.4.4 有机硅树脂

有机硅树脂含有无机硅氧主链结构和有机侧链（一般为甲基、乙基、乙烯基、丙基、苯基或氯代苯基），既具有无机聚合物的耐热性，又具有有机聚合物的韧性、弹性和可塑性。

用于模压成型的有机硅树脂模塑料可分为有溶剂和无溶剂两类。有溶剂的有机硅树脂通常是由甲基或苯基硅氧烷经水解、缩聚反应而成的带交联结构的聚合物，再配制成的乙醇溶液。无溶剂有机硅树脂通常是由苯基氯硅烷、甲基氯硅烷经共水解、缩聚而成的固状物料。

有机硅树脂模塑料在150℃下具有良好的流动性，能快速固化。模压料具有良好的耐热性和耐高温老化性能，瞬时可耐 650℃高温。一般耐热温度范围为 200～250℃，有机取代基种类不同其耐热温度也不同。如取代基为甲基的耐热 200℃；乙基耐热 140℃，丙基为 120℃，苯基则大于200℃。在模压成型中，有机硅树脂利用硅原子上所连接的羟基进行脱水缩合交联成网状结构。一般在较高温度（200～250℃）下进行热固化，最常用的固化剂为三乙醇胺及其过氧化二苯甲酰混合物，且固化时间较长。有机硅树脂的模压成型工艺条件如表 7-13 所示。

■表 7-13　有机硅树脂模压料的模压成型工艺条件

项目	有溶剂	无溶剂	项目	有溶剂	无溶剂
模压温度/℃	150～200	160～180	后处理温度/℃	200	200
模压压力/MPa	25～30	1～10	后处理时间/h	6	2
保压时间/min	15	2～5			

7.4.5 氨基树脂

氨基树脂是由含有氨基或酰氨基的单体（如脲、三聚氰胺、苯胺等）与醛类（主要是甲醛）经缩聚反应而生成的线型聚合物，在加入固化剂后才形成体型结构的热固性树脂。氨基树脂主要包括脲醛树脂和三聚氰胺甲醛树脂。氨基塑料的难燃性、耐电弧性、耐漏电性及着色性均比酚醛塑料好。

脲醛树脂也称脲甲醛树脂，是无臭、无味、无色透明粉料。脲醛树脂模压料也称电玉粉，由填料、着色剂、稳定剂、增塑剂等组成，填料主要采用纸浆或木粉。脲醛树脂模压成型的收缩率较高，约为 0.6%～1.4%。脲醛树脂的模压成型工艺条件如表 7-14 所示。

■表 7-14 脲醛树脂的模压成型工艺条件

项 目	数 值	项 目	数 值	项 目	数 值
压缩比	2.2～3.0	模压压力/MPa	1.5	后处理温度/℃	70
模压温度/℃	132～182	冷却温度/℃	60～70	后处理时间/h	10～12

三聚氰胺甲醛模塑粉为无臭、无味、无毒、价廉的浅色粉料，着色性好。三聚氰胺甲醛树脂的固化速率较快，成型时易放出水分及酸性分解物，成型设备应注意防腐。在模压成型中，三聚氰胺甲醛树脂以 α-纤维素为填料时压缩比为 2.1～3.1，以石棉为填料时为 2.1～2.5。模压成型时一般采用预压工艺以降低成型收缩率，并可缩短固化时间。三聚氰胺甲醛树脂的模压工艺条件见表 7-15。

■表 7-15 三聚氰胺甲醛树脂的模压成型工艺条件

项 目	玻璃纤维填充	木粉填充	α-纤维素填充
模压温度/℃	138～177	138～177	140～190
模压压力/MPa	14～55	14～55	15～50
模压周期/min	—	—	40～100

7.5 模压成型制品常见缺陷及对策

模压成型过程中，有时由于各种原因不可避免地出现制品缺陷，甚至报废，这除了要求操作人员应严格遵守工艺规程生产，控制好温度、压力和时间三个工艺要素之外，对于制品出现的缺陷应认真分析找出原因，及早给予排除。表 7-16 列出了模压成型制品常见缺陷类型、产生原因和相应的解决方法。而玻璃纤维增强树脂基复合材料在模压成型加工中易出现的问题、原因及解决方法，见表 7-17 所示。同时，层压制品的常见缺陷与解决方法见表 7-18 所示。

■表 7-16　模压制品常见缺陷和解决方法

制品缺陷	产生的原因	解决的方法
表面起泡或内部鼓起	1. 模塑粉含水分及挥发物较多 2. 模具温度过低或过高 3. 模压压力不足 4. 制品固化时间不足 5. 模塑料的压缩比过大，空气含量过多 6. 排气不够 7. 加热不均匀	1. 将模塑粉干燥或预热后再加入模具使用 2. 适当调节模具加热温度 3. 提高压机成型压力 4. 适当延长模压时间 5. 将模塑料预压成锭料或改进加料时的堆放方式 6. 增加排气次数或改进模具的排气孔 7. 修整模具的加热装置
制品脱模后或贮存一段时间后出现裂纹	1. 嵌件过多或过大 2. 嵌件设计不合理 3. 模具顶出装置不合理或顶出时受力不均匀 4. 卸模时操作不当 5. 制品各部位壁厚相差较大 6. 严格执行模塑料的预热工艺条件 7. 制品在模具中保持时间过长	1. 改进模具的结构或改用收缩率小的模塑料 2. 改用正确的嵌件 3. 改进顶出装置，使制品受力均匀 4. 熟练或改进脱模的操作方法 5. 修改模具，使制品壁厚区域均匀 6. 物料的水分及挥发物含量较大 7. 调整模具温度和模压时间
翘曲	1. 制品固化程度不足 2. 模塑料的流动性太大 3. 模塑料的水分及挥发物含量较大 4. 模温过高或阴阳模的表面温度相差过大，使制品各部位收缩不均 5. 闭模前，物料在模内停留时间过长 6. 制品结构的刚度差 7. 制品各部位的壁厚与形状相差较大、收缩不均匀	1. 适当延长固化时间 2. 选用流动性适宜的模塑粉 3. 模塑料预压成锭料，严格执行预热工艺条件 4. 降低模温，改进模具的加热装置，尽量缩小阴阳模的温差 5. 加快闭模速度，缩短物料在模内的停留时间 6. 改进制品设计 7. 修改模具，使制品结构趋于合理，使用收缩率小的模塑料，调整各部位模温，模塑料应经预热
制品尺寸偏差大	1. 加料量不准确 2. 模具不准确或已磨损 3. 模塑料性能不均匀	1. 加料时应准确计算 2. 修理或更换模具 3. 更换性能均匀的模塑料
制品表面有色点或杂质	1. 模塑料混有杂质、油污或其他型号色料 2. 模具型腔残留废料	1. 模塑料应过筛，清洁环境，保护树脂不受污染 2. 仔细清理模具型腔

续表

制品缺陷	产生的原因	解决的方法
制品表面灰暗、无光泽	1. 型腔表面光洁度不够 2. 润滑剂质量差或用量不足 3. 脱模剂析出 4. 模温过高或过低 5. 模塑粉受潮或低分子挥发物含量过多	1. 磨光或抛光型腔表面 2. 调整配方中润滑剂用量，选用质量好的润滑剂 3. 改进配方，选用质量好的脱模剂 4. 调整模具的加热温度 5. 模塑粉预热，改进模具排气孔或增加排气次数
制品粘模	1. 型腔表面光洁度差 2. 模塑粉中无润滑剂或用量不当 3. 保压时间短，压制温度太低	1. 磨光或抛光型腔表面 2. 加入适量润滑剂 3. 适当延长保压时间，提高模温，降低压制压力
制品脱模时呈柔软状	1. 物料固化程度不足 2. 模塑粉受潮水分多 3. 模具上使用润滑油过多	1. 提高模温或延长固化时间 2. 预热模塑粉 3. 少用或不用润滑油
制品脱模困难	1. 模温和压力太高 2. 准确加料 3. 脱模剂效果差	1. 适当降低模温或模压的压力 2. 加料量太多 3. 选用合适的脱模剂
制品没有完全成型，局部疏松	1. 模压的压力不足 2. 加料量不足 3. 闭模太快或排气太快，致使部分粉料溢出 4. 模塑料的流动性太大或太小 5. 闭模太慢或模温太高，以致部分物料过早固化	1. 提高模压压力 2. 加料量需准确计量 3. 减慢闭模与排气的速度 4. 选用流动性适中的模塑料。流动性大的物料，减慢加压速度；流动性小的物料则增大压力与降低模温 5. 制品外部疏松，需加快闭模；制品内部疏松则慢速低压闭模，降低模温
制品变色	模温过高	适当降低模温
飞边多而厚	1. 加料量过多 2. 模塑料流动性差 3. 模具设计不当，模面不平	1. 加料量需准确计量 2. 更换模塑料，模塑料需预热，降低模温及提高模压压力 3. 修整模板和合模面
制品表面呈橘皮状	1. 模压时高压闭模太快 2. 模塑料流动性过大 3. 模塑粉颗粒太粗 4. 模塑粉受潮	1. 减慢闭模速度 2. 提高预热温度，选用流动性较差的模塑粉 3. 改用细颗粒模塑粉 4. 将模塑粉进行干燥处理
制品表面不平或产生波纹	1. 模塑粉流动性大 2. 水分及挥发物含量大 3. 保压时间不足 4. 模具加热不均匀	1. 预热、预压，调整模塑料的流动性 2. 模塑粉需预热干燥 3. 适当延长保压时间 4. 改进模具加热装置，适当增加物料

续表

制品缺陷	产生的原因	解决的方法
制品电性能差	1. 模塑粉水分较多 2. 物料固化程度不足 3. 模塑料中混杂有金属杂物、油污等杂质	1. 严格进行模塑料预热工艺条件 2. 适当延长固化时间或提高模具加热温度 3. 采取保护措施防止杂质进入模塑料中
制件有灼烧痕迹	1. 预热温度过高，使表皮过热 2. 模压时加压速度太快 3. 模具排气孔太小或孔眼堵塞	1. 适当降低模塑料预热温度和模温 2. 减慢闭模速度 3. 修整模具的排气孔
力学性能和化学性能差	1. 物料固化程度不足，模温低 2. 模压压力低或加料量偏低	1. 适当延长固化时间和提高模温 2. 增加模压的压力和加料量

■表 7-17　玻璃纤维增强树脂基复合材料模压制品常见缺陷及解决方法

制品缺陷	产生原因	解决方法
表面起泡或凸起	1. 塑料含挥发物太大 2. 模压料固化不完全 3. 模温过高，使物料中某种成分气化或分解 4. 固化反应有易挥发物生成或装料时裹入空气，加上模具设计不合理或操作不当 5. 排气操作慢，使表面固化，或者压力太低，气体释放不出来	1. 充分预热物料或坯料，提高预成型温度 2. 提高模温或延长保温时间 3. 降低模温 4. 模具应设有排气孔，操作时要排气，低压慢合模，然后施高压排气 5. 用适当的速度放气，降低模温，提高压力
缺料（材料没有充满模腔；制品多孔不密实）	1. 料重不足 2. 物料流动性差或工艺条件掌握不当 3. 模具配合间隙过大或溢料孔太大 4. 脱模剂用量太多 5. 装料不当，有一部分料未装入模腔或装料不均匀 6. 操作太慢或太快，若操作慢，模温高，致使物料过早固化，若合模太快，塑料未均匀塑化，产生溢料	1. 适当增加料重 2. 更换物料品种或重新处理物料；通过试验找出最佳流动性工艺范围，一般采取预热，提高成型压力和降低模温的方法 3. 调整模具配合公差和溢料口尺寸 4. 使用脱模剂涂覆模具要均匀适量 5. 精心装料 6. 适当调节合模速度

续表

制品缺陷	产生原因	解决方法
裂纹(制品表面或里面有微细裂纹)	1. 树脂集中，使应力分布不均匀而产生裂纹 2. 热应力产生裂纹，树脂体系反应活性太高，升温太快产生热应力 3. 流动性裂纹，一般使用聚酯料团易发生这种现象 4. 模压压力过大	1. 树脂应均匀浸透玻璃纤维，不应有白丝，加压速度要均匀适当 2. 采用适当活性的树脂体系，降低模温 3. 修改设计，避免 1/8R～3/8R 的半径 4. 适当降低压力
裂缝(材料本身破坏)	1. 粘模，使制品脱模时破坏 2. 模具设计或加工不合适，造成卡模现象(如陷槽、倒拔销或出模斜度太小) 3. 金属嵌件和物料收缩系数相差较大，产生应力破坏 4. 嵌件预热温度过高或太低 5. 制品固化不完全 6. 材料出模时发软 7. 固化过头，使材料收缩率过大 8. 顶出不当 9. 薄壁细长，产品设计不合理(如斜度太小，孔的周围厚度过薄等) 10. 流动线(熔接痕)处强度过低 11. 部分料老化，影响树脂的黏结性能 12. 整形器尺寸与产品尺寸不一致	1. 参看“粘模”一栏 2. 修改模具设计 3. 选择适当的嵌件材料，适当加厚制品厚度 4. 控制嵌件预热温度在合适的范围内 5. 提高模温或延长保温时间 6. 降低模温后出模 7. 降低模温或缩短保温时间 8. 调整顶出杆尺寸和位置 9. 改变产品设计 10. 改变装料方法和装料室设计，消除流动线 11. 选用合适的物料，操作中避免部分料早固化 12. 调整整形器尺寸
烧焦(部分塑料受热分解变色)	1. 坯料中夹入空气，经压缩后升温，使树脂分解 2. 预热操作不当，局部过热或预热温度太高，时间太长 3. 模温不均匀，局部温度过高 4. 压注成型时柱塞移动速度过快或过慢	1. 采用有效的方式操作，延长闭模时间，适当降低模温 2. 改进预热操作 3. 调整加热方式，使模温均匀一致 4. 调整柱塞移动速度，一般使合模时间介于 5～12s 为宜
白丝(制品表面有玻璃纤维裸露)	1. 浸胶不均匀 2. 成型温度不合适 3. 老料或预热过度，影响了树脂的流动和浸透能力	1. 改进浸胶或混合工艺，若强度允许，可适当进行挤出混合 2. 调整温度，上模温度一般高于下模温度，可差 3～10℃，以减少玻璃纤维露出 3. 选用不过期的物料，预热要适当

续表

制品缺陷	产生原因	解决方法
缺胶（制品表面树脂分布不均匀）	1. 树脂的流动性差 2. 树脂过早胶化 3. 树脂太嫩，闭模速度太快，使树脂流失造成纤维浸渍不好 4. 模具配合间隙太大	1. 调整树脂合成温度，控制不溶性树脂含量 2. 降低模温，操作快一些，适当预热 3. 可以通过预热、预压、慢闭模等操作改进缺胶现象 4. 调整模具配合间隙
树脂集中（制品中部树脂过多）	1. 树脂流动性较差，树脂与纤维在压力下流动不同步 2. 产品设计不合理（如制品太薄，高度较大，角度太锐等）	1. 改用流动性较好的模压料，如强度允许，选用较短纤维或挤出机多次挤出坯料，以改进成型工艺，预热，低温入模等 2. 适当修改设计
翘曲（产品变形，设计尺寸有偏差）	1. 粘模 2. 固化不完全 3. 模温分布不均匀 4. 出模工艺不当 5. 树脂集中处强度太低，收缩率改变，致使产品翘曲 6. 产品设计不合理，如各处壁厚不均匀 7. 材料出模时太软 8. 材料收缩率过大	1. 参阅“粘模”一栏 2. 改善固化条件 3. 改进加热条件 4. 重新设计模具，使顶出装置合理，尽量在均匀冷却后出模，使用收缩固定器 5. 参看制品缺陷“树脂集中”一栏 6. 改进产品设计 7. 使用高温下刚性材料或加压下冷却出模 8. 使用收缩率低的原材料或改进工艺方法
毛边过厚	1. 料量过多 2. 材料流动性较差 3. 模温太高，部分料早硬 4. 压力不足 5. 上下模配合间隙太大 6. 溢料孔堵塞	1. 适当减小料量 2. 改进流动性 3. 降低模温 4. 适当提高压力，低压合模后迅速施加高压 5. 调整模具配合尺寸 6. 精心清理模具
起鳞	1. 模温低 2. 材料固化不完全	1. 提高模温 2. 通过预热等方法使之固化完全
表面凹凸不平	1. 模具上有机械损伤 2. 树脂集中 3. 料量较少 4. 材料不均匀且收缩率较大 5. 坯料形状与产品形状相差较大	1. 修理模具，精心清理模具，保证模具定位良好 2. 参看制品缺陷“树脂集中”一栏 3. 调整料量 4. 降低模温，提高压力，调整预热条件 5. 使两者形状尽量一致

续表

制品缺陷	产生原因	解决方法
表面无光泽	1. 模温过高或过低 2. 闭模速度太快 3. 固化不完全 4. 粘模 5. 模具表面粗糙	1. 调整模温，一般适当降低模温，可加以改善 2. 慢一些闭模 3. 调整固化时间 4. 使用合适的脱模剂 5. 降低模具表面粗糙度，镀铬
表面颜色不均匀	1. 模温不均匀，局部过高 2. 模温过高，使有机颜料分解或使材料老化 3. 流动性较差，造成纤维分布不均 4. 原材料混有杂质或操作时沾污 5. 外脱模剂和材料起反应	1. 调整模温的均匀性 2. 降低模温 3. 调整流动性，调节压力和闭模速度 4. 避免沾污，去除外来杂质 5. 选择惰性外脱模剂
表面粗糙（像橘皮状）	1. 固化不完全 2. 粉粒填料粒度太大 3. 流动性差 4. 模温太高或合模太慢，使部分料提前固化 5. 压制操作不当，合模太快	1. 改善固化条件 2. 改用粒度小的填料 3. 调节流动性，高频预热时外观较好 4. 降低模温，快些合模 5. 一般采用低压慢闭模，预压几秒后再加高压
粘模（制品表面和模具发生黏结现象）	1. 模压料未加脱模剂或加入不当 2. 模具未涂脱模剂或涂得不当 3. 固化不完全 4. 材料中含有水分较大 5. 模具表面粗糙或新模具未经研磨使用 6. 模具表面机械损伤 7. 模腔设计不合理 8. 顶出装置设计不当或安装不当 9. 模具不清洁 10. 模压压力过高 11. 未冷却就卸模	1. 通过试验加入适量的有效脱模剂 2. 模具应涂覆有效的脱模剂 3. 改善固化条件 4. 预热去除水分 5. 降低表面粗糙度，可用压塑粉试模后再压制玻璃钢 6. 精心修模 7. 一般应有适当斜度 8. 恰当设计顶出装置、精心安装，防止不垂直现象 9. 仔细清理模具 10. 适当降低压力 11. 应冷却后卸模
擦边或崩落（制品受机械损坏）	1. 毛边过厚 2. 未冷却卸模而损坏 3. 严重粘模使产品损坏 4. 模具表面机械损伤，出模时擦坏制品表面	1. 参看“毛边太厚”栏 2. 冷却后卸模 3. 解决粘模问题 4. 防止模具受伤，若损坏，应修复再用

续表

制品缺陷	产生原因	解决方法
电绝缘性能低	1. 固化不完全 2. 模压料含水及挥发物太高 3. 模压料混入金属等杂质 4. 模温过高，使材料老化变质	1. 改善固化条件 2. 预热去除水分和挥发物并预压 3. 去除杂质 4. 降低模具温度
力学性能差	1. 固化不完全 2. 没有预热操作 3. 料量不足 4. 成型压力不够 5. 有的材料需要后处理，处理条件不当 6. 坯料预成型时，玻璃纤维遭到破坏 7. 玻璃纤维太短	1. 采用合理固化条件 2. 采取预热操作 3. 适当增加料量 4. 提高压力 5. 正确选定后处理工艺条件 6. 改善坯料预成型条件，使制品强度较高 7. 选用适当长度的玻璃纤维

■表 7-18 玻璃布层合板常见缺陷及解决方法

制品缺陷	产生的原因	解决的方法
表面出现花斑	1. 玻璃胶布所含树脂流动性差 2. 模塑压力过小或变压不均 3. 热压时预热时间过长，加压过迟	1. 备料时注意胶布所含不溶性树脂含量不能太高，应选用表面质量较好的胶布 2. 加大模塑压力 3. 预热阶段时间不宜过长，加压要及时
中间开裂	1. 板料中夹有已老化胶布 2. 胶布含胶量过小 3. 板料中含有杂质 4. 胶布可溶性树脂含量及挥发物含量过大，预热时板材四周挥发物容易逸出，而中间残留多，呈现板芯发黑四周发白现象	1. 严格检查胶布质量 2. 压制时掌握好加压时机及注意保压，严格控制胶布含胶量 3. 加工前清除杂质 4. 降低胶布可溶性树脂及挥发物含量，防止胶布受潮
厚度偏差大	1. 模具不平或垫板倾斜 2. 胶布含胶量不均 3. 模具一边温度高，另一边温度低 4. 胶布的可溶性树脂含量大、胶液流动性过大，在加热时四周流胶过多	1. 维护好模板，发现模具不平及时处理，加以修整 2. 备料时将胶布做适当搭配或排布 3. 模具加热要均匀，发现模具倾斜要及时修理 4. 严格控制胶布固化程度
板料滑移	1. 胶布不溶性树脂含量过低 2. 胶布含胶量不均匀 3. 模塑过程流胶阶段升温过快，起始压力过大或二次加压时机过早	1. 合理控制胶布不溶性树脂含量 2. 装料时注意同一压机的胶布含胶量及流动性要基本相同 3. 如压制时出现滑移情况要及时关闭热源，保持原来压力，观察滑移情况，待稳定后逐步加热加压继续模塑

续表

制品缺陷	产生的原因	解决的方法
板面翘曲	1. 热压过程中各部位的温度差引起的热应力 2. 胶布质量不均匀	1. 升温、冷却要缓慢，不能操之过急 2. 胶布搭配要合理，要照顾到均匀受热

参 考 文 献

[1] Xiang D H, Gu C J. A study on the friction and wear behavior of PTFE filled with ultra-fine kaolin particulates. Materials Letters. 2006, 60 (5): 689-692.

[2] Lai S Q, Li T S, Liu X J, Lv R G. A Study on the Friction and Wear Behavior of PTFE Filled with Acid Treated Nano-Attapulgite. Macromolecular Materials and Engineering. 2004, 289 (10), 916-922.

[3] 王进华．聚四氟乙烯模压制品预成型工艺条件的探讨．有机氟工业．2002, 4, 6-7.

[4] 汪萍．聚四氟乙烯大型层压制品的生产技术．塑料科技．2002, 2, 34-37.

[5] Kemal I, Whittle A, Burford R, Vodenitcharova T, Hoffman M. Toughening of unmodified polyvinylchloride through the addition of nanoparticulate calcium carbonate. Polymer. 2009, 50 (16), 4066-4079.

[6] Xu Y, Wu Q, Zhang Q. Natural Fiber Reinforced Poly (vinyl chloride) Composite: Effect of Fiber Type and Impact Modifier. Journal of Polymers and the Environment. 2008, 16 (4), 250-257.

[7] 廖永衡．PVC硬板压制时间的确定．聚氯乙烯．2002, 6 (6): 36-38.

[8] 朱德钦，生瑜，生政天，刘希荣，徐艳蓉，陈春晖．PVC/竹粉复合材料压制成型工艺初探．福建林学院学报．2009, 29 (3): 285-288.

[9] 周达飞，唐颂超．高分子材料成型加工．北京：中国轻工业出版社，2000 年．

[10] 王贵恒．高分子材料成型加工原理．北京：化学工业出版社，1991 年．

[11] 王小妹，阮文红．高分子加工原理与技术．北京：化学工业出版社，2006 年．

[12] 张玉龙，夏裕斌．塑料制品加工中质量控制与故障排除．北京：中国石化出版社，2010 年．

[13] 张静，姚正军，李建萍，邱宁，吴晓波，陈江彪，沈晓东，张英．利用汽车内饰聚丙烯废料进行板材的研制．塑料工业．2005, 33, 222-224.

[14] 赵勇龙．废旧塑料材料模压制品的压制工艺探析．装备制造技术．2010, 2, 188-190.

[15] 杨志生，贾丽霞．玻璃纤维增强酚醛树脂模压制品工艺研究．航天制造技术．2008, 4, 19-21.

[16] 邬国铭，李光．高分子材料加工工艺学．北京：中国纺织出版社，2000 年．

[17] Nayak S K, Mohanty S, Samal S K. Influence of Interfacial Adhesion on the Structural and Mechanical Behavior of PP-Banana/Glass Hybrid Composites. Polymer Composites. 2010, 31 (7), 1247-1257.

[18] 杨其，黄锐．硬质聚氯乙烯板层压成型中的传热问题．聚氯乙烯．2005, 3, 21-23.

[19] 唐忠朋，刘扬，陈平，王秀杰，李建丰．高频传输用环氧基印刷电路基板的研究．纤维复合材料．2003, 4, 30-33.

[20] 周春华，刘威，李学闵，姜波等．树脂基超混杂复合材料成型工艺研究．玻璃钢/复合材料．2000, 2, 32-34.

[21] 钟意，王明军，范然平，沈锡仙．空心玻璃微球填充BMC模塑料的研究．绝缘材料．2010, 43 (3): 60-63.

[22] 钟意，王明军，刘建文，范然平，周凌汉．碳酸钙晶须增强BMC模塑料的研究．绝缘材料．2010, 43 (4): 14-17.

[23] 景强，魏无际，王国栋，王庭慰．玻纤长度及其含量对 BMC 力学性能影响．现代塑料加工应用．2006，18（3）：11-14.

[24] 郭利，张录鹤，江本赤．SMC 技术在汽车前面罩中的新应用研究．新技术新工艺．2009，2，96-98.

[25] 李忠恒，李军，宦胜民，毛尖伟．汽车用高性能 SMC 复合材料．纤维复合材料．2009，2，27-30.

[26] 孙巍，翟国芳，冯威，王继辉．填料堆积密度对 SMC 工艺及性能的影响．高分子材料科学与工程．2009，25（4）：51-54.

[27] 向海．RTM 成型高性能苯并噁嗪树脂的分子设计、制备及性能研究．成都：四川大学博士学位论文．2005 年．

[28] 李卫方，石松，玉瑞莲，姚承照，冯志海．RTM 酚醛树脂研究进展．宇航材料工艺，2004，2，8-13.

[29] 张育军，胡以强．三组分酚醛树脂冷压制备离合器摩擦材料．功能高分子学报，2005，18（3）：509-514.

[30] 胡美些，郭晓东，王宁．国内树脂传递模塑技术的研究进展．高科技纤维与应用，2006，31（2）：29-33.

[31] 齐燕燕，刘亚青，张艳君．RTM 主要缺陷的研究进展．工程塑料应用，2006，34（12）：72-75.

[32] 瞿金平，黄汉雄，吴舜英．塑料工业手册．北京：化学工业出版社，2001 年．

[33] 陈红，刘小峯，汪铮．中国不饱和聚酯工业进展．热固性树脂．2009，24（5）：51-56.

[34] 陈红，邹林，范君怡．2007-2008 年国外不饱和聚酯工业进展．热固性塑料．2009，24（2）：50-55.

[35] 杨鸣波，唐志玉．中国材料工程大典．北京：化学工业出版社，2005 年．

[36] 朱永茂，殷荣忠，刘勇，杨玮．2007-2008 年国外酚醛树脂及塑料工业进展．热固性树脂．2009，24（2）：47-50.

[37] 朱永茂，殷荣忠，刘勇，潘晓天，杨玮．2008-2009 年国外酚醛树脂及塑料工业进展．热固性树脂．2010，25（1）：56-60.

第 8 章 压延成型

压延成型是高分子材料的主要成型方法之一。这种成型方法利用压延机辊筒之间的挤压力作用，并配以相应的温度，使物料发生塑性流动变形，最终制成具有一定断面尺寸的片状聚合物材料或薄膜状材料，或者把这些压延薄片复合到引入的织布或纸上制成人造革或壁纸。

压延成型制备的制品占塑料制品总用量的 1/5，像橡胶、片材、人造革和压延复合地板等塑料制品，广泛应用于工业、农业、国防等各个领域，同时在国民经济发展中发挥着重要作用。本章主要讨论压延设备的组成、压延的基本原理，以及典型树脂的压延成型。

8.1 压延设备

8.1.1 压延机的结构

压延机类型很多，但机构组成大致相同。主要由机座、机架、辊筒、轴承等组成。压延机的构造如图 8-1 所示。压延机在工作时温度和压力较高，而且辊筒要求平稳地运转，辊速和辊距又要求能在较大范围内调节，对压延机重要组成部分做如下介绍。

（1）辊筒　辊筒是压延机的主要工作部件。压延时，物料就是在辊筒的旋转摩擦和挤压力作用下发生塑性流动变形。压延机的辊筒可以是表面光滑或带花纹的圆柱形，也可以是具有一定中高度的腰鼓形。辊筒的排列方式可以平行排列或具有一定交叉角度的排列。辊筒为中空结构，有的还需要在内部钻孔，以便于通入饱和水蒸气和冷却水调节辊温。

（2）机架和轴承　压延机辊筒的两端通过轴承与机架相连，但除了中辊轴承固定于机架之外，其他各辊筒的轴承都是可以移动的，或上下移动，或水平移功，这都要专门的调距装置来完成。

（3）调距装置　常用的调距装置可分为整体式和单独式两种。整体式调距装置是由电机、蜗轮和蜗杆组成的一套协同动作的机构，它的操作不够简便，机构比较笨重，多用于老式设备中。现代新型压延机常采用单独传动，即每个辊筒（除中辊外）都有单独的电机调距装置，并采用两级球面蜗杆或行星齿轮等减速传动，这样可提高传动效率，减少调距电动机功率和减小体积，便于实现调距机械化和自动化。

（4）辊筒挠度补偿装量　根据需要，压延机上还配置辊筒的轴交叉装置和预负荷弯曲装置，以满足挠度的补偿需要。

（5）其他装置　一套辅助管道装置、电动机传动机构和厚度检测装置。

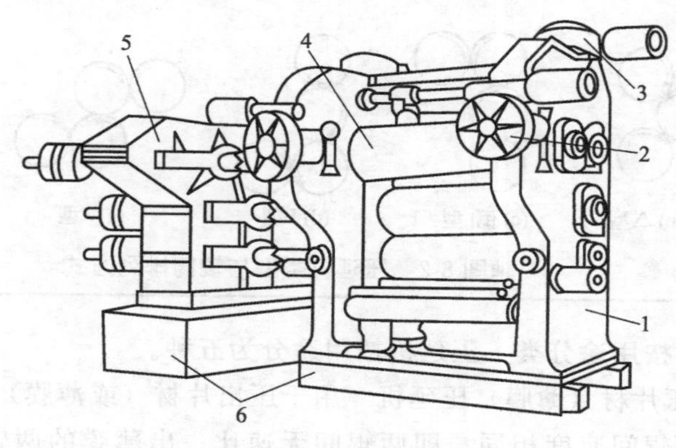

■图 8-1　压延机的构造

1—机架；2—轴交叉调节装置；3—辊距调节装置；4—辊筒；5—传动装置；6—机座

8.1.2 压延机类型

（1）按辊筒数目分类　根据辊数的不同，压延机分为双辊、三辊、四辊、五辊，六辊压延机。双辊压延机通常用于生产 PVC 地板砖，而一般压延成型以三辊或四辊压延机为主。由于四辊压延较三辊压延机多一次压延，因而可以生产较薄的薄膜，而且厚度均匀，表面光洁。辊筒的速度也可大大地提高。例如三辊压延机的速度一般只有 30m/min，而四辊压延机能达到它的 2～4 倍。

（2）按排列方式分类　压延机排列方式很多，而且同样的排列也有不同的命名。通常双辊压延机为直立式和斜角式排列，三辊压延机的排列有 I 型，△型等几种，四辊压延机的排列方式有 J 型、倒 L 型（Γ 型）、正 Z 型、斜 Z 型等。图 8-2 为压延机辊筒排列方式。

压延机辊筒排列的主要原则是尽可能避免各辊筒在受力时彼此发生干扰，并考虑操作人员的要求和方便以及自动供料时的需要。然而实际上的排列不可能十全十美，往往是顾此失彼，例如目前应用最广泛的“Z”型，与倒“L”型相比时，有各辊筒互相独立，受力时不发生相互干扰等优点。用倒“L”型压延机生产的透明薄膜要比用斜“Z”型的好。这是因为前者生产时中辊受力不大，辊筒的挠度小，机架刚度好，牵引辊可离得近，只要补偿第四辊的挠度就能生产出均匀的制品。另外，对斜“Z”型压延机来说，第三辊与第四辊速度相差不能大小，否则物料容易包在第四辊上，若两个辊筒速相差太大，对生产透明薄膜不利，而用倒“L”时，第三辊与第四辊的速度可以接近，因而用倒“L”型较“Z”型和斜“Z”型为好。

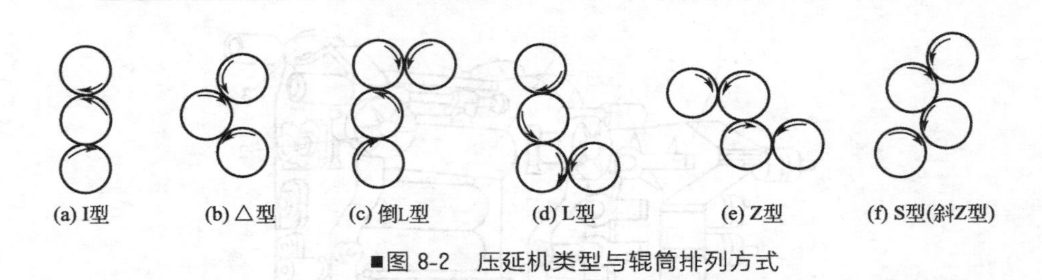

■图 8-2　压延机类型与辊筒排列方式

（3）按用途分类　压延机按用途分为五种。

① 压片材（薄膜）压延机　用于压出片材（或薄膜）或织物贴胶。出片材的两辊间速度相同，即两辊间无速比；出薄膜的两辊间有较小速比。通常为三辊或四辊压延机。

② 擦胶压延机　用于纺织物擦胶。各辊之间有一定的速比，中辗转速大于上、下辊，胶料通过中、下辊之间的辊缝而擦入布料。

③ 通用压延机　兼有上述两种功能的压延机；可供压出片材、薄膜、贴合和擦胶等多种用途。通常为三辊或四辊压延机，各辊之间的速比可借助齿轮调节。

④ 压型压延机　用表面带有花纹（如鞋底）或有一定形状的胶片（如力车胎胎面胶），其中一个辊筒刻有花纹，并可拆换。通常为四辊压延机。

⑤ 钢丝压延机　用于钢丝帘布的贴胶。常为四辊压延机。

8.1.3 压延机规格表示

压延机的规格是以辊筒数量或排列方式取名的，但主要是用辊筒长度和直径表示。表 8-1 是常见的塑料压延机的规格。压延机规格用辊筒外直径（mm）×辊筒工作部分长度（mm）来表示：如 ϕ610×1730 四辊倒 L 型压延机，其中 ϕ610 为辊筒外直径，1730 为辊筒工作部分长度。我国橡胶压延机的型号也可表示为 XY-4Γ-1730，其户 XY 表示橡胶压延机，4Γ 表示四辊 Γ 型排列，1730 表示工作部分的长度（mm）。

■表 8-1 常见的塑料压延机规格

用途	辊筒长度/mm	辊筒直径/mm	辊筒长径比(L/D)	制品最大宽度/mm
软质塑料制品	1200	450	2.67	950
	1250	500	2.5	1000
	1500	550	2.75	1250
	1700	650	2.62	1400
	1800	700	2.68	1450
	2000	750	2.67	1700
	2100	800	2.63	1800
	2500	915	2.73	2200
	2700	800	3.37	2300
硬质塑料制品	800	400	2.0	600
	1000	500	2.0	800
	1200	550	2.18	1000

8.1.4 压延机的主要技术参数

表征压延机（四辊）的参数较多，有辊筒直径、辊筒长径比、辊筒的线速度和调速范围、速比和驱动功率等。

（1）辊筒的长度与直径 四辊压延机通常以辊筒的长度与直径表示其规格。辊筒的长度越长则制品的宽度越大。随着辊筒长度的增加，辊筒的直径也增加。辊筒的长度与直径往往是维持一定的比例，即长径比（L/D）一定。对于软制品由于分离力小，长径比可以取大些，一般为 2.5～2.7；而对于硬制品则取 L/D 为 2.0～2.2。

（2）辊筒线速度与调速范围 辊筒的线速度是压延机生产能力的表示，但线速度取决于机械化与自动化程度的高低，所以压延机线速度确定了，生产能力也确定了。压延机生产能力计算方法如下：

$$Q=60\varphi veb\alpha\gamma \quad (8\text{-}1)$$

式中 Q——生产能力，kg/h；

φ——超前系数，取 1.1 左右（物料速度与辊筒速度之比）；

v——辊筒线速度，m/min；

e——制品的厚度，m；

b——制品的宽度，m；

γ——物料的密度，kg/m^3；

α——压延系数（固定加工某一物料时取 $\alpha=0.92$，经常更换物料时，取 $\alpha=0.7\sim0.8$）。

(3) 驱动功率 驱动功率是表征压延机的经济技术水平的重要参数。影响功率的因素很多，随制品的品种、操作条件的变化而变化，所以很难用理论公式准确计算，只能用近似公式计算。

按辊筒的线速度计算功率：

$$N=745\times hv \tag{8-2}$$

式中 N——电动机功率，W；

h——辊筒的数目；

v——辊筒的线速度，m/min。

按混筒工作部分长度计算功率：

$$N=745\times khb \tag{8-3}$$

式中 N——电动机功率，W；

h——辊筒数；

b——辊筒的有效长度，cm；

k——计算系数，见表 8-2。

以上两种计算没有考虑到物料的性质和工艺条件，式(8-2) 只考虑辊筒线速度，而式(8-3) 只考虑辊筒尺寸，因此计算结果难免有出入。把二者综合一下，可用 $N=745\times khv$ 计算。

■表 8-2 计算系数 k

辊筒规格/mm	辊筒最大速度/(m/min)	k	
		三辊压延机	四辊压延机
φ230×630	9	0.54	0.54
φ350×1100	21	—	0.13
φ450×1200	27	0.21	—
φ550×1600	50	0.31	0.34
φ610×1730	54	0.33	0.32
φ700×1800	60	0.50	0.48

8.2 压延成型原理

压延成型与多数弹性体产品所用方法不同，它本身是一种复杂的工艺过程。整个加工过程由多个独立的单元组成，而不是在一个设备内一步完成（例如注射机、挤出成型机那样）。首先是原材料在一定温度下的掺混，接着是熔融状态下的混炼，随后是压延成型、冷却定型。所以，要掌握压延过程的规律，就必须了解压延时物料在辊筒间的受力状态和流动变形规律，如物料进入辊距中的条件、物料的延伸变形情况、受力状态和流动速度分布状况等。虽然橡胶和塑料的压延特性不完全一样，但各种变化的规律却基本相同，故这节讨论聚合物压延原理，对橡胶、塑料的压延均适用。

8.2.1 进入压延机辊筒的条件

压延机辊筒对物料的作用原理与开炼机基本上是一样的，即物料与辊筒的接触角必须小于其摩擦角 φ 时，才能在摩擦力作用下被带入辊距中，因而能够进入压延机辊距中的物料的最大厚度是有一定限度的，如图 8-3 所示。假设能够进入辊距的物料的最大厚度为 h_1，压延后物料的厚度变为 h_2，压延厚度的变化为 $\Delta h=h_1-h_2$，Δh 为物料的直线压缩，它与物料的接触角 α 及辊筒的半径 R 的关系为：若 $R_1=R_2=R$，则 $\Delta h/2=R-O_2C_2=R(1-\cos\alpha)$，即

$$\Delta h=2R(1-\cos\alpha) \tag{8-4}$$

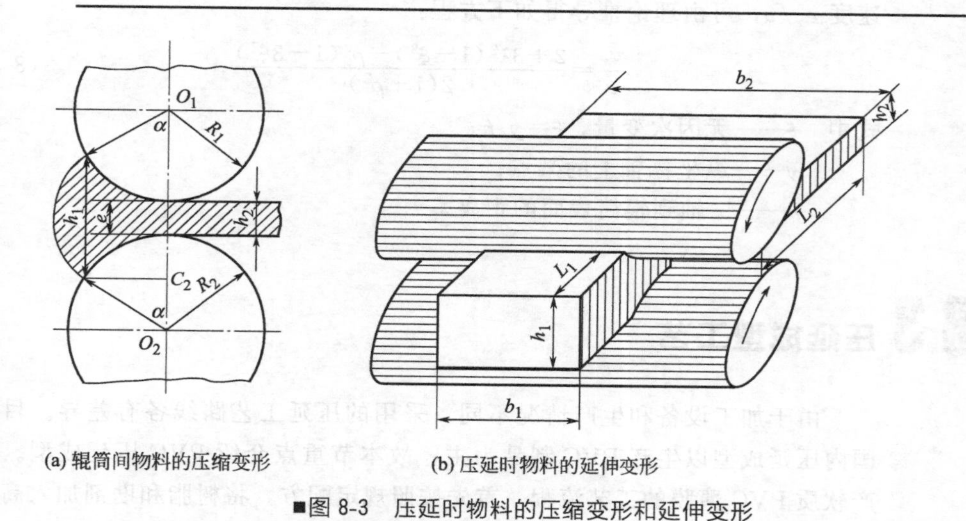

■图 8-3　压延时物料的压缩变形和延伸变形

可见，当辊距为 e 时，能够进入辊距中的物料的最大厚度为 $h_1=\Delta h+e$。当 e 值一定时，R 值越大，能够进入辊距中的供料最大厚度即允许的供料厚度也越大。

8.2.2 物料在压延辊筒间隙的压力分布

压延时推动物料流动的动力来自两个方面，一是物料与辊筒之间的摩擦作用产生的辊筒旋转拉力，它把物料带入辊筒间隙；二是辊筒间隙对物料的挤压力，它将物料推向前进。

图 8-3(b) 表示物料进入两个相向旋转的辊筒间的挤压情况。压延时，

物料被摩擦力带入辊缝而流动。由于辊缝是逐渐缩小的，因此当物料向前行进时，其厚度越来越小，而辊筒对物料的压力就越来越大。然后胶料快速地流过辊距处，随着胶料的流动，压力逐渐下降，至胶料离开辊筒时，压力为零。

8.2.3 物料在压延辊筒间隙的流速分布

处于压延辊筒间隙中的物料主要受到辊筒的压力作用而产生流动，辊筒对物料的压力是随辊缝的位置不同而递变的，因而造成物料的流速也随辊缝的位置不同而递变。即在等速旋转的两个辊筒之间的物料，其流动不是等速前进的，而是存在一个与压力分布相应的速度分布。

压延过程中物料沿 x 方向各点的速度 v_x 与辊筒线速度 v 的比值为相对速度 v_x/v，可由理论推导得如下方程：

$$\frac{v_x}{v}=\frac{2+3\lambda^2(1-\xi^2)-\rho^2(1-3\xi^2)}{2(1+\rho^2)} \tag{8-5}$$

式中 ξ——无因次变量，$\xi=y/h$；

y——纵坐标轴上的某点；

h——x 轴到辊筒表面的距离。

8.3 压延成型工艺

由于加工设备和生产情况不同，采用的压延工艺路线各有差异。目前国内压延成型以生产 PVC 制品为主，故本节重点介绍 PVC 压延成型。生产软质 PVC 薄膜的工艺流程，首先按照规定配方，将树脂和助剂加入高速混合机中充分混合，混合好的物料送入密炼机中预塑化，然后送到挤出机经反复塑化，塑化好的物料经过金属检测仪，即可送入压延机中压延成型。压延成型中的料坯，经过连续压延后得到进一步塑炼并压延成一定厚度的薄膜，然后经引离辊引出，再经压花、冷却、测厚、卷曲得到制品。比较常用的 PVC 薄膜成型用压延机生产线见图 8-4，用压延机生产线成型 PVC 薄膜的工艺流程如图 8-5 所示。

8.3.1 塑炼

在压延过程中，塑炼是重要的前加工，因为不经过塑化无法进行压延成型。塑炼过程一般包括捏合（即高速混合）、密炼、塑化及挤出等工序。

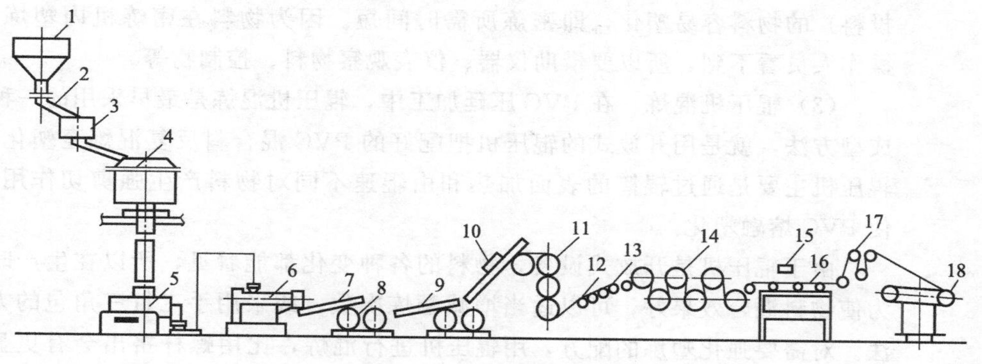

■图 8-4 PVC 薄膜成型用压延机生产线

1—塑料料仓；2—电磁振动加料斗；3—自动秤；4—高速热混合机；5—高速冷混合机；6—挤出塑机；7,9—运输带；8—双辊机；10—金属检测器；11—四辊压延机；12—牵引辊；13—托辊；14—冷却导辊；15—测厚仪；16—传送带；17—张力装置；18—收卷装置

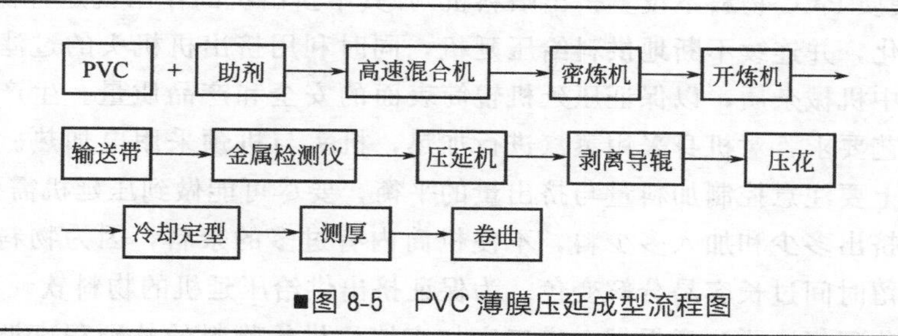

■图 8-5 PVC 薄膜压延成型流程图

（1）捏合　对于 PVC 软制品，通过捏合可促使树脂加快吸收增塑剂而溶胀成为松软而有弹性的混合料，为进一步塑化做准备；对于 PVC 硬制品，除不加增塑剂外，其他都一样。

（2）密炼　物料在密炼机强的剪切力与加热加压作用下塑化成为团状或块状物料。表 8-3 给出了 50L 密炼机密炼 PVC 的工艺条件。

■表 8-3　PVC 密炼工艺条件

工艺条件	软质 PVC 薄膜		硬质聚氯乙烯
	直接投料	捏合料	
投料量/kg	75	85	85～95
密炼室温度/℃	140～145	—	—
空气压力/Pa	(4～5)×10^5	(4～5)×10^5	(3～4)×10^5
密炼时间/min	4～8	3～5	3～4
出料时的功率/kW	130～140	130～140	120～125
出料温度/℃	160～165	160～165	165～175
出料状态	团状塑化半硬料	团状塑化半硬料	松软小块状

注：配方中增塑剂同为 48 份。

从表 8-3 中可以看出，经过捏合的物料比未经捏合（直接加入密炼机投料）的物料容易塑化，即密炼所需时间短。因为物料在密炼机内塑炼，操作人员看不到，所以要借助仪器、仪表观察物料、控制物等。

（3）辊压机混炼　在 PVC 压延加工中，辊压机混炼是最早采用的一种成型方法，就是用开放式的辊压机把配好的 PVC 混合料反复混炼至塑化。辊压机主要是通过辊筒的表面加热和由辊速不同对物料产生强剪切作用，使 PVC 熔融塑化。

由于辊压机是开放式设备，物料的各种变化都能看见，所以在生产时为使物料混合效果好，可以适当增减翻炼次数，或采用手工打三角包的方法。对需要强化塑炼的配方，用辊压机进行混炼，比用螺杆挤出会有更显著的效果，如生产丁腈橡胶改性 PVC 薄膜。在塑化过程中，全部采用辊压机塑化不但增加了操作人员的劳动强度，而且会污染环境，影响制品的质量，所以目前多数与密炼机配合使用。

在压延加工中，挤出机与密炼机及辊压机形成一个完整的塑化系统（硬质 PVC 物料不设置挤出喂料机），其中挤出机的作用就是将物料进一步塑化，并连续不断地供料给压延机，同时利用挤出机机头的过滤网滤去物料中机械杂质，以保证压延机辊筒表面的安全和产品质量。生产时，根据工艺要求，对机身采用蒸汽进行加热，机头与机颈采用电加热。在生产工艺上要注意控制加料量与挤出量的平衡，要尽可能做到压延机需要多少量，就挤出多少和加入多少料，不使机筒内有过多的余料，因为物料在机筒内停留时间过长容易分解变色。为保证挤出供给压延机的物料软硬程度合适、塑化理想，要注意根据上道工序如密炼机供给物料的软硬程度调节机身温度。挤出机停止前，可在机筒内还有小部分余料时打开机头，让余料很快挤出。主机停转后，应关闭加热电源及蒸汽开关，然后清除机头残料，用硬脂酸清洗螺杆。

8.3.2 压延工艺的影响因素

8.3.2.1 树脂

树脂的质量对 PVC 薄膜有直接的影响，一般来说，为得到物理性能好、热稳定性高和表面均匀性好的制品，多采用分子量较高和分子量分布较窄的树脂，但会提高压延温度和设备的负荷。因为分子量越高的树脂黏度越高，熔体流动性越差，塑化成型温度与分解温度越接近，给压延成型的工艺和设计带来困难。这对生产较薄的膜更为不利。所以在压延制品的配方设计中，要进行多方面考虑，选择适宜分子量的树脂。

近几年，为了提高产品的质量，用于压延成型的树脂有了很大的发展，有的采用本体聚合树脂，其产品透明性好，吸收增塑剂效果好。此外，为得到性能更好的树脂，还将树脂与其他材料进行掺和改性或对 PVC 进行接枝共聚。树脂中水分、灰分和挥发物的含量均不得过高，因为灰分过高影响薄膜的透明性，水分和挥发物过高会使制品带有水泡。此外各组分的纯度与均匀度也会对制品的质量有影响，应在配料前过筛除去树脂中较大的颗粒，因为这些粗大的颗粒吸收增塑剂慢而且难以塑化和熔化，从而使产品出现未熔化颗粒状树脂（俗称鱼眼），影响制品的美观和强度。

8.3.2.2 增塑剂和稳定剂

增塑剂和稳定剂对压延成型的影响也较大。增塑剂含量越多，在相同的压延条件下物料的黏度就越低。因此不改变压延机负荷的情况下，可以提高辊筒的转速或降低压延的温度。采用不适当的稳定剂会使压延辊筒表面蒙上一层蜡状物质，从而使薄膜表面不光滑，生产中发生粘辊现象或更换产品困难。压延温度越高，这种现象就越严重。形成蜡状物质层的原因一是稳定剂与树脂相容性太差，因此在受到压延时会被挤出而包在辊筒表面上；二是稳定剂分子多半是由极性和非极性部分组成（如金属皂等），其中极性部分对金属具有亲和力，因而所用颜料、螯合剂、润滑剂等配料比也有一定的关系。

避免形成蜡状物质层的方法有以下几种。

（1）选用适当的稳定剂，一般稳定剂中极性基团正电性越高，越容易形成蜡状。例如钡皂和锌皂析出严重，尤其是钡皂，所以在配方中要严格控制硬脂酸钡的用量，通常选用镉含量占优势的钡镉稳定剂，如果仍不能满足要求，则可加入锌皂。此外，最好少用或不用月桂酸盐类，而用液体稳定剂，如乙基己酸盐和环烷酸盐。

（2）掺入吸收金属皂类更强的填料，如水合氧化铝等。

（3）加入酸性润滑剂，常用的是硬脂酸。因为酸性润滑剂对金属皂具有更强的亲和力，可以先占领辊筒表面并对稳定剂起润滑作用，因而能避免稳定剂黏附于辊筒表面，但用量不宜过多，否则会影响薄膜的粘接性。

8.3.2.3 设备因素

压延产品质量上一个突出问题就是横向厚度不均匀，通常是中间和两端厚而近中区域两边薄，即所谓“三高两低”现象。这种现象的出现主要是在受力下的弹性变形和辊筒两端温度偏低所引起的。

（1）辊筒的弹性变形　由于压延时辊筒受到很大的分离力，因而两端支承在轴承上的辊筒会产生弯曲变形。这种分离力是从最大处辊筒中心向两端逐渐减少的，所以变形最大处为辊筒中心，到辊筒两端变形逐渐减小，这就导致压延产品的横向断面出现“三高两低”现象。这样的薄膜在卷曲时，中间的张力大于两端的张力，以致放卷时出现摊不平的现象。为了克服这一缺点，除了从辊筒材料及增强结构等方面提高其刚性外，生产中还采用中高度法（图 8-6）、轴交叉法（图 8-7）与预应力法（图 8-8）等措施进行纠正。因为任何一种措施都有它的局限性，所以有时三种措施在一台设备上连用，目的就是相互补偿。辊筒挠度对制品的影响如图 8-9 所示。

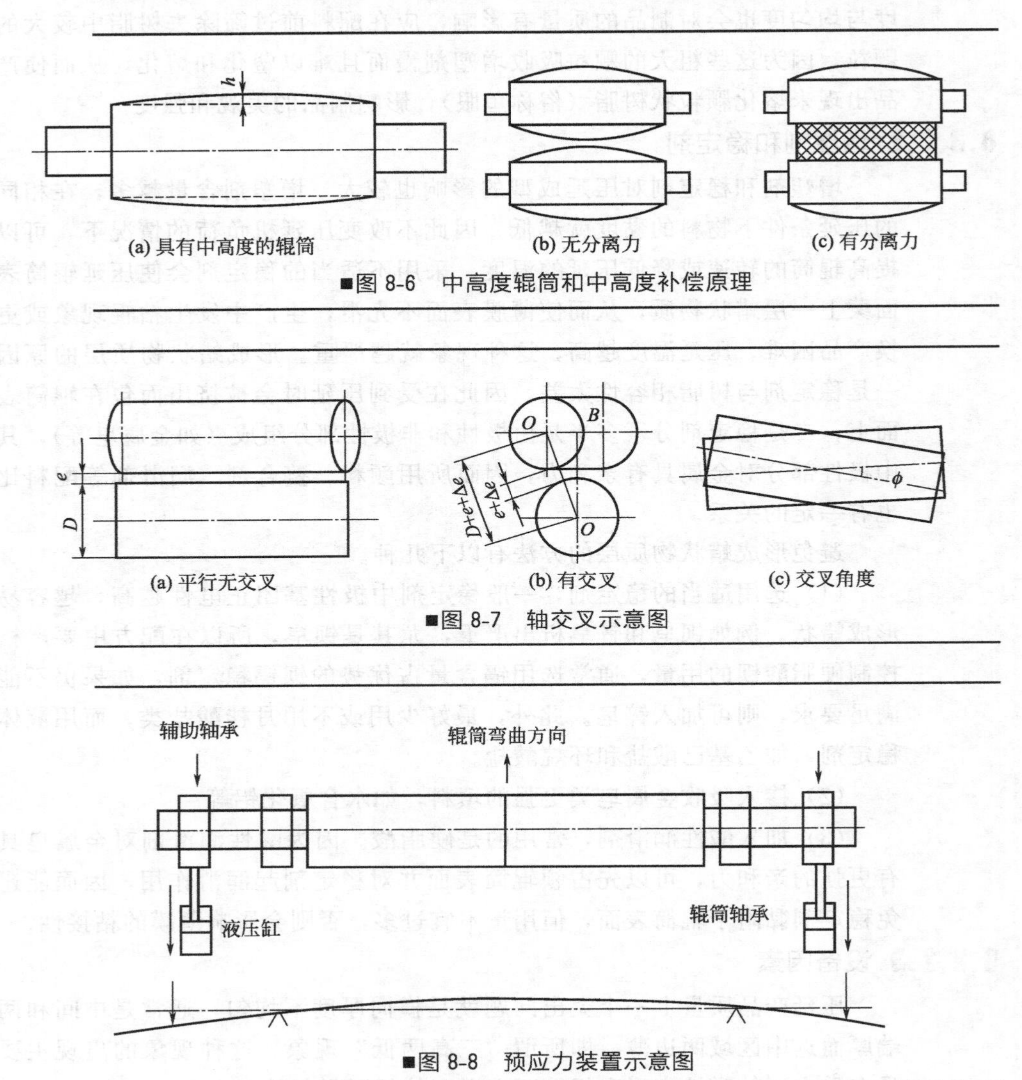

■图 8-6 中高度辊筒和中高度补偿原理

■图 8-7 轴交叉示意图

■图 8-8 预应力装置示意图

（2）辊筒表面温度的波动 在压延辊筒上温度总是中间高，一方面是因为在两端轴承上的润滑油会带走一部分热量，另一方面是辊筒的热量不断向机架及周围散发。所以辊筒表面不均匀，这就造成薄膜厚薄不均匀。

为了消除辊筒表面的温差，增加辊筒中部和两端的热膨胀，减少近中区域的热膨胀，改善“三高两低”，使产品横向厚度分布比较均匀，可在温度低的部位采用红外线或其他方法作补偿加热，在近中区域两边采用风管冷却，但这样又会造成内在质量不均匀，因此保证制品的横向厚度均匀的关键仍是中高度、轴交叉和预应力装置的合理设计、制造和使用。

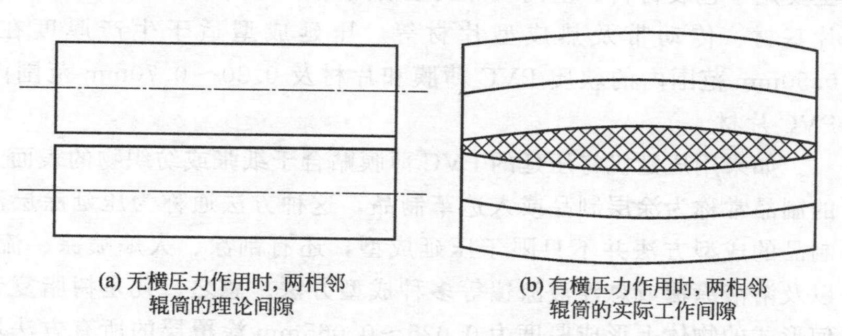

■图 8-9 辊筒挠度对制品质量的影响示意图

8.3.2.4 冷却定型阶段影响质量的因素

(1) 冷却　因为冷却不足会使薄膜容易发黏起皱，卷曲后收缩率大；冷却过度会使辊筒表面因温度过低而有冷凝水珠，从而影响制品质量。所以冷却必须适当，在多雨或潮湿的季节里应尤为注意。

(2) 冷却辊流道的设计　因为冷却辊进水端鼓面温度低于出水端，所以薄膜两端冷却程度不同，收缩率也不一样。解决的办法是改造冷却辊的流道结构，使冷却辊表面温度均匀。

(3) 冷却辊速比　冷却辊速比太小，会使薄膜发皱；速比太大，产品会出现冷拉伸现象使其内应力增大，导致收缩率增大。所以在操作时要严格控制冷却辊速比。

影响制品质量的因素是多方面的，有原辅材料的因素，有设备的因素，有操作人员的因素以及工艺上的其他因素，而生产中出现的质量问题并不是孤立的、绝对的，各项工艺条件之间都有十分密切的联系并相互影响，所以影响因素是复杂的，分析出现的问题时应该全面考虑，抓住主要因素，进行严格控制，这样才能生产出符合质量标准和使用要求的制品。

8.4 典型合成树脂的压延成型

塑料压延成型原料主要是 PVC 树脂、改性 PS、PE 树脂、PU 树脂等，主要产品有软质 PVC 薄膜、硬质 PVC 片材、PVC 人造革、PE 防水卷材等。薄膜与片材之间的主要区分在于厚度：厚度小于 0.25mm 为薄膜；厚度大于 0.25mm 为片材。PVC 薄膜和片材又分为硬质、半硬质和软质几种类型：增塑剂用量（单位：质量份）在 5 份以内者为硬质产品；用量在 6～25 份范围内为半硬质产品；用量超过 25 份为软质产品。压延薄膜主要用于包装材料、室内装饰及生活用品。压延片材常用作地板、录音唱片基材、传动带及热成型片材等。压延成型适于生产厚度在 0.05～0.50mm 范围内的软质 PVC 薄膜和片材及 0.30～0.70mm 范围内的硬质 PVC 片材。

如果用压延机将压延的 PVC 薄膜贴合于纸张或纺织物的表面上，所得的制品常称为涂层制品或人造革制品，这种方法通称为压延涂层法。涂层制品的成型方法并不只限于压延成型，还有刮涂、火焰喷涂、流化喷涂，以及溶液涂覆或悬浮液涂覆等多种成型方法。总之，凡是树脂复合物在任何形式的物体上形成厚度为 0.025～0.065mm 涂覆层的所有方法均可称为涂层法。压延涂层法仅仅是其中的一种方法。涂层法成型产品则以 PVC 人造革为主。

塑料的压延过程可以分成前、后两个阶段：前一阶段为压延前的备料阶段，主要包括所用塑料的配制、塑化和向压延机供料等。后一阶段包括压延、牵引、轧花、冷却、卷取和裁切等。这是压延成型的主要阶段。整个压延成型的工艺过程如图 8-10 所示。

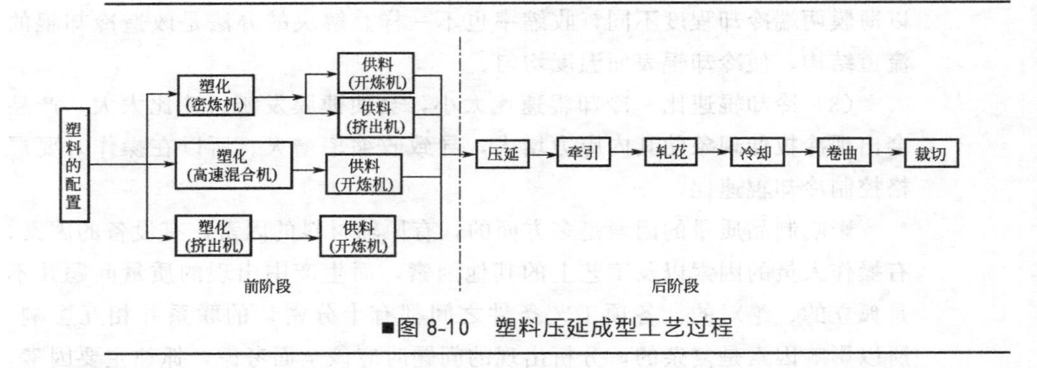

■图 8-10　塑料压延成型工艺过程

8.4.1 软质 PVC 薄膜的压延成型工艺

软质 PVC 薄膜的压延成型工艺流程如图 8-11 所示。PVC 树脂经过加料风机送入密闭振动筛，筛去杂质后落入提升风管，送至料仓，经电子秤定量后加入高速捏合机。

增塑剂、稳定剂等各种添加剂经三辊研磨机或胶体磨研磨分散均匀，再经柱塞泵定量打至高速捏合机。颜料按各自吸油量经胶体磨研磨至浆状，或经三辊研磨机研至膏状，再经称量后加入高速捏合机。

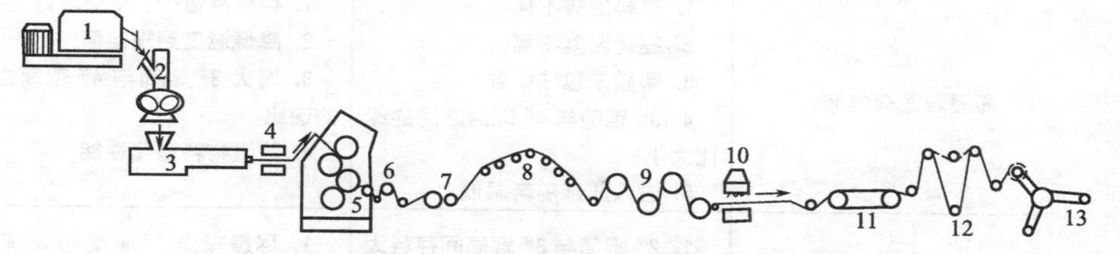

■图 8-11　四辊压延工艺简易流程示意图

1—高速捏合机；2—密炼机；3—挤出机；4—金属检测器；5—四辊压延机；6—引离辊；7—压花辊；8—冷却导辊(自然冷却)；9—水冷却辊；10—γ 射线测厚仪；11—皮带输送辊；12—张力控制装置；13—卷取辊

以上原料在高速捏合机中高速搅拌 5～8min，温度升至 80～100℃，使树脂溶胀完全后，送至挤出机塑化，塑化挤出的工艺条件如表 8-4 所示。

■表 8-4　ϕ200 螺杆挤出塑化机操作工艺条件

机身温度/℃			口模温度/℃	出料温度/℃	螺杆转速/(r/min)
Ⅰ段	Ⅱ段	Ⅲ段			
50～160	165～170	170～175	170～180	170	30～40

塑化好的物料由输送带送往压延机。在进入压延机之前，坯料还必须经过金属检测器检测，以消除可能含有的金属杂质，然后被均匀送往压延机，压制成具有要求厚度的薄膜，再由引离辊承托而撤离压延机，并经轧花或进一步拉伸，使薄膜表面呈现花型或厚度减薄，以达到要求指标。接着薄膜经冷却和测厚，即成为成品薄膜而卷取。

四辊压延机压延时的操作工艺条件如表 8-5 所示。

■表 8-5　软质 PVC 薄膜四辊压延机操作工艺条件

项　目	辊筒转速/(m/min)	辊温/℃	轴交叉值	3#、4# 辊隙存料
压延机辊筒 1#	42～48	165	25′～56′	有铅笔状粗细旋转良好的余料
压延机辊筒 2#	55	170		
压延机辊筒 3#	60	170～175		
压延机辊筒 4#	54	175～180		
牵引辊	72			卷取张力 30N 左右
冷却辊 1	75			
冷却辊 2	76			
传送	78			
卷取	84			

软质 PVC 薄膜生产中常常产生不正常现象，产生原因及解决方法见表 8-6。

■表 8-6 软质 PVC 薄膜生产中的不正常现象、产生原因及解决办法

不正常现象	产生原因	解决办法
薄膜表面有气泡	1. 存料旋转不佳 2. 压延温度不高 3. 薄膜未包住中辊 4. 3# 辊筒与 4# 辊筒之间的速比太小 5. 进入压延前料温低	1. 存料尽量少，使旋转好 2. 降低温度到规定值 3. 增大 3# 辊筒与 4# 辊筒之间的速比 4. 改进物料塑化性能
产品透明度不好，有云纹状	1. 2# 辊筒与 3# 辊筒间存料太多 2. 温度太低(料温和辊温) 3. 3# 辊筒与 4# 辊筒间的存料太少	1. 尽量减少 2# 辊筒与 3# 辊筒间存料 2. 提高温度 3. 减小 3# 辊筒与 4# 辊筒之间的速比
表面起皱	3# 辊筒与 4# 辊筒间的存料太少	增大辊隙，增加存料
表面有喷霜现象	配方中润滑剂用量过多或不当	调整配方，合理运用调整轴交叉
横向厚度误差大(三高两低)	辊筒表面温度不均匀，轴交叉太大	用辅助加热，补充加热调整轴交叉
高低不平，呈波浪形	冷却不均匀，温差太大	改善冷却，不可急冷，应逐步冷却
表面毛糙，不平整，易脆裂	1. 压延温度低 2. 塑化不均匀 3. 冷却速度太快	1. 升高压延温度 2. 使塑料塑化均匀 3. 调节冷却速度
有冷疤与孔洞	1. 物料温度低，压延温度低 2. 塑化不良，存料过多 3. 旋转性差	1. 提高温度 2. 加强塑化，调节存料 3. 使之旋转
泛色、脱层或色泽发花	1. 料温低 2. 压入冷料 3. 压延温度过高	1. 提高料温 2. 加强混炼 3. 调整压延温度
焦粒与杂质	1. 设备不清洁 2. 物料停留时间过长，发生分解 3. 混入杂质	1. 清理设备 2. 改善物料混炼条件 3. 防止杂质混入
力学性能差	1. 压延温度低 2. 由于操作原因塑化不良	1. 提高温度 2. 加强塑化
薄膜发黏，手感不好	1. 增塑剂用量过多 2. 增塑剂选用不当 3. 冷却不足	1. 调整增塑剂用量 2. 选用与聚氯乙烯相容性好的增塑剂 3. 提高冷却效果
色差	1. 称量不准 2. 混炼不均匀 3. 着色剂耐热性差 4. 压延温度不稳定	1. 准确计量 2. 加强混炼 3. 选耐热性好着色剂 4. 稳定压延温度

续表

不正常现象	产生原因	解决办法
卷取不良	1. 后联装置与主机速度不当 2. 卷取张力太小或不稳定 3. 薄膜横向厚度不均匀	1. 调整速度 2. 调整张力装置 3. 提高横向厚度均匀性
放卷后摊不平	1. 后联装置速度不当，拉伸过大 2. 冷却不足 3. 冷却辊面温度不均匀 4. 卷取时张力不当 5. 薄膜横向厚度不均匀	1. 调整速度，减少拉伸 2. 提高冷却速度 3. 改进冷却辊面温差 4. 调整张力装置 5. 提高薄膜横向均匀性
收缩率大	1. 后联装置速度不当，冷却中拉伸过大 2. 冷却不足 3. 卷取时张力过大 4. 压延温度低	1. 调整速度，减少拉伸 2. 充分冷却 3. 调整张力 4. 提高压延温度
膜面有蜡状物或粉状物析出	1. 配方中助剂与聚氯乙烯树脂相容性差 2. 引离辊温度低	1. 调整配方 2. 提高温度
花纹不清晰	1. 压花辊压力不足 2. 冷却不够	1. 加大压力 2. 充分冷却
有白点	稳定剂或填充剂与辅料用量不合理	调整稳定剂或填充剂与辅料用量，加强混合
有硬粒	1. 树脂分子量分布不均匀 2. 增塑剂预热温度太高 3. 投料太快	1. 用分子量分布均匀的树脂 2. 降低预热温度 3. 改进投料方法

8.4.2 硬质 PVC 片材的压延成型工艺

硬片和薄膜通过一系列加热的压辊，使其连续成型得到制品。硬质有透明、半透明、不透明、本色和彩色等多种。主要用于医药、文教、服装、玩具、五金、食品等包装中。由于全透明片透明度高，可起到美化装潢、扩大宣传和提高产品附加值的作用，所以其广泛应用于各类包装的天窗部分或真空成型包装的包盖；半透明片多用于包装的内衬；不透明片多用于包装托盒；彩色片可以压制成文具盒。

由于 PVC 树脂的热稳定性、加工性、白度、黏度和均匀度等均会影响成品的透明性，所以应选用热稳定性好、白度高、疏松性小、低相对分子质量的 PVC 树脂来加工透明片材。如果制造有色透明硬片或不透明彩色硬片，可在配方中增加着色剂和钛白粉。为了提高色泽的均匀性和保证环境卫生，通常采用色浆的形式加入。

硬质 PVC 片材的生产工艺流程与软质 PVC 薄膜大致相同，但生产透明片材时，对干混料的塑化要求十分严格，应特别注意避免物料分解而导致制品发黄。这就要求干混料能在短时间内达到塑化要求，亦即应尽量缩短混炼时间和降低混炼温度。采用密炼机和一般挤出机难以达到这样的要求，比较理想的设备是专用双螺杆挤出机或行星式挤出机，它们可在130～140℃下把干混料挤出呈海参状物料，然后经开炼机塑炼供料。

压延 PVC 硬片的生产工艺流程如图 8-12 所示。

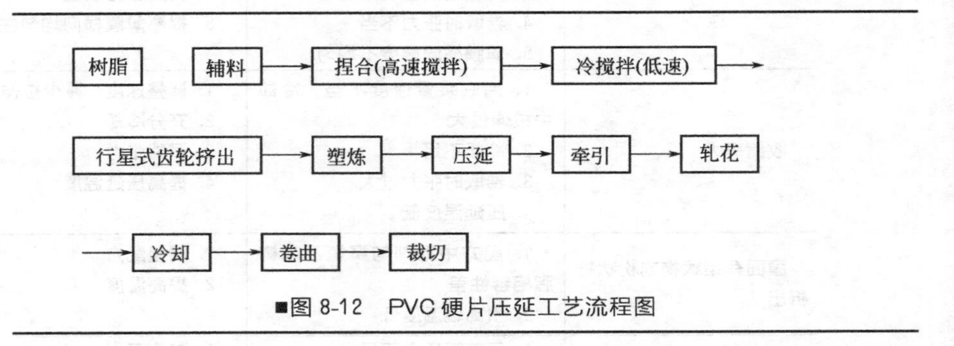

■图 8-12 PVC 硬片压延工艺流程图

四辊压延机生产硬质 PVC 片材的工艺参数举例如表 8-7 所示。生产透明 PVC 片材使用的为 L 形排列的四辊压延机，用过热水加热辊筒，辊筒表面温度差为±1℃。该机采用补偿横压力的措施为；1# 辊筒中高度，3# 辊筒轴交叉法、4# 辊筒反弯曲法等进行补偿，生产的硬质 PVC 片材的厚度误差控制在±10%以下，牵引及冷却辅机采用多辊筒数目、小辊径组合系统，这种后处理装置使压延后的片材能够缓慢均匀地进行冷却，以消除制品的内应力。

■表 8-7 PVC 硬片压延工艺参数

控制项目	压延机辊筒				引离辊	牵引	冷却
	1#	2#	3#	4#			
辊温/℃	175	185	175	180	125～135	80	75～36
辊速/(m/min)	18.0	23.5	26.0	22.5	19	22	22～24

硬质 PVC 片材生产中常常产生不正常现象、产生原因及解决方法见表 8-8。

■表 8-8 硬质 PVC 片板生产中的不正常现象、产生原因及解决方法

不正常现象	产生原因	解决办法
表面有气泡	1. 塑化时间长 2. 压延温度过高	1. 减少塑化时间 2. 降低压延温度
横向厚度不均匀	1. 轴交叉角太大 2. 辊筒温度不均匀	1. 调整轴交叉角度 2. 检查辊筒温度

续表

不正常现象	产生原因	解决办法
产品表面有人字形纹	1. 转速太快 2. 压延温度太高	1. 降低压延速度 2. 降低压延温度
有黑白点	前工序稳定剂与色料分散不均匀	检查色料与辅料，尽量分散均匀
料片上有焦粒	1. 前工序停留时间太长 2. 辊温与料温太高	1. 减少停留时间 2. 降低料温与辊温
强度差	1. 塑化不好 2. 填料过多，分散不均匀 3. 树脂聚合度低	1. 加强塑化 2. 减少填料，提高分散性 3. 调整树脂聚合度
表面析出	润滑剂用量过多	调整配方
片子单边挠曲	冷却辊两端温差太大	提高冷却辊温度均匀性
机械杂质	1. 原材料杂质过多 2. 生产中混入杂质 3. 设备清洗不良 4. 回料中带入杂质	1. 加强原料检查，增加过滤 2. 加强环境卫生 3. 注意设备清洁 4. 加回料时注意清洁
片子变色	1. 压延温度太高 2. 稳定剂配合不当或选用不当	1. 降低温度 2. 调整稳定剂系统
色泽不一致	1. 称量不准 2. 混炼不均匀 3. 着色剂耐热性差 4. 压延温度不稳定	1. 准确称量 2. 加强混炼 3. 使用耐热性好的着色剂 4. 稳定压延温度
表面粗糙	1. 塑化不良 2. 存料太少 3. 压延速比太小，造成脱辊	1. 加强塑化 2. 增加存料 3. 调整压延速比
片子长短不一	光电控制失灵	检查控制装置
片子上有冷疤与孔洞	1. 压延温度低 2. 冷料供料，存料太少 3. 存料过多，形成料托，旋转不佳	1. 提高温度 2. 合理存料 3. 使旋转
片子纵、横向强度相差大	压延操作拉伸过大	调整后联装置与主机速度

8.4.3 PVC人造革压延成型工艺

人造革是一种仿皮革的塑料涂层制品。它是将塑料涂覆或贴合在基材上，再经加工而制成的一种复合材料。

PVC人造革是人造革的主要品种，有鲜艳的色彩，具有耐酸、耐碱和耐磨损等优点，并且PVC的原料充足，价格便宜，制造过程比较简单，故在各种人造革的总产量中居于首位。

PVC 人造革的加工成型方法主要有压延法、涂覆法和层压法。其中压延成型法的优点是可以使用廉价的 PVC 悬浮树脂，加工速度快，物料与织物的复合较容易，外观质量好，但压延设备投资较大。利用压延机将 PVC 压延薄膜与基材贴合在一起成为人造革的方法称为压延法。

PVC 人造革工艺流程是由 PVC 压延薄膜生产设备流水线与布基处理装置和发泡箱体等组成，其具体流程如图 8-13 所示。

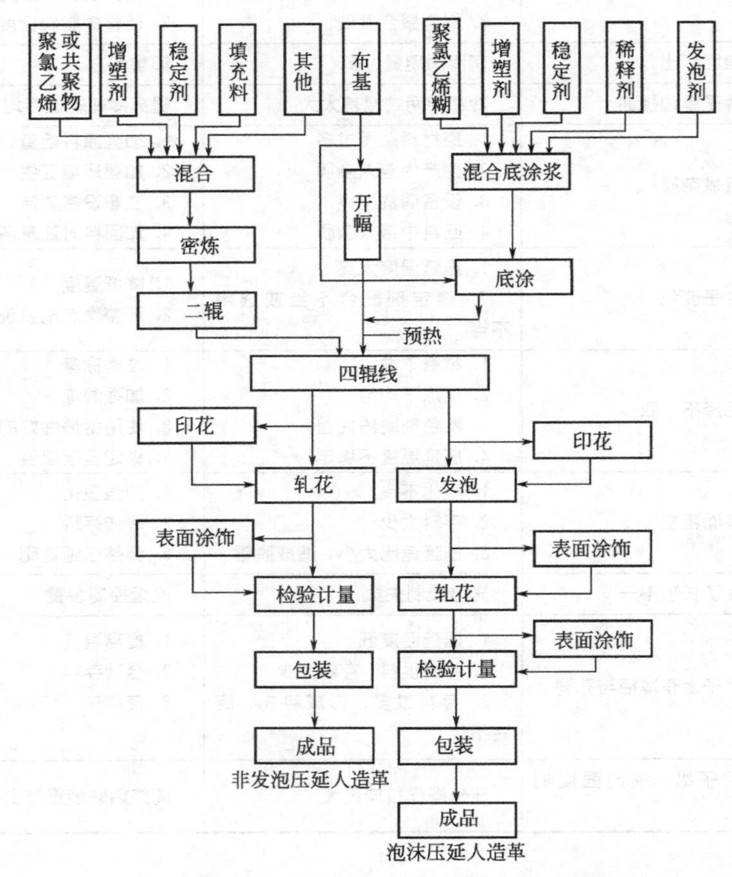

■图 8-13 压延 PVC 人造革工艺流程示意图

PVC 人造革压延成型工艺主要分为以下几个部分。

（1）原料的准备　把 PVC 树脂筛选后除去杂质，与其他助剂按照比例配好。

（2）高速混合　把树脂加入混合机内，再加入增塑剂的 1/3 混合，2min 后加入稳定剂和润滑剂，持续 3min 后，把发泡剂和总用量的 1/3 的增塑剂加入，混合 2min，最后再加入剩余的 1/3 的增塑剂，混合约 3min。

（3）预塑化混炼　混炼在密炼机和辊压机上进行，密炼机温度为135～145℃（含发泡剂时温度小于 140℃），辊压机温度为 140～145℃。

（4）挤出喂料温度　机身 1# 段：130℃，机身 2# 段：140℃，机颈：120℃，机头：150℃。

（5）压延成型　人造革布基上的 PVC 料层在压延成型时的工艺条件见表 8-9。

■表 8-9　人造革布基上的 PVC 料层在压延成型时的工艺条件

辊筒顺序		1# 辊筒	2# 辊筒	3# 辊筒	4# 辊筒
三辊条件	转速/(r/min)	12	12	12	—
	温度/℃	102～145	140～145	155～160	—
四辊温度/℃		110～140	130～140	140～150	155～160

配方不同，压延辊筒温度就不同。φ610×1830mm 倒 L 型四辊压延机生产不同配方的泡沫人造革的辊温见表 8-10。

■表 8-10　φ610×1830mm 倒 L 形四辊压延机生产不同配方的泡沫人造革的辊温

单位：℃

配方增塑剂含量/质量份	45 份 DOP	55 份 DOP	70 份 DOP
1# 辊筒温度	155	150	145
2# 辊筒温度	160	155	150
3# 辊筒温度	160	155	150
4# 辊筒温度	160	155	150

PVC 人造革的压延方法又分为擦胶压延法和贴胶压延法两种。擦胶法的特点是中辊转速快于上、下辊转速，其速比为 1.3∶1.5∶1。由于中辊的转速快，一部分物料被挤擦进布料的缝隙中，另一部分则贴附于布的表面上。擦胶法生产人造革的示意图如图 8-14 所示。为了保证物料能渗入布缝，通过压延机的布料应有足够的张力，中、下辊之间的辊距也应调整适当，辊距过小易擦破胶布，过大则会降低物料衬布的渗透力作用。应尽可能提高辊筒表曲的温度，以降低物料黏度，从而容易擦入布缝中，否则就会使剪切力过大而导致胶布破裂。

用贴胶法压延时，三辊压延机的中、下辊转速相同，上辊的速度可以稍慢或与中、下辊相同。中、下辊之间的辊距必须严格控制，以保证黏贴在基材上的 PVC 膜厚度一致。但由于塑料和基材对金属的摩擦系数不同，因此，贴胶过程中有可能造成制品表面产生横向条纹。贴胶法生产的人造革因胶料只贴在基布表面，所以手感好，但为增加贴合牢度，必须对布基经行底涂处理。贴胶法分为内贴法和外贴法，如图 8-15 所示。

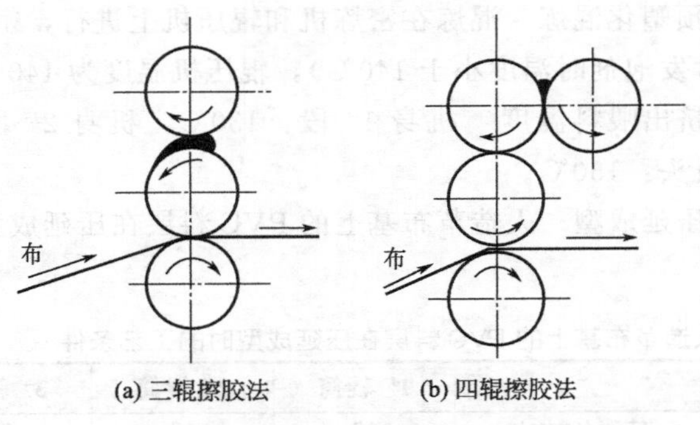

(a) 三辊擦胶法　(b) 四辊擦胶法

■图 8-14　擦胶法生产人造革示意图

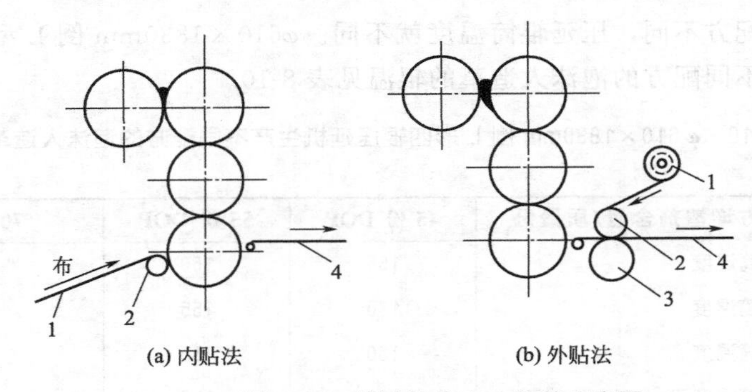

(a) 内贴法　(b) 外贴法

■图 8-15　贴胶法生产人造革示意图

1—布基；2—贴胶辊；3—托辊；4—人造革

PVC 人造革生产中常常产生的不正常现象、产生原因及解决方法见表 8-11。

■表 8-11　PVC 人造革生产中的不正常现象、产生原因及其解决办法

不正常现象	产生原因	解决办法
革面产生横纹	1. 中辊温度偏高 2. 贴膜厚、收卷速度太慢	1. 降低温度，一般中辊温度应低于下辊温度 2. 应当适当加快收卷速度，贴膜后收卷速度应比压延速度稍快一些，使革面绷紧
革面有疙瘩、冷疤、小孔、缺边	1. 终塑炼机辊温偏低 2. 送入压延机物料中有生料 3. 喂料卷太大，有剩余冷料 4. 料中有杂质或捏合机中有锅壁料	1. 适当提高塑化温度 2. 充分塑化物料 3. 减少喂料卷，采取“少量多次”的投料方法 4. 应筛除原料中的杂质，及时清除捏合机中的锅壁料

续表

不正常现象	产生原因	解决办法
革面有气泡	1. 终塑化温度偏高 2. 压延辊温度偏高 3. 熔料温度太高 4. 中辊膜层中有空气带入 5. 贴膜压力不足	1. 降低终塑化温度 2. 降低压延机辊筒温度 3. 降低塑化翻料次数 4. 用竹片把气泡划开 5. 加大压力
革层厚薄不均、幅宽不一	1. 加料量控制不当 2. 辊距调节不当 3. 发泡不均匀 4. 布基质量不好，有宽有窄	1. 适当调整加料量 2. 重新调节辊距 3. 改进发泡 4. 布基在贴合前进行检验
革面发毛	1. 辊隙存料不均匀 2. 压延温度低	1. 调节存料与加料量 2. 提高压延温度
膜与布基贴合不良	1. 织物底涂不好，布温低 2. 物料塑化不良 3. 贴合压力不足	1. 改进底涂料，提高布温 2. 适当提高辊温，加强塑化 3. 提高压力
贴膜粘辊	1. 物料塑化时间过长 2. 润滑剂不足	1. 控制辊温与料温以及塑化时间 2. 调节润滑剂用量
布基皱褶	1. 边角料包住下辊 2. 压延速度小于布料速度 3. 布基的松紧度调节不当	1. 去除边角料 2. 调节压延速度 3. 调节布基松紧度，使布基张力适中
泡沫层与布基贴合不良	1. 贴膜温度太低 2. 贴膜压力不足	1. 提高贴膜加热辊筒的温度 2. 加大贴膜压力，并检查贴膜辊和胶辊是否变形，应使辊面与膜面紧密贴合

8.4.4 PVC压延地板

PVC压延地板是以PVC和矿物填料为主体材料，经挤出压延法制成的新型地面装饰材料。它品种很多，有单色地板、双色地板或印花地板，以及多层地板、发泡地板等。目前最受欢迎的大理石花纹地板砖的生产方法是将树脂与填充物料压成板料，再加入预先称量好的带色小颗粒，进行压延。物料通过辊隙的次数最少，一般为一次，便可得到颜色条纹，俗称大理石纹。

为了使带色小片在透明或浅色底料中单独暴露出来，不能分散，一般透明材料选用分子量低的均聚物，而带色小片则用分子量高的均聚物。

对于发泡地板，一般用涂刮法生产，底层由纤维或沥青毡、石棉等组成，并用乳液做涂层，以防止底材迁移到塑料层以及表面层中的增塑剂迁移到底材中，同时涂层可以提供印刷。

挤出压延生产的 PVC 地板砖具有成本低、质量轻、耐磨损、耐腐蚀、防火、隔声、隔热、彩色鲜艳、更新方便等优点，适用于居室、实验室以及船舶内房间的装饰。

PVC 卷材地板配方如表 8-12 所示。

■表 8-12 卷材地板配方 单位：质量份

名 称	配 比	名 称	配 比
PVC 树脂(XS-3)	100	硬脂酸钡	2.0
邻苯二甲酸二辛酯	5	黏土	3.0
邻苯二甲酸二丁酯	21	三碱式硫酸铅	1.0
癸二酸二丁酯	5	石蜡	0.5
磷酸三甲基苯酯	10		

PVC 卷材地板生产工艺流程见图 8-16。

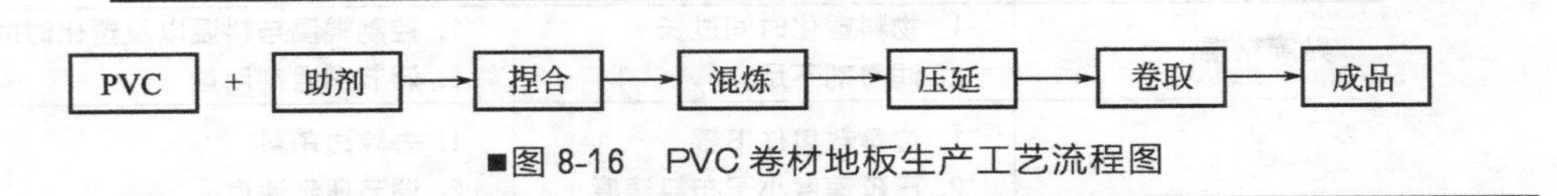

■图 8-16 PVC 卷材地板生产工艺流程图

工艺条件：先在设备中加入树脂，升温至 90～100℃左右，再加入其他助剂，继续升温到 120～130℃时充分捏合塑化；混炼温度为 150℃左右，冷却方式为自然冷却或风冷。压延机采用三辊压延机，上、中辊辊温为0～60℃，下辊为常温。

8.4.5 PVC 塑料壁纸

PVC 塑料壁纸是将 PVC 树脂、增塑剂、稳定剂、润滑剂等按照一定的比例混合后，进入压延机压延面层，然后与纸基复合，再经压花或印花而成。压延法生产塑料壁纸具有成本低、生产效率高、装饰性能好、容易清洗、耐化学药品等优点，因此广泛应用于旅馆、公共建筑及民用建筑壁纸的内装饰上。

(1) 工艺流程 压延法生产 PVC 塑料壁纸工艺流程如图 8-17 所示，其工艺流程分为以下三个单元。

① 复合 压延法工艺与 PVC 薄膜的生产工艺相似，只是在压延后立即与衬里进行热压复合，得到半成品。

② 压花 对半成品进行印花、压花、发泡，压花、发泡工艺示意图分别如图 8-18、图 8-19 所示。

③ 分卷、检测 压延下来的产品进行分卷、检查后入库。

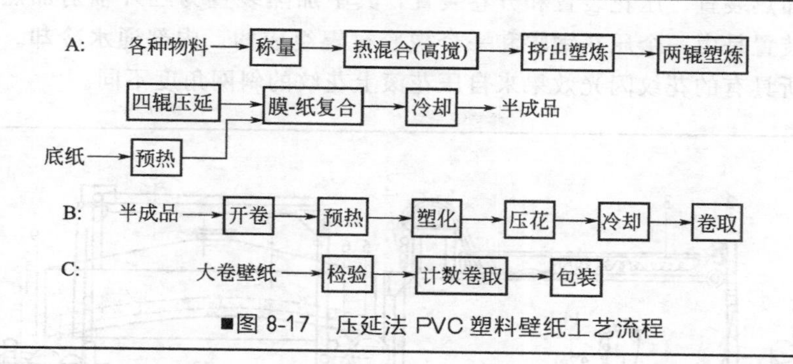

■图 8-17　压延法 PVC 塑料壁纸工艺流程

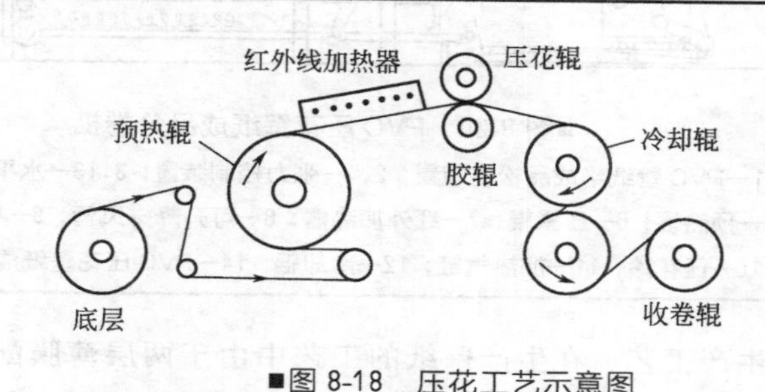

■图 8-18　压花工艺示意图

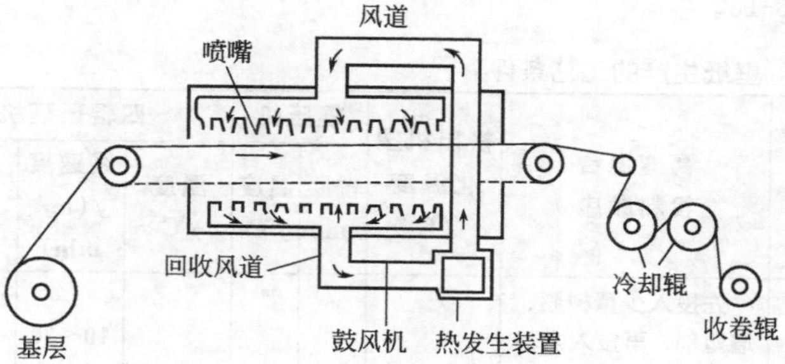

■图 8-19　发泡工艺示意图

（2）生产设备

① 膜-纸复合设备　主要包括复合机、底纸松卷和预热辊。其中预热辊加入所用蒸汽压力为 0.24～0.29MPa，由镀铬钢辊和橡胶衬辊组成的复合机，其钢辊表面网目为 60～100 目，内部通入 80～90℃的热水。

② 半成品的加工设备　包括印花壁纸设备和压花壁纸设备。其中印花壁纸设备是用普通塑料薄膜凹版轮转印刷机印刷，一般为 4～6 套色。压花壁纸设备是用单元压花机压花，其结构如图 8-20 所示，包括松卷装置、预

加热装置、压花装置和分卷装置，其中加热装置为红外辐射加热器，压花装置是由一个压花钢辊和一个橡胶衬辊组成的，内部通水冷却。压花壁纸所具有的花纹闪光效果来自压花滚上花纹的斜网角度不同。

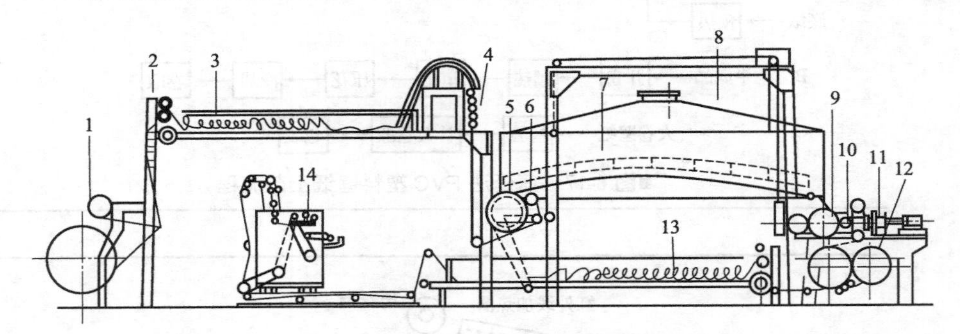

■图 8-20 PVC 压花壁纸成品分卷机

1—PVC 壁纸半成品松卷装置；2,4—张力控制装置；3,13—水平机料架；5—预热辊；6—压紧辊；7—红外加热器；8—可升降排风管；9—橡胶衬辊；10—压花滚；11—加热气缸；12—冷却辊；14—PVC 压花壁纸成品分卷机

(3) 生产工艺　在生产壁纸的工艺中由于两层薄膜配方中增加了无机填料，所以要注意适当降低熔体黏度，增加复合压力，控制好混炼、复合和压花工序。该工艺的关键是整个生产线的张力控制。壁纸的生产工艺条件见表 8-13。

■表 8-13　壁纸生产的工艺条件

项目	高速混合投料顺序	挤出机塑化温度/℃	辊压机		四辊压延机			纸基	
			辊距/mm	温度/℃	温度/℃	线速度/(m/min)	薄膜厚度/mm	预热温度/℃	复合压力/MPa
工艺条件	先投入少量树脂、增塑剂，再投入全部色浆、稳定剂浆，搅拌 0.5min 后加全部树脂，温度达 90～100℃时，再加碳酸钙，1min 后出料	160～175	3	165～175	170左右	10～20(发泡壁纸线速度要低一些)	0.15～0.20	80～0.98	0.78～0.98

8.4.6 PVC 吸塑阻燃天花板

PVC 吸塑阻燃天花板是以 PVC 硬片为原料，通过真空吸塑成型的一种建筑用浮雕装饰材料。用压延法制备的 PVC 吸塑阻燃天花板具有原料来源丰富、成型设备简单，占地面积小，并且成品花色多样、防潮、隔热、不易燃等优点，因此应用十分广泛。

（1）工艺流程　PVC 吸塑阻燃天花板工艺流程如图 8-21 所示。

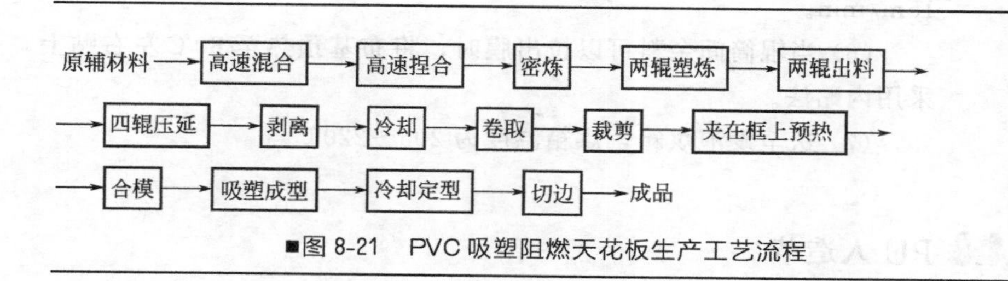

■图 8-21　PVC 吸塑阻燃天花板生产工艺流程

（2）生产工艺　将硬片裁剪后，置于真空吸塑机上，经过热吸塑和冷却定型来实现。

（3）主要设备　主要设备是真空吸塑机，主要由真空泵、储气罐、加热箱和模具组成。

8.4.7 PE 人造革

PE 人造革是以低密度聚乙烯为主的原料，添加改性树脂、交联剂、发泡剂等组分，经压延加工而制得的一种泡沫人造革，它适用于箱包、帽檐等制品。

PE 人造革生产工艺流程示意图如图 8-22 所示。

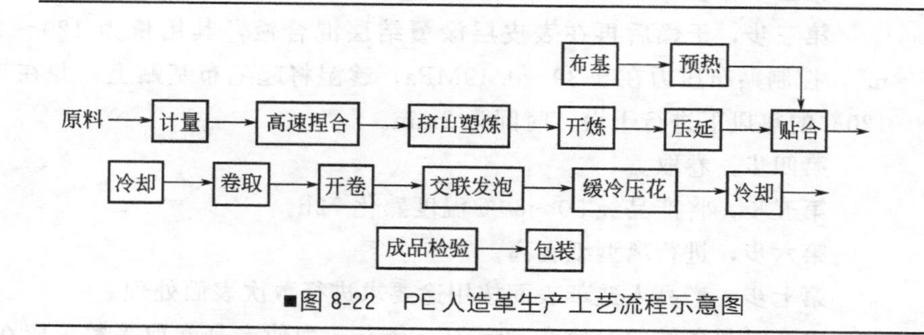

■图 8-22　PE 人造革生产工艺流程示意图

（1）对各种原料进行配样、计量。

（2）计量后的原料送入高速混合机（温度 70℃），物料均化后放料。

（3）混合料先经挤出塑炼，塑炼温度分别为 70℃，90～100℃，100～115℃，机头温度为 125℃，或用双辊开炼机塑炼，塑炼温度为 125℃。

（4）挤出料传送至开炼机。前辊温度为 105～115℃，后辊温度为100～110℃。两辊间隙约为 5mm 左右。

(5) 进行压延加工。PE 人造革压延设备可选择两辊、三辊或四辊压延机。最好是四辊压延机，四只辊筒温度：1# 辊筒温度为 115℃，2# 辊筒温度为 120℃，3# 辊筒温度为 115℃，4# 辊筒温度为 125℃。车速为 10～15m/min。

(6) 当辊筒间余料可以拉出膜时，将布基预热至 60℃左右贴上，一般采用内贴法。

(7) 送至发泡烘箱，烘箱温度为 205～220℃。

8.4.8 PU 人造革

PU 人造革是在针织物或无纺布上浸涂 PU 或浸乳胶，用干法或湿法凝固成膜，经整饰后制得各种光面革、绒面革、漆面革等。PU 人造革制品柔软、耐曲折，弹性、透气性、透湿性和手感好，在鞋、服装、箱包和球类制品中广泛应用。

PU 人造革的制法有干式和湿式两种，下面分别介绍。

(1) 干式 PU 人造革　干式 PU 人造革是将溶剂型 PU 树脂的溶剂挥发掉后得到多孔薄膜，再加上底布而构成的一种多层结构体。通常采用间接涂刮法。

① 生产工艺流程　干式 PU 人造革生产工艺流程如图 8-23 所示。

第一步，用刮刀将表皮层用混合液涂在离型纸上，混合液的用量为 110～140g/m^2。

第二步，在 70～110℃的热风下进行干燥，时间在 1～2min。

第三步，干燥后再在表皮层涂覆结层混合液，其用量为 120～170g/m^2，控制贴布压力在 0.39～0.49MPa，趁湿将起毛布基贴上，并在 100～120℃的热风下进行干燥，时间为 2min。

第四步，卷取。

第五步，将产品经 50～60℃温度熟化 72h。

第六步，进行离型纸剥离。

第七步，产品人造革表面按用途要求进行数次表面处理。

生产时整条线的车速在 12～16m/min。为使产品卷取平整，应在离型纸和起毛布放卷处设电眼（EPC）跟踪调整。

② 主要设备　在干式 PU 人造革生产设备中涂布机一般分为两涂头、两烘箱或三涂头、三烘箱；涂刮头可以采用各种形式，如刮刀式、逆辊式、逗号刀式。

涂刮设备和烘箱与一般涂刮设备相同，只是烘箱必须根据产品选择不同的长度，同时要注意烘箱的通风和防爆。

印刷机为一般的凹版印花机，印刷单元可以少一些，做印花和表面处理。

离型纸检查机工艺流程如图8-24所示。

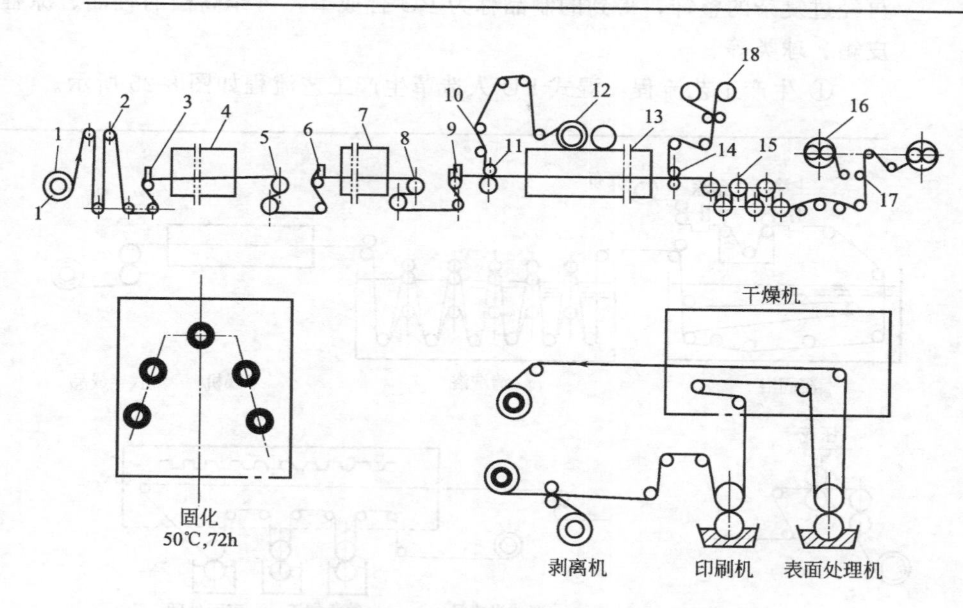

■图8-23　干式PU人造革生产工艺示意图

1—第一开卷；2—储存器；3—第一涂刮；4—第一烘箱；5—第一冷却；6—第二涂刮；7—第二烘箱；8—第二冷却；9—第三涂刮；10—扩布装置；11—第一贴合；12—第二开卷；13—第三烘箱；14—第二贴合；15—第三冷却；16—卷取；17—剥离装置；18—第三开卷

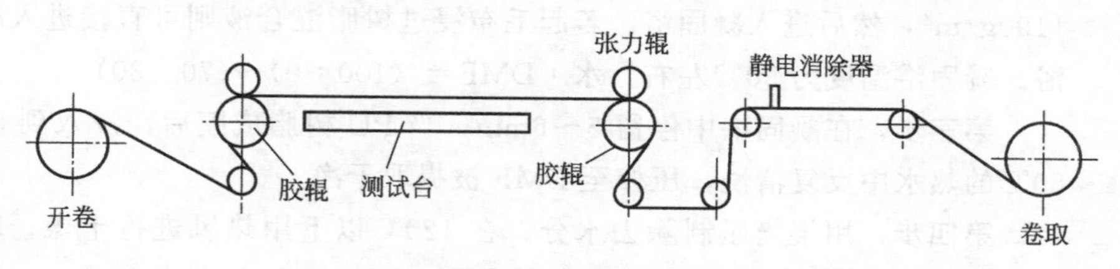

■图8-24　离型纸检查机工艺流程图

(2) 湿式PU人造革　湿式PU人造革是将PU树脂溶解在溶剂（如DMF）中，将所配好的混合液浸渍在底部或涂覆于底布上，然后放入与溶剂有亲和性而与PU不亲和的液体（如水）中，提取混合液中的溶剂，进行湿式成膜，在提取过程中会产生连续气孔，从而得到多孔质皮膜制品，该方法称为湿式PU人造革生产方法。其优点是得到的产品具有良好的透气性、透湿性，手感丰满，外表漂亮，从结构上近似于天然革。

若基材使用织物（如起毛布），其制品可用作各种鞋里、提包、高档手套和衣料。若基材使用各种纤维的无纺布，经 PU 浸渍处理后得到的制品，再经过复杂的整饰，得到的制品称为 PU 合成革，可作高档的鞋面、凉鞋、皮箱、球类等。

① 生产工艺流程　湿式 PU 人造革生产工艺流程如图 8-25 所示。

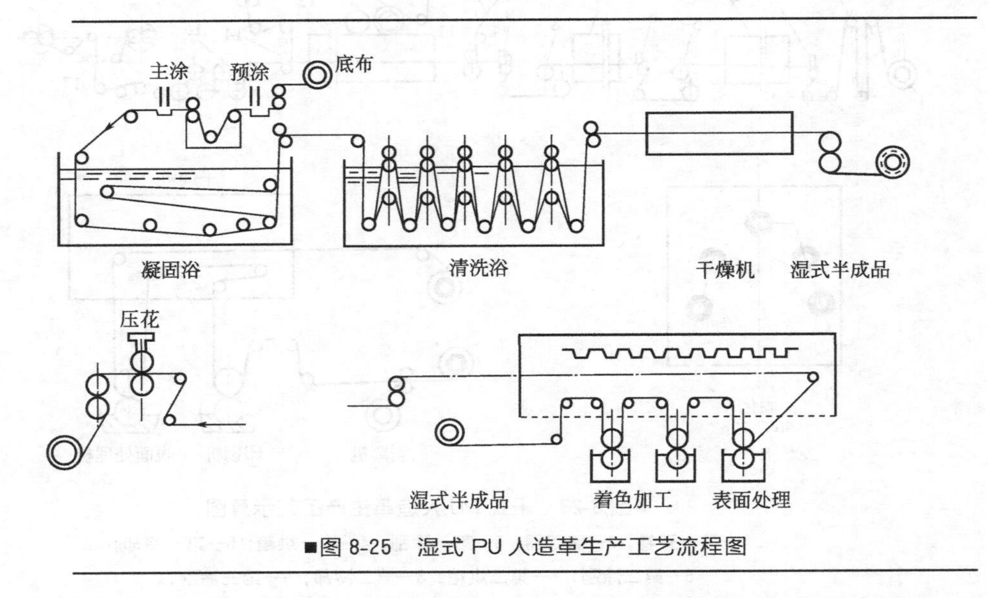

■图 8-25　湿式 PU 人造革生产工艺流程图

第一步，将起毛布压光、整理平滑，按产品要求和用途分别浸渍到水/DMF 溶液或 PU 树脂溶液中，用辊压法压制到浸渍厚度的 1/3～2/3。

第二步，浸过水的起毛布用刮刀涂覆树脂混合液，其用量为 700～1100g/m^2，然后进入凝固浴。若起毛布浸过树脂混合液则可直接进入凝固浴。凝固浴温度为 50℃左右，水∶DMF＝（100∶0）～(70∶30)。

第三步，在凝固浴中停留 5～6min，当 PU 树脂成膜后，浸入到 50～60℃的热水中反复清洗，压榨至 DMF 被提取干净。

第四步，用辊筒压制除去水分，在 120℃以下用热风进行干燥，时间为 10min，之后经拉幅定型成湿式半成品。

第五步，将半成品经砂带磨毛机后得到仿麂皮类的湿式 PU 人造革；半成品经着色加工得到镀银类湿式 PU 人造革。

② 生产工艺流程　设备有湿式涂布机、干燥机和 DMF 回收设备。

湿式涂布机由浸渍机、凝固槽、清洗机组成。浸渍机除浸渍容器部分，要有数对压延辊筒，要得到不同的浸渍效果，调节各对辊筒之间的距离即可。

为了扩展和定型，采用拉幅干燥机和圆筒干燥机结合的办法，但要注意控制温度在80～120℃之间，防止温度过高，否则会导致多孔层收缩卷曲，影响产品质量。干燥条件见表8-14。

■表 8-14 干燥条件

项目	干燥温度/℃				
	80	100	120	140	160
厚度保持率/%	94	97	94	92	89
线收缩率/%	2.75	3.75	4.5	5	6

从PU树脂脱出的DMF溶于水后，浓度一般在10%～20%之间，直接排放不仅会造成水污染，同时原料DMF的浪费也会很大。所以要采用回收装置，以便重复使用DMF。回收程序包括脱水、精制、甲酸处理和固形分处理。DMF的回收工艺如图8-26所示。

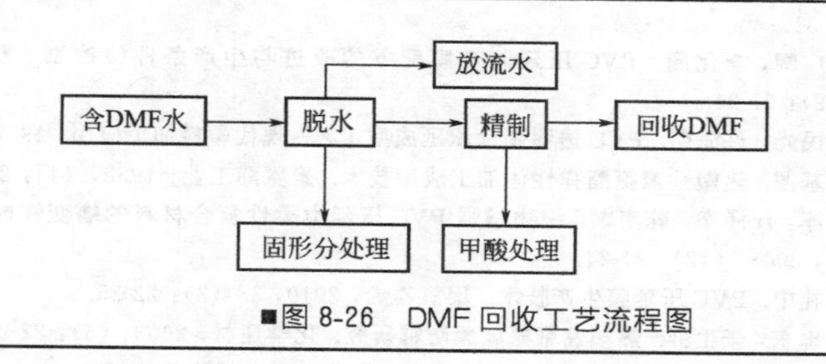

■图 8-26 DMF回收工艺流程图

脱水采用双塔蒸馏，真空操作。精馏塔的塔顶物为高纯度的DMF，塔底物为高沸点的甲酸。对甲酸采用分解法或中和处理。整个装置回收率高（可达90%以上），回收纯度也很高（可达99.98%）。

参 考 文 献

[1] Craig W，董殿会，王得志，刘伟．橡胶压延在线测厚及控制系统．中国橡胶，2008，24（22）：35-37.

[2] 江水青，李海玲．塑料成型加工技术．北京：化学工业出版社，2009.

[3] 赵素合，张丽叶，毛立新．聚合物加工工程．北京：中国轻工业出版社，2001.

[4] Levine L，Corvalan CM，Campanella OH，Okos MR. A model describing the two-dimensional calendering of finite width sheets，Chemical Engineering Science，2002，57（4）：643-650.

[5] Mitsoulis E，Sofou S. Calendering pseudoplastic and viscoplastic fluids with slip at the roll surface. Journal of Applied Mechanics-Transactions of the ASME. 2006，76（2）：291-299.

[6] Luther S，Mewes D. Theoretical study of operating limits for the calendering process. Kautschuk Gummi Kunststoffe，2005，58（4）：149-156.

[7] 吴崇周．塑料加工原理及应用．北京：化学工业出版社，2008.

[8] 周达飞，唐颂超．高分子材料成型加工．第2版．北京：中国轻工业出版社，2005.

[9] 王善勤．塑料配方手册．北京：中国轻工业出版社，1995.

[10] Kalyon DM，Gevgilili H，Shah A. Detachment of the polymer melt from the roll surface：Calendering analysis and data from a shear roll extruder. International Polymer Processing，2004，

19 (2)：129-138.

[11] Svenka P. Calendering of paper and board-Today′s technology. Wochenblatt Fur Papierfabrikation，2002，130 (23-24)：1590-1593.

[12] 李云兆. 聚氯乙烯压延成型工艺. 北京：中国轻工业出版社. 1985.

[13] 王小妹，阮文红. 高分子加工原理与技术. 北京：中国轻工业出版社，2006.

[14] 韩喜忠，李明，邢雨微. 压延成型与挤出成型橡胶防水卷材生产方法比较. 中国建筑防水，2001，(6)：29-30.

[15] Bhat GS，Gulgunje P，Desai K. Development of structure and properties during thermal calendering of polylactic acid (PLA) fiber webs. Express Polymer Letters，2008，2 (1) 49-56.

[16] 王贵恒. 高分子材料成型加工原理. 北京：中国轻工业出版社，1982.

[17] Zhang SF，Zhang MY，Li KC. Adhesion characteristics of aramid fibre-fibrids in a sheet hot calendering process. Appita Journal，2010，63 (1)：58-64.

[18] 吴燕坤，廖万林，刘恒武，曹炜. 压延胶帘布厚度不均原因分析及解决措施. 橡胶科技市场，2010，(11)：20-22.

[19] 武巧红，温晓芳，李芝杰. 三辊压延机贴胶偏歪原因分析及解决办法. 中国橡胶，2007，23 (9)：33-34.

[20] 周晓光. 压延法生产聚烯烃复合防水卷材的研究. 大庆高等专科学校学报，2003，23 (4)：50-51.

[21] 任广阔，李化超. PVC 压延胶带膜配方的改进与生产条件的控制. 聚氯乙烯，2008，36 (12)：21-24.

[22] 沈民光，许海明. PVC 透明硬片压延成型工艺. 现代塑料加工应用，1997，9 (6)：34-37.

[23] 梁基照. 热塑性聚氨酯弹性体加工成型技术. 聚氨酯工业，1988，(4)：28-30.

[24] 胡淳，汪泽幸，陈南梁. 织物增强 PVC 压延类柔性复合材料的蠕变性能研究. 产业用纺织品，2008，(12)：21-24.

[25] 马礼中. PVC 压延膜生产技术. 聚氯乙烯，2010，38 (3)：22-25.

[26] 李忠东，张生群. 热塑性聚氨酯膜防霉研究. 化学建材，2003，(5)：22-24.

[27] 黄锐，曾帮禄. 塑料成型工艺学. 北京：化学工业出版社，1997.

[28] 叶锐，王铁军，宋常青，沈仲宁. 塑料压延成型技术. 北京：金盾出版社，1989.

[29] 赵俊会. 塑料压延成型. 北京：化学工业出版社，2005.

[30] 林师沛. 聚氯乙烯塑料配方设计指南. 北京：化学工业出版社，2002.

第9章 发泡成型

以合成树脂为主体，内部有许多微小泡孔的塑料制品，称为泡沫塑料。泡沫塑料是以气体物质为分散相，以树脂为分散介质，因此可以看做是大量气体微孔分散于固体塑料中而形成的一类复合塑料。由于气相的存在，泡沫塑料具有质轻、比强度高、吸湿性小、能量吸收性能好、隔热绝缘、隔声减震等优异的性能，广泛地应用于金属电极、吸附材料、结构材料、能量吸收材料等领域，在合成树脂材料制品中占有相当重要的地位。

几乎各种合成树脂（热固性和热塑性）都适用于发泡成型，目前工业上常用于制造泡沫塑料的树脂有聚氯乙烯（PVC)、聚苯乙烯（PS)、聚氨酯（PU)、聚乙烯（PE)、脲甲醛（UF)、酚醛（PF)、环氧（ER)、有机硅（OS)、聚乙烯缩甲醛、醋酸纤维素和聚甲基丙烯酸甲酯（PMMA）等。近几年品种逐渐增加，如聚丙烯（PP)、丙烯腈-丁二烯-苯乙烯高聚物(ABS)、乙烯-醋酸乙烯酯共聚物（EVA)、聚碳酸酯（PC)、聚四氟乙烯(PTFE)、聚酰胺（PA）等品种也不断用于生产泡沫塑料。

9.1 泡沫塑料的分类及其应用

泡沫塑料的种类繁多，分类方法也多种多样，表 9-1 为三种最常见的泡沫塑料分类方法及其分类标准。

■表 9-1　泡沫塑料分类方法

分类方法	标准	类型
闭孔率	≤90% >90%	开孔泡沫塑料 闭孔泡沫塑料
软硬程度的不同 23℃,50%相对湿度条件下 弹性模量/MPa	>700 70～700 <70	硬质泡沫塑料 半硬质泡沫塑料 软质泡沫塑料
密度/(g/cm³)	<0.1 0.1～0.4 >0.4	低密度泡沫塑料 中密度泡沫塑料 高密度泡沫塑料

由于泡沫塑料可用的合成树脂品种很多，且同种泡沫塑料的性能随着工艺配方或加工条件的不同有着较大的变化，上述分类方法并不完全适用于所有的泡沫塑料。例如增塑聚氯乙烯泡沫制品，尽管其弹性模量可能保持近似水平，但机械强度却有较大差别，按照弹性模量的大小来区分硬质、半硬质和软质泡沫塑料就不大合适了。此外，也有把密度 0.2g/cm^3 作为区分低密度泡沫塑料和高密度泡沫塑料的标准。

泡沫塑料具有优异的物理性能，其用途日益广泛。表 9-2 列举了泡沫塑料的一些具体用途，主要是基于泡沫塑料硬质与软质以及开孔和闭孔结构说明。

■表 9-2 泡沫塑料的具体用途

类别	硬质泡沫塑料		软质泡沫塑料	
种类	开孔型	闭孔型	开孔型	闭孔型
具体用途	隔声材料 过滤介质	隔热材料 绝缘材料 结构材料 减震材料 漂浮材料	隔声吸震材料 室内装饰材料 过滤材料 衬垫材料 包装材料	隔热材料 绝缘材料 室内装饰材料 包装材料 气垫材料

9.2 发泡成型方法

泡沫塑料品种繁多，其发泡方法也有较大差异，根据发泡成型过程中气体的来源，泡沫塑料发泡成型方法可分为机械发泡法、物理发泡法和化学发泡法。

9.2.1 机械发泡法

机械发泡法，又称气体混入法，指的是利用强机械搅拌直接将空气卷入到合成树脂的乳液、悬浮液或溶液中，并加入适当的表面活性剂降低表面张力，使其成为均匀的泡沫物，最终经冷却、聚合或交联过程形成泡沫塑料。机械发泡法以空气为发泡剂，无毒，工艺过程简单，成本低廉。常用于机械发泡的合成树脂有脲甲醛、聚乙烯醇缩甲醛、聚醋酸乙烯和聚氯乙烯溶胶。其中工业化生产中见得最多的是硬质脲甲醛泡沫塑料，其鼓泡常用设备如图 9-1 所示，由钢或不锈钢制的圆筒和搅拌系统共同构成，搅拌器可以按照顺逆两个方向转动。顺转时，桨叶使液体向上运动，是作为鼓泡用的；逆转时正相反，是作为出料用的。筒的下部设有空气进出口，而底部设有出料口，出料口由轻便的闸板操纵其启闭。机械发泡法制得的泡沫塑料性脆、强度低，通常用在消声隔热等非受力方面。

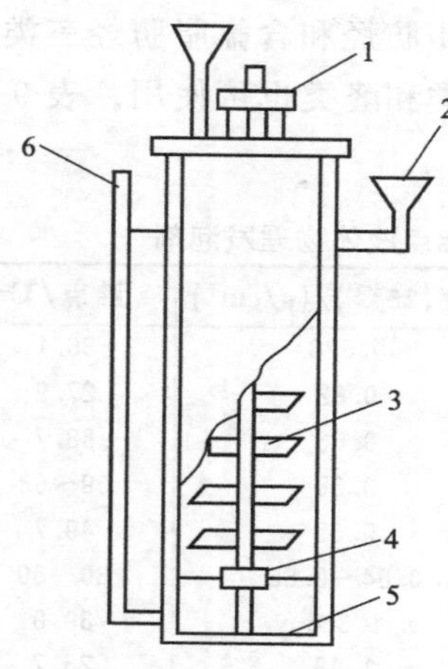

■图 9-1　鼓泡设备

1—传动轮；2—树脂进口；3—搅拌桨叶；
4—搅拌轴；5—闸门；6—空气管道

9.2.2 物理发泡法

物理发泡法是指利用物理原理实施发泡，按照所选发泡剂种类（气、液、固）的不同，又可分为以下三种。

（1）惰性气体发泡法　是指将惰性气体（如二氧化碳、氮气）在加压下溶于聚合物熔体或糊状聚合物中，塑化、成型，而后经升温或减压放出溶解气体而发泡。这种发泡方法需要较高的压力和复杂的高压设备，生产成本较高，但气体在发泡后不留残渣，不影响泡沫塑料的物理性能。挤出发泡和注塑发泡都可采用惰性气体为发泡剂。选择惰性气体作发泡剂时，一般要选用低聚合物渗透率的，否则会影响发泡效率。表 9-3 为多种塑料膜壁中几种惰性气体的渗透率。

■表 9-3　塑料膜壁的渗透率　　单位：g/(m^2·24h)

名称	LDPE	HDPE	PP	SPVC	HPVC	PVDC
H_2O	16～22	5～10	8～12	25～90	25～40	1～2
CO_2	70～80	20～30	25～35	10～40	1～2	1.0
N_2	3～4	1～1.5	—	0.2～8	—	<0.01
O_2	13～16	4～6	3～5	4～16	0.5	0.03

（2）低沸点液体发泡法　是指将低沸点液体压入聚合物或在一定的温

度、压力下使液体溶于聚合物颗粒中，然后加热使聚合物软化，借助液体蒸发汽化所产生的蒸气压力使聚合物发泡。这一方法主要用于生产可发性聚苯乙烯泡沫塑料和交联聚乙烯泡沫塑料。目前作为发泡剂使用的低沸点液体有脂肪烃、含氯脂肪烃和含氟脂肪烃三类。此外，环状脂肪烃，芳香烃、醇类、酮类、醚类和醛类也可使用。表 9-4 为几种常见的低沸点液体物理发泡剂。

■表 9-4　几种常见的低沸点液体物理发泡剂

名称	密度(25℃)/(g/cm³)	沸点/℃	相对分子质量	注意事项
正戊烷	0.626	36.1	72.15	极度易燃
异戊烷	0.62	27.9	72.15	极度易燃
正己烷	0.66	68.7	86.17	易燃
异己烷	0.65	59～63	86.17	易燃
新己烷	0.65	49.7	86.17	易燃
石油醚	0.64～0.66	30～60	混合组分	易燃
二氯甲烷	1.326	39.8	84.94	有害
三氯一氟甲烷	1.48	23.7	137.37	有害
三氯三氟乙烷	1.549	47.6	187.39	有害

其中，脂肪烃易燃，含氯含氟脂肪烃对人体健康和环境有危害，在使用时应当采取适当的安全防护措施。使用低沸点液体物理发泡剂的优点是发气量大，发泡剂利用充分，残留物少或没有。

（3）中空微球发泡法　是指在聚合物熔融成型过程中加入中空微球作为填充剂，而后经固化形成泡沫塑料，又称为组合式泡沫塑料。此法所用的中空微球直径一般在 20～250μm，壁厚为 2～3μm。表 9-5 为近年来国内外能够生产的中空微球品种。组合式泡沫塑料的成型原理与其他发泡成型过程原理完全不同，不需要经过气体产生的发泡过程，而只是一个复合过程，大多采用浇铸法成型。

■表 9-5　国内外生产的中空微球品种

类别		名称
无机中空微球		玻璃、氧化铝、氧化镁、氧化锆、二氧化硅、陶瓷、炭、硼酸盐、磷酸盐多聚体
有机中空微球	天然	纤维素衍生物、天然乳胶
	合成	酚醛树脂、脲醛树脂、聚乙酸乙烯酯、聚苯乙烯、聚偏氯乙烯、聚酯、环氧树脂

9.2.3 超临界流体发泡

超临界流体是指操作温度及压力超过其临界温度及压力，具有不同于液体或气体的独特物性的流体，既具有气体的特性又具有液体的特性，因此可以说，超临界流体是存在于气体、液体这两种流体状态以外的第三流体，如图 9-2 所示。

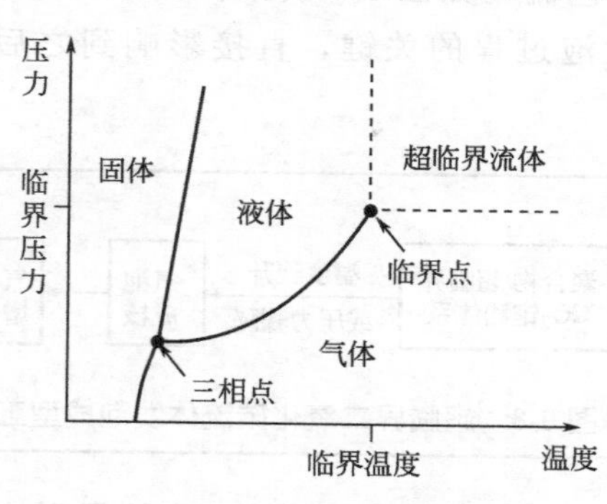

■图 9-2　纯物质的相图

表 9-6 列举了一些常见超临界流体的临界性质。由于二氧化碳（CO_2）的临界温度接近室温，临界压力较低，其在分离或反应后可借由减压而轻易地与其他物质分离，不会产生残留而造成环保及安全上的问题。超临界 CO_2 作发泡剂除具有无毒、成本低、污染环境小、表面张力小等优点外，还具有类似液体的溶解度和类似气体的扩散系数，容易在聚合物中迅速溶解，其自成核能力有助于形成大量的气泡核，因此超临界 CO_2 广泛应用于聚合物的发泡成型当中。

■表 9-6　常见超临界流体的临界性质表

物质	沸点/℃	临界温度 T_c/℃	临界压力 P_c/MPa	临界密度 ρ/(g/cm³)
二氧化碳	−78.5	31.06	7.39	0.448
氮气	−196	−147	3.37	
水	100	374.2	22	0.334
甲烷	−164	−83	4.6	0.16
乙烷	−88	32.4	4.89	0.203
乙烯	−103.7	9.5	5.07	0.2
丙烷	−44.5	97	4.26	0.22
丙烯	−47.7	92	4.67	0.23
n-丁烷	−0.5	152	3.8	0.228
n-戊烷	36.5	196.6	3.37	0.232
n-己烷	69	234.2	2.97	0.234
甲醇	64.7	240.5	7.99	0.272
乙醇	78.2	243.4	6.38	0.276
异丙醇	82.5	235.3	4.76	0.27
苯	80.1	288.9	4.89	0.302
甲苯	110.6	318	4.11	0.29
氨	−33.4	132.3	11.28	0.24

超临界 CO_2 发泡成型是指在临界条件下，形成热力学不稳定性、超临界 CO_2 高度饱和的聚合物熔体/CO_2 混合体系，再通过升高温度或降低压力的方法，在聚合物熔体中形成大量以 CO_2 为泡孔的微孔结构泡沫材料。其发泡工艺流程如图 9-3 所示。其中，聚合物/超临界 CO_2 饱和体系的形成是发泡过程的关键，直接影响到之后气泡成核和发展定型过程。

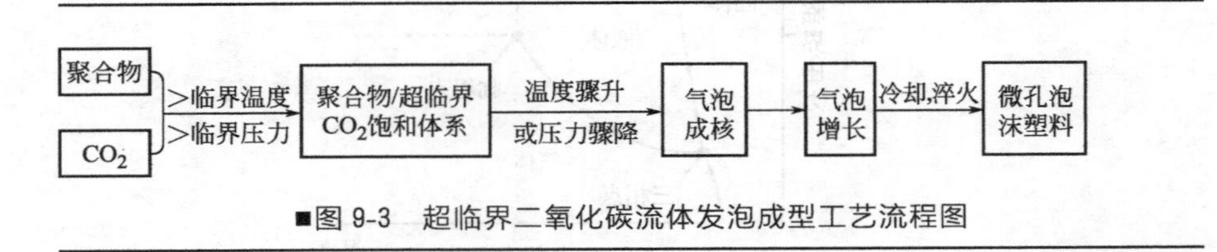

■图 9-3 超临界二氧化碳流体发泡成型工艺流程图

合成树脂利用超临界 CO_2 发泡成型方法得到的材料一般称为微发泡聚合物材料，其具有泡孔直径小（1～10μm）、泡孔密度大（10^9～10^{12} 个/cm^3）的特点。与泡孔直径在毫米级的传统聚合物泡沫材料相比，微孔泡沫塑料表现出很多优异的综合性能，例如具有较高的冲击强度、疲劳强度和热稳定性，较低的导电常数和热导率等。目前基于超临界 CO_2 发泡成型的主要材料有：高抗冲聚苯乙烯、聚氯乙烯、聚碳酸酯、聚乙烯、聚丙烯、聚对苯二甲酸乙二酯和聚酰亚胺等树脂。制备的微发泡聚合物制品主要集中在商业设备、汽车及内部装饰材料、电子电器产品等品质要求较高的产品上，如打印机、复印机，汽车内部件、保险盒、电器开关、薄壁容器等。

9.2.4 化学发泡法

化学发泡法是指发泡的气体由混合原料的某些组分在加工过程中的化学作用产生。根据发泡气体产生的来源，化学发泡法可以分为以下两种。

（1）在热的作用下，加入到合成树脂中的化学发泡剂分解产生气体进行发泡成型，化学发泡剂的分解温度和发气速率决定其在塑料中的应用。此法所用工艺和设备通常都比较简单，而且对合成树脂品种基本上没有限制，是最主要的一种泡沫材料成型方法，发展较快，广泛应用于各类泡沫塑料。目前化学发泡剂中使用较多的主要为有机发泡剂，大部分为偶氮系列，这类物质品种较多，加热后主要放出氮气。使用化学发泡剂的优点是放出的气体无毒、无臭，对大多数聚合物渗透性比氧气、二氧化碳和氨都要小，更突出的是在塑料中具有较好的分散性。表 9-7 中列举了几种常用的化学发泡剂及其发泡性能。

■表 9-7 几种常用的化学发泡剂

名称	缩写	在塑料中分解温度/℃	分解气体	发气量/(mL/g)	适用树脂
碳酸铵	$(NH_4)_2CO_3$	60～100	CO_2, NH_3	>500	PF, UF
碳酸氢钠	$NaHCO_3$	100～140	CO_2, H_2O	267	PF, PVC
偶氮二甲酰胺	ADCA	165～200	N_2 NH_3	220	PVC, ABS, PE, PS
偶氮二异丁腈	AIBN	110～125	N_2	135	PVC
p,p'-氧代二苯基磺酰肼	OBSH	150～160	N_2	110～130	PVC, PE
苯基磺酰肼	BSH	90～100	N_2	130	PVC
N,N'-二甲基-N,N'二亚硝基对苯二甲酰胺	DNTA	90～105	N_2	126	PVC
N,N'-二亚硝基五次甲基四胺	DPT 或 DNPT	130～190	N_2 CH_2O	265	PO, PA, PVC

在选择化学发泡剂时，化学发泡剂的分解温度是一个重要指标。对于非结晶型聚合物，应比聚合物流动温度高出 10℃左右；对于结晶型聚合物，不仅要高于聚合物熔点，而且还应比所用交联剂的活化温度高 10℃左右。

(2) 通过原料组分间相互反应而产生的气体进行发泡成型，是指利用发泡体系中两个或多个组分之间化学反应所生成的二氧化碳或氮气等惰性气体使聚合物膨胀发泡。为控制发泡过程中聚合反应和发泡反应平衡进行，保证泡沫塑料具有理想的质量，可加入适当的催化剂和泡沫稳定剂（或称为表面活性剂）。此法常用于聚氨酯发泡材料，将在后面 9.5.6 节聚氨酯的发泡成型中详细介绍。

9.3 发泡成型原理

上面提到的塑料发泡成型方法中，除组合式泡沫塑料大多采用浇铸法成型外，几乎所有泡沫塑料都是通过在合成树脂体系中形成气体（直接通入、物理发泡剂气化、化学发泡剂分解或原料组分之间反应）发泡获得。泡沫塑料的形成遵循统一的发泡成型原理，大致可以分为气泡成核、气泡发展和气泡稳定三个阶段。

9.3.1 气泡成核

在合成树脂的发泡主体聚合物熔体或液体混合物中，随着气体的不断形成，其浓度迅速增大，超过平衡饱和浓度后，体系呈过饱和状态，这时气体会从液相中逸出，逸出的气体分散在聚合物熔体或液体中形成微细的气泡核，这种聚合物体系中形成气泡核的过程也称为成核作用。气泡的成核阶段对最终成型的泡沫制品质量起到关键性作用，如这个阶段聚合物体系中能够形成大量均匀分布的气泡核，往往能够得到泡孔直径小且分布均匀的优质泡沫，假如体系中气泡核形成不同步，分布不均匀，则最终泡沫制品中泡孔直径分布不均，内部缺陷较多。因此，发泡成型过程中气泡成核阶段的控制至关重要。

使用经典的成核理论来描述发泡过程中的均相成核过程，均相成核速率的计算如式(9-1) 所示：

$$N_{\mathrm{hom}}=f_0 C_0 \exp(-\Delta G_{\mathrm{hom}}^*/KT) \tag{9-1}$$

式中，N_{hom}为单位时间、单位体积内气泡均相成核数，个/(cm³·s)；C_0 为单位体积熔体中气体分子含量，个/cm³；f_0 为气体分子加入气泡核的频率因子，s^{-1}；K 为 Boltzmann 常数，1.38×10^{-23} J/K；T 为热力学温度，K；$\Delta G_{\mathrm{hom}}^*$为产生临界气泡核所需克服的 Gibbs 自由能（活化能垒），可由式(9-2) 计算得到：

$$\Delta G_{\mathrm{hom}}^*=\frac{16\pi}{3(\Delta P)^2}\gamma_{bP}^3 \tag{9-2}$$

式中，ΔP 为气泡内外压差，γ_{bP} 为气体-聚合物熔体界面张力。

由于单纯聚合物体系中气泡均相成核速率很慢且成核不均匀，在实际生产中常需要加入异相成核剂以利于成核作用在较低的气体浓度下发生。利用经典成核理论对聚合物熔体中气泡的异相成核过程进行研究，异相成核速率的计算如式(9-3) 所示：

$$N_{\mathrm{het}}=f_1 C_1 \exp(-\Delta G_{\mathrm{het}}^*/KT) \tag{9-3}$$

式中，N_{het}为单位时间、单位体积内气泡异相成核数；C_1 是异相成核单位体积熔体中气体分子含量；f_1 是气体分子加入气泡核的频率因子，其物理意义与计算公式与均相成核时相同。其中异相成核 Gibbs 自由能 $\Delta G_{\mathrm{het}}^*$ 可由公式(9-4) 得到：

$$\Delta G_{\mathrm{het}}^*=\frac{16\pi}{3(\Delta P)^2}\gamma_{bP}^3 f(\theta) \tag{9-4}$$

式中，θ 为界面润湿角，$f(\theta)=\frac{1}{4}(2+\cos\theta)(1-\cos\theta)^2\leqslant1$，因此异相成核比均相成核所需克服的 Gibbs 自由能小，对相同外部条件，异相成核速率要优于均相成核。

在制备聚氨酯泡沫塑料时，通入少量的空气泡或者加入某种分散性较好的硅油，均能起到较好的成核作用，从而提高泡孔的细度和均匀性，增强其力学性能。在生产聚乙烯泡沫塑料时，往往在配方中加入粉末状的固体微粒，如二氧化硅，既可以起到成核剂的作用，又能起到增强剂的作用。

此外，纳米黏土、碳纤维和碳纳米管等也有一定的异相成核作用。

9.3.2 气泡发展

气泡成核以后进入气泡的发展阶段，在此阶段，体系中仍有新的气体产生，且由液相扩散到已经形成的气泡核中，使气泡核发展扩大成气泡。

气泡的发展动力来自于气泡内压，气泡内气体的压力与其直径成反比，即气泡越小，内部压力就越高，两个不同直径的气泡靠近时，内压大的小气泡内气体总是扩散到内压小的大气泡中，促使泡孔直径增大，同时由于异相成核剂的作用大大增加了气泡的数量和均匀性，这样就使得泡沫塑料不断地发展扩大。气泡发展的阻力来源于聚合物熔体或液体的黏弹性和外压。黏弹性太大，气泡的发展受限，容易出现局部温度过高现象，黏弹性太小，又会使泡孔壁膜减薄，泡孔破裂，甚至出现泡沫塌陷。因此在气泡发展阶段，聚合物黏弹性的控制至关重要。在具体生产实践中，应当根据发泡原材料的品种、规格及性能，选取适当的成型工艺条件，例如温度、压力、时间等，以获得性能优异的泡沫制品。

9.3.3 气泡稳定

在前面两个阶段，由于气泡的不断生成和发展，使得泡沫体系的体积和表面积不断增大，这可能会出现穿孔、破裂和塌陷的现象，致使泡沫体系不稳定。也就是说，气泡不能无限增大，合理的泡沫结构要求泡孔增大到一定程度后稳定下来。目前控制气泡增大，稳定气泡的方法一般为：对于热塑性树脂，可以加入一些表面活性剂（如硅油）以降低树脂与气泡之间的界面张力，减小气体扩散作用，稳定气泡；对于热固性树脂，可以通过加入反应催化剂控制交联程度以稳定气泡，当体系中的气泡增大到一定程度，足够高的交联度能够大大提高体系黏度，降低其流动性以使气泡稳定下来。

9.4 合成树脂发泡成型工艺及设备

9.4.1 挤出发泡成型工艺及设备

挤出成型是一种连续生产方法，具有很高的生产效率，易于实现工业化生产，已成为合成树脂发泡成型加工的主要方法之一。一般的异型材、板材、管材、棒材、膜片、电缆绝缘层等发泡制品都可以采用挤出发泡成型方法制备。

9.4.1.1 挤出发泡成型工艺

挤出发泡成型基本工艺过程与普通挤出成型类似，关键是工艺如何控制以得到合适的发泡体。在泡沫塑料工业化生产中，主要有以下两种基本工艺。

(1) 自由发泡工艺　此种工艺适用于所有泡沫塑料制品。其发泡原理如图 9-4 所示，塑料与发泡剂等各种助剂在料筒内完成塑化，塑料熔体与气体混合均匀，待挤出物离开机头后开始自由发泡胀大，直至进入冷却定型套才得以限制。

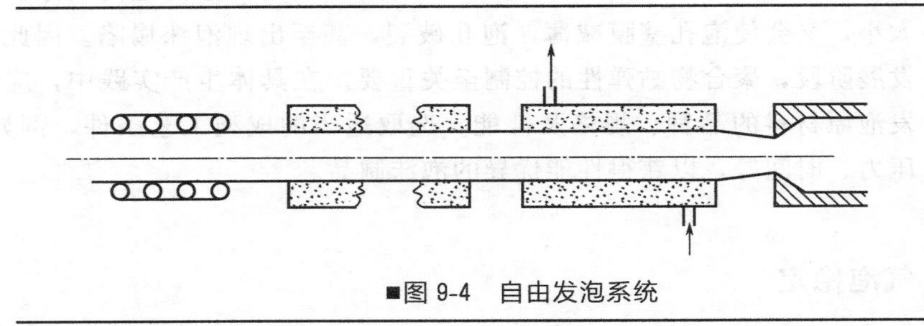

■图 9-4　自由发泡系统

(2) 可控发泡工艺　采用特殊的结构来控制挤出发泡的膨胀速率。其原理见图 9-5，通过逐步扩大的空间来控制熔体的压力，避免压力的突降，并由外表面和温度低于塑料软化温度的模壁表面接触，得到的泡沫制品发泡倍率较低，表皮光洁度较好。

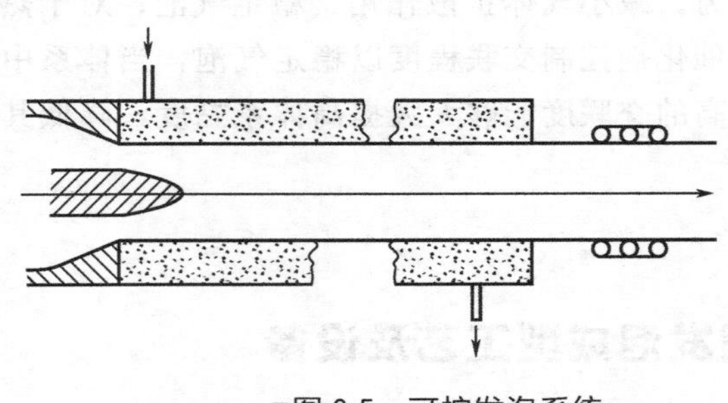

■图 9-5　可控发泡系统

在以上两种工艺中，泡沫塑料挤出成型过程中的挤出压力，挤出温度和滞留时间对最终制品的性能有较大影响。

(1) 挤出压力　泡孔尺寸和发泡密度随着挤出压力的增大而变小，泡孔数量随着挤出压力的上升而增加。

（2）挤出温度　在一定条件下，挤出温度有一最佳值。高质量的发泡体只能在较窄的温度范围内制得。挤出温度越高，物料本身的熔体强度越低，泡内压力可能超过泡沫表面张力而造成泡孔破裂，这对泡沫制品的最终性能是不利的。

（3）滞留时间　物料在挤出机内的滞留时间主要影响的是气泡成核作用，滞留时间越长，成核作用越弱，熔体温度会略有升高，最终导致形成的气泡核减少，气孔变大，最终使得制品密度下降。

9.4.1.2 挤出发泡成型设备

典型低发泡异型材挤出成型装置如图 9-6 所示，与普通异型材的挤出成型相同，主要包括主机、口模、冷却定型、牵引部分、切断部分和收卷或堆放六个部分。

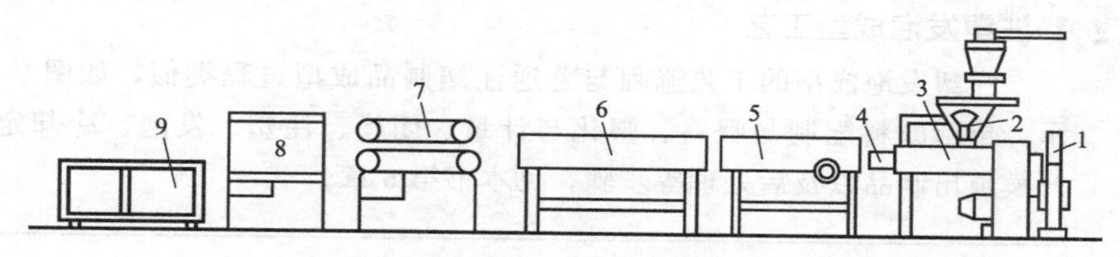

■图 9-6　典型低发泡异型材挤出成型装置示意图

1—螺杆温度调节装置；2—预混料及强制加料装置；3—挤出机；4—口模；
5—第一冷却槽；6—第二冷却槽；7—牵引装置；8—切断装置；9—收集装置

（1）主机部分　主要由 3 部分组成：挤出系统，包括机筒、机颈、螺杆和加料装置；温控系统，包括机筒、机颈的加热冷却，螺杆、料斗座的冷却等及温度控制装置；传动系统，包括电动机、调速和减速装置。与普通挤出成型相比，挤出发泡成型要保证挤出机能够产生足够大的熔体料压以防止发泡提前，对挤出机的温度控制精度要求更高。

（2）口模成型部分　泡沫塑料制品在此部分完成发泡、成型，并形成各种不同要求的表皮。泡沫塑料制品尺寸、形状、密度及表面状态都是由口模成型部分决定的。口模的温度控制要求较高，要求温度小；压力必须足够高并且可调，以防止熔体提前发泡；此外，口模还要有足够的刚性以承受较大的发泡力。

（3）冷却定型部分　这一部分决定了泡沫塑料制品的最终性能及尺寸稳定性。由于泡沫制品的热导率较低，必须装有足够冷却能力的冷却装置，冷却装置内表面要有一定的光滑度。

（4）牵引部分　由于泡沫制品挤出阻力大，牵引装置的牵引力要比普通的牵引力大。此外，泡沫制品的可压缩性较大，刚性差，与制品接触的部位摩擦系数要增大，接触压力不宜过高。

(5) 切断部分和收卷或堆放部分与常规的挤出装置一样。

9.4.2 注塑发泡成型工艺及设备

注塑发泡成型始于20世纪60年代初，到目前已发展成为合成树脂发泡成型的主要方法之一。注塑发泡成型为一次性成型法，适用于形状复杂、尺寸要求较严格的泡沫塑料制品，制造工序较为简单。尽管注塑发泡成型是间歇式生产，但其自动化程度高，可直接由计算机控制，产品的重复性好，能够保证质量。该成型工艺适用于聚苯乙烯、丙烯腈-丁二烯-苯乙烯共聚物、苯乙烯-丙烯酸共聚物、聚乙烯、聚丙烯、聚氯乙烯、聚酰胺等泡沫塑料制品。

9.4.2.1 注塑发泡成型工艺

注塑发泡成型的工艺流程与普通注塑制品成型过程类似，如图9-7所示，包括原料配制与喂料、塑化与计量、闭模、注塑、发泡、冷却定型、开模顶出制品以及后处理等步骤，见本书第6章。

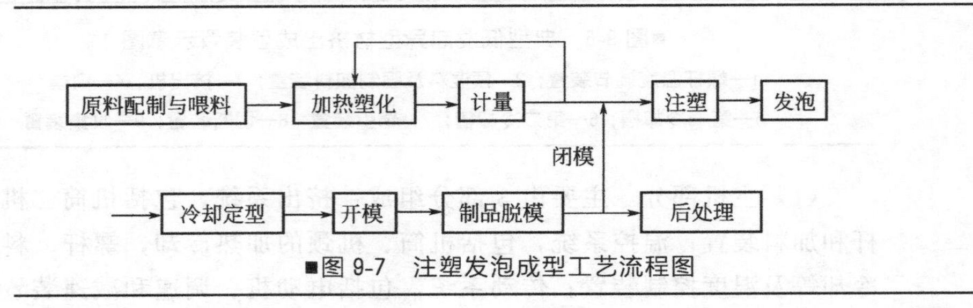

■图 9-7 注塑发泡成型工艺流程图

注塑发泡成型的工艺控制与普通注塑成型有些差别，主要有以下几点。

(1) 注塑速度 塑料熔体一般都以较高的注塑速度充模，以使熔体全部进入模腔后同时开始发泡膨胀，得到泡孔均匀细密的发泡制品。提高注塑速度可以明显提高制品的发泡倍率，对于聚烯烃类结构泡沫塑料制品来说，在一定的范围内，注塑速度提高10倍时，制品发泡倍率可提高5倍。

(2) 注塑压力 由于注塑发泡成型要求较高的注塑速度，因此要求注塑压力比普通注塑要高，一般取110～230MPa。

(3) 背压 为防止含发泡剂的塑料熔体在料筒中提前发泡，螺杆在一定的背压下后退，以使料筒中的塑料熔体一直在背压的作用下存储。背压的大小必须高于气体在熔体中发泡膨胀的临界压力。

（4）模腔压力　由于注塑发泡成型注塑速度较高，注塑时塑料熔体进入模腔后就会遇到较高反压，影响注塑速度的提高，因此模具中需设有专用排气系统。

（5）料筒温度　料筒温度沿轴向分布应尽快使物料熔融，料筒温度不宜过高，以免料筒内物料提前分解和发泡。

（6）熔体温度　指的是塑料熔体注入模具时的温度，提高熔体温度有利于气泡的膨胀，但温度不宜过高，否则会导致聚合物分解，熔体黏度、表面张力和熔体强度下降，气泡容易破裂，气体扩散加快，反而使发泡倍率下降。

（7）模具温度　模具温度与发泡制品中气泡的大小、气泡的分布、气泡的数量等密切相关。一般来说，在等温条件下制备的泡沫制品中气泡数量多、分布更均匀。此外，制品的发泡倍率是随着模温的降低而下降的，结构发泡制品的皮层厚度也可以通过改变模温进行控制。模温低，有利于皮层较厚的制品，模温高发泡倍率增加，熔体在模具中的流动性变好，但同时冷却所需的时间更长。

（8）冷却时间　由于泡沫塑料制品的导热性差，其冷却速度较慢，除采用强冷外，还可分两步冷却发泡制品，首先将制品在模腔中冷却至皮层能够承受芯层的膨胀压力和脱模时的顶出力，再将脱模后的制品在外界环境下冷却，以达到缩短成型周期的目的。

9.4.2.2 注塑发泡成型设备

注塑发泡成型设备与普通注塑成型设备很相似，如图 9-8 所示，同样是由注塑部分、锁模部分、模具、液压系统和电器控制系统等部分组成，各部分的功能可参考本书第 6 章。

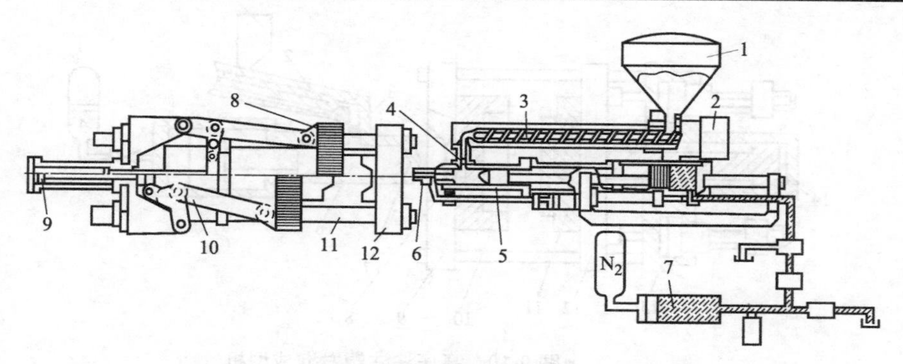

■图 9-8　发泡注塑机结构示意简图

1—料斗；2—螺杆传动装置；3—螺杆；4—阀门；5—喷嘴；6—注塑柱塞及储料筒；7—传动系统；8—动模板；9—传动油缸；10—连杆；11—导柱；12—定模板

注塑发泡成型机的结构类型较多，根据注塑过程中模具型腔熔体所受压力的大小，可以分为高压法注塑发泡成型机和低压法注塑发泡成型机。

（1）低压法注塑发泡成型机　图 9-9 为直接将 N_2 注入塑压料筒的低压法注塑发泡成型机。其特点是在注塑过程中压入模腔的物料熔体仅达型腔容积的 60%～80%，然后由发泡剂分解产生气体使熔体膨胀后充满模腔。在整个注塑过程中，模腔一直处于低压力，故称为低压法注塑发泡成型机。

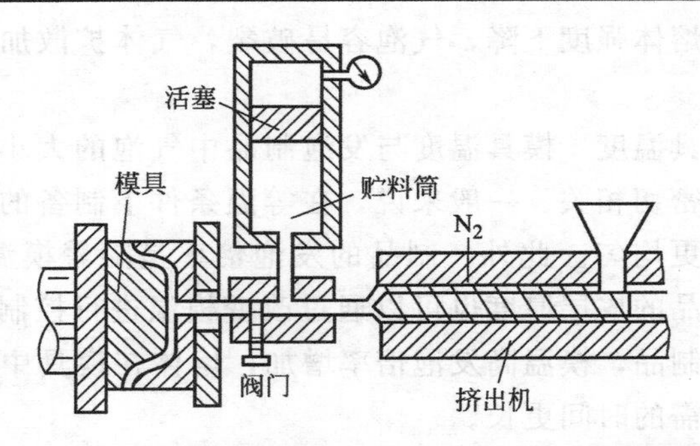

■图 9-9　直接将 N_2 注入塑压料筒的低压法注塑发泡成型机

（2）高压法注塑发泡成型机　图 9-10 为高压法注塑发泡成型机结构和工作原理图。先由塑料熔体充满型腔，待皮层形成后再用增加型腔容积或抽出部分熔体的办法，使型腔压力下降，制品芯部受热膨胀发泡，制得结构泡沫制品。由于塑料熔体在注塑压力作用下充满型腔，型腔内处于较高的压力，故称为高压法注塑发泡成型机。此法可制得表面光滑度较高的泡

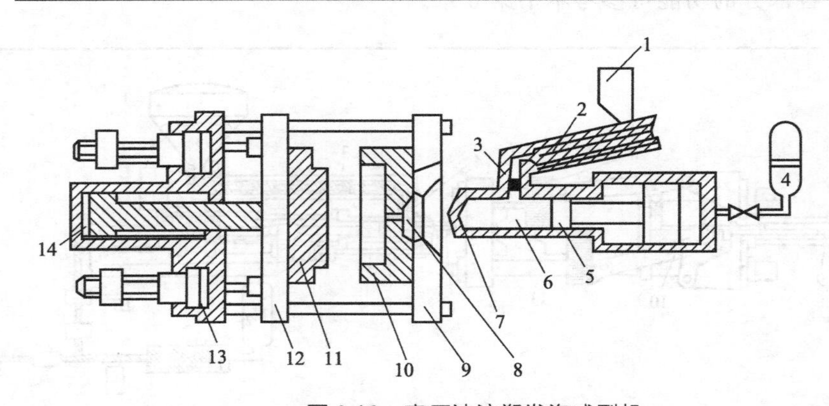

■图 9-10　高压法注塑发泡成型机

1—料斗；2—塑化螺杆；3—单向阀；4—贮能器；5—注塑柱塞；6—贮料室；7—喷嘴；8—主流道；9—定模板；10—阴模；11—阳模；12—动模板；13—后固定模板；14—移模油缸

沫制品，适用于聚烯烃泡沫制品的成型，采用的发泡剂多为AC发泡剂。

9.4.3 模压发泡成型工艺及设备

模压发泡成型是指将混合均匀后含有发泡剂的塑料或可发性物料放入模具，经加热加压发泡成型。模压发泡设备工艺简单，投资少，产品质量较好，尤其适合于中小企业，在我国应用较为广泛。模压发泡成型不仅可成型低密度结构泡沫塑料，还可成型高发泡倍率泡沫塑料和大面积、厚壁及多层泡沫塑料。此外，与普通的模压成型不同（大多用于热固性塑料和橡胶），模压发泡成型主要适用于热塑性塑料，如聚苯乙烯、聚乙烯、聚氯乙烯、聚丙烯等，尤其是聚苯乙烯的模压发泡成型应用很广。

9.4.3.1 模压发泡成型工艺

模压发泡成型与普通模压成型有很多相似之处，一般都是在液压机上进行发泡成型过程，将含有发泡剂的塑料直接放入模腔，然后加热加压进行发泡成型，根据发泡工艺过程的不同，可分为一步法和两步法。

（1）一步法　含有发泡剂的塑料或可发性物料直接放入模腔中，加热加压发泡成型，一次性成型出模压泡沫制品。

（2）两步法　含有发泡剂的塑料或可发性物料经预发泡过程后放入模腔中进行加热加压发泡成型，两步法主要用于高发泡倍率的泡沫塑料，发泡倍率可达80倍。

具体的发泡成型工艺流程及配方设计见9.5.4中聚苯乙烯的发泡成型。

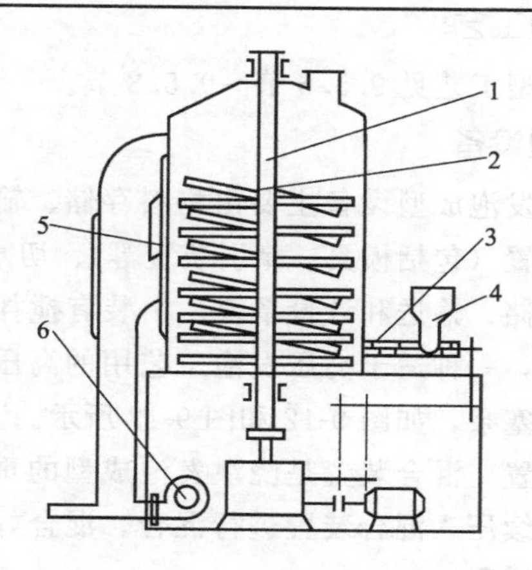

■图9-11　连续蒸汽预发泡机结构示意图

1—旋转搅拌器；2—固定搅拌器；3—螺旋进料器；
4—加料斗；5—出料口；6—鼓风机

9.4.3.2 模压发泡成型设备

模压发泡成型设备由混合和成型两部分组成。

（1）混合设备　与普通模压成型的混合设备一样，常见的有捏合机、开炼机、密炼机、挤出机等，在本书第 7 章已有详细介绍。

（2）成型设备　由预发泡机器、液压机、蒸缸和模具构成。

由于液压机和模压成型用模具在第 7 章中已有介绍，这里仅就预发泡机作简要介绍。图 9-11 为连续蒸汽预发泡机结构示意图，由料筒、搅拌器、固定搅拌棒、螺旋加料器、传动部分、鼓风送料管道以及机架所组成。其中蒸汽发泡机的筒体和搅拌器为主要部件，均由不锈钢制成。蒸汽预发泡机采用螺旋进料器，能够连续均匀地定量进料，其出料口也可通过蜗轮结构进行上下调节，从而控制预发泡物料在筒内的停留时间。

9.4.4 浇注发泡成型工艺及设备

浇注发泡成型主要适用于热固性塑料的发泡成型，由于浇注过程中原料各组分之间的反应和发泡同时进行，在进行浇注前必须对原料进行充分的混合。浇注发泡成型对物料和模具施加的压力小，因此对设备及模具强度要求低，投资少，可用于大型制品的生产，还可以现场施工，较为方便。缺点是制品尺寸精确度差、强度低，不能制造结构件或受力件。目前浇注发泡成型法用于聚氨酯、脲甲醛和酚醛泡沫塑料的制备，已经实现工业化生产。

9.4.4.1 浇注发泡成型工艺

浇注发泡成型工艺见 9.5.6 节～9.5.8 节。

9.4.4.2 浇注发泡成型设备

聚氨酯浇注发泡成型设备主要由物料存储、输送和计量装置、混合装置、发泡成型装置（包括模具、牵引装置等）、切割和收集装置等构成。

（1）物料存储、输送和计量系统　由装有搅拌器和夹套恒温的贮罐和两种计量泵组成，一种适于高压发泡工艺用的高压混合器，另一种适于低压发泡的环形活塞泵，如图 9-12 和图 9-13 所示。

（2）混合装置　混合装置是浇注发泡成型的重要设备，原料的各组分经计量泵后，连续压入混合装置进行混合。混合好的物料进入发泡成型装置进行发泡成型过程。

（3）发泡成型装置　主要由浇注模具以及发泡后牵引装置等所构成。对模具的设计有一定要求：应开多点浇口；排气孔在保证畅通的情况下尽量开得小一些或设在模具顶端或充模料流末端或分型面上；应用金属材料

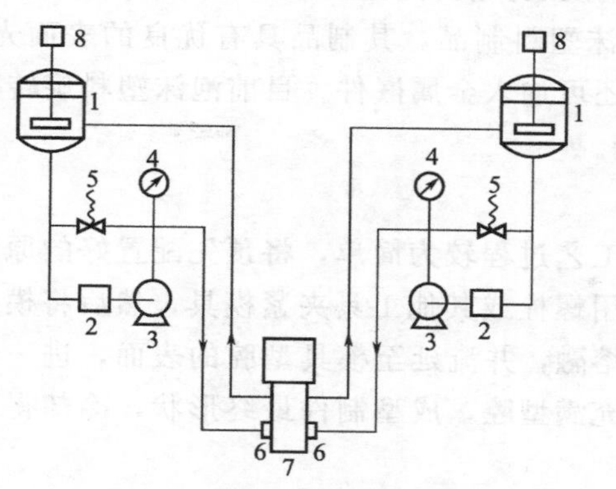

■图 9-12 高压混合器流程示意图

1—原料贮罐；2—过滤器；3—计量泵；4—压力表；5—安全阀；6—注塑器；7—混合头；8—搅拌器

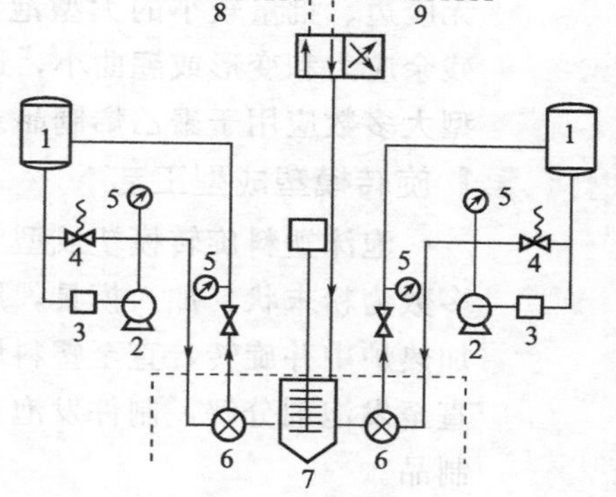

■图 9-13 低压混合器流程示意图

1—原料贮罐；2—低压计量泵；3—过滤器；4—安全阀；5—压力表；6—同时开启阀；7—低压混合头；8—空气；9—溶剂

制造模具，大型制品可用铝合金，并根据材料收缩率将模具尺寸放大1.0%～1.5%左右。

(4) 切割和收集装置根据制品要求而定 脲甲醛浇注发泡成型设备示意如图 9-14 所示，其主要设备为鼓泡装置。

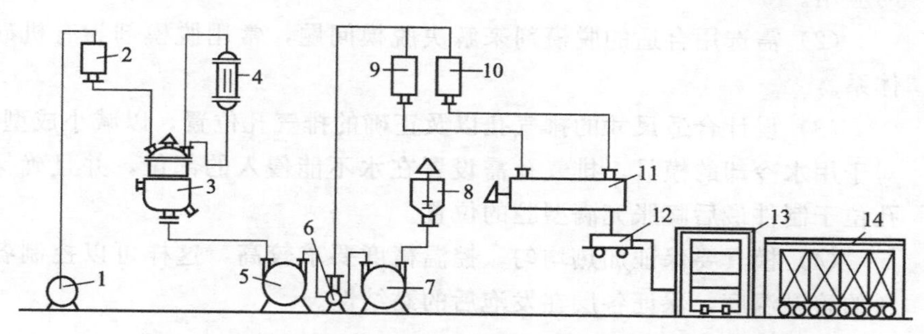

■图 9-14 脲甲醛泡沫塑料浇注成型设备示意图

1—甲醛贮槽；2—甲醛高位槽；3—树脂反应釜；4—冷凝器；5—稀树脂贮槽；6—泵；7—起泡剂贮槽；8—起泡剂配制槽；9—稀树脂高位槽；10—起泡剂高位槽；11—鼓泡器；12—预型模；13—预型室；14—烘房

9.4.5 旋转模塑成型

旋转模塑发泡成型应用于大型泡沫制品始于 20 世纪 70 年代，到目前为止其成型技术得到了很大的发展。旋转模塑成型法适用于生产厚度均匀、无废边、批量较小的大型泡沫塑料制品，其制品具有优良的表面光洁度，残余应力和变形或翘曲小，还可加入金属嵌件。目前泡沫塑料旋转模塑成型大多数应用于聚乙烯制品。

9.4.5.1 旋转模塑成型工艺

泡沫塑料旋转模塑成型工艺过程较为简单，将预先配置好的原料（大多数为粉末状）加入模具，用螺栓或其他工具夹紧模具，然后将模具置入加热炉中并旋转，直至塑料熔融，并流延至模具型腔的表面，进一步加热直至发泡剂分解，制件发泡充满型腔，成型制件最终形状，冷却得到泡沫制品。

9.4.5.2 旋转模塑成型设备

单层的泡沫塑料旋转模塑成型可以直接利用普通塑料制件旋转成型设备，唯一值得注意的是要避免模具中热点和冷点的产生，以保证泡沫制品的密度和厚度均匀，其他可见本书第 11 章。对于两层或多层的泡沫塑料旋转模塑成型，则需要对原有的一些模具进行技术改造。

旋转模塑成型对模具的要求主要可分为以下几点。

（1）旋转模塑发泡成型模具，由于其内压力较低，用铸铝等易加工的材料就能满足要求。近年来随着制件尺寸越来越大型化，加上薄铁板钣金成型机械的高速发展，由薄铁板制成的大型旋转发泡成型模具已得到广泛的应用。

（2）需选用合适的脱模剂来解决脱模问题，常用脱模剂为有机硅交联体系。

（3）设计合适尺寸的排气孔以及正确的排气孔位置，以减小成型缺陷。对于用水冷却的模具，排气孔需设置在水不能侵入的部位，并且确保排气孔位于制件最后膨胀充满型腔的位置。

（4）模具要保证加热均匀，控温精度要求较高，这样可以控制各层塑料的熔融温度，保证各层在发泡后的黏结性。

9.5 典型合成树脂的发泡成型及其制品

9.5.1 聚氯乙烯的发泡成型

与实体聚氯乙烯塑料一样，聚氯乙烯泡沫材料同样分为硬质和软质两种。硬质聚氯乙烯泡沫是在加工时用溶剂溶解聚氯乙烯树脂，使各组分充分混合，在加热成型时溶剂挥发逸出，因此泡沫质地坚硬。软质聚氯乙烯泡沫是在加工时用增塑剂、发泡剂、稳定剂及其他助剂与聚氯乙烯树脂先调制成糊或炼塑成片或挤出成粒，再定量加入到模具中，并在加压下加热，当树脂受热呈黏流态时发泡剂分解产生气体，并能均匀地分布在树脂基体中，再经过冷却定型，开模即可获得具有微细泡孔的泡沫塑料。由于成型时增塑剂不挥发，因此泡沫塑料具有一定程度的柔软性。根据上述特性，软质和硬质聚氯乙烯泡沫的用途亦各不相同，硬质泡沫可用作绝缘、隔声、保暖、防震、包装材料和水上救生用品等；软质泡沫作精密仪器的包装衬垫、火车汽车的坐垫以及日常生活用品等。

9.5.1.1 原材料

聚氯乙烯泡沫成型所用原材料及作用如表 9-8 所示。

■表 9-8　聚氯乙烯泡沫用原材料及作用

原料名称	主要作用及要求	常用品种
树脂	发泡主体，要求成糊性好，粒度细	乳液聚合聚氯乙烯树脂或悬浮聚合聚氯乙烯树脂，不同牌号
发泡剂	提供气源，分解温度低于塑料糊的胶凝温度(对于分解温度高的发泡剂，可添加稳定剂或增塑剂来降低其分解温度)	化学发泡剂：偶氮二甲酰胺，偶氮二异丁腈 无机发泡剂：碳酸铵、碳酸氢铵液体发泡剂；亚硝酸丁酯液体
增塑剂	增加聚氯乙烯树脂加工成型时的可塑性和流动性，赋予其柔软性	邻苯二甲酸二丁酯、邻苯二甲酸二辛酯、邻苯二甲酸二异辛酯、磷酸三苯酯以及环氧大豆油 生产硬质聚氯乙烯泡沫时，可用丙酮、二氯乙烷等代替增塑剂
稳定剂	防止聚氯乙烯在长时间加热下的热分解，同时还能够催化发泡剂的分解	铅盐(三碱式硫酸铅、二碱式亚磷酸铅)、金属皂(硬脂酸锌、硬脂酸钙、硬脂酸钡、硬脂酸镉)和有机锡(二月桂酸二丁基锡)三大类
润滑剂	减小加工设备的磨损，增加树脂流动性	硬脂酸，稳定剂中的金属皂类也有较好的润滑作用
其他助剂	根据制品的性能要求，还可以加入填料、颜料等组分	

9.5.1.2 生产方法及实例

(1) 压制成型　生产时按配方要求将树脂和固体助剂混合均匀，在球磨机中研磨 3～12h，之后加入液体助剂或溶剂搅拌均匀。装入模具内，将模具置于液压机加热加压进行塑化成型，压力、温度和塑化成型时间视具体情况而定。塑化完全后由模具中取出泡沫体，在一定的温度下继续发泡，最后经过烘房内热处理一段时间后得到最终的制品。以模压发泡成型软质聚氯乙烯发泡片材为例，其成型配方及工艺条件如表 9-9 所示。

■表 9-9 软质聚氯乙烯发泡片材模压成型配方及工艺条件

配方	用量/质量份	工艺条件
PVC-SG2	100	塑化温度：160～165℃ 蒸汽压力：0.65～0.85MPa 模塑压力：10～15MPa 塑化时间：25～30min 冷却时间：20min 热处理温度：90～100℃ 热处理时间：15～20min
邻苯二甲酸二辛酯	30	
邻苯二甲酸二丁酯	35	
三碱式硫酸铅	3～4	
偶氮二甲酰胺	5～6	
硬脂酸	0.8～1.2	
添加助剂	适量	
颜料	适量	

具体生产工艺流程如图 9-15 所示。

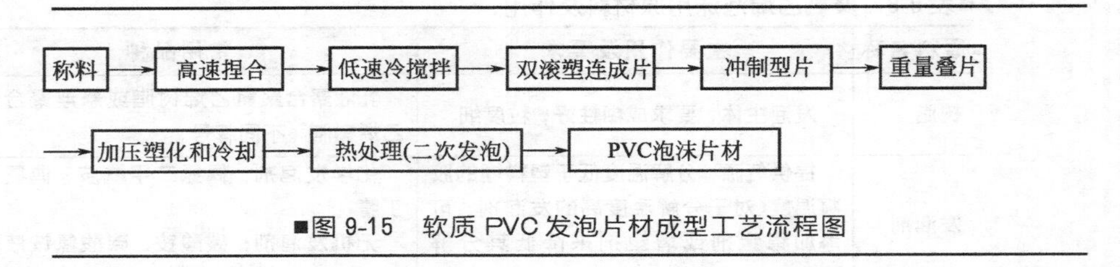

■图 9-15 软质 PVC 发泡片材成型工艺流程图

（2）挤出法 挤出发泡成型工艺分为两种：一种是将原料在低于发泡剂分解温度的条件下塑化并挤出得到具有一定形状的中间体，再在挤出机外加热发泡得到最终制品，所得产品一般是低密度（或高发泡）的泡沫制品。另一种是发泡剂在挤出过程分解，脱离口模的挤出物在冷却后直接成为制品，这种方法得到制品的泡沫密度比前者要高。硬质聚氯乙烯低发泡窗饰片材实例如表 9-10 所示。

■表 9-10 硬质聚氯乙烯低发泡窗饰片材成型配方及工艺条件

配方	用量/质量份	工艺条件
PVC-SG3	100	挤出机转速：20～60r/min
三碱式硫酸铅	3～5	料筒温度：1 段 100℃
二碱式亚磷酸铅	1～3	2 段 120℃
硬脂酸钡	1～2	3 段 140℃
硬脂酸铅	0.6～1	4 段 150～155℃
偶氮二甲酰胺	0.6～1.2	机头温度：155～160℃
硬脂酸	1～2	口模温度：175～180℃
氯化聚乙烯	4～8	定型、冷却：水压 0.2～0.5MPa
$CaCO_3$	10～30	水温 15℃±5℃
颜料	适量	牵引机：牵引速度 0.3～0.7m/min 牵引力 15～30kN

具体生产工艺流程如图 9-16 所示：

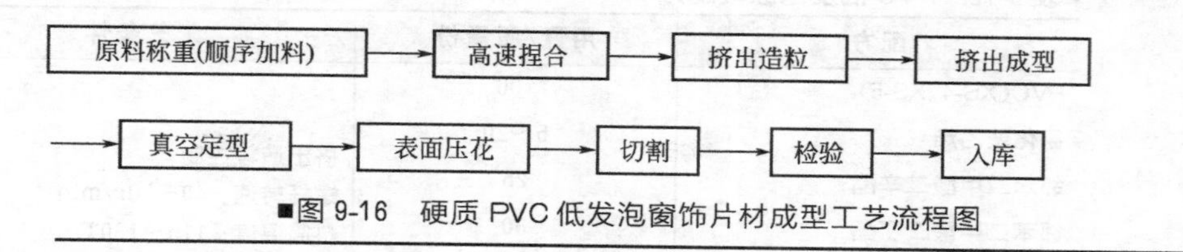

■图 9-16　硬质 PVC 低发泡窗饰片材成型工艺流程图

硬质聚氯乙烯低发泡型材成型工艺条件及流程如表 9-11 和图 9-17 所示。

■表 9-11　硬质聚氯乙烯低发泡型材典型配方及工艺条件

配方	用量/质量份	工艺条件
PVC(XS-4,XS-5)	100	螺杆转速: 20～60r/min
偶氮二甲酰胺	0.4～0.8	料筒温度: 1 段　160℃
三碱式硫酸铅	2～4	2 段　170℃
二碱式硬脂酸铅	0.5～1	3 段　175℃
硬脂酸铅	0.6	4 段　180℃
甲基丙烯酸甲酯-丙烯酸乙酯高聚物	7～10	5 段　185℃
轻质碳酸钙粉	6～10	机头温度: 1 段　185℃
液体石蜡	0.5	2 段　175℃
聚乙烯蜡	0.8	3 段　165℃
硬脂酸	0.5	

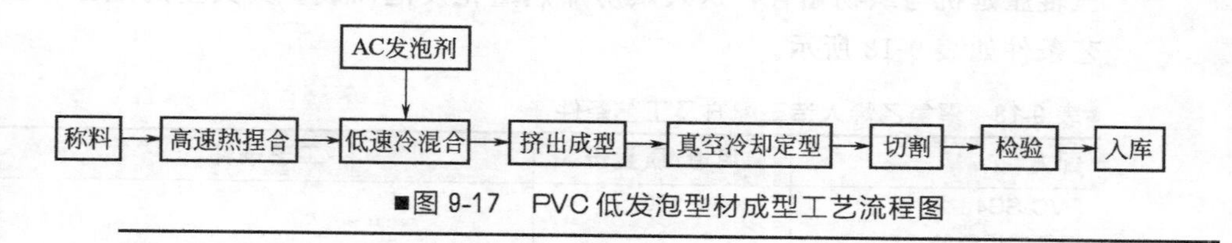

■图 9-17　PVC 低发泡型材成型工艺流程图

(3) 注塑法　注塑发泡成型只限于高密度的泡沫制品，生产效率高，是近年来发展较快的成型方法。通常采用移动式螺杆注塑机，物料的升温、混合、塑化和发泡（>50%）均在注塑过程中进行。注塑时一般都采用较高的注塑速率，这样，不仅可以减少气体的流失而使发泡倍率增加，同时还可以得到表层光滑和芯层泡孔均匀的制品。此外，料筒和模具温度的控制对制品的影响较大，料筒温度偏低时，发泡剂分解不充分，物料黏度大，流动不通畅，容易导致制品密度过大或充模不满，料筒温度偏高时情况正好相反。模具温度偏高时，可使发泡倍率增加，制品表层变薄，芯层均匀，但冷却较慢，生产效率低，模具温度偏低结果相反。注塑发泡成型以聚氯乙烯发泡凉鞋成型为例，如表 9-12 和图 9-18 所示。

■表 9-12 PVC 低发泡凉鞋配方

配方	用量/质量份	工艺条件
PVC(XS-4,XS-5)	100	挤出造粒控制 螺杆转速：40～50r/min 料筒温度：115～130℃ 机头温度：120～125℃ 注塑成型控制 螺杆转速：70～80r/min 料筒温度：130～165℃ 机头温度：160～165℃
氯化聚乙烯	5～20	
邻苯二甲酸二辛酯	25	
邻苯二甲酸二丁酯	30	
硬脂酸锌	1～1.5	
硬脂酸钡	1～1.5	
硬脂酸	0.5～1	
偶氮二甲酰胺	0.5～1	
填充剂	5～8	
着色剂	适量	

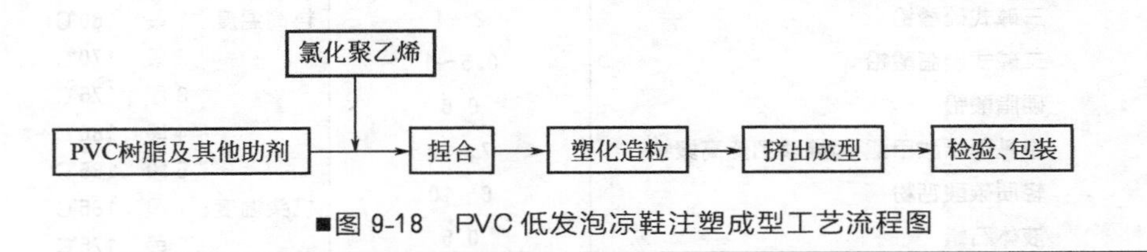

■图 9-18 PVC 低发泡凉鞋注塑成型工艺流程图

(4) 压延法 聚氯乙烯压延发泡成型制品主要是泡沫人造革，是把聚氯乙烯树脂、增塑剂、发泡剂和稳定剂等预先塑炼均匀，在较低温度下经三辊压延机与织物贴合，送入烘房加热塑化发泡而成。其典型的配方和工艺条件如表 9-13 所示。

■表 9-13 聚氯乙烯人造革配方及工艺条件

配方	用量/质量份	工艺条件
PVC-SG4	100	按照正常的压延过程进行发泡 发泡温度：210℃ 发泡时间：90s
偶氮二甲酰胺	2	
邻苯二甲酸二辛酯	50	
硬脂酸锌	1～1.5	
硬脂酸钡	1～1.5	
$CaCO_3$	30	

9.5.2 聚乙烯的发泡成型

聚乙烯泡沫塑料密度小、耐低温性能及抗化学腐蚀性能优良，并且具有一定的机械强度，因此用作日用制品、精密仪器仪表的包装材料、设备隔热保温材料，还可以作为水上漂浮材料。尽管聚乙烯泡沫塑料发展起步较晚，近年来聚乙烯泡沫塑料的应用面不断扩大，发展较为迅速。

9.5.2.1 原材料

（1）树脂　聚乙烯是结晶聚合物，温度超过熔点，聚乙烯熔体黏度较低。发泡剂产生的气体很难保持在树脂中，使发泡工艺难以控制。此外，由于聚乙烯结晶度较高，冷却时从熔融态转变为结晶态要释放出大量的结晶热，而熔融聚乙烯的比热容大，因此从冷却到固体状态所需时间较长，再加上聚乙烯透气率较高，这些都会促使发泡气体逃逸，不利于发泡成型。目前工业上解决这一问题的方法是加入交联剂使聚乙烯熔体交联为部分网状结构，以提高熔体黏弹性能，扩大适宜熔体发泡的温度区间，提高其发泡性能，同时也能提高聚乙烯泡沫物理力学性能。

（2）交联剂　所选交联剂分解温度必须高于聚乙烯熔点，但要比发泡剂分解温度低。交联的原理是交联剂先于发泡剂分解，使熔体发生一定程度的交联，提高熔体的黏弹性，当温度进一步升高，发泡剂分解或气化产生气体，交联后聚乙烯熔体的黏弹性的提高有利于气泡的保持和增长。聚乙烯化学交联剂最常用的是过氧化二异丙苯。

（3）发泡剂　适用于聚乙烯的化学发泡剂较多，主要为偶氮二甲酰胺，偶氮二甲酸二异丙酯、对甲苯磺酰氨基脲等。物理发泡剂氮气和氟里昂等也可用于聚乙烯发泡成型，主要是生产高发泡塑料。此外，在聚乙烯的发泡成型中也常常加入一些助发泡剂，例如氧化锌或其与硬脂酸锌的混合物，同时也可起到催化剂和热稳定剂的作用。

9.5.2.2 生产方法及实例

聚乙烯泡沫塑料的生产方法很多，主要有挤出法、压制法和注塑法。表 9-14 分别为聚乙烯泡沫塑料的制造方法、配方和工艺简述。

■表 9-14　聚乙烯泡沫塑料的制造方法、配方和工艺

制造方法	配方/质量份	工艺简述
化学发泡-化学交联挤出成型 LLDPE 交联型发泡板材	LLDPE 100 过氧化二异丙苯 0.5 氧化锌、硬脂酸锌 2～3.5 偶氮二甲酰胺 8～16 硬脂酸 1～2 其他助剂 适量	将树脂、交联剂、发泡剂及其他助剂一起混炼均匀、造粒，通过单螺杆挤出机挤出，在加热条件下交联剂先分解使得树脂交联，后续升温使发泡剂分解，树脂发泡，经后处理得到泡沫制品
化学发泡-化学交联一步法模压成型改性 LDPE 泡沫鞋底	LDPE 100 过氧化二异丙苯 0.95 氧化锌 0.8 偶氮二甲酰胺 2.5 三碱式硫酸铅 1.5 硬脂酸 0.9 CPE、$CaCO_3$ 适量	将树脂、发泡剂、交联剂、填料及其他助剂塑料混炼均匀，制成片、粒或板放入模具，加压加热，交联剂先分解使得树脂部分交联，升温使发泡剂分解完全后释放压力，树脂发泡，经后处理得到 LDPE 泡沫鞋底

续表

制造方法	配方/质量份	工艺简述
化学发泡-化学交联两步法模压成型高发泡 PE 保温材料	HDPE 100 过氧化二异丙苯 0.55 氧化锌 1.5 偶氮二甲酰胺 25 主阻燃剂(FR-10) 8 辅助阻燃剂(CL-10) 4 阻燃协效剂(Sb_2O_3) 10	将树脂、发泡剂、交联剂、填料及其他助剂塑料混炼均匀，制成片、粒或板放入模具，加压加热，交联剂分解，树脂达到一定交联度并使发泡剂部分分解，突然卸压，得到的预发坯料后加入到预定规格的模具中加压加热使发泡剂完全分解，树脂膨胀充满模腔，冷却、卸模，经后处理得到高发泡 PE 保温材料
物理发泡 挤出成型聚乙烯发泡管材	LDPE 100 EVA 10～20 二氯二氟甲烷（已禁用）15～18 滑石粉(成核剂) 1 着色剂 适量 其他助剂 适量	将树脂和除发泡剂二氯二氟甲烷以外的其他组分混合均匀，送入挤出机中，在挤出机高低压交接位用高压泵注入发泡剂，在一定条件下混合均匀，发泡，挤出，牵引得到聚乙烯发泡管材

9.5.3 聚丙烯的发泡成型

相比聚乙烯泡沫塑料，聚丙烯泡沫塑料耐热性更好，在 100～120℃范围内可以长期使用。聚丙烯泡沫塑料透气透水性小，有着很好的耐磨性、抗压力开裂和伸展性能，电气绝缘性优越，抗化学腐蚀性能优良，可用作日常用品、汽车内部包装缓冲材料、隔热保温材料等，还可用作电缆电线包覆层。聚丙烯的发泡成型与聚乙烯类似，下面仅作简要介绍。

9.5.3.1 原材料

(1) 树脂　与聚乙烯类似，聚丙烯是结晶聚合物，发泡性能较差，未经交联的聚丙烯一般用于成型低发泡的聚丙烯泡沫制品。在工业上，通过加入化学交联剂使聚丙烯熔体部分交联成为部分网状结构，以提高其发泡性能和物理力学性能。一般选用等规聚丙烯做树脂主体，可掺杂一定量的无规聚丙烯、低密度或中密度聚丙烯。此外，聚丙烯在加工和使用过程中易受到热、氧的影响而发生老化，低温韧性差，有必要加入一些稳定剂和抗冲改性剂等。

(2) 交联剂　聚丙烯发泡成型对交联剂的要求与聚乙烯一致。常用的交联剂有过氧化二异丙苯、叔丁基过氧化己烷、叔丁基过氧化乙炔，以及叠氮化合物等。

(3) 发泡剂　聚丙烯发泡成型使用的化学发泡剂主要为偶氮二甲酰胺、偶氮二甲酸钡、对甲苯磺酰氨基脲等，物理发泡剂氮气、二氧化碳、戊烷等也可使用。

（4）稳定剂　与聚氯乙烯使用的稳定剂类似。

（5）成核剂　可使用苯甲酸钠、氧化锌、滑石粉等。

（6）其他助剂　根据制品的性能要求，还可以加入填料、颜料等组分。

9.5.3.2 生产方法及实例

聚丙烯泡沫塑料的制造方法见表 9-15。

■表 9-15　聚丙烯泡沫塑料的制造方法

制造方法	配方/质量份	工艺简述
化学发泡 挤出成型 PP/$CaCO_3$ 低发泡片材	PP 30 LDPE 10.5 LLDPE 16 EVA 3 $CaCO_3$（经偶联剂处理）40 对甲苯磺酰氨基脲 0.5	按一定比例称好各种组分，高速混合机中掺混，经双螺杆挤出机挤出造粒，干燥后通过单螺杆挤出机挤出 PP/$CaCO_3$ 低发泡片材
化学发泡 注塑成型结构 PP 发泡板材	注塑机 PP 100 偶氮二甲酰胺 0.5 色母粒 0.3	按一定比例称料、搅拌均匀后加入注塑机料筒，进行混合塑化，发泡剂分解产生的气体均匀扩散到 PP 熔体中，熔体被注入模腔后气体膨胀把物料推向模壁，冷却即得到外表结皮状的低发泡 PP 板材
一步法交联聚丙烯挤出发泡材料	PP 100 发泡剂 2～4.5 助发泡剂 0.4～0.9 交联剂 0.01～0.03 助交联剂 0.01～0.02 成核剂 2～4.5 功能母料 5～7.5	将树脂、交联剂、发泡剂及其他助剂一起混炼均匀，造粒，单螺杆挤出机挤出，在加热的条件下交联剂先分解，树脂交联，之后升温使发泡剂分解，树脂发泡，成型泡沫材料，经后处理得到泡沫制品

9.5.4 聚苯乙烯的发泡成型

聚苯乙烯泡沫塑料具有质轻、无毒、无臭、化学稳定性好，绝热绝缘等优点，是应用最广的硬质泡沫塑料之一。已广泛用于冷冻、冷藏、保温、低温绝缘、隔层装饰、浮漂、救生器材以及坚固材料的包装、防震包装等。

聚苯乙烯泡沫塑料分为可发性聚苯乙烯泡沫塑料和乳液聚苯乙烯泡沫塑料两大种类，前者使用悬浮聚合珠状聚苯乙烯树脂生产，后者使用乳液聚合粉状聚苯乙烯树脂生产。成型方法主要有压制法、可发性珠粒法和挤出发泡法，模压法目前已很少使用，本节主要就可发性珠粒法和挤出发泡法成型聚苯乙烯泡沫塑料进行重点介绍。

9.5.4.1 可发性聚苯乙烯泡沫塑料成型及实例

可发性聚苯乙烯泡沫的树脂基体为可发性聚苯乙烯珠粒，指的是聚苯乙烯粒子包裹低沸点液体发泡剂所组成的半透明珠状物。发泡剂可以使用正丁烷、戊烷或石油醚等，发泡剂可以在聚苯乙烯聚合中或聚合后加入。可发性聚苯乙烯珠粒经过预发泡、熟化和成型三个阶段即可制得泡沫塑料。预发泡指的是温度升高到可发性聚苯乙烯珠粒软化温度以上，珠粒内的发泡剂受热气化产生压力而使珠粒膨胀，得到表观体积更大的珠粒，通常称为预胀物，如果要求制品密度大于 0.1g/cm^3，则不需要经过预发泡和熟化两个阶段。熟化指的是预发泡的珠粒在一定的温度（22～26℃）下贮存一段时间，吸收空气以防止预发泡发泡剂液化和扩散导致的珠粒收缩。根据成型阶段使用方法的不同，可发性聚苯乙烯珠粒又可分为加热模塑法和挤出法两种。

(1) 加热模塑法　对于小型、薄壁和形状复杂制件可采用蒸缸发泡，即将熟化后的预胀物或可发性聚苯乙烯珠粒填满模具后放入蒸缸，通蒸汽加热，物料膨胀充满模腔，相互熔接在一起，冷却脱模得到泡沫塑料制品。厚度大的板材常采用在液压机上直接通蒸汽的方法进行发泡成型，用气送法将料加入模具中，在模腔内充满物料后，直接通入 0.1～0.2MPa 的蒸汽，赶走珠粒之间的空气并使物料升温至 110℃左右，随后物料膨胀并黏结成整体，关闭蒸汽，保持 1～2min 后通水冷却脱模得到泡沫制品。可发性聚苯乙烯珠粒加热模塑成型聚苯乙烯泡沫板材常见配方如表 9-16 所示。

■表 9-16　可发性聚苯乙烯珠粒加热模塑成型泡沫板材配方及工艺条件

配方	用量/质量份	工艺条件
PS 或含有阻燃剂的 PS	100g	
苯	43mL	预发泡
无水乙醇	143mL	熟化温度为 22～26℃
乙二醇乙醚	43mL	熟化时间一般为 8～12h
聚乙烯吡咯烷酮	21.5g	加热模塑
发泡剂	6g	

(2) 挤出法　可发性聚苯乙烯珠粒挤出发泡成型的主要制品为片材和薄膜。由于其在挤出机料筒内受热塑化容易被压实，制品的密度常偏高，可加入适量的柠檬酸（或硼酸）和碳酸氢钠作为成核剂来降低制品密度，为避免成核剂间相互作用，常常在原料混合过程中加入液态石蜡、硅油、邻苯二甲酸二辛酯等油状物质，或加入淀粉、硬脂酸盐类等粉状物质。挤出法生产可发性聚苯乙烯泡沫塑料的配方和工艺条件如表 9-17 所示。

9.5.4.2 乳液聚苯乙烯泡沫塑料成型及实例

乳液聚苯乙烯一步法挤出发泡成型是以乳液聚合粉状聚苯乙烯树脂为主体，在挤出过程中直接加入发泡剂及各种添加剂，之后通过挤出机的窄缝机头挤出，然后慢慢冷却，挤出连续的泡沫塑料板材。常用的发泡剂有丁烷、戊烷、氯甲烷等低沸点液体或偶氮二甲酰胺。挤出机料筒内必须保持高压，加入的发泡剂与聚苯乙烯熔体混合，到达机头，压力解除，物料膨胀。此外，挤出温度应严格控制，挤出的泡沫塑料板必须缓慢冷却，以免形成过大的内应力，导致泡壁崩塌。以高抗冲聚苯乙烯（HIPS）低发泡材料为例加以说明，见表 9-18。

■表 9-17　可发性聚苯乙烯泡沫塑料配方及工艺条件

配方	用量/质量份	工艺条件
可发性聚苯乙烯珠粒		
相对分子质量 55000	100	发泡剂馏程 10～45℃
发泡剂含量	5.5%～6.0%	加热预热段温度：100～120℃
柠檬酸(工业级)	43mL	塑化熔融段温度：130～160℃
碳酸氢钠(工业级)	143mL	均化挤出段温度：110～130℃
液态石蜡(医用)	43mL	机头温度：90～110℃

■表 9-18　低发泡 HIPS 的配方及工艺条件

配方	用量/质量份	工艺条件
HIPS	100	加热预热段温度：145℃
偶氮二甲酰胺	0.6	塑化熔融段温度：165℃
$CaCO_3$	5	均化挤出段温度：175℃
ZnO	0.3	机头温度：170℃

9.5.5 丙烯腈-丁二烯-苯乙烯共聚物的发泡成型

与聚苯乙烯泡沫塑料相比，丙烯腈-丁二烯-苯乙烯（ABS）泡沫塑料有着更好的韧性和拉伸强度，且比聚烯烃类泡沫塑料（例如聚乙烯和聚氯乙烯泡沫塑料）的刚性、硬度、弯曲强度等性能都好，可用作电视机壳和各种音响器材外壳材料。

9.5.5.1 原材料

（1）树脂　选用流动性好、发泡倍率大和泡沫稳定性高的原料，可选择丙烯腈-苯乙烯共聚物和丙烯腈-丁二烯共聚物共混制备得到的 ABS，并在其端基接上丁二烯，更有利于发泡。

（2）发泡剂　ABS 的流动性较好，可以选用分解温度较低的发泡剂，例如偶氮二甲酰胺、偶氮二甲酸钡、对甲苯磺酰氨基脲等，也可选用物理发泡剂氨气。

（3）其他助剂　颜料可使用氧化钛。也可加入少量的增塑剂以利于发泡剂更快地分散到树脂基体中。

9.5.5.2 生产方法

（1）注塑成型　螺杆式注塑机使用较多。制品质量受模温、注塑压力、模具设计和其他因素的影响。表 9-19 为常见的 ABS 泡沫塑料制品注塑工艺条件。

■表 9-19　ABS 泡沫塑料制品注塑工艺条件

制品类别	料筒温度/℃			模具温度/℃	注塑压力/MPa	背压/MPa	注塑时间/s	冷却时间/s	周期/s
	后部	中部	前部						
板材	172	190	215	50	5.0	0.7	10	70	100
棒材	152	170	190	25	5.0	0.7	10	110	140
把手	147	178	195		125		10	33	55
箱体	170	190	210	30	6.5	1.5	10	80	100
半球状扬声器箱体	160	210	230	40	11				147
食用容器	180		205	30～40	7				50
日用品	170	200	180	40	8			70	

（2）挤出成型　挤出成型可生产板材、棒材、管材和型材等，熔体从口模挤出即发泡，得到泡沫制品。也可采用两级发泡法以得到发泡倍率更高的材料。

（3）其他成型　可发性 ABS 泡沫塑料成型方法与聚苯乙烯泡沫相同。

9.5.6 聚氨酯的发泡成型

聚氨酯泡沫塑料发泡成型的主体为含羟基的聚醚或聚酯多元醇异氰酸酯反应生成的聚氨酯，发泡剂一般为异氰酸酯与水反应生成的二氧化碳或低沸点氟碳化合物，外加催化剂、表面活性剂等其他助剂。根据所用多元醇的不同，可分为聚醚型和聚酯型聚氨酯泡沫塑料，按制品柔软不同可分为软质、半硬质和硬质聚氨酯泡沫塑料。聚氨酯泡沫塑料具有优异的物理机械性能、声学性能、电学性能和耐化学性能，尤其是硬质聚氨酯泡沫塑料的热导率特别低，广泛用作隔热保温和结构材料。近年来我国聚氨酯工业以接近 20％的速度快速发展。目前我国聚氨酯泡沫塑料的应用消费仍以软质泡沫塑料为主；硬质泡沫塑料的应用主要在冰箱、冷柜、石油化工管道等方面，在建筑上的应用尚处于起步阶段。工业上聚氨酯泡沫塑料的制造方法通常有三种，即预聚体法、半预聚体法和一步法。

9.5.6.1 原材料

聚氨酯泡沫塑料成型所用原材料及作用如表 9-20 所示。

■表 9-20　聚氨酯泡沫塑料用原材料及作用

原料名称	主要作用
聚醚或聚酯多元醇	主要反应原料，聚氨酯泡沫塑料中软段
异氰酸酯	主要反应原料，聚氨酯泡沫塑料中硬段
水	链增长剂，发泡剂
有机锡类催化剂	催化凝胶反应，保证泡孔壁强度，控制发气速率；抑制支链副反应
叔胺类催化剂	催化发泡反应
泡沫稳定剂(有机硅)	控制泡孔大小和结构，稳定泡孔
其他助剂	抗静电、防老、阻燃等其他作用

9.5.6.2 聚氨酯泡沫塑料的成型方法

(1) 预聚体法　该法首先由异氰酸酯和聚醚或聚酯多元醇反应生成预聚体，然后将水、催化剂及泡沫稳定剂等在高速搅拌下加入预聚体中，水和异氰酸酯反应生成二氧化碳，在发泡的时候同时进行链增长反应，形成泡沫塑料。预聚体发泡工艺通常用于聚醚型软质泡沫塑料，聚酯多元醇泡沫塑料生成的预聚体黏度太大，不易用此法发泡成型。预聚体法发泡工艺流程见图 9-19。

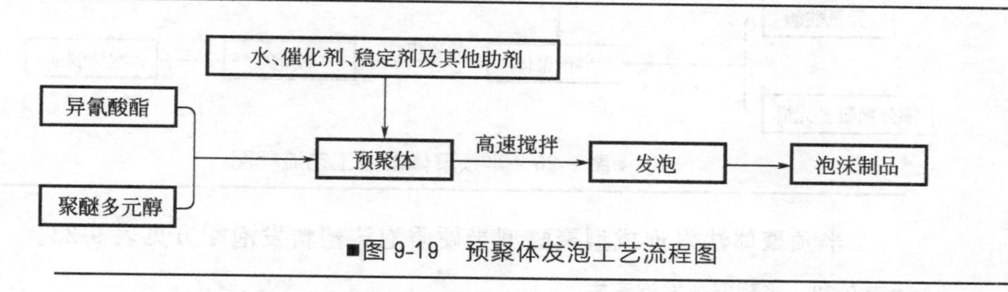

■图 9-19　预聚体发泡工艺流程图

预聚体法发泡成型聚醚型软质泡沫塑料预聚体配方和预聚体发泡配方见表 9-21 和表 9-22。

■表 9-21　预聚体配方

组　分	规格	配比/质量份
聚醚多元醇	羟值：56mgKOH/g 酸值：0.05mgKOH/g 水分：0.05% 相对密度(25℃)：1.21	100
甲苯二异氰酸酯	纯度：98% 异构比：65/35 或 80/20	38～40
蒸馏水		0.1～0.2

■表 9-22　预聚体发泡配方

组分	配比/质量份	泡沫制品性能
预聚体	100	密度≤0.03～0.036g/cm³
三乙烯二胺	0.4～0.45	拉伸强度≥0.106MPa
		断裂伸长率≥225%

续表

组分	配比/质量份	泡沫制品性能
二月桂酸二丁基锡	1	压缩强度 50%≥0.003MPa 回弹率≥35%
蒸馏水	2.04	热导率≤0.039W/(m·K) 压缩变形≤12%

（2）半预聚体法　将部分聚醚或聚酯多元醇与全部异氰酸酯进行反应，形成末端带有异氰酸酯的低聚物和大量游离异氰酸酯的半预聚体混合物（游离异氰酸酯的含量 20%～35%）。之后再将配方中剩余的多元醇、水、催化剂及泡沫稳定剂等加入该混合物中，高速搅拌混合进行发泡。相比预聚体法发泡成型，半预聚体法可以调节物料黏度和泡沫凝胶强度，较多地用于半硬质和硬质泡沫塑料。半预聚体法发泡工艺流程见图 9-20。

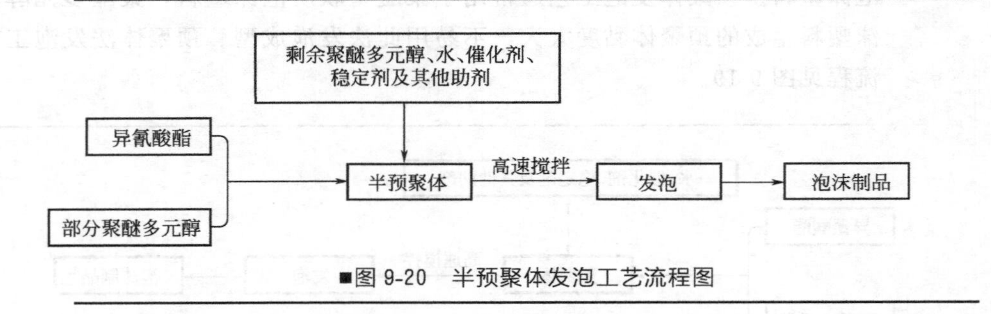

■图 9-20　半预聚体发泡工艺流程图

半预聚体法发泡成型聚醚型半硬质泡沫塑料发泡配方见表 9-23。

■表 9-23　半预聚体发泡配方

组分	配比/质量份	泡沫制品性能
预聚体(由 M_W3000 聚醚三元醇和 TDI 制得 NCO 含量 20%)	100	密度：0.03～0.036g/cm³
M_W＝3000 聚醚三元醇	40	拉伸强度：0.19MPa 断裂伸长率：7%
M_W＝1000 聚醚二元醇	20	压缩强度(20%)：0.016MPa
氨基为起始剂的聚醚四元醇	20	撕裂强度：0.08MPa
蒸馏水	1	压缩变定值：7.7%
叔胺催化剂	0.15	

（3）一步法　该法是目前采用最普遍的聚氨酯泡沫成型方法。直接将聚醚或聚酯多元醇、异氰酸酯、水、催化剂及泡沫稳定剂等一次性加入，在高速搅拌下混合和发泡，链增长反应、气体生长及交联反应短时间内同时进行。该法具有工艺过程简单，设备投资少，生产周期短等优点。一步法发泡工艺流程见图 9-21。

在一步法发泡成型工艺中聚醚和聚酯两种发泡体系基本相同，只是具体配方不同。一步法成型硬质聚氨酯泡沫塑料和聚醚型软质聚氨酯泡沫塑料发泡配方见表 9-24 和表 9-25。

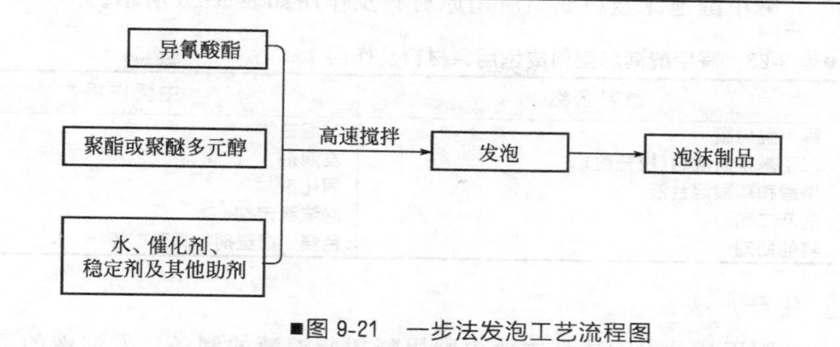

■图 9-21　一步法发泡工艺流程图

■表 9-24　一步法发泡成型硬质聚氨酯泡沫塑料配方

组分	配比/质量份	泡沫制品性能
聚醚多元醇 PE600(羟值 300±30)	100	
聚醚 A	100	密度：0.038g/cm³
异氰酸酯指数	1～1.1	拉伸强度：0.393MPa
泡沫稳定剂	3～5	压缩强度：0.293MPa
复合发泡催化剂	2～5	热导率：0.0256W/(m·K)
复合凝胶催化剂	2～5	吸水率：2.3%
蒸馏水	6～8	

■表 9-25　一步法发泡成型聚醚型软质聚氨酯泡沫塑料配方

组分	配比/质量份	泡沫制品性能
聚醚多元醇(羟值 54～57,酸值 0.06)	100	密度≤0.03～0.039g/cm³
甲苯二异氰酸酯(水分≤0.1%,纯度 98%,异构比 65/35 或 80/20)	35～40	拉伸强度≥0.1MPa 断裂伸长率≥200%
三乙烯二胺(纯度 98%)	0.15～0.20	压缩强度(25%)≥0.003MPa
水溶性硅油(密度 1.03g/cm³)	1	回弹率≥35%
二月桂酸二丁基锡(含锡量 17%～19%)	0.05～0.1	热导率≤0.041W/(m·K) 压缩变形≤10%
蒸馏水	2.5～3	成穴强度(60%)≥300N

9.5.7 脲甲醛的发泡成型

脲甲醛的发泡成型是指以脲甲醛树脂为主体，在发泡剂和催化剂存在的条件下固化，再经过干燥而制得白色泡沫塑料，其成型方法大多用机械发泡法。脲甲醛泡沫塑料最大的优点是质轻、具有较低的热导率，价格也较低廉，可作为隔热材料用于冷冻装置、列车厢、轮船、汽车等方面。值得注意的是，由于其吸水性较强，脲甲醛泡沫塑料性脆、机械性能较差，一般不用作结构材料等受力方面。

9.5.7.1 原材料

脲甲醛泡沫塑料成型所用原材料及作用如表 9-26 所示。

■表 9-26 脲甲醛泡沫塑料成型用原材料及作用

原料名称	主要作用
脲甲醛树脂	发泡主体
二丁基萘磺酸钠(拉开粉)	发泡剂
磷酸和草酸混合液	固化剂
间苯二酚	泡沫稳定剂
其他助剂	色料、增塑剂、润滑剂等

9.5.7.2 生产方法

脲甲醛的发泡成型主要由脲甲醛树脂溶液的制备、发泡液的配制、鼓泡和泡沫物固化四个阶段组成。

(1) 脲甲醛树脂溶液的制备　脲甲醛树脂溶液的制备配方如表 9-27 所示。pH 值为 4.5～6 的尿素和甲醛溶液在 80～100℃下回流加热搅拌，进行缩合反应，最后用 NaOH 溶液中和反应物料至中性，用水稀释使产物中树脂含量达到 27%～32%，将树脂溶液储存在铝制的容器中备用。为改善最终泡沫塑料制品的脆性，可以在反应中加入甘油或己三醇等醇类物质。

■表 9-27 脲甲醛树脂溶液的配方

原料名称	配比/质量份
尿素	100
甲醛水溶液(质量分数≥30%)	300
甘油(增塑剂)	20

(2) 发泡液的配制　发泡液配制配方如表 9-28 所示。按配比将磷酸、间二苯酚等加入到水中，待完全溶解后再加入二丁基萘磺酸钠，在 30℃左右温度下搅拌直至完全溶解。发泡液配制中，可使用磷酸与草酸混合物以减少固化剂用量。

■表 9-28 发泡液的配方

原料名称	配比/质量份
二丁基萘磺酸钠(发泡剂)	10
磷酸(树脂固化剂)	15
间苯二酚(泡沫稳定剂)	10
水	65

(3) 鼓泡　按质量比 5：2 将脲甲醛树脂溶液和发泡液加入到鼓泡设备中，旋转搅拌，通入空气即制得液体泡沫。其中泡沫的密度可根据通入的空气来调节。

(4) 泡沫物固化　从鼓泡设备中出来的液体泡沫流入涂有脱模剂的烘模中放置 4～6h，除去部分水并使得泡沫体初步硬化。再在一定的温度下热处理，使得树脂进一步缩合，并起到物理干燥的作用，干燥时间视制品的性能而定。

9.5.8 酚醛树脂的发泡成型

酚醛树脂的发泡成型是以苯酚、甲醛为原料主体，与发泡剂、表面活性剂、固化剂及其他助剂反应而制得热固性泡沫塑料。其主要优点是耐热性、阻燃性、自熄性好，燃烧时烟雾少，无滴落物，广泛应用于隔热保温材料等领域。

9.5.8.1 原材料

酚醛泡沫塑料成型用原材料及作用如表 9-29 所示。

■表 9-29　酚醛泡沫塑料成型用原材料及作用

原料名称	主要作用
苯酚	主要反应原料
甲醛	主要反应原料
盐酸、硫酸等	固化剂，加快固化反应速率
偶氮二甲酰胺、戊烷等	化学或物理发泡剂
有机硅等	表面活性剂，稳定泡沫
其他助剂	改性剂，抗静电、防老、阻燃等其他作用

9.5.8.2 生产方法

酚醛树脂的发泡成型主要由树脂的合成和发泡成型两个阶段组成，如图 9-22 和图 9-23 所示。

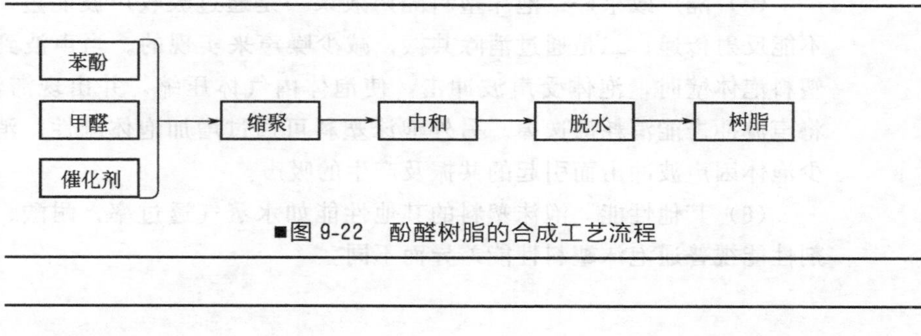

■图 9-22　酚醛树脂的合成工艺流程

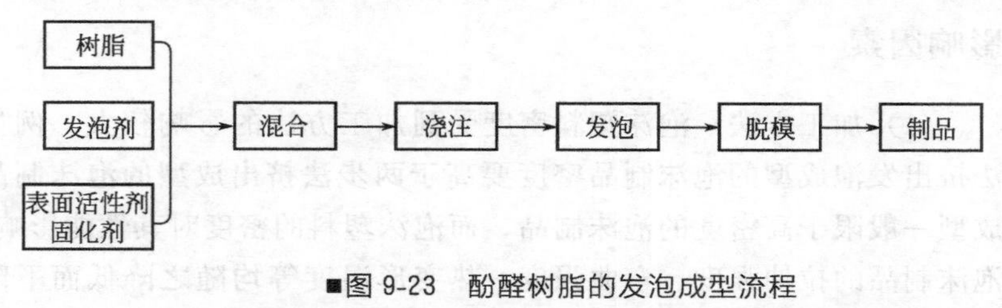

■图 9-23　酚醛树脂的发泡成型流程

9.6 泡沫塑料的性能

9.6.1 性能

相比于普通的塑料制品，泡沫塑料制品有着以下的优点。

（1）质轻　由于泡沫塑料中有大量气体存在，其密度较小，一般为非发泡塑料制品的几分之一至几十分之一。

（2）比强度高　比强度是指材料强度与相对密度之比值，代表材料的物理特性。由于泡沫塑料密度低，比强度自然要比非发泡塑料制品高，一般认为微发泡泡沫塑料强度高。

（3）抗冲击性能好　泡沫塑料在受到冲击时，泡孔中的气体被压缩，产生一种滞流现象。这种压缩、回弹和滞流现象会消耗掉部分冲击载荷能量。另外泡沫体有较小的负加速度，能够逐步终止冲击载荷，故呈现出优异的减震缓冲能力。

（4）隔热性优良　由于泡沫塑料中有大量泡孔，泡孔内有气体，而气体的热导率比塑料低约一个数量级，故泡沫塑料的热导率低。此外，泡沫塑料中气体相互隔离（尤其是闭孔泡沫塑料），也减少了气体的对流传热，有利于提高泡沫塑料的隔热性。

（5）隔声效果好　泡沫塑料隔声效果一是通过吸收声波能量，使声波不能反射传递；二是通过消除共振，减少噪声来实现的。当声波到达泡沫塑料泡体壁时，泡体受声波冲击，使泡体内气体压缩，并出现滞流现象，将声波冲击能消耗散逸掉。另外泡沫塑料可通过增加泡体刚性，消除或减少泡体因声波冲击而引起的共振及产生的吸声。

（6）其他性能　泡沫塑料的其他性能如水蒸气透过率，耐酸、碱及溶剂性能视普通泡沫塑料性能差异而不同。

9.6.2 影响因素

（1）加工方法　泡沫塑料密度受到加工方法的影响较大，例如，一步法挤出发泡成型的泡沫制品密度要高于两步法挤出成型的泡沫制品，注塑成型一般限于高密度的泡沫制品，而泡沫塑料的密度对其性能影响较明显，泡沫制品的拉伸强度、弯曲强度、热变形温度等均随之降低而下降，而制品的成型收缩率增加。

（2）泡孔形状　泡沫塑料在发泡膨胀过程中，由于料流的拖力或外界拉力作用，在泡沫的升起方向上被拉长而成椭圆形，致使泡沫塑料呈现各向异性。一般来说，在平行泡孔升起的方向，硬质泡沫的压缩强度是垂直于泡孔升起方向的 2 倍左右，弹性模量大约为 3 倍，断裂伸长率大约为一半。

（3）泡孔开、闭结构　泡孔的开或闭会影响泡沫塑料泡体的性能，闭孔率降低，其压缩强度下降，而压缩强度是衡量泡沫塑料主要性能的指标之一。此外，泡沫塑料的开孔与闭孔对其热导率、透湿性、尺寸稳定性均有一定的影响，一般要求绝热保温用泡沫制品闭孔率要达到90%以上。

（4）泡孔尺寸因素　泡孔尺寸大小对泡沫塑料压缩性能的影响也很大，小泡孔泡沫塑料泡体被压缩时，泡体的内外泡孔可均匀地吸收外加压缩能量，压缩性能优于大泡孔泡沫塑料。此外，泡孔的大小还会影响其吸水率，泡孔直径越大，吸水率就越大。

（5）此外，泡沫塑料的性能还取决于树脂性能、配方等因素，而这些因素又与成型条件有直接关系。

9.6.3 性能测试标准

作为一个新颖、迅速发展、应用很广的塑料品种，泡沫塑料质量的鉴定非常重要，必须有一套统一的性能测试和评判标准，表 9-30 列出了泡沫塑料主要性能测试方法，包括中国 GB，国际标准 ISO，美国 ASTM 标准和德国 DIN 标准。

■表 9-30　泡沫塑料性能测试标准对照

测试标准 性能	中国 GB	国际标准 ISO	美国 ASTM	德国 DIN
压缩	GB 8813—2008	844	D1612	53421
拉伸	GB 9641—1988 GB 6344—2008	1926 1798	D1623	53430 53571
剪切	GB/T 10007—2008	1922	C272	53427
弯曲	GB/T 8812—2007	1209	D790	53423
冲击强度	GB 11548-1989			
线膨胀系数	GB 1036—1989			
压缩永久变形	GB 6660—1986	1856	D1546	53572
加载变形		3386		53577
回弹性能	GB/T 6670—1997	4651	D1596	53573
表观密度	GB/T 6343—2009	845	D1622	53420
尺寸稳定性	GB/T 8811—2008	2796	D2136	53431
热导率	GB 3399—1982	2581	C518	52616
水蒸气透过性	GB 2411—2008	1663	C3SS	53426
吸水率	GB/T 8810—2005	2896	D2842	53433
滚动摩擦特性	GB12812—1991			
燃烧性	GB 8332—2008 GB 8333—1987	3582	D1692	75200

参 考 文 献

[1] 黄锐. 塑料工程手册（下册）. 北京：机械工业出版社，2000.

[2] 黄锐，曾邦禄. 塑料成型工艺学. 第 2 版. 北京：轻工业出版社，2005.

[3] 张玉龙，李长德. 泡沫塑料入门. 杭州：浙江科学技术出版社，2000.

[4] 周达飞，唐颂超. 高分子材料成型加工. 第 2 版. 北京：中国轻工业出版社，2005.

[5] 张铭，王勇，胡达，甘光奉. 机械发泡法制备脲醛泡沫材料的研究. 现代塑料加工应用，2008（2）：14-16.

[6] 吴舜英，徐敬一. 泡沫塑料成型. 第 2 版. 北京：化学工业出版社，2000.

[7] 赵良知，李兵. 泡沫塑料发泡剂的研究进展. 塑料科技，2009，37（3）：94-96.

[8] 陈浩，赵景左，刘娟，管蓉. 泡沫塑料发泡剂的现状及展望. 塑料科技，2009，37（2）：68-72.

[9] Zipfel L，Kruecke W，Boerner K，Barthelemy P，Dournel P. HFC-365mfc and HFC-245fa progress in application of new HFC blowing agents. Journal of Cellular Plastics，1998，34（6）：511-525.

[10] 廖文涛，余坚，何嘉松. 超临界流体制备微发泡聚合物材料的研究进展. 高分子通报，2009，（3）：1-10.

[11] 刘涛，罗世凯，王先忠. 微孔泡沫塑料的研究综述. 工程塑料应用，2008，36（5）：78-82.

[12] Lee PC，Wang J，Park CB. Extrusion of microcellular open-cell LDPE-based sheet foams. Journal of Applied Polymer Science，2006，102（4）：3376-3384.

[13] Zhang H，Rizvi GM，Park CB. Development of an extrusion system for producing fine-celled HDPE/wood-fiber composite foams using CO_2 as a blowing agent. Advances in Polymer Technology，2004，23（4）：263-276.

[14] 蔡宏国. 塑料用化学发泡剂. 现代塑料加工应用，2001，13（4）：45-48.

[15] Gachter R，Muller H. Plastics Additives. Hanser Publishers，1984.

[16] Blander M，Katz JL. Bubble nucleation in liquids. AIChE Journal，1975，21（5）：833-848.

[17] Zen CC，Hossieny N，Zhang C，Wang B. Synthesis and processing of PMMA carbon nanotube nanocomposite foams. Polymer 2010，51（3）：655-664.

[18] Colton JS，Suh NP. The nucleation of microcellular thermoplastic foam with additives：Part I：Theoretical considerations. Polymer Engineering and Science，1987，27（7）：485-492.

[19] Colton JS，Suh NP. Nucleation of microcellular foam：Theory and practice. Polymer Engineering and Science，1987，27（7）：500-503.

[20] Shen J，Zeng CC，Lee LJ. Synthesis of polystyrene-carbon nanofibers nanocomposite foams Polymer 2005，46（14）：5218-5224.

[21] Chang YW，Lee D，Bae SY. Preparation of polyethylene-octene elastomer/clay nanocomposite and microcellular foam processed in supercritical carbon dioxide. Polymer International 2006，55（2）：184-189.

[22] 陈志彦，林鹤鸣，汪澜. 发泡剂分解温度的研究. 浙江工程学院学报，2000，17（4）：225-229.

[23] 张玉龙，张子钦. 泡沫塑料制品配方设计与加工实例. 北京：国防工业出版社，2006

[24] Abu-Zahra NH，Perez R（Perez，Ron）AM，Chang H. Extrusion of Rigid PVC Foam with Nanoclay：Synthesis and Characterization. Journal of Reinforced Plastics and Composites 2010，29（8）：1153-1165.

[25] 邓光华. 聚氯乙烯泡沫人造革的发泡问题. 中国塑料 2001，15（5）：57-61.

[26] Abe S，Yamaguchi M. Study on foaming of crosslinked polyethylene . Journal of Applied Polymer Science，2001，79（12）：2146-2155.

[27] QX Li，LM Matuana. Foam extrusion of high density polyethylene/wood-flour composites using chemical foaming agents. Journal of Applied Polymer Science，2003，88（14）：

3139-3150.
[28] 刘岳平. 聚丙烯泡沫塑料的成型、性能及其应用. 工程塑料应用 2001，19 (4)：47-49.
[29] Kropp D. Foam extrusion of polypropylene foams-New developments and applications. Blowing Agents and Foaming Process 2003，Conference Proceedings：147-153
[30] Gendron R，Huneault M，Tatibouet J，Vachon C. Foam extrusion of polystyrene blown with HFC-134a. Cellular Polymers 2002，21 (5)：315-341.
[31] Han XM，Koelling KW，Tomasko DL，Lee LJ. Continuous microcellular polystyrene foam extrusion with supercritical CO_2. Polymer Engineering and Science 2002，42 (11)：2094-2106.
[32] 朱吕民，刘益军. 聚氨酯泡沫塑料. 第3版. 北京：化学工业出版社，2005.
[33] 杨春柏. 硬质聚氨酯泡沫塑料研究进展. 中国塑料，2009，23 (2)：12-15.
[34] 李莹，杨雪艳. 影响酚醛泡沫塑料成型加工的因素. 工程塑料应用，2000 (04)：14-15.

第10章 二次成型

二次成型是指在一定条件下将高分子材料一次成型所得的型材通过再次成型加工，以获得制品的最终型样的技术。

二次成型技术与一次成型技术相比，除成型对象不同外，二者的主要区别在于：一次成型是通过材料的流动或塑性形变而成型，成型过程中伴随着聚合物的状态或相态转变，而二次成型是在低于聚合物流动温度或熔融温度的“半熔融”类橡胶态下进行的，故二次成型仅适用于热塑性塑料。目前二次成型技术主要包括：中空吹塑成型、热成型、薄膜的双向拉伸以及合成纤维的拉伸。

10.1 二次成型原理

10.1.1 聚合物的物理状态

聚合物在不同的温度下，分别表现为玻璃态（或结晶态）、高弹态和黏流态三种物理状态。在正常相对分子质量（$M_2>M_1$）范围内，温度和相对分子质量与无定形和部分结晶型聚合物物理状态转变的关系如图10-1所示。

无定形聚合物在玻璃化温度 T_g 以上，呈类橡胶状，显示出橡胶的高弹性，在黏流温度 T_f 以上呈黏性液体状；部分结晶型聚合物在 T_g 以上呈韧性结晶状，在熔点 T_m 附近转变为具有高弹性的类橡胶状，高于 T_m 则呈黏性液体状。

聚合物在 $T_g \sim T_f$（或 T_m）之间，既显示液体的黏性又表现出固体的韧性。塑料的二次成型加工就是在材料的类橡胶态下进行的，因此在成型过程中塑料既有黏性又有弹性，在类橡胶态下，聚合物的模量要比玻璃态下时低，形变值大，但由于有弹性性质，聚合物仍具有抵抗和恢复形变的能力，要产生不可逆形变则须要较大外力作用。

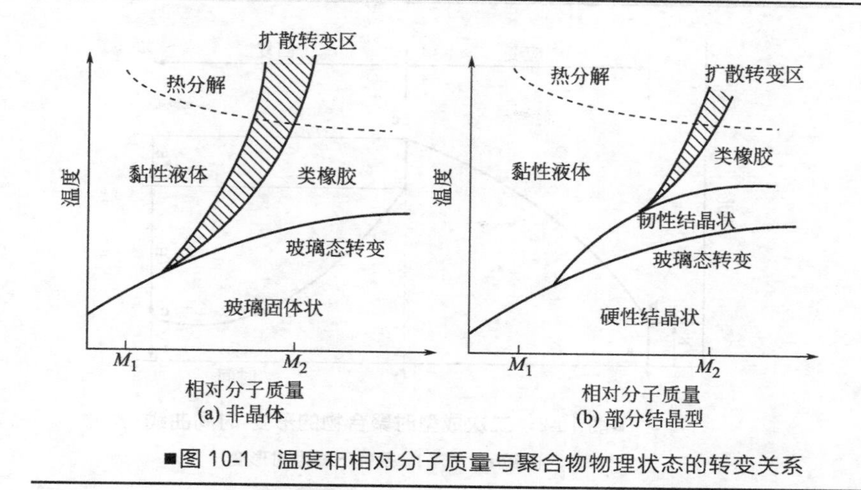

■图 10-1　温度和相对分子质量与聚合物物理状态的转变关系

10.1.2 聚合物的黏弹性变形

根据经典的黏弹性理论，聚合物在加工过程中的总形变（r）是由普弹形变（r_E）、推迟高弹形变（r_H）和黏性形变（r_v）三部分组成的。对于玻璃化温度 T_g 比室温高得多的无定形聚合物，其二次成型加工是在 T_g 以上，黏流温度 T_f 以下，受热软化，并受外力（σ）作用而产生形变，此时聚合物的普弹形变很小，通常可以忽略，又因其黏性很大，黏（塑）性形变几乎可以忽略，因此在二次加工过程中聚合物的形变省去了普弹形变和黏性（塑性）形变，得：

$$r(t)=r_{\infty}(1-e^{t/t^*}) \tag{10-1}$$

式中，t^* 为推迟高弹形变的松弛时间，$t^*=\eta_2/E_2$，η_2 和 E_2 分别为聚合物高弹形变的黏度和模量。这种形变近似 Voigt 模型的推迟形变，如图 10-2 所示。

由图 10-2 可见，聚合物的高弹形变是一个松弛过程，若将这种形变充分保持在 $t=t_1$ 时，则形变近似于 r_{∞}。同时推迟高弹形变由于是大分子链段形变和位移（构象改变）的贡献，具有可逆性，当在时间 t_1 时除去外力（σ），经过一定时间高弹形变回复，用 $\sigma=0$，$t=t_1$ 和 $r=r_{\infty}$ 的边界条件求解形变回复为：

$$r=r_{\infty}e^{-(t-t_1)/t^*} \tag{10-2}$$

式(10-2) 给出的形变是以产生形变的相同速度迅速回复的（形变 r 降到极限形变 r_{∞} 的 1/e 所需的时间 $t-t_1$ 相当于此温度下的平均推迟松弛时

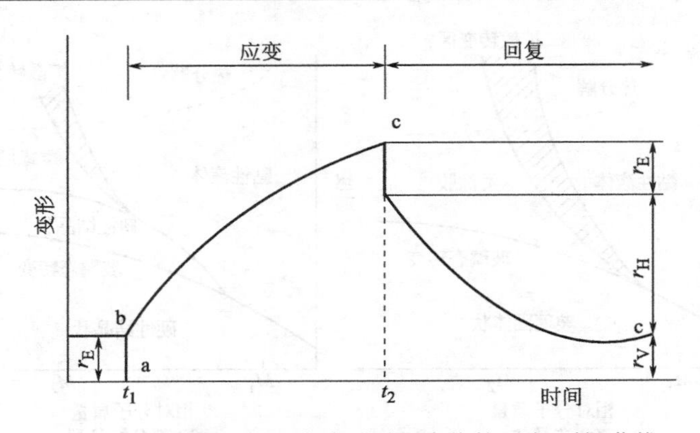

■图 10-2 二次成型时聚合物的形变-时间曲线

曲线 a：$T>T_g$ 条件下成型时形变

曲线 b：$T>T_g$，形变的回复

曲线 c：$T=$室温$<T_g$，形变的回复

间 t^*）。若使其形变达到 r_∞ 后，将它置于比 T_g 低得多的室温下，式(10-2) 中的指数项接近于1，聚合物的高弹形变黏度大大上升，链节的运动被完全冻结，形变回复几乎没有，仍被冻结在 $r=r_\infty$ 处，成型物的变形就被固定下来，见图 10-2 曲线 c。

因此，对于 T_g 比室温高得多的无定形聚合物，二次成型的过程是：①将该类聚合物在 T_g-T_f 温度范围内加热，使之产生形变并成型为一定形状；②将其在接近室温下冷却，使形变冻结并固定其形状（定型）。

对于部分结晶的聚合物形变过程则是在接近熔点 T_m 的温度下进行，此时黏度很大，成型形变情况与上述无定形聚合物一样，但之后的冷却定型与无定形聚合物有本质的区别。结晶聚合物在冷却定型过程中会产生结晶，分子链本身因成为结晶结构的一部分或与结晶区域相联系而被固定，不可能产生弹性回复，从而达到定型的目的。

10.1.3 成型条件的影响

二次成型的温度以聚合物最易产生形变且伸长率最大为宜。一般无定形热塑性塑料最宜成型温度比其 T_g 略高。Kleine-Albens 研究认为在低频下，最宜加工温度应选在力学消耗（Λ）的峰值处。如图 10-3 所示，硬质 PVC（$T_g=83$℃）的最宜成型温度为 92～94℃，PMMA（$T_g=105$℃）最宜成型温度为 118℃。

由于二次成型产生的形变具有可回复性，实际获得的有效形变（残余

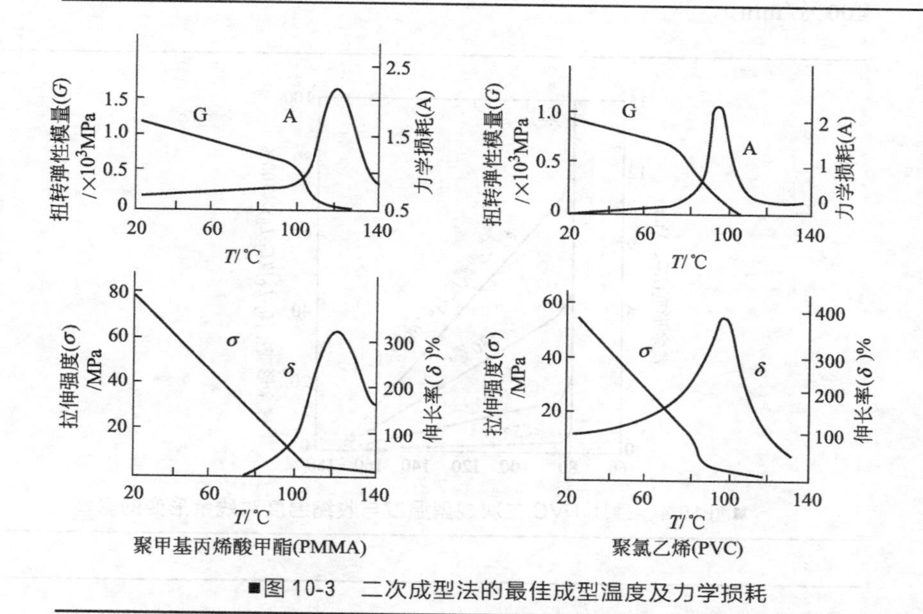

■图 10-3　二次成型法的最佳成型温度及力学损耗

形变）与成型条件有关。随着残余形变冻结温度（模温）的升高，成型制品可回复的形变成分增加，可获得的有效形变减小，因此模温不宜过高，一般处于聚合物 T_g 以下。另外，成型温度升高，材料的弹性形变成分减少。图 10-4 为 Buchmann 对硬质 PVC 二次成型的研究结果，表明 85℃下塑料的收缩率很小，塑料所获得的残余形变几乎为 100%，但在 T_g 以上加热使塑料收缩时，随收缩温度的提高，制品的形变值增大，残余形变减小。同时可看出，制品在相同的收缩温度下，高的成型温度比低成型温度具有更高的残余形变，因此较高温度下成型的制品，形状稳定性更好，且具有较强的抵抗热弹性回复的能力。但二次成型中材料的伸长率在 T_g 以上的一个适当温度可达最大值，在太高的温度下则得不到稳定的形变（即相对伸长率相反地急剧下降），这是因为在高温、长时间（特别是低速成型）受热下，聚合物黏度低、强度小，并可能有热分解，以致聚合物受力时容易龟裂，伸长率降低；此外，成型速度（完成一给定形变所需时间或在某一定时间内的形变率）也影响成型温度下材料的伸长率，例如硬质 PVC 在各种成型温度下的伸长率，随成型速度变化的关系如图 10-5 所示。一般，成型温度在 T_g 以下，则成型速度小，能获得较高的伸长率，而在 T_g 以上，则成型越快，伸长率反而越高，这是因为在高温缓慢成型时，有充分时间产生龟裂，而龟裂处成为应力集中点，以致得不到所需的稳定伸长形变。因此成型温度应根据材料的伸长率和拉伸强度并结合成型速度综合考虑。以硬质 PVC 为例，最适宜的成型温度为 92～94℃，成型速度为100%～

400%/min。

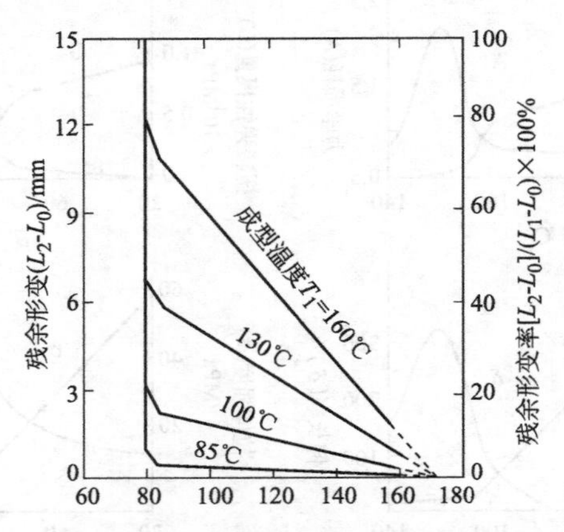

■图 10-4 硬质 PVC 二次成型温度与收缩温度对残余形变的影响

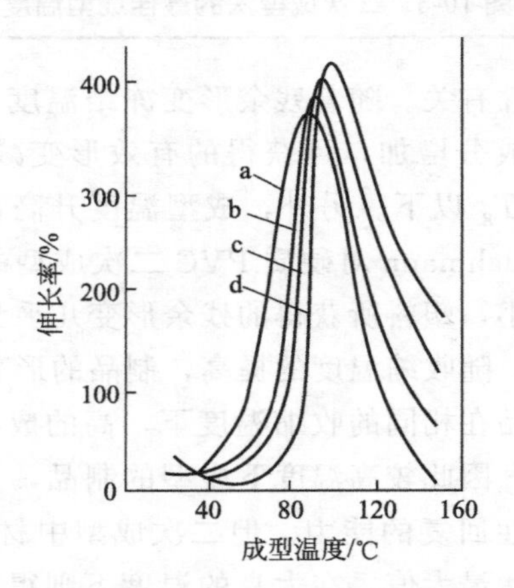

■图 10-5 硬质 PVC 于不同成型速度时成型温度与伸长率关系

a—10%/min；b—100%/min；c—1000%/min；d—6000%/min

10.2 中空吹塑成型

中空吹塑是制造空心塑料制品的成型方法，是借助气体压力使闭合在模具型腔中处于类橡胶态的型坯吹胀成为中空制品的二次成型技术。

这种方法可生产口径不大的各种瓶、壶、桶等。用于中空成型的热塑性塑料品种很多，最常用的是 PE、PP、PVC 和热塑性聚酯等，也有的用

PA、纤维素塑料和PC等。

塑料制品的中空吹塑成型，可采用注射吹塑和挤出吹塑，这两种方法制造型坯的方式不同，但吹塑过程相同。

10.2.1 注射吹塑

注射吹塑是用注射成型法先将塑料制成有底型坯，再把型坯移入吹塑模内进行吹塑成型。注射吹塑又分为无拉伸注坯吹塑和注坯-拉伸-吹塑两种方法。

10.2.1.1 无拉伸注坯吹塑

由注射机将熔融塑料注入型坯模具内，并在芯模上形成尺寸、形状和质量均适宜的管状有底型坯。型坯成型后，注射模立即开启，通过旋转机构将留在芯模上的热型坯移入吹塑模内，芯模为一端封闭的管状物，压缩空气可从开口端通入并从管壁上所开的多个小孔逸出。合模后从芯模通道吹入压缩空气，型坯即被吹胀而脱离芯模，紧贴到吹塑模的型腔壁上，在空气压力下进行冷却定型，最后开模取出吹塑制品。成型工艺流程如图10-6所示。注坯吹塑技术的优缺点见表10-1。

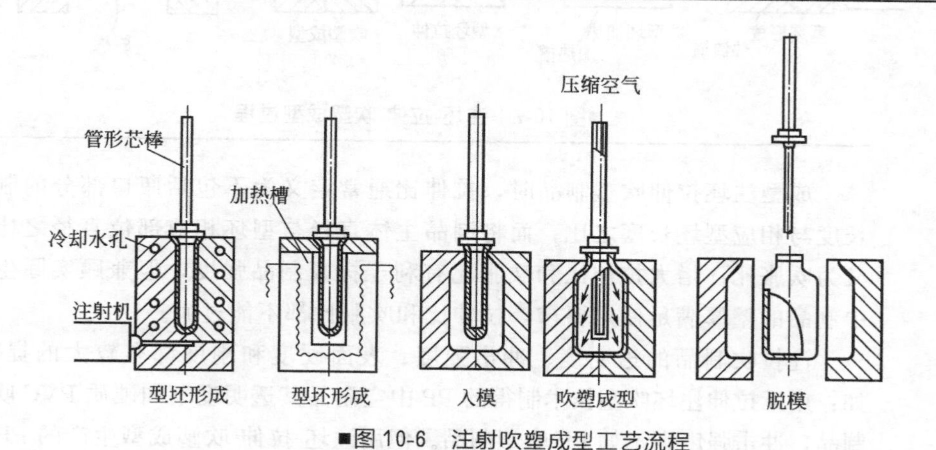

■图10-6 注射吹塑成型工艺流程

■表10-1 注坯吹塑技术的优缺点

优　点	缺　点
制品壁厚均匀	设备投资较大
不需后加工	制品成型周期长
中空制品无接缝	制品易出现应力开裂
边角料少	生产容器的形状和尺寸受限
瓶口和螺纹质量优异	

因此，注射吹塑宜大批量生产小型精制容器和广口容器，主要用于化妆品、日用品、医药和食品的包装。

10.2.1.2 注坯-拉伸-吹塑

注坯-拉伸-吹塑制品成型过程如图 10-7 所示。在此成型过程中，注塑所得型坯并不立即移入吹塑模中，而是经适当冷却后，移送到一加热槽内，加热到预定的拉伸温度，再转送至拉伸吹胀模内。在吹胀模内先用拉伸棒将型坯进行轴向拉伸，再引入压缩空气使之横向胀开并紧贴模壁。冷却脱模即可得到有双轴取向结构的吹塑制品。

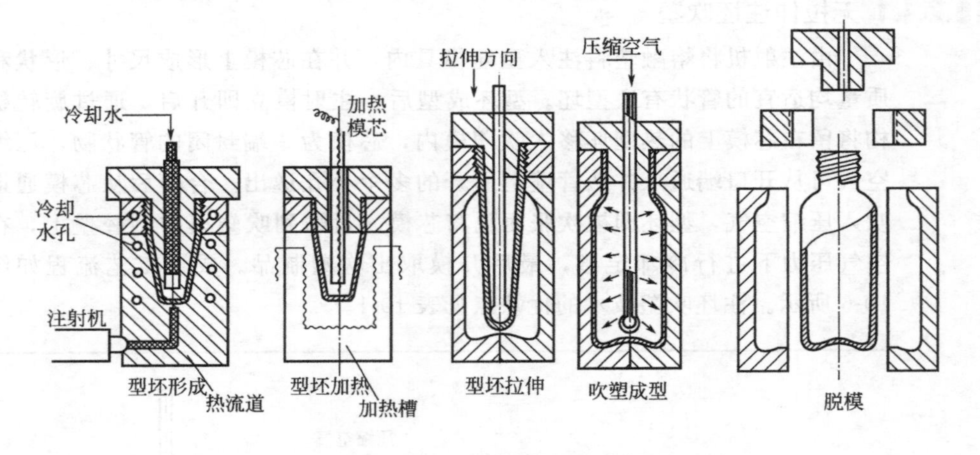

■图 10-7　注坯-拉伸-吹塑成型过程

成型注坯拉伸吹塑制品时，拉伸比通常定义为不包括瓶口部分的制品长度与相应型坯长度之比；而将制品主体直径与型坯相应部位直径之比定义为吹胀比。增大拉伸比和吹胀比有利于提高制品强度，但兼顾实际生产中制品的壁厚满足使用要求，拉伸比和吹胀比都不能过大。

注拉吹制品的透明度、冲击强度、表面硬度和刚度都有较大的提高，如：用无拉伸注坯吹塑技术制得的 PP 中空制品其透明度不如硬质 PVC 吹塑制品，冲击强度则不如 PE 吹塑制品。但用注坯-拉伸-吹塑成型生产的 PP 中空制品的透明度和冲击强度可分别达到硬质 PVC 制品和 PE 制品的水平，而且杨氏模量、拉伸强度和热变形温度等均有明显提高。制造同样容量的中空制品，注坯-拉伸-吹塑可以比无拉伸注坯吹塑的制品壁更薄，故可节约原料。

10.2.2 挤出吹塑

挤出吹塑与注射吹塑的不同之处在于其型坯是用挤出机经管机头挤出

制得。挤出吹塑的工艺流程包括：①管坯的形成：管坯直接由挤出机挤出，并垂挂在安装于机头正下方的预先分开的型腔中；②当下垂的型坯达到规定长度后立即合模，并靠模具的切口将型坯切断；③从模具分型面上的小孔插入的压缩空气吹管送入压缩空气，使型坯吹胀紧贴模壁而成型；④保持空气压力使制品在型腔中冷却定型即可脱模。具体工艺流程见图 10-8。

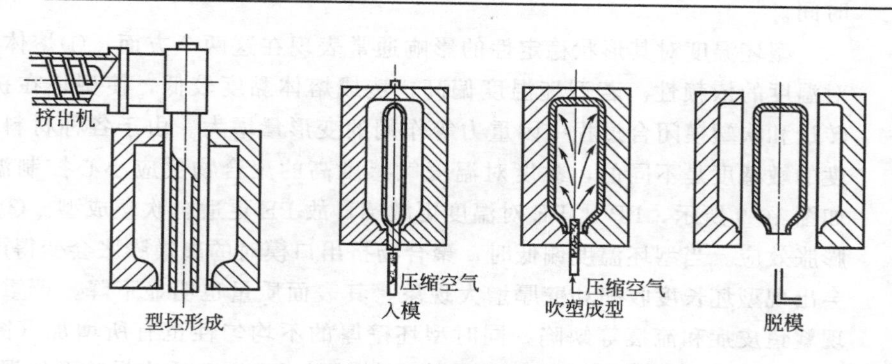

■图 10-8 挤出吹塑成型工艺流程

实际应用中挤出吹塑有单层直接挤坯吹塑、多层共挤出吹塑、挤出-蓄料-压坯-吹塑和挤坯拉伸吹塑等不同的方法，以适应不同类型中空制品的成型。挤坯-拉伸-吹塑成型过程比注坯-拉伸-吹塑复杂，故生产上较少采用。

挤出吹塑法生产效率高，型坯温度均匀，熔接缝少，吹塑制品强度较高；设备简单，投资少，对中空容器的形状、大小和壁厚允许范围较大，故工业应用较广，见表 10-2。

■表 10-2 注射吹塑与挤出吹塑成型制品的比较

注射吹塑成型	挤出吹塑成型
制品规格均一	可制成多种尺寸的制件
劳动力成本较低	模具费用较低
辅助设备少	设备费用较少
没有回料或废料	可以吹制很大的制件
螺纹或瓶颈尺寸精密	容器把手吹制容易
无拼接缝	容易制造形状不规则的或者椭圆制件
亮度与光泽度好	可以生产双层壁制件
更适于硬塑料	树脂的均化较好
更适于制造广口容器	调换颜色容易
吹胀时树脂定向好	颜料分散均匀
	可利用共挤技术对制件进行表面处理

10.2.3 中空吹塑工艺过程的控制

对吹塑过程和吹塑制品质量有重要影响的工艺因素是型坯温度、充气压力与充气速率、吹胀比、吹塑模温度和冷却时间等。对拉伸吹塑成型的影响因素还有拉伸比。

10.2.3.1 型坯温度

生产型坯时，应严格控制其温度，使型坯在吹胀之前有良好的形状稳定性，保证吹塑制品有光洁的表面、较高的接缝强度和适宜的冷却时间。

型坯温度对其形状稳定性的影响通常表现在这两个方面：①熔体黏度对温度的依赖性。若型坯温度偏高，造成熔体黏度较低，使型坯在挤出、转送和吹塑模闭合过程中因重力等作用的变形量增大。由于各种材料对温度的敏感度是不同的，黏度对温度敏感度高的聚合物更应小心控制温度。如图10-9所示，PP比PE对温度更敏感，故PE更适合吹塑成型。②离模膨胀效应。当型坯温度偏低时，聚合物挤出口模时的离模膨胀会变得严重，会出现型坯长度收缩和壁厚增大现象，其表面质量也明显下降，严重时出现鲨鱼皮症和流痕等缺陷，同时型坯壁厚的不均匀性也有所增加（图10-10）。制品的强度差，容易破裂，表面粗糙无光，因此适当提高型坯温度是必要的。

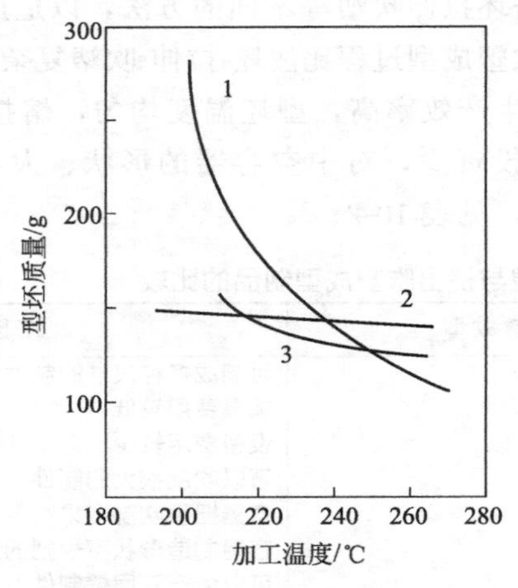

■图10-9 成型温度与型坯质量的关系

1—PP共聚物；2—HDPE；3—PP

在型坯的形状稳定性不受严重影响的条件下，适当提高型坯温度，对改善制品表面光洁度和提高接缝强度有利。一般型坯温度控制在材料的$T_g \sim T_{f(m)}$之间，并偏向$T_{f(m)}$一侧。但过高的型坯温度不仅会使其形状的稳定性变坏，而且还因必须相应延长吹胀物的冷却时间，使成型设备的生产效率降低。

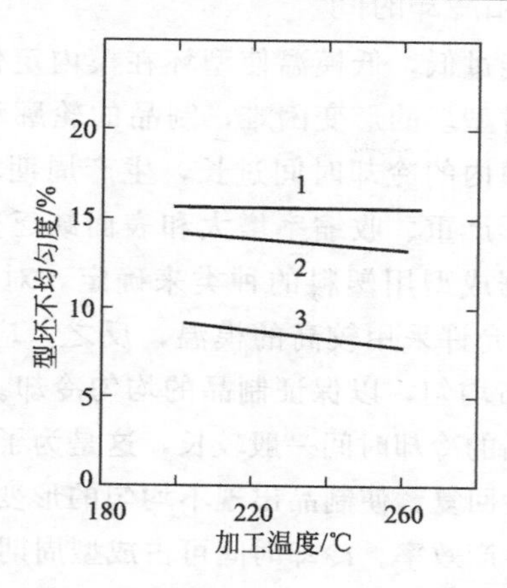

■图 10-10 成型温度与型坯均匀度的关系

1—PP 共聚物；2—HDPE；3—PP

10.2.3.2 充气压力和充气速度

中空吹塑成型，主要是借助压缩空气的压力吹胀半熔融状态的型坯，对吹胀物施加压力使其紧贴型腔壁，形成所需形状。压缩空气还起冷却制件的作用。半熔融态下黏度低的易变形的塑料（如 PA 等），充气压力取低值；半熔融态下黏度大、模量高的塑料（如聚碳酸酯等），充气压力应取高值。充气压力的高低还与制品的壁厚和容积有关，一般来说，薄壁和大容积的制品应施加较高充气压力，厚壁和小容积的制品以较低充气压力为宜。合适的充气压力应保证所得制品的外形、表面花纹和文字等都有足够的清晰度。

充气速度（空气的体积流率）应尽可能大，可缩短吹胀时间，有利于形成厚度均匀和表面光洁的制品。但充气速度过大也不利，首先在空气进口处会出现真空，使这部分型坯内陷，而当型坯完全吹胀时，内陷部分会形成横隔膜片；其次，口模部分的型坯可能被极快的气流拖断，导致吹塑失效。因此，需加大吹管口径或适当地降低体积流率。

10.2.3.3 吹胀比

制品的尺寸和型坯尺寸之比，即型坯吹胀的倍数称吹胀比。型坯尺寸和质量一定时，制品尺寸愈大，型坯的吹胀比愈大。增大吹胀比可节约材料，但制品壁厚变薄，吹胀成型困难，制品的强度和刚度降低，吹胀比过小，塑料消耗增加，制品有效容积减少，壁厚增大，冷却时间延长，成本增高。一般吹胀比为 2～4 倍，吹胀比的大小应根据材料的种类和性质、制品的形状和尺寸及型坯的尺寸等决定。

10.2.3.4 吹塑模具温度和冷却时间

模温通常不能过低，低模温使型坯在模内定位到吹胀这段时间内过早冷却，导致吹胀时型坯的形变困难，制品的轮廓和花纹会很不清晰。模温过高，吹胀物在模内的冷却时间过长，生产周期增加，若冷却不够，制品脱模时会出现变形严重、收缩率增大和表面缺乏光泽等现象。吹塑模具的温度，首先应根据成型用塑料的种类来确定，对于玻璃化温度 T_g 或热变形温度 T_f 高者，允许采用较高的模温，反之，应采用较低的模温。此外，应保持模温的分布均匀，以保证制品的均匀冷却。

中空吹塑制品的冷却时间一般较长，这是为了防止未经充分冷却即脱模所引起的强烈弹性回复，使制品出现不均匀的形变。冷却时间影响制品的外观质量、性能和生产效率。冷却时间可占成型周期的1/3～2/3，一般视成型用塑料的品种和制品的形状而定。如：热导率较差的PE，比同样厚度的PP在相同情况下需要的冷却时间长，通常随制品壁厚增加，冷却时间延长，如图10-11所示。过长的冷却时间，使生产周期延长，生产效率降低。为缩短生产周期，加快冷却速度，除对吹塑模加强冷却外，还可在成型制品内部进行冷却，如：向吹胀物的空腔内通入液氮和液态二氧化碳等强冷却介质进行直接冷却。对厚度为1～2mm的制品，一直只需几秒到几十秒的冷却时间。图10-12表明，对厚度和冷却温度一定的型坯，冷却时间达1.5s时，PE制品壁两侧的温度已近似相等，因此过长的冷却时间是不必要的。

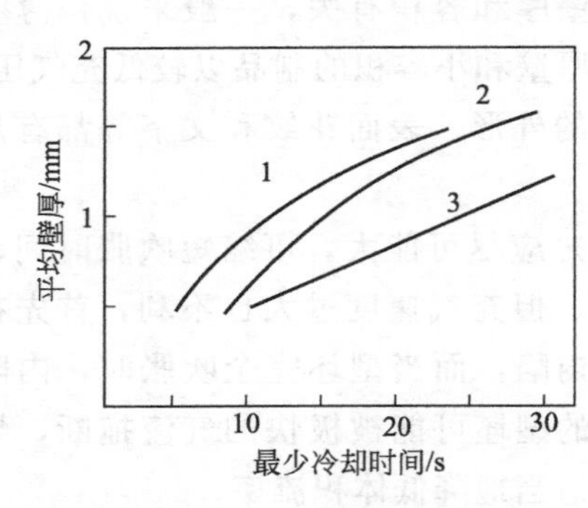

■图10-11 制品壁厚与冷却时间关系

1—PP；2—PP共聚物；3—HDPE

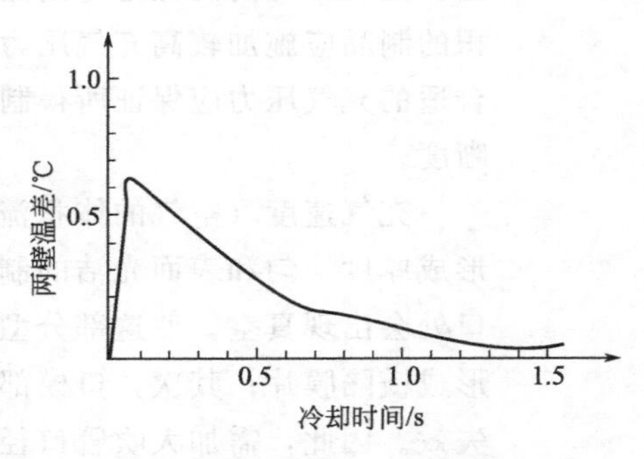

■图10-12 PE制品冷却时间与制品两壁温差的关系

10.3 拉幅薄膜成型

挤出和压延法生产的薄膜受到的拉伸作用很小，薄膜各方面的性质都不太理想。拉幅薄膜成型是在挤出成型的基础上发展起来的一种塑料薄膜的成型方法，是将挤出成型所得厚度为1～3mm的厚片或管坯，重新加热到材料的高弹态下进行大幅度拉伸而成的薄膜。

拉幅薄膜的生产，可以将挤出和拉幅两个过程直接联系起来进行连续成型，也可以分为两个独立的过程来进行，不管哪种形式，在拉伸前必须将已定型的片或管膜重新加热到聚合物的 $T_g \sim T_{f(m)}$ 温度范围。所以，薄膜的拉伸是相对独立的二次成型过程。

10.3.1 薄膜取向的原理及方法

拉幅成型使聚合物长链在高弹态下受到外力作用，沿拉伸作用力的方向伸长和取向，分子链取向后，聚合物的物理机械性能发生了变化，出现了各向异性现象。与未拉伸薄膜比较，拉幅薄膜有以下特点：①强度为未拉伸薄膜的3～5倍，透明度和表面光泽好，对气体和水蒸气的渗透性等降低；②薄膜厚度减小，宽度增大，平均面积增大，成本降低；③耐热、耐寒性改善，使用范围扩大。

拉伸仅在薄膜的一个方向上进行时，称为单轴拉伸，此时材料的大分子沿单轴取向；如拉伸在薄膜平面的两个方向（通常相互垂直）进行时，称为双轴拉伸，此时材料的大分子沿双轴取向。单轴取向在合成纤维中得到普遍应用，单轴取向的薄膜，沿拉伸方向的拉伸强度高，但容易按平行于拉伸方向撕裂，故应用面较窄。双轴取向中，聚合物的分子链平行于薄膜的表面，不像单轴取向那样平行排列，但薄膜平面相互垂直的两个拉伸方向的拉伸强度都比普通薄膜高。双向拉伸薄膜有较大的应用范围，如成型高强度双轴拉伸膜和热收缩膜等。

拉幅薄膜的拉伸取向方法主要分为平膜法和管膜法，两种方法又有不同的拉伸技术，大致划分如下：

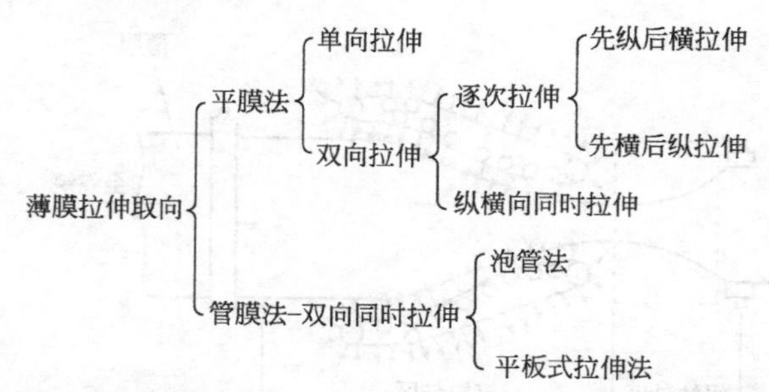

管膜法是以双向拉伸为特点，成型设备和工艺过程都与吹塑薄膜很相似。但由于制品性能较差，实际上此法主要用于生产热收缩薄膜。平膜法的生产设备及工艺过程较复杂，但薄膜质量较高，故目前工业上应用较多，

尤以逐次拉伸平膜法工艺控制较容易，应用最广，主要用于生产高强度薄膜。

目前用于生产拉幅薄膜的聚合物主要有PET、PP、PS、PVC、PE、PA、PI、PEN、聚偏氯乙烯及其共聚物等。

10.3.2 拉幅薄膜的成型工艺

无定形聚合物和结晶聚合物在拉幅工艺上存在着差别，要通过适当的方法和工艺，使薄膜中聚合物分子链能形成取向结构，使用价值不高。结晶而未取向的薄膜脆性大，透明性差，同样不具使用价值；取向但不结晶或结晶不足的薄膜，对热收缩十分敏感，使用范围受限；适当结晶而又取向的薄膜，拉伸强度和模量均较高，而且透明性好，尺寸稳定，热收缩小，具有良好的使用性能。因此各种成型工艺都必须满足薄膜能形成适度结晶与取向结构。

平膜法逐次拉伸应用最广，管膜法应用较少，但各有特色，下面分别进行介绍。

10.3.2.1 平挤逐次双向拉伸薄膜的成型

平挤逐次双向拉伸有先纵向拉伸后横向拉伸和先横向后纵向拉伸两种方法。有资料介绍先横后纵的方法能制得厚度均匀的双向拉伸薄膜，但工

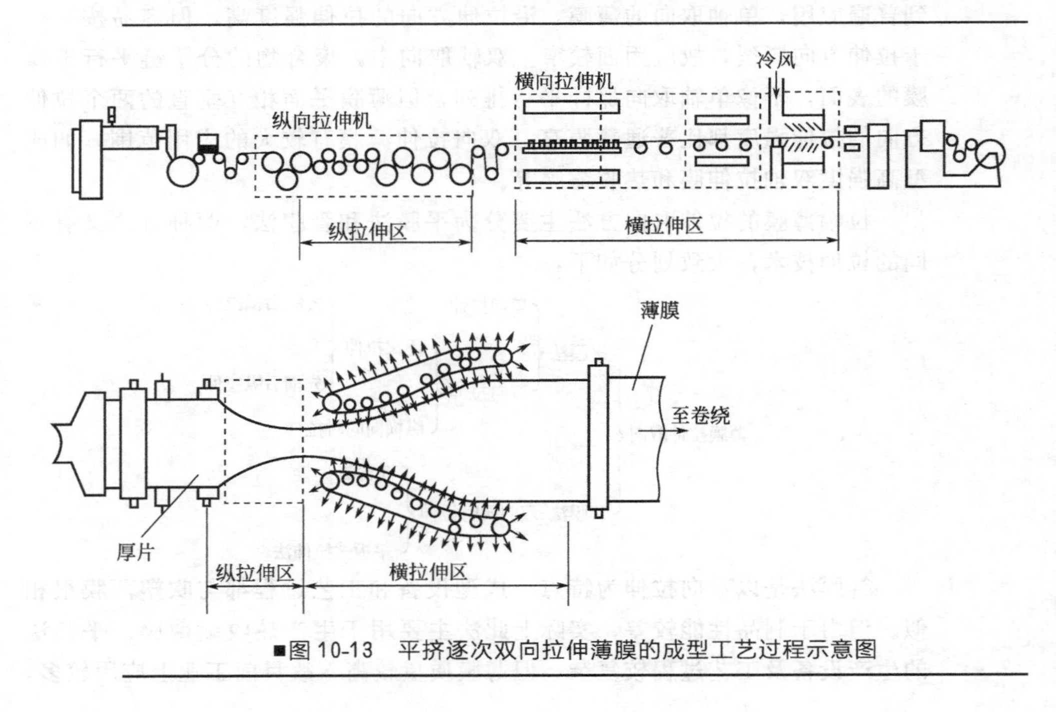

■图10-13 平挤逐次双向拉伸薄膜的成型工艺过程示意图

艺较为复杂，目前生产上用得最多的还是先纵后横的方法，其典型工艺过程如图 10-13 所示。

先纵拉后横拉成型 PP 双轴取向膜的过程如下。挤出机经平缝机头将塑料熔体挤成厚片（厚度根据欲拉伸薄膜的厚度和拉伸比而定），厚片立即被送至冷却辊急冷。冷却定型后的厚片经预热辊加热到拉伸温度，随后被引入具有不同转速的一组拉伸辊进行纵向拉伸，达到预定纵拉伸比后，膜片经过冷却即可直接送至拉幅机（横向拉伸机）。纵拉后的膜片在拉幅机内经过预热、横拉伸、热定型和冷却作用后离开拉幅机，再经切边和卷绕即得到双向拉伸膜。

聚合物种类不同则拉伸温度也不同，图 10-14 为不同聚合物采用拉幅法生产薄膜时的拉伸温度。纵向拉伸比 $\Lambda_{\perp}$ 与横向拉伸比 $\Lambda_{/\!/}$ 随材料种类而不同，在图示温度下，PP 为 $\Lambda_{/\!/}=5\sim8$，$\Lambda_{\perp}=6\sim9$；PS 为 $\Lambda_{/\!/}=\Lambda_{\perp}=3$；PET 为 $\Lambda_{/\!/}=\Lambda_{\perp}=3\sim4$。

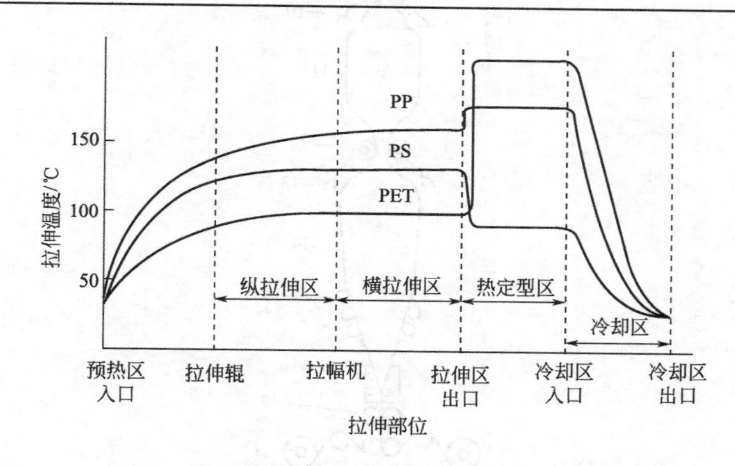

■图 10-14　平挤逐次拉幅法薄膜拉伸部位的拉伸温度

10.3.2.2 管膜双向拉伸薄膜的成型

管膜双向拉伸薄膜的成型工艺过程分为管坯成型、双向拉伸和热定型三个阶段，其成型工艺过程如图 10-15 所示。

管坯通常由挤出机将熔融塑料经管型机头挤出形成，并立刻被冷却夹套的水冷却，冷却的管坯温度控制在 $T_g\sim T_{f(m)}$ 间，经第一对夹辊折叠后进入拉伸区，在此处管坯由从机头和探管通入的压缩空气吹胀，管坯受到横向拉伸并胀大成管形薄膜。由于管膜在胀大的同时受到下端夹辊的牵伸作用，因而在横向拉伸的同时也被纵向拉伸。调节压缩空气的进入量和压力以及牵引速度，就可以控制纵横两向的拉伸比，此法通常可达到纵、横两向接近于平衡的拉伸。拉伸后的管膜经第二对夹辊再次折叠后，进入热处理区，再继续保持压力，使管膜在张紧力存在下进行热处理定型，最后经空气冷却、折叠、切边后，成品用卷绕装置卷取。拉伸和热处理过程的加热通常采用红外线。此法设备简单，占地面积小，但薄膜厚度不均匀，强度也较低，主要用于PET、PS、聚偏氯乙烯薄膜生产等。

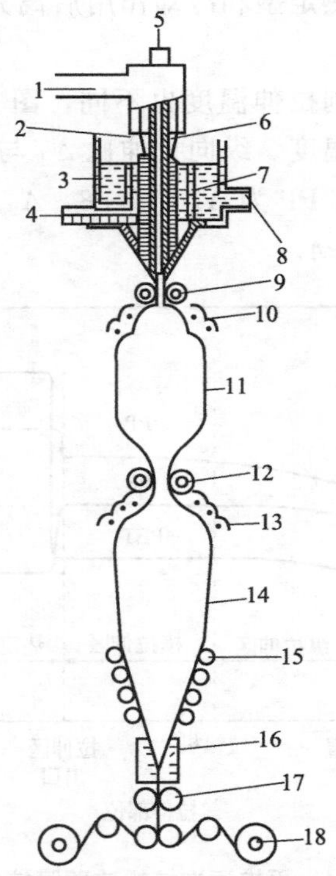

■图10-15 管膜法拉幅薄膜成型工艺示意图

1—挤出机；2—管坯；3—冷却夹套；4—冷却水进口；
5—空气进口；6—探管；7—冷却套管；8—冷却水出口；
9，12，18—夹棍；10 、13—加热装置；
11—双轴取向管膜；14—热处理管膜；
15—导辊；16—加热器；17—卷取

由于双轴取向薄膜具有良好的尺寸稳定性、强韧性、透明性、光滑性以及可进行黏结、印刷等特点，故应用范围广，特别是随着通讯、电子和产品包装等行业的高速发展，取向薄膜的生产规模向大型、宽幅和高速化方向发展，并出现了电子辐射交联薄膜、共挤出薄膜、后复合薄膜、涂层复合薄膜和超薄薄膜、多孔薄膜等新工艺、新技术、新产品。

10.4 热成型

热成型是一种以热塑性塑料板材和片材为成型对象的二次成型技术。其方法一般是先将板材或片材裁成一定形状和尺寸的坯件，再将坯件在一定温度下加热到弹塑性状态，然后施加压力使坯件弯曲与延伸，再凭借施加的压力，使其紧贴模具的型面，从而达到预定的型样后使其冷却定型，经适当修整后即得制品。热成型过程中对坯件施加的压力，大多数情况下是靠抽真空和引进压缩空气在坯件两面形成压力差，有时也借助机械压力和液压力。

目前热成型已成为塑料的主要成型方法之一，与其他成型方法相比，热成型有如下优点。

(1) 适应性强 从制件规格来看，热成型方法可以制造特大、特小、特厚、特薄的制件，以适应不同使用要求。

(2) 制件应用范围广 热成型制件在包装业、快餐业、运输业、家用电器业、园艺业、医疗用品业、箱包业等几乎所有领域都有广泛应用。

(3) 生产设备投资少 热成型所需压力较低，因此对模具及其他成型设备要求不高，设备造价相对低廉。

(4) 生产效率较高。

热成型也存在自身局限性，主要表现在以下几个方面。

(1) 热成型只能生产结构简单的半壳型制品，且制品壁厚应比较均匀，不能制得壁厚相差悬殊的塑料制品。

(2) 热成型制品深度受到一定限制。一般情况下容器的深度直径比 (H/D) 不超过 1。

(3) 制件的成型精度不高。热成型法不仅很难得到不同制件间构型或尺寸的一致性，同一制件各部位壁厚的均匀性也很难保证，此外，热成型过程中模具的某些细节不能完全反映到制品中。

(4) 热成型所用的原料需预成型为片材或板材，成本较高，制品后加工较多，材料利用率较低。

目前热成型工艺所用的片材或板材主要是聚苯乙烯及其改性品种、聚氯乙烯、聚甲基丙烯酸甲酯（有机玻璃）、ABS、高密度聚乙烯、聚酰胺、聚碳酸酯和聚对苯二甲酸乙二醇酯等。作为原料用的片材或板材可用挤出、压延或浇铸等方法来制造。

本节先介绍热成型的基本方法和成型设备，之后对成型工艺控制因素进行分析。

10.4.1 热成型的基本方法

热成型在生产中已采用的方法有几十种，但不管其变化形式如何，都是由以下几个基本方法略加改进或适当组合而成的。

10.4.1.1 差压成型

差压成型是热成型中最简单的一种，也是最简单的真空成型。用夹持框将片材夹紧在模具上，并用加热器进行加热，当片材加热至足够的温度时，移开加热器并采用适当措施使片材两面具有不同的气压。产生差压有两种方法：一种是从模具底部抽空，称为真空成型。这是借助已预热片材的自密封能力，将其覆盖在阴模腔的顶面上形成密封空间，当密封空间被抽真空时，大气压使预热片材延伸变形而取得制品的型样，如图 10-16 所示。另一种是从片材顶部通入压缩空气，称为加压成型。成型的基本过程是：已预热过的片材放在阴模顶面上，其上表面与盖板形成密闭的气室，向此气室内通入压缩空气后，高压高速气流产生的冲击式压力，使预热片材以很大的形变速率贴合到模腔壁上，如图 10-17 所示。取得所需形状并随之冷却定型后，即自模具底部气孔通入压缩空气将制品吹出，经修饰后即为成品。

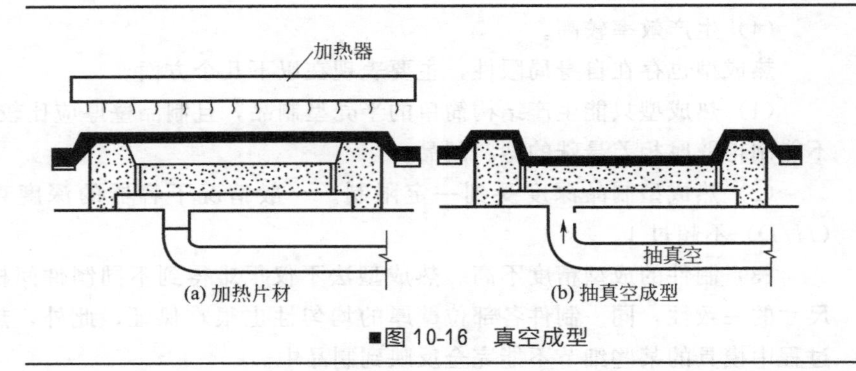

■图 10-16 真空成型

差压成型法制品的特点是：①制品结构比较鲜明，精细部位是与模具面贴合的一面，而且光洁度也较高；②成型时，凡片材与模具面在贴合时间上愈后的部位，其厚度愈小；③制品表面光泽度好，并不带任何瑕疵，材料原来的透明性在成型后不发生变化。

差压成型的模具通常都是单个阴模，也有不用模具的。不用模具时，片材就夹持在抽空柜（真空成型时用）或具有通气孔的平板上（加压成型时用），成型时，抽空或加压只进行到一定程度即可停止，见图 10-18 和图 10-19。这种方法主要成型碗状或拱顶状构型物件，制品表面十分光洁。许多天窗、仪器罩和窗附属装置都用这种方式生产。

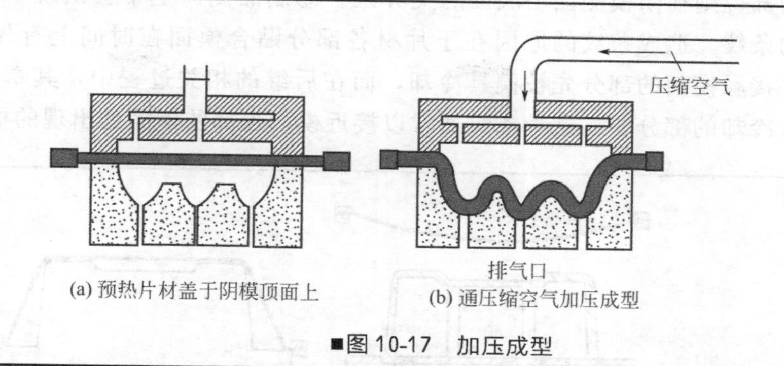

(a) 预热片材盖于阴模顶面上　(b) 通压缩空气加压成型

■图 10-17　加压成型

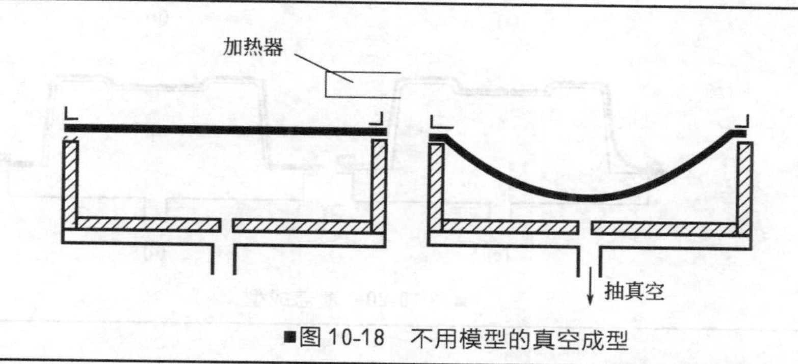

■图 10-18　不用模型的真空成型

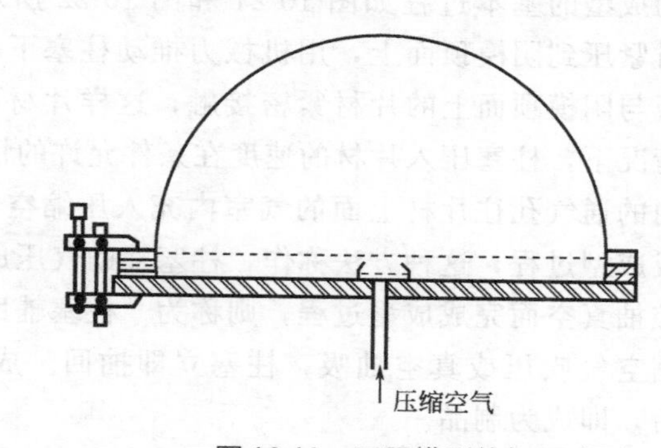

■图 10-19　不用模型的加压成型

10.4.1.2 覆盖成型

覆盖成型是真空成型中使用阳模制造产品的方法，其工艺过程如图 10-20 所示。覆盖成型法多用于制造厚壁和深度大的制品。覆盖成型法生产制品的主要特点是：①与差压成型一样，与模面贴合的一面表面质量较高，在结构上也比较鲜明细致。②壁厚的最大部位在阳模的顶部，而最薄的部位则在阳模侧面与底面的交界区。③制品侧面上常会出现牵伸和冷却的条纹。造成条纹的原因在于片材各部分贴合模面在时间上有先后之分，先接触模面的部分先被模具冷却，而在后继的相关过程中，其牵伸行为较未冷却的部分弱。这种条纹通常以接近模面顶部的侧面处出现的概率最高。

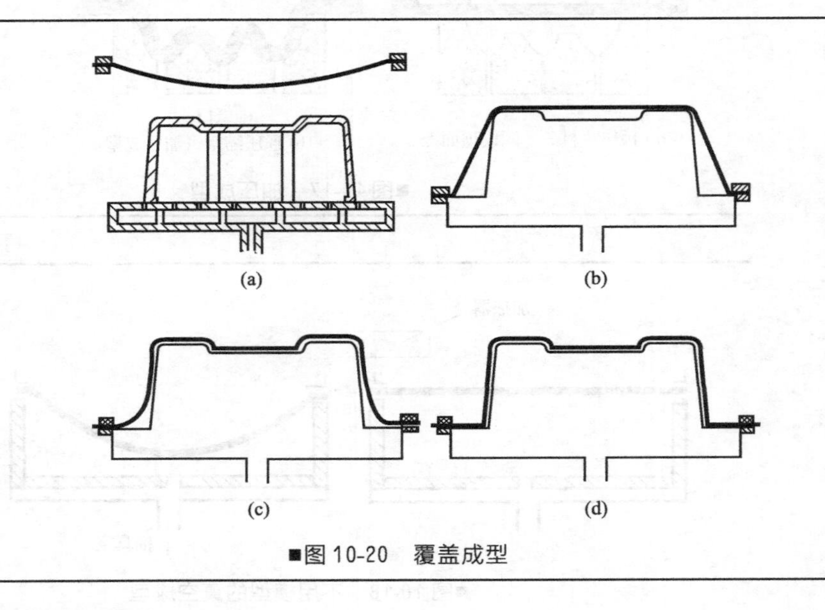

■图 10-20　覆盖成型

10.4.1.3 柱塞辅助成型

柱塞辅助成型的基本过程如图 10-21 和图 10-22 所示，成型开始时将预热过的片材紧压到阴模顶面上，用机械力推动柱塞下移，拉伸预热片材直至柱塞底板与阴模顶面上的片材紧密接触，这样片材两侧均成为密闭的气室。一般情况下，柱塞压入片材的速度在条件允许的情况下，越快越好。若通过柱塞内的通气孔往片材上面的气室内充入压缩空气，使片材再次受到拉伸而完成成型过程，这种方法称作“柱塞辅助气压成型”，若依靠对片材下面的模腔抽真空而完成成型过程，则称为“柱塞辅助真空成型”。而当片材一经压缩空气吹压或真空抽吸，柱塞立即抽回。成型的片材经冷却、脱模和修整后，即成为制品。

柱塞辅助成型克服了差压成型和覆盖成型制件底部薄弱的缺点。为得到厚度更均匀的制品，在柱塞下降之前，从模底送进压缩空气使热软的片材预先吹塑成上凸适度的泡状物，然后在柱塞压下，再抽真空或空气压缩使片材紧贴模具型腔而成型，具体工艺过程如图 10-23 所示。前者称气胀柱塞助压真空成型，后者称为气胀柱塞助压气压成型。气胀柱塞助压成型是采用阴模得到厚度分布均匀制品的最好方法，它特别适合于大型深度拉伸

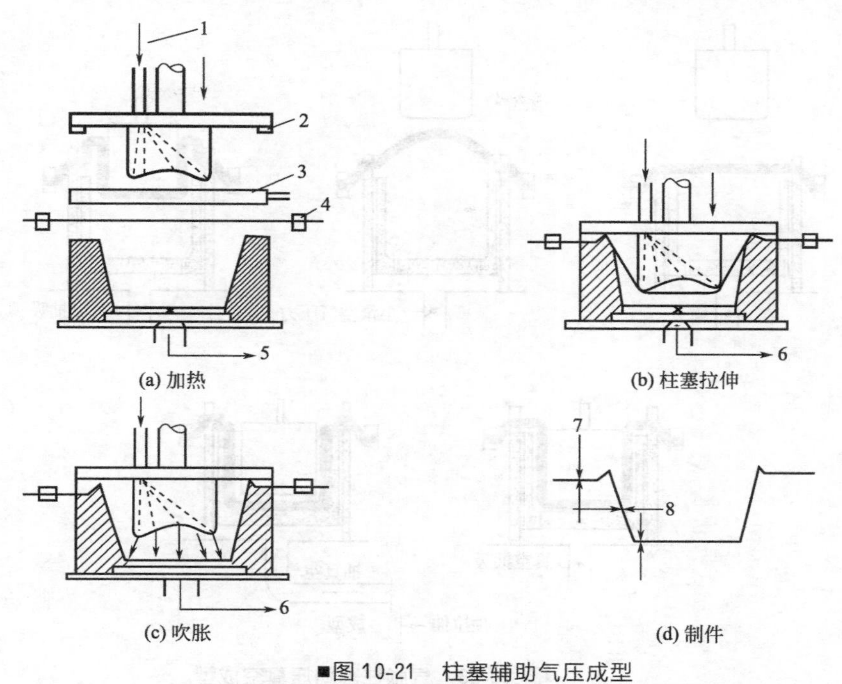

■图 10-21 柱塞辅助气压成型

1—压缩空气进口；2—密封垫；3—加热器；4—夹具；5—阴模；6—排气口；7—厚壁区；8—均匀厚壁区

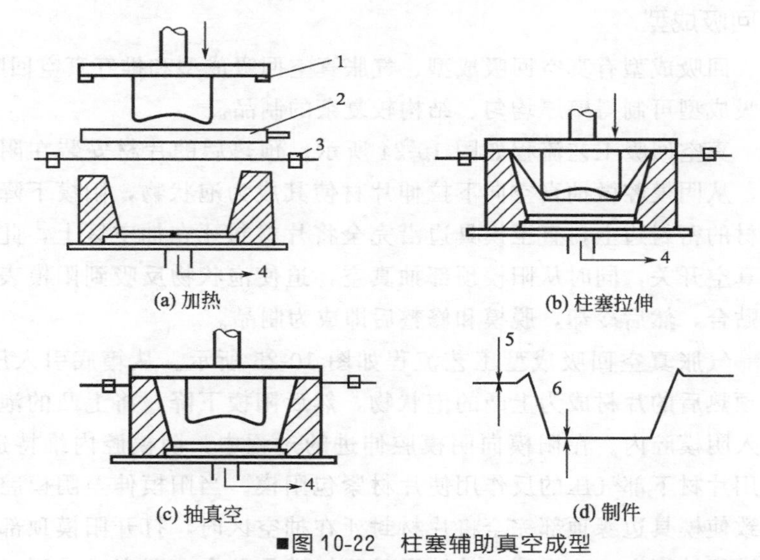

■图 10-22 柱塞辅助真空成型

1—密封垫；2—加热器；3—夹具；4—抽真空；5—厚壁区；6—薄壁区

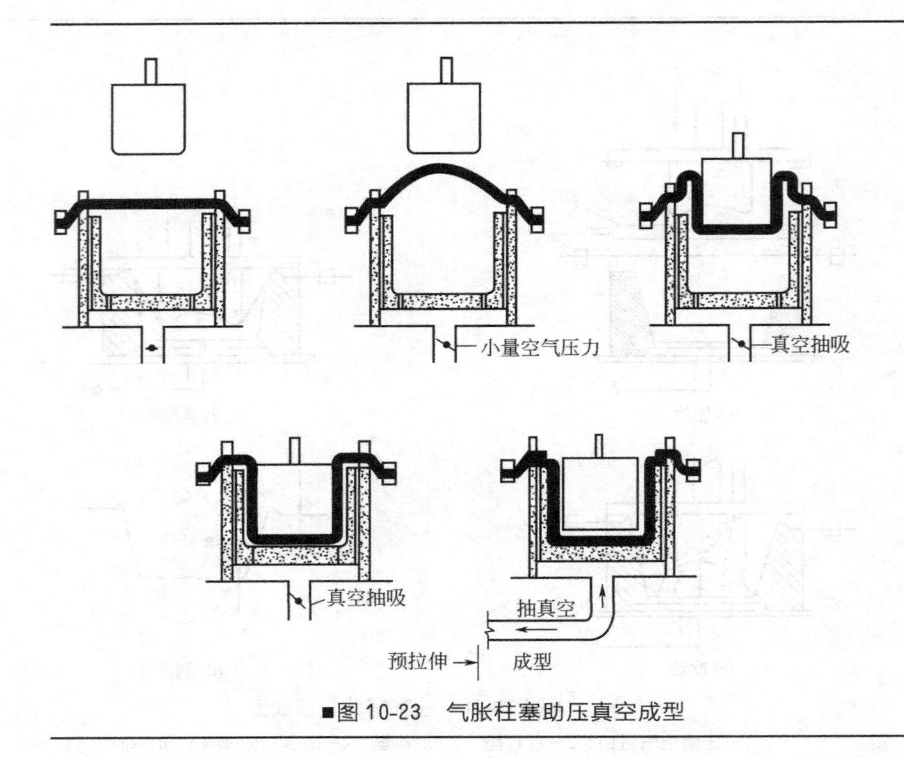

■图 10-23 气胀柱塞助压真空成型

制品的制作，如冰箱的内箱等。另外，柱塞辅助成型过程中，由于柱塞的表面结构最终不成为制件表面结构，因此柱塞表面应尽可能光滑。

10.4.1.4 回吸成型

回吸成型有真空回吸成型、气胀真空回吸成型和推气真空回吸成型等。回吸成型可制得壁厚均匀、结构较复杂的制品。

真空回吸工艺流程如图 10-24 所示。预热后的片材安装在阴模的顶面上，从阴模腔微抽真空向下拉伸片材使其成为泡状物，阳模下降并紧压在片材的密封边上，直至模具边沿完全将片材封死在抽空区上，此时关闭阴模真空开关，同时从阳模顶部抽真空，迫使泡状物反吸到阳模表面而与模具贴合，然后冷却，脱模和修整后即成为制品。

气胀真空回吸成型工艺流程如图 10-25 所示。从箱底引入压缩空气，使预热后的片材成为上凸的泡状物，然后阳模下降，将上凸的泡状物逐渐压入阴模腔内。在阳模向阴模腔伸进的过程中，阴模腔内维持适当气压，利用片材下部气压的反作用使片材紧包阳模。当阳模伸至阴模腔内适当部位致使模具边缘顶部完全将片材封死在抽空区时，打开阳模顶部的抽空气门进行抽真空。这样片材就被回吸而与模具贴合，即完成成型过程，在冷却、脱模和修整后，成为制品。

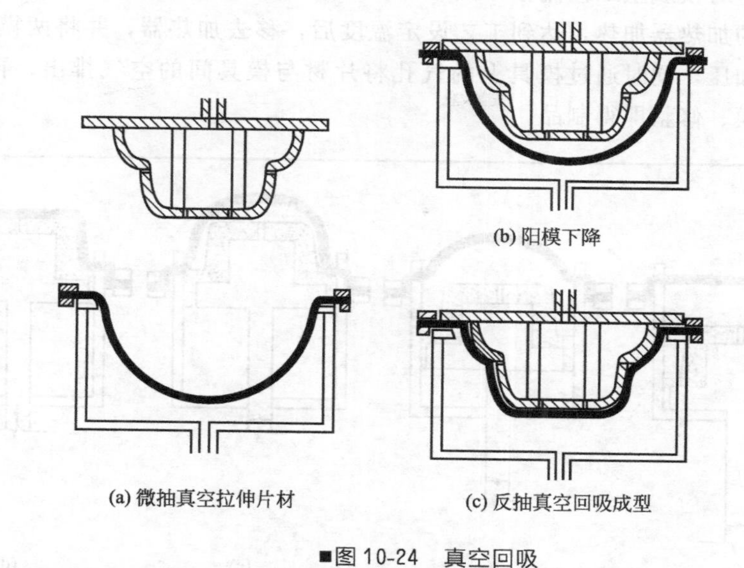

■图 10-24 真空回吸

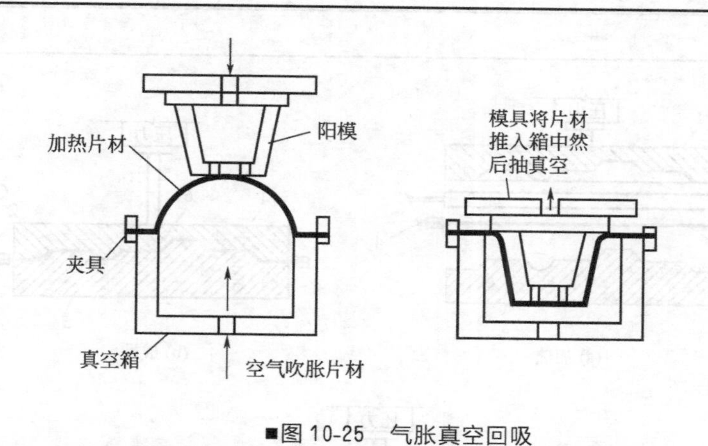

■图 10-25 气胀真空回吸

推气真空回吸成型工艺流程如图 10-26 所示。片材形成泡状物不是用抽空和气压，而是靠边缘与抽真空区呈气密的模具上升。模具升至顶部适当位置即停止上升，然后从其底部进行抽空，使片材紧贴在模面上，经冷却、脱模和修整后，成为制品。

10.4.1.5 对模成型

对模成型所用的模具不是单个阴模或阳模，而是一对彼此扣合的阴阳模具，成型压力不是气体压力或真空力，而是彼此扣合的阴阳模合拢时产生的机械压力。

对模成型工艺流程如图 10-27 所示。将片材夹持于两模之间，用可移动的加热器加热，达到工艺设定温度后，移去加热器，并将两模合拢，实施加压，同时通过模具上的气孔将片材与模具间的空气排出，再经冷却、脱模、修整即得制品。

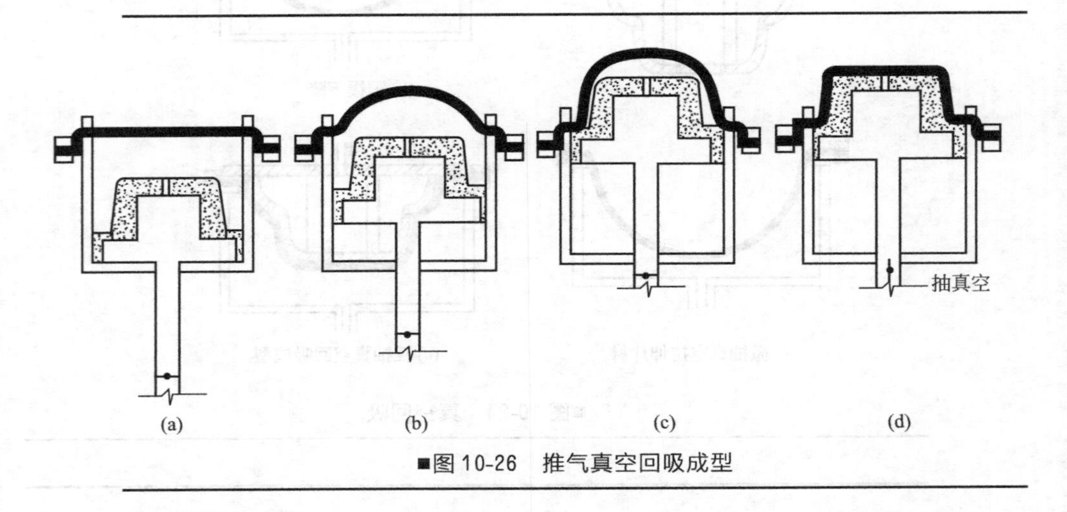

■图 10-26 推气真空回吸成型

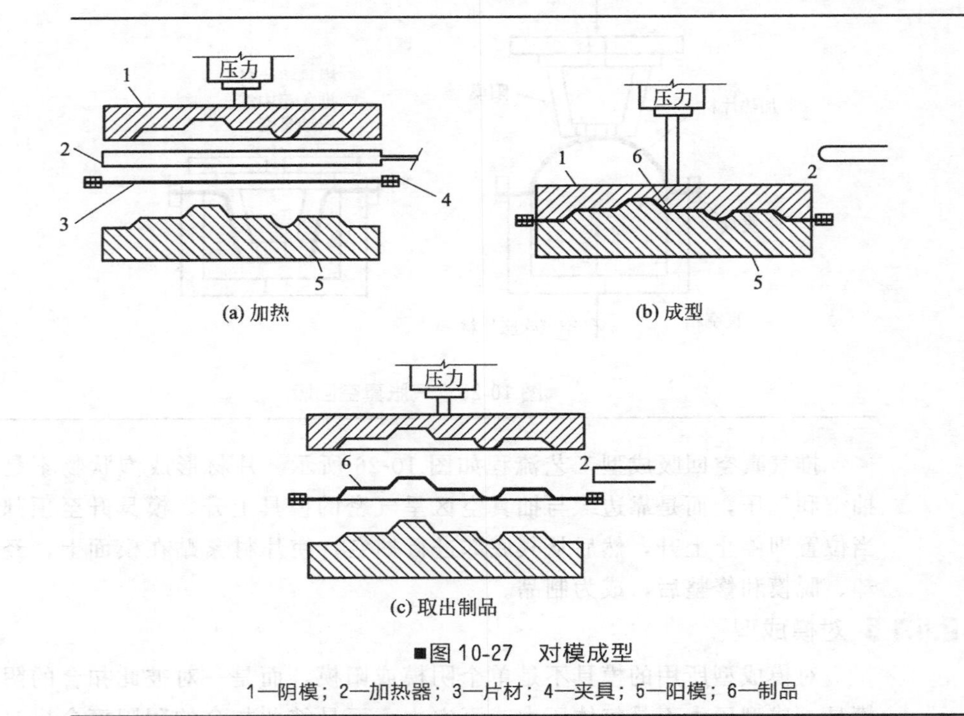

■图 10-27 对模成型

1—阴模；2—加热器；3—片材；4—夹具；5—阳模；6—制品

对模成型的制品有以下特点：①可制得复制性和尺寸准确性好的制品；

②结构上较复杂，可制成具有刻花或刻字的表面；③厚度的分布，在很大程度上依赖于制品的造型。

10.4.1.6 双片热成型

双片热成型的具体工艺流程如图 10-28 所示。首先将两块加热至要求温度的片材夹持在半合模具的模框中，合模使片材边缘黏合，然后将吹针插入两片材间将压缩空气引入两片材之间的中空区，同时通过两半合模上的气门将片材与模具间的气体抽出，使片材紧密贴合于模的内腔，经冷却、脱模、修整即得制品。

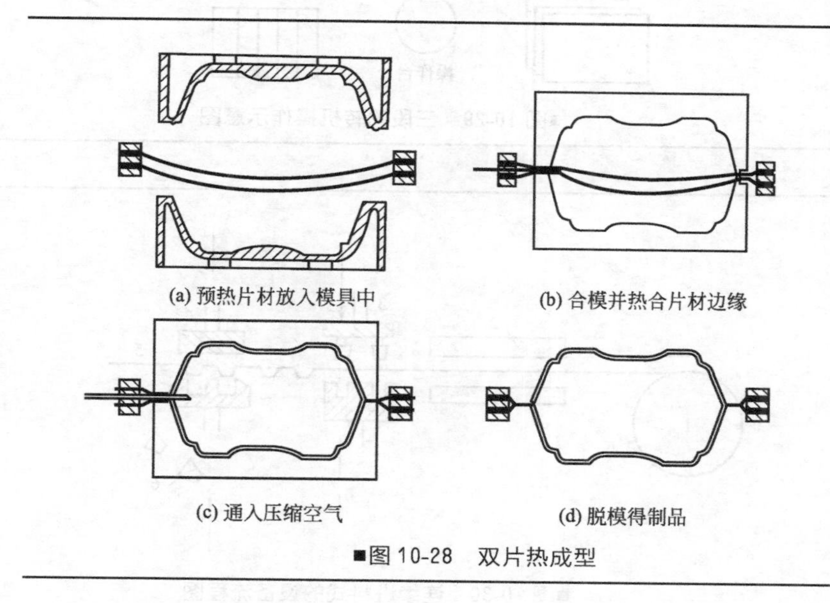

■图 10-28　双片热成型

10.4.2 热成型设备和模具

热成型设备包括成型机和与其相适应的加热系统、夹持系统、真空泵及真空储罐、控制系统等辅助设备以及热成型模具三部分。

成型机按进料方式有分批进料和连续进料两种类型。分批进料成型机适于不易成卷的厚片及板材的热成型，特别是生产大型制件，但同样也适用于薄型片加热和成型三段工序。加热器和模具设在固定区段内，片材由三个按 120°分隔且可以旋转的夹持框夹持，并在三个区段内轮流转动，如图 10-29 所示。连续进料成型机适于卷材或连续挤出片材的热成型。一般用作大批生产薄壁小型的制件，如杯、盘等。这类热成型机，是将加热、成型、冷却、整饰各工段配置在一条生产线上，设备是多段式，每段只完成一个工序，如图 10-30 所示。

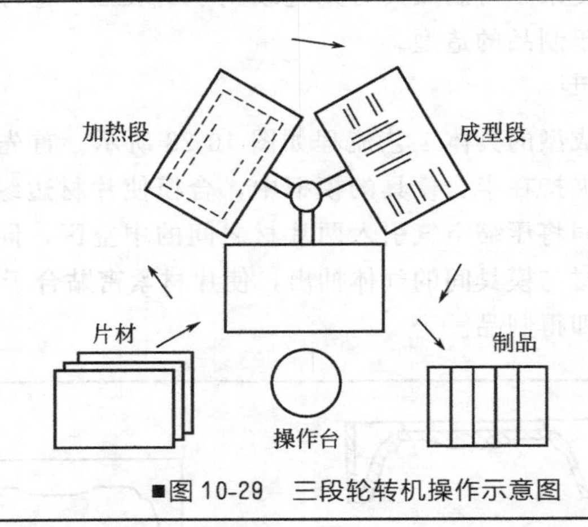

■图 10-29 三段轮转机操作示意图

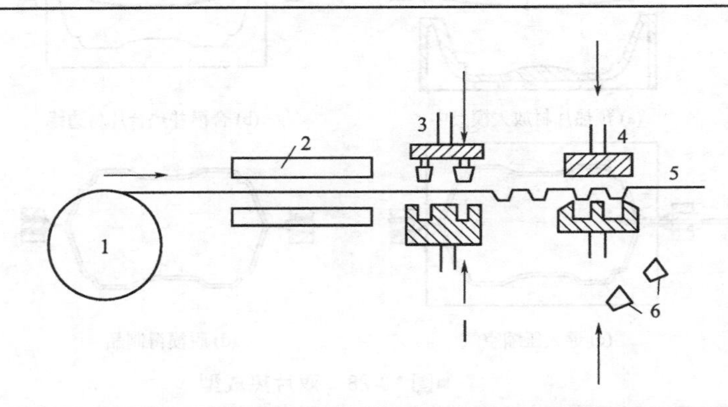

■图 10-30 连续进料式的设备流程图

1—片卷料；2—加热器；3—模具；4—切边；5—废边料；6—制品

10.4.2.1 加热系统

热塑性塑料片材和薄膜的热成型过程，主要工序之一就是型坯加热。加热的持续时间和质量取决于加热器的结构、辐射表面的温度、传热的热惯性、型坯与加热器间的距离、辐射能吸收系数、加热器表面特性及材料的热物理性能。

片材的加热通常用电加热或红外线辐照，较厚的片材还须配备烘箱进行预热。为适应不同塑料片材的成型，加热系统应附有加热器温度控制和加热器与片材距离的调节装置。

10.4.2.2 夹持系统

对真空或气压成型来说，夹持系统是重要的，它必须保证夹持的坯料不会滑动且有可靠的气密性。夹持系统通常由上下两个机架以及两根横杆组成。上机架受压缩空气操纵，能均衡地将片材压在下机架上。夹持压力可在一定范围内调整，要求夹持压力均衡而有力。

10.4.2.3 真空系统

真空系统由真空泵、真空贮罐、管路、阀门组成。由于要求瞬时排除模型与片材间的空气而借大气压力成型，因此，真空泵必须具有较大的抽气速率，真空贮罐要有足够的容量。

10.4.2.4 压缩空气系统

压缩空气系统由空气压缩机、贮压罐、管路、阀门等组成。除用于成型外，压缩空气还用于脱模、初制件的冷却和操纵机件动作的动力。

10.4.2.5 冷却设施

为提高生产效率，热成型制品脱模前常需要进行冷却。金属模具在模内预设通道通温水循环。非金属模具，如木材、石膏、玻璃纤维增强塑料、环氧树脂等模具，因无法用水冷却，而改用风冷，并可另加水雾来冷却热成型制件的外表面。另外，自然冷却有利于提高制件的耐冲击性，用水冷则效果相对较差。

10.4.2.6 模具

热成型中，模具是影响产品质量、生产效率和成本的关键。所以，设计合理的模具很重要。不过，与塑料的一次成型相比，由于模具受到的成型压力较小，制品形状简单，因此，模具的选材、设计和制造都大大简化。在选择和设计模具时，应注意如下几点。

（1）牵伸比应控制在一个极限范围内。采用单阴模成型时，牵伸比（模腔深度与宽度的比值）通常不超过0.5，否则会使制件壁厚分布不均匀性增加，还会使片材受到过分牵伸。采用单阳模成型时，牵伸比可适当增大。采用柱塞协助成型时，牵伸比可更大，见表10-3。

■表10-3　不同模具所允许的牵伸比

成型模	单阴模	单阳模	柱塞协调成型
允许的拉伸比	≥0.5	≥1	≥1

（2）为避免产生内应力，模具的转角处应有充分的圆弧过渡。其曲率半径不能太小，最小不应小于片材厚度。

（3）制件在拔模方向应有一定的斜度，以利于制件脱模，这个角度称脱模斜度。比较而言，同样情况下单阴模可采用的脱模斜度小，单阳模的脱模斜度则应稍大。以ABS为例，阴模脱模角为0.5°～1°，阳模脱模角为2°～3°，若制品表面有花纹，则应适当增大脱模角。

（4）在制件较薄部位，最好设计加强筋，借以增加刚性，在设计大型平面制件时，更应如此。

(5) 抽气孔的位置要均匀分布在制品的各部分，在片材与模型最后接触的地方，抽气孔可适当多些。抽气孔的直径要适中，如果太小，将影响抽气速率，如果太大，则制品表面会残留抽气孔的痕迹。抽气孔的大小，一般不超过片材厚度的1/2，常用直径是0.5～1mm。

此外，模具设计还要考虑到各种塑料的收缩率。一般热成型制品的收缩率在0.001～0.04。如果采用多模成型时，要考虑到模型间距。至于选择阳模还是阴模，则要考虑制品的各部分对厚度的要求，如制造边缘较厚而中间部分较薄的制品，则选择阴模；反过来，若制造边缘较薄而中央部分较厚的制品，则选择阳模。

10.4.3 热成型工艺及工艺条件

热成型工艺过程包括片材的准备、夹持、加热、成型、冷却、脱模和制品的后处理等，其中加热、成型和冷却、脱模是影响质量的主要因素。

10.4.3.1 加热

在热成型工艺中，片材是在热塑性塑料高弹态的温度范围内拉伸成型的，故成型前必须将片材加热到规定的温度。加热片材时间一般占整个热成型周期的50%～80%，而加热温度的准确性和片材各处温度分布的均匀性，将直接影响成型操作的难易和制品的质量。

片材经过加热后所达到的温度，应使塑料在此温度下既有很大的伸长率又有适当的拉伸强度，保证片材成型时能经受高速拉伸而不致出现破裂。成型温度是影响制件质量的主要因素，它直接影响制件的最小壁厚、厚度分布和尺寸误差。虽然较低温度可缩短成型物的冷却时间和节省热能，但温度过低时所得制品的轮廓清晰度和稳定性都不佳；而过高的温度会造成聚合物的热降解，从而导致制品变色和失去光泽。在加热温度范围内，随着温度提高，塑料的伸长率增大，制品的壁厚减少（图10-31），可成型深度较大的制品，但超过一定温度时，伸长率反而降低。在热成型过程中片材从加热结束到开始拉伸变形，因工位的转换总有一定的间隙时间，片材会因散热而降温，特别是较薄的、比热容较小的片材，散热降温现象就更加显著，所以片材实际加热温度一般比成型所需的温度稍高一些。

片材加热所需要的时间主要由塑料的品种和片材的厚度决定，通常加热时间随塑料热导率的增大而缩短，随塑料比热容和片材厚度的增大而延长，但这种缩短和延长都不是简单的直线关系，见表10-4。合适的加热时间，通常由实验或参考经验数据决定。

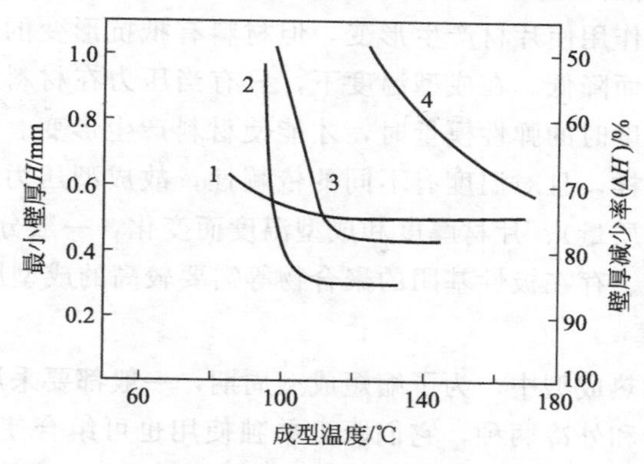

■图 10-31　成型温度与最小壁厚的关系

（成型深度 $H/D=0.5$，板厚 2mm）

1—ABS；2—PE；3—PVC；4—PMMA

■表 10-4　加热时间与聚乙烯片材厚度关系

项　目	数　值		
片材的厚度/mm	0.5	1.5	2.5
加热到 121℃需要的时间/s	18	36	48
单位厚度加热时间/(s/m)	36	24	19.2

适宜的加热条件还应保持整个片材各部分在加热过程中均匀地升温，为此，首先要求所选用的片材各处的厚度尽可能相等。由于塑料的导热性差，在加热厚片时，若为了快速升温而采用大功率的加热器或将片材紧靠加热器，就会出现片材的两面温度相差较大的现象，甚至紧靠加热器的一面被烧伤。为避免这种情况，改用可使片材两个表面同时受热的双面加热器，也可采用高频加热或远红外线加热来缩短加热时间。

10.4.3.2 成型

各种热成型方法的成型操作主要是通过施力，使已预热的片材按预定的要求进行弯曲与拉伸变形。对成型最基本的要求是使所得制品的壁厚尽可能均匀。造成制品壁厚不均的主要原因，一是成型片材各部分被拉伸的程度不同；另一是拉伸速度的大小，也就是抽气、充气的气体流率或模具、夹持框和预拉伸柱塞等的移动速度的不同。一般来说，高的拉伸速度对成型本身和缩短周期时间都比较有利，但快速拉伸常会因为流动的不足而使制品的凹、凸部位出现壁厚过薄现象；而拉伸过慢又会因片材过度降温引起的变形能力下降，使制品出现裂纹。拉伸速度的大小与片材成型时的温度有密切关系，温度低，片材变形能力小，应慢速拉伸，若要采用高的拉伸速度，就必须提高拉伸时的温度。由于成型时片材仍会散热降温，所以薄型片材的拉伸速度一般应大于厚型的。

压力的作用使片材产生形变，但材料有抵抗形变的能力，其弹性模量随温度升高而降低。在成型温度下，只有当压力在材料中引起的应力大于材料在该温度时的弹性模量时，才能使材料产生形变。由于各种材料的弹性模量不一样，且对温度有不同的依赖性，故成型压力随聚合物品种（包括相对分子质量）、片材厚度和成型温度而变化，一般分子的刚性大、相对分子质量高、存在极性基团的聚合物等需要较高的成型压力。

10.4.3.3 冷却脱模

在片材热成型中，为了缩短成型周期，一般都要采用人工冷却的方法。冷却分内冷和外冷两种，它们既可单独使用也可组合使用。成型好的制品必须冷却到变形温度以下才能脱模，否则冷却不足，脱模后会变形。冷却降温速率与塑料的热导率和成型物壁厚有关。合适的降温速率，应不致因造成过大的温度梯度而在制品中产生大的内应力，否则在制品的高度拉伸区域，会由于降温过快而出现微裂纹。

除因片材加热过度出现聚合物分解或因模具成型面过于粗糙而引起脱模困难外，热成型制品很少有黏附在模具上的倾向，如果偶有黏模现象，也可在模具的成型面上涂抹脱模剂。脱模剂的用量不宜过多，以免影响制品的光洁度和透明度。热成型常用的脱模剂是硬脂酸锌、二硫化钼和硅油的甲苯溶液等。

参考文献

[1] 周达飞，唐颂超．高分子材料成型加工（第二版）．北京：中国轻工业出版社，2005.
[2] 黄锐，曾邦禄．塑料成型工艺学（第二版）．北京：中国轻工业出版社，2005.
[3] 王恒贵．高分子成型加工原理．北京：化学工业出版社，2000.
[4] 黄锐．塑料热成型和二次加工．北京：化学工业出版社，2005.
[5] 王兴天．注塑成型技术．北京：化学工业出版社，1989.
[6] 黄汉雄．塑料吹塑技术．北京：化学工业出版社，1996.
[7] 栾华．塑料二次加工基本知识．北京：轻工业出版社，1985.
[8] 张华，李德群．气体辅助注射成型技术．塑料工业，1997，5：76-79.
[9] 成都科技大学等合编．高分子材料成型加工原理．北京：化学工业出版社，1982.
[10] 陈嘉真．塑料成型工艺及模具设计．北京：机械工业出版社，1995.
[11] 菲恩费尔特 D. 注射模塑技术．徐定宇，夏延文译．北京：中国轻工业出版社，1992.
[12] 拉普申，林师沛．热塑性塑料注塑原理．北京：中国轻工业出版社，1983.
[13] 北京市塑料工业公司编．塑料成型工艺．北京：中国轻工业出版社，1987.
[14] 莱特麦耶 P. 平膜、热成型膜及片材挤出设备．张宝辉，吴卫平译．国外塑料，1990.
[15] 申长雨，陈静波，刘春太等．塑料热成型技术．工程塑料应用，2000，28（1）：37-41.
[16] 李鸿云．塑料片材及其热成型制品．国外包装技术，1990，5：49-52.
[17] 喻国平，黄锐．热成型过程中的冷却过程分析．中国塑料，2000，14（7）：62-66.
[18] Mikell，K. Best in thermoforming. Plastics Technology，1997，43（4）：48.
[19] 刘津平．热成型过程中的气胀行为．中国塑料，1989，3（3）：31-37.
[20] 唐家驹．热成型拉伸膜真空包装工艺．北京：中国轻工业出版社，2002.

[21] 喻国平，黄锐．热成型过程中的冷却过程分析．中国塑料，2000，14（7）：62-66.

[22] 张治华．塑料片材热成型容器壁厚的控制方法．塑料加工与应用，1990，1：33-35.

[23] 刘津平．热成型温度下应力-应变的计算．中国塑料，1990，4（1）：49-56.

[24] 张贵武．塑料片材热成型工艺因素分析．辽宁工学院学报，1993，13（3）：12-16.

[25] Robert L. Thermosets make sturdy thermoforming tools. Plastics Technology，2003，49（4）：45.

[26] Thermoforming. Plastics Technology，2000，46（2）：21.

[27] Thermoforming system offers high-speed advantages. Modern plastics，1997，74（7）：49.

[28] 于天水．热成型及其工艺改进探讨．高分子学报，1989，1：26-31.

第11章 其他成型工艺

实际生产中，由于聚合物树脂的性能具有特殊性，如聚四氟乙烯直到其分解温度，仍不具备良好的流动性，常规加工方法已不适合生产其制品。因此，针对性地发展了其他成型方法以满足它们加工上的要求。本章主要介绍了浇铸成型、冷压烧结成型、胶乳制品成型。

11.1 浇铸成型

树脂的浇铸成型又称铸塑成型，是从金属的浇铸技术演变而来的一种成型方法。此方法是将已准备好的浇铸原料注入到一定形状、规格的模具中，而后使其固化定型，得到与模具型腔相似的制品。浇铸原料一般是单体、经初步聚合的浆状物或聚合物与单体的溶液等。

浇铸成型的特点：成型所用设备简单；成型过程中一般需要加压（即模具的强度要求不高）；对制品的尺寸限制较少，宜生产小批量大型制品；制品的内应力低。但也有成型周期较长，制品的尺寸精度较低等不足。目前，树脂浇铸成型的成型方法有静态浇铸、嵌铸、流延浇铸、搪塑、滚铸等。

11.1.1 静态浇铸

静态浇铸是将浇铸原料（通常是单体、预聚体或单体的溶液等）注入涂有脱模剂的模具中使其固化（即完成聚合或缩聚反应），从而得到与模具型腔相似形状的制品。它是浇铸成型中最为简便和广泛使用的一种方法。

11.1.1.1 静态浇铸工艺过程

静态浇铸工艺过程包括（图 11-1）：模具准备，浇铸液的配制和处理，浇铸及固化，制品的脱模和后处理等。

（1）模具准备　模具准备包括模具的清洁、涂脱模剂及预热等步骤。

模具应经清洁，干燥。在一些要求较高的情况下，如聚甲基丙烯酸甲酯板材浇铸中，所用的硅酸盐玻璃板，应仔细洗涤、擦净和干燥后再用。

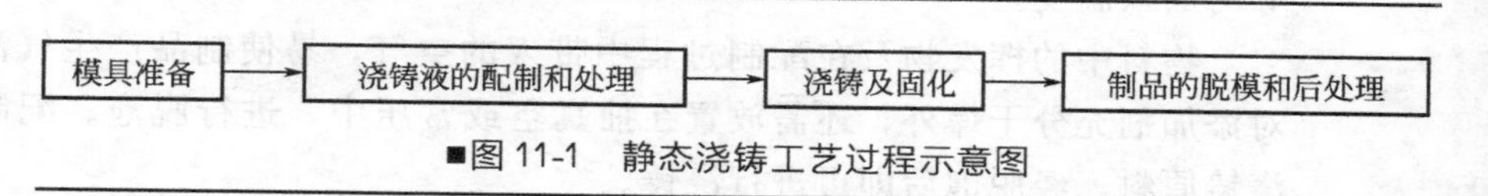

■图 11-1　静态浇铸工艺过程示意图

有的浇铸过程（如聚甲基丙烯酸甲酯板材）不需要脱模剂，但对另一些（如环氧树脂的浇铸）则是十分重要的。由于环氧树脂的黏结性很强，若脱模剂选择不当，将造成脱模困难以致损坏制品或模具。常用的脱模剂有矿物润滑油，润滑脂，如机油、液体石蜡、黄色凡士林、201 号油膏、4 号高温润滑脂等。此外，还用到某些高聚物的溶液，此时需要进行适当的配制，现将需进行配制的脱模剂的种类、配方及使用温度范围列于表 11-1。润滑油和润滑脂有较好的脱模能力，但其成膜性不强。当采用石膏、木材等多孔性材料做模具时，润滑油（脂）易渗透到多孔材料的孔隙中去，致使部分失去隔离作用，也使环氧树脂在浇铸时可能部分渗入模具的微孔中，造成脱模困难或制品表面粗糙，而石膏或木材中水分也可能渗透到模内，使制品出现气孔或者针孔。因此在此情况下宜采用成膜能力强的脱模剂（如聚苯乙烯、过氯乙烯、有机硅橡胶等高聚物溶液）。如，以聚苯乙烯脱模剂作底层，再涂一层 201 号油膏。也可在中间层用 201 号油膏，底层及面层用聚苯乙烯或过氯乙烯等脱模剂。此外也可以单独使用成膜能力强的高聚物溶液做脱模剂。选择脱模剂时，还需考虑环氧树脂的硬化温度，如用酸酐类硬化剂时，应该用耐高温的脱模剂。选用高聚物溶液做脱模剂时，在涂刷或喷涂脱模剂后，应待溶剂完全挥发后再进行浇铸，以免在制品表面产生气泡或针孔。有些浇铸过程（如己内酰胺单体的浇铸），需事先将模具预热到固化温度。

■表 11-1　配制的脱模剂的种类、 配方及使用温度范围　　　　单位：质量份

脱模剂种类	配方	适宜使用的温度范围
4 号高温润滑脂	4 号高温润滑脂 5，汽油 85	不超过 120℃
石蜡	石蜡 10，汽油或松节油 90	不超过 60℃
聚苯乙烯	聚苯乙烯 10，甲苯 1	不超过 120℃
过氯乙烯清漆	过氯乙烯清漆 10，香蕉水 65	不超过 120℃
聚乙烯醇	聚乙烯醇 5，乙醇 35，水 60	不超过 120℃
虫胶漆片	虫胶漆片 15，乙醇 85	不超过 80℃
硅橡胶	硅橡胶 10，甲苯 90	适用于高温硬化
硅油	硅油 5，汽油或甲苯 95	适用于高温硬化

（2）浇铸液的配制和处理　按一定的配方将单体或预聚体与引发剂或固化剂、促进剂及其他助剂（如色料、稳定剂等）配制成混合物。不同原料的浇铸液配制过程也不同。但配制过程要注意以下三点：①保证各组分

完全混合均匀；②排除料液中的空气及挥发物；③控制好固化剂、催化剂等的加入温度。

物料中的挥发物及在配制过程中带入的空气，易使制品产生气泡。除对添加剂充分干燥外，还需放置在抽真空或常压中，进行脱泡。配制好的浇铸原料，经脱泡后即可进行浇铸。

(3) 浇铸及固化　将处理过的浇铸液用人工或机械法灌注入模具。注意不要将空气卷入，必要时需进行排气操作。

原料在模具中完成聚合反应或固化反应即硬化而成为制品。硬化过程通常需要加热，多数原料的硬化是在较高温度的烘房中进行。为避免聚合过程的急剧升温，升温要逐步进行，初期温度一般较低，而后期则较高。升温过快，会使制品出现大量气泡或制品收缩不均匀，产生内应力。硬化温度和时间随树脂种类、配方及制品的厚度而异。通常硬化是在常压或在低压下进行的，而 PMMA 聚合反可在高压釜内（1MPa 左右）进行，因为这样可适当提高固化温度，缩短生产周期。

(4) 制品脱模及后处理　固化后即可脱模，然后经适当的后处理，包括热处理、机械加工、修饰、装配和检验等，得到所要制品。

11.1.1.2 常见静态浇铸材料的浇铸工艺

(1) MC 尼龙静态浇铸　聚己内酰胺的浇铸制品称为“单体浇铸尼龙”，简称“浇铸尼龙”，缩写代号为“MC 尼龙”。MC 尼龙静态浇铸，特别适合于品种多、数量不大的大型尼龙成型物，其制品能保持尼龙的优良性能。主要工业零部件有滑动轴承、无声齿轮、传送带轮、阀座、导轨、摩擦板和支撑台架等。

己内酰胺在浇铸时的聚合过程是阴离子型的催化聚合反应。在碱催化剂存在下，如加入少量助催化剂，能大大降低反应活化能，使反应速率成百倍的提高。由于每个分子的酰亚胺都是一个链的生长中心，因此，当加入一定量的助催化剂，也控制了分子链的数目和生长过程，使产品相对分子质量较稳定，不至于因继续加热产生显著的相对分子质量下降现象。聚合体一经生成就会凝结出来成为固体状的聚合块，反应容器因此决定了它的形状。由于反应温度较低，产物为结晶的固体，所以反应平衡后的单体含量比在高温液相聚合时要低得多，即产率较高。

不同温度下尼龙 6 中己内酰胺单体的平均含量如图 11-2 所示。在聚合物熔点以下，单体平衡量显然低于外推虚线。因为尼龙 6 的晶相不参与平衡，只有无定形部分的平衡单体存在。

活性己内酰胺原料的制备过程，视其产量大小而在流程及设备上也有不同的选择。小量生产时，可按模具容量称取己内酰胺置于反应器中加热。当原料开始熔化时，即开始抽真空（真空度要大于 99.9kPa）以脱去部分水分。待原料全部熔化后（约 120℃）停止加热和抽真空，加入催化剂（如 NaOH）并继续加热和抽真空。待反应物沸腾后，温度控制在 140℃左右，视真空度的高低而定。关于己内酰胺在减压后的沸点，可参见图 11-3。维持 20～30min，使反应物中含水量减到 300×10^{-6}以下，一般可凭经验判断。取下脱水完成的反应器，迅速加入助催化剂并混合均匀，此反应物应立即浇铸，不宜放置。

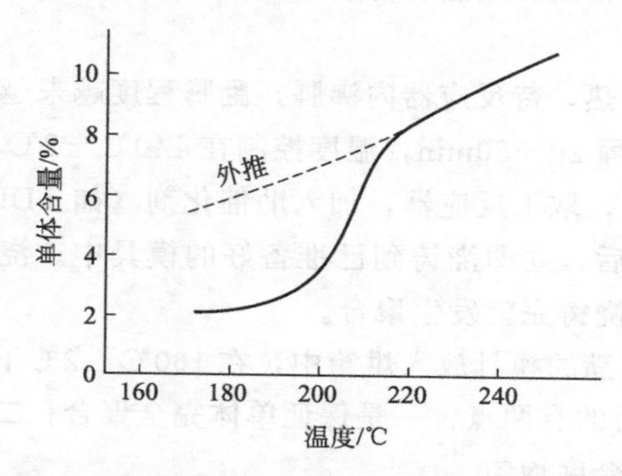

■图 11-2　不同温度下尼龙 6 中己内酰胺单体的平均含量

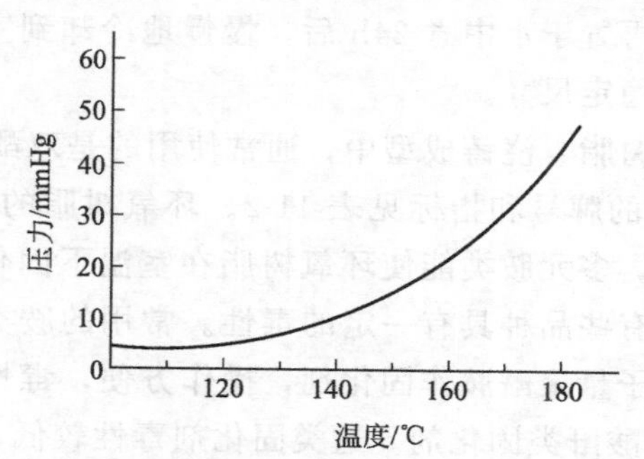

■图 11-3　己内酰胺在减压下的沸点(1mmHg＝133.322Pa)

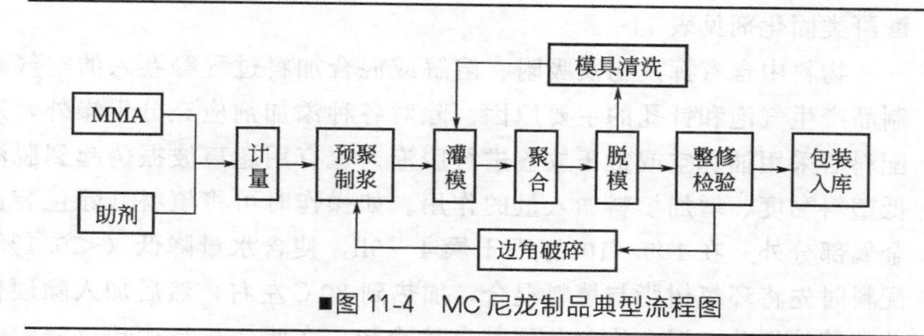

■图 11-4　MC 尼龙制品典型流程图

图11-4是MC尼龙制品典型流程图，具体工艺步骤如下。

① 在模具的型腔内涂上脱模剂（硅油），加热并保温待用。

② 按模腔容量（按密度计算）称取己内酰胺单体并置于反应器内加热融化。待原料局部融化后，开始抽真空（真空度要大于750mmHg），脱去部分水，同时检查管路及真空装置的情况。

③ 己内酰胺全部溶化后（温度约120℃）停止抽真空，并停止加热，加入催化剂（NaOH），然后再继续加热，抽真空脱水（此时水是凝聚剂，必须除干净）。

④ 继续加热，待反应器内沸腾，翻腾程度越来越大，并发出一定的响声，维持此过程20～30min，温度控制在140℃±2℃。

⑤ 脱水后，取下反应器，加入助催化剂（如TDI，MDI等二异氰酸酯类）搅拌均匀后，立即浇铸到已准备好的模具中。浇铸时，动作要快，要准确，防止未浇铸完就发生聚合。

⑥ 将已注满的模具放入烘箱中，在160℃±2℃下保温一段时间（约几分钟）。保温目的有两点：一是保证单体完全聚合；二是控制聚合速度，使制品各部分聚合度均匀。

⑦ 完全聚合后，即逐渐降温冷却。

⑧ 脱模后制品先置于150～160℃的机油中恒温2h，然后再与油一起冷却到室温。再置于水中煮24h后，慢慢地冷却到室温。通过调试处理以消除内应力和稳定尺寸。

（2）环氧树脂　浇铸成型中，通常使用的是双酚A环氧树脂。部分双酚A环氧树脂的牌号和指标见表11-2。环氧树脂的固化剂常用的有两类：①胺类固化剂。多元胺类能使环氧树脂在室温下固化，对生产大型铸塑制品很方便，但有些品种具有一定的毒性。常用的胺类固化剂见表11-3。此外也使用低分子量聚酰胺作固化剂，操作方便，毒性较低，但固化周期长（1～2天）。②酸酐类固化剂。这类固化剂毒性较低，但需在加热时才能使环氧树脂固化。酸酐一般在室温下为固体，配制时需先磨细再加到已熔融的树脂中并充分混合均匀。酸酐受热后易升华，有浓烈的刺激作用。常用酸酐类固化剂见表11-4。

物料中含有挥发物及吸附、溶解或混合加料过程等卷入的空气是浇铸制品产生气泡和针孔的主要原因。除对各种添加剂应充分干燥外，还可在配料后采用抽真空或常压放置进行脱泡。也有用超声波振荡起到脱泡并降低塑料黏度、增加填料加入量的作用。如操作时可将填料（除包装良好的金属部分外）在100～105℃下干燥4～6h，使含水量降低（<0.1%）。在配料时先将环氧树脂与填料混合，加热到80℃左右，然后加入除硬化剂之外的其他组分，混合均匀并使其自然冷却，在此加热与冷却过程中使挥发

■表 11-2 部分国产双酚 A 型环氧树脂的牌号和指标

环氧树脂牌号	软化点/℃	环氧值	无机氯含量/%	有机氯含量/%	挥发物(110℃,3h)/%	平均相对分子质量	外观
618，E-51	液体	≥0.48	≤0.05	≤0.02	≤0.5	350～400	黄色至琥珀色高黏度液体
6101，E-44	14～22	0.41～0.47	≤0.05	≤0.02	≤1.0	350～450	
634，E-42	20～28	0.38～0.45	≤0.05	≤0.02	≤1.0	350～600	
637，E-33	20～35	0.28～0.38	≤0.05	≤0.02	≤1.0	550～700	
638，E-28	40～45	0.23～0.33	≤0.05	≤0.02	≤1.0	600～870	
601，E-20	64～76	0.18～0.22	≤0.05	≤0.02	≤1.0	850～1050	黄色至琥珀色脆性固体
603，E-14	78～95	0.10～0.18	≤0.05	≤0.02	≤1.0	1100～2000	
604，E-12	85～96	0.09～0.15	≤0.05	≤0.02	≤1.0	1400～2200	

■表 11-3 常用的胺类固化剂

名称	简称	相对分子质量	状态	用量(份/100 份树脂)	固化条件
乙二胺	EDA	60.1	无色有气味液体	7～8	25℃，2～4d 或 80℃,3～5h
二乙基三胺	DTA	103.2	无色有气味液体	8～11	25℃，4～7d 或 150℃,2～4h
三乙基四胺	TTA	146.2	无色黏稠液体	9～11	25℃，4～7d 或 150℃,2～4h
四乙基五胺	TPA	189	无色黏稠液体	13～15	25℃，4～7d 或 150℃,2～4h
多乙基五胺	PEDA	>200	黏稠液体	14～15	25℃，4～7d 或 150℃,2～4h
己二胺	HDA	116	白色晶体，熔点 40℃	15～16	25℃，2～4d 或 80℃,3～5h
双氰胺	DICY	84.08	白色晶体	6	145～165℃,2～4h
间苯二胺	MPD	108.14	灰黑色固体，熔点 63℃	14～16	60℃,12h,再 100℃,2h
间苯二甲胺	MXDA	136.2	无色或微黄液体	18～23	25℃,1.5～2d 或 80℃,3～5h
4,4′-二氨基二苯基甲烷	DAM	193.3	淡黄色粉末，熔点 101℃	27～30	80℃,3～4h 或 150,1～2h
二氨基二苯砜	DDS	174	淡黄色粉末，熔点 176～178	30～355	130℃,2h 再 200℃，2h
N,*N*-二甲基苯胺		121	有气味液体	1～3	25℃,2～4d

续表

名称	简称	相对分子质量	状态	用量(份/100份树脂)	固化条件
三乙基胺		101.2		10～15份(当用促进剂1～3份)	120～140℃,4～6d
三乙醇胺	TEA	149.19	油状液体	10～15份(当用促进剂1～3份)	120～140℃,4～6d
咪唑		68.03	白色固体，熔点88～90℃	3～5	60～80℃,4～6d
α-甲基咪唑		82.08	白色固体，熔点136℃	3～5	60～80℃,4～6d
α-乙基，4-甲基咪唑		110.08	熔点45℃，常呈黏稠液体	2～5	60～80℃,4～6d
β-羟乙基乙二胺		104.15	无色液体	16	25℃,7d或80～100℃,3h
β-羟乙基己二胺		160	有气味液体	30	70℃,2～4h
一氰乙基己二胺		169	有气味液体	30～50	70℃,2～4h
1,3,5-三(二甲氨基甲基)苯酚	DMP-30			10.5～13.5	50℃,12h或80℃,2h

■表11-4 常用的酸酐类固化剂

名称	简称	相对分子质量	状态	用量/份	固化条件
顺丁烯二酸酐	MA	98.06	白色晶体,熔点53℃	30～40	160～200℃,2～4h
邻苯二甲酸酐	PA	148.11	白色晶体,熔点128℃	35～45	150,2～4h或120℃,1h
均苯四甲酸酐	PMDA	218	白色粉末,熔点286℃	多和MA，PA混用 PMDA/PA=20/28	160～200℃,16～24h
六氢邻苯二甲酸酐	HHPA	154.16	玻璃态固体,熔点35～36℃	65～80	80℃,3h再120℃,3h
内次甲基四氢邻苯二甲酸酐	NA	164	白色晶体,熔点159～160℃	80～93	80℃,3h然后120℃,3h再200℃,4～5h
甲基内次甲基四氢邻苯二甲酸酐	MNA	178	淡黄色液体	72～90	25℃,10d或120℃,16h,再180℃,1h
十二烷甲顺丁烯二酸酐	DDSA	266	黄色黏稠液体	130	25℃,7d或100℃,7～8h
647酸酐			白色粉末,最低熔点34℃	52～62	150℃,1～3h

物与气体排出。

每模浇铸所需环氧树脂的用量可按式(11-1) 作近似计算

$$G=1.1\rho V \quad (11\text{-}1)$$

式中，G 为每模所需环氧树脂的用量（kg）；ρ 为环氧树脂的密度（kg/m^3），当使用石英粉、玻璃粉等粉状填料配制环氧树脂时，其相对密度为 1.8～2.5，通常可事先测定；V 为模腔的体积（m^3）。

将已加入固化剂并混合均匀的原料灌入已涂好脱模剂的模具中。其固化条件根据固化剂的种类而确定，参考表 11-3 和表 11-4。采用室温固化时，只需在 25℃左右放置一段时间即可。为加速固化，也可在升温下进行，温度升高固化时间缩短。但升温不宜过快，保温温度也不能太高，以免发生某些固化剂的挥发损失，同时原料中空气、水分、低分子物逸出太快，也易使制品起泡，造成次品或废品。

（3）PMMA 浇铸板材　PMMA 是聚甲基丙烯酸甲酯的缩写，俗称有机玻璃。一般大型 PMMA 板材都是通过浇铸成型得到的。

图 11-5 是典型 PMMA 板材的生产流程图。

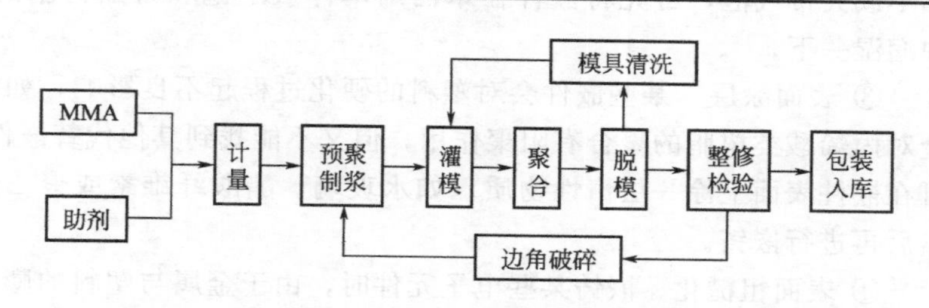

■图 11-5　PMMA 板材生产工艺流程图

① MMA 预聚浆在带轮锚式搅拌器的常压反应釜中制成。

② 将单体、助剂依次加入预聚釜中。开动搅拌，升温至 85℃后（约 5～10min）维持在 94℃以下反应，温度一般在 90～94℃之间升降 2～3 次。

③ 当转化率达 10%左右时，降温到 80℃，然后强制冷降到 50℃，按需要加入定量的甲基丙烯酸。之后，冷到 30℃出料。

④ 将浆液浇铸于模具中，排气后放入水浴或热空气烘箱中进行聚合反应。低温聚合后升温至沸腾，保持一段时间，切断热源自然冷却至 80℃，然后通入冷却水降到 40℃，脱模，检验切边，包装入库。

11.1.2 嵌铸

嵌铸也称封入成型，是将各种非塑料物件包封在塑料中的一种成型方法。使用最多的是用透明塑料包封的各种生物或医用标本、商用样本、纪念品等。在工业上还有通过嵌铸而将某些电气元件及零件与外界环境隔绝，以便起到绝缘、防腐蚀、防震动破坏等作用。前一种主要采用丙烯酸类树脂，而后一种则主要采用环氧树脂。被嵌铸的样品、元件等在嵌铸工艺中常称为嵌件。

11.1.2.1 嵌铸工艺

嵌铸所用模具与静态浇铸模具相似，塑料的浇铸及固化也与前述相似，但是具有自身的特点，大致有以下三点。

（1）嵌件预处理　为使塑料与嵌件之间能够紧密结合，避免出现气泡等不良现象，常需对嵌件预处理。大致分为以下几种。

① 干燥　如嵌件带有水分，则在高温下可能因汽化而使制品带有气泡，所以应先进行干燥。若嵌件不能经受常压干燥或真空干燥，如鱼、蛙之类，可依次在30%、50%、80%、100%的甘油中各浸一天，把内部的水分抽出来，然后取出用吸湿纸把表面吸干即可嵌铸。

② 嵌件表面润湿　如用不饱和聚酯嵌铸时，为避免塑料与嵌件间黏结不牢或夹带气泡，可先将嵌件在苯乙烯单体（不饱和聚酯树脂的交联剂）中润湿一下。

③ 表面涂层　某些嵌件会对塑料的硬化过程起不良影响，如铜或铜合金对丙烯酸类树脂的聚合有阻聚作用，但又不能找到其他代替嵌件材料时，可在嵌件表面上涂一层惰性物质（如水玻璃、醋酸纤维素或聚乙烯醇等），然后再进行嵌铸。

④ 表面粗糙化　嵌铸某些电子元件时，由于金属与塑料的膨胀系数不同，且使用元件有可能发热，而导致塑料层开裂，使塑料与嵌件的连接不牢。除在塑料品种、配方及嵌件大小、外形上适当考虑外，也可将嵌件进行喷砂或用粗砂纸打磨使表面粗糙化，以提高嵌件与塑料的黏结力。

（2）嵌件的固定　采用适当的方法将嵌件固定在模具指定位置，保证嵌件不发生上浮或下沉。也可采用分次浇铸，以便嵌件能固定在制品中部或其他位置。

（3）浇铸工艺　不饱和聚酯及环氧树脂等的浇铸与静态浇铸基本相同，但对PMMA嵌铸则要用预聚体。PMMA嵌铸制品的厚度较大，聚合过程的散热困难，易引起爆聚，可采用高压釜中引入惰性气体进行聚合的方法。

11.1.2.2 典型嵌铸制品的成型工艺

以人造琥珀为例对其工艺进行阐述，见图11-6。

（1）被嵌物的预处理　保证被嵌物表面清洁，干燥。

（2）预聚浆液的配制　将MMA单体、助剂计量后依次加入预聚釜。

开动搅拌、升温至90℃。然后关闭热源，通冷却水，保持80℃，待转化率达10%，冷却到30℃卸出浆液。

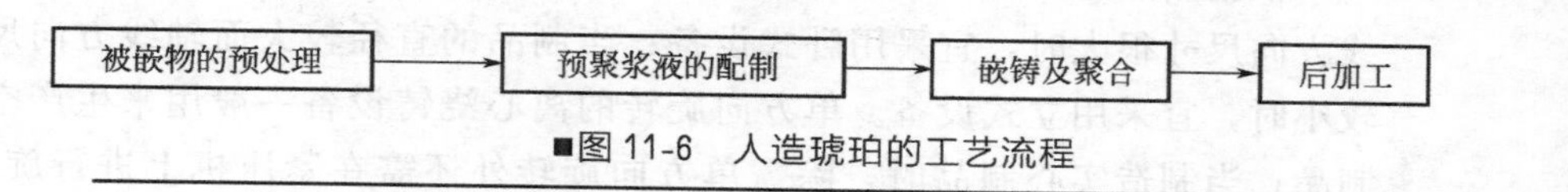

■图11-6 人造琥珀的工艺流程

(3) 嵌铸聚合 先向模具型腔内喷涂一层脱模剂，放入烘箱干燥备用。在模具中浇入第一层浆液做底层，之后，放入烘箱引发聚合，等单体浆液聚合成膜后，摆放被嵌物，随后分次浇入浆液。聚合温度约为40℃，时间约4～6d。

(4) 后加工 将聚合生成的人造琥珀型坯按制件造型进行打磨、抛光处理。

11.1.3 离心浇铸

离心浇铸是将树脂溶液加入到高速旋转的模具中，在离心力的作用下使其充满模具，再固化定型而得到制品的一种方法。离心浇铸生产的制品大多为圆柱形或近似圆柱形的，如大型的管材、轴套等，也用于齿轮、滑轮、转子、垫圈的生产。

离心浇铸常用于熔体黏度小、热稳定性好的塑料，如聚酰胺、聚烯烃等，离心浇铸与静态铸塑的区别仅在于模具要转动。离心浇铸与静态铸塑相比，其优点是制品无内应力或内应力很小，宜生产薄壁或厚壁的大型制

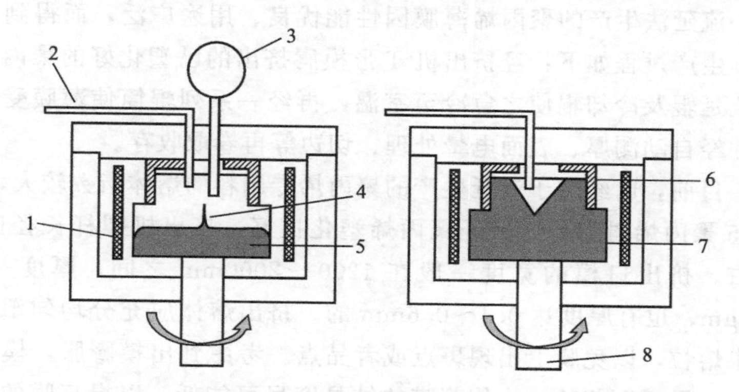

■图11-7 立式离心浇铸实心制品的过程示意图

1—红外灯或电阻丝；2—惰性气体送入管；3—挤出机；4—贮备塑料部分；5—塑料；6—绝热层；7—模具；8—转动轴

品，力学性能高，制品的精度较高。但缺点是成型设备较为复杂，生产周期长，难以成型外形较为复杂的制品。

根据制品的形状和尺寸，离心成型设备可分为卧式或立式。当制品轴线方向尺寸很大时，宜采用卧式设备；当制品的直径较大而轴线方向尺寸较小时，宜采用立式设备。单方向旋转的离心浇铸设备一般用来生产空心制品；当制造实心制品时，除需单方向旋转外还需在紧压机上进行旋转，以保证产品质量。立式离心浇铸实心制品的过程如图 11-7 所示。

11.1.4 流延浇铸

流延浇铸是将热塑性或热固性塑料溶于溶剂中配成一定浓度的溶液，然后以一定的速度流布在连续回转的基材上（一般为无接缝的不锈钢带），通过加热使溶剂蒸发而使塑料硬化成膜，从基材上剥离即完成流延薄膜。薄膜的宽度取决于基材的宽度，而薄膜的长度则是可连续的。薄膜的厚度取决于溶液浓度、钢带回转速度、胶液的流布速度及次数等。目前，用于流延浇铸生产的树脂有醋酸纤维素、聚乙烯醇、聚乙烯-醋酸乙烯酯共聚物和聚碳酸酯等。某些高聚物在高温下容易降解或熔融黏度较高，也可用流延成膜的方法。

流延法得到的薄膜薄而均匀，最薄可达 0.05～0.1mm，透明度高，内应力小，较挤出或吹塑薄膜可更多地用在光学性能要求高的场合，如电影胶片、安全玻璃的中间夹层等。其缺点是生产速度慢，设备昂贵，生产过程较复杂，热量及溶剂消耗量大，要考虑溶剂的回收及安全等问题，制品的成本较高，且制品强度又较低。

流延法生产的聚丙烯薄膜因性能优良、用途广泛，而得到了很大的发展。生产过程如下：经挤出机 T 形模唇挤出的已塑化好的聚丙烯，迅速绕过流延辊及冷却辊使之急冷至室温，再经一系列辊筒使薄膜受到震荡，展平并经自动测厚、表面电晕处理、切边等再卷取收存。

目前，已经用于流延生产的聚丙烯专用料的熔体指数较大，如 2075 和 2635 聚丙烯树脂。为保证聚丙烯塑化良好，挤出机螺杆长径比一般在 30 左右。挤出口模的宽度一般在 1200～2000mm 之间，厚度一般为 10～200μm，也有厚度达 0.4～0.6mm 的。挤出熔体应充分均匀塑化，无杂质和未熔粒，以免膜上出现斑点或者晶点。考虑到出模膨胀，模唇间隙通常是可以灵活调节的。为使薄膜的结晶度尽可能低，以提高膜的韧性和透明性，挤出的聚丙烯应尽快贴在流延辊上冷却，流延辊的辊速可比挤出速度稍高一些。同时还采用压缩空气，从上面吹出，使膜紧贴流延辊也使得膜的表面得到冷却，以确保薄膜厚度均匀、稳定，不至于变形及在横向上收缩。薄膜经冷却辊后可迅速降温到 90℃，使其具有一定的强度并避开聚丙烯结晶速率最快的区域。然后再经一系列的传送导辊输送到后面的工序。

挤出机的温度不能过低，以免影响原料的塑化，但温度过高，特别是出模后未及时冷却，易使空气中的聚丙烯发生氧化降解。因此，流延辊应尽量靠近模唇，使热熔料迅速冷却，避免氧化变黄，以提高薄膜的光洁度。辊温太低会使膜面光泽性降低，辊温太高又会使薄膜粘辊，出现连续的横向剥离条纹。冷却后的薄膜在传送过程中，常安装振荡系统，使聚丙烯大分子松弛定型，增加平整度。聚丙烯是非极性聚合物，不易与其他材料黏合、印花。为此冷却的聚丙烯薄膜通常采用高频高压电晕放电处理，使表面产生一定的氧化极性基团和微细的凹坑。这样有利于消除薄膜上的静电，改善热封合和黏结性能。经电晕处理后的薄膜，需再经过冷却定型，防止其受热收缩。

11.1.5 搪塑

搪塑又称为涂凝成型，主要用于成型中空软制品。它是将糊塑料（塑性溶胶）倾倒在预先加热到一定温度的模具（阴模）中，接近模壁的塑料因受热而胶凝，然后倒出没有胶凝的塑料，并将已附在阴模壁上的一层塑料进行热处理，冷却固化后可得中空制品。搪塑的主要优点是设备费用低，易高效连续化生产，工艺控制也较简单，但制品的壁厚和质量的准确性比较差。聚氯乙烯糊常用该法生产空心软制品（如玩具等）。

■表 11-5　聚氯乙烯糊塑料典型配方

材料品种	塑性溶胶/份		有机溶胶/份	
	配方一	配方二	配方一	配方二
乳液聚合聚氯乙烯	100	100	100	100
邻苯二甲酸二辛酯	80	50	40	40
环氧酯		50		
二异丁酮			70	70
粗汽油			70	10
二碱式亚磷酸铵	3	3	3	3
碳酸钙		20		
镉红	2	2		
炭黑			0.9	0.9
有机质膨润黏土			5	5

聚氯乙烯糊塑料配方见表 11-5，搪塑成型过程如图 11-8 所示。其操作

步骤是：先将糊塑料灌入已升温至规定温度（130℃左右）的模型中，灌入时应注意保持模型和糊塑料的清洁，以便整个模型壁均能为糊塑料所润湿，同时还须将模具稍加震动以逐出糊塑料中的气泡，待糊塑料完全灌满模腔后，停放15～30s，再将模具倒置使未胶凝的糊塑料倾倒入盛料槽，此时模腔壁上留有一定厚度已部分胶凝的料层；如果仅预热模具不能使胶凝层的厚度达到制品壁厚的要求，可待糊塑料装满模具后短暂加热模具，加热方法可采用红外线灯照射，也可以将模具浸入热水或热油浴中；随后将排尽未胶凝糊塑料的模具移到160℃左右的烘箱中放置15～50min，使胶凝料层塑化；塑化结束后将模具从烘箱中移出，用风冷或水冷，使模温降至80℃以下，即可将制品从模具中取出。制品厚度取决于糊塑料的黏度、灌注时模具的加热温度和糊塑料在模具中停留的时间。

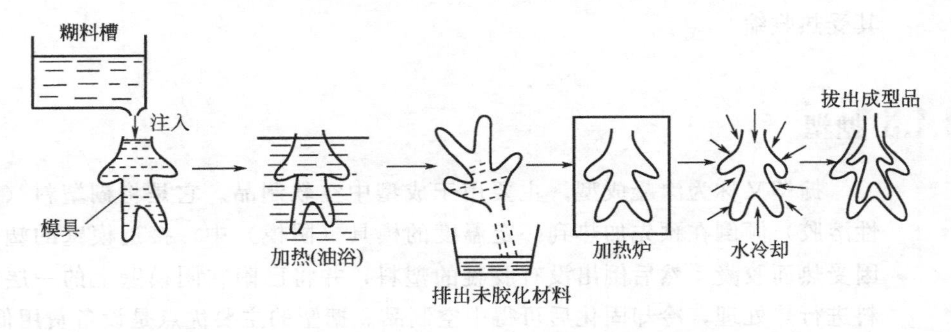

■图11-8　搪塑成型过程示意图

搪塑工艺可以用恒温烘箱进行间歇生产，也可以采用通道式的加热方式进行连续生产。

糊塑料由悬浮体变为制品的过程是树脂在加热下继续溶解为溶液的过程。工艺上这一过程常称为糊塑料的热处理（烘熔）。热处理一般分为“胶凝”和“熔化”两个阶段（图11-9）。胶凝阶段是指糊塑料从开始加热到形成一定力学强度的固体的物理变化过程。这一过程中，糊塑料分散在增塑剂连续相中构成悬乳液［图11-9(a)］。随后树脂由于受到热的作用，不断地吸收分散剂，发生膨胀。悬乳液中液相逐渐减少，因树脂体积不断增大，最后残余的增塑剂会被树脂粒子吸收，变为表面无光而易碎的物料，如图11-9(b)所示。“熔化”是糊塑料从胶凝终点发展到力学性能达到最佳的过程。在这一阶段，充分膨胀的树脂粒子相互碰撞，随之在界面之间发生黏结，即开始熔化，树脂粒子间的界面变得越来越模糊直至完全消失，树脂也逐渐由颗粒形式变成连续的透明体或半透明体，形成十分均匀的单一相，如图11-9(c)和图11-9(d)所示，并且在冷却后能长时间地保持单一相的状态，有较高的机械性能。

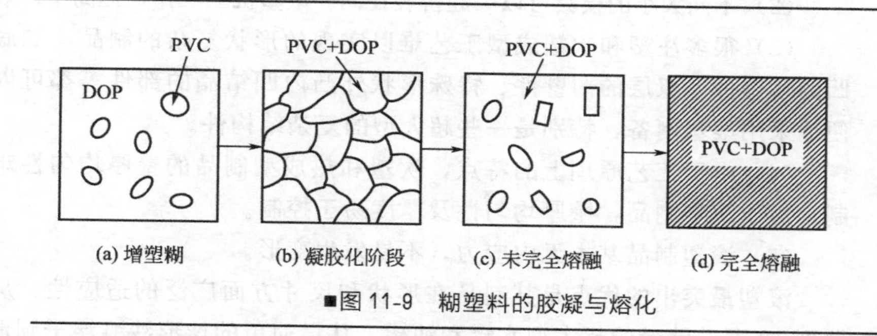

■图 11-9　糊塑料的胶凝与熔化

11.1.6 滚塑

滚塑成型工艺也称旋转成型、回转成型。该成型方法是先将液体状或糊状的塑料加入到模具中，然后沿模具的两垂直轴不断旋转并加热，模内的塑料在重力和热的作用下，逐渐均匀地涂布在模腔的整个表面，待冷却固化后得到制品。

11.1.6.1 滚塑的工序

滚塑的加热、成型和冷却过程全部在一个没有压力作用的模具中完成。其成型工艺包括装料、加热、旋转成型、冷却、脱模和模具清理等几个工序。

（1）装料　将树脂及所需助剂按比例称量，加入到成型模具的模腔中，锁紧模具，保证在成型过程中，模腔中的物料不能从合模处泄漏。

（2）加热、旋转成型　将模具置入加热炉中，模具一边转动一边受热。沿两个相互垂直轴转动的模具使塑料熔体在自身重力作用下，向模具旋转的反方向滑动，得以与模腔壁紧密贴合，得到所需形状的塑料制件。

（3）冷却　使贴合模腔的塑料熔体冷却，以保持制品形状。为防止熔体向下滑动，影响制品形状，在冷却过程中，滚塑成型机应继续带动模具转动，直到树脂温度降到热变形温度以下。

（4）脱模　模具停止转动，打开模具，取出已经定型的塑料件。一般情况下采用人工脱模；大批量生产时，也可采用机械脱模。

（5）模具清理及后处理　清洁模腔，并重新涂好脱模剂。取出制品后，清除飞边等缺陷。

11.1.6.2 滚塑的特点

与其他塑料加工工艺相比，滚塑具有以下优点。

（1）由于滚塑的模具不必承受高压，不需要很高的强度和刚度，因此其结构简单，成本较低。通常模具制造周期在2～4周以内。

（2）不同大小的模具可以一起拼装在同一滚塑机上工作，提高生产效率。

（3）很多注塑和吹塑成型工艺难以实现的形状复杂的制品，如底部内凹的薄壁件、双层的薄壁件、特殊形状外凸内凹结晶的部件等都可以很方便地采用滚塑制备，特别是一些超大型的复杂结构件。

（4）由于工艺原理上的特点，吹塑和热成型制品的壁厚均匀性难以控制，对于滚塑制品，壁厚均匀性及厚度易于控制。

（5）滚塑制品基本无内应力，不易发生变形。

滚塑最突出的优点是其制品在形状和尺寸方面广泛的适应性。从注射器到10万升储量的超大型水罐和油罐，从最简单的球形沙滩浮子到形状异常复杂的艺术品，都可以采用滚塑成型。滚塑是一种生产周期短，见效快，实用而经济的塑料复合材料制品加工工艺。

滚塑也存在如下缺点。

（1）由于绝大多数的塑料原料是以粒料形式供给的，而粒料不适用于滚塑，因此必须把它们进一步磨碎成粉，增加了滚塑原料的成本。粉粒的粒度对滚塑制品的质量有重要影响。

（2）相对于注塑和吹塑成型工艺，滚塑的生产效率低，因此不适于小型制品大批量生产。因为每一个生产周期都必须把模具和其中的塑料粉末由室温加热到塑料的熔融温度，然后再冷却到室温，从而导致生产周期延长。多工位的滚塑成型机，以及采用大小不同的多模具同机旋转的方法在一定程度上可以改善这一缺点。

（3）目前适合于滚塑的塑料及其复合材料种类仍然有限。

（4）因滚塑模具结构简单，难以实现脱模和装料的自动化，人工操作难以避免。对于形状复杂的制品脱模工序占较长时间。

（5）滚塑工艺难以形成以增加制品结构强度和刚度的实体凸台和加强筋结构。因此，需要设计滚塑制品的结构，从而满足制品对强度和刚度的要求，可在粉料中加入短纤维或颗粒填料，以成型强度和刚度较高的复合材料制品。

几种滚塑加热方法的比较见表11-6。

■表11-6 几种滚塑加热方法的比较

加热方法	热风循环	液态介质循环	红外线加热	直接火焰加热	熔盐喷淋
加热周期	稍长	短	短	短	短
温度控制	易	易	难	难	易
加热均匀性	好	好	难均匀	难均匀	好
工作环境	好	稍差	稍差	稍差	极差
模具要求	一般	夹套模	耐热	耐热	密闭好
设备费用	低	高	高	高	高

11.1.6.3 滚塑模具设计要点

(1) 滚塑成型收缩率　滚塑一大缺点是制品的尺寸精度较差，因此选用滚塑法生产的塑料制品，通常不需要十分精确的尺寸，但设计模具时，仍需注意保证制品的基本尺寸，以适应使用上的要求，因而需要注意成型收缩的问题。

滚塑成型收缩率主要取决于塑料的类型，不同的塑料有不同的成型收缩率，如，LDPE 滚塑成型的收缩率约为 2.3%，HDPE 的成型收缩率在 2.3%～3.0%，而 PP 的成型收缩率约为 3%。

(2) 合模面的结构　滚塑成型模具合模面的结构应易加工、使用方便，具有良好的密封效果。最常用的合模面结构如图 11-10 所示，其中图 11-10(a) ～图 11-10(c) 可用于铸模及金属切削加工，图 11-10(d) 用于金属板制模。

图 11-10(a) ～图 11-10(c) 三种合模结构密封效果较好，可以有效地防止物料溢出，不仅可节约物料，对于制件脱模以及减少制件后处理也较有利。图 11-10(d) 的主要优点是结构简单，易于加工，可用于小型铸模，缺点是密封效果较差。

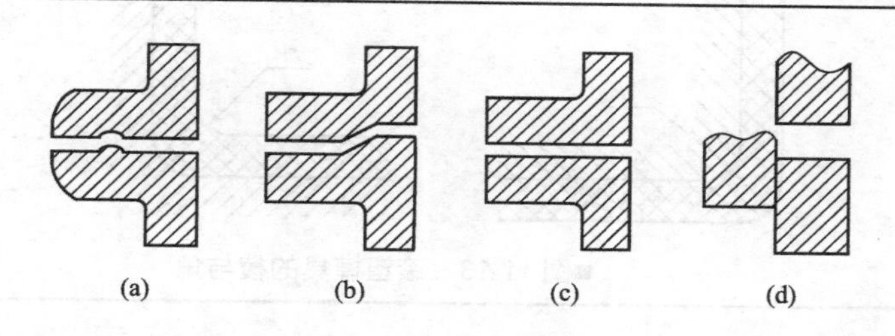

■图 11-10　常用的合模面结构

(3) 制品的沟槽与加强筋的设计　为防止滚塑模具沟槽部位的物料在入口处发生物料架桥现象，通常要求沟槽宽度 D 不小于制件壁厚 W 的 4 倍，模腔中沟槽部位的宽应不小于制件壁厚的 8 倍。沟槽式加强筋，除满足 $D \geqslant 4W$ 外，沟宽不应小于沟深，几种沟式加强筋的典型示意图如图 11-11所示。

(a) 良好

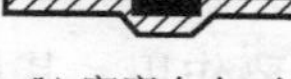

(b) 宽度太小，会发生架桥现象

(c) 沟槽太浅，补强效果欠佳

(d) 沟槽设计太深，物料不易充入槽中

■图 11-11　几种沟式加强筋的典型示意图

突起式加强筋的结构如图 11-12 所示。当平坦部分的一边在 400mm 以下时，突出部分为 $2S$；超过 600mm 时，突出部分可以取 $5S$（S 为制件非突出部分的壁厚）。

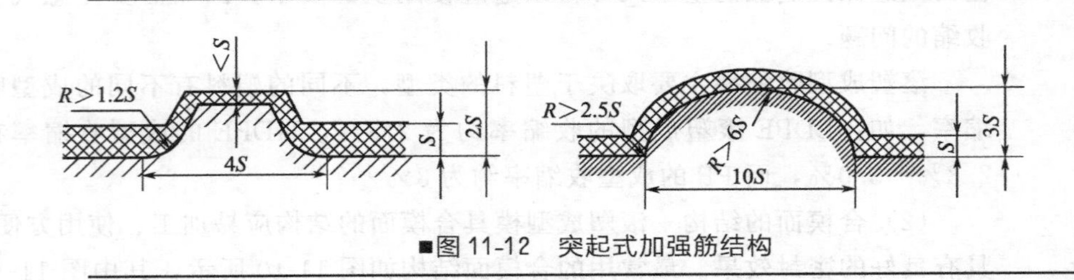

■图 11-12　突起式加强筋结构

（4）棱与角　滚塑模具应该尽量避免存在尖锐的棱与角，制品棱与角处均取一定的圆弧过渡，以防止制件在这些部位产生应力集中。对于粉状树脂，棱处的 R 不小于 5mm，角处的 r 应不小于 50mm；对于液体树脂，棱处 R 不小于 5mm，角处的 r 不小于 10mm（图 11-13）。

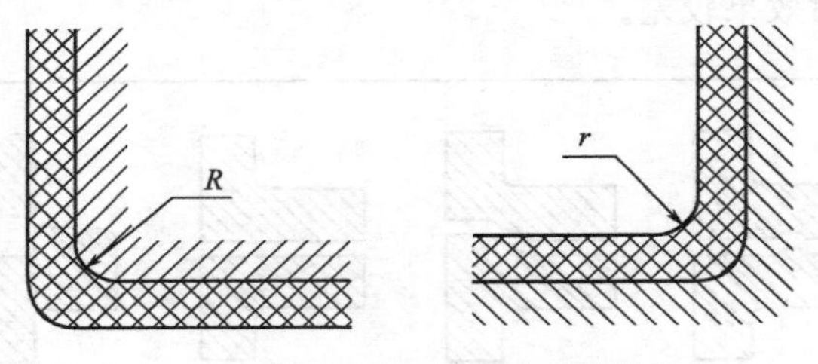

■图 11-13　滚塑模具的棱与角

（5）通气孔　模具设计通气孔的作用是为了在滚塑制品冷却时，便于模外空气进入制品内部，迅速解除因制件空气冷却收缩所形成的真空，从而消除或减少制品翘曲等问题。滚塑制品愈大，设置通气孔的必要性也愈大，而且当滚塑制品增大时，通气孔的直径也应相应增大。

通气孔通常设置于制件需要开口的地方。为了防止滚塑成型的物料从通气孔中泄漏出来，以及防止物料将通气孔堵塞，在通气孔处应安装通气管。通气管应有足够的长度。通气孔处于最低位时，通气管应高出物料的界面，以避免物料进入通气管。

11.1.6.4 滚塑制品设计要点

滚塑制品的设计对制品性能有重要作用，其设计要点简要归纳如下。

（1）滚塑制品壁厚及壁厚均一性　制品的壁厚取决于其承载情况，由于滚塑制品在常压下并且受热熔融时间较长，因此，滚塑制品的强度要小于相同壁厚的注塑制品，进行壁厚设计时应适当增加。滚塑成型的树脂因长时间受热可能导致严重降解，限制了滚塑制品的壁厚范围，常用滚塑树脂制品的壁厚范围见表11-7。滚塑成型难以制得壁厚不均匀的制品（除倒角外），一般壁厚误差在20%内。在设计制品时不能标注特定的内部尺寸，采用正常壁厚和最低壁厚对制品的厚度进行限制是比较理想的方法。

■表11-7 常用滚塑树脂制品壁厚范围

单位：mm

材料	最佳壁厚范围	最小壁厚	最大壁厚
PE	1.5～13.0	0.5	50
PVC	1.5～10.0	0.25	
PA	2.5～20.0	1.5	38
PC	1.5～10.0		

（2）脱模斜度　滚塑制品易于脱模，适当的脱模斜度可降低脱模时所需外力，提高生产效率并降低成本，还可以减小制品内应力与翘曲变形的产生。表11-8为常用树脂制品的脱模斜度。

■表11-8 常用树脂制品的脱模斜度

名称	外表面/(°)			内表面/(°)		
	最小斜度	最佳斜度	花纹面	最小斜度	最佳斜度	最大斜度
PE	0	1	2	1	2	3
PVC	0	1.5	2.5	1	2	3
PA	1	1.5	2.5	1.5	3	4
PC	1.5	2.0	3.5	2	4	5

（3）制品转角及倒角处的圆弧半径　滚塑制品应有足够大的转角或者倒角半径，否则在成型时，熔融树脂不易充满模腔所有部位，常用树脂制品最小转角和倒角半径分别见表11-9和表11-10。大的倒角半径有利于熔体填充，使壁厚均匀，同时减小制品内应力和翘曲的产生。

■表11-9 常用树脂制品的最小转角角度

单位：(°)

材料	最小转角角度	材料	最小转角角度
PE	30	PA	20
PVC	30	PC	45

■表11-10 塑料滚塑成型制品的倒角半径

单位：mm

塑料品种	内表面倒角半径			外表面倒角半径		
	理想值	工业值	最小值	理想值	工业值	最小值
PE	12.5	6.5	3.2	6.5	3.2	1.5
PVC	9.5	6.5	3.2	6.5	3.2	2.0
PA	19.0	9.5	4.7	12.5	9.5	4.7
PC	12.5	9.5	3.2	19.0	9.5	6.5

（4）螺纹长度　滚塑制品可设计带有螺纹结构。但因为滚塑制品自由

收缩变形较大，因此设计的螺纹配合不能过紧。滚塑制品的螺纹优先采用梯形公制粗牙螺纹或锯形螺纹，且配合长度不宜过长，表11-11所列数据可供参考。

■表11-11 滚塑制品螺纹直径推荐配合长度　　单位：mm

螺纹直径	1～3	3～6	6～10	10～12	20～60
配合长度	1.5～4.5	4.5～4.8	4.8～6	6～8	8～9

(5) 嵌件　滚塑制品可安放金属或非金属嵌件。采用金属嵌件时，需要保证嵌件具有很好的导热性，以便在成型过程中，塑料熔体可以均匀涂布在嵌件上，并紧密黏合在一起。嵌件不应有锐角，以免产生内应力。安置非金属嵌件时，需考虑其与塑料熔体的相容性。

(6) 表面粗糙度　滚塑制品的表面粗糙度，取决于制品的使用要求。制品表面粗糙度增加，所需脱模力也随之增大。对于设计了表面纹理的滚塑制品，应采用较大的脱模斜度。通常纹理深度每增加0.25mm，制件的脱模斜度相应增加约1°。

(7) 滚塑制品的尺寸误差　表11-12列举了几种常用滚塑制品的尺寸容许误差。A、B、C、D、E、F部位示意图见图11-14。其中A、B、C、F部位冷却并收缩，可自由地脱离模腔，尺寸变化较大，D、E相当于有“芯子”存在，尺寸稳定性较好。

■表11-12 几种常用的滚塑制品的尺寸容许误差　　单位：mm

材料	A	B	C	D	E	F
PE易达到的容差	0.20	0.20	0.20	0.15	0.10	0.20
工业用容差	0.10	0.10	0.10	0.08	0.08	0.15
高精度容差	0.05	0.05	0.05	0.04	0.04	0.05
PVC易达到容差	0.25	0.25	0.25	0.15	0.15	0.25
工业用容差	0.20	0.20	0.20	0.10	0.10	0.20
高精度容差	0.10	0.10	0.10	0.05	0.05	0.10
PA易达到容差	0.10	0.10	0.10	0.08	0.08	0.10
工业用容差	0.06	0.06	0.06	0.05	0.05	0.06
高精度容差	0.04	0.04	0.04	0.03	0.03	0.04
PC易达到容差	0.08	0.08	0.08	0.05	0.05	0.08
工业用容差	0.05	0.05	0.05	0.03	0.03	0.05
高精度容差	0.03	0.03	0.03	0.02	0.02	0.02

注：A、B、C、F为外形尺寸，D和E是内部尺寸。

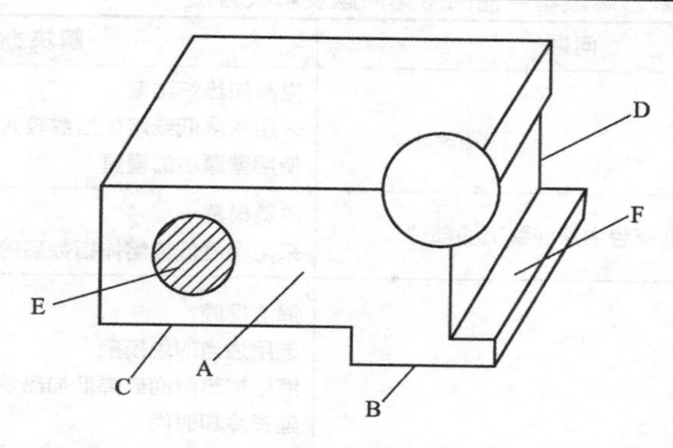

■图 11-14　表 11-12 中 A、B、C、D、E、F 部位示意图

11.1.7 常见质量问题及解决方法

现将浇铸成型中常见质量问题及解决方法归纳见表 11-13 和表 11-14。

■表 11-13　浇铸成型常见质量问题及解决方法

成型方法	问题	产生原因	解决方法
静态浇铸	厚度不均匀	模具变形导致的受力不均	控制模具内腔在受热，受压时变形小
	出现气泡、皱纹、凹陷等	局部聚合过快，放热很大，单体中的溶解气体及水分挥发	控制聚合速率 采取一定的散热措施 对原料进行干燥处理
	表面产生裂纹	内应力过大	在 70～80℃退火 3～4h
	耐热性能差	平均相对分子质量低	延长低温聚合时间和提高最终聚合的温度
嵌铸	出现气泡	嵌件干燥不够	采取相应干燥措施
	塑料与嵌件黏结不牢	塑料与嵌件的结合力不够强	嵌件表面做相应处理
离心浇铸	制品出现气泡	挤出机的反压力太低 流入模具的树脂存在太多扰动	提高塑料的温度，降低黏度 提高模具转速
流延浇铸	薄膜不光滑 薄膜粘辊 薄膜不平整		流延辊尽快靠近模唇 减少未熔晶体和杂质的挤出 降低辊温 控制辊温，过高或过低都会粘辊
搪塑	制品出现裂纹	加热速度过高或者过低都会使制品不平整或产生裂纹	调整加热温度
	制品出现气泡	加热速度过快，使稀释剂不能平稳逸出	调低加热速度

■表 11-14 聚乙烯滚塑制品的常见问题及解决方法

问题	解决办法
生产周期长	提高加热炉温度 采用密度低或熔体指数较大的树脂 使用壁厚小的模具
物料不能充满模腔中深而狭窄的部位	改造模具 采用密度低或熔体指数高的物料
制品粘膜	清洁模腔 选用适当的脱模剂 缩短加热时间或降低加热温度 延长冷却时间 增大脱模斜度
制品中有气泡或内表面粗糙	提高加热炉温度或者加热时间 使用密度低或熔体指数高的树脂 改善模具壁厚的均匀性 延缓冷却 保证模具内表面干燥
制品内发黄、出现褐色或有色制品褪色	缩短加热时间 降低加热炉温度 清除模腔内污染物 向模腔内通入惰性气体
制品翘曲	使用少量脱模剂 在模具中设计通气孔 冷却时，防止局部过冷
制品破裂	采用密度低或熔体指数高的树脂 改善设计，消除锐角 提高加热炉温度或延长加热时间 提高冷却速度

11.2 冷压烧结成型

某些聚合物在分解温度以上，都不能呈现流动状态或者即使具有流动性，也不适用常用热塑性塑料成型方法制成制品，只能以类似粉末冶金烧结成型的方法，这种方法俗称冷压烧结成型。此方法是先将一定量的聚合物树脂放入常温的模具中，在外加压力的作用下压制成密实的型坯（也可称为锭料、冷坯或毛坯），然后送至高温炉进行烧结，冷却后即成为制品。目前聚四氟乙烯、超高分子量聚乙烯和聚酰亚胺等难熔树脂的成型主要采用此方法成型，其中聚四氟乙烯最早采用，而且成型工艺也最为成熟。本节以聚四氟乙烯为例，对冷压烧结成型的工艺简述如下。

11.2.1 冷压制坯

聚四氟乙烯树脂是一种纤维状的细粉末，贮存或运输过程中容易结块成团，致使冷压时加料发生困难，或其型坯密度不均。所以在使用前必须进行松散处理，用 20 目的筛子过筛备用。

将过筛的聚四氟乙烯粉末按制品所需量加入模腔，用刮刀刮平，使树脂均匀地分布在型腔里。对于施压方向和壁厚相同的制品，型坯应一次完成加料，否则制品可能在各次加料的界面上开裂。对于形状较复杂的制品，可分次加料，每次加料量应与其填充的部分模腔容积相适应，并且应用不同的阳模分次对粉料施压。

加料完毕后应立即加压制坯，加压宜缓慢进行，严防冲击。根据制品的高度和形状确定升压速度（指阳模压入速度）。直径大而长的型坯升压速度应慢（5～10mm/min），反之则快（10～20mm/min），成型压力一般为 30～50MPa，保压时间为 3～5min（直径较大而长的制品为 10～15mn）。对压制截面积较大的坯件，加压过程可进行几次卸压排气，以免制品产生夹层和气泡。然后缓慢卸压并小心脱模，以免型坯强烈回弹，产生裂纹和碰撞损坏。

在冷压制坯时，粉料在模内压实的程度越小，烧结后制品的收缩率就越大；模压压力过高，粉末颗粒则易在模腔内相互滑动，以致制品内部出现裂纹；模压压力过低，制品内部结构会不紧密或出现各处密度不均，烧结后的制品会因各处收缩不同而产生翘曲变形，严重时会出现制品外裂。因此，应严格控制装料量、所施压力和施压与卸压方式，以保证型坯质量。

11.2.2 烧结

烧结是将坯件加热到聚四氟乙烯的熔点（327℃）以上，并在该温度下保持一段时间，以使单颗粒的树脂发生熔融扩散，最后黏结熔合成一个密实的整体。聚四氟乙烯的烧结过程是一个相变过程：当烧结温度高于熔点时，大分子结构中的晶相转变为无定形相，这时，坯件由白色不透明体变为胶状的弹性透明体。待这一转变过程充分完成后，即可进行冷却。

按操作方式划分，烧结有连续和间歇烧结两种。连续烧结适用于生产小型管料，而间歇烧结常用于模压制品。烧结过程可大体分为升温和保温两个阶段，其参考烧结工艺见表 11-15。

■表 11-15 聚四氟乙烯树脂的烧结工艺

制品直径或厚度/mm	升温速率/(℃/h)		保温时间/h		冷却速度/(℃/h)
	室温至 200℃	200～380℃	(380±5)℃	降至 315℃	
<10	快速升温	60～80	0.5	0.5	60～80
10～20	快速升温	60～80	1	0.5	60～80
20～40	快速升温	60～80	2	0.5	60～80
40～60	快速升温	60～80	3	1	60～80
60～80	快速升温	60～80	4	1	60～80

11.2.2.1 升温阶段

升温阶段即将坯件由室温加热至烧结温度的阶段。由于聚四氟乙烯的导热性差，加热应按一定的升温速率进行。升温太快，坯件各部分膨胀不均，易使制品产生内应力，甚至出现裂纹。再者型坯外层温度已达要求，而内层温度仍很低，若此时冷却，会造成“内生外熟”的现象。升温速率太慢也不好，生产周期会增长。实际生产中，升温速率需要考虑坯件的大小和厚度等因素。大型制品的升温速率通常为 30～40℃/h，为确保烧结物内外温度的均匀性，应在线膨胀系数较大的温度（300～340℃）各保温一段时间，以使其内外膨胀一致。小型制品的升温速率可为 80～120℃/h。用分散树脂制薄板时，升温速率以 30～40℃/h 为宜。

聚四氟乙烯的烧结温度主要根据树脂的热稳定性来确定。热稳定性高的，烧结温度可控制在 380～400℃；热稳定性差的，烧结温度可低些，通常为 365～375℃。烧结温度的高低对制品性能影响很大，如提高烧结温度，制品结晶度高，密度大，但收缩率也增大了。不适当的烧结温度会降低制品的物理机械性能。

11.2.2.2 保温阶段

保温阶段就是将到达烧结温度的坯件在该温度下保持一段时间使其完全“烧透”的过程。保温时间的长短取决于烧结温度、树脂的热稳定性和坯件的厚度等因素。烧结温度高、树脂的热稳定性差，保温时间应缩短，以免造成树脂的热分解，致使制品表面不光、起泡以及出现裂纹等问题。

粒径小的树脂粉料经冷压后，坯件中孔隙含量低，导热性好，升温时坯件内外温差小，可适当缩短保温时间；对大型厚壁坯件，要使其中心区也升温到烧结温度，应适当延长保温时间，一般大型制品应用热稳定性好的树脂，保温时间也较长。生产中，大型制品的保温时间为 5～10h，小型制品的保温时间为 1h 左右。

11.2.3 冷却

冷却是将已经烧结好的坯件从烧结温度降到室温的过程。聚四氟乙烯的冷却也是一个相变过程，是烧结的逆过程，即由非晶相变为晶相的过程。此过程伴随着明显的体积收缩，并且坯件由弹性透明体逐渐变为白色不透明体。

冷却分为“淬火”与“不淬火”两种。淬火是将烧结温度下的坯件以最快的冷却速率降至最大结晶速率的温度范围以下，属于快速冷却。由于冷却介质不同，淬火又分为“空气淬火”和“液体淬火”。显然，液体比空气冷却快些，液体淬火制品的结晶度比空气淬火的要小。不淬火就是将处于烧结温度下成型物缓慢冷却至室温。由于降温缓慢，有利于分子规整排列，所以制品的结晶度通常都比淬火的大。冷却速率和冷却方式对制品性能的影响见表 11-16。不同烧结方法对制品性能的影响见表 11-17。

■表 11-16　冷却速率与制品性能和结晶度的关系

性能	慢速冷却(不淬火)	快速冷却(淬火)
结晶度/%	80	65
相对密度	2.245	2.195
收缩率/%	3～7	0.5～1
断裂伸长率/%	345～395	355～365
拉伸强度/MPa	35～36	30.5～31.5

■表 11-17　不同烧结方法对制品性能的影响

方　法	拉伸强度/MPa	磨损体积/($\times 10^{-3}mm^3$)
自由烧结内缓慢冷却	17.6	60
加压烧结炉内缓慢冷却	20.2	50
模内烧结空气中加压冷却	21.2	29

大型制品的冷却速率过快，会使其内外冷却不均，导致不均匀的收缩，制品内应力较大，甚至出现裂缝。考虑制品尺寸及聚四氟乙烯导热性差等因素，大型制品一般不淬火，冷却速率控制在 15～24℃/h，同时在结晶速率最快的温度区间保温一段时间，再冷却至 150℃后从烘炉中取出制品，放入保温箱中缓慢冷却至室温，总的冷却时间约为 8～12h。中小型制品采用 60～70℃/h 的速度冷却，待温度降至 250℃时取出制品，取出后是否淬火应根据使用要求而定。

参 考 文 献

[1]　马东卫. 塑料浇铸成型与旋转成型. 北京：化学工业出版社，2005.
[2]　王加龙. 高分子材料基本加工工艺. 北京：化学工业出版社，2004.

［3］ 黄锐，曾邦禄．塑料成型工艺学．第2版．北京：中国轻工业出版社，1997.
［4］ Tang ZL，Wang XQ，Hung NX，Gerking L. Polyamide-6 polymerization and its melt flow in the VK tube reactor with optimized baffle structure. Angewandte Makromolekulare Chemie，1990，266（1）：7-17.
［5］ 赵素合，张立叶，毛立新．聚合物加工工程．北京：中国轻工业出版社，2001.
［6］ 王运华．铸型尼龙离心浇铸聚合成型工艺研究，工程塑料应用，2000，9（28）：24-26.
［7］ Park CW，Lee BS，Walker JK，Choi WY. A new processing method for the fabrication of cylindrical objects with radially varying properties. Industrial & Engineering Chemistry Research，2000，(39) 1：79-83.
［8］ Scheffler F，Scheffler M. Polymer derived ceramic tapes as substrate and support for zeolites. Advances in Applied Ceramics，2009，108（8）：468-475.
［9］ 周达飞，唐颂超．高分子材料成型加工．北京：中国轻工业出版社，2000.
［10］ 成都科技大学．塑料成型工艺学．北京：中国轻工业出版社，1983.
［11］ 王国全，乔辉，陈耀庭．PVC糊的凝胶化特性及其在搪塑制品中的应用．现在塑料加工应用，1990，(3)：25-29.
［12］ 陈枫．聚乙烯滚塑专用料的现状及发展．现在工程塑料与应用，2009，21（1）：60-63.
［13］ 邬国铭．高分子材料加工工艺学．北京：中国纺织出版社，2000.
［14］ 汪萍．UHMWPE彩色多孔薄板的加工技术．塑料科技，2004，5（163）：5-8.
［15］ 颜录科，李炜光，孙增智．玻璃纤维/聚四氟乙烯复合材料的制备与性能研究．绝缘材料，2010，43（4）：3-5.
［16］ 中国科学院兰州化学物理研究所．填充聚四氟乙烯塑料的模压成型工艺．北京：石油化学工业出版社，1976.